普通高等教育"十一五"国家级规划教材
"十四五"时期水利类专业重点建设教材

土力学与基础工程（第3版）

陈晓平　傅旭东　主编

中国水利水电出版社
www.waterpub.com.cn

·北京·

内 容 提 要

本书系统阐述了土力学的基本理论、建筑物常用基础类型的设计与分析方法、地基处理技术等，适当介绍了一些设计新理念和新方法，教材中的符号、术语和计量单位均依照新的国家规范，各章附有例题、思考题和习题。

全书共分 15 章，主要内容包括：土的物理性质及工程分类、土的渗透性、土中应力、土的压缩性和地基沉降计算、土的抗剪强度、土压力、地基承载力、挡土墙设计、土坡稳定分析、天然地基上的浅基础、连续基础、桩基础、地基处理、基坑工程、特殊土地基。

本书可作为高等院校土木工程类及相关专业的教学用书，也可作为相应专业工程技术人员、研究人员的参考用书。

图书在版编目（CIP）数据

土力学与基础工程 / 陈晓平，傅旭东主编 . -- 3 版
. -- 北京：中国水利水电出版社，2023.4
普通高等教育"十一五"国家级规划教材 "十四五"时期水利类专业重点建设教材
ISBN 978-7-5226-0755-9

Ⅰ. ①土… Ⅱ. ①陈… ②傅… Ⅲ. ①土力学－高等学校－教材②基础(工程)－高等学校－教材 Ⅳ. ①TU4

中国版本图书馆CIP数据核字(2022)第095368号

书　名	普通高等教育"十一五"国家级规划教材 "十四五"时期水利类专业重点建设教材 **土力学与基础工程（第 3 版）** TULIXUE YU JICHU GONGCHENG
作　者	陈晓平　傅旭东　主编
出版发行	中国水利水电出版社 （北京市海淀区玉渊潭南路 1 号 D 座　100038） 网址：www.waterpub.com.cn E-mail：sales@mwr.gov.cn 电话：（010）68545888（营销中心）
经　售	北京科水图书销售有限公司 电话：（010）68545874、63202643 全国各地新华书店和相关出版物销售网点
排　版	中国水利水电出版社微机排版中心
印　刷	清淞永业（天津）印刷有限公司
规　格	184mm×260mm　16 开本　28.25 印张　687 千字
版　次	2008 年 12 月第 1 版第 1 次印刷 2023 年 4 月第 3 版　2023 年 4 月第 1 次印刷
印　数	0001—2000 册
定　价	76.00 元

凡购买我社图书，如有缺页、倒页、脱页的，本社营销中心负责调换

版权所有·侵权必究

第 3 版前言

《土力学与基础工程》自 2008 年 12 月出版以来，多次重印、修订，深受好评。

土力学是用力学的基本原理和土工测试技术来研究土体渗流、强度和变形的一门学科，具有理论性、综合性和实践性均很强的特点；基础工程是以土力学理论为基础，解决岩土地层中建筑工程、地基加固和特殊土地基的工程技术问题，是土力学的后续课程，因此，两门课程互为理论与应用。本教材的重要特点之一就是在保持知识体系系统性和完整性的前提下对课程内容进行合理的分配，土力学部分注重概念的准确性和理论的完整性，推理严密；基础工程部分注重基本概念、设计原理和计算方法的阐述，尽可能地体现理论与实践相结合，适当反映最新成果。特点之二就是针对学科特点，根据学生的认知规律来进行教材内容的结构编排，给出相应的思考空间和工程经验，以及某些经典理论的发展前景，培养学生的研究兴趣，发掘专业潜质。

本教材 2006 年经教育部批准列为"十一五"国家级规划教材，2008 年正式出版，2014 年列入全国水利行业"十三五"规划教材，2016 年通过广东省高等学校精品教材建设评估，2020 年列为"土力学"国家一流本科课程的选用教材，2023 年列入"十四五"时期水利类专业重点建设教材。本次修订包括：①对全书图表、文字再次做了一一订正；②根据现行标准和规范，对涉及的土工试验方法、地基处理、特殊土地基、建筑材料强度等级等内容进行了调整与修订；③根据基础工程实际设计情况对某些章节重新进行了编写；④对书中的例题、习题等进行了复核与改进。

本教材的编写原则是：以土力学的基本理论为核心、以常规基础工程设计和地基处理技术为重要内容，考虑学科发展水平，适当介绍目前尚处于初步应用阶段的设计新理念和新方法；对土力学基本概念的阐述力求严谨，对基础工程设计中不可回避的变形控制的介绍力求深入浅出和阐述准确。教材中的符号、术语和计量单位均依照最新颁布的国家规范，各章相互衔接，前后一致，每一章都附有例题、思考题和习题，基础工程设计部分有完整的计算实例。本教材充分考虑了课堂教学的特点和需要，努力做到条理清晰，理论严谨，叙述简洁，便于讲解，并与最新规范保持一致。由于本教材具有理论与实际联系紧密、技术更新及时、适用性强的鲜明特点，所以除了可作为高校土木工程类专业的教材，也适于作为相关工程设计、施工等技术人员的参考书。

全书共分15章，由暨南大学陈晓平和武汉大学傅旭东担任主编，负责统稿、修改和定稿。各章修订人员及分工如下：绪论、第1~7章由暨南大学陈晓平修订；第8、9、12章由武汉大学傅旭东修订；第13~15章由武汉大学司马军修订；第10章由暨南大学胡辉修订；第11章由暨南大学吴起星修订。

向书中所有参考文献的作者表示感谢。

限于作者水平，书中可能存在种种疏误，敬请读者不吝指正。

编者
2023年2月于广州

第 2 版前言

《土力学与基础工程》自 2008 年 12 月出版以来，印刷 5 次，颇受好评。

工程建设的持续发展需要大量专业素质高、技术能力强的专业人士。土力学与基础工程是土木工程、水利工程等专业的必修课，也是其他有关工科专业的选修课。目前一般有两种课程设置模式：一种是将《土力学》与《基础工程》作为前后两门课程，另一种是将《土力学与基础工程》或《土力学与地基基础》作为一门课程。两种课程设置所涉及的内容差别并不太大，但在内容的详略上有所不同，本教材兼顾此两种课程设置模式。

土力学是用力学的基本原理和土工测试技术，研究土体的工程性质和在力系作用下的反应，是强烈依赖于实践的学科；基础工程是以土力学作为理论基础，研究地面以下与岩土材料有密切联系的工程的设计与分析，是土力学的后继课程。因此，本教材的重要特点之一，是在介绍相关理论及适用条件的前提下，尽可能地体现理论与实践的结合，注重土力学和基础工程的整体性；之二，是基于本学科尚不是一门已经具有严密理论体系的学科的现状下，给出了相应的思考空间和工程经验，以及有些经典理论的缺陷及发展前景，以培养学生的研究兴趣，发掘专业潜质。

本教材 2006 年经教育部批准列为"十一五"国家级规划教材，2008 年正式出版，2014 年获批为广东省高等学校精品教材建设项目，2014 年列入全国水利行业"十三五"规划教材。在第 1 版 5 次印刷基础上，第 2 版对一些章节进行了修改和调整，由第 1 版的 13 章扩充至 15 章。其中：

第 4 章"土的压缩性和地基沉降计算"中将"应力历史对压缩性的影响"单独作为一节。

第 5 章"土的抗剪强度"中将"三轴试验中的孔隙压力系数"单独作为一节，并增加了"应力路径及在强度问题中的应用"一节。

原第 6 章"土压力及挡土墙"扩充为第 6 章"土压力"和第 8 章"挡土墙设计"，并在"挡土墙设计"中增加了"悬臂式挡土墙设计""扶壁式挡土墙设计"两节，补充了完整的设计实例。

原第 7 章"地基承载力和土坡稳定"扩充为第 7 章"地基承载力"和第 9 章"土坡稳定",并在"地基承载力"部分增加了"地基容许承载力"一节,在"土坡稳定"部分增加了"土坡稳定分析的若干问题"一节。

原第 8 章"天然地基上浅基础设计"改为第 10 章"天然地基上的浅基础",并将基础底面尺寸确定单独作为一节,将"无筋扩展基础设计"和"钢筋混凝土扩展基础设计"合并为"扩展基础设计"。

原第 9 章"连续基础"改为第 11 章,并增加"地基模型"一节,将"柱下条形基础"和"柱下交叉条形基础"合并为一节,将"筏形基础与箱型基础"拆分为"筏形基础"和"箱型基础"两节。

原第 10 章"桩基础与其他深基础"改为第 12 章"桩基础",根据新规范重新进行了编排和补充,并增加了完整的设计实例。

原第 11 章"软土地基处理"改为第 13 章"地基处理",在地基处理分类等方面进行了修改。

原第 12 章"基坑工程"改为第 14 章,根据规范内容进行了修改。

原第 13 章特殊土地基改为第 15 章,根据规范内容进行了适当修改。

本教材的编写原则秉持第 1 版的体系,以土力学的基本理论为核心、以常规基础工程设计和地基处理技术为重要内容、考虑学科发展水平、适当介绍目前尚处于初步应用阶段的设计新理念和新方法,对土力学的基本概念力求严谨,对基础工程设计中不可回避的变形控制问题力求深入浅出,阐述准确。教材中的符号、术语和计量单位均依照新颁布的国家规范,各章相互衔接,前后一致,每一章都附有例题、思考题和习题,相对于第 1 版,在基础工程设计部分补充了完整的计算实例。在写作方法上本教材充分考虑了课堂教学的特点和需要,努力做到线条清晰,理论严谨,设计简洁,便于讲解,并与现行工程技术规范保持一致。

全书共分 15 章,由暨南大学陈晓平教授和武汉大学傅旭东教授担任主编,负责统稿、修改和定稿。各章编撰人员及分工如下:绪论、第 2、4、5、6 章由暨南大学陈晓平编写;第 8、12 章由武汉大学傅旭东编写;第 9、14 章由广东工业大学张建龙编写;第 10、13 章由暨南大学胡辉编写;第 3、11 章由暨南大学吴起星编写;第 1、7 章由南京大学朱鸿鹄编写;第 15 章由福州大学曾玲玲编写。

限于作者水平,书中难免存在疏漏之处,敬请读者不吝指正。

编者
2016 年 5 月于广州

第 1 版前言

"土力学与基础工程"是土木工程、水利工程等专业的必修课，也是其他一些工科专业的选修课。目前有两种课程设置模式：一是将"土力学"与"基础工程"作为前后两门课程；另一种是将"土力学与基础工程"或"土力学与地基基础"作为一门课程。两种课程设置所涉及的内容差别并不太大，但在内容的详略上有所不同，本教材力图兼顾此两种课程设置模式。

土力学是用力学的基本原理和土工测试技术，研究土体的工程性质和在力系作用下的反应，是强烈依赖于实践的科学；基础工程是以土力学作为理论基础，研究地面以下与岩土材料有密切联系的工程的设计、施工与管理，是土力学的后继课程。因此，本教材的重要特点之一就是尽可能地体现理论与实践的结合。但由于该学科远不是一门已经具有严密理论体系的学科，所以本教材还给出必要的工程实例和思考空间，以培养学生的兴趣，发掘专业潜质。

本教材于 2006 年经教育部批准列为普通高等教育"十一五"国家级规划教材。在参阅大量有关文献的基础上，确定了以土力学的基本理论为核心，以常规基础工程设计和地基处理技术为重要内容，考虑学科发展水平以适当介绍目前尚处于初步应用阶段的设计新理念和新方法的编写原则，并对基础工程设计中一些不可回避的问题，如上部结构与地基基础的共同作用、深基坑支护工程计算与分析等进行了专门阐述。本教材中的符号、术语和计量单位均依照新的国家规范，各章相互衔接，前后一致，并附有例题、思考题和习题。

本教材共分 14 章，其编写人员及分工如下：绪论、第 1～6 章由暨南大学陈晓平编写；第 7、12 章由广东工业大学张建龙编写；第 8、11 章由暨南大学胡辉编写；第 9 章由暨南大学陈晓平、华南理工大学潘健编写；第 10 章由武汉大学傅旭东编写；第 13 章由福州大学刘毓川编写；第 1～6 章思考题和习题由暨南大学吴起星编写。本教材由陈晓平统稿、修改和定稿。

在写作方法上本教材充分考虑了本科教学的特点和需要，力求线条清晰，理论准确、简洁，便于讲解，并与工程技术规范保持一致。限于水平，书中难免有不当之处，敬请读者和同行专家不吝指正。

编者
2008 年 7 月

目录

第 3 版前言
第 2 版前言
第 1 版前言
绪论 ·· 1
   0.1　土力学与基础工程概念 ·· 1
   0.2　学科的重要性 ··· 2
   0.3　学科发展 ··· 3
   0.4　课程主要内容及学习建议 ·· 4
第 1 章　土的物理性质及工程分类 ··· 7
   1.1　土的组成 ··· 7
   1.2　土的结构和构造 ·· 11
   1.3　土的物理性质指标 ··· 13
   1.4　土的物理状态指标 ··· 18
   1.5　土的压实性 ··· 22
   1.6　土的工程分类 ·· 25
   思考题 ·· 31
   习题 ·· 31
第 2 章　土的渗透性 ··· 33
   2.1　渗透规律 ·· 33
   2.2　渗透试验及渗透系数 ·· 34
   2.3　土中二维渗流及流网 ·· 40
   2.4　渗透破坏及工程控制 ·· 43
   思考题 ·· 48
   习题 ·· 48
第 3 章　土中应力 ·· 50
   3.1　自重应力 ·· 50
   3.2　基底压力 ·· 53
   3.3　地基附加应力 ·· 57
   3.4　地基中附加应力的有关问题 ··· 69

思考题 ……………………………………………………………………… 71
　　习题 ………………………………………………………………………… 71
第4章　土的压缩性和地基沉降计算 …………………………………………… 73
　4.1　土的压缩性 ……………………………………………………………… 73
　4.2　应力历史对压缩性的影响 ……………………………………………… 78
　4.3　基础最终沉降量 ………………………………………………………… 80
　4.4　饱和土的一维固结理论 ………………………………………………… 93
　4.5　利用沉降观测资料推算后期沉降量 …………………………………… 102
　　思考题 ……………………………………………………………………… 103
　　习题 ………………………………………………………………………… 103
第5章　土的抗剪强度 …………………………………………………………… 106
　5.1　土的抗剪强度理论 ……………………………………………………… 106
　5.2　土的抗剪强度试验 ……………………………………………………… 110
　5.3　三轴试验中的孔隙压力系数 …………………………………………… 116
　5.4　饱和黏性土的抗剪强度 ………………………………………………… 119
　5.5　砂土的抗剪强度 ………………………………………………………… 125
　5.6　应力路径及在强度问题中的应用 ……………………………………… 126
　　思考题 ……………………………………………………………………… 128
　　习题 ………………………………………………………………………… 129
第6章　土压力 …………………………………………………………………… 130
　6.1　挡土墙侧土压力 ………………………………………………………… 130
　6.2　朗肯土压力理论 ………………………………………………………… 132
　6.3　库仑土压力理论 ………………………………………………………… 140
　6.4　土压力计算方法讨论 …………………………………………………… 148
　　思考题 ……………………………………………………………………… 150
　　习题 ………………………………………………………………………… 150
第7章　地基承载力 ……………………………………………………………… 151
　7.1　地基的破坏模式 ………………………………………………………… 151
　7.2　临界荷载 ………………………………………………………………… 152
　7.3　地基极限承载力 ………………………………………………………… 156
　7.4　地基容许承载力 ………………………………………………………… 163
　　思考题 ……………………………………………………………………… 164
　　习题 ………………………………………………………………………… 165
第8章　挡土墙设计 ……………………………………………………………… 166
　8.1　挡土墙类型及设计要求 ………………………………………………… 166
　8.2　作用于挡土墙上的荷载 ………………………………………………… 169
　8.3　重力式挡土墙设计 ……………………………………………………… 171
　8.4　悬臂式挡土墙设计 ……………………………………………………… 181

 8.5 扶壁式挡土墙设计 ·· 189
 思考题 ·· 195
 习题 ··· 196

第9章 土坡稳定分析 ··· 197
 9.1 土坡失稳的影响因素和滑动面类型 ··· 197
 9.2 无黏性土土坡稳定分析 ·· 198
 9.3 黏性土土坡稳定分析 ··· 200
 9.4 土坡稳定分析的若干问题 ··· 213
 思考题 ·· 217
 习题 ··· 217

第10章 天然地基上的浅基础 ··· 219
 10.1 浅基础类型 ·· 219
 10.2 浅基础设计 ·· 222
 10.3 地基计算 ··· 224
 10.4 基础底面尺寸确定 ··· 230
 10.5 扩展基础设计 ··· 235
 10.6 减少不均匀沉降危害的措施 ··· 247
 思考题 ·· 250
 习题 ··· 250

第11章 连续基础 ·· 252
 11.1 上部结构与地基基础共同作用 ·· 252
 11.2 地基模型 ··· 254
 11.3 文克尔地基上梁的分析 ··· 257
 11.4 柱下条形基础及交叉条形基础 ·· 266
 11.5 筏形基础 ··· 272
 11.6 箱形基础 ··· 277
 思考题 ·· 287
 习题 ··· 287

第12章 桩基础 ·· 289
 12.1 桩基础的特点、类型和设计原则 ··· 289
 12.2 单桩竖向承载力 ·· 293
 12.3 单桩的水平承载力 ··· 307
 12.4 群桩的竖向承载力及沉降计算 ·· 316
 12.5 桩顶作用效应和桩基承载力验算 ··· 327
 12.6 桩基础设计 ·· 338
 思考题 ·· 358
 习题 ··· 359

第 13 章　地基处理 ··· 363
13.1　地基处理的土类及技术分类 ··· 363
13.2　排水固结法 ··· 365
13.3　复合地基法 ··· 374
13.4　强夯法与动力固结法 ··· 384
13.5　其他处理技术 ··· 388
思考题 ··· 391
习题 ··· 391

第 14 章　基坑工程 ··· 393
14.1　基坑工程特点及支护结构型式 ··· 393
14.2　支护结构上土压力的计算 ··· 395
14.3　支护结构计算与分析 ··· 399
14.4　基坑稳定分析 ··· 406
14.5　地下水控制 ··· 409
14.6　基坑施工与监测技术 ··· 410
思考题 ··· 413
习题 ··· 413

第 15 章　特殊土地基 ··· 415
15.1　膨胀土地基 ··· 415
15.2　湿陷性黄土地基 ··· 419
15.3　红黏土地基 ··· 424
15.4　岩溶与土洞 ··· 425
15.5　多年冻土地基 ··· 429
15.6　地震区地基 ··· 431
思考题 ··· 437
习题 ··· 437

参考文献 ··· 438

绪　　论

0.1　土力学与基础工程概念

　　土力学是用力学的基本原理和土工测试技术，研究土的物理性质及在外力发生变化时土的应力、变形、强度和渗透特性及其规律的一门学科。土力学学科可以被认为是力学学科的一个分支，但由于土是具有复杂性质的天然材料，具有不连续性，所以在运用土力学理论解决各类土工问题时，尚不能像其他力学学科一样具备系统的理论和严密的数学公式，而必须借助经验、试验辅以理论分析与计算。所以，土力学是一门强烈依赖于实践的学科。

　　基础工程包括地基与基础，是以土力学作为学科理论基础，研究浅基础和深基础、支挡结构、地基加固、特殊土地基等的设计与分析。该类工程的重要特点是与岩土材料有密切联系或以岩土作为基土，如地基；或以岩土作为介质护层，如地下空间；或以岩土作为建筑材料，如堤坝。因而其分析方法既基于结构工程，又显著区分于上部结构；既要考虑其结构的特性，又要注意与其土（岩）的相互作用。土力学与基础工程互为理论与应用。

　　土是地壳岩石经受强烈风化的天然产物，是各种矿物颗粒的集合体。土体由固体颗粒、孔隙水和孔隙气三相组成，可分为无黏性土和黏性土，前者颗粒间无黏结，后者颗粒间虽有黏结、但黏结强度远小于颗粒本身强度。土与其他连续固体介质相区别的最主要特征就是其多孔性和散体性，由此导致了土体的一系列与连续介质不同的物理特性和力学特性。另外，由于自然地理环境和沉积条件的区域性特征，还形成了一些具有特殊性质的区域性土。

　　土层承担建筑物荷载之后其内部应力状态会发生变化，工程上把受建筑物影响其应力发生变化从而引起物理、力学性质发生可感变化的那一部分土层称为地基，当地基由两层以上土层组成时，通常将直接与基础接触的土层称为持力层，其下的土层称为下卧层。基础则是指建筑物向地基传递荷载的下部结构，起着传递荷载的作用。基础工程的研究对象包括地基、基础结构，以及一些与岩土体有关的工程技术问题。

　　基础有多种型式，但从分类上，可以把相对埋深（基础埋深与基础宽度之比）不大、采用一般方法与设备施工的基础称为浅基础；而把基础埋深超过某一值，需借助于特殊的施工方法才能将建筑物荷载传递到地表以下较深土（岩）层的基础称为深基础。如果天然土层可以直接作为建筑物地基，就称其为天然地基，而需经人工加固处理后才能作为建筑物地基的称为人工地基。

　　建筑物的上部结构、基础与地基三部分功能各异，工作于不同环境，通过三者之间的联系构成了一个既相互制约又共同工作的整体，合理的分析方法应同时考虑各接触部位的静力平衡和变形协调。

0.2 学科的重要性

土力学与基础工程课程包括土力学理论和基础工程设计两大部分。

土的种类繁多，力学特性与工程性质都十分复杂，并具有不可忽视的离散和不确定性。基础工程位于地面以下，系隐蔽工程，一旦发生质量问题，补救和处理往往非常困难，甚至完全不可能补救。因此，土力学与基础工程学科的最大特点是有较多的不知及不可知，学科的发展基于不断地发现与验证，发展过程中更多的是实践先于理论。

本门学科的重要性可以通过建筑史上若干工程的质量事故来说明。

意大利比萨斜塔，始建于1174年，竣工于1370年，高约55m，是建筑物倾斜的典型实例。该塔在建筑过程中即因地基原因造成塔身倾斜而两次停工，建成之后一直以斜塔的型式成为史上最珍贵的文物之一。据记载，几世纪以来为了保持其斜而不倒的身姿，先后对地基和塔身进行了多次加固，采用的技术包括卸荷、灌浆、堆载反压、塔基下横向取土、基础加固等，所积累的成功经验和失败教训对土力学理论与实践有重要意义。

中国苏州虎丘塔，落成于公元961年，高约47.5m，由于地基非均匀沉降导致塔身严重倾斜并开裂。至20世纪80年代开始对其进行地基加固，采用了桩排式地下连续墙围箍、钻孔注浆、树根桩基础加固的方法。

中国上海展览中心，开工于1954年，中央大厅采用框架结构、箱形基础，埋深7.27m。由于地基为高压缩性淤泥质黏土，厚约14m，所以建成当年就下沉60cm，1979年9月测得平均沉降量达160cm。由于沉降量过大，导致中央大厅与两翼展览馆部分连接断裂，严重影响了工程的正常使用。

加拿大特朗斯康谷仓，建于1941年，是建筑物失稳的典型例子。该工程由65个圆柱形筒仓组成，高约31m，平面尺寸为59.4m×23.5m，其下为筏板基础。建成后初次储存谷物便造成西侧突然下陷8.8m，东侧抬高1.5m，仓身倾斜27°。事后发现事故原因是由于基础下埋藏有厚达16m的软黏土层，储存谷物使基底平均压力达330kPa时超过了地基的极限承载力（280kPa），因而地基发生强度破坏而产生整体滑动。事后为修复筒仓，在基础下设置了70多个支承于基岩的混凝土墩，使用了388只500kN的千斤顶，才逐渐将倾斜的筒仓扶正，但修复后的位置比原来降低了4m。

大量工程事故说明，建筑物发生的事故很多与基础问题有关，涉及土力学理论和基础工程设计。没有地基及基础的安全稳定性，任何土木工程都是难以保证正常使用或安全稳定的。

学科重要性的另一个体现是其造价和施工工期在建筑总造价和总工期中所占的比例。虽然这一比例与多种因素有关，包括上部结构型式和层数、基础结构型式、地质条件、环境条件等，但就目前的建筑规模而言，都会占到一个相当大的比例。如对钢筋混凝土结构和一般地质条件，采用箱型基础或筏基的多层建筑，其基础工程的费用约占建筑总费用的20%，高的可达30%，相应的施工工期约占建筑总工期的20%～25%，一般桩基础的费用与之相近或稍高。对于高层建筑，其基础工程设计要求和施工中的技术难度均会进一步提高。

随着经济建设的发展和土地资源的限制，充分利用各种不良地基、不占或少占耕地、最大限度地提高土地利用率，都将使土力学与基础工程在社会发展中占有越来越重要的地位，并对本学科提出了越来越高的要求。

0.3 学科发展

作为一门学科，土力学与基础工程的发展远不如其他经典力学，但作为一门工程技术，却有着悠久的历史，古代许多宏伟工程的建筑和长久使用，都从技术水平上体现了这门学科的理论与实践。

下述几个古典理论被认为是本门学科的重要理论组成。

1773 年，法国学者库仑（Coulomb）根据砂土试验成果建立了砂土的抗剪强度公式，根据刚性滑动楔体理论提出了计算挡土墙背土压力的计算方法。

1855 年，法国学者达西（Darcy）根据试验创立了土的层流渗透定律。

1857 年，英国学者朗肯（Rankine）提出了挡土墙土压力塑性平衡理论。

1885 年，法国学者布辛奈斯克（Boussinesq）推导了弹性半空间表面竖向集中力作用时的应力、应变解答。

上述古典理论对于本学科的建立和发展起了很大的推进作用，一直被沿用至今。20世纪 20 年代后，有关研究有了较快的发展，其重要理论包括 1915 年由瑞典彼得森（Petterson）首先提出、后由费兰纽斯（Fellenius）等人进一步发展的土坡稳定分析的整体圆弧滑动面法，以及 1920 年由法国学者普朗德尔（Prandtl）提出的地基剪切破坏时的滑动面形状和极限承载力公式。1925 年，奥裔美国学者太沙基（Terzaghi）出版了第一部专著《土力学》（*Erdbaumechanik*），比较系统地阐述了土的工程性质和有关的土工试验成果，所提出的有效应力原理和固结理论奠基了土力学理论，将土的应力、变形、强度、时间等有机联系，使之能有效地解决一系列土工问题。《土力学》的问世，标志着近代土力学的开始，使土力学成为一门独立的学科。1948 年，太沙基与佩克（R. Peck）出版了《工程实用土力学》（*Soil Mechanics in Engineering Practice*），该书在土力学理论的基础上，将理论与测试技术和工程经验密切结合，不仅推动了土力学和基础工程作为一门工程学科的发展，而且强调了该门学科中实践的重要地位。

基于土力学理论的基础工程有更悠久的技术历史。以深基础为例，1981 年在智利的蒙特维尔德附近的森林里发现一间支承在木桩上的木屋，据美国肯塔基大学的考古学家考证，该桩基至今已有 12000~14000 年的历史。其他特殊深基础如沉井、沉箱和地下连续墙等也有很长的应用历史。据考证，1738 年瑞士工程师查尔斯·拉贝雷（Charles Labelye）在伦敦泰晤士河上建造桥梁时就采用了长 80 英尺、宽 30 英尺、深 16 英尺的木沉井，沉井在岸上制作，然后利用潮水拖运到位并下沉，沉井顶面设计标高高于最低潮位，以利用低潮时抽干井内水，砌筑块石桥墩。1850 年又创造出气压沉箱，以达到更大的埋置深度和提供更大的承载力。历史上有许多著名的建筑物是采用气压沉箱建造的，如

1869—1872年在美国纽约修建的布鲁克林大桥（Brooklyn Bridge）基础，1885年修建的埃菲尔铁塔（Eiffel Tower）基础，以及1901年在纽约修建的摩天大楼（Sky-scraper）基础等。

我国最早的桩基础发现于浙江省河姆渡的原始社会居住遗址中，大约出土了占地约4万m^2的木结构遗存，其中有数百根尺寸不等的圆桩和方桩，是迄今为止发现的规模最大的木桩遗层。另外，从北宋一直保存到现在的上海市龙华镇龙华塔（977年重建）和山西太原市晋祠圣母殿（建于1023—1031年）都是我国现存的采用桩基的古建筑。关于沉箱基础，我国古代也有使用的实例，如古代黄河上的"沉梢"和"沉排"的方法，即将树枝扎成捆编成筏排，抛填块石压沉到河底来护岸、护底和筑坝被认为是沉井沉箱基础的雏形；1894年竣工的由詹天佑主持修建的天津滦河大桥是我国最早采用沉箱基础的成功实例；20世纪30年代，由茅以升设计的钱塘江大桥正桥的15个桥墩均采用了沉箱施工。

20世纪70年代以后，随着现代科技成就在该领域的逐步渗透，试验技术和计算手段都有了长足进步，由此将众多的未知变成了已知或正在成为已知。在理论方面，一些标志性的研究成果，如：土的非线性应力-应变关系、考虑土的各种特性的本构模型、土与结构物共同作用分析方法、土的非饱和土理论、土的剪胀特性、土的加工硬化和软化特性、土的动力分析等等，使得土力学理论逐渐成为一门包罗内容丰富的现代力学学科。在基础工程应用技术方面，各类工程的兴建，如超高层建筑物、复杂的高速公路路基、大和特大桥梁基础、地质条件和水文条件极为特殊的水利工程等，使得原有的工程技术不断被改进和完善，由此极大地推动了基础工程的发展，特别是在桩工技术、建筑抗震技术、深大基坑开挖和支护技术、软弱土及特殊土处理技术、土工合成材料应用技术等方面取得了令人关注的成就。发展至今，该门学科的内涵之广之深已远非传统的理论所能尽述或概括。

第一届国际土力学及基础工程会议于1936年在美国召开，1999年改名为国际土力学与岩土工程会议，至2013年已经陆续召开了18届。中国土木工程学会于1957年设立土力学及基础工程委员会，并于1978年成立了土力学及基础工程学会。1962年在天津召开了第一届全国土力学及基础工程学术会议，从第八届开始改名为土力学及岩土工程学术会议，至2015年共召开了12届。由于中国地域广大且土质多样，加之中国建筑行业的持续多年不衰，使得中国成为经济发展中涉及土力学与基础工程学科最深、最广、最多的国家，通过在土木、水利、道桥、港口等有关工程中逐一解决大量复杂的问题，为该门学科积累了丰富的理论和工程经验。

由于土的性质的复杂，土力学与基础工程还远没有成为具有严密理论体系的学科，需要不断的实践和研究。

0.4 课程主要内容及学习建议

土力学与基础工程的特点之一是理论性和实践性均较强。传统的理论构成了学科的基本框架，不同的工程需求决定了学科的发展目标。由于形成地基土的各异的自然条件造成了土体性质的千差万别，不同地区的土有不同的特性，即使是同一地区的土，其特性在水平方向和深度方向也可能存在较大的差异。所以，不可能采用某些统一的数学的或力学的模型来描述土的复杂特性、解决各种不同的实际问题。一个优秀的基础工程设计方案不仅需要设计与分析理论的正确，从某种意义来说，更依赖于完整的地基土资料和工程经验。所以，经验的提炼和力学理论的借鉴，永远是该学科的重要部分和发展基础。

该学科的另一特点是知识的延伸和拓展比较快，更新周期较短。随着与之有关的建设行业的迅速发展，使该学科不断面临新的问题，如基础型式的创新、地下空间的开发、软土地基的处理、新的土工合成材料的应用等，从而导致新技术、新的设计方法不断涌现，且往往是实践领先于理论，实践促使理论不断丰富和完善。

根据学科特点，本课程的学习建议是：了解课程性质；掌握土的基本物理性质和力学特性；掌握土的常规试验理论与操作技术；掌握一般土工建筑物的计算方法；能独立分析和解决基础工程的基本问题。通过本课程的学习，学生要掌握土力学和基础工程的基本原理，能够初步解决实际问题，能在工程实践中正确地使用规范。

本教材共分15章，第1~7章属于土力学部分，第8~15章属于基础工程部分。

第1章土的物理性质及工程分类是本课程的基础知识，要求了解土的物理指标的定义及变化规律、掌握基本测试方法及三相比例指标的换算关系、熟悉土的分类方法。

第2~5章是本课程的重要理论部分，其中第2章土的渗透性要求掌握土的渗透规律、渗透指标的测试方法及影响因素、渗透破坏的控制；第3章土中应力要求掌握土中自重应力、基底附加压力、地基附加应力的概念及计算方法；第4章土的压缩性和地基沉降计算要求掌握土的压缩规律、压缩性指标及测定方法、应力历史对土的压缩性的影响、地基沉降计算方法、饱和土的有效应力原理和单向固结理论以及利用沉降观测资料推算后期沉降的方法；第5章土的抗剪强度要求掌握土的抗剪强度理论、土的抗剪强度试验、抗剪强度指标选用、应力历史等对抗剪强度的影响等。

第6、7章是运用土力学理论解决工程中最常见的问题，其中第6章土压力要求了解挡土结构类型及作用于挡土墙土压力的产生条件、掌握各种情况下土压力计算方法；第7章地基承载力要求了解地基破坏模式、掌握土的极限平衡原理和条件、掌握临界荷载和地基承载力的计算方法。

第8、9章为常见土工建筑物的设计与分析，其中第8章挡土墙设计要求掌握重力式、悬臂式和扶壁式挡土墙的基本设计方法、了解新型挡土墙结构特点和应用条件；第9章土坡稳定分析要求掌握土坡稳定分析的基本方法。

第10~12章为常用的基础工程的设计与分析，其中第10章天然地基上的浅基础要求能够根据现行规范进行浅基础的选型、布置及基本设计；第11章连续基础要求建立上部结构与地基基础共同作用的概念、了解有关地基模型、了解连续基础的一般分析方法；第12章桩基础要求了解桩的类型、掌握竖向荷载单桩的承载性状及承载力的计算方法、了解竖向荷载群桩的工作性状和水平荷载桩的计算方法、掌握桩基础设计方法。

第13~15章为运用土工原理对土体进行改良、加固、支挡的设计与分析，其中第13章地基处理要求掌握地基处理的基本原理、方法及适用条件、了解地基处理的新技术及应用前景；第14章基坑工程要求掌握现行规范中列出的常规基坑支护结构上作用的土压力的计算、排桩支护型式的设计方法及基坑稳定分析方法；第15章特殊土地基要求对膨胀土、湿陷性黄土等特殊土的性质有较好了解、并了解相应的工程措施。

本课程与工程地质、水力学、结构力学、建筑材料、施工技术等学科有密切关系，涉及学科领域广，综合性强，建议在学习时既要注意与其他学科的联系和本课程的前后联系，又要注意紧紧抓住土体的强度和变形这一核心问题，根据土与结构物共同作用特性来分析和处理基础工程问题。

第1章 土的物理性质及工程分类

土是地壳表层岩石经受自然界风化、剥蚀、搬运、沉积的产物,是大小、形状和成分都不相同的各种矿物颗粒的集合体。在天然状态下,土是由固体、液体和气体3部分所组成的三相体系。固体部分由矿物颗粒或有机质组成,构成土的骨架。骨架间有许多孔隙,可为水、气所填充。若土中孔隙全部为水所充满时,称为饱和土;若孔隙全部为气体所充满时,称为干土;土中孔隙同时有水和空气存在时,称为非饱和土。土体3个组成部分本身的性质以及它们之间的比例关系和相互作用即为土的物理性质,可以反映出土的不同性质,并可据此对土进行分类和鉴定。同时,土的物理性质指标又都与土的力学性质发生联系,并在一定程度上决定着土的工程性质。

本章主要介绍土的组成、土的结构与构造、土的物理性质指标和物理状态指标、土的压实性及土的工程分类。

1.1 土 的 组 成

1.1.1 土中固体颗粒

土中固体颗粒即为土的固相,其大小、形状、矿物成分以及大小搭配情况对土的物理力学性质有明显影响。

1. 土的颗粒级配

土的颗粒大小称为粒度,通常用粒径表示。工程上将各种不同的土粒按其粒径范围,划分为若干粒组,各粒组随着分界尺寸的不同呈现出一定质的变化。划分粒组的分界尺寸称为界限粒径。表1.1为国内常用的土粒粒组界限划分标准及各粒组的主要特征。表中根据《土的工程分类标准》(GB/T 50145—2007),以界限粒径 200mm、60mm、2mm、0.075mm、0.005mm 把土粒分为六大粒组:漂石(块石)、卵石(碎石)、砾粒、砂粒、粉粒和黏粒。

天然土体中土粒的大小及组成情况通常以土中各个粒组的相对含量(即各粒组占土粒总量的百分数)来表示,称为土的颗粒级配。

确定各粒组相对含量的方法称为颗粒分析试验,有筛分法、密度计法和移液管法。筛分法适用于粒径小于等于 60mm、大于 0.075mm 的粗粒组,密度计法和移液管法适用于粒径小于 0.075mm 的细粒组。当土中粗细兼有时,则可联合使用筛分法和密度计法或筛分法和移液管法。

筛分法试验是将事先称过质量的风干、分散的代表性土样通过一套从上至下孔径逐渐减小的标准筛,称出留在各筛上的土质量,然后计算占总土粒质量的百分数。

密度计法和移液管法都属于沉降分析法,适用于粒径小于 0.075mm 的试样,此类方法根据球状细颗粒在水中下沉速度与颗粒直径的平方成正比的原理，把颗粒按其在水中的下沉速度进行粗细分组。在实验室内具体操作时，利用比重计或移液管法测定不同时间土粒和水混合悬液的密度，据此计算出某一粒径土粒占总土粒质量的百分数。

根据颗粒分析试验结果，可绘制如图1.1所示的颗粒级配曲线，由颗粒级配曲线可求得各粒组的相对含量。图中纵坐标表示小于某粒径的土粒含量百分比，横坐标表示土粒的粒径，单位是mm。由于土体中所含粒组的粒径往往相差很大，而细粒土的含量对土的性质影响显著，因此，为了清楚表示细粒土含量，通常将粒径的坐标取为对数坐标。

表1.1　　　　　　　　土粒粒组的划分及特征（GB/T 50145—2007）

粒组统称	粒组名称		粒径范围/mm	一　般　特　征
巨粒	漂石（块石）		$d>200$	透水性很大，无黏性，无毛细水
	卵石（碎石）		$60<d\leqslant 200$	
粗粒	砾粒	粗砾	$20<d\leqslant 60$	透水性大，无黏性；毛细水上升高度不超过粒径大小
		中砾	$5<d\leqslant 20$	
		细砾	$2<d\leqslant 5$	
	砂粒	粗砂	$0.5<d\leqslant 2$	易透水，当混入云母等杂质时透水性减小，而压缩性增大；无黏性，遇水不膨胀，干燥时松散；毛细水上升高度不大，并随粒径减小而增大
		中砂	$0.25<d\leqslant 0.5$	
		细砂	$0.075<d\leqslant 0.25$	
细粒	粉粒		$0.005<d\leqslant 0.075$	透水性小，湿时稍有黏性，遇水膨胀小，干时稍有收缩；毛细水上升高度较大较快，极易出现冻胀现象
	黏粒		$d\leqslant 0.005$	透水性很小，湿时有黏性、可塑性，遇水膨胀大，干时收缩显著；毛细水上升高度大，但速度较慢

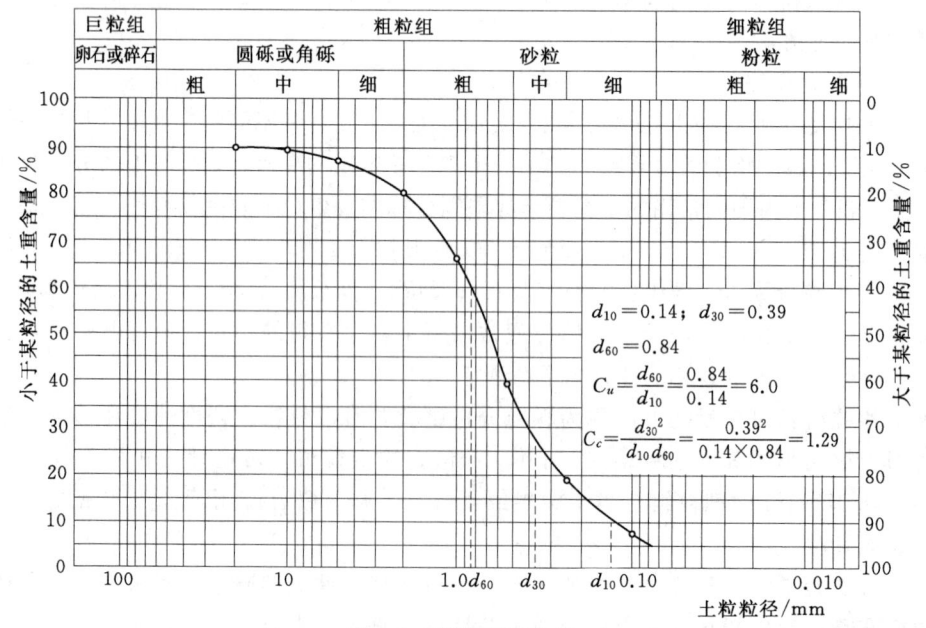

$d_{10}=0.14$；$d_{30}=0.39$

$d_{60}=0.84$

$C_u=\dfrac{d_{60}}{d_{10}}=\dfrac{0.84}{0.14}=6.0$

$C_c=\dfrac{d_{30}^2}{d_{10}d_{60}}=\dfrac{0.39^2}{0.14\times 0.84}=1.29$

图1.1　颗粒级配曲线

图 1.1 中级配曲线的坡度和曲率是判断土的级配状况的重要依据。如曲线平缓、分布宽，表示土粒大小不均，级配良好；反之则表示颗粒粒径相差不大，粒径较均匀，级配不良。

为了定量反映土的不均匀性，工程上常用不均匀系数 C_u 和曲率系数 C_c 来描述颗粒级配情况，其计算式为

$$C_u = \frac{d_{60}}{d_{10}} \tag{1.1}$$

$$C_c = \frac{d_{30}^2}{d_{10} d_{60}} \tag{1.2}$$

式中：d_{60}、d_{10}、d_{30} 分别为土中小于该粒径的土的质量占总土粒质量的 60%、10%、30%，d_{60} 为限制粒径，d_{10} 为有效粒径。

不均匀系数 C_u 反映不同粒组的分布情况。对于级配连续的土，C_u 越大，表示土粒越不均匀。工程上把 $C_u<5$ 的土视为级配不良的土；$C_u>10$ 的土视为级配良好的土。

曲率系数 C_c 反映级配曲线的整体形状。对于级配不连续的土，采用单一指标 C_u 不能准确判定土的级配情况，需参考曲率系数值。一般认为，砾类土或砂类土同时满足 $C_u \geq 5$ 和 $C_c = 1 \sim 3$ 两个条件时，为级配良好砾（砂）。

级配良好的土，较粗颗粒间的孔隙可以被较细的颗粒所填充，因而土的密实度较好。

2. 土粒的矿物成分

土中固体颗粒的矿物成分包括矿物质和少量有机质。

土粒的矿物成分取决于母岩的矿物成分及风化作用，可分为原生矿物和次生矿物。原生矿物颗粒由原岩经物理风化形成，其成分与母岩相同，常见的有石英、长石和云母等。这种矿物成分的物理化学性质较稳定，由其组成的粗粒土具有无黏性、透水性较大、压缩性较低的特征。

次生矿物是岩石经化学风化后所形成的新矿物，其成分与母岩不相同。土中的次生矿物主要是黏土矿物，如高岭石、伊利石和蒙脱石等。次生矿物性质较不稳定，具有较强的亲水性，遇水易膨胀，是细粒土具有塑性特征的主要因素之一，对土的工程性质有很大影响。

土中有机质一般是混合物，与组成土粒的其他成分结合在一起，根据其分解程度可分为未分解的动植物残骸、半分解的泥炭和完全分解的腐殖质。有机质的多少和存在方式对土的工程性质有明显影响。

1.1.2 土中水

土中水即为土的液相，可以处于液态、固态或气态。土中水的含量及性质对土（尤其是黏性土）的工程性质有着明显的影响。

土中水除了一部分以结晶水的形式紧紧吸附于固体颗粒的晶格内部外，存在于土中的液态水可分为结合水和自由水两大类。

1. 结合水

结合水是指受电分子引力吸附于土粒表面呈薄膜状的水。根据受电场作用力的大小及离颗粒表面的远近，结合水又可以进一步分为强结合水和弱结合水两类，如图 1.2 所示。

第1章 土的物理性质及工程分类

(1) 强结合水。指紧靠颗粒表面的结合水，受表面引力作用定向排列，性质接近于固体，不服从静水力学规律。冰点可降至$-78℃$，密度约为$1.2\sim2.4g/cm^3$，只有吸热变成蒸汽（温度一般达105℃以上）时才能移动。

(2) 弱结合水。指强结合水以外、电场作用范围以内的水，亦称薄膜水。弱结合水也受颗粒表面电荷所吸引成定向排列于颗粒四周，但电场作用力随着与颗粒距离增大而减弱。弱结合水是一种黏滞水膜，不受重力作用，也不能传递静水压力，但受力时较厚的弱结合水能向临近较薄的水膜缓慢转移。弱结合水的存在及水膜的厚度是黏性土在某一含水率（量）范围内表现出可塑性的根本原因。

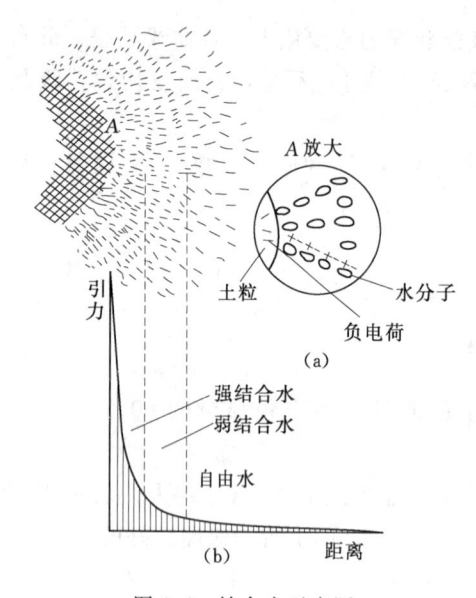

图1.2 结合水示意图
(a) 极化子的水分子；(b) 土粒表面引力分布

2. 自由水

自由水是存在于土粒表面电场影响范围以外的水。它的性质和普通水无异，能传递静水压力，冰点为0℃，有溶解能力。自由水按其所受控制力的不同，又可分为毛细水和重力水。

(1) 毛细水。毛细水是存在于地下水位以上的自由水。土体内部间相互贯通的孔隙，可以看成是许多形状不一、直径互异、彼此连通的毛细管，在水气交界面处弯液面上产生的表面张力作用下，土中自由水从地下水位通过毛细管逐渐上升，形成高度为h_c的毛细水，如图1.3 (a) 所示，并根据其与地下水面是否联系可分为毛细上升水和毛细悬挂水。所以毛细水主要受表面张力的支配，上升高度和速度取决于土的孔隙大小和形状、颗粒尺寸和水的表面张力等，可用试验方法或经验公式确定。一般说来，粒径大于2mm的颗粒可不考虑毛细现象；极细小的孔隙中，土粒周围有可能被结合水充满，亦无毛细现象。

土中由毛细管作用上升的水柱h_c的重力经弯液面传递，形成使相邻土粒挤紧的毛细压力［图1.3 (b)］。若以大气压力作为基准面，这种水对骨架产生的毛细压力就会按静水压力的规律，呈$-\gamma_w h_c$到0的倒三角分布［图1.3 (a)］。毛细压力$p_c=-\gamma_w h_c$被称为负孔隙水压力（即孔隙水吸力），可使无黏性土表现出一定的黏聚力，使湿砂具有一定的可塑性。通常将毛细管压力所形成的无黏性土粒间的联结力称之为"似黏聚力"，当土体在完全浸没和完全干燥条件下，弯液面消失，毛细压力变为零，似黏聚力现象也随之消失。

(2) 重力水。重力水存在于地下水位以下的透水土层中，是受重力或水头压力作用的自由水。重力水对于土粒

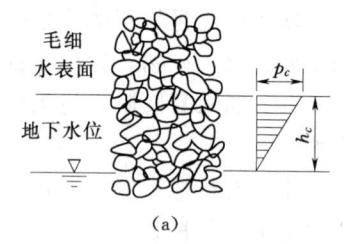

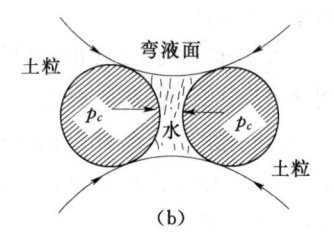

图1.3 毛细水示意图
(a) 毛细水上升；(b) 弯液面

和结构物水下部分有浮力作用，在重力作用下能在土体孔隙中流动，并对所流经的土体施加动水压力。在土力学相关计算中必须考虑重力水的浮力及渗流作用。

1.1.3 土中气

土中气体即为土的气相，存在于土孔隙中未被水占据的部分，可分为与大气连通的非封闭气体和与大气不连通的封闭气体两种。非封闭气体成分与空气相似，受外荷作用时易被挤出土体外，对土的性质影响不大。封闭气体一般以封闭气泡的形式存在于细粒土中，在外力作用下可被压缩或溶解于水中，不能逸出，压力减小时又能有所复原，可使土的渗透性减小，弹性增大和延长土体受力后变形达到稳定的历时。

1.2 土的结构和构造

1.2.1 土的结构

土的结构是从微观角度描述成土过程中所形成的土粒的空间排列及其联结形式，与土粒单元的大小、形状、矿物成分和沉积条件有关。一般可归纳为单粒结构、蜂窝结构和絮状结构3种基本类型。

1. 单粒结构

单粒结构是砂土和碎石的主要结构形式，由粗大颗粒在水或空气中下沉形成，其特点是土粒间存在点与点的接触，如图1.4所示。

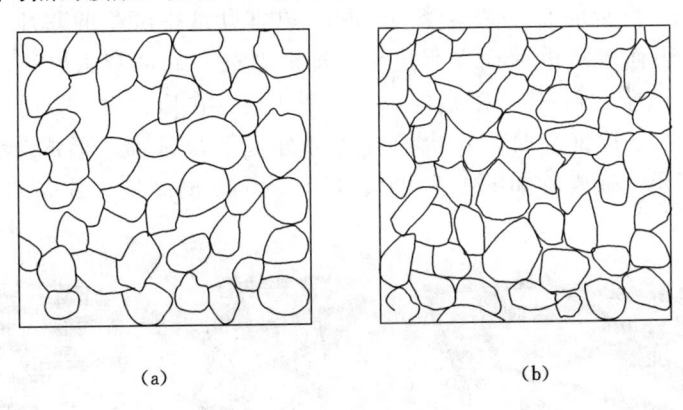

图1.4 土的单粒结构
(a) 疏松状态；(b) 密实状态

根据形成条件不同，单粒结构分为疏松状态［图1.4（a）］和密实状态［图1.4（b）］。疏松的单粒结构稳定性差，受到震动及其作用时土粒易发生移动，造成土中孔隙减小，引起土的较大变形。密实的单粒结构较稳定，力学性能好，一般是良好的天然地基。

2. 蜂窝结构

蜂窝结构是以粉粒为主的土所具有的结构形式。较细的颗粒（粒径0.005～0.075mm）在水中因自重作用而下沉时，碰到其他正在下沉或已沉稳的土粒，由于粒间的引力大于下沉土粒的重力，后沉土粒就停留在最初的接触点上不再继续下沉，逐渐形成链环状单元。很多这样的土粒链的结合便形成孔隙较大的蜂窝状结构，如图1.5所示。

3. 絮状结构

絮状结构又称絮凝结构，是黏性土的主要结构形式。细微的黏粒（粒径小于0.005mm）大都呈针状或片状，质量极轻，在水中处于悬浮状态。此时由于黏土颗粒与水的相互作用而产生粒间作用力，使得黏土颗粒凝聚成絮状物下沉，形成孔隙较大的絮状结构，如图1.6所示。

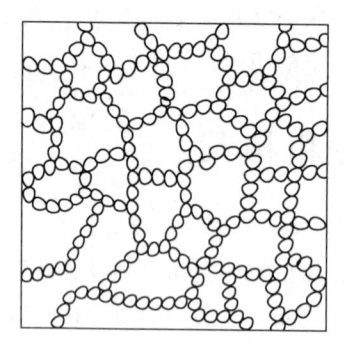

图1.5 土的蜂窝结构

图1.6 土的絮状结构

根据粒间作用力和悬液介质的不同，絮状结构的微观排列也不同（图1.7）：在盐液中沉积的黏性土，由于悬液浓度的增加，使粒间斥力降低、吸力增加，由粒间吸力形成如图1.7（a）所示的面-面盐液絮凝结构；在非盐液中沉积的黏性土，主要是由于片状或针状颗粒表面带负电荷而在其边缘（即断口处）局部带正电荷，由静电吸力形成如图1.7（b）所示的面-边絮凝结构；当粒间主要存在斥力时，黏土颗粒将在分散状态下缓慢沉积，在土粒聚合时，片状颗粒大部分呈平行排列，形成分散型絮凝结构，如图1.7（c）所示。通常称如图1.7（a）、（b）所示絮凝结构为片架结构；图1.7（c）为片堆结构。

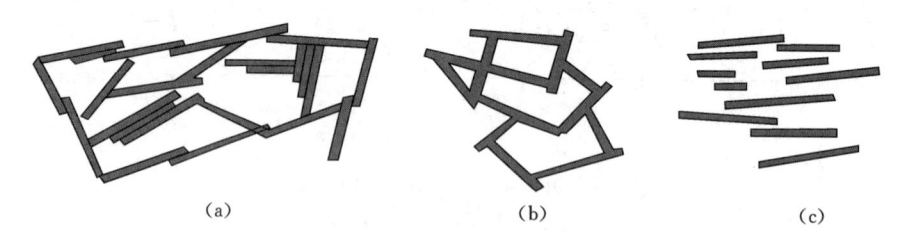

(a)　　　　　　　(b)　　　　　　　(c)

图1.7 黏土颗粒的沉积结构
(a) 盐液中絮凝；(b) 非盐液中絮凝；(c) 分散型絮凝

具有蜂窝结构和絮状结构的土中存在大量孔隙，压缩性高，抗剪强度低，但土粒间的联结强度（结构强度）会由于压密和胶结作用而逐渐得到加强。

天然条件下，任何一种土类的结构并不是单一的，往往呈现以某种结构为主并混杂其他结构的复合形式。另外，当土的结构受到破坏或扰动时，在改变土粒排列情况的同时，也会不同程度地破坏土粒间的联结，从而影响土的工程性质，对于蜂窝和絮状结构的土，往往会大大降低其结构强度。

1.2.2 土的构造

土的构造是从宏观角度描述土体中各结构单元之间的赋存关系，如层理、裂隙、大孔隙、软弱夹层、透水层与不透水层等。其中最主要的特征是土的层理构造和裂隙构造。

1. 层理构造

成土过程中由于不同阶段沉积的物质成分、颗粒大小或颜色不同，而沿竖向呈现出的成层特征。常见的有水平层理构造［图1.8（a）］和带有夹层、尖灭和透镜体等交错层理构造［图1.8（b）］。

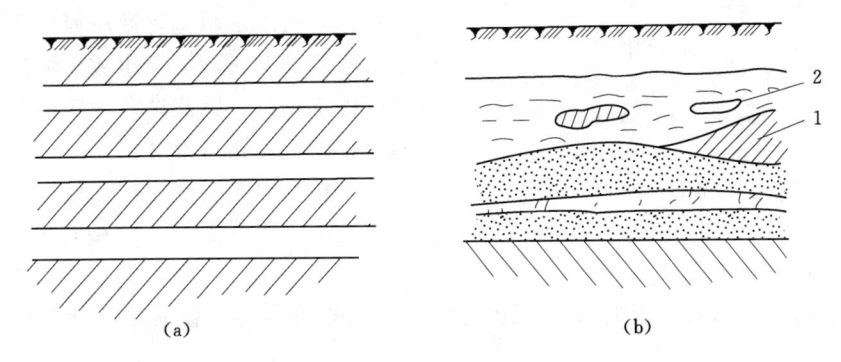

图1.8 层理构造
(a) 水平层理；(b) 交错层理
1—尖灭；2—透镜体

2. 裂隙构造

土在自然演化过程中由各种地质作用和其他原因形成，表现为土体被许多不连续的小裂隙所分割，在裂隙中常充填有各种沉淀物。裂隙的存在将破坏土体的整体性，降低其强度和稳定性，增大透水性，对工程有极为不利的影响。

土的成层构造和裂隙构造都将造成土体的不均匀性。此外，土中包裹物（如腐殖物、贝壳、结核体等）以及天然或人为孔洞的存在，亦将造成土的不均匀性。

1.3 土的物理性质指标

土的物理性质指标主要指反映土的三相组成比例关系的指标。由于土中固、液、气三相组成的比例关系反映了土的物理性质和物理状态，所以三相比例指标对于评价土的工程性质具有重要的意义。

1.3.1 土的三相图

为便于分析土的三相组成比例关系，通常抽象地把土中三相分开，概化出如图1.9所示的三相图。图中左侧符号表示三相组成的质量，右侧符号表示三相组成的体积。

1.3.2 指标的定义

1. 基本指标

土的物理性质指标中有3个基本指标可直接通过土工试验测定，亦称直接测定指标。

（1）土粒相对密度（土粒比重）d_s。土粒相对密度定义为土粒质量与同体积纯蒸馏

第1章 土的物理性质及工程分类

水在 4℃ 的质量之比，即

$$d_s = \frac{m_s}{V_s \rho_w} = \frac{\rho_s}{\rho_w} \tag{1.3}$$

式中：ρ_s 为土粒的密度，即单位体积土粒的质量；ρ_w 为 4℃ 时纯蒸馏水的密度。

因为 $\rho_w = 1.0 \text{g/cm}^3$，故土粒相对密度在数值上即等于土粒的密度，但无量纲。

土粒相对密度常用比重瓶法测定。由于天然土体是由不同的矿物颗粒所组成，而这些矿物的相对密度各不相同，因此试验测定的是试验土样所含的土粒的平均相对密度。

由于土粒相对密度变化范围较小，故也可按经验数值选用（表1.2）。当土中有机质含量增加

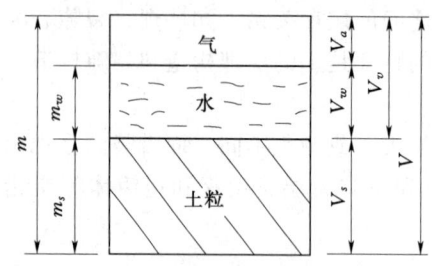

图 1.9 土的三相图
V—土的总体积；V_v—土的孔隙体积；V_s—土粒的体积；V_w—水的体积；V_a—气体的体积；m—土的总质量；m_s—土粒的质量；m_w—水的质量

时，土粒相对密度相应减小。

（2）土的含水率 w。土的含水率定义为土中水的质量与土粒质量之比，以百分数表示，即

$$w = \frac{m_w}{m_s} \times 100\% = \frac{m - m_s}{m_s} \times 100\% \tag{1.4}$$

土的含水率通常用烘干法测定，亦可近似采用酒精燃烧法快速测定。

含水率是标志土的湿度的一个重要物理指标。天然土层的含水率变化范围较大，与土的种类、埋藏条件及其所处的自然地理环境等有关，砂土类变化幅度可从 0（干砂）到 40% 左右（饱和砂），黏土类变化幅度可从 30% 以下（坚硬状黏性土）到 100% 以上（泥炭土）。一般而言，对于同一类土，含水率越高则土越软，强度越低。

（3）土的密度 ρ。土的密度定义为单位体积土的质量，即

$$\rho = \frac{m}{V} = \frac{m_s + m_w}{V_s + V_w + V_a} \tag{1.5}$$

土的密度可用环刀法测定。天然状态下土的密度变化范围较大，其参考值为：一般黏性土 $\rho = 1.8 \sim 2.0 \text{g/cm}^3$；砂土 $\rho = 1.6 \sim 2.0 \text{g/cm}^3$；腐殖土 $\rho = 1.5 \sim 1.7 \text{g/cm}^3$。

工程中常用重度 γ 来表示单位体积土的重力，它与土的密度有如下关系：

$$\gamma = \rho g \tag{1.6}$$

式中：g 为重力加速度，$g = 9.81 \text{m/s}^2$。

2. 描述土的孔隙体积相对含量的指标

通过上述 3 个基本试验指标和如图 1.9 所示的三相图，可推导出三相组成各部分体积的含量，并由此确定其他的有关物理性质指标。

（1）土的孔隙比与孔隙率。工程上常用孔隙比 e 和孔隙率 n 表示土中孔隙的含量。

孔隙比定义为土中孔隙体积与土粒体积之比，以小数表示，即

$$e = \frac{V_v}{V_s} \tag{1.7}$$

孔隙比是评价天然土层密实程度的重要指标。

孔隙率定义为土中孔隙体积与土的总体积之比,即单位体积的土体中孔隙所占的体积,以百分数表示,即

$$n = \frac{V_v}{V} \times 100\% \tag{1.8}$$

孔隙率亦可用来表示同一种土的疏松、密实程度,其值随土形成过程中所受的压力、颗粒级配和颗粒排列的状况而变化。一般粗粒土的孔隙率小,细粒土的孔隙率大。例如砂类土的孔隙率一般在28%～35%之间;黏性土的孔隙率有时可高达60%～70%。

(2) 土的饱和度。土的饱和度定义为土中所含水分的体积与孔隙体积之比,以百分数计,即

$$S_r = \frac{V_w}{V_v} \times 100\% \tag{1.9}$$

饱和度可描述土体中孔隙被水充满的程度。显然,干土的饱和度 $S_r=0$,当土处于完全饱和状态时 $S_r=100\%$。砂土根据饱和度可划分为下列3种湿润状态:

$$S_r \leqslant 50\% \quad 稍湿$$
$$50\% < S_r \leqslant 80\% \quad 很湿$$
$$80\% < S_r \leqslant 100\% \quad 饱和$$

3. 不同状态下土的密度与重度

土的密度除了用上述天然密度 ρ 表示以外,工程计算上还常用如下两种密度,即饱和密度、干密度。

饱和密度 ρ_{sat} 为土体中孔隙完全被水充满时的土的密度,即

$$\rho_{sat} = \frac{m_s + V_v \rho_w}{V} \tag{1.10}$$

干密度 ρ_d 为单位体积中固体颗粒的质量,即

$$\rho_d = \frac{m_s}{V} \tag{1.11}$$

工程上常用重度来表示各种含水状态下单位体积土的重力,与密度对应,饱和重度 $\gamma_{sat} = \rho_{sat} g$,干重度 $\gamma_d = \rho_d g$。除此之外,对受浮力作用的土体,粒间传递的力应是扣除浮力后的土颗粒重量,故另引入有效重度 γ' 表示扣除浮力后的饱和土体的单位体积的重力,即

$$\gamma' = \frac{m_s g - V_s \gamma_w}{V} \tag{1.12}$$

不同状态下的密度和重度在数值上有如下关系:

$$\rho_{sat} > \rho > \rho_d; \quad \gamma_{sat} > \gamma > \gamma_d > \gamma'$$

1.3.3 指标间的相互换算

表示三相比例关系的指标中,只要通过试验直接测定了土粒相对密度 d_s、含水率 w 和密度 ρ,便可利用三相图推算出其他各个指标。

图1.10是常用的土的三相比例指标换算图,绘制方法如下。

设土粒体积 $V_s = 1$。则根据孔隙比定义得

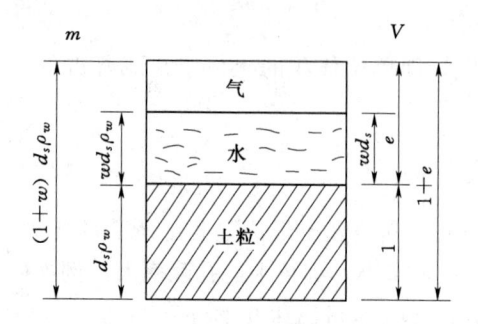

图 1.10 三相比例指标换算图

$$V_v = V_s e = e$$

所以
$$V = 1 + e$$

根据相对密度定义
$$m_s = d_s \rho_w V_s = d_s \rho_w$$

根据含水率定义
$$m_w = w m_s = w d_s \rho_w$$

所以
$$m = m_s + m_w = (1+w) d_s \rho_w$$

根据体积和质量关系
$$V_w = \frac{m_w}{\rho_w} = w d_s$$

将上述体积和质量标于三相图中相应位置，即可得到图 1.10。

由图 1.10 和指标的定义可得到下述计算公式：

$$e = \frac{V_v}{V_s} = \frac{V - V_s}{V_s} = \frac{m}{\rho} - 1 = \frac{(1+w) d_s \rho_w}{\rho} - 1 = \frac{d_s \rho_w}{\rho_d} - 1$$

$$\rho_d = \frac{m_s}{V} = \frac{d_s \rho_w}{1+e} = \frac{\rho}{1+w}$$

$$\rho_{sat} = \frac{m_s + V_v \rho_w}{V} = \frac{d_s + e}{1+e} \rho_w$$

$$\gamma' = \frac{m_s - V_s \rho_w}{V} g = \frac{(d_s - 1) \gamma_w}{1+e}$$

$$n = \frac{V_v}{V} = \frac{e}{1+e}$$

$$s_r = \frac{V_w}{V_v} = \frac{w d_s}{e}$$

表 1.2 列出了常用的土的三相比例指标换算公式。

表 1.2 土的三相比例指标常用换算公式

名称	符号	三相比例表达式	常用换算公式	常见的数值范围
土粒相对密度	d_s	$d_s = \frac{m_s}{V_s \rho_w}$	$d_s = \frac{s_r e}{w}$	黏性土：2.72～2.75 粉土：2.70～2.71 砂类土：2.65～2.69
含水率	w	$w = \frac{m_w}{m_s} \times 100\%$	$w = \frac{s_r e}{d_s}$；$w = \frac{\rho}{\rho_d} - 1$	砂类土：通常不大于 40% 黏性土：通常为 20%～60% 或更大 泥炭土：可大于 100%
密度	ρ	$\rho = \frac{m}{V}$	$\rho = \rho_d (1+w)$ $\rho = \frac{d_s (1+w)}{1+e} \rho_w$	1.6～2.0 g/cm³
干密度	ρ_d	$\rho_d = \frac{m_s}{V}$	$\rho_d = \frac{\rho}{1+w}$；$\rho_d = \frac{d_s}{1+e} \rho_w$	1.3～1.8 g/cm³

1.3 土的物理性质指标

续表

名称	符号	三相比例表达式	常用换算公式	常见的数值范围
饱和密度	ρ_{sat}	$\rho_{sat}=\dfrac{m_s+V_v\rho_w}{V}$	$\rho_{sat}=\dfrac{d_s+e}{1+e}\rho_w$	1.8~2.3g/cm³
重度	γ	$\gamma=\dfrac{m}{V}g=\rho g$	$\gamma=\gamma_d(1+w)$ $\gamma=\dfrac{d_s(1+w)}{1+e}\gamma_w$	16~20kN/m³
干重度	γ_d	$\gamma_d=\dfrac{m_s}{V}g=\rho_d g$	$\gamma_d=\dfrac{\gamma}{1+w}$；$\gamma_d=\dfrac{d_s}{1+e}\gamma_w$	13~18kN/m³
饱和重度	γ_{sat}	$\gamma_{sat}=\dfrac{m_s+V_v\rho_w}{V}g=\rho_{sat}g$	$\gamma_{sat}=\dfrac{d_s+e}{1+e}\gamma_w$	18~23kN/m³
有效重度	γ'	$\gamma'=\dfrac{m_s-V_s\rho_w}{V}g=\rho' g$	$\gamma'=\gamma_{sat}-\gamma_w$ $\gamma'=\dfrac{d_s-1}{1+e}\gamma_w$	8~13kN/m³
孔隙比	e	$e=\dfrac{V_v}{V_s}$	$e=\dfrac{wd_s}{S_r}$ $e=\dfrac{d_s(1+w)\rho_w}{\rho}-1$	黏性土和粉土：0.40~1.20 砂土：0.30~0.90
孔隙率	n	$n=\dfrac{V_v}{V}\times100\%$	$n=\dfrac{e}{1+e}$；$n=1-\dfrac{\rho_d}{d_s\rho_w}$	黏性土和粉土：30%~60% 砂土：25%~45%
饱和度	s_r	$s_r=\dfrac{V_w}{V_v}\times100\%$	$s_r=\dfrac{wd_s}{e}$；$s_r=\dfrac{w\rho_d}{n\rho_w}$	0~100%；淤泥通常大于90%

【例1.1】 已知某试验土样的体积为60cm³，湿土质量为110g，烘干后的干土质量为96g。若土粒的相对密度 d_s 为2.66，试求该土样的含水率 w、密度 ρ、重度 γ、干重度 γ_d、孔隙比 e、饱和度 s_r 和重度 γ_{sat} 和有效重度 γ'。

解：

$$w=\frac{m_w}{m_s}=\frac{110-96}{96}=0.1458=14.58\%$$

$$\rho=\frac{m}{V}=\frac{110}{60}=1.83(\text{g/cm}^3)$$

$$\gamma=\rho g=1.83\times9.81=17.95(\text{kN/m}^3)$$

$$\gamma_d=\rho_d g=\frac{m_s}{V}g=\frac{96}{60}\times9.81=15.69(\text{kN/m}^3)$$

$$e=\frac{d_s(1+w)\rho_w}{\rho}-1=\frac{2.66\times(1+0.1458)}{1.83}-1=0.665$$

$$s_r=\frac{wd_s}{e}=\frac{0.1458\times2.66}{0.665}=0.5832=58.3\%$$

$$\gamma_{sat}=\frac{d_s+e}{1+e}\gamma_w=\frac{2.66+0.665}{1+0.665}\times9.81=19.59(\text{kN/m}^3)$$

$$\gamma'=\gamma_{sat}-\gamma_w=19.59-9.81=9.78(\text{kN/m}^3)$$

【例1.2】 某完全饱和黏性土的含水率为 $w=60\%$，土粒相对密度 $d_s=2.7$，试按定

17

义确定土的孔隙比 e 和干密度 ρ_d。

解：

设土粒体积 $V_s = 1.0 \text{cm}^3$，则由如图 1.10 所示三相比例指标换算图可得

土粒的质量：
$$m_s = d_s \rho_w = 2.7 \text{g}$$

水的质量：
$$m_w = w m_s = 0.6 \times 2.7 = 1.62 (\text{g})$$

孔隙的体积：
$$V_v = V_w = \frac{m_w}{\rho_w} = 1.62 \text{cm}^3$$

则
$$e = \frac{V_v}{V_s} = \frac{1.62}{1.0} = 1.62$$

$$\rho_d = \frac{m_s}{V} = \frac{2.7}{1+1.62} = 1.03 (\text{g/cm}^3)$$

1.4 土的物理状态指标

土的物理状态指标可以间接描述土体的承载能力，对于黏性土是指土体的软硬程度，也称为黏性土的稠度，对于无黏性土则是指土体的密实程度。

1.4.1 黏性土的稠度

1. 黏性土的界限含水率

黏性土的稠度可定义为土对于受外力作用所引起变形或破坏的抵抗能力。如图 1.11 所示，当土中含水率很大时，土粒被自由水所隔开，表现为流动状；随着含水率的减少，土浆变稠，逐渐变成可塑的状态，这时土中水分主要为弱结合水；当含水率继续减少，土就呈现半固态；而当土中主要含强结合水时，土处于半固态或固态。土体状态的变化直接反映了土粒与水互相作用的结果。

图 1.11 黏性土的稠度状态

黏性土由一种状态过渡到另一种状态的界限含水率称为阿太堡界限（Atterberg limits），它对于黏性土的分类及工程性质判断具有重要意义。工程上常用的界限含水率有液限（liquid limit，w_L）、塑限（plastic limit，w_P）和缩限（shrinkage limit，w_S）。液限为土从流动状态转变为可塑状态时的界限含水率，塑限为土从可塑状态转为半固状态时的界限含水率；缩限为土由半固态转为固态时的界限含水率（图 1.11）。

液塑限的测定方法在我国一般采用"联合测定法"，试验仪器如图 1.12（a）所示。试验时取加了不同数量纯水的代表性试样调成三组不同稠度的土膏，用电磁落锥法［图 1.12（b）］分别测定圆锥在自重下沉入试样 5s 时的下沉深度，并按测定结果在双对数坐标纸上以含水率为横坐标、圆锥下落深度为纵坐标绘制关系线（图 1.13）。根据大量试验

1.4 土的物理状态指标

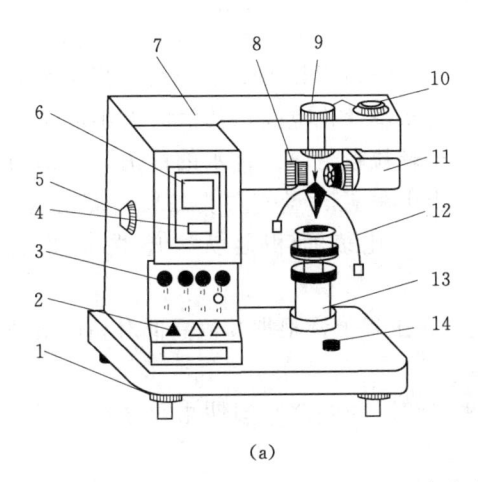

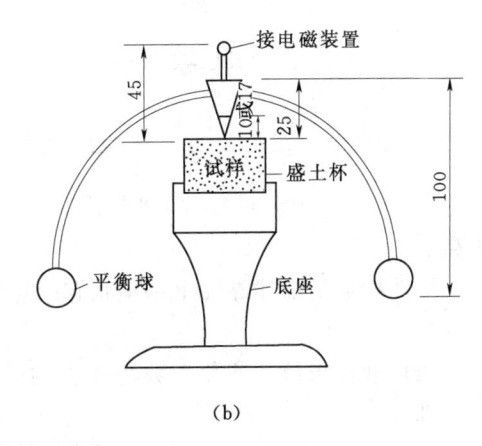

图 1.12 光电式液、塑限仪（单位：mm）
(a) 结构示意图；(b) 圆锥仪结构

1—水平调节螺丝；2—控制开关；3—指示灯；4—零线调节螺丝；5—反光镜调节螺丝；6—屏幕；
7—机壳；8—物镜调节螺丝；9—电磁装置；10—光源调节螺丝；11—光源装置；
12—圆锥仪；13—升降台；14—水平泡

资料，双对数坐标系中 $w-h$ 应为一条直线，如图 1.13 所示的 A 线。如果由试验结果获得的 3 点不在一条直线时，可通过高含水率的一点与其余两点连成两条直线，然后作其平均值连线，如图 1.13 所示的 B 线。试验方法标准规定，下沉深度 17mm 所对应的含水率为液限，下沉深度 2mm 所对应的含水率为塑限。我国部分行业也取下沉深度 10mm 所对应的含水率为液限。

美国、日本等国家一般采用碟式液限仪测定黏性土的液限，如图 1.14 所示。将调成土膏状的试样装在碟内，刮平表面，做成约 8mm 深的土饼；然后用开槽器在土中成槽，槽底宽约 2mm；将碟抬高 10mm 后使其自由下落，连续 25 次后，如土槽合拢长度为 13mm，此时土样对应的含水率即为液限。塑限采用搓条法测定：在毛玻璃板上用手掌慢慢将适当湿度的小土球搓滚成土条，若土条搓到 3mm 时出现横向断裂，则对应的含水率就是塑限。

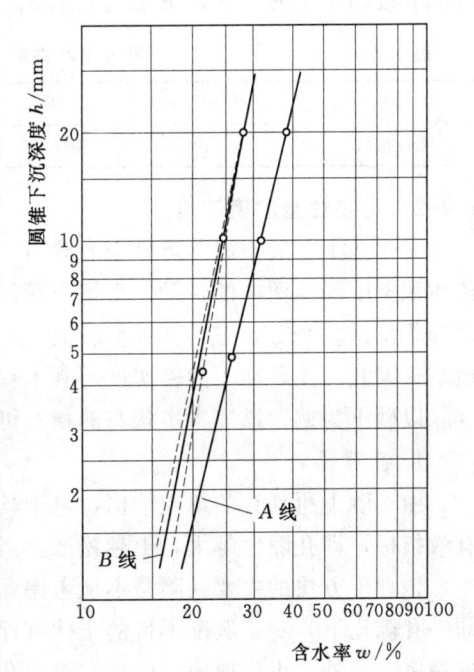

图 1.13 圆锥下沉深度与含水率关系图

碟式仪测得的液限值相当于落锥法确定的 $\lg w - \lg h$ 线上下落深度为 17mm 对应的含水率。

2. 黏性土的物理状态指标

(1) 塑性指数。塑性指数是指液限与塑限的差值，习惯上略去百分号，记为 I_P，即

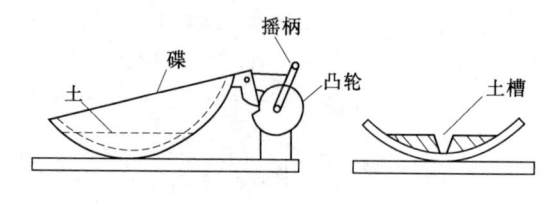

图 1.14 碟式液限仪

$$I_P = w_L - w_P \quad (1.13)$$

塑性指数表示土处在可塑状态的含水率变化范围，其值的大小取决于土颗粒吸附弱结合水的能力，亦即与土中黏粒含量有关。黏粒含量越多，土的比表面积越大，塑性指数就越高。

塑性指数是描述黏性土物理状态的重要指标之一，工程上常根据其值高低对黏性土进行分类。

(2) 液性指数。液性指数是指土的天然含水率与塑限的差值与塑性指数之比，记为 I_L，即

$$I_L = \frac{w - w_P}{I_P} \quad (1.14)$$

液性指数表征了土的天然含水率与界限含水率之间的相对关系。当 $I_L \leqslant 0$ 时，$w \leqslant w_P$，表示土处于坚硬状态；当 $I_L > 1$ 时，$w \geqslant w_L$，土处于流动状态。因此，根据 I_L 值可以直接判定土的软硬状态，见表 1.3。

表 1.3 黏性土状态的划分（GB 50007—2011）

状态	坚硬	硬塑	可塑	软塑	流塑
液性指数	$I_L \leqslant 0$	$0 < I_L \leqslant 0.25$	$0.25 < I_L \leqslant 0.75$	$0.75 < I_L \leqslant 1$	$I_L > 1$

1.4.2 无黏性土的密实度

无黏性土一般指砂（类）土和碎石（类）土。天然状态下无黏性土的密实度通常指单位体积土中固体颗粒的含量，根据土颗粒含量的多少，无黏性土处于从密实到松散的不同物理状态。呈密实状态时，强度较大，可作为良好的天然地基；呈松散状态时，则是不良地基。因此，无黏性土的密实度与其工程性质有着密切关系。

以砂土为例，描述密实状态的指标可采用下述几种。

1. 孔隙比 e

由于砂土所具有的单粒结构，对于具有相同级配的土，孔隙比 e 是评价砂土密实度的有效指标，即孔隙比越大，土越松散，当孔隙比小于某一限度值时，土处于密实状态。

该评价方法的主要缺陷是不能考虑颗粒级配这一重要因素对砂土密实状态的影响，如同一孔隙比下，对于级配不良的土体可评价为密实，而对级配良好的土体可能只能是中密或稍密。另外，由于取原状砂样和测定孔隙比存在实际困难，故在实用上也存在问题。

2. 相对密度 D_r

为了合理判定无黏性土所处的密实状态，在工程上提出了相对密度的概念：将现场土的孔隙比 e 与该种土所能达到最密实孔隙比 e_{min} 和最疏松孔隙比 e_{max} 相对比。相对密度以 D_r 表示：

$$D_r = \frac{e_{max} - e}{e_{max} - e_{min}} \quad (1.15)$$

式中：e 为砂土在天然状态下或某种控制状态下的孔隙比；e_{max} 为砂土在最疏松状态下的孔隙比，即最大孔隙比；e_{min} 为砂土在最密实状态下的孔隙比，即最小孔隙比。

当 $D_r=0$ 时，$e=e_{max}$，表示土处于最疏松状态。当 $D_r=1.0$ 时，$e=e_{min}$，表示土处于最密实状态。用相对密度 D_r 判定砂土密实度的标准如下：

$$D_r \leqslant \frac{1}{3} \quad 疏松$$

$$\frac{1}{3} < D_r \leqslant \frac{2}{3} \quad 中密$$

$$D_r > \frac{2}{3} \quad 密实$$

根据三相比例指标间的换算关系，将 $e=(d_s\rho_w/\rho_d)-1$ 代入式（1.15），可得到以干密度表示的相对密度为

$$D_r = \frac{\rho_{d\max}(\rho_d - \rho_{d\min})}{\rho_d(\rho_{d\max} - \rho_{d\min})} \tag{1.16}$$

采用相对密度评价砂土的密实度在理论上是比较合理的，但在实际使用中要通过试验准确测定原状土的 e_{max} 和 e_{min}（或 $\rho_{d\min}$ 和 $\rho_{d\max}$）却比较困难，而无黏性土的天然孔隙比测定的困难则已如上文所述。因此，该指标更多用于填方工程的质量控制，对于天然土的应用还有一定难度。

3. 原位试验

为避免原状试样的取样困难，可按原位标准贯入试验的锤击数 N 划分砂土的密实度，按原位重型圆锥动力触探的锤击数 $N_{63.5}$ 评定天然碎石土的密实度，见表 1.4。

表 1.4　　砂土和碎石土密实度评定（GB 50007—2011）

密实度	松散	稍密	中密	密实
按 N 评定砂土密实度	$N \leqslant 10$	$10 < N \leqslant 15$	$15 < N \leqslant 30$	$N > 30$
按 $N_{63.5}$ 评定碎石土的密实度	$N_{63.5} \leqslant 5$	$5 < N_{63.5} \leqslant 10$	$10 < N_{63.5} \leqslant 20$	$N_{63.5} > 20$

注　1. 用 N 值评定砂土密实度时，表中的 N 值为未经过修正的数值。当用静力触探探头阻力判定砂土的密实度时，可根据当地经验确定。
　　2. 用于评定碎石土密实度的 $N_{63.5}$ 为经综合修正后的平均值。本表适用于平均粒径小于或等于50mm且最大粒径不超过100mm的卵石、碎石、圆砾、角砾，对于平均粒径大于50mm或最大粒径大于100mm的碎石土，可按GB 50007—2011的附录B鉴别其密实度。

【例 1.3】　试验测定 A、B、C 3种土样的天然含水率 w、液限 w_L 及塑限 w_P 见表1.5，试判断各土样的稠度状态。

表 1.5　　土样 A、B、C 的试验结果

土样号	天然含水率 $w/\%$	液限 $w_L/\%$	塑限 $w_P/\%$
A	45.0	49.0	26.0
B	36.0	34.0	20.0
C	20.0	32.0	17.0

解：

A 土：

$$I_L = \frac{w - w_P}{w_L - w_P} = \frac{45.0 - 26.0}{49.0 - 26.0} = 0.83 \quad \text{属软塑状态}$$

B 土：

$$I_L = \frac{w - w_P}{w_L - w_P} = \frac{36.0 - 20.0}{34.0 - 20.0} = 1.14 \quad \text{属流塑状态}$$

C 土：

$$I_L = \frac{w - w_P}{w_L - w_P} = \frac{20.0 - 17.0}{32.0 - 17.0} = 0.20 \quad \text{属硬塑状态}$$

【例 1.4】 通过试验测定某砂土试样的天然干密度 $\rho_d = 1.66 \text{g/cm}^3$。已知砂样（$V = 1000 \text{cm}^3$）处于最密实状态时的干砂质量 $m_{s1} = 1.76 \text{kg}$，处于最疏松状态时的干砂质量 $m_{s2} = 1.55 \text{kg}$。试确定相对密实度 D_r，并判断该砂土所处的密实状态。

解：

砂土最大干密度：

$$\rho_{d\max} = \frac{m_{s1}}{V} = \frac{1760}{1000} = 1.76 (\text{g/cm}^3)$$

砂土最小干密度：

$$\rho_{d\min} = \frac{m_{s2}}{V} = \frac{1550}{1000} = 1.55 (\text{g/cm}^3)$$

相对密度：

$$D_r = \frac{\rho_{d\max}(\rho_d - \rho_{d\min})}{\rho_d(\rho_{d\max} - \rho_{d\min})} = \frac{1.76 \times (1.66 - 1.55)}{1.66 \times (1.76 - 1.55)} = 0.56$$

因为 $0.67 \geqslant D_r > 0.33$，所以该砂处于中密状态。

1.5 土的压实性

土的压实性是指土体在荷载作用下密度提高的特性。对于以土作为建筑材料的工程，为控制填土的强度和变形，在施工中需通过逐层压实来提高密实度。

1.5.1 击实试验

土的压实特性通常在室内通过击实试验来研究。击实试验分轻型和重型两种，试验所用仪器如图 1.15 所示，轻型击实试验适用于粒径 $d < 5\text{mm}$ 的黏性土，重型击实试验采用大击实筒，当击实层数为 5 层时适用于粒径 $d \leqslant 20\text{mm}$ 的土，当采用 3 层击实时，最大粒径 $d \leqslant 40\text{mm}$、且粒径大于 35mm 的颗粒含量不超过全重的 5%。

对于轻型击实试验，先将风干碾碎的代表性土样过 5mm 筛，将筛下土样拌匀并测定其风干含水率。根据土的塑限预估最优含水率。按依次相差约 2% 的含水率制备至少 5 个不同

1.5 土的压实性

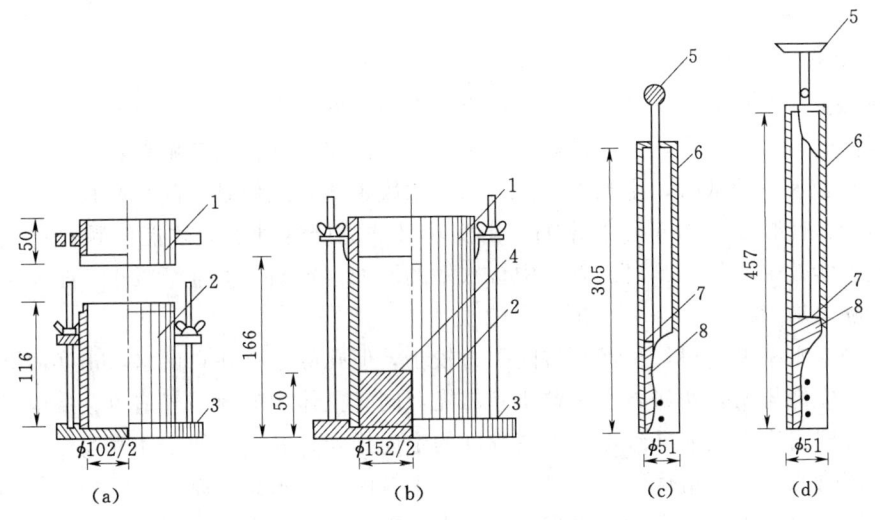

图 1.15 轻、重型试验仪（单位：mm）
(a) 轻型击实筒；(b) 重型击实筒；(c) 2.5kg 击锤；(d) 4.5kg 击锤
1—套筒；2—击实筒；3—垫块；4—垫块；5—提手；6—导筒；7—硬橡皮垫；8—击锤

含水率的一组试样，其中应有 2 个含水率大于塑限、2 个含水率小于塑限、1 个含水率近似塑限。试验时，将上述某一含水率的土料分 3 层装入击实筒并将土面整平，分层击实。每层土料用击实锤均匀击打 25 下，击锤落高由导筒控制。然后用推土器将击实后的试样从击实筒中推出，取 2 个代表性土样测其含水率（差值应小于 1）w，并按下式计算干密度，即

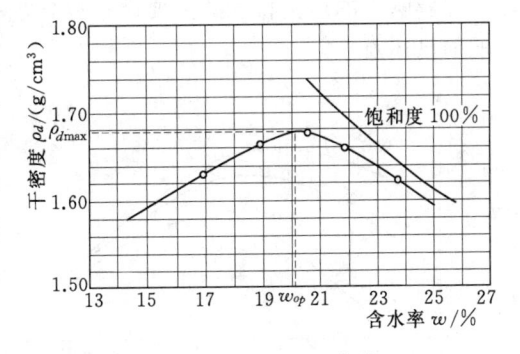

$$\rho_d = \frac{\rho_0}{1+0.01w} \tag{1.17}$$

图 1.16 $\rho_d - w$ 关系曲线

式中：ρ_0 为试样的湿密度，由击实筒体积和筒内被压实试样的总质量确定；w 为对应于某一制备土样被压实后的含水率。

对上述制备的不同含水率试样采用同样的方法逐一进行击实，然后测定各试样的干密度 ρ_d 和含水率 w，在直角坐标系中绘制出如图 1.16 所示的 $\rho_d - w$ 击实曲线。

图 1.16 所示曲线存在一极值点，由此可获得试验土样的最大干密度 $\rho_{d\max}$，对应的含水率被定义为最优含水率 w_{op}：在击实功一定的情况下，使土体最易被压实并能达到最大干密度时的含水率。

击实试验是确定压实填土最大干密度和最优含水率的有效方法。当无试验资料时，最优含水率 w_{op} 可按塑限含水率近似确定，即 $w_{op} = w_P \pm 2\%$，最大干密度 $\rho_{d\max}$ 的计算公式为

$$\rho_{d\max} = \eta \frac{\rho_w d_s}{1+0.01 w_{op} d_s} \tag{1.18}$$

式中：η 为经验系数，对粉质黏土可取 0.96，粉土取 0.97；其余符号意义同前。

1.5.2 压实特性

1. 压实机理

对细粒土，包括黏性土和可压实的粉土，在一定的压实能量下，只有当含水率适当时才能被压实到最大干密度，这一机理可通过土中水的状态和作用来解释：

(1) 当含水率偏低时，土颗粒周围的结合水膜很薄，致使颗粒间具有很强的引力，阻止颗粒移动并使颗粒趋向于任意排列，击实功必须克服这种引力才能使颗粒产生相对位移，造成击实效果降低。此时随着土中含水率的增加，粒间引力逐渐减小，击实功的有效作用也将随之增大。

(2) 当含水率偏高时，虽然颗粒间引力较小，但孔隙中存在自由水，击实时孔隙中过多水分不易立即排出，妨碍着土颗粒相互靠拢，同时土体中的封闭气泡也会影响颗粒间力的传递，此时击实功仅能导致颗粒更高程度的定向排列，并不能使土体密实。

(3) 当含水率接近最优含水率时，一方面土粒的结合水膜较厚，粒间联结较弱，土颗粒易于移动；另一方面土中不含或少含自由水，击实功主要由土中颗粒承担和传递，击实能使颗粒趋于密实，土体体积减小，获得最佳的击实效果。

2. 影响因素

影响土的压实特性的主要因素有含水率、击实能量、土类和级配等，其中含水率的影响前已述及。

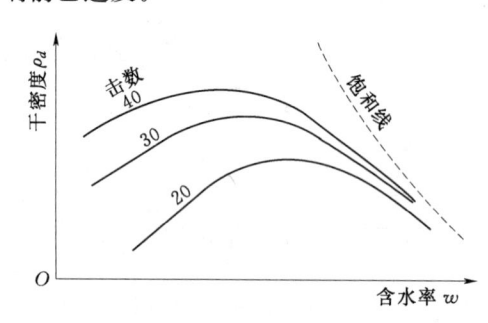

图 1.17 不同锤击次数下的击实曲线

(1) 击实能量的影响。试验证明，土的最优含水率随着夯击能量的大小而有所不同：当击实功加大时，最大干密度将加大，而最优含水率将降低。图 1.17 是通过击实试验得到的同一种土在不同锤击次数下的击实曲线，曲线表明，随着锤击次数的增加，干密度增加，最优含水率降低，曲线向上和向左移动。曲线还表明含水率低时击实功的影响更加显著，随着含水率的增高，击实曲线以饱和线为渐近线。

饱和线是指 $S_r = 100\%$ 时干密度与含水率的关系曲线，表达式可由 $e = wd_s/S_r = w_{sat}d_s$ 和 $e = (d_s\rho_w/\rho_d) - 1$ 直接求得，为

$$\rho_d = \frac{d_s\rho_w}{1+e} = \frac{d_s\rho_w}{1+w_{sat}d_s} \tag{1.19}$$

式中：w_{sat} 为试样的饱和含水率。

由于土体不可能被击实至完全饱和状态，所以土的击实曲线不会与图 1.17 中饱和线相交，这往往可检验试验成果的正确与否。

根据击实功对击实效果的影响，在实际工程中可以通过增加碾压次数或夯击次数提高土体的密实度，但要注意这种措施的有效性随着击实功的增大将逐渐减小。

(2) 土类和级配的影响。当固相中黏土矿物增多时，在相同的击实功下，土体的特性表现为最优含水率增大和最大干密度下降。因为在同一含水率下，黏粒含量越高，结合水

膜就越厚，土体越难被击实。

在击实功一定的条件下，含粗粒越多的土样其干密度越大，相应的最优含水率越小。

土的级配对土的击实性也有较大影响，同一土类中，由于颗粒间的充填作用，级配良好的土压实后的干密度高于级配不良的土。

3. 无黏性土

无黏性土的击实机理与黏性土不同，含水率对击实效果的影响是通过表面张力来反映的，因此其击实特性也与黏性土有很大的差别。图1.18是砂土的击实曲线：当含水率很小甚至趋于零（干砂）时，在压力与震动作用下土体易趋密实，干密度较大；当含水率较大时，由于饱和砂土的排水性较好，也容易被压实。当含水率为某一范围、使得砂土稍湿时，因颗粒间表面张力作用产生的假凝聚力会使砂土颗粒互相约束而难以相互移动，这种情况下击实效果较差。

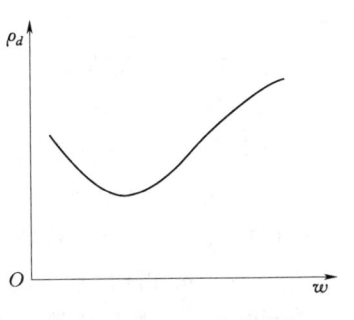

图 1.18 砂土的击实曲线

1.5.3 压实系数

土的压实系数是指现场控制的土质材料压实后的干密度 ρ_d 与室内标准击实试验所确定的最大干密度 $\rho_{d\max}$ 之比，以 λ_c 表示为

$$\lambda_c = \frac{\rho_d}{\rho_{d\max}} \tag{1.20}$$

压实系数是控制填土工程质量的标准之一。λ_c 越大，表明填土的压实质量越好。检验填土工程压实效果的方法一般有环刀法、灌砂（水）法、湿度密度仪法、核子密度仪法等。由于现场压实条件和室内试验条件的差异，一般要求 λ_c 在 0.94～0.97 之间。根据结构类型和压实填土所处部位 λ_c 的控制值见表1.6。

表 1.6　　　　　　　　压实填土的质量控制（GB 50007—2011）

结构类型	填土部位	压实系数 λ_c	控制含水率/%
砌体承重及框架结构	在地基主要受力层范围内	≥0.97	$w_{op} \pm 2$
	在地基主要受力层范围以下	≥0.95	
排架结构	在地基主要受力层范围内	≥0.96	
	在地基主要受力层范围以下	≥0.94	

1.6 土 的 工 程 分 类

土的分类就是根据实践经验和土的主要特征，遵循简明和客观反映工程特性差异的原则，把工程性能近似的土划分为一类，以便于正确选择对土的研究方法和大致判断土的工程特性。由于各部门对土的工程性质的着眼点不完全相同，因而目前并无各行业完全统一的分类体系和分类方法，本节主要依据《土的工程分类标准》(GB/T 50145—2007)、《建筑地基基础设计规范》（GB 50007—2011）和《岩土工程勘察规范》（GB 50021—2001）阐述土的分类。

1.6.1 土的工程分类方法

《土的工程分类标准》（GB/T 50145—2007）把工程用土按其不同粒组的相对含量划分为巨粒类土、粗粒类土和细粒类土。

1. 巨粒类土分类标准

根据粒组，巨粒类土划分为6种土类，见表1.7。试样中巨粒组（$d \geqslant 60$mm）含量不大于15%时，可扣除巨粒，按粗粒类土或细粒类土的相应规定分类；当巨粒对土的总体性状有影响时，可将巨粒计入砾粒组进行分类。

表1.7　　　　　　　　　巨粒类土的分类（GB/T 50145—2007）

土类	粒组含量		土类代号	土类名称
巨粒土	巨粒含量>75%	漂石含量大于卵石含量	B	漂石（块石）
		漂石含量不大于卵石含量	Cb	卵石（碎石）
混合巨粒土	50%<巨粒含量≤75%	漂石含量大于卵石含量	BSl	混合土漂石（块石）
		漂石含量不大于卵石含量	CbSl	混合土卵石（碎石）
巨粒混合土	15%<巨粒含量≤50%	漂石含量大于卵石含量	SlB	漂石（块石）混合土
		漂石含量不大于卵石含量	SlCb	卵石（碎石）混合土

注　巨粒混合土可根据所含粗粒或细粒的含量进行细分。

2. 粗粒类土分类标准

试样中粗粒组（0.075mm<d≤60mm）含量大于50%的土称粗粒类土，其中砾粒组（2mm<d≤60mm）含量大于砂粒组（0.075mm<d≤2mm）含量的土称砾类土，砾粒组含量不大于砂粒组含量的土称砂类土。根据粒组、级配和细粒土含量，粗粒类土进一步划分为10种土类，见表1.8和表1.9。

表1.8　　　　　　　　　砾类土的分类（GB/T 50145—2007）

土类	粒组含量		土类代号	土类名称
砾	细粒含量<5%	级配 $C_u \geqslant 5$，$1 \leqslant C_c \leqslant 3$	GW	级配良好砾
		级配：不同时满足上述要求	GP	级配不良砾
含细粒土砾	5%≤细粒含量<15%		GF	含细粒土砾
细粒土质砾	15%≤细粒含量<50%	细粒组中粉粒含量不大于50%	GC	黏土质砾
		细粒组中粉粒含量大于50%	GM	粉土质砾

表1.9　　　　　　　　　砂类土的分类（GB/T 50145—2007）

土类	粒组含量		土类代号	土类名称
砂	细粒含量<5%	级配 $C_u \geqslant 5$，$1 \leqslant C_c \leqslant 3$	SW	级配良好砂
		级配：不同时满足上述要求	SP	级配不良砂
含细粒土砂	5%≤细粒含量<15%		SF	含细粒土砂
细粒土质砂	15%≤细粒含量<50%	细粒组中粉粒含量不大于50%	SC	黏土质砂
		细粒组中粉粒含量大于50%	SM	粉土质砂

1.6 土 的 工 程 分 类

3. 细粒类土分类标准

试样中细粒组（$d \leqslant 0.075\text{mm}$）含量不小于50%的土称细粒类土。细粒类土根据塑性图、所含粗粒类别以及有机质含量可进一步划分：试样中粗粒组含量不大于25%的土称细粒土；粗粒组含量大于25%且不大于50%的土称含粗粒的细粒土；有机质含量小于10%且不小于5%的土称有机质土；有机质含量大于等于10%的土称为有机土。

细粒土按如图1.19所示的塑性图分类，土的分类定名见表1.10。

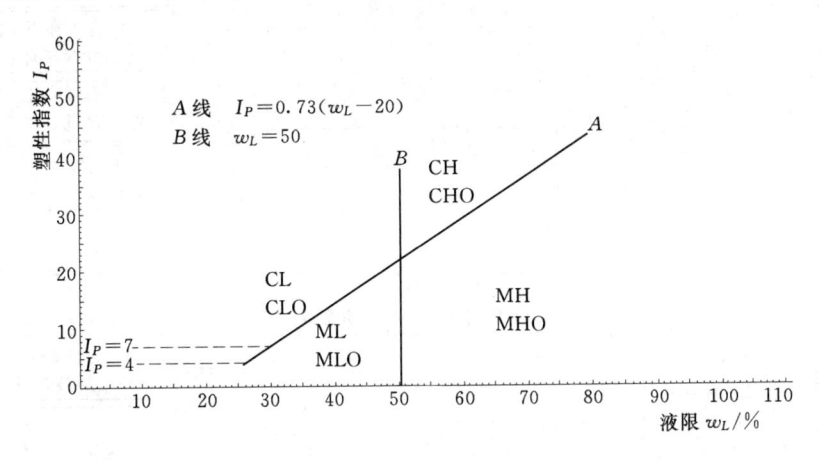

图1.19 塑性图（液限仪锥尖入土17mm）

注：1. 图中的液限 w_L 为用碟式仪测定的液限含水率或用质量76g、锥角为30°的液限仪锥尖入土深度17mm对应的含水率。
2. 图中虚线之间区域为黏土-粉土过渡区（CL-ML）。

表1.10 细粒土的分类（液限仪锥尖入土17mm）（GB/T 50145—2007）

土的塑性指标在塑性图中的位置		土类代号	土类名称
塑性指数 I_P	液限 w_L		
$I_P \geqslant 0.73(w_L-20)$ 和 $I_P \geqslant 7$	$w_L \geqslant 50\%$	CH	高液限黏土
	$w_L < 50\%$	CL	低液限黏土
$I_P < 0.73(w_L-20)$ 和 $I_P < 4$	$w_L \geqslant 50\%$	MH	高液限粉土
	$w_L < 50\%$	ML	低液限粉土

注 黏土-粉土过渡区（CL-ML）可按相邻土层的类别细分。

含粗粒的细粒土应根据所含细粒土的 I_P、w_L 在塑性图中的位置及所含粗粒类别，按下列规定划分：粗粒中砾粒含量大于砂粒含量，称含砾细粒土，应在细粒土代号后加代号G；粗粒中砾粒含量不大于砂粒含量，称含砂细粒土，应在细粒土代号后加代号S。例如，CHG为含砾高液限黏土、MLS为含砂低液限粉土等。

若细粒土内含部分有机质，则需在土名称中加"有机质（以O表示）"，例如MLO为有机质低液限粉土。

土的含量或指标等于界限值时，可根据使用目的按偏于安全的原则分类。

《土的工程分类标准》（GB/T 50145—2007）将土的工程分类体系制成了如图1.20所示的框图，以便于使用。

第1章 土的物理性质及工程分类

```
巨粒类土           ┌ 巨粒含量>75%              ┌ 漂石 B      漂石含量>卵石含量
巨粒组含量 ────────┤                           └ 卵石 Cb     漂石含量≤卵石含量
  >15%            ├ 50%<巨粒含量≤75%          ┌ 混合土漂石 BSl   漂石含量>卵石含量
                  │                           └ 混合土卵石 CbSl  漂石含量≤卵石含量
                  └ 15%<巨粒含量≤50%          ┌ 漂石混合土 SlB   漂石含量>卵石含量
                                              └ 卵石混合土 SlCb  漂石含量≤卵石含量

粗粒类土           ┌ 砾                        ┌ 砾 G              细粒含量<5%
粗粒组含量 ────────┤ 砾粒组含量>砂粒组含量      ├ 含细粒土砾 GF     5%≤细粒含量<15%
  >50%            │                           └ 细粒土质砾 GC,GM  15%≤细粒含量<50%
                  └ 砂                        ┌ 砂 S              细粒含量<5%
                    砾粒组含量≤砂粒组含量      ├ 含细粒土砂 SF     5%≤细粒含量<15%
                                              └ 细粒土质砂 SC,SM  15%≤细粒含量<50%
```

细粒类土
细粒组含量
≥50%

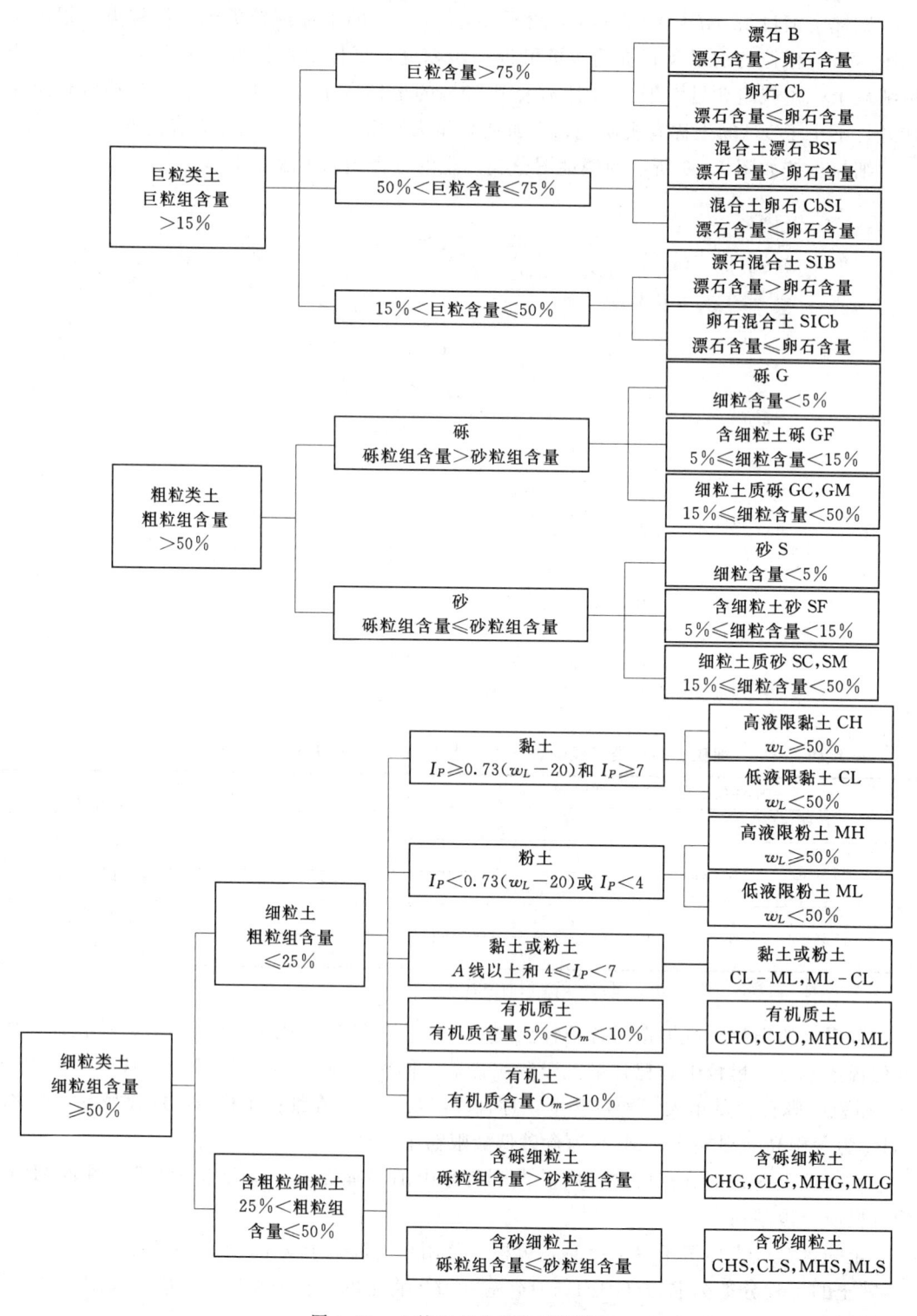

├ 细粒土 粗粒组含量 ≤25%
│ ├ 黏土 $I_P \geq 0.73(w_L-20)$ 和 $I_P \geq 7$
│ │   ├ 高液限黏土 CH $w_L \geq 50\%$
│ │   └ 低液限黏土 CL $w_L < 50\%$
│ ├ 粉土 $I_P < 0.73(w_L-20)$ 或 $I_P < 4$
│ │   ├ 高液限粉土 MH $w_L \geq 50\%$
│ │   └ 低液限粉土 ML $w_L < 50\%$
│ ├ 黏土或粉土 A线以上和 $4 \leq I_P < 7$ — 黏土或粉土 CL-ML, ML-CL
│ ├ 有机质土 有机质含量 $5\% \leq O_m < 10\%$ — 有机质土 CHO, CLO, MHO, ML
│ └ 有机土 有机质含量 $O_m \geq 10\%$
└ 含粗粒细粒土 25%<粗粒组 含量≤50%
   ├ 含砾细粒土 砾粒组含量>砂粒组含量 — 含砾细粒土 CHG, CLG, MHG, MLG
   └ 含砂细粒土 砾粒组含量≤砂粒组含量 — 含砂细粒土 CHS, CLS, MHS, MLS

图 1.20 土的工程分类体系框图

1.6 土的工程分类

1.6.2 建筑地基土分类方法

《建筑地基基础设计规范》(GB 50007—2011)和《岩土工程勘察规范》(GB 50021—2001)根据土的天然结构、土的工程性质以及土的特殊成因对建筑地基土类进行划分。

1. 按沉积年代和地质成因划分

《岩土工程勘察规范》(GB 50021—2001)按沉积年代把地基土划分为：①老沉积土，指第四纪晚更新世 Q_3 及其以前沉积的土，一般呈超固结状态，具有较高的结构强度；②新近沉积土，指第四纪全新世中近期沉积的土，结构强度较低。

根据地质成因，地基土可划分为残积土、坡积土、洪积土、冲积土、淤积土、冰积土和风积土等。

2. 按颗粒级配和塑性指数划分

《建筑地基基础设计规范》(GB 50007—2011)和《岩土工程勘察规范》(GB 50021—2001)把作为建筑地基的岩土分为岩石、碎石土、砂土、粉土、黏性土和人工填土。

(1) 岩石。颗粒间牢固黏结，呈整体或具有节理裂隙的岩体称为岩石。根据岩块的饱和单轴抗压强度，对岩石坚硬程度进行分类见表 1.11。

表 1.11　　　　　　　　　岩石坚硬程度的划分 (GB 50007—2011)

坚硬程度类别	坚硬岩	较硬岩	较软岩	软岩	极软岩
饱和单轴抗压强度 f_{rk}/MPa	$f_{rk}>60$	$30<f_{rk}\leqslant 60$	$15<f_{rk}\leqslant 30$	$5<f_{rk}\leqslant 15$	$f_{rk}\leqslant 5$

(2) 碎石土。粒径大于 2mm 的颗粒含量超过全重的 50% 的土被定义为碎石土。根据颗粒形状及粒组含量，碎石土可按表 1.12 分为漂石、块石、卵石、碎石、圆砾和角砾。

表 1.12　　　　　　　　　碎石土的分类 (GB 50007—2011)

土的名称	颗粒形状	粒组含量
漂石	圆形及亚圆形为主	粒径大于 200mm 的颗粒含量超过全重 50%
块石	棱角形为主	
卵石	圆形及亚圆形为主	粒径大于 20mm 的颗粒超过全重 50%
碎石	棱角形为主	
圆砾	圆形及亚圆形为主	粒径大于 2mm 的颗粒含量超过全重 50%
角砾	棱角形为主	

注　分类时应根据粒组含量栏从上到下以最先符合者确定。

(3) 砂土。粒径大于 2mm 的颗粒含量不超过全重 50%、粒径大于 0.075mm 的颗粒超过全重 50% 的土被定义为砂土。根据粒组含量，砂土可按表 1.13 分为砾砂、粗砂、中砂、细砂和粉砂。

碎石土和砂土的密实度可按表 1.4 分为松散、稍密、中密、密实。

(4) 粉土。粒径大于 0.075mm 的颗粒含量不超过全重 50% 且塑性指数 $I_P\leqslant 10$ 的土被定义为粉土。粉土介于砂土与黏性土之间，其密实度应根据孔隙比划分为密实 ($e<0.75$)、中密 ($0.75\leqslant e\leqslant 0.9$)、稍密 ($e>0.9$)，其湿度应根据含水率划分为稍湿 ($w<20\%$)、湿 ($20\%\leqslant w\leqslant 30\%$)、很湿 ($w>30\%$)。

表1.13　　　　　　　　砂土的分类（GB 50007—2011）

土的名称	粒组含量	土的名称	粒组含量
砾砂	粒径大于2mm的颗粒含量占全重25%~50%	细砂	粒径大于0.075mm的颗粒含量超过全重85%
粗砂	粒径大于0.5mm的颗粒含量超过全重50%	粉砂	粒径大于0.075mm的颗粒含量超过全重50%
中砂	粒径大于0.25mm的颗粒含量超过全重50%		

注　分类时应根据粒组含量栏从上到下以最先符合者确定。

（5）黏性土。黏性土是指塑性指数 $I_P > 10$ 的土。根据塑性指数，黏性土分为黏土和粉质黏土，分类见表1.14。

黏性土的状态可按表1.3分为坚硬、硬塑、可塑、软塑、流塑。

表1.14　　　　　　　　黏性土的分类（GB 50007—2011）

塑性指数 I_P	土的名称	塑性指数 I_P	土的名称
$I_P > 17$	黏土	$10 < I_P \leqslant 17$	粉质黏土

注　塑性指数由相应于76g圆锥体沉入土样中深度为10mm时测定的液限计算而得。

（6）人工填土。人工填土是指由于人类活动而形成的堆积物。其物质成分较杂乱，均匀性较差。人工填土根据其组成和成因，可分为素填土、压实填土、杂填土和冲填土。

素填土为由碎石土、砂土、粉土、黏性土等组成的填土；压实填土指经过压实或夯实的素填土；杂填土为含有建筑垃圾、工业废料、生活垃圾等杂物的填土；冲填土指由水力冲填泥沙形成的填土。

除了上述土类之外，还有一些特殊土，包括淤泥、淤泥质土、泥炭、泥炭质土、红黏土、膨胀土、湿陷性等。此类土具有特殊的工程性质和分类方法，其相关内容在第13、15章详细介绍。

【例1.5】试验确定某土样的天然含水率和界限含水率为：$w = 35\%$、$w_P = 26\%$、$w_L = 47\%$，试按塑性图确定土的名称。

解：

塑性指数　　　　　　　　$I_P = 47 - 26 = 21$
$$0.73(w_L - 20) = 0.73 \times (47 - 20) = 19.71 < I_P$$

由图1.19确定土名称为低液限黏土（CL）。

【例1.6】颗粒分析试验确定 A、B、C 3种粗粒土的颗粒级配曲线如图1.21所示，试按建筑地基土分类方法确定3种土的名称。

解：

A 土：从 A 土的颗粒级配曲线查得，粒径小于2mm的占总土质量的67%、粒径小于0.075mm占总土质量的21%，满足粒径大于2mm的不超过50%、粒径大于0.075mm的超过50%的要求，所以该土属于砂土。

又由于粒径大于2mm的占总土质量的33%，满足粒径大于2mm占总土质量25%~50%的要求，故此土应命名为砾砂。

B 土：粒径大于2mm的没有，粒径大于0.075mm的占总土质量的52%，属于砂土。按表1.13分类，此土应命名为粉砂。

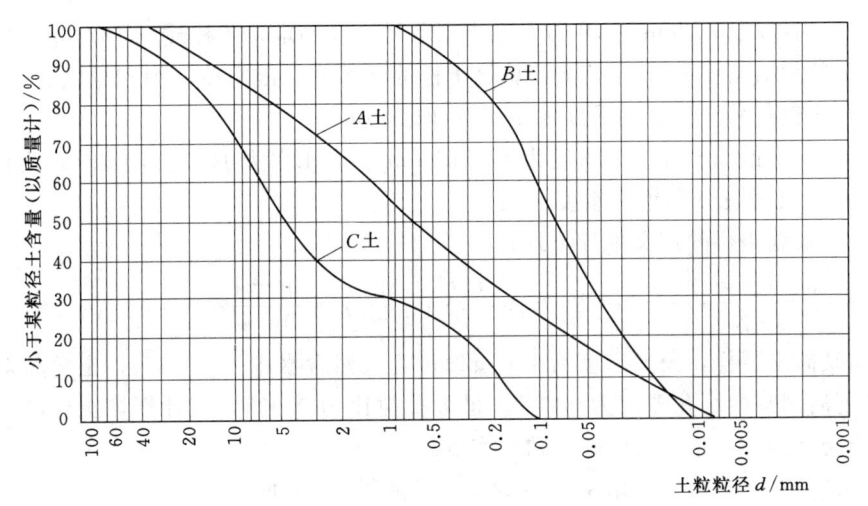

图 1.21　A、B、C 3 种土的颗粒级配曲线（［例 1.6］图）

C 土：粒径大于 2mm 的占总土质量的 67%，粒径大于 20mm 的占总土质量的 13%，由表 1.12 可得，该土应命名为圆砾或角砾。

思　考　题

1.1　什么是土的三相体系？
1.2　d_{10}、d_{60}、d_{30} 分别是什么粒径？如何确定 C_u 和 C_c？
1.3　土中水分为几种？各自的特征是什么？
1.4　土的结构可归纳为哪几类？其与矿物成分、成因条件有何关系？
1.5　土的三相比例指标中哪些指标是可直接测定的？如何测定？
1.6　简述采用孔隙比 e、相对密度 D_r 描述无黏性土密实度的优缺点。
1.7　黏性土的稠度界限有哪些？稠度状态如何划分？
1.8　按规范方法，建筑地基的岩土可分为几大类？其划分依据是什么？

习　题

1.1　试评价图 1.22 中甲、乙两种土样的颗粒级配情况。

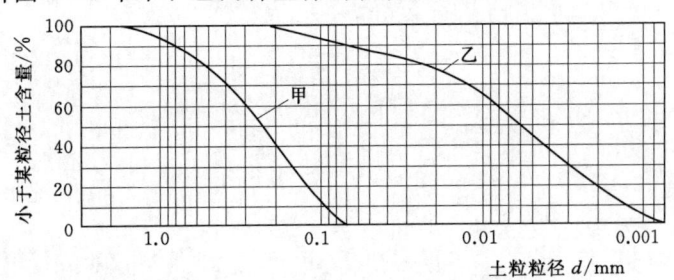

图 1.22　甲、乙两种土样的颗粒级配曲线

1.2 采用体积为72cm³的环刀对某土层取样,经测定,土样质量132.5g,烘干质量112.5g,土粒相对密度为2.70,试计算该土样的含水率、湿重度、饱和重度、有效重度、干重度,并比较各种情况下的重度大小。(g 取 9.8m/s²)

1.3 已知某饱和土样的干重度为18.5kN/m³,含水率为16.0%,试求该土样的土粒相对密度d_s、孔隙比e和饱和重度γ_{sat}?

1.4 试根据指标的定义推导下式:

(1) $e = \dfrac{d_s(1+w)\gamma_w}{\gamma} - 1$; (2) $S_r = \dfrac{wd_s}{e}$; (3) $\gamma' = \dfrac{d_s-1}{1+e}\gamma_w$

1.5 某砂土试样,天然密度为1.67g/cm³,天然含水率为10.8%,土粒相对密度为2.66,烘干后测定最小孔隙比为0.441,最大孔隙比为0.935,试计算该土样的天然孔隙比e和相对密度D_r,并评定该砂土的密实度。

1.6 某黏性土试样,含水率$w=32.6\%$,液限$w_L=47.3\%$,塑限$w_P=28.4\%$,试计算该土的塑性指数I_P和液性指数I_L,并根据塑性指数确定该土的名称及状态。

1.7 某无黏性试样,标准贯入试验锤击数$N=25$,饱和度$S_r=83\%$,土样颗粒分析结果见表1.15。试根据建筑地基土的分类方法确定该土的名称和状态。

表1.15　　　　　　　　　土样颗粒分析结果

粒径/mm	>2	2~0.5	0.5~0.25	0.25~0.075	<0.075
粒组含量/%	10.2	25.6	37.5	16.7	10.0

第1章 习题答案

第 2 章 土 的 渗 透 性

由于土体中存在大量孔隙，所以当饱和土体中两点存在能量差时，土中水就在土体孔隙中从能量高的点向能量低的点流动。土中水在重力作用下穿过土体中连通孔隙发生流动的现象称为渗流，土体具有被水透过的性能称为土的渗透性。土的渗透性是土的主要力学特性之一，将改变土中应力，产生一系列与强度、变形有关的问题。所以，土的渗透性与工程实践密切相关，特别是对基坑、堤坝、路基、闸坝等工程有很大影响。

土的渗透性研究主要解决三方面问题：①渗流量问题；②渗透破坏问题；③渗流控制问题。

土的渗透性与土的饱和度有关，本章主要介绍饱和土的渗透性，包括土的渗透规律、渗透系数的测定方法、土中二维渗流及流网、渗透破坏及工程措施。

2.1 渗 透 规 律

2.1.1 达西定律

法国工程师达西（Darcy. H）曾于 1855 年利用如图 2.1 所示的试验装置对均质砂试样的渗透性进行了研究，发现水在土中的渗透速度与试样的水力坡降成正比，即

$$v = k\frac{h}{L} = ki \quad (2.1)$$

或

$$q = vA = kiA \quad (2.2)$$

式中：v 为断面平均渗透速度，cm/s；h 为试样两断面的水位差，即水头损失；L 为渗径；i 为水力坡降，代表单位渗流长度上的水头损失；q 为单位渗流量，cm³/s；A 为垂直于渗流方向的土样的截面积（图中圆筒断面积），mm²；k 为土的渗透系数，cm/s，反映土的渗透能力。

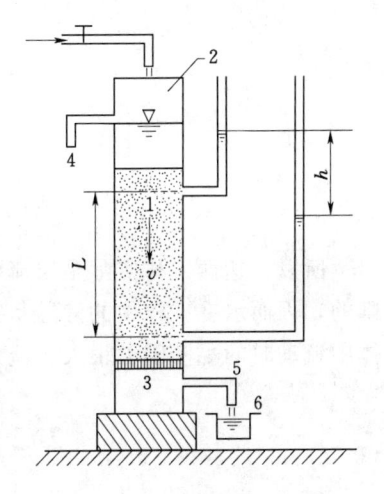

图 2.1 达西渗透试验示意图
1—砂样；2—直立圆筒；3—滤板；
4—溢水管；5—出水管；6—量杯

式（2.1）或式（2.2）即为达西定律的数学表达式，表明水在土中的渗流速度与水力坡降的一次方成正比，并与土的性质有关。

必须指出，由式（2.1）求出的渗透速度是一种假想的平均流速，即假定水在土中的渗流是通过土体的整个截面，而不是仅仅只通过土中孔隙。因此，水在土中的实际平均流速会大于按达西定律确定的平均流速。因为实际平均流速很难确定，所以目前在渗流计算

中广泛采用的是达西定律计算结果。

2.1.2 达西定律适用范围

式（2.1）描述的砂土渗透速度与水力坡降呈线性关系，如图 2.2（a）所示。

进一步试验证明，对于密实黏土中的渗流，由于孔隙中全部或大部分充满结合水，形成较大的黏滞阻力，当水力坡降较小时，土中不产生渗流，只有当渗透力克服了结合水的黏滞阻力后才能发生渗透，渗透规律呈非线性，如图 2.2（b）中实线所示。因此，对于密实黏土来说，存在一个起始水力坡降 $i_b>0$，即开始发生渗透时的水力梯度。为方便实际应用，通常将黏性土的渗透规律用直线来近似，如图 2.2（b）中的虚线所示。所以，密实黏土的渗透规律可表达为

$$v=k(i-i_b) \tag{2.3}$$

式中：i_b 为密实黏土的起始水力坡降；其余符号意义同前。

对于粗粒土（如砾、卵石地基或堆石坝体等）中的渗流，只有在较小的水力坡降下，渗透速度与水力坡降才呈线性关系，当渗透速度超过临界流速 v_{cr} 时，水在土中的流动不符合层流状态，渗透速度与水力坡降的关系是非线性的，如图 2.2（c）所示。

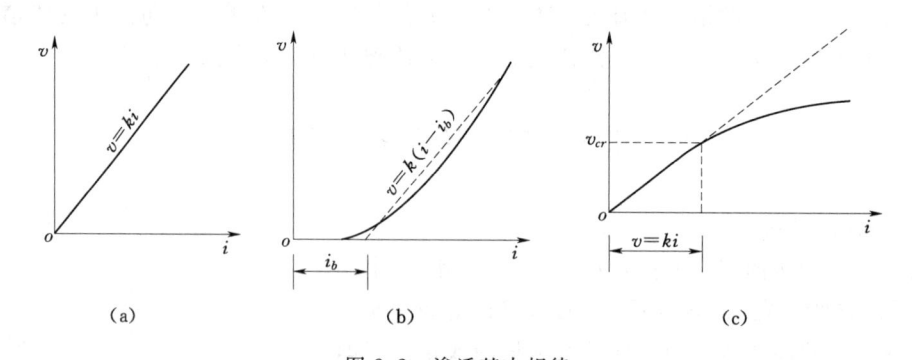

图 2.2 渗透基本规律
(a) 砂土；(b) 密实黏土；(c) 砾石、卵石

所以，达西定律实际是层流渗透定律。由于土体中土粒和孔隙的形状与大小都是不规则的，因而水在孔隙中的渗透状态极其复杂。但也由于土体中孔隙一般非常微小，水在土体中流动时的黏滞阻力很大、流速缓慢，因此，其流动状态大多属于层流。

2.2 渗透试验及渗透系数

渗透系数指单位水力坡降下土中水的渗流速度，综合反映土的透水性强弱，是土的重要力学性质指标。

2.2.1 渗透试验

土的渗透系数 k 须由试验直接测定，分为室内渗透试验和现场渗透试验，室内外试验原理均以达西定律为依据，室内试验需采用原状试样。

1. 室内渗透试验

室内渗透试验按照适用土类和仪器类型分为常水头试验和变水头试验，一般应取 3～

4个试样进行平行试验,以平均值作为试样在该孔隙比下的渗透系数。

(1) 常水头渗透试验。常水头渗透试验适用于透水性较大的粗粒土(砂质土),试验装置如图2.3所示,试验过程中作用于土样的水头保持不变。

试验时使水渗透通过截面为A的饱和试样(上端铺厚约2cm的砾石缓冲层),待测压管水位稳定后,通过测定某时间间隔t内流过试样的渗透水量V,则可以根据达西定律确定土样的渗透系数:

$$V = qt = kiAt$$

代入水力坡降$i = h/L$,得

$$k = \frac{VL}{hAt} \tag{2.4}$$

式中:h为平均水位差$\left(\frac{h_1 + h_2}{2}\right)$,$h_1$、$h_2$如图2.3所示。

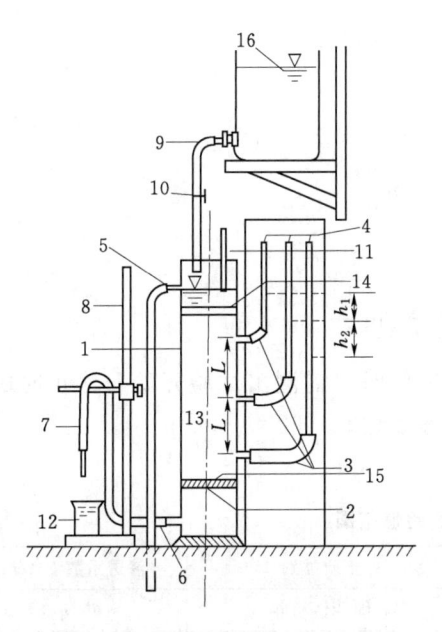

图2.3 常水头试验装置
1—封底金属圆筒;2—金属孔板;3—测压孔;4—测压管;
5—溢水孔;6—渗水孔;7—调节管;8—滑动支架;
9—供水管;10—止水夹;11—温度计;12—量杯;
13—试样;14—砾石层;15—滤网;16—供水瓶

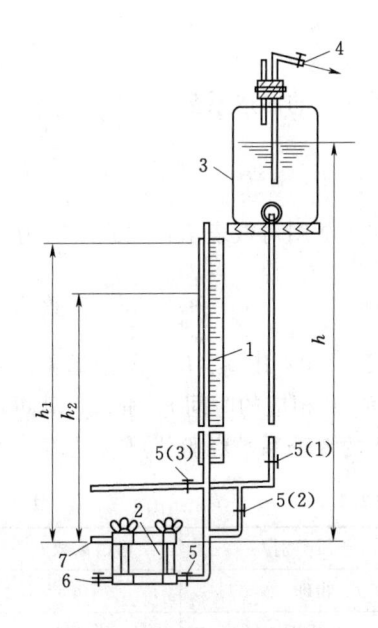

图2.4 变水头试验装置
1—变水头管;2—渗透容器;3—供水瓶;
4—接水源管;5—进水管夹;
6—排气管;7—出水管

(2) 变水头渗透试验。变水头渗透试验适用于细粒土(黏质土和粉质土),实验装置如图2.4所示,试验过程中作用于土样的水头随时间而变化。

试验时,将水头管充水至需要高度后,关进水管夹5(2),渗透水流通过直立的带有刻度的变水头管自下而上流经试样,通过测记某一时段dt的起始水头h_1和终了水头h_2建立瞬时达西定律,由此推出渗透系数k的表达式。

设经时段dt后内截面积为a的变水头管中水位降落了$dh = h_1 - h_2$,则在dt时段内

流经该管的水量 dV_a 为

$$dV_a = -a\,dh \tag{2.5}$$

式中：负号表示水量 V 随水头差 h 的降低而增加。

根据达西定律，在 dt 时段内流经试样的水量 dV_k 可表示为

$$dV_k = kiA\,dt = k\frac{h}{L}A\,dt \tag{2.6}$$

式中：A 为试样截面积，mm^2；L 为试样高度，mm。

根据水流连续性原理，变水头管中减少的水量与流经土样的水量相等，即 $dV_a = dV_k$，所以，由式（2.5）和式（2.6）有

$$-a\,dh = k\frac{h}{L}A\,dt \tag{2.7}$$

将式（2.7）两边积分

$$\int_{t_1}^{t_2} dt = -\int_{h_1}^{h_2} \frac{aL}{kA}\frac{dh}{h}$$

得到土的渗透系数

$$k = \frac{aL}{A(t_2-t_1)}\ln\frac{h_1}{h_2} \tag{2.8}$$

如用常用对数表示，上式可写为

$$k = 2.3\frac{aL}{A(t_2-t_1)}\lg\frac{h_1}{h_2} \tag{2.9}$$

式（2.9）中 a、L、A 为试验已知参数，试验时只需测出试验开始与终止时的水位 h_1 和 h_2 及相应的时间 t_1 和 t_2，就可以确定渗透系数 k。

土的渗透系数经验值可参见表 2.1。

表 2.1　　　　　　　　土的渗透系数经验值范围

土质类别	渗透系数 k/(cm/s)	土质类别	渗透系数 k/(cm/s)
粗砾	0.5～1.0	细砂、粉砂	$1\times10^{-3}\sim1\times10^{-4}$
砂质砾	0.01～0.1	粉土	$1\times10^{-4}\sim1\times10^{-6}$
粗砂	$1\times10^{-1}\sim1\times10^{-2}$	粉质黏土	$1\times10^{-6}\sim1\times10^{-7}$
中砂	$1\times10^{-2}\sim1\times10^{-3}$	黏土	$1\times10^{-7}\sim1\times10^{-10}$

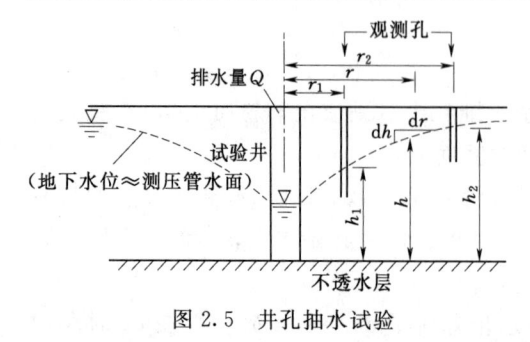

图 2.5　井孔抽水试验

2. 现场渗透试验

土的渗透性能与土的结构性密切相关，因而在有些情况下不易取得具有代表性的原状土样时，为了确定土层的实际渗透系数，可直接在现场进行 k 值的原位测定。

现场试验方法有抽水试验和注水试验两种。

（1）抽水试验。抽水试验法适用于均质粗粒土层，图 2.5 为井孔抽水试验原理。

2.2 渗透试验及渗透系数

试验时在现场打试验井，井身贯穿待测渗透系数 k 的土层，并在距井中心不同位置设置若干观测孔。然后以不变速率自井中连续抽水，通过观测井中和观测孔中稳定水位绘制出降水漏斗。设测得某一时间段 Δt 内抽水量为 Q，距井中心距为 r_1、r_2、$\cdots$ 的观测孔中水位分别为 h_1、h_2、$\cdots$，则通过确定的水力坡降 $i=\mathrm{d}h/\mathrm{d}r$ 和达西定律即可求得土层平均渗透系数 k 值（图 2.5）。

围绕井轴取一过水断面

$$A=2\pi rh$$

单位时间内井内抽水量

$$q=\frac{Q}{\Delta t}=Aki=2\pi rhk\frac{\mathrm{d}h}{\mathrm{d}r}$$

则

$$q\frac{\mathrm{d}r}{r}=2\pi kh\,\mathrm{d}h$$

等式两边积分

$$q\int_{r_1}^{r_2}\frac{\mathrm{d}r}{r}=2\pi k\int_{h_1}^{h_2}h\,\mathrm{d}h$$

得

$$q\ln\frac{r_2}{r_1}=\pi k(h_2^2-h_1^2)$$

从而得到土的渗透系数

$$k=\frac{q}{\pi}\,\frac{\ln(r_2/r_1)}{h_2^2-h_1^2} \tag{2.10}$$

或

$$k=2.3\,\frac{q}{\pi}\,\frac{\lg(r_2/r_1)}{h_2^2-h_1^2} \tag{2.11}$$

（2）注水试验。注水试验适用于测定非饱和土的渗透系数，其原理与抽水试验类似，图 2.6 是试坑注水试验的渗透装置。

试验时在现场按预定深度开挖一面积不小于 1.0m×1.5m 的试坑，坑下开挖一直径等于外环、深 15~20cm 的贮水坑。然后安放如图 2.6 所示的各种装置，通过测记一定时间内供水瓶内流出的水量 Q 和内环面积确定渗透系数的近似值 $k=Q/A$，具体试验步骤参见《土工试验规程》（SL 237—1999）。

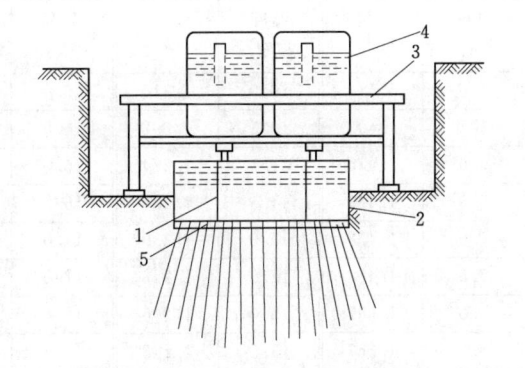

图 2.6 试坑注水试验渗透装置
1—内环；2—外环；3—支架；4—供水瓶；5—砾石层

原位渗透试验可以获得试验场地较为可靠的平均渗透系数 k 值，但试验所需费用较多，故应根据工程规模和勘察要求确定是否需要采用。

2.2.2 影响渗透系数的因素

渗透系数 k 是综合反映水在土体孔隙中流动的难易程度的指标，其值与土的性质和水的性质有关。

1. 土的性质对 k 值的影响

(1) 颗粒大小与级配。颗粒大小与级配是对土的渗透性影响较大的因素。颗粒越粗、大小越均匀，k 值越大，土中细粒含量越多，土的渗透性越小。

(2) 矿物成分和土的结构。对于黏性土，矿物成分对渗透系数 k 也有很大影响。例如当黏土中含有可交换的钠离子越多时，其渗透性将越低，土中有机质和胶体颗粒的存在也会对土的渗透系数产生影响。在微观结构上，当孔隙比相同时，凝聚结构将比分散结构具有更大的透水性；在宏观构造上，天然沉积的层状黏性土层，由于扁平状黏土颗粒的水平排列，往往使土层水平方向的透水性远大于垂直层面方向的透水性，使土层呈现明显的各向异性。

(3) 土的密实度。同一种土随着密实度增大，孔隙比就变小，土的渗透性也将随之减小。所以，土越密实，k 值越小。

(4) 土中封闭气体含量。土中封闭气体阻塞渗流通道，使土的渗透系数降低。封闭气体含量越多，土的渗透性越小。所以，在进行渗透试验时，要求土样充分饱和。

2. 渗透水的性质对 k 值的影响

土的渗透系数是水的动力黏滞系数的函数，而动力黏滞系数随水温发生明显的变化，水温越高，水的动力黏滞系数越小，k 值就越大。为了建立标准温度（我国采用20℃）下的渗透系数，需将 T℃水温下测得的 k_T 值进行温度修正：

$$k_{20} = k_T \frac{\eta_T}{\eta_{20}} \tag{2.12}$$

式中：k_T、k_{20} 分别为 T℃和20℃时土的渗透系数；η_T、η_{20} 分别为 T℃和20℃时水的动力黏滞系数，η 值见表2.2。

表2.2　　　　　水的动力黏滞系数 (SL 237—1999)　　　　　单位：10^{-6} kPa·s

温度/℃	η	温度/℃	η	温度/℃	η	温度/℃	η	温度/℃	η
5.0	1.516	10.0	1.310	15.0	1.144	20.0	1.010	27.0	0.859
5.5	1.493	10.5	1.292	15.5	1.130	20.5	0.998	28.0	0.841
6.0	1.470	11.0	1.274	16.0	1.115	21.0	0.986	29.0	0.823
6.5	1.449	11.5	1.256	16.5	1.101	21.5	0.974	30.0	0.806
7.0	1.428	12.0	1.239	17.0	1.088	22.0	0.963	31.0	0.789
7.5	1.407	12.5	1.223	17.5	1.074	22.5	0.952	32.0	0.773
8.0	1.387	13.0	1.206	18.0	1.061	23.0	0.941	33.0	0.757
8.5	1.367	13.5	1.188	18.5	1.048	24.0	0.919	34.0	0.742
9.0	1.347	14.0	1.175	19.0	1.035	25.0	0.899	35.0	0.727
9.5	1.328	14.5	1.160	19.5	1.022	26.0	0.879		

2.2.3　成层土的渗透系数

天然沉积土的成层性及各向异性将导致土体的平均渗透系数在水流平行层面和垂直层面有较大的不同，宏观上具有非均质性。在计算渗流量时，为简单起见，常常将若干连续土层的总厚度等效为各土层厚度之和，并确定与总厚度对应的等效渗透系数。

2.2 渗透试验及渗透系数

1. 平行层面渗透系数

在流场中截取渗流长度为 L 的平行土层层面的渗流区域段 [图 2.7 (a)],设各土层的水平向渗透系数分别为 k_1、k_2、$\cdots$、k_n,土层厚度分别为 H_1、H_2、$\cdots$、H_n,总厚度为 H。若通过各土层单位宽度的渗流量为 q_{1x}、q_{2x}、$\cdots$、q_{nx},则通过整个土层的总渗流量 q_x 应为各土层渗流量之总和,即

$$q_x = q_{1x} + q_{2x} + \cdots + q_{nx} = \sum_{i=1}^{n} q_{ix}$$

根据达西定律,并将总渗流量用土层的等效渗透系数 k_x 表达,则

$$q_x = k_x i H$$

$$\sum_{i=1}^{n} q_{ix} = k_{1x} i H_1 + k_{2x} i H_2 + \cdots + k_{nx} i H_n$$

因此,整个土层与层面平行的等效渗透系数 k_x 为

$$k_x = \frac{1}{H} \sum_{i=1}^{n} k_{ix} H_i \tag{2.13}$$

所以,平行层面等效渗透系数 k_x 相当于各层渗透系数按厚度加权的算术平均值。

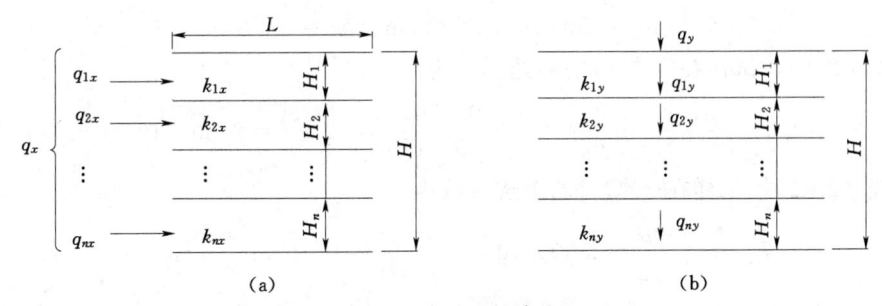

图 2.7 成层土的渗流
(a) 与层面平行渗流;(b) 与层面垂直渗流

2. 垂直层面渗透系数

图 2.7 (b) 为截取的垂直土层层面渗流的区域。设通过各土层的渗流量分别为 q_{1y}、q_{2y}、$\cdots$、q_{ny},根据水流连续定理,通过整个土层的渗流量 q_y 必等于通过各土层的渗流量,即

$$q_y = q_{1y} = q_{2y} = \cdots = q_{ny} \tag{2.14}$$

由达西定律

$$k_y i A = k_{1y} i_1 A = k_{2y} i_2 A = \cdots = k_{ny} i_n A$$

则

$$i_i = \frac{k_y}{k_{iy}} i \tag{2.15}$$

式中:k_y 为与层面垂直的土层等效渗透系数;A 为渗流截面积。

若渗流通过各土层的水头损失分别为 h_1、h_2、$\cdots$、h_n,则总的水头损失为 $h = \sum h_i$,相应的水力坡降为 $i_1 = \frac{h_1}{H_1}$、$i_2 = \frac{h_2}{H_2}$、$\cdots$、$i_n = \frac{h_n}{H_n}$,总的水力坡降为 $i = \frac{h}{H}$。

因各土层水头损失的总和等于总水头损失,故

$$Hi = H_1 i_1 + H_2 i_2 + \cdots + H_n i_n \tag{2.16}$$

将式（2.15）代入式（2.16）可得

$$Hi = H_1 \frac{k_y}{k_{1y}}i + H_2 \frac{k_y}{k_{2y}}i + \cdots + H_n \frac{k_y}{k_{ny1}}i \tag{2.17}$$

整理式（2.17）可得垂直层面的等效渗透系数 k_y 为

$$k_y = \frac{H}{\dfrac{H_1}{k_{1y}} + \dfrac{H_2}{k_{2y}} + \cdots + \dfrac{H_n}{k_{ny}}} = \frac{H}{\sum_{i=1}^{n} \dfrac{H_i}{k_{iy}}} \tag{2.18}$$

比较式（2.13）和式（2.18）后可知，k_x 可近似由最透水层的渗透系数和厚度控制，而 k_y 则可近似由最不透水层的渗透系数和厚度控制。因此成层土与层面平行的等效渗透系数 k_x 恒大于与层面垂直的等效渗透系数 k_y。

【例 2.1】 已知变水头渗透试验采用的黏土试样截面积为 30cm^2，厚度为 4cm，渗透仪细玻璃管内径为 0.5cm，试验开始时水头为 150cm，20min 后水头为 50cm，试验时水温为 $30℃$，试求试样的渗透系数 k_{20}。

解：

已知 $A = 30\text{cm}^2$，$L = 4\text{cm}$，$a = \dfrac{\pi d^2}{4} = \dfrac{3.14 \times (0.5)^2}{4} = 0.196(\text{cm}^2)$

$h_1 = 150\text{cm}$，$h_2 = 50\text{cm}$，$\Delta t = 1200\text{s}$

由式（2.9），试样在 30℃ 时的渗透系数为

$$k_{30} = 2.3 \frac{aL}{A(t_2 - t_1)} \lg \frac{h_1}{h_2} = 2.3 \times \frac{0.196 \times 4}{30 \times 1200} \times \lg \frac{150}{50} = 2.39 \times 10^{-5} (\text{cm/s})$$

由式（2.12），试样在 20℃ 时的渗透系数为

$$k_{20} = k_{30} \frac{\eta_{30}}{\eta_{20}} = 2.39 \times 10^{-5} \times \frac{0.806}{1.010} = 1.91 \times 10^{-5} (\text{cm/s})$$

2.3　土中二维渗流及流网

达西定律所描述的渗流是简单边界条件下的一维渗流，为了评价渗流在实际工程如地基、坝体中的影响，需要考虑二维或三维渗流，以及复杂的边界条件，此时需要根据达西定律建立渗流控制方程并求解方程。

2.3.1　二维渗流方程

当土体中形成稳定渗流场时，渗流场中水头及流速等渗流要素仅是位置的函数而与时间无关。

建立如图 2.8 所示的稳定渗流场平面坐标，任取一微单元体 $A = \text{d}x\text{d}z$，单元厚度 $\text{d}y = 1$，设 x 方向和 z 方向的流速分别为 v_x 和 v_z。

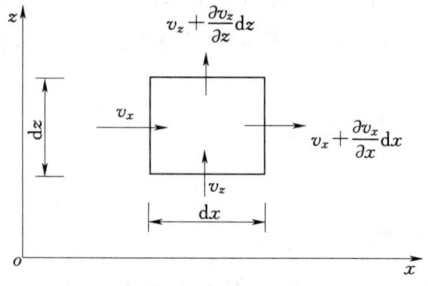

图 2.8　二维渗流单元体渗流条件

设单位时间内流入和流出此单元体的渗流量分别为 $\text{d}q_e$ 和 $\text{d}q_o$，有

$$\text{d}q_e = v_x \text{d}z \times 1 + v_z \text{d}x \times 1$$

$$\text{d}q_o = \left(v_x + \frac{\partial V_x}{\partial x}\text{d}x\right)\text{d}z \times 1 + \left(v_z + \frac{\partial V_z}{\partial z}\text{d}z\right)\text{d}x \times 1$$

若忽略水体的压缩性，则根据水流连续性原理，单位时间内流入和流出微单元体的水量应相等，即 $dq_e = dq_o$，则由上述公式可以得出二维渗流方程为

$$\frac{\partial v_x}{\partial x} + \frac{\partial v_z}{\partial z} = 0 \tag{2.19}$$

对于各向异性土体，达西定律的表达式为

$$\left. \begin{aligned} v_x &= k_x i_x = k_x \frac{\partial h}{\partial x} \\ v_z &= k_z i_z = k_z \frac{\partial h}{\partial z} \end{aligned} \right\} \tag{2.20}$$

将式（2.20）代入式（2.19），可以得到以渗透系数 k 和测管水头 h 表示的渗流方程为

$$k_x \frac{\partial^2 h}{\partial x^2} + k_z \frac{\partial^2 h}{\partial z^2} = 0 \tag{2.21}$$

式中：k_x 和 k_z 分别为 x、z 方向的渗透系数。

对于各向同性均质土，设 $k_x = k_z$，则式（2.21）可表示为

$$\frac{\partial^2 h}{\partial x^2} + \frac{\partial^2 h}{\partial z^2} = 0 \tag{2.22}$$

式（2.22）即为著名的拉普拉斯（Laplace）方程，是平面稳定渗流的基本方程。该方程表明渗流场内任一点的水头 h 都是坐标的函数。所以，平面稳定渗流场就是给定边界条件下的拉普拉斯方程的解。

2.3.2 二维流网绘制及应用

对式（2.21）、式（2.22）的求解方法大致有 4 种：电模拟法、数学解析法、数值解法和图解法。下面主要介绍图解法，即通过绘制流网近似求得拉氏方程的解。对于成层地基和各向异性地基，图解法比较困难，一般需采用数值解法。

1. 流网的基本特征及绘制

在稳定渗流场中，描述水质点流动的路线被称为流线，其上任一点的切线方向就是流速矢量的方向，势能或水头的等值曲线被称为等势线。流网是指由流线和等势线所组成的曲线正交网格，具有下述特征：

(1) 流线与等势线正交。

(2) 流线与等势线构成的每一个网格的长宽比 l/b 为常数，最常用的网格是 $l/b \approx 1.0$。

(3) 相邻等势线间的水头损失相等。

(4) 各流槽的渗流量相等。

根据上述特征，流网绘制方法及步骤如图 2.9 所示。

(1) 按一定比例绘出结构物和土层剖面，根据渗流场边界条件确定边界流线和边界等势线 [图 2.9 (a)]。

(2) 初绘若干条相互平行的流线，注意与进水面、出水面正交，并与不透水面接近平行 [图 2.9 (b)]。

(3) 根据流线与等势线正交、流线与等势线构成的网格长宽比为常数的要求按一定水

第2章 土的渗透性

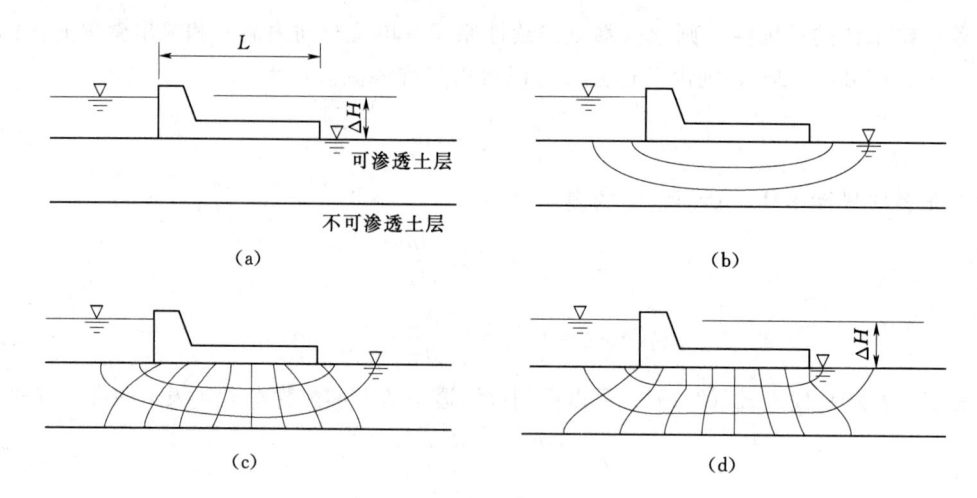

图 2.9 流网绘制
(a) 绘制结构物和土层；(b) 绘制流线；(c) 绘制等势线；(d) 流网调整

头比例绘制等势线，注意各网格尽量近似为曲线正方形 [图 2.9 (c)]。

（4）反复修改调整，直到满足流网基本特征 [图 2.9 (d)]。

应指出的是，有些工程由于边界形状不规则，在边界突变处有时会难以保证流网网格一定是四边形，这时只要网格的平均长度和宽度大致相等，一般不会影响整个流网的精度。

2. 流网的应用

图 2.10 是几种典型工程条件下的流网图。根据流网的分布规律，可以直观地获得所研究对象的渗流特性，并可定量求得渗流场中各点的水头损失、孔隙水压力、水力坡降、渗流速度和渗流量等。

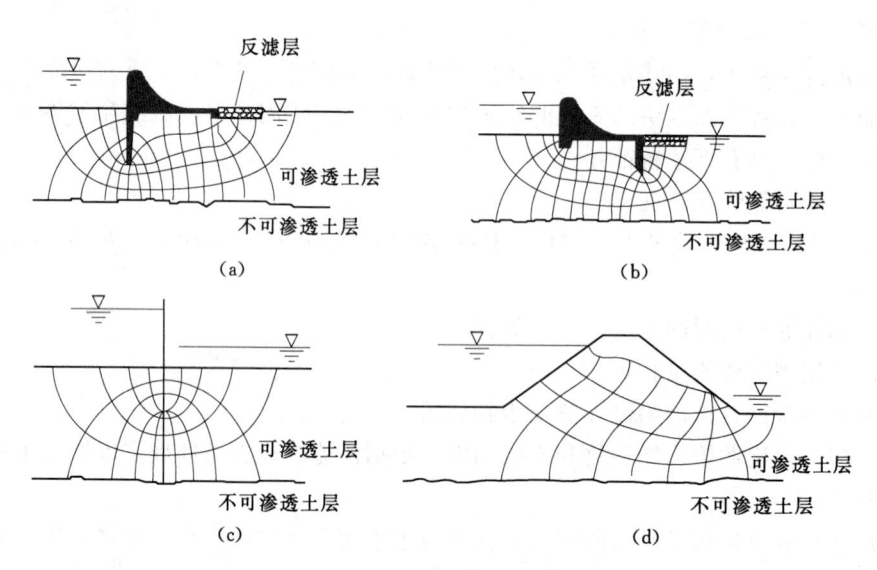

图 2.10 典型工程条件下的渗流问题流网图
(a) 混凝土坝基下设钢板桩；(b) 混凝土坝趾设钢板桩；(c) 钢板桩；(d) 土坝

(1) 水头损失。设渗流总水头差为 ΔH，流网中每一个网格的长宽分别为 ΔL、b，则根据流网特征，相邻等势线间的水头损失 Δh 为

$$\Delta h = \frac{\Delta H}{N_d} \quad （N_d 为等势线条数减 1） \tag{2.23}$$

Δh 确定后即可确定求出任意点的测管水头。

(2) 孔隙水压力。渗流场中某点孔隙水压力 u 等于该点测压管中水柱高度 h_u 与水的重度的乘积：

$$u = \gamma_w h_u \tag{2.24}$$

同一等势线上各点具有相同的势能（或水头），但孔隙水压力不相同。

(3) 水力坡降。流网中任意网格的平均水力坡降为

$$i = \frac{\Delta h}{\Delta L} \tag{2.25}$$

式中：ΔL 为计算网格处流线的平均长度。

上式表明流网中网格越密的地方水力坡降越大。

(4) 渗流速度。根据达西定律和式（2.25）可确定渗流速度 $v = ki$，方向为流线的切线方向。

(5) 渗透流量。如图 2.9（d）所示，每个流槽的渗流量 Δq 为

$$\Delta q = Aki = (b \times 1) k \frac{\Delta h}{\Delta L} = k \Delta h \frac{b}{\Delta L} = k \frac{\Delta H}{N_d} \frac{b}{\Delta L} \tag{2.26}$$

式中：A 为网格的过流断面。当网格的 $\Delta L / b = 1$ 时，总渗流量为

$$q = k \sum_{i=1}^{N_f} \left(\frac{\Delta H}{N_d} \right)_i = k \Delta H \frac{N_f}{N_d} \tag{2.27}$$

式中：N_f 为流槽数，等于流线数减 1。

2.4 渗透破坏及工程控制

渗流引起的渗透破坏问题主要分为两类：①由于渗流力作用使土体颗粒流失或局部土体产生移动，导致土体变形甚至失稳；②由于渗流作用使水压力或浮力发生变化，导致土体或结构失稳。

2.4.1 渗透力

水在土体中流动时会由于克服土粒的阻力而消耗能量，引起水头损失，同时水流又会对土粒产生作用力，渗透力就是指渗透水流施加于单位体积土粒上的拖曳力，即单位体积土颗粒所受到的渗流作用力，也称为动水压力。

图 2.11 为渗透破坏试验装置。当 $h_1 = h_2$ 时，土中水处于静止状态，无渗流发生。当将贮水器提升到 $h_1 > h_2$ 时，由于水位差的存在，土样中产生向

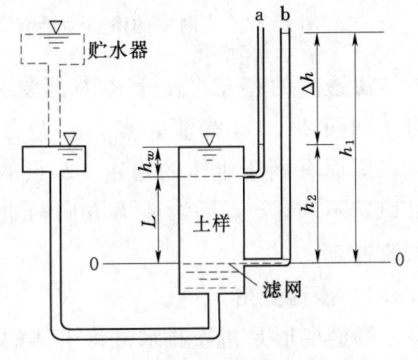

图 2.11 渗透破坏试验原理

上渗流，随着贮水器位置的不断提升，渗透水流速度会越来越快，直到土样表面出现类似于沸腾的现象，此时土样产生了流土破坏。

设土样截面积为 A，厚为 L，渗透水流流进和流出的水头损失为 Δh，则土粒对渗透水流的阻力可以按下式确定：

$$F=\gamma_w \Delta h A \tag{2.28}$$

当忽略水体的惯性力时，渗流作用于土粒的总渗透力 J 和土粒对渗透水流的阻力 F 大小相等，即

$$J=F=\gamma_w \Delta h A \tag{2.29}$$

由上式可得单位体积土粒所受到的渗透作用力为

$$j=\frac{J}{AL}=\frac{\gamma_w \Delta h A}{AL}=i\gamma_w \tag{2.30}$$

式（2.30）的推导表明，渗透力为均匀分布的体积力（内力），是由渗流作用于试样两端面的孔隙水压力差（外力）转化的结果。渗透力的量纲与 γ_w 相同，大小和水力坡降成正比，方向与渗流方向一致。

对于平面渗流，利用流网可以方便地求出任意网格上的渗透力及其作用方向。如图 2.12 为取自流网中的一个网格，已知任意两条等势线之间的水头降落为 Δh，网格流线的平均长度为 ΔL，单位厚度上网格土体的体积 $V=b\Delta l \times 1$，则网格平均水力坡降 $i=\Delta h/\Delta l$，作用于该网格形心、与流线平行的总渗透力为

$$J=jV=\gamma_w i b \Delta l \times 1=\gamma_w b \Delta h \tag{2.31}$$

上式表明，流网中各处的渗透力无论是大小还是方向均不相同，等势线越密的区域，水力坡降越大，因而渗透力也越大。

图 2.12 流网中的渗透力计算

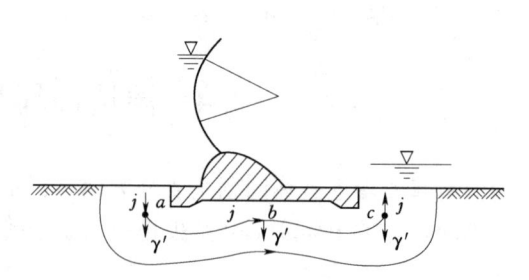

图 2.13 闸基下渗流对土体稳定的影响

渗透力的存在将使土体内部受力发生变化，这种变化对土体稳定性有着很大的影响。如图 2.13 中渗流 a 点，渗透力方向与重力一致，渗透力可促使土体压密、强度提高，因而有利于土体的稳定。b 点的渗流方向近乎水平，使土粒有向下游移动的趋势，对稳定不利。c 点的渗流力方向与重力相反，当渗透力大于土体的有效重度时土粒将被水流冲走。

2.4.2 渗透变形

渗透变形是指渗透水流将土体的细颗粒冲走、带走或局部土体产生移动，导致土体变形的现象。根据渗透水流所引起的土体局部破坏特征，渗透变形大致可分为流土和管涌两

2.4 渗透破坏及工程控制

种形式。

1. 流土

在渗流作用下，局部土体表面隆起，或某一范围内土粒群同时发生移动的现象称为流土。流土一般是以突发的形式发生在地基或土坝下游渗流出逸处，多发生于颗粒级配均匀的饱和细砂、粉砂和粉土层中。

流土的发生原理可通过图 2.11 所示的试验装置说明。

若图 2.11 中的贮水器不断上提，则 Δh 逐渐增大，从而作用在土体中的渗透力也逐渐增大。当达到 $j=\gamma'$ 状态时，土体就处于发生浮起或破坏的临界状态，根据渗透力计算公式 $j=i\gamma_w$ 可得此时的水力坡降为

$$i_{cr}=\frac{\gamma'}{\gamma_w} \tag{2.32}$$

式中：i_{cr} 为开始发生流土的临界水力坡降。

已知土的有效重度 γ' 为

$$\gamma'=\frac{(d_s-1)\gamma_w}{1+e}=\gamma_{sat}-\gamma_w$$

将上式代入式（2.32），可得到以三相比例指标表示的临界坡降 i_{cr} 为

$$i_{cr}=\frac{d_s-1}{1+e}=\frac{\gamma_{sat}-\gamma_w}{\gamma_w} \tag{2.33}$$

式（2.33）表明流土的临界水力坡降取决于土的物理性质，例如砂土，d_s 约为 2.66，e 为 0.5~0.85，则 i_{cr} 一般在 0.8~1.2 之间。

在自下而上的渗流逸出处，如果出现 $i \geqslant i_{cr}$ 这一水力条件，流土就必然会发生。因此在工程设计中，为保证建筑物的安全，需将土的临界水力坡降考虑某一安全系数 F_s 作为允许水力坡降 $[i]$。安全系数的取值与土的颗粒级配及工程的重要性有关，对于无黏性土，取值范围为 1.5~2.5[《水利水电工程地质勘察规范》（GB 50487—2008）]。

实际设计中水力坡降 i 应控制在允许坡降 $[i]$ 内，即

$$i \leqslant [i] = \frac{i_{cr}}{F_s} \tag{2.34}$$

图 2.14（a）为产生流土破坏的示意，河堤下游相对不透水层下面有一层强透水砂层，由于堤外水位高涨，造成水头增大，使得局部覆盖层被水流冲溃，砂土大量涌出，此种现象将危及堤防安全。

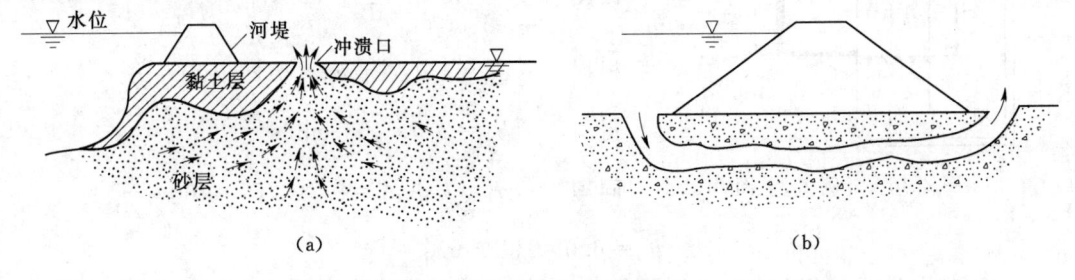

图 2.14 渗透破坏示意图
(a) 流土；(b) 管涌

2. 管涌

在渗流作用下，无黏性土中的细小颗粒通过较大颗粒的孔隙，发生移动并被带出的现象称为管涌。地基土或坝体在渗透水流作用下，其细小颗粒被冲走，孔隙逐渐增大，慢慢形成一种贯通的渗流通道，掏空地基或坝体，造成土体塌陷。管涌既可以发生在土体内部，也可以发生在渗流出口处，其发展一般有个时间过程，是一种渐进性的破坏。

管涌多发生于砂性土中，特别是缺少某种中间粒径的砂性土，其产生必须具备两方面条件：①几何条件，即土中粗颗粒所构成的孔隙直径必须大于细粒土的直径；②水力条件，即存在能够带动细颗粒在孔隙间移动的渗透力。产生管涌的条件目前还缺乏完善的理论计算公式，发生管涌的临界水力梯度 i_{cr} 一般都是通过试验确定。图 2.14（b）为河堤管涌破坏的示意，开始时土体中的细颗粒沿渗流方向移动并不断流失，继而较粗颗粒发生移动，逐渐在土体内部形成管状通道，带走大量砂粒，最后导致上部土体坍塌。

防治管涌一般都是从改变水力条件和改变几何条件两方面采取措施，如降低水力梯度，在逸出部位设反滤层等。

【例 2.2】 某土坝地基土的比重 $d_s = 2.68$，孔隙比 $e = 0.78$，下游渗流出口处经计算水力坡降 $i = 0.3$，若取安全系数 $F_s = 2.5$，试问该土坝地基出口处是否会发生流土破坏？

解： 临界水力坡降

$$i_{cr} = \frac{d_s - 1}{1 + e} = \frac{2.68 - 1}{1 + 0.78} = 0.94$$

允许水力坡降

$$[i] = \frac{i_{cr}}{F_s} = \frac{0.94}{2.5} = 0.38$$

计算水力坡降 $i < [i]$，故土坝地基出口处一般不会发生流土破坏。

【例 2.3】 如图 2.15 所示试验装置，已知试验土样的有关指标为：$d_{sA} = d_{sB} = 2.68$，$e_A = 0.6$，$e_B = 0.85$；A、B 土样的截面积为 $A = 100\text{cm}^2$，在稳定渗流条件下测得 $\Delta h_A = 3\text{cm}$、$\Delta h_B = 10\text{cm}$。已知 $\Delta t = 20\text{s}$ 时的渗透水量 $Q = 8\text{cm}^3$，试求 A、B 土样的渗透系数，并判断土样是否会发生流土破坏？

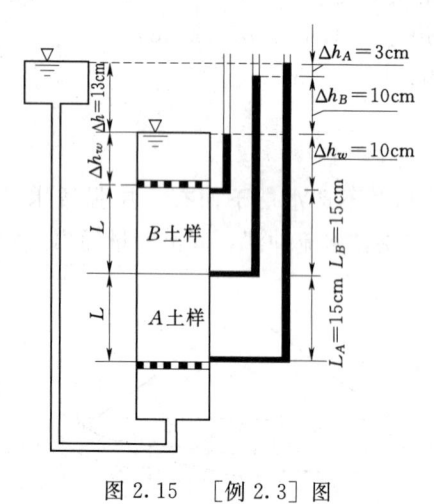

解：

（1）A、B 土样的渗透系数。

由图示 $i_A = \dfrac{\Delta h_A}{L_A} = \dfrac{3}{15} = 0.2$，$i_B = \dfrac{\Delta h_B}{L_B} = \dfrac{10}{15} = 0.67$

根据 $q_A = k_A i_A A = k_A \times 0.2 \times 100 = \dfrac{8}{20}$

得 $k_A = 2.0 \times 10^{-2} \text{cm/s}$

同理 $q_B = k_B i_B A = k_B \times 0.67 \times 100 = \dfrac{8}{20}$

$k_B = 6.0 \times 10^{-3} \text{cm/s}$

图 2.15 ［例 2.3］图

（2）判别是否会发生流土。如图 2.15 所示装置形成的渗流向上。对于 B 土样来说，可确定临界水力坡降为

$$i_{crB} = \frac{d_{sB}-1}{1+e_B} = \frac{2.68-1}{1+0.85} = 0.91$$

由此求得安全系数
$$F_{sB} = \frac{i_{cr}}{i} = \frac{0.91}{0.67} = 1.35$$

虽然安全系数 $F_{sB}>1$，但是由于不满足流土控制要求，所以 B 土样还是存在产生流土破坏的可能。

对于 A 土样来说，由于上面有 B 土样的压重，所以在判别是否产生流土时还需要综合考虑 B 土样的压重作用。若忽略 B 土样的压重作用，有

$$i_{crA} = \frac{d_{sA}-1}{1+e_A} = \frac{2.68-1}{1+0.6} = 1.05$$

由此确定的安全系数
$$F_{sA} = \frac{i_{cr}}{i} = \frac{1.05}{0.2} = 5.25$$

此时的安全系数 F_{sA} 已经满足流土控制要求，加之上覆 B 土样的压重作用，故可以判断 A 试样产生流土破坏的可能性不大。

2.4.3 渗流产生的其他工程问题

渗流产生的工程问题除了上述流土（砂）和管涌（潜蚀）外，还包括地下水的浮托作用、承压水作用等。

地下水对建筑物基础产生浮托力一般按下述原则考虑：当建筑物位于粉土、砂土、碎石土和节理裂隙发育的岩石地基时，按设计水位的100%计算浮托力；当建筑物位于节理裂隙不发育的岩石地基时，按设计水位的50%计算浮托力；当建筑物位于黏性土地基时，其浮托力较难准确确定，应结合地区的实际经验考虑。

承压水的作用对开挖工程有较大影响，这部分内容将在第10章详细介绍。

2.4.4 防止渗透破坏的工程措施

对于渗流产生的各类工程问题，其防治路径都是从减小水头差、增长渗流路径、平衡渗透力等方面考虑，具体的工程措施有下述一些做法。

1. 减小水头差

图 2.16 是基坑开挖工程中通过明沟排水和井点降水等方法人工降低地下水位的示意，目的是减小水头差。明沟排水是在基坑内或基坑外设置排水沟、集水井，用抽水设备将地下水从排水沟或集水井排出，如图 2.16（a）所示。当基坑开挖较深时，为满足深层降水要求，可采用井点降水方法，即在基坑周围布置一排乃至几排井点，各抽水井的顶部相

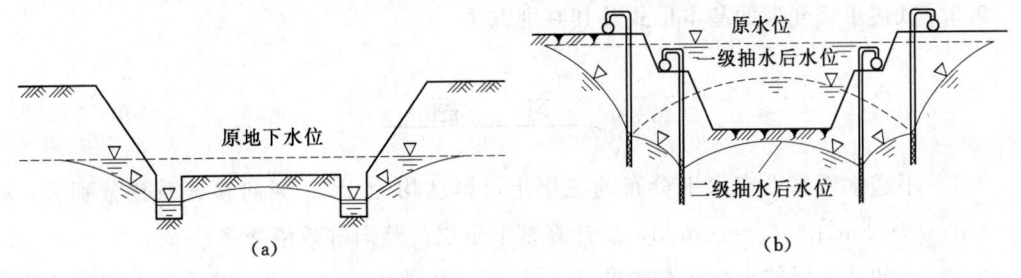

图 2.16 基坑降水
(a) 坑内明沟降水；(b) 多级井点降水

连，通过水泵从井中抽水降低水位，图 2.16（b）为多级井点降水示意。井点的间距根据土的种类及要求降水的深度而定，一般取 1～3m。

2. 增长渗流路径

图 2.17 为水工堤坝中常用的增长渗流路径的方法。

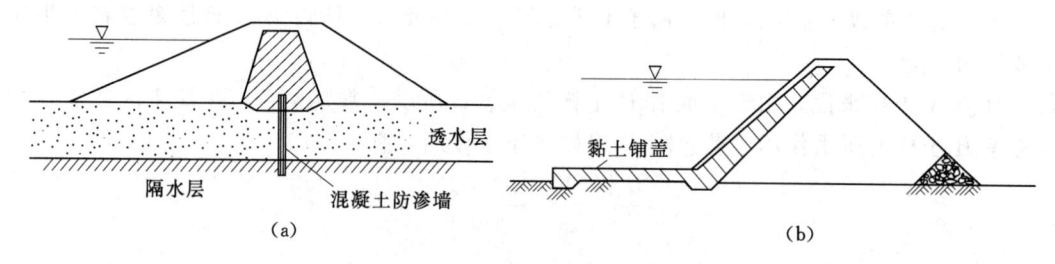

图 2.17 增长渗流路径措施
(a) 心墙坝设置混凝土防渗墙；(b) 土坝设置黏土铺盖防渗

(1) 设置垂直截渗。采用防渗墙、帷幕灌浆、板桩等截渗体完全或不完全截断透水层，达到延长渗径，降低上、下游的水力坡度的目的。图 2.17（a）为心墙坝，通过设置完全截断透水层的混凝土防渗墙达到防渗效果。如果透水层深厚导致防渗墙不能截断透水层，也可以起到延长渗径的作用。

(2) 设置水平铺盖。在上游设置黏土水平铺盖与坝体防渗体连接，也可起延长水流渗透路径的作用，如图 2.17（b）所示。

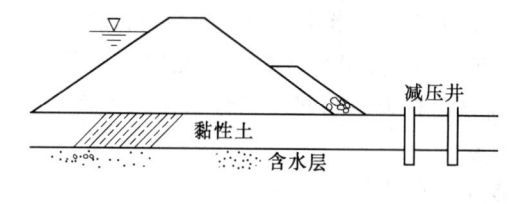

图 2.18 水工建筑物防渗措施

3. 平衡渗透力

图 2.18 为在水工建筑物下游设置减压井或深挖排水槽，以减小下游渗透压力。

思 考 题

2.1 试述达西定律的定义及其适用条件。
2.2 土的渗透系数的影响因素有哪些？
2.3 试述成层土等效渗透系数 k_x 和 k_y 的计算方法。
2.4 试述渗透力定义及确定方法。
2.5 试述渗透变形的基本形式及其判别方法。

习 题

2.1 不透水岩基上有水平分布的三层土，厚度均为 1m，竖向渗透系数分别为：$k_1=1$m/d，$k_2=2$m/d，$k_3=10$m/d，试计算整个土层的竖向等效渗透系数 k_y。

2.2 已知某土样的土粒相对密度 $d_s=2.67$，孔隙比 $e=1.22$，试求该土体的临界水力坡降。

2.3 常水头渗透试验中,已知试样 $D=75$mm,长度 $L=200$mm,渗流通过试样的水头损失 $\Delta h=66$mm,60s 时间内的渗流量 $Q=61.6\text{cm}^3$,求试样在试验温度时的渗透系数 k。

2.4 通过变水头试验测定某黏土试样的渗透系数 k。已知试样横截面面积 $A=30\text{cm}^2$,长度 $L=4$cm,渗透仪水头管截面积 $a=0.1256\text{cm}^2$。试验时水头管中的水头从 140cm 降低到 95cm 所用时间 $t=16$min。试计算该试样在试验温度时的渗透系数 k。

2.5 如图 2.19 所示的土层,已知 $d_s=2.71$,$e=0.62$,均质粉土层厚度为 13m,地下水位埋深 $d=2$m,为不出现流土破坏,试求在此土层中进行基坑开挖时的最大开挖深度 D。

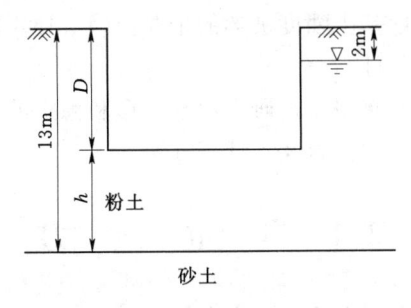

图 2.19 习题 2.5 图

第 2 章 习题答案

第3章 土 中 应 力

土中应力按成因可分为自重应力和附加应力。自重应力是由土体自身有效重力产生的应力,与地下水有关,同时与土体的固结状态有关;附加应力是由新增外荷引起的应力增量,是产生地基变形和导致地基土强度破坏的主要原因。计算附加应力时,基础底面的压力大小及分布是不可缺少的条件。

了解土中应力的大小和分布规律是研究地基变形和稳定的前提。本章主要介绍自重应力、基底压力和附加应力的基本概念及其计算方法。

3.1 自 重 应 力

自重应力是指由土体本身的有效重力产生的应力,可分为两种情况:一种是沉积年代较长,土体在自重作用下已经完成压缩固结,这种自重应力不会再引起土体的变形,计算的目的是确定土体的初始应力状态;另一种是新近沉积土和近期人工填土,土体在自重作用下尚未完成固结,因而将引起土体的变形。

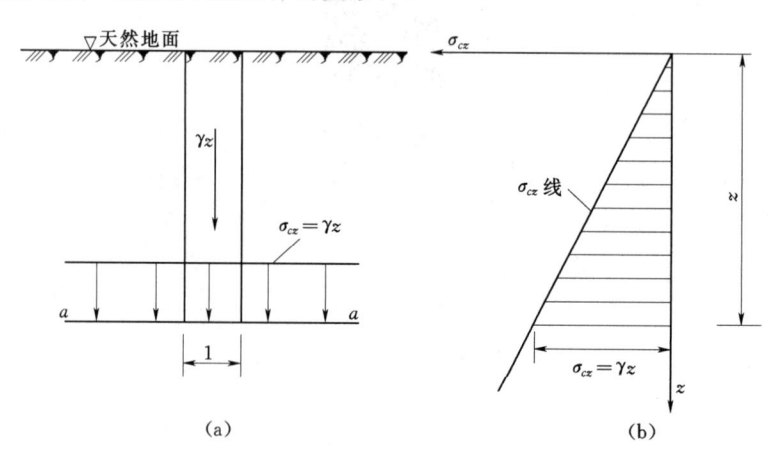

图 3.1 均质地基中自重应力
(a) 竖向自重应力;(b) 自重应力分布

3.1.1 均质土中自重应力

假设地基为半无限体,天然地面为半无限体表面的一个无限水平面,则土体中任意竖直面和水平面上均无剪应力存在,故地基中任意深度 z 处的竖向自重应力就等于单位面积上的土柱重量,如图 3.1 (a) 所示。

若 z 深度内的土层为均质土,天然重度为 γ,则自重应力的计算公式为

$$\sigma_{cz}=\gamma z \tag{3.1}$$

所以，均质土层中的自重应力随深度线性增加，呈三角形分布，如图3.1（b）所示。

若计算点在地下水位以下，则应考虑地下水对土体的浮力作用，水下部分采用有效重度γ'。

地基中除了存在作用于水平面上的竖向自重应力外，还存在作用于竖直面上的水平自重应力σ_{cx}和σ_{cy}，根据弹性力学和土体的侧限条件，可简化为

$$\sigma_{cx}=\sigma_{cy}=K_0\sigma_{cz} \tag{3.2}$$

式中：K_0为土的侧压力系数，可通过试验得到，无试验资料时可按经验公式推算，详见第5章相关内容。

3.1.2 成层土中自重应力

如果地基是由不同性质的成层土组成，天然地面下任意深度z范围内各土层的厚度自上而下分别为h_1、h_2、$\cdots$、h_i、$\cdots$、h_n，则成层土的自重应力计算公式为

$$\sigma_{cz}=\gamma_1 h_1+\gamma_2 h_2+\cdots+\gamma_n h_n=\sum_{i=1}^{n}\gamma_i h_i \tag{3.3}$$

式中：n为深度z范围内的土层总数；h_i为第i层土的厚度，m；γ_i为第i层土的重度，kN/m^3，地下水位之上的土层一般取天然重度，地下水位以下的土层取有效重度。

成层土中自重应力分布如图3.2所示，自重应力沿深度成折线分布，转折点位于γ值发生变化的界面。

在地下水位以下如埋藏有不透水层（如连续分布的坚硬黏性土层），由于不透水层不存在水的浮力，所以层面及层面以下的自重应力应按上覆土层的水土总重计算，如图3.2中虚线延长线所示。

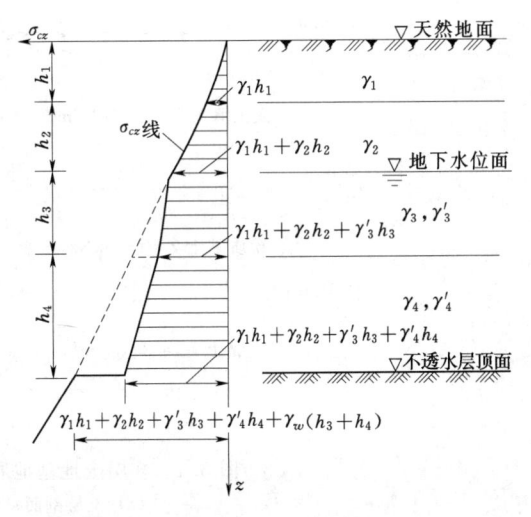

图3.2 成层土中自重应力分布

3.1.3 地下水位升降时的土中自重应力

由于地下水位升降将改变所涉及土层中的土体重度，因而会导致自重应力的变化。

当地下水位有明显下降时，地基中水位发生变动的土层中的土体重度将由有效重度γ'增加为饱和重度γ_{sat}（软黏土）或湿重度γ（砂性土），从而使土中有效自重应力增加，如图3.3（a）所示自重应力分布由1-2增加到1'-2'，造成水位变动范围内及以下土层产生附加沉降。对于如图3.3（b）所示的地下水位上升、使得水位变动层自重应力减少的情况，一般发生在人工抬高蓄水水位的地区（如筑坝蓄水）或工业用水大量渗入地下的地区，如果该地区土层具有遇水后土性发生变化的特性，如湿陷性黄土，则必须引起注意。另外，地下水位上升还将导致地基承载力下降。

【例3.1】 某多层土地基的地质剖面如图3.4（a）所示，试计算并绘制自重应力σ_{cz}沿深度分布图。

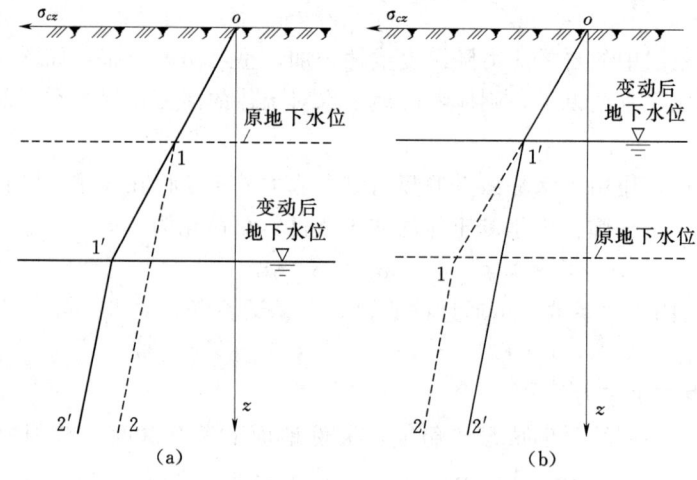

图 3.3 地下水位升降对自重应力的影响
(a) 水位下降；(b) 水位上升

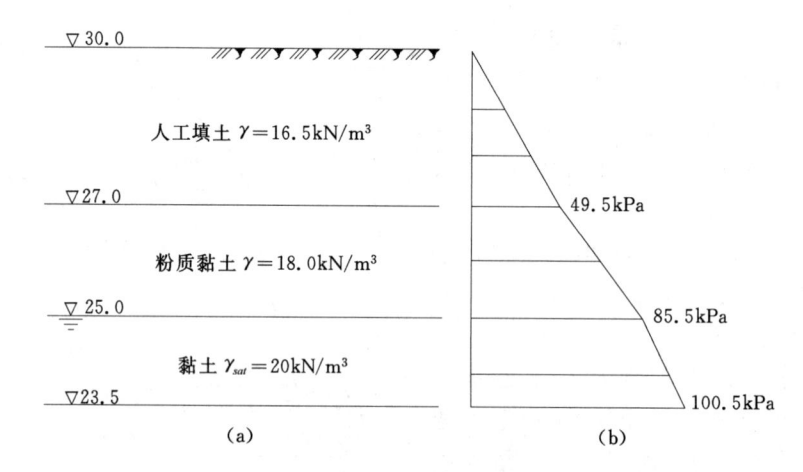

图 3.4 多层土地基地质剖面图 [例 3.1] 图
(a) 土层剖面；(b) 计算结果

解：

(1) ▽27.0 高程处。

$$h_1 = 30.0 - 27.0 = 3.0 \text{(m)}$$
$$\sigma_{cz} = \gamma_1 h_1 = 16.5 \times 3.0 = 49.5 \text{(kPa)}$$

(2) ▽25.0 高程处。

$$h_2 = 27.0 - 25.0 = 2.0 \text{(m)}$$
$$\sigma_{cz} = \gamma_1 h_1 + \gamma_2 h_2 = 49.5 + 18.0 \times 2.0 = 85.5 \text{(kPa)}$$

(3) ▽23.5 高程处。

$$h_3 = 25.0 - 23.5 = 1.5 \text{(m)}$$
$$\sigma_{cz} = \gamma_1 h_1 + \gamma_2 h_2 + \gamma'_3 h_3 = 85.5 + (20 - 10) \times 1.5 = 100.5 \text{(kPa)}$$

自重应力 σ_{cz} 沿深度分布如图 3.4（b）所示。

3.2 基 底 压 力

3.2.1 基底压力分布规律

建筑物荷载与自重通过自身基础传给地基,在基础底面与地基之间产生接触应力。基底压力即指作用于基础与地基接触面上的压力,既是基础底面的荷载效应,又是地基对基础的反作用力。在计算地基中的附加应力以及进行基础结构设计时,都必须研究基底压力的大小和分布规律。

基底压力的分布与多种因素有关,包括基础的形状、平面尺寸、刚度、埋深、基础上作用荷载的大小及性质、地基土的性质等。图3.5是圆形刚性基础模型置于砂土和硬黏土上所测得的基底压力分布:当基础置于砂土且无超载时,由于基础边缘砂粒的侧向挤出,会造成基底压力向中间部位转移,形成如图3.5(a)所示的抛物线形分布;如果基础四周有较大的超载(相当于基础有埋深情况),则超载起到约束边缘砂粒的挤出的作用,形成如图3.5(b)所示的分布图形;当基础置于硬黏土时,基底反力分布与砂土相反,呈现边缘应力集中、中间较小的马鞍形分布图形,如图3.5(c)所示;有超载作用时,由于黏聚力的作用,土体不容易产生侧向挤出,所以超载对反力分布图式的影响不明显,如图3.5(d)所示。

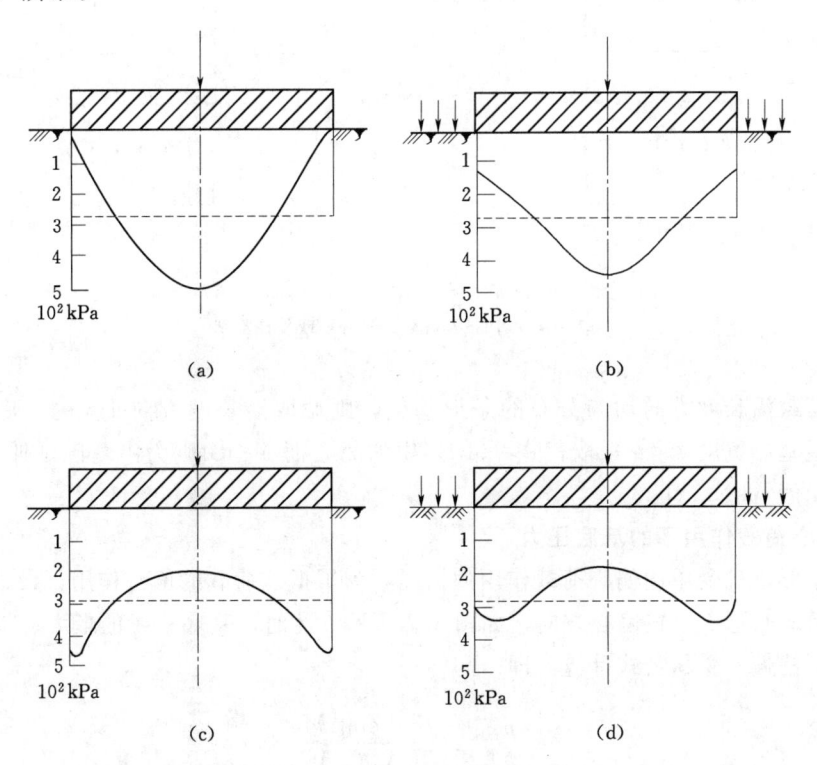

图3.5 圆形刚性基础模型基底反力分布
(a)砂土、无超载;(b)砂土、有超载;(c)硬黏土、无超载;(d)硬黏土、有超载

精确地确定基底压力是一个比较复杂的问题，目前在工程设计中，一般将基底压力分布近似按直线变化考虑，根据材料力学公式进行简化计算。

3.2.2 中心荷载作用下的基底压力

当基础承受竖向中心荷载作用时，假定基底压力呈均匀分布，按材料力学公式有

$$p=\frac{F+G}{A} \tag{3.4}$$

式中：F 为上部结构传至基础顶面的竖向力设计值，kN；G 为基础及其上回填土的总重力，$G=\gamma_G A d$，kN，其中 γ_G 为基础及回填土的平均重度，一般取 $20kN/m^3$，但在地下水位以下部分应扣去浮力；d 为基础埋深，m，必须从设计地面或室内外平均设计地面起算，如图 3.6 所示；A 为基础底面面积，m^2。

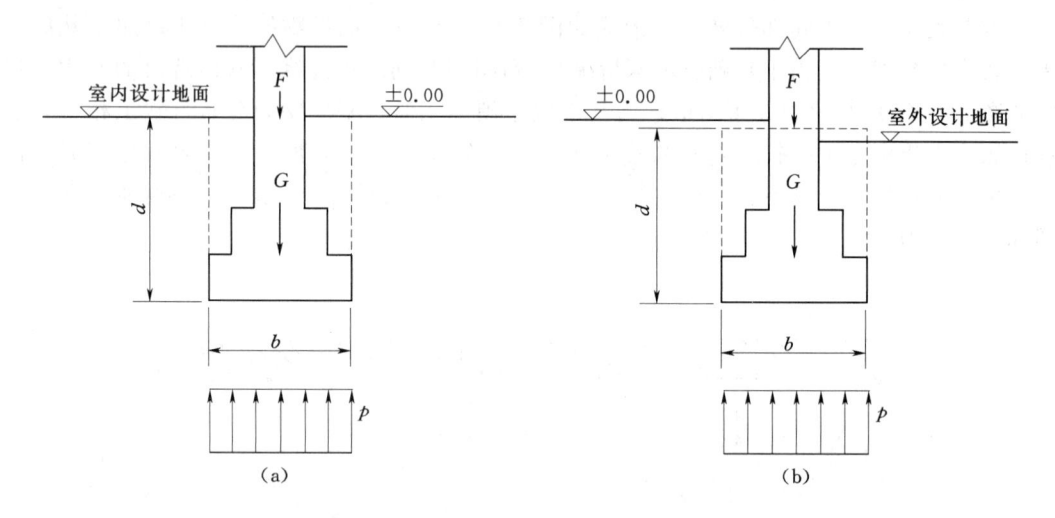

图 3.6 中心荷载作用下的基底压力分布
(a) 内墙或内柱基础；(b) 外墙或外柱基础

对于荷载沿长度方向均匀分布的条形基础，则截取沿长度方向 1m 的基底面积来计算。此时用基础宽度 b（m）取代式（3.4）中的 A，而 $F+G$ 则为沿基础延伸方向取 1m 截条的相应值（kN/m）。

3.2.3 偏心荷载作用下的基底压力

对于矩形基础受单向偏心荷载作用的情况，为了抵抗荷载的偏心作用，设计时，通常把基础底面的长边 l 放在偏心方向，如图 3.7 所示。此时，基底边缘的最大、最小压力按材料力学短柱偏心受压公式计算，即

$$\left.\begin{array}{r}p_{max}\\p_{min}\end{array}\right\}=\frac{F+G}{A}\pm\frac{M}{W} \tag{3.5}$$

式中：M 为作用于基础底面的力矩设计值，kN·m；W 为基础底面的抵抗矩，m^3，对于矩形截面，$W=bl^2/6$；p_{max}、p_{min} 分别为基础底面边缘的最大、最小压力设计值。

将偏心荷载的偏心距 $e=\dfrac{M}{F+G}$ 及 $A=bl$ 和 $W=bl^2/6$ 代入式（3.5）得

$$\left.\begin{array}{c}p_{\max}\\ p_{\min}\end{array}\right\}=\dfrac{F+G}{bl}\left(1\pm\dfrac{6e}{l}\right)\qquad(3.6)$$

当 $e<\dfrac{l}{6}$ 时，基底压力呈梯形分布［图 3.7（a）］；当 $e=\dfrac{l}{6}$ 时，基底压力呈三角形分布［图 3.7（b）］；当 $e>\dfrac{l}{6}$ 时，式（3.6）中 $p_{\min}<0$［图 3.7（c）］，表明按材料力学假定基底将出现拉应力。由于基底与地基之间不能承受拉力，此时基底与地基之间将出现局部脱开，而使基底压力重新分布。根据地基反力与作用在基础上的荷载的平衡条件可知，偏心竖向荷载（$F+G$）必定作用在基底压力图形的形心处［图 3.7（c）］。设单向偏心竖向荷载作用点到基底最大压力边缘的距离为 a，则基底压力图形底边长为 $3a$。根据力的平衡 $(F+G)=\dfrac{1}{2}\times 3a\,p_{\max}b$，可得

$$p_{\max}=\dfrac{2(F+G)}{3ab}\qquad(3.7)$$

式中：$a=\dfrac{l}{2}-e$，m；b 为基础底面宽度，m。

图 3.7 单向偏心荷载作用下的矩形基底压力分布
(a) $e<l/6$；(b) $e=l/6$；(c) $e>l/6$

对于双向偏心的情况，矩形基底边缘 4 个角点处的压力为 $p_{\max}$、$p_{\min}$（$\geqslant 0$）、p_1、p_2 可按下式计算（图 3.8）：

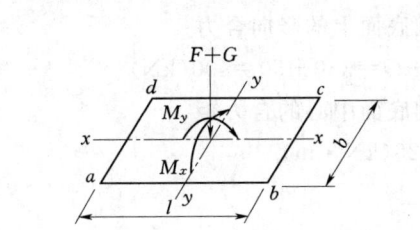

$$\left.\begin{array}{c}p_{\max}\\ p_{\min}\end{array}\right\}=\dfrac{F+G}{lb}\pm\dfrac{M_x}{W_x}\pm\dfrac{M_y}{W_y}\qquad(3.8)$$

$$\left.\begin{array}{c}p_1\\ p_2\end{array}\right\}=\dfrac{F+G}{lb}\mp\dfrac{M_x}{W_x}\pm\dfrac{M_y}{W_y}\qquad(3.9)$$

式中：M_x、M_y 为荷载合力分别对矩形基底 x、y 对称轴的力矩；W_x、W_y 为基础底面分别对 x、y 轴的抵抗矩。

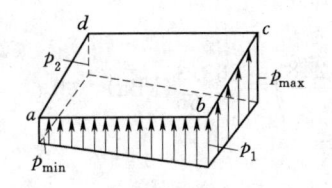

图 3.8 矩形基础在双向偏心荷载作用下的基底压力分布图

3.2.4 基底附加压力

如图 3.9 所示，在基础埋深范围内土中已存在自重应力，基底附加压力是指引起地基附加应力和变形的那部分基底净压力，在数值上等于基底压力减去基底标高处原有的土中自重应力，即

$$p_0 = p - \gamma_0 d \tag{3.10}$$

式中：p_0 为基底附加压力设计值，kPa；p 为基底（平均）压力设计值，kPa；γ_0 为基底标高以上各天然土层的加权平均重度，其中地下水位以下取有效重度，kN/m³；d 为从天然地面算起的基础埋深，m。

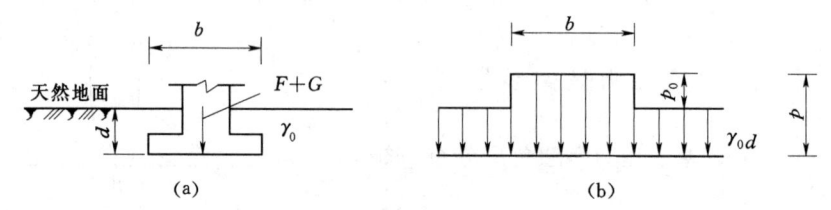

图 3.9 基底附加压力示意
(a) 基础埋深 d；(b) 基底平均附加压力 p_0

基地附加压力的计算表明，由建筑物荷载和基础及回填土自重在基底产生的压力并不是全部传给地基，其中一部分要补偿由基坑开挖所卸除的土体的自重应力，即扣除建筑物建前基底处的自重应力后才是新增于地基的基底压力。

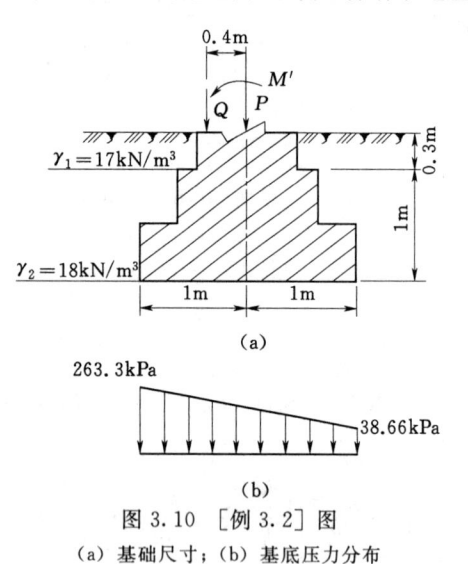

基底附加压力求得后，可将其视为作用在基底处地基的荷载，然后进行地基中附加应力计算。

【例 3.2】 如图 3.10 所示基础，基底面尺寸为 $2.0m \times 1.6m$，其上作用垂直荷载 $P = 350 kN$、$Q = 50 kN$，力矩 $M' = 100 kN \cdot m$。试计算：(1) 基底压力，并绘出分布图；(2) 基底附加压力 p_0。

解：

(1) 基底压力。

基础及上覆土重
$$G = \gamma_G A d = 20 \times 2 \times 1.6 \times 1.3 = 83.2 (kN)$$

作用在基础底面上的竖向合力
$$F = P + Q = 350 + 50 = 400 (kN)$$

作用于基础底面中心的合力矩
$$M = M' + 0.4Q = 100 + 0.4 \times 50 = 120 (kN \cdot m)$$

偏心距 e
$$e = \frac{M}{F+G} = \frac{120}{400 + 83.2} = 0.248 (m)$$

基底压力
$$\left.\begin{array}{l} p_{max} \\ p_{min} \end{array}\right\} = \frac{F+G}{lb}\left(1 \pm \frac{6e}{l}\right) = \frac{400 + 83.2}{2 \times 1.6} \times \left(1 \pm \frac{6 \times 0.248}{2}\right) = \begin{array}{l} 263.3 \\ 38.66 \end{array} (kPa)$$

基底压力分布如图 3.10 (b) 所示。

(2) 基底附加压力。
$$\gamma_0 = \frac{17.0 \times 0.3 + 18.0 \times 1}{1.3} = 17.77 (kN/m^3)$$

图 3.10 [例 3.2] 图
(a) 基础尺寸；(b) 基底压力分布

$$p=\frac{1}{2}(p_{\max}+p_{\min})=\frac{1}{2}\times(263.3+38.66)=150.98(\text{kPa})$$

$$p_0=p-\gamma_0 d=150.98-17.77\times1.3=127.88(\text{kPa})$$

3.3 地基附加应力

地基附加应力是指由基底附加压力在地基中产生的应力，是引起地基变形与破坏的主要因素。计算地基附加应力时一般假定地基土是连续、均质、各向同性的半无限体，以便采用弹性力学中关于弹性半空间的理论解答。

另外，在计算地基附加应力时通常将基础底面视为半无限体的表面，基底附加压力视为柔性荷载直接作用在该平面上。

3.3.1 竖向集中力作用时的地基附加应力

法国学者布辛奈斯克（Boussinesq，1885）用弹性理论推出在弹性半空间表面上作用有竖向集中力 P 时，在弹性体内任意点 M 所引起的应力的解析解。如图 3.11 所示，以集中力 P 的作用点为坐标原点，以 P 的作用延长线为 Z 轴建立空间坐标系（$OXYZ$），$M(x,y,z)$ 为半空间内的任意一点，$M'(x,y,0)$ 为 M 点在 OXY 平面的投影。

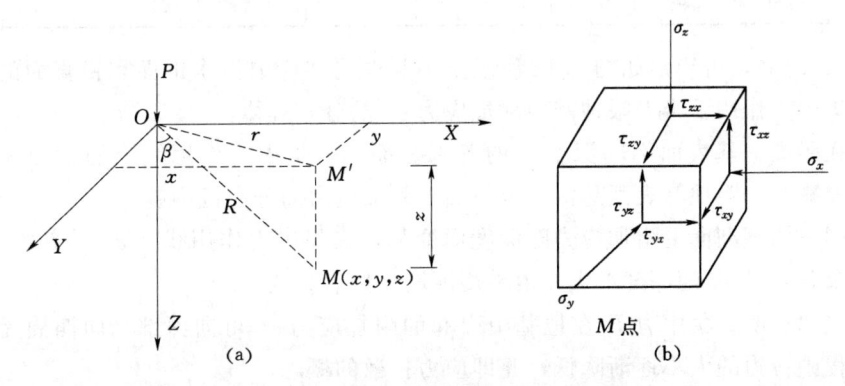

图 3.11 一个竖向集中力作用引起的应力
(a) 半空间内任意点 M；(b) M 单元体

布辛奈斯克用弹性理论推导出 M 点的 6 个附加应力分量 σ_x、σ_y、σ_z、τ_{xy}、τ_{yz}、τ_{zx} 和 3 个位移分量 u、v、w 的解答，其中竖向正应力和竖向位移为

$$\sigma_z=\frac{3Pz^3}{2\pi R^5}=\frac{3P}{2\pi R^2}\cos^3\beta \tag{3.11}$$

$$w=\frac{P(1+\mu)}{2\pi E}\left[\frac{z^2}{R^3}+2(1-\mu)\frac{1}{R}\right] \tag{3.12}$$

式中：R 为 M 点至坐标原点 O 的距离，$R=\sqrt{x^2+y^2+z^2}=\sqrt{r^2+z^2}$；$r$ 为 M' 点至坐标原点 O 的距离；E、μ 分别为土体的弹性模量和泊松比；β 为 OM 与 Z 轴方向的夹角。

利用图 3.11 (a) 中的几何关系 $R^2=r^2+z^2$，式（3.11）可改为

第3章 土中应力

$$\sigma_z = \frac{3P}{2\pi}\frac{z^3}{R^5} = \frac{3}{2\pi}\frac{1}{\left[1+\left(\frac{r}{z}\right)^2\right]^{\frac{5}{2}}}\frac{P}{z^2} = \alpha\frac{P}{z^2} \tag{3.13}$$

式中：α 为集中力作用下的地基附加应力系数，无因次，是 $\frac{r}{z}$ 的函数，可由表3.1查得。

表 3.1　　　　　　　　集中力作用下的竖向附加应力系数 α

$\frac{r}{z}$	α	$\frac{r}{z}$	α	$\frac{r}{z}$	α	$\frac{r}{z}$	α	$\frac{r}{z}$	α
0.00	0.4775	0.50	0.2733	1.00	0.0844	1.50	0.0251	2.00	0.0085
0.05	0.4745	0.55	0.2466	1.05	0.0744	1.55	0.0224	2.20	0.0058
0.10	0.4657	0.60	0.2214	1.10	0.0658	1.60	0.0200	2.40	0.0040
0.15	0.4516	0.65	0.1978	1.15	0.0581	1.65	0.0179	2.60	0.0029
0.20	0.4329	0.70	0.1762	1.20	0.0513	1.70	0.0160	2.80	0.0021
0.25	0.4103	0.75	0.1565	1.25	0.0454	1.75	0.0144	3.00	0.0015
0.30	0.3849	0.80	0.1386	1.30	0.0402	1.80	0.0129	3.50	0.0007
0.35	0.3577	0.85	0.1226	1.35	0.0357	1.85	0.0116	4.00	0.0004
0.40	0.3294	0.90	0.1038	1.40	0.0317	1.90	0.0105	4.50	0.0002
0.45	0.3011	0.95	0.0956	1.45	0.0282	1.95	0.0095	5.00	0.0001

由式（3.13），可绘出如图3.12所示土中竖向附加应力沿水平面和铅直面的分布图，由此可知集中力作用下半无限地基中附加应力 σ_z 的分布规律：

（1）在距离地基表面不同深度 z 的各水平面上，集中力作用线上的附加应力最大，向两侧逐渐减小，距地基表面越深，水平面上附加应力的分布范围越广。

（2）同一铅直剖面上附加应力随深度而变化，在集中力作用线上 σ_z 随着深度增大而减小，其余各垂线 σ_z 随深度增大先由零逐渐增大然后又减小。

上述规律表明，集中力 P 在地基中引起的附加应力 σ_z 可向深部、向四周无限传播，在传播过程中应力的大小逐渐降低，此即应力扩散的概念。

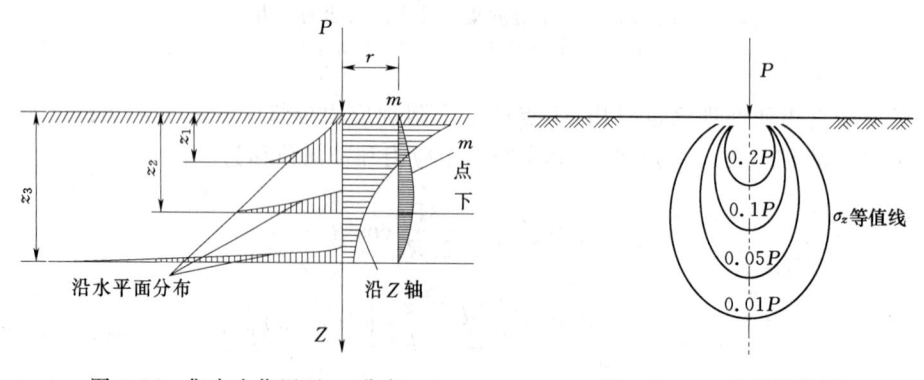

图3.12　集中力作用下 σ_z 分布　　　　图3.13　σ_z 的等值线图

若在剖面图上将 σ_z 相同的点连接起来，可得到如图3.13所示的 σ_z 等值线图，由于其空间图形成泡状，所以也称为应力泡。

3.3 地基附加应力

当地基表面作用有多个竖向集中力时，可根据叠加原理，认为地面下深度 z 处某点 M 的附加应力为各集中力单独作用时在 M 点引起的附加应力的总和，即

$$\sigma_z = \sum_{i=1}^{n} \alpha_i \frac{P_i}{z^2} = \frac{1}{z^2} \sum_{i=1}^{n} \alpha_i P_i \qquad (3.14)$$

图 3.14 为两个集中力 P_a、P_b 作用的情况：距地表深度 z 平面处的附加应力分布线 c 由 P_a、P_b 单独作用下的附加应力分布线 a、b 叠加而得。

实际建筑物荷载都是通过一定尺寸的基础传递给地基，对于不同的基础形状和基础底面上的压力分布，均可利用上述集中荷载引起的附加应力的计算方法和应力叠加原理，计算地基中任意点的附加应力。

具体求解时根据应力形状的特征划分为空间问题和平面问题。

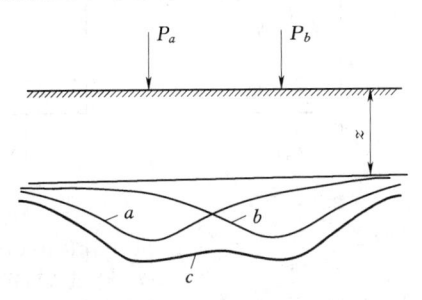

图 3.14 两个集中力作用下 σ_z 的叠加

3.3.2 空间问题的附加应力计算

设基础长度为 l，宽度为 b，当 $l/b < 10$ 时，其地基附加应力计算问题属于空间问题。

1. 矩形基底面上均布垂直荷载

当竖向均布荷载 p 作用于矩形基底面时，以荷载面角点为坐标原点 O，在荷载面内（x，y）处取一微单元 $dA = dx\,dy$，其上作用的集中荷载为 $dp = p\,dx\,dy$，则在矩形荷载面积角点 O 下任一深度 z 处 M 点由此集中力引起的附加应力可由式（3.11）确定为

$$d\sigma_z = \frac{3p}{2\pi} \frac{z^3}{(x^2 + y^2 + z^2)^{5/2}} dx\,dy \qquad (3.15)$$

将上式沿长度 l 和宽度 b（$l \geqslant b$）两个方向对整个荷载面 A 积分（图 3.15）：

$$\sigma_z = \iint d\sigma_z = \int_0^l \int_0^b \frac{3p}{2\pi} \frac{z^3}{(x^2 + y^2 + z^2)^{5/2}} dx\,dy$$

图 3.15 垂直均布荷载作用时角点下的附加应力

得

$$\sigma_z = \frac{p}{2\pi} \left[\frac{lbz(l^2 + b^2 + 2z^2)}{(l^2 + z^2)(b^2 + z^2)\sqrt{l^2 + b^2 + z^2}} + \arcsin \frac{lb}{\sqrt{(l^2 + z^2)(b^2 + z^2)}} \right] \qquad (3.16)$$

令

$$\alpha_c = \frac{1}{2\pi} \left[\frac{lbz(l^2 + b^2 + 2z^2)}{(l^2 + z^2)(b^2 + z^2)\sqrt{l^2 + b^2 + z^2}} + \arcsin \frac{lb}{\sqrt{(l^2 + z^2)(b^2 + z^2)}} \right] \qquad (3.17)$$

有

$$\sigma_z = \alpha_c p \qquad (3.18)$$

式中：α_c 为均布矩形荷载面角点下的竖向附加应力分布系数，无量纲，由式（3.17）计算，也可由 $m = l/b$ 及 $n = z/b$ 查表 3.2。

对于均布矩形荷载作用下地基中任意点的附加应力可利用式（3.18）和应力叠加原理求得。此方法称为"角点法"，如图 3.16 所示。

第3章 土中应力

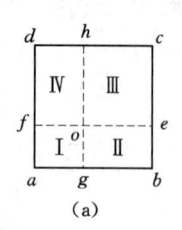

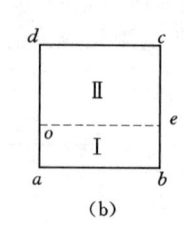

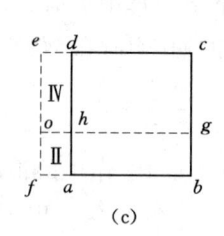

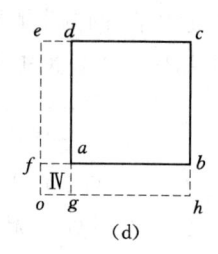

图3.16 角点法的应用

(a) 计算荷载面内一点；(b) 计算荷载面边缘一点；
(c) 计算荷载面外侧一点；(d) 计算荷载面角点外侧一点

计算矩形荷载面内任一点 o 之下的附加应力时［图3.16（a）］，α_c 为

$$\alpha_c = \alpha_{cⅠ} + \alpha_{cⅡ} + \alpha_{cⅢ} + \alpha_{cⅣ}$$

计算矩形荷载面边缘上一点 o 之下的附加应力时［图3.16（b）］，α_c 为

$$\alpha_c = \alpha_{cⅠ} + \alpha_{cⅡ}$$

计算矩形荷载面外侧一点 o 之下的附加应力时［图3.16（c）］，α_c 为

$$\alpha_c = \alpha_{cⅠ} + \alpha_{cⅢ} - \alpha_{cⅡ} - \alpha_{cⅣ}$$

其中Ⅰ为 $ofbg$，Ⅲ为 $oecg$。

计算矩形荷载面角点外侧一点 o 之下的附加应力时［图3.16（d）］，α_c 为

$$\alpha_c = \alpha_{cⅠ} - \alpha_{cⅡ} - \alpha_{cⅢ} + \alpha_{cⅣ}$$

其中Ⅰ为 $ohce$，Ⅱ为 $ogde$，Ⅲ为 $ohbf$。

2. 矩形基底面上三角形分布垂直荷载

矩形面积上作用的竖向荷载沿基础 b 边呈三角形分布，最大荷载强度为 p_t，如图3.17所示。取荷载零值边角点1为坐标原点 O，在荷载面内（x，y）处取一微单元 $dA = dxdy$，其上作用的集中荷载为 $\frac{x}{b}pdxdy$，则在矩形面积角点1下深度 z 处 M 点由该集中荷载引起的附加应力 $d\sigma_z$ 同样可由式（3.11）确定，通过积分求得1点下任意深度处的附加应力 σ_z 为

$$\sigma_z = \alpha_{t1} p_t \quad (3.19)$$

图3.17 三角形分布荷载作用时角点下的附加应力

其中 $$\alpha_{t1} = \frac{mn}{2\pi}\left[\frac{1}{\sqrt{m^2+n^2}} - \frac{n^2}{(1+n^2)\sqrt{1+m^2+n^2}}\right]$$
(3.20)

式中：α_{t1} 为矩形面积垂直三角形荷载角点1下的附加应力分布系数，其值可由 $m=l/b$、$n=z/b$、$\alpha_{t1}=f(m,n)$ 从表3.3查得。

同理，荷载最大值边的角点2下任意深度 z 处的附加应力 σ_z 为

3.3 地基附加应力

$$\sigma_z = \alpha_{t2} p_t \tag{3.21}$$

式中：α_{t2} 为角点 2 下的附加应力分布系数，其值可由 $m=l/b$、$n=z/b$ 从表 3.3 查得。

表 3.2　　矩形基底受垂直均布荷载作用角点下的竖向附加应力系数 α_c

$n=z/b$ ＼ $m=l/b$	1.0	1.2	1.4	1.6	1.8	2.0	3.0	4.0	5.0	6.0	10.0
0.0	0.2500	0.2500	0.2500	0.2500	0.2500	0.2500	0.2500	0.2500	0.2500	0.2500	0.2500
0.2	0.2486	0.2489	0.2490	0.2491	0.2491	0.2491	0.2492	0.2492	0.2492	0.2492	0.2492
0.4	0.2401	0.2420	0.2429	0.2434	0.2437	0.2439	0.2442	0.2443	0.2443	0.2443	0.2443
0.6	0.2229	0.2275	0.2300	0.2315	0.2324	0.2329	0.2339	0.2341	0.2342	0.2342	0.2342
0.8	0.1999	0.2075	0.2120	0.2147	0.2165	0.2176	0.2196	0.2200	0.2202	0.2202	0.2202
1.0	0.1752	0.1851	0.1911	0.1955	0.1981	0.1999	0.2034	0.2042	0.2044	0.2045	0.2046
1.2	0.1516	0.1626	0.1705	0.1758	0.1793	0.1818	0.1870	0.1882	0.1885	0.1887	0.1888
1.4	0.1308	0.1423	0.1508	0.1569	0.1613	0.1644	0.1712	0.1730	0.1735	0.1738	0.1740
1.6	0.1123	0.1241	0.1329	0.1436	0.1445	0.1482	0.1567	0.1590	0.1598	0.1601	0.1604
1.8	0.0969	0.1083	0.1172	0.1241	0.1294	0.1334	0.1434	0.1463	0.1474	0.1478	0.1482
2.0	0.0840	0.0947	0.1034	0.1103	0.1158	0.1202	0.1314	0.1350	0.1363	0.1368	0.1374
2.2	0.0732	0.0832	0.0917	0.0984	0.1039	0.1084	0.1205	0.1248	0.1264	0.1271	0.1277
2.4	0.0642	0.0734	0.0812	0.0879	0.0934	0.0979	0.1108	0.1156	0.1175	0.1184	0.1192
2.6	0.0566	0.0651	0.0725	0.0788	0.0842	0.0887	0.1020	0.1073	0.1095	0.1106	0.1116
2.8	0.0502	0.0580	0.0649	0.0709	0.0761	0.0805	0.0942	0.0999	0.1024	0.1036	0.1048
3.0	0.0447	0.0519	0.0583	0.0640	0.0690	0.0732	0.0870	0.0931	0.0959	0.0973	0.0987
3.2	0.0401	0.0467	0.0526	0.0580	0.0627	0.0668	0.0806	0.0870	0.0900	0.0916	0.0933
3.4	0.0361	0.0421	0.0477	0.0527	0.0571	0.0611	0.0747	0.0814	0.0847	0.0864	0.0882
3.6	0.0326	0.0382	0.0433	0.0480	0.0523	0.0561	0.0694	0.0763	0.0799	0.0816	0.0837
3.8	0.0296	0.0348	0.0395	0.0439	0.0479	0.0516	0.0645	0.0717	0.0753	0.0773	0.0796
4.0	0.0270	0.0318	0.0362	0.0403	0.0441	0.0474	0.0603	0.0674	0.0712	0.0733	0.0758
4.2	0.0247	0.0291	0.0333	0.0371	0.0407	0.0439	0.0563	0.0634	0.0674	0.0696	0.0724
4.4	0.0227	0.0268	0.0306	0.0343	0.0376	0.0407	0.0527	0.0597	0.0639	0.0662	0.0692
4.6	0.0209	0.0247	0.0283	0.0317	0.0348	0.0378	0.0493	0.0564	0.0606	0.0630	0.0663
4.8	0.0193	0.0229	0.0262	0.0294	0.0324	0.0352	0.0463	0.0533	0.0576	0.0601	0.0635
5.0	0.0179	0.0212	0.0243	0.0274	0.0302	0.0328	0.0435	0.0504	0.0547	0.0573	0.0610
6.0	0.0127	0.0151	0.0174	0.0196	0.0218	0.0238	0.0325	0.0388	0.0431	0.0460	0.0506
7.0	0.0094	0.0112	0.0130	0.0147	0.0164	0.0180	0.0251	0.0306	0.0346	0.0376	0.0428
8.0	0.0073	0.0087	0.0101	0.0114	0.0127	0.0140	0.0198	0.0246	0.0283	0.0311	0.0367
9.0	0.0058	0.0069	0.0080	0.0091	0.0102	0.0112	0.0161	0.0202	0.0235	0.0262	0.0319
10.0	0.0047	0.0056	0.0065	0.0074	0.0083	0.0092	0.0132	0.0167	0.0198	0.0222	0.0280

表 3.3　矩形基底受垂直三角形分布荷载作用角点下的竖向附加应力系数 α_{t1} 和 α_{t2}

$m=l/b$ $n=z/b$	角点1	角点2	角点1	角点2	角点1	角点2	角点1	角点2	角点1	角点2
	0.2		0.4		0.6		0.8		1.0	
0.0	0.0000	0.2500	0.0000	0.2500	0.0000	0.2500	0.0000	0.2500	0.0000	0.2500
0.2	0.0223	0.1821	0.0280	0.2115	0.0296	0.2165	0.0301	0.2178	0.0304	0.2182
0.4	0.0269	0.1094	0.0420	0.1604	0.0487	0.1781	0.0517	0.1844	0.0531	0.1870
0.6	0.0259	0.0700	0.0448	0.1165	0.0560	0.1405	0.0621	0.1520	0.0654	0.1575
0.8	0.0232	0.0480	0.0421	0.0853	0.0553	0.1093	0.0637	0.1232	0.0688	0.1311
1.0	0.0201	0.0346	0.0375	0.0638	0.0508	0.0852	0.0602	0.0996	0.0666	0.1086
1.2	0.0171	0.0260	0.0324	0.0491	0.0450	0.0673	0.0546	0.0807	0.0615	0.0901
1.4	0.0145	0.0202	0.0278	0.0386	0.0392	0.0540	0.0483	0.0661	0.0554	0.0751
1.6	0.0123	0.0160	0.0238	0.0310	0.0339	0.0440	0.0424	0.0547	0.0492	0.0628
1.8	0.0105	0.0130	0.0204	0.0254	0.0294	0.0363	0.0371	0.0457	0.0435	0.0534
2.0	0.0090	0.0108	0.0176	0.0211	0.0255	0.0304	0.0324	0.0387	0.0384	0.0456
2.5	0.0063	0.0072	0.0125	0.0140	0.0183	0.0205	0.0236	0.0265	0.0284	0.0313
3.0	0.0046	0.0051	0.0092	0.0100	0.0135	0.0148	0.0176	0.0192	0.0214	0.0233
5.0	0.0018	0.0019	0.0036	0.0038	0.0054	0.0056	0.0071	0.0074	0.0088	0.0091
7.0	0.0009	0.0010	0.0019	0.0019	0.0028	0.0029	0.0038	0.0038	0.0047	0.0047
10.0	0.0005	0.0004	0.0009	0.0010	0.0014	0.0014	0.0019	0.0019	0.0023	0.0024

$m=l/b$ $n=z/b$	角点1	角点2	角点1	角点2	角点1	角点2	角点1	角点2	角点1	角点2
	1.2		1.4		1.6		1.8		2.0	
0.0	0.0000	0.2500	0.0000	0.2500	0.0000	0.2500	0.0000	0.2500	0.0000	0.2500
0.2	0.0305	0.2148	0.0305	0.2185	0.0306	0.2185	0.0306	0.2185	0.0306	0.2185
0.4	0.0539	0.1881	0.0543	0.1886	0.0545	0.1889	0.0546	0.1891	0.0547	0.1892
0.6	0.0673	0.1602	0.0684	0.1616	0.0690	0.1625	0.0694	0.1630	0.0696	0.1633
0.8	0.0720	0.1355	0.0739	0.1381	0.0751	0.1396	0.0759	0.1405	0.0764	0.1412
1.0	0.0708	0.1143	0.0735	0.1176	0.0753	0.1202	0.0766	0.1215	0.0774	0.1225
1.2	0.0664	0.0962	0.0698	0.1007	0.0721	0.1037	0.0738	0.1055	0.0749	0.1069
1.4	0.0606	0.0817	0.0644	0.0864	0.0672	0.0897	0.0692	0.0921	0.0707	0.0937
1.6	0.0545	0.0696	0.0586	0.0743	0.0616	0.0780	0.0639	0.0806	0.0656	0.0826
1.8	0.0487	0.0596	0.0528	0.0644	0.0560	0.0681	0.0585	0.0709	0.0604	0.0730
2.0	0.0434	0.0513	0.0474	0.0560	0.0507	0.0596	0.0533	0.0625	0.0553	0.0649
2.5	0.0326	0.0365	0.0362	0.0405	0.0393	0.0440	0.0419	0.0469	0.0440	0.0491
3.0	0.0249	0.0270	0.0280	0.0303	0.0307	0.0333	0.0331	0.0359	0.0352	0.0380
5.0	0.0104	0.0108	0.0120	0.0123	0.0135	0.0139	0.0148	0.0154	0.0161	0.0167
7.0	0.0056	0.0056	0.0064	0.0066	0.0073	0.0074	0.0081	0.0083	0.0089	0.0091
10.0	0.0028	0.0028	0.0033	0.0032	0.0037	0.0037	0.0041	0.0042	0.0046	0.0046

续表

$m=l/b$	角点1	角点2	角点1	角点2	角点1	角点2	角点1	角点2	角点1	角点2
$n=z/b$	3.0		4.0		6.0		8.0		10.0	
0.0	0.0000	0.2500	0.0000	0.2500	0.0000	0.2500	0.0000	0.2500	0.0000	0.2500
0.2	0.0306	0.2186	0.0306	0.2186	0.0306	0.2186	0.0306	0.2186	0.0306	0.2186
0.4	0.0548	0.1894	0.0549	0.1894	0.0549	0.1894	0.0549	0.1894	0.0549	0.1894
0.6	0.0701	0.1638	0.0702	0.1639	0.0702	0.1640	0.0702	0.1640	0.0702	0.1640
0.8	0.0773	0.1423	0.0776	0.1424	0.0776	0.1426	0.0776	0.1426	0.0776	0.1426
1.0	0.0790	0.1244	0.0794	0.1248	0.0795	0.1250	0.0796	0.1250	0.0796	0.1250
1.2	0.0774	0.1096	0.0779	0.1103	0.0782	0.1105	0.0783	0.1105	0.0783	0.1105
1.4	0.0739	0.0973	0.0748	0.0982	0.0752	0.0986	0.0752	0.0987	0.0753	0.0987
1.6	0.0697	0.0870	0.0708	0.0882	0.0714	0.0887	0.0715	0.0888	0.0715	0.0889
1.8	0.0652	0.0782	0.0666	0.0797	0.0673	0.0805	0.0675	0.0806	0.0675	0.0808
2.0	0.0607	0.0707	0.0624	0.0726	0.0634	0.0734	0.0636	0.0736	0.0636	0.0738
2.5	0.0504	0.0559	0.0529	0.0585	0.0543	0.0601	0.0547	0.0604	0.0548	0.0605
3.0	0.0419	0.0451	0.0449	0.0482	0.0469	0.0504	0.0474	0.0509	0.0476	0.0511
5.0	0.0214	0.0221	0.0248	0.0256	0.0283	0.0290	0.0296	0.0303	0.0301	0.0309
7.0	0.0124	0.0126	0.0152	0.0154	0.0186	0.0190	0.0204	0.0207	0.0212	0.0216
10.0	0.0066	0.0066	0.0084	0.0083	0.0111	0.0111	0.0128	0.0130	0.0139	0.0141

3. 圆形基底面上均布铅直荷载

如图 3.18 所示，设圆形基础底面半径为 r_0，其上作用有均布荷载 p，若以圆形荷载面得中心点为坐标原点 O，并在荷载面积上取微面积 $\mathrm{d}A=r\mathrm{d}\theta\mathrm{d}r$，以集中力 $\mathrm{d}F=p\mathrm{d}A$ 代替微面积上的分布荷载，则可用类似于求 α_c、α_t 的推导步骤，得出圆心 O 点下 z 深度处的附加应力计算公式为

$$\sigma_z = \alpha_0 p \tag{3.22}$$

$$\alpha_0 = 1 - \frac{z^3}{(r^2+z^2)^{3/2}} = 1 - \frac{1}{\left(\dfrac{1}{z^2/r_0^2}+1\right)^{3/2}}$$

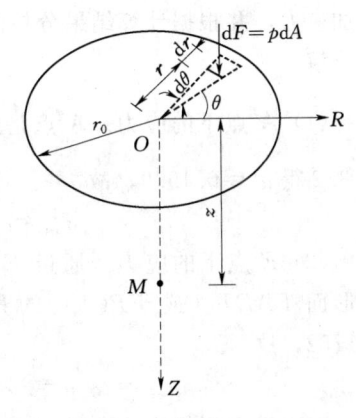

图 3.18 圆形面积作用均布荷载时中心点下的附加应力

式中：α_0 为圆心 O 点下附加应力系数，其值由 z/r_0 决定，从表 3.4 查取。

同理，可确定圆形荷载周边下的附加应力

$$\sigma_z = \alpha_r p \tag{3.23}$$

式中：α_r 为圆形荷载周边下的附加应力系数，其值由 z/r_0 决定，由表 3.4 查取。

表 3.4　　均布圆形荷载中点及周边下的附加应力系数 α_0 和 α_r

z/r_0	α_0	α_r	z/r_0	α_0	α_r	z/r_0	α_0	α_r
0.0	1.000	0.500	1.6	0.390	0.244	3.2	0.130	0.103
0.1	0.999	0.482	1.7	0.360	0.229	3.3	0.124	0.099
0.2	0.993	0.464	1.8	0.332	0.217	3.4	0.117	0.094
0.3	0.976	0.447	1.9	0.307	0.204	3.5	0.111	0.089
0.4	0.949	0.432	2.0	0.285	0.193	3.6	0.106	0.084
0.5	0.911	0.412	2.1	0.264	0.182	3.7	0.100	0.079
0.6	0.864	0.374	2.2	0.246	0.172	3.8	0.096	0.074
0.7	0.811	0.369	2.3	0.229	0.162	3.9	0.091	0.070
0.8	0.756	0.363	2.4	0.211	0.154	4.0	0.087	0.066
0.9	0.701	0.347	2.5	0.200	0.146	4.2	0.079	0.058
1.0	0.646	0.332	2.6	0.187	0.139	4.4	0.073	0.052
1.1	0.595	0.313	2.7	0.175	0.133	4.6	0.067	0.049
1.2	0.547	0.303	2.8	0.165	0.125	4.8	0.062	0.047
1.3	0.502	0.286	2.9	0.155	0.119	5.0	0.057	0.045
1.4	0.461	0.270	3.0	0.146	0.113			
1.5	0.424	0.256	3.1	0.138	0.108			

【**例 3.3**】　某基础底面面积如图 3.19（a）所示，$l \times b = 2m \times 1m$，其上作用均布荷载为 $p = 200kPa$。试求荷载面积上点 A、E、O 以及荷载面积外点 F、G 下 $z = 1m$ 深度处的附加应力，并根据计算结果分析附加应力分布规律。

解：

（1）A 点下的应力。A 点是矩形荷载面 $ABCD$ 的角点，由 $m = \dfrac{l}{b} = 2$，$n = \dfrac{z}{b} = 1$ 查表 3.2 得 $\alpha_c = 0.1999$，故

$$\sigma_{zA} = \alpha_c p = 0.1999 \times 200 = 40.0 (kPa)$$

（2）E 点下的应力。通过 E 点将矩形荷载面积分为两个相等矩形 $EADI$ 和 $EBCI$，矩形面 $EADI$（或 $EBCI$）的角点应力系数 α_c：$m = 1$，$n = 1$，查表 3.2 得 $\alpha_c = 0.1752$，故

$$\sigma_{zE} = 2\alpha_c p = 2 \times 0.1752 \times 200 = 0.35 \times 200 = 70.1 (kPa)$$

（3）O 点下的应力。通过 O 点将原矩形荷载面分为 4 个相等矩形 $OEAJ$、$OJDI$、$OICK$ 和 $OKBE$，求矩形面 $OEAJ$（或其中任一矩形）角点应力系数 α_c：$m = \dfrac{1}{0.5} = 2$，$n = \dfrac{1}{0.5} = 2$，查表 3.2 得 $\alpha_c = 0.1202$，故

$$\sigma_{zO} = 4\alpha_c p = 4 \times 0.1202 \times 200 = 0.48 \times 200 = 96.2 (kPa)$$

（4）F 点下的应力。过 F 点作矩形 $FGAJ$、$FJDH$、$FGBK$ 和 $FKCH$。

3.3 地基附加应力

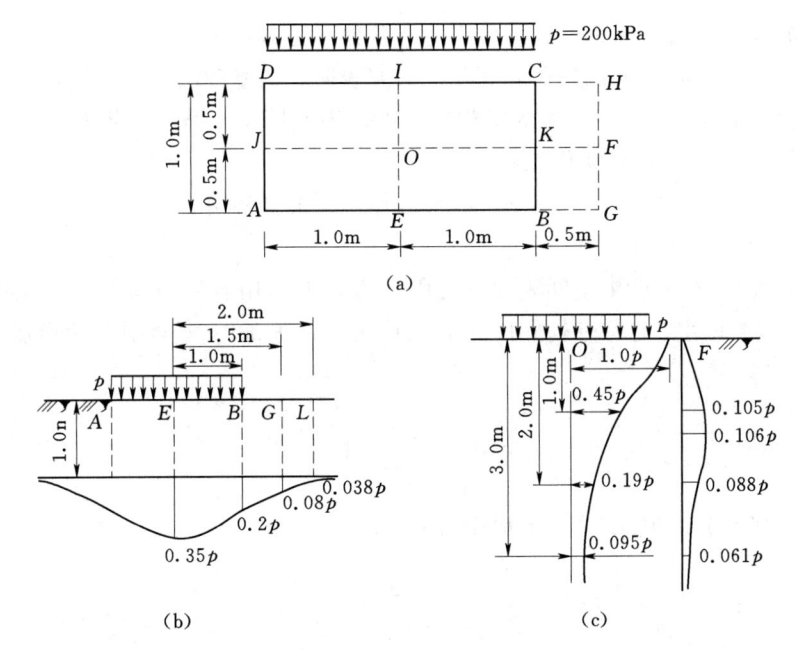

图 3.19 [例 3.3] 图
(a) 矩形荷载面;(b) $z=1$m 处附加应力分布;(c) 沿深度附加应力分布

设 α_{cI} 为矩形 $FGAJ$ 和 $FJDH$ 的角点应力系数；α_{cII} 为矩形 $FGBK$ 和 $FKCH$ 的角点应力系数。

求 α_{cI}: $m = \dfrac{2.5}{0.5} = 5$; $n = \dfrac{1}{0.5} = 2$, 查表 3.2, $\alpha_{cI} = 0.1363$。

求 α_{cII}: $m = \dfrac{0.5}{0.5} = 1$; $n = \dfrac{1}{0.5} = 2$, 查表 3.2, $\alpha_{cII} = 0.0840$。

故 $\sigma_{zF} = 2(\alpha_{cI} - \alpha_{cII})p = 2 \times (0.1363 - 0.084) \times 200 = 0.1046 \times 200 = 20.9(\text{kPa})$

(5) G 点下的应力。过 G 点作矩形 $GADH$ 和 $GBCH$，分别求出它们的角点应力系数 α_{cI} 和 α_{cII}。

求 α_{cI}: $m = \dfrac{2.5}{1} = 2.5$; $n = \dfrac{1}{1} = 1$, 查表 3.2（需内插取值），$\alpha_{cI} = 0.2016$。

求 α_{cII}: $m = \dfrac{1}{0.5} = 2$; $n = \dfrac{1}{0.5} = 2$, 查表 3.2, $\alpha_{cII} = 0.1202$。

故 $\sigma_{zG} = (\alpha_{cI} - \alpha_{cII})p = (0.20165 - 0.1202) \times 200 = 0.0814 \times 200 = 16.3(\text{kPa})$

将计算结果与若干补充结果绘于图 3.19 (b)、(c) 中，表明了距离荷载越远、附加应力强度越低的应力扩散分布规律。

3.3.3 平面问题的附加应力计算

当一定宽度的无限长基底面积承受均布荷载时，在土中垂直于长度方向的任一截面附加应力分布规律完全相同，且在长边延伸方向地基的应变和位移均为 0，这类问题称为平面问题。

对于平面问题，荷载沿宽度方向可有任意分布形式，但在沿长度方向不变，计算中只要算出任一截面上的附加应力,即可代表所有其他平行截面。

实际建筑中并没有无限长的荷载面积。研究表明,当基础的长度比 $l/b \geqslant 10$ 时,计算的地基附加应力值与按 $l/b \to \infty$ 时的解相差甚微。因此墙基、路基、坝基、挡土墙基础等均可按平面问题计算地基中的附加应力。

条形荷载面下附加应力的求解基于线荷载作用下的弹性解答。

1. 线荷载

如图 3.20 所示在弹性半空间表面一无限长直线上作用有均布荷载 p,在线荷载上取微分长度 $\mathrm{d}y$,将作用其上的荷载 $p\mathrm{d}y$ 看作集中力,在地基内 M 点引起的附加应力 $\mathrm{d}\sigma_z$ 按式(3.11)可得

$$\mathrm{d}\sigma_z = \frac{3pz^3}{2\pi R^5}\mathrm{d}y$$

则可用下列积分求得 M 点的附加应力 σ_z 为

$$\sigma_z = \int_{-\infty}^{+\infty}\mathrm{d}\sigma_z = \int_{-\infty}^{+\infty}\frac{3pz^3}{2\pi(x^2+y^2+z^2)^{5/2}}\mathrm{d}y = \frac{2pz^3}{\pi(x^2+z^2)^2} \tag{3.24}$$

该解答由弗拉曼(Flamant,1892)首先得出,故也称弗拉曼解。

实际意义上的线荷载是不存在的,可以将其看作是条形面积在宽度趋于零时的特殊情况,以该解答为基础,通过积分可求解各类平面问题地基中的附加应力。

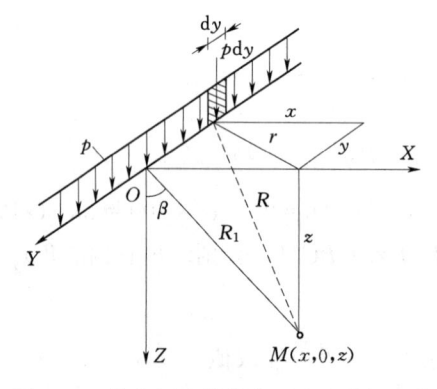

图 3.20 均布竖向线荷载下地基附加应力

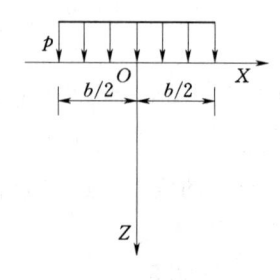

图 3.21 均布竖向条形荷载下地基附加应力

2. 均布竖向条形荷载

当基础宽度为 b 的条形基础上作用有均布荷载 p 时,取宽度 b 的中点作为坐标原点(图 3.21),则地基中某点的竖向附加应力可由式(3.24)进行积分求得

$$\sigma_z = \frac{p}{\pi}\left[\arctan\frac{1-2m}{2n} + \arctan\frac{1+2m}{2n} - \frac{4n(4m^2-4n^2-1)}{(4m^2+4n^2-1)^2+16n^2}\right] = \alpha_{sz}p \tag{3.25}$$

$$m = \frac{x}{b}, \quad n = \frac{z}{b}$$

式中:α_{sz} 为条形基础上作用均布垂直荷载时竖向附加应力分布系数,$\alpha_{sz} = f(m,n)$,由表 3.5 查取。

3.3 地基附加应力

表 3.5　　条形基底受垂直均布荷载作用时的竖向附加应力系数 α_{sz}

$n=z/b$ \ $m=x/b$	0.00	0.25	0.50	0.75	1.00	1.50	2.00
0.00	1.000	1.000	0.500	0.000	0.000	0.000	0.000
0.25	0.960	0.905	0.496	0.088	0.019	0.002	0.001
0.35	0.907	0.832	0.492	0.148	0.039	0.006	0.003
0.50	0.820	0.735	0.481	0.218	0.082	0.017	0.005
0.75	0.668	0.610	0.450	0.263	0.146	0.040	0.017
1.00	0.552	0.513	0.410	0.288	0.185	0.071	0.029
1.50	0.396	0.379	0.332	0.273	0.211	0.114	0.055
2.00	0.306	0.292	0.275	0.242	0.205	0.134	0.083
2.50	0.245	0.239	0.231	0.215	0.188	0.139	0.098
3.00	0.208	0.206	0.198	0.185	0.171	0.136	0.103
4.00	0.160	0.158	0.153	0.147	0.140	0.122	0.102
5.00	0.126	0.125	0.124	0.121	0.117	0.107	0.095

3. 三角形分布的竖向条形荷载

图 3.22 为条形基础受三角形分布的垂直荷载的情况，荷载最大值为 p_t。将坐标原点取在零荷载处以荷载增大的方向为 x 正向，通过式（3.24）积分可得

$$\sigma_z = \frac{p_t}{\pi}\left\{ m\left[\arctan\frac{m}{n} - \arctan\left(\frac{m-1}{n}\right)\right] - \frac{n(m-1)}{n^2+(m-1)^2} \right\} = \alpha_{tz} p_t \quad (3.26)$$

式中：α_{tz} 为条形基础上作用三角形分布荷载时竖向附加应力分布系数，由表 3.6 查取。

表 3.6　　三角形分布竖向条形荷载作用时地基附加应力系数 α_{tz}

$n=z/b$ \ $m=x/b$	−0.50	−0.25	+0.00	+0.25	+0.50	+0.75	+1.00	+1.25	+1.50
0.01	0.000	0.000	0.003	0.249	0.500	0.750	0.497	0.000	0.000
0.1	0.000	0.002	0.032	0.251	0.498	0.737	0.468	0.010	0.002
0.2	0.003	0.009	0.061	0.255	0.489	0.682	0.437	0.050	0.009
0.4	0.010	0.036	0.011	0.263	0.441	0.534	0.379	0.137	0.043
0.6	0.030	0.066	0.140	0.258	0.378	0.421	0.328	0.177	0.080
0.8	0.050	0.089	0.155	0.243	0.321	0.343	0.285	0.188	0.106
1.0	0.065	0.104	0.159	0.224	0.275	0.286	0.250	0.184	0.121
1.2	0.070	0.111	0.154	0.204	0.239	0.246	0.221	0.176	0.126
1.4	0.080	0.144	0.151	0.186	0.210	0.215	0.198	0.165	0.127
2.0	0.090	0.108	0.127	0.143	0.153	0.155	0.147	0.134	0.115

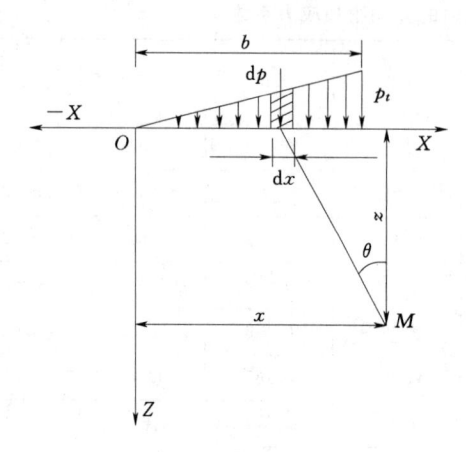

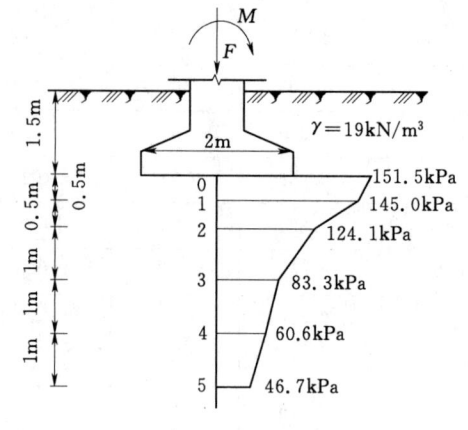

图 3.22 三角形分布竖向条形荷载下地基附加应力

图 3.23 [例 3.4] 图

【**例 3.4**】 某条形基础如图 3.23 所示，基础上作用荷载 $F=300\text{kN}$，$M=50\text{kN}\cdot\text{m}$，试求基础中点下的附加应力分布。

解：

(1) 求基底附加压力。

基础及上覆土重 $G=2\times 1.5\times 20=60(\text{kN})$

偏心距 $e=\dfrac{M}{F+G}=\dfrac{50}{300+60}=0.14(\text{m})$

基底压力

$$\left.\begin{array}{l}p_{\max}\\p_{\min}\end{array}\right\}=\dfrac{300+60}{2}\times\left(1\pm\dfrac{6\times 0.14}{2}\right)=\dfrac{255.6}{104.4}(\text{kPa})$$

基底附加压力

$$\left.\begin{array}{l}p_{0\max}\\p_{0\min}\end{array}\right\}=\dfrac{255.6}{104.4}-19\times 1.5=\dfrac{227.1}{75.9}(\text{kPa})$$

(2) 基础中点下的附加应力。将梯形分布的附加压力视为作用于地基上的荷载，并分成均布和三角形分布的两部分。其中均布荷载 $p_0=75.9\text{kPa}$，三角形分布的 $p_t=151.2\text{kPa}$。

分别计算 $z=0\text{m}$、0.5m、1.0m、2.0m、3.0m、4.0m 处的附加应力，计算过程及结果见表 3.7，附加应力分布如图 3.23 所示。

表 3.7 附加应力计算过程及结果

点号	深度 z /m	z/b	均布荷载 $p_0=75.9\text{kPa}$			三角形荷载 $p_t=151.2\text{kPa}$			$\sigma_z=\sigma_z'+\sigma_z''$ /kPa
			x/b	α_{sz}	σ_z'	x/b	α_{tz}	σ_z''	
0	0	0	0	1.00	75.9	0.5	0.500	75.6	151.5
1	0.5	0.25	0	0.96	72.9	0.5	0.477	72.1	145.0

续表

点号	深度 z /m	z/b	均布荷载 $p_0=75.9$kPa			三角形荷载 $p_t=151.2$kPa			$\sigma_z=\sigma'_z+\sigma''_z$ /kPa
			x/b	α_{sz}	σ'_z	x/b	α_{tz}	σ''_z	
2	1.0	0.5	0	0.82	62.2	0.5	0.409	61.8	124.0
3	2.0	1.0	0	0.55	41.7	0.5	0.275	41.6	83.3
4	3.0	1.5	0	0.40	30.4	0.5	0.200	30.2	60.6
5	4.0	2.0	0	0.31	23.5	0.5	0.153	23.1	46.6

如果根据基底附加压力 $p_0=p-\gamma d=180-28.5=151.5$(kPa)，并利用对称性和叠加原理，本题计算将会得到同样的结果，且计算更简捷。

3.4 地基中附加应力的有关问题

3.4.1 地基中附加应力的分布规律

研究表明，地基中附加应力的分布有如下规律：

（1）σ_z 不仅发生在荷载面积之下的地基土中，而且分布在荷载面积之外的范围相当大的地基土中。

（2）在荷载面积之下的垂线上任意点，其 σ_z 值随深度越向下越小。

（3）在基础底面下任意水平面上，以基底中轴线处的 σ_z 为最大，距离中轴线越远则越小。

如图 3.24 所示等值线表示了基底型式对附加应力的影响，在其他条件相同的情况下，方形荷载所引起的 σ_z 的影响深度比条形荷载小 [图 3.24（a）、(b）]，在同一深度下，条形荷载下的附加应力强度大于方形荷载面。

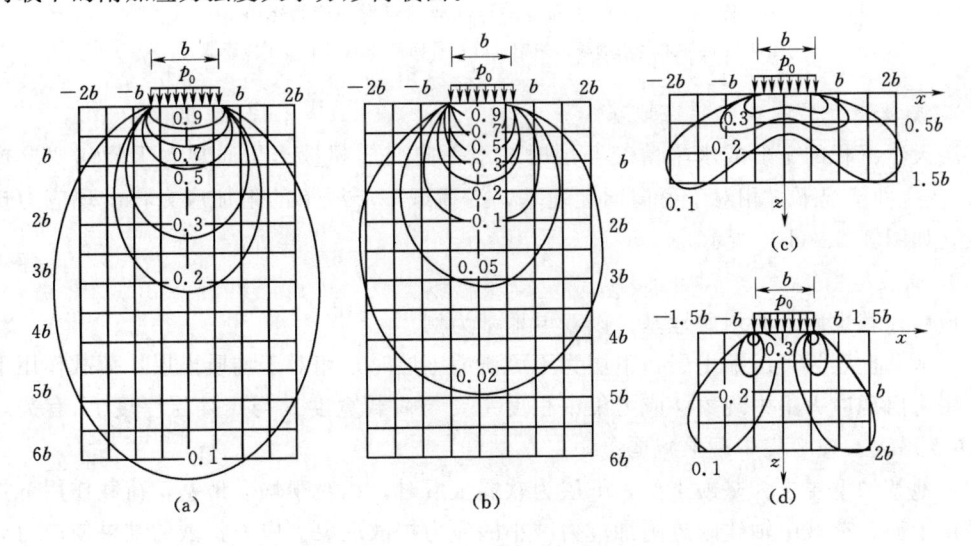

图 3.24 地基中附加应力等值线
(a) 等 σ_z 线（条形荷载）；(b) 等 σ_z 线（方形荷载）；(c) 等 σ_x 线（条形荷载）；(d) 等 τ_{xz} 线（条形荷载）

图 3.24 (c)、(d) 表明，条形荷载下水平附加应力 σ_x 的影响范围较浅，所以基础下地基土的侧向变形主要发生于浅层；剪应力 τ_{xz} 的最大值出现于条形基础的两个端点，所以位于基础边缘下的土容易发生剪切破坏。

3.4.2 非均质或各向异性地基中的附加应力

前述地基中附加应力计算都是按弹性理论把地基视为均质、各向同性的线弹体，实际工程中地基条件明显复杂于计算假定，如地基中模量随深度增大、地基有明显的薄交互层构造、成层地基等，所以按均质各向同性弹性体计算出的附加应力与地基中的实际附加应力存在一定差别。

根据一些简单问题的解答可以总结出地基的非均质和各向异性对地基竖向应力 σ_z 的分布影响主要有两种情况：①应力集中；②应力扩散。

1. 变形模量随深度增大的非均质地基

土的变形模量 E_0 随地基深度增大的现象在砂土地基中最为明显，在这种情况下，相对于均质地基，土中荷载中轴线附近的附加应力 σ_z 将增大，中轴线以外应力差逐渐减小，至某一距离后，应力又将小于均匀半无限体时的应力，这种现象称为应力集中现象，即沿荷载中心线下的附加应力将出现应力集中，如图 3.25 (a) 所示。

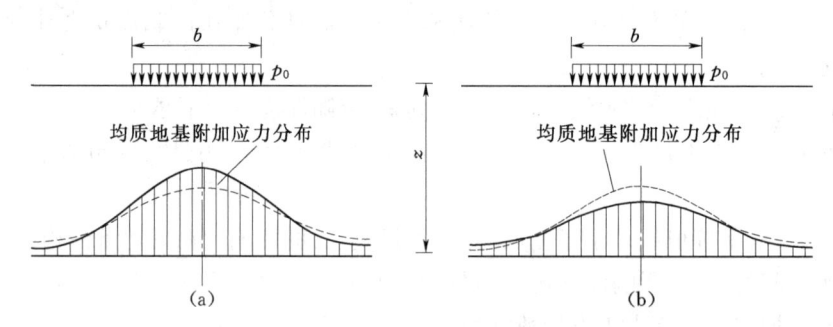

图 3.25 非均质和各向异性地基对附加应力影响
(a) 非均质地基中的应力集中；(b) 各向异性地基中的应力扩散

2. 有薄交互层的各向异性地基

当天然沉积的土形成水平薄交互层时，水平向变形模量 E_{0h} 通常大于竖向变形模量 E_{0v}，在这种情况下，相对于各向同性地基，沿荷载中心线下的附加应力将出现应力扩散现象，如图 3.25 (b) 所示。

3. 成层地基

成层地基也属于非均质地基，以双层地基为例。

当地基上层为可压缩土层，下层为不可压缩土层时，相对于均质土层，荷载作用下上层土中将出现应力集中现象。应力集中程度主要与荷载宽度 b 与压缩层厚度 H 有关，随着 H/b 增大，应力集中现象减弱。

当地基的上层土为坚硬土层，下层为软弱土层时，相对于均质地基，荷载作用下将出现硬层下面、荷载中轴线附近附加应力减小的应力扩散现象。应力扩散的结果使应力分布比较均匀，从而使地基沉降也趋于均匀。

另外，如果地基中下卧岩层，则根据岩层所位于的不同深度，地基中附加应力分布也

思 考 题

3.1 土的自重应力应如何计算？
3.2 地下水位的升、降对地基中的自重应力有何影响？
3.3 影响基底压力分布的主要因素有哪些？
3.4 基底附加压力如何计算？
3.5 地基附加应力计算做了哪些假定？
3.6 简述集中荷载作用下地基中附加应力的分布规律。
3.7 若作用于基础底面的总压力不变，则增加埋置深度对土中附加应力有何影响？
3.8 如何应用角点法计算基底面下任意点的附加应力？
3.9 双层地基中附加应力分布较均质土体有何区别？

习 题

3.1 根据图3.26所示资料计算并绘制地基中的自重应力沿深度的分布曲线。如地下水因某种原因骤然下降至高程35m以下，地基中的自重应力分布将有何改变？并用图表示（提示：地下水位骤降时，细砂层的重度 $\gamma=17.23\text{kN/m}^3$，黏土和粉质黏土的含水情况不变）。

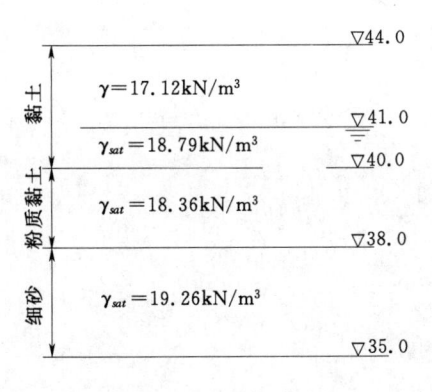

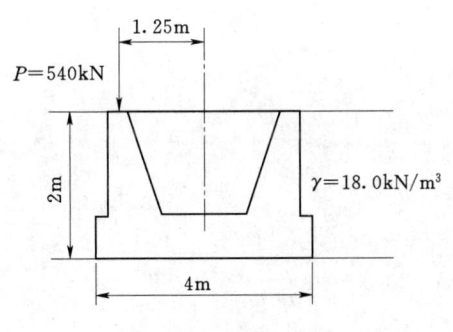

图3.26 习题3.1图

图3.27 习题3.2图

3.2 如图3.27所示，某构筑物基础底面尺寸为 $4\text{m}\times 2\text{m}$，在设计地面标高处作用有偏心荷载540kN，偏心距1.25m，基础埋深为2m，基底以上土层平均重度为 18.0kN/m^3。试计算基底平均压力 p、基底最大压力 p_{max} 及基底附加压力 p_0，并绘出沿偏心方向的基底压力分布图。

3.3 有荷载面 A 和 B 如图3.28所示，试考虑相邻荷载面的影响，计算 A 荷载面中心点以下深度 $z=2\text{m}$ 处的附加应力 σ_z。

图 3.28 习题 3.3 图

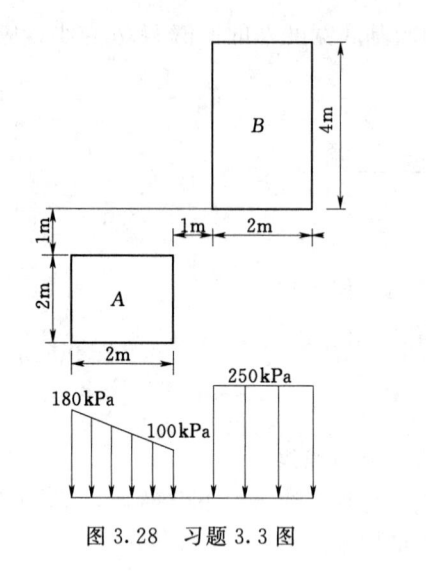

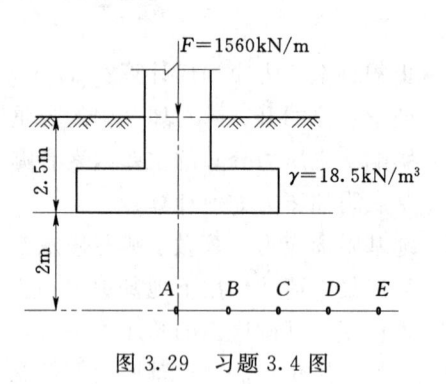

图 3.29 习题 3.4 图

3.4 某条形基础如图 3.29 所示，基底宽 $b=4$m。在距基底 $z=2$m 的水平面上，A、B、C、D、E 点距中心垂线的距离分别为 0m、1m、2m、3m、4m，试计算各点的附加应力并绘出分布曲线。

第 3 章 习题答案

第4章 土的压缩性和地基沉降计算

土的压缩性是指土体在压力作用下体积缩小的特性，反映土的孔隙性规律，是土的主要力学特性之一。由于土具有压缩性，土质地基承受建筑物荷载后，必然会产生一定的沉降或非均匀沉降，进行地基设计时，必须根据建筑物的情况和勘探试验资料计算基础可能发生的沉降，判定沉降特征，并设法将其控制在建筑物所容许的范围以内，以保证建筑物的安全和正常使用。

本章主要介绍土的压缩性、地基最终沉降量计算方法、饱和土的单向渗透固结理论等。

4.1 土的压缩性

试验研究表明，在工程实践中可能遇到的压力（通常小于600kPa）作用下，土粒与土中水的压缩量与土体的压缩总量相比是很微小的（一般小于1/400），可以忽略不计。因此，土的压缩通常被认为只是由于孔隙体积减小的结果。

4.1.1 固结试验和压缩曲线

1. 固结试验

固结试验的目的是测定试样在侧限与轴向排水条件下的变形和压力，也称侧限压缩试验，所获得的成果是土的孔隙比与所受压力的关系曲线。固结试验所用的固结仪由固结容器、加压设备和量测设备组成，如图4.1所示。

固结试验时采用环刀从原状土样中切取保持天然结构的试样，将试样连同环刀置入固结容器内，其上下面各置一块透水石，透水石和试样之间设置滤纸，以便土中水排出。试验时通过加压系统和加压上盖向试样施加压力，在环刀及刚性护环的限制

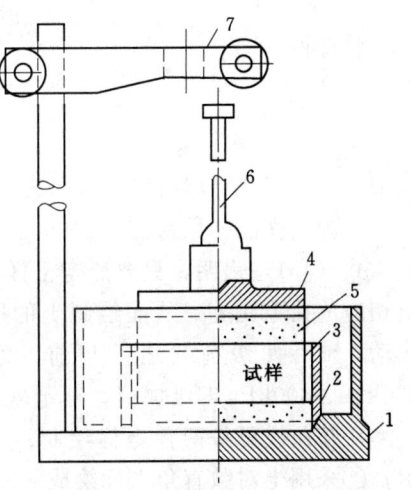

图4.1 固结容器示意图
1—水槽；2—护环；3—环刀；4—加压上盖；
5—透水石；6—量表导杆；7—加压系统

下，试样只能产生竖向压缩，不能产生侧向变形，即整个试验过程中试样的横截面积不会发生变化。

通过确定试样在各级压力作用下压缩稳定后的孔隙比，可绘制压缩曲线，确定压缩性指标。

2.压缩曲线

设试样初始高度为 H_0，在第 i 级荷载下变形稳定后的高度为 H_i，则可确定试样的竖向压缩量为 $\Delta H_i = H_0 - H_i$（图4.2）。

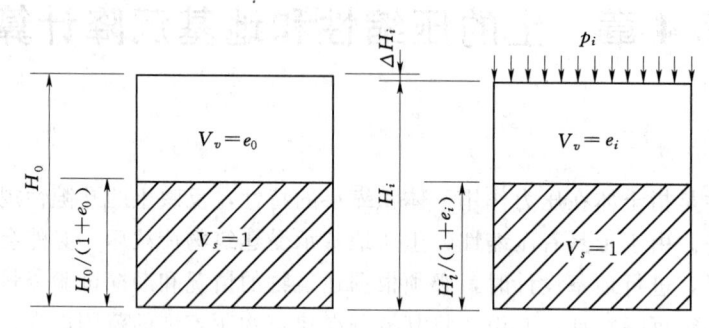

图4.2 侧限条件下试样孔隙比变化示意

设土样受压前初始孔隙比为 e_0，受压后孔隙比为 e_i，则根据试样受压前后土粒体积 V_s 不变和横截面积 A 不变，可得出：

$$\frac{1+e_0}{H_0} = \frac{1+e_i}{H_i}$$

即

$$\frac{H_i}{H_0} = \frac{1+e_i}{1+e_0} \quad \text{或} \quad \frac{\Delta H_i}{H_0} = \frac{e_i - e_0}{1+e_0}$$

整理得

$$e_i = e_0 - \frac{\Delta H_i}{H_0}(1+e_0) \tag{4.1}$$

其中

$$e_0 = \frac{(1+w_0)d_s \rho_w}{\rho_0} - 1$$

式中：d_s 为土粒相对密度；ρ_w 为水的密度，g/cm^3；w_0 为土样的初始含水量，以小数计；ρ_0 为土样的初始密度，g/cm^3。

式（4.1）表明，只要测定土样在各级压力 p_i 作用下的稳定压缩量 ΔH_i，就可计算出相应的孔隙比 e_i，从而绘制土的压缩曲线。在常规试验中，为了减少土的结构强度的扰动，前后两级荷载之差与前一级荷载之比不大于1，一般按 $p=50kPa$、$100kPa$、$200kPa$、$400kPa$ 四级加荷，对于软土，第一级加载宜从 $12.5kPa$ 或 $25kPa$ 开始。

压缩曲线可按两种坐标绘制：①采用直角坐标绘制的 $e-p$ 曲线，如图4.3（a）所示；②采用半对数直角坐标绘成 $e-\lg p$ 曲线，如图4.3（b）所示。

4.1.2 压缩性指标

由固结试验确定的压缩曲线可获得评价土体压缩性的重要指标，统称压缩性指标。

1.压缩系数

根据 $e-p$ 压缩曲线的形状，可以判断曲线越陡，土体的压缩性越大。因为在相同的压力增量作用下，土的孔隙比减少的越显著，土的压缩性就越高。因而，可采用曲线上任一点的切线斜率 a 来表示相应压力作用下土的压缩性。

$$a = -\frac{de}{dp} \tag{4.2}$$

4.1 土的压缩性

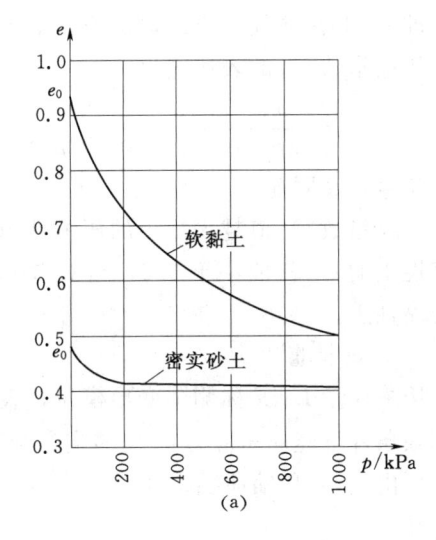

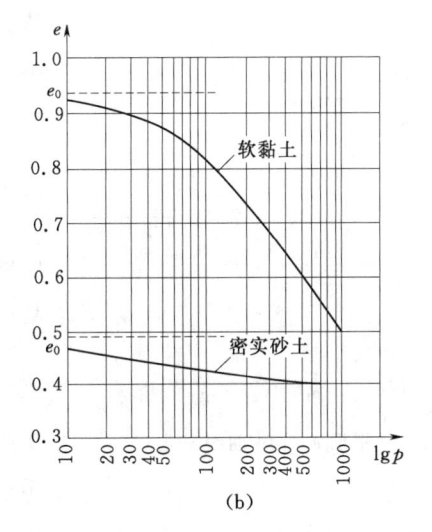

图 4.3 土的压缩曲线
(a) e-p 曲线；(b) e-$\lg p$ 曲线

式中负号表示孔隙比 e 随固结压力 p 的增加而减小。

式（4.2）所定义的 a 即为土的压缩系数，表示土体在侧限条件下孔隙比减小量与有效压应力增量的比值（MPa^{-1}）。

当压力变化范围不大时，土的压缩性可用图 4.4 中割线 M_1M_2 的斜率代替式（4.2）所示的切线斜率，设压力由 p_1 增至 p_2，相应地孔隙比由 e_1 减小到 e_2，则土的压缩系数 a 近似表示为

$$a = -\frac{\Delta e}{\Delta p} = \frac{e_1 - e_2}{p_2 - p_1} \quad (4.3)$$

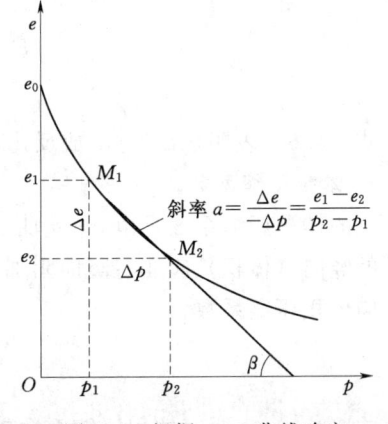

图 4.4 根据 e-p 曲线确定 a

式中：p_1 为加压前使试样压缩稳定的压力强度，一般指地基中某深度处土体原有的竖向自重应力，kPa；p_2 为加压后使试样压缩稳定的压力强度，一般指地基中某深度处自重应力与附加应力之和，kPa；e_1、e_2 分别为加压前后在 p_1 和 p_2 作用下试样被压缩稳定后的孔隙比。

压缩系数 a 是表征土的压缩性的重要指标，压缩系数越大，表明土的压缩性越大。为便于应用和比较，通常采用 $p_1 = 0.1MPa(100kPa)$、$p_2 = 0.2MPa(200kPa)$ 时相对应的压缩系数 a_{1-2} 来评价土的压缩性，具体规定为

$a_{1-2} < 0.1 MPa^{-1}$　　　　低压缩性土

$0.1 MPa^{-1} \leqslant a_{1-2} < 0.5 MPa^{-1}$　中压缩性土

$a_{1-2} \geqslant 0.5 MPa^{-1}$　　　　高压缩性土

2. 压缩指数

土的压缩指数是土体在侧限条件下孔隙比减小量与竖向有效应力常用对数值增量的比

值，即 $e-\lg p$ 曲线中直线段斜率，如图 4.5 所示。压缩指数 C_c 的表达式为

$$C_c = \frac{e_1 - e_2}{\lg p_2 - \lg p_1} = \frac{\Delta e}{\lg(p_2/p_1)} \quad (4.4)$$

式中符号意义同前。

压缩指数 C_c 值越大，土的压缩性越高，低压缩性土的 C_c 一般小于 0.2，当 $C_c > 0.4$ 时为高压缩性土。

3. 压缩模量

压缩模量 E_s 又称侧限变形模量，表明土体在侧限条件下竖向压应力 σ_z 与竖向总应变 ε_z 之比，可由 $e-p$ 压缩曲线得到。

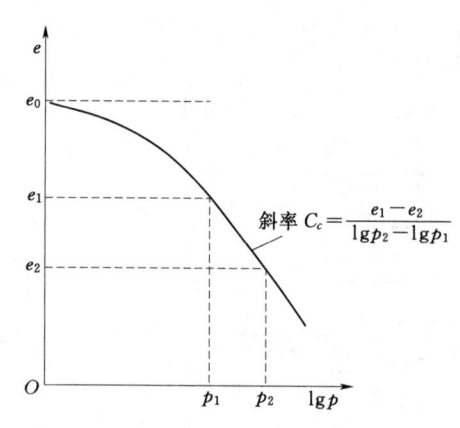

图 4.5 根据 $e-\lg p$ 曲线确定 C_c

压缩模量定义式为

$$E_s = \frac{\sigma_z}{\varepsilon_z} \quad (4.5)$$

将 $\sigma_z = \Delta p$，$\varepsilon_z = -\dfrac{\Delta e}{1+e_1}$ 代入上式，可得

$$E_s = \frac{\Delta p}{-\dfrac{\Delta e}{1+e_1}} = \frac{1+e_1}{a} \quad (4.6)$$

式 (4.6) 表明，E_s 与 a 成反比，即 E_s 越大，土体的压缩性越低。

4. 体积压缩系数

土的体积压缩系数是由 $e-p$ 曲线求得的另一个压缩性指标，其定义为土体在侧限条件下的竖向（体积）应变与竖向附加压应力之比（MPa^{-1}），即土的压缩模量的倒数，亦称单向体积压缩系数：

$$m_v = \frac{1}{E_s} = \frac{a}{1+e} \quad (4.7)$$

式 (4.7) 表明，体积压缩系数越大，土的压缩性越高。

5. 变形模量

与前述 4 个通过侧限压缩试验得出的压缩性指标不同，变形模量 E_0 是由现场静载荷试验、或旁压试验、或三轴压缩试验等测定的压缩性指标，其定义为土在侧向自由变形条件下竖向压应力 $\Delta \sigma$ 与竖向压应变 $\Delta \varepsilon$ 之比，即

$$E_0 = \frac{\Delta \sigma}{\Delta \varepsilon} \quad (4.8)$$

E_0 的物理意义与材料力学中材料的杨氏弹性模量相同，只是土的应变中既有弹性应变又有部分不可恢复的塑性应变，因此将之定义为变形模量。

在理论上，E_0 与土的压缩模量 E_s 是可以互相换算的。根据式 (4.8) 和广义胡克定理，有

$$\Delta \varepsilon_z = \frac{\Delta \sigma_z}{E_0} - \mu \frac{\Delta \sigma_y}{E_0} - \mu \frac{\Delta \sigma_x}{E_0} \quad (4.9)$$

式中：μ 为土的泊松比，$\mu = \Delta\varepsilon_x/\Delta\varepsilon_z = \Delta\varepsilon_y/\Delta\varepsilon_z$。

在侧限压缩试验条件下，有

$$\sigma_x = \sigma_y = K_0\sigma_z \quad 及 \quad \varepsilon_x = \varepsilon_y = 0$$

式中：K_0 为侧压力系数，可通过侧限压缩试验测定，在侧限条件下有 $K_0 = \mu/(1-\mu)$。

将侧限压缩条件代入式（4.9），可以推导出变形模量 E_0 与压缩模量 E_s 的理论换算关系：

$$E_0 = \beta E_s \tag{4.10}$$

式中：β 为与 μ 有关的系数，$\beta = 1 - 2\mu K_0 = 1 - 2\mu^2/(1-\mu)$。

由于 μ 的变化范围一般在 $0\sim0.5$ 之间，所以可确定 $\beta \leq 1.0$，即由式（4.10）所示的关系应有 $E_s \geq E_0$。然而，由于土的变形性质并不完全服从胡克定理，加之现场试验和室内压缩试验中一些综合影响因素，使得由不同的试验方法测得的 E_s 和 E_0 之间的关系往往并不符合式（4.10）。根据统计资料，对于软土，E_0 和 βE_s 比较接近；但对于硬土，其 E_0 可能较 βE_s 大数倍。

4.1.3 土的回弹与再压缩

在室内固结试验中，如果对试样加压到某一级压力下不再继续加压，而是逐级卸荷，则可以观察到土体的回弹，通过测定各级压力下试样回弹稳定后的孔隙比，即可绘制相应的回弹曲线。如图 4.6（a）所示，通过逐级加荷得到试样压缩曲线 ab，至 b 点开始逐级卸荷，此时土体将沿 bed 曲线回弹，卸荷至 d 点后再针对此试样逐级加荷，可测得在各级压力下再压缩稳定后的孔隙比，从而绘制再压缩曲线 db'，至 b' 点后继续加压，再压曲线与压缩曲线重合，$b'c$ 段呈现为 ab 段的延续。图 4.6（b）为 e-$\lg p$ 曲线反映的试样回弹与再压缩特性，与 e-p 曲线有相同的规律。

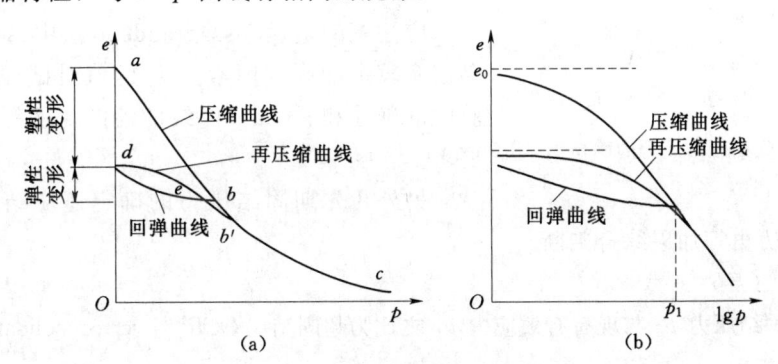

图 4.6 土的回弹曲线和再压曲线
(a) e-p 曲线；(b) e-$\lg p$ 曲线

从土体的回弹和再压缩曲线可以看出：

（1）由于试样已在逐级压缩荷载作用下产生了压缩变形，所以土体卸荷完成后试样不能恢复到初始孔隙比，卸荷回弹曲线不与原压缩曲线重合，说明土样的压缩变形是由弹性变形和残余变形两部分组成，且残余变形为主。

（2）土的再压缩曲线比原压缩曲线斜率明显减小，说明土体经过压缩后的卸荷再压缩性降低。

根据固结试验的回弹和再压缩曲线可以确定地基土的回弹模量 E_c，即土体在侧限条件下卸荷或再加荷时竖向附加压应力与竖向应变的比值，同时可以分析应力历史对土的压缩性的影响，这些对于开挖工程或地基沉降量计算等都有重要的实际意义。

4.2 应力历史对压缩性的影响

土的固结试验成果证明土的再压缩曲线比初始压缩曲线要平缓得多，这表明试样经历的应力历史对压缩性有显著影响。

4.2.1 先期固结压力

1. 先期固结压力

土的应力历史可以通过先期固结压力 p_c（preconsolidation pressure）来描述，即土在历史上曾受到过的最大有效应力。在沉积土应力历史研究中，先期固结压力的确定非常重要，目前常用的方法是卡萨格兰德（Cassagrande，1936）经验作图法。

先期固结压力的确定如图 4.7 所示。

（1）通过室内高压固结试验获得 $e-\lg p$ 曲线，从曲线上找出曲率半径最小的一点 A，过 A 点做水平线 $A1$ 和切线 $A2$。

（2）作 $\angle 1A2$ 的角平分线 $A3$，与 $e-\lg p$ 曲线中直线段的延长线相交于 B 点。

（3）过 B 点作垂线和横坐标相交，即得先期固结压力 p_c。

应注意的是，Cassagrande 方法中 A 点的位置确定有较多的影响因素，p_c 的值对试样质量、试验的准确性和 $e-\lg p$ 曲线的绘图比例等都有较高要求。

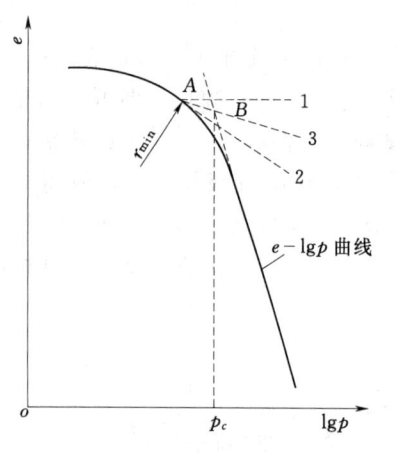

图 4.7 先期固结压力的确定

另外，先期固结压力的确定还应结合场地条件、地貌形成历史等加以综合判断。

2. 沉积土（层）分类

定义先期固结压力 p_c 与现有有效应力 p_1 之比为超固结比 OCR（over consolidation ratio）

$$OCR = \frac{p_c}{p_1} \tag{4.11}$$

注意式中 p_c 与 p_1 均为有效应力。

当 $OCR=1$ 时，土（层）为正常固结状态（normally consolidated，N.C.）；当 $OCR>1$ 时，土（层）为超固结状态（over consolidated，O.C.）。OCR 值越大，表明该土（层）所受到的超固结作用越强，在其他条件相同的情况下，压缩性越小。

图 4.8 为天然沉积土层不同应力历史的示意图。对于 A 类土层，在地面下任一深度 h 处，土的现有固结应力就是有效应力 $p_1 = \gamma' h$，且与历史上所经受的最大有效应力相等，即 $p_1 = p_c$，$OCR=1$（实际工程中考虑到取土、制样、试验仪器等对试验结果的影

响，可将 $OCR=1.0\sim1.2$ 的土都视为正常固结土）；对于 B 类土层，在 h 深度处，现有有效应力 $p_1=\gamma'h$，但先期固结压力 $p_c=\gamma'h_c$，$p_1<p_c$，$OCR>1$。

另外还有一类在自重作用下尚未完全固结的土。仍以 $p_1=\gamma'h$ 表示这类土的固结应力，与前述正常固结土不同的是这个固结应力尚未完全转化为有效应力 p_1'，即还有超孔隙水应力没有消散。为与上述正常固结土相区别，工程中通常将其称之为欠固结土，它的先期固结压力 p_c 等于现有有效应力 p_1' 但小于固结应力 p_1。

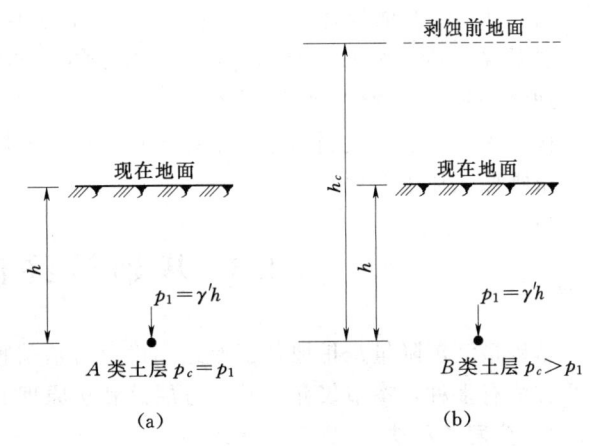

图 4.8　沉积土层按先期固结压力分类
(a) 正常固结土；(b) 超固结土

4.2.2　原位压缩曲线和原位再压缩曲线

原位压缩曲线亦称现场原始压缩曲线。图 4.4、图 4.5、图 4.6 所展示的压缩曲线都是通过室内侧限压缩试验获得，由于取样中不可避免的扰动和土样取出后应力释放等原因，室内试验获得的压缩曲线并不能完全代表原位压缩曲线。

原位压缩曲线可通过修正室内高压固结试验的 e-$\lg p$ 曲线得出。

（1）正常固结土。如图 4.9 所示，假定取样过程中试样不发生体积变化，试样的初始孔隙比 e_0 就是原位孔隙比，则根据 e_0 和 p_c 值，在 e-$\lg p$ 坐标中定出 b 点，此即现场压缩的起点。然后在纵坐标上 $0.42e_0$ 点（试验证明这是不受土体扰动影响的点）处作一水平线交室内压缩曲线于 c 点，直线 bc 即为原位压缩曲线，曲线的斜率为原位压缩指数。

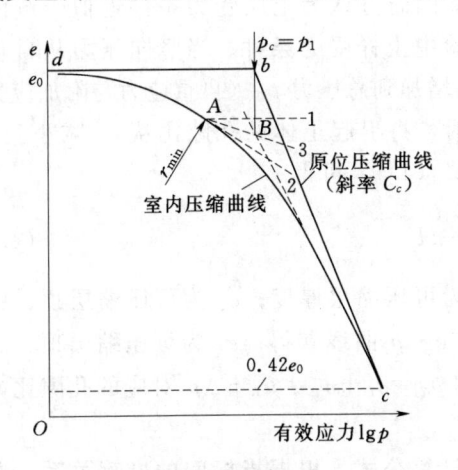

图 4.9　正常固结土的原位压缩曲线 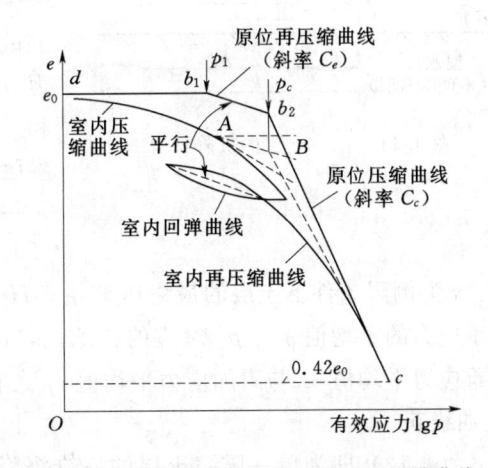　　图 4.10　超固结土的原位压缩和再压缩曲线

（2）超固结土。如图 4.10 所示，以纵、横坐标分别为初始孔隙比 e_0 和现场自重压力 p_1 作 b_1 点，然后过 b_1 点作一斜率等于室内回弹曲线与再压缩曲线平均斜率的直线交 p_c

于 b_2 点(即 b_2 点横坐标为 p_c),b_1b_2 即为原位再压曲线,曲线的斜率为原位回弹指数 C_e。然后从室内压缩曲线上找到 $e=0.42e_0$ 的点 c,连接 b_2c,所得直线即为原位压缩曲线,曲线的斜率为原位压缩指数 C_c。

(3)欠固结土。欠固结土由于在自重作用下的压缩尚未稳定,可近似按正常固结土的方法求得原始压缩曲线。

4.3 基础最终沉降量

基础最终沉降量是指地基变形达到稳定后基础底面的最大沉降量。基础最终沉降量的计算方法有多种,本节仅介绍基于分层总和法原理的几种计算方法。

4.3.1 分层总和法

1. 基本假设

在采用分层总和法计算地基最终沉降量时,通常假定:

(1)地基是均质、各向同性的半无限线性变形体,可按弹性理论计算土中应力。

(2)在压力作用下,地基土侧向变形可以忽略,因此可采用侧限条件下的压缩性指标。

为了弥补由于忽略地基土侧向变形而对计算结果造成的误差,通常取基底中心点下的附加应力进行计算,并以基底中点的沉降代表基础的平均沉降。

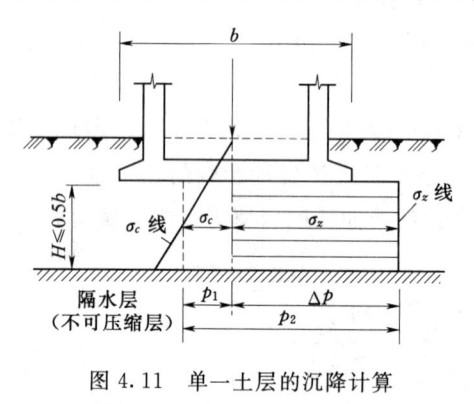

图 4.11 单一土层的沉降计算

2. 单向压缩基本公式

对于如图 4.11 所示的薄可压缩层,设基底宽度为 b,可压缩土层厚度为 H($H\leqslant 0.5b$),由于基础底面和不可压缩层顶面的摩阻力对可压缩土层的限制作用,土层压缩时的侧向变形较少,因而可认为土层受力条件近似于侧限压缩试验中土样受力条件。当竖向压力从自重应力 p_1 增加到总压力 p_2(自重应力与附加应力之和)时,将引起土体的孔隙比从 e_1 减小到 e_2,参照式(4.1)可得

$$s=\frac{e_1-e_2}{1+e_1}H \tag{4.12}$$

式中:s 为侧限条件下土层的最终压缩量;H 为可压缩层厚度;e_1 为可压缩层顶、底面处自重应力的平均值 $\sigma_c=p_1$ 对应的孔隙比,由 $e-p$ 曲线获得;e_2 为可压缩层顶、底面处自重应力平均值 σ_c 与附加应力平均值 σ_z 之和 $p_2=\sigma_c+\sigma_z=p_1+\Delta p$ 对应的孔隙比,由 $e-p$ 曲线获得。

式(4.12)即为单一压缩土层的一维沉降计算公式,根据指标间的换算关系,亦可写成

$$s=\frac{a}{1+e_1}(p_2-p_1)H=\frac{\Delta p}{E_s}H \tag{4.13}$$

4.3 基础最终沉降量

式中：a 为相应于 p_1 和 p_2 的压缩系数；E_s 为相应的压缩模量；H 为土层厚度；Δp 为可压缩土层的平均附加应力，$\Delta p = p_2 - p_1$。

对于实际工程来说，大多是如图 4.12 所示的成层地基，此时可在确定压缩层计算深度的前提下，分别计算每一分层的沉降 Δs_i，然后将其求和，此即为分层总和法。

即

$$s = \sum_{i=1}^{n} \Delta s_i = \sum_{i=1}^{n} \varepsilon_i H_i \quad (4.14)$$

$$\varepsilon_i = \frac{e_{1i} - e_{2i}}{1 + e_{1i}} = \frac{a_i(p_{2i} - p_{1i})}{1 + e_{1i}} = \frac{\Delta p_i}{E_{si}} \quad (4.15)$$

式中：n 为沉降计算深度 Z_n 范围内的土层数；ε_i 为第 i 土层的压缩应变；H_i 为第 i 土层厚度；e_{1i} 为根据第 i 土层的自重应力均值

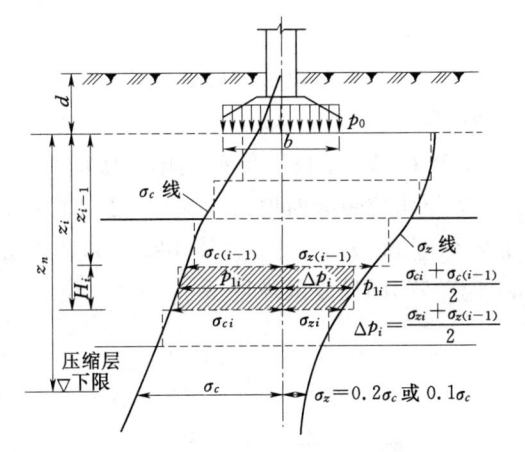

图 4.12 成层地基的沉降计算

$p_{1i} = \dfrac{\sigma_{c(i-1)} + \sigma_{ci}}{2}$ 从土的 e-p 压缩曲线上得到的相应孔隙比；e_{2i} 为由第 i 土层的自重应力均值 $p_{1i} = \dfrac{\sigma_{c(i-1)} + \sigma_{ci}}{2}$ 与附加应力均值 $\Delta p_i = \dfrac{\sigma_{z(i-1)} + \sigma_{zi}}{2}$ 之和 p_2 从土的 e-p 压缩曲线上得到的相应孔隙比；其余符号意义同前。

采用式（4.14）进行单向压缩分层总和法计算地基沉降的步骤如下：

（1）绘制基础中心点下地基中自重应力和附加应力分布曲线。对于正常固结土，计算自重应力的目的是确定地基土的初始孔隙比，因此，应从天然地面起算，而附加应力是指可使地基土产生新的压缩的应力，应根据基底附加压力按第 3 章所述方法从基底面起算。

（2）确定地基沉降计算深度。沉降计算深度 Z_n 是指由基础底面向下计算压缩变形所要求的深度，从图 4.12 可见，附加应力随深度递减，自重应力随深度递增，至深度 z_n 后，附加应力与自重应力相比已经很小，所引起的压缩变形可忽略不计，因此沉降计算到此深度即可。根据此"应力比法"的思路，一般取附加应力与自重应力的比值为 20% 处所对应的距基底的深度为沉降计算深度：

$$\sigma_z = 0.2\sigma_c \quad (4.16)$$

如果是软土，需加大沉降计算深度，上式改为 $\sigma_z = 0.1\sigma_c$。如果在沉降计算深度范围内存在基岩，则 Z_n 可取至基岩表面。

（3）确定沉降计算深度范围内的分层界面。沉降计算分层界面可按下述两个原则确定：①不同土层的分界面与地下水位面；②每一分层厚度 $H_i \leqslant 0.4b$。

（4）计算各分层沉降量。首先根据自重应力和附加应力分布曲线确定各分层的自重应力平均值 $\bar{\sigma}_{ci}$ 和附加应力平均值 $\bar{\sigma}_{zi}$，然后根据 $p_{1i} = \bar{\sigma}_{ci}$ 和 $p_{2i} = \bar{\sigma}_{ci} + \bar{\sigma}_{zi}$，分别由 e-p 压缩曲线确定相应的初始孔隙比 e_{1i} 和压缩稳定以后的孔隙比 e_{2i}，按下式计算任一分层的沉降量：

$$\Delta s_i = \varepsilon_i H_i = \frac{e_{1i} - e_{2i}}{1 + e_{1i}} H_i \tag{4.17}$$

(5) 计算地基最终沉降。按式（4.14）计算出基础中点的最终沉降 s，将其视为基础的平均沉降。

【例 4.1】 某柱下单独基础，底面尺寸为 $4m \times 4m$，埋深 $d = 1.2m$，地基为粉质黏土，地下水位距天然地面 $3.6m$。已知上部结构传至基础顶面的荷重 $F = 1550kN$，土体重度 $\gamma = 16.5 kN/m^3$，$\gamma_{sat} = 18.5 kN/m^3$，其他有关计算资料如图 4.13 所示。试用分层总和法计算基础的最终沉降量。

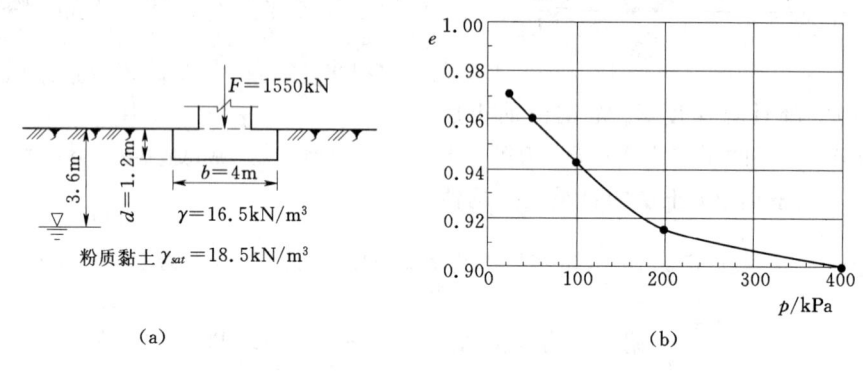

图 4.13 ［例 4.1］图 1
(a) 地基与基础特征；(b) 地基土压缩曲线

解：

(1) 计算分层厚度。根据每土层厚度 $h_i < 0.4b = 1.6m$。所以基底至地下水位范围分 2 层，各 $1.2m$，地下水位以下按每层 $1.6m$ 进行分层。

(2) 计算地基土的自重应力。自重应力从天然地面起算，z 的取值从基底面起算。

$z = 0$ $\sigma_{c0} = 16.5 \times 1.2 = 19.8 (kPa)$

$z = 1.2m$ $\sigma_{c1} = 19.8 + 16.5 \times 1.2 = 39.6 (kPa)$

$z = 2.4m$ $\sigma_{c2} = 39.6 + 16.5 \times 1.2 = 59.4 (kPa)$

$z = 4.0m$ $\sigma_{c3} = 59.4 + (18.5 - 10) \times 1.6 = 73.0 (kPa)$

$z = 5.6m$ $\sigma_{c4} = 73.0 + (18.5 - 10) \times 1.6 = 86.6 (kPa)$

$z = 7.2m$ $\sigma_{c5} = 86.6 + (18.5 - 10) \times 1.6 = 100.2 (kPa)$

(3) 计算基底压力。

$$G = \gamma_G A d = 20 \times 4 \times 4 \times 1.2 = 384 (kN)$$

$$p = \frac{F + G}{A} = \frac{1550 + 384}{4 \times 4} = 120.9 (kPa)$$

(4) 计算基底附加压力。
$$p_0 = p - \gamma d = 120.9 - 16.5 \times 1.2 = 101.1(\text{kPa})$$

(5) 计算基础中点下地基中的附加应力。采用角点法，过基底中点将荷载面四等分，计算边长 $l=b=2\text{m}$，$\sigma_z = 4\alpha_c p_0$，α_c 由表 3.2 确定，计算结果见表 4.1，自重应力和附加应力分布特征如图 4.14 所示。

表 4.1　　　　　　　　　[例 4.1]　表　1

z/m	z/b	α_c	σ_z/kPa	σ_c/kPa	σ_z/σ_c	z_n/m
0	0	0.2500	101.1	19.8		
1.2	0.6	0.2229	90.1	39.6		
2.4	1.2	0.1516	61.3	59.4		
4.0	2.0	0.0840	34.0	73.0		
5.6	2.8	0.0502	20.3	86.6	0.23	
7.2	3.6	0.0326	13.2	100.2	0.13	7.2

(6) 确定沉降计算深度 z_n。根据 $\sigma_z = 0.2\sigma_c$ 的确定原则，由表 4.1 的计算结果，可取 $z_n = 7.2\text{m}$。

(7) 最终沉降量计算。由如图 4.13（b）所示压缩曲线，根据 $s_i = \left(\dfrac{e_{1i} - e_{2i}}{1 + e_{1i}}\right) h_i$，首先计算各分层沉降量，然后求其总和，计算结果见表 4.2。

所以，按分层总和法求得的基础最终沉降量为 $s = 58.8\text{mm}$。

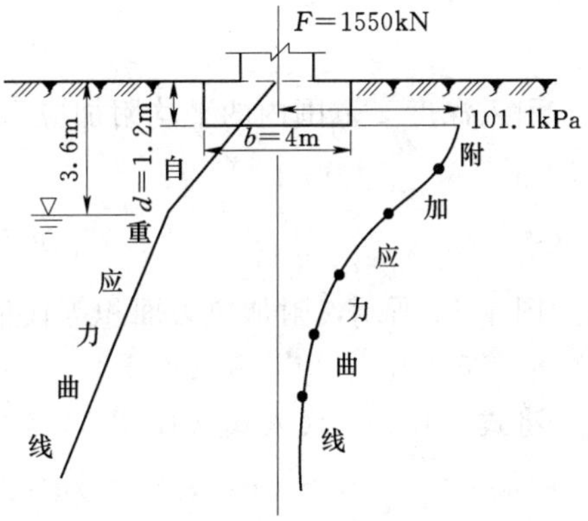

4.3.2　分层总和法的规范修正公式

图 4.14　[例 4.1] 图 2

《建筑地基基础设计规范》(GB 50007—2011) 基于各向同性均质线性变形体理论提出分层总和法的修正公式，该方法仍然采用前述分层总和法的假设前提，但在计算中引入了平均附加应力系数和经验修正系数，以使计算成果更接近实际值。平均附加应力系数的概念如图 4.15 所示。

表 4.2　　　　　　　　　[例 4.1]　表　2

z/m	σ_c/kPa	σ_z/kPa	h/mm	p_1/kPa	Δp/kPa	$p_2 = p_1 + \Delta p$/kPa	e_1	e_2	$\dfrac{e_{1i} - e_{2i}}{1 + e_{1i}}$	s_i/mm
0	19.8	101.1	1200	29.7	95.6	125.3	0.967	0.938	0.0147	17.6
1.2	39.6	90.1	1200	49.5	75.7	125.2	0.960	0.937	0.0117	14.1
2.4	59.4	61.3	1600	66.2	47.6	113.8	0.956	0.940	0.0082	13.1
4.0	73.0	34.0	1600	79.8	27.1	106.9	0.951	0.941	0.0051	8.2
5.6	86.6	20.3	1600	93.4	16.7	110.1	0.947	0.940	0.0036	5.8
7.2	100.2	13.2								$\sum s_i = 58.8$

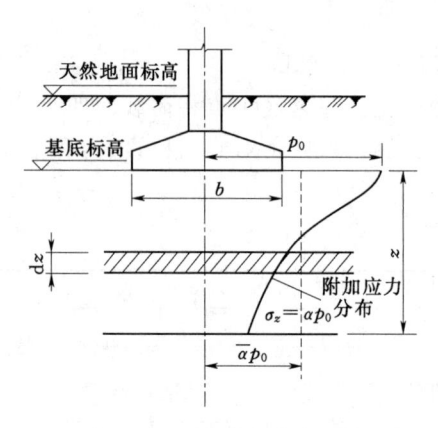

图 4.15 平均附加应力系数

1. 规范修正公式

假设地基土均质，土在侧限条件下的压缩模量 E_s 不随深度而变，则根据前述土的压缩性原理，从基底至地基任意深度 z 范围内的压缩总量为

$$s' = \int_0^z \frac{\sigma_z}{E_s} dz = \frac{1}{E_s} \int_0^z \sigma_z dz = \frac{A}{E_s} \quad (4.18)$$

式中：σ_z 为附加应力 $\sigma_z = \alpha p_0$，α 为地基竖向附加应力系数，p_0 为基底附加压力；A 为深度 z 范围内的附加应力面积，可表示为

$$A = \int_0^z \sigma_z dz = p_0 \int_0^z \alpha dz$$

即

$$\frac{A}{p_0} = \int_0^z \alpha dz$$

引入深度 z 范围内的平均附加应力系数 $\bar{\alpha}$

$$\bar{\alpha} = \frac{\int_0^z \alpha dz}{z} = \frac{A}{p_0 z} \quad (4.19)$$

则如图 4.15 所示，附加应力面积等代值可表示为

$$A = \bar{\alpha} p_0 z \quad (4.20)$$

将式（4.20）代入式（4.18），得

$$s' = \bar{\alpha} p_0 \frac{z}{E_s} \quad (4.21)$$

式（4.21）即是以附加应力面积等代值 A 导出的、以平均附加应力系数表达的地基变形计算公式。

对于如图 4.16 所示的成层地基，第 i 分层的沉降计算公式可表示为

$$\Delta s' = s'_i - s'_{i-1} = \frac{A_i - A_{i-1}}{E_{si}} = \frac{\Delta A_i}{E_{si}} = \frac{p_0}{E_{si}}(z_i \bar{\alpha}_i - z_{i-1} \bar{\alpha}_{i-1}) \quad (4.22)$$

式中：z_i、z_{i-1} 为基础底面至第 i 层土、第 $i-1$ 层土底面的距离，m；E_{si} 为基础底面下第 i 层土的压缩模量，MPa，取土的自重压力至土的自重压力与附加应力之和的压力段计算；s'_i、s'_{i-1} 为 z_i 和 z_{i-1} 范围内的变形量，mm；$\bar{\alpha}_i$、$\bar{\alpha}_{i-1}$ 为 z_i 和 z_{i-1} 范围内竖向平均附加应力系数；$p_0 z_i \bar{\alpha}_i$ 为 z_i 范围内附加应力面积 A_i（图 4.16 中面积 1234）的等代值；$p_0 z_{i-1} \bar{\alpha}_{i-1}$ 为 z_{i-1} 范围内附加应力面积 A_{i-1}（图 4.16 中面积 1256）的等代值；ΔA_i 为第 i 分层的竖向附加应力面积（图 4.16 中面积 5634）；p_0 为对应于荷载标准值的基础底面处的附加压力，kPa。

根据分层总和法基本原理可得基于平均附加应力系数的地基变形计算公式为

$$s' = \sum_1^n \Delta s' = \sum_{i=1}^n \frac{p_0}{E_{si}}(z_i \bar{\alpha}_i - z_{i-1} \bar{\alpha}_{i-1}) \quad (4.23)$$

4.3 基础最终沉降量

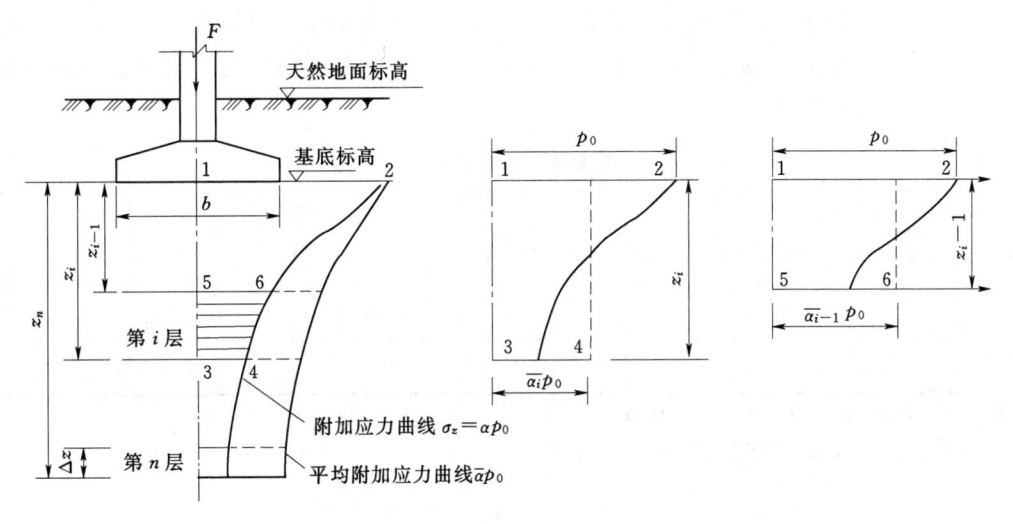

图 4.16 附加应力面积等代值计算

2. 沉降计算深度

采用规范修正公式计算地基变形量时，计算深度 z_n 采用"变形比法"确定，即

$$\Delta s'_n \leqslant 0.025 \sum_{i=1}^{n} \Delta s'_i \tag{4.24}$$

式中：$\Delta s'_i$ 为在计算深度范围内第 i 层土的计算变形量；$\Delta s'_n$ 为在由计算深度处向上取厚度 Δz 土层的计算变形量，Δz 值意义如图 4.16 所示并按表 4.3 确定。

表 4.3 Δz 的 确 定

b/m	$b \leqslant 2$	$2 < b \leqslant 4$	$4 < b \leqslant 8$	$b > 8$
Δz/m	0.3	0.6	0.8	1.0

若确定的计算深度下部仍有软弱土层，则应继续向下计算。

当无相邻荷载影响，基础宽度 b 在 1~50m 范围内时，基础中点的地基变形计算深度可简化为

$$z_n = b(2.5 - 0.4 \ln b) \tag{4.25}$$

如果在计算深度范围内存在基岩，z_n 可取至基岩表面；如果存在较厚的坚硬黏性土层，其孔隙比小于 0.5、压缩模量大于 50MPa，或存在较厚的密实砂卵石层，其压缩模量大于 80MPa 时，z_n 可取至该土层表面。

3. 经验修正系数

为提高计算的准确性，现行规范引入了沉降计算经验系数 ψ_s 来修正按式 (4.22) 所得的成层地基最终变形量，即

$$s = \psi_s s' = \psi_s \sum_{i=1}^{n} \frac{p_0}{E_{si}} (z_i \bar{\alpha}_i - z_{i-1} \bar{\alpha}_{i-1}) \tag{4.26}$$

式中：ψ_s 为沉降计算经验系数，根据地区沉降观测资料及经验确定，无地区经验时可根

据变形计算深度范围内压缩模量的当量值 $\overline{E}_s$ 按基底压力确定，取值见表 4.4；n 为地基沉降计算范围内所划分的土层数；$\overline{\alpha}_i$、$\overline{\alpha}_{i-1}$ 为 z_i 和 z_{i-1} 范围内竖向平均附加应力系数，按表 4.5、表 4.6 确定。

表 4.4　　　　　　　　　沉降计算经验系数 ψ_s

基底附加压力 \ $\overline{E}_s$/MPa	2.5	4.0	7.0	15.0	20.0
$p_o \geqslant f_{ak}$	1.4	1.3	1.0	0.4	0.2
$p_o \leqslant 0.75 f_{ak}$	1.1	1.0	0.7	0.4	0.2

注　1. f_{ak} 为地基承载力标准值，见第 10 章。
　　2. $\overline{E}_s$ 为沉降计算深度范围内 E_s 当量值，按下式计算。

$$\overline{E}_s = \frac{\sum \Delta A_i}{\sum \dfrac{\Delta A_i}{E_{si}}}$$

式中：ΔA_i 为第 i 层土的附加应力面积；其余符号意义同前。

表 4.5　　　　　矩形面积上均布荷载作用下角点的平均附加应力系数 $\overline{\alpha}$

z/b \ l/b	1.0	1.2	1.4	1.6	1.8	2.0	2.4	2.8	3.2	3.6	4.0	5.0	10.0
0.0	0.2500	0.2500	0.2500	0.2500	0.2500	0.2500	0.2500	0.2500	0.2500	0.2500	0.2500	0.2500	0.2500
0.2	0.2496	0.2497	0.2497	0.2498	0.2498	0.2498	0.2498	0.2498	0.2498	0.2498	0.2498	0.2498	0.2498
0.4	0.2474	0.2479	0.2481	0.2483	0.2483	0.2484	0.2485	0.2485	0.2485	0.2485	0.2485	0.2485	0.2485
0.6	0.2423	0.2437	0.2444	0.2448	0.2451	0.2452	0.2454	0.2455	0.2455	0.2455	0.2455	0.2455	0.2456
0.8	0.2346	0.2372	0.2387	0.2395	0.2400	0.2403	0.2407	0.2408	0.2409	0.2409	0.2410	0.2410	0.2410
1.0	0.2252	0.2291	0.2313	0.2326	0.2335	0.2340	0.2346	0.2349	0.2351	0.2352	0.2352	0.2353	0.2353
1.2	0.2149	0.2199	0.2229	0.2248	0.2260	0.2268	0.2278	0.2282	0.2285	0.2286	0.2287	0.2288	0.2289
1.4	0.2043	0.2102	0.2140	0.2164	0.2180	0.2191	0.2204	0.2211	0.2215	0.2217	0.2218	0.2220	0.2221
1.6	0.1939	0.2006	0.2049	0.2079	0.2099	0.2113	0.2130	0.2138	0.2143	0.2146	0.2148	0.2150	0.2152
1.8	0.1840	0.1912	0.1960	0.1994	0.2018	0.2034	0.2055	0.2066	0.2073	0.2077	0.2079	0.2082	0.2084
2.0	0.1746	0.1822	0.1875	0.1912	0.1938	0.1958	0.1982	0.1996	0.2004	0.2009	0.2012	0.2015	0.2018
2.2	0.1659	0.1737	0.1793	0.1833	0.1862	0.1883	0.1911	0.1927	0.1937	0.1943	0.1947	0.1952	0.1955
2.4	0.1578	0.1657	0.1715	0.1757	0.1789	0.1812	0.1843	0.1862	0.1873	0.1880	0.1885	0.1890	0.1895
2.6	0.1503	0.1583	0.1642	0.1686	0.1719	0.1745	0.1779	0.1799	0.1812	0.1820	0.1825	0.1832	0.1838
2.8	0.1433	0.1514	0.1574	0.1619	0.1654	0.1680	0.1717	0.1739	0.1753	0.1763	0.1769	0.1777	0.1784
3.0	0.1369	0.1449	0.1510	0.1556	0.1592	0.1619	0.1658	0.1682	0.1598	0.1708	0.1715	0.1725	0.1733
3.2	0.1310	0.1390	0.1450	0.1497	0.1533	0.1562	0.1602	0.1628	0.1345	0.1657	0.1664	0.1675	0.1685
3.4	0.1256	0.1334	0.1394	0.1441	0.1478	0.1508	0.1550	0.1577	0.1595	0.1607	0.1616	0.1628	0.1639

4.3 基础最终沉降量

续表

z/b \ l/b	1.0	1.2	1.4	1.6	1.8	2.0	2.4	2.8	3.2	3.6	4.0	5.0	10.0
3.6	0.1205	0.1282	0.1342	0.1389	0.1427	0.1456	0.1500	0.1528	0.1548	0.1561	0.1570	0.1583	0.1595
3.8	0.1158	0.1234	0.1293	0.1340	0.1378	0.1408	0.1452	0.1482	0.1502	0.1516	0.1526	0.1541	0.1554
4.0	0.1114	0.1189	0.1248	0.1294	0.1332	0.1362	0.1408	0.1438	0.1459	0.1474	0.1485	0.1500	0.1516
4.2	0.1073	0.1147	0.1205	0.1251	0.1289	0.1319	0.1365	0.1396	0.1418	0.1434	0.1445	0.1462	0.1479
4.4	0.1035	0.1107	0.1164	0.1210	0.1248	0.1279	0.1325	0.1357	0.1379	0.1396	0.1407	0.1425	0.1444
4.6	0.1000	0.1070	0.1127	0.1172	0.1209	0.1240	0.1287	0.1319	0.1342	0.1359	0.1371	0.1390	0.1410
4.8	0.0967	0.1036	0.1091	0.1136	0.1173	0.1204	0.1250	0.1283	0.1307	0.1324	0.1337	0.1357	0.1379
5.0	0.0935	0.1003	0.1057	0.1102	0.1139	0.1169	0.1216	0.1249	0.1273	0.1291	0.1304	0.1325	0.1348
5.2	0.0906	0.0972	0.1026	0.1070	0.1106	0.1136	0.1183	0.1217	0.1241	0.1259	0.1273	0.1295	0.1320
5.4	0.0878	0.0943	0.0996	0.1039	0.1075	0.1105	0.1152	0.1186	0.1211	0.1229	0.1243	0.1265	0.1292
5.6	0.0852	0.0916	0.0968	0.1010	0.1046	0.1076	0.1122	0.1156	0.1181	0.1200	0.1215	0.1238	0.1266
5.8	0.0828	0.0890	0.0941	0.0983	0.1018	0.1047	0.1094	0.1128	0.1153	0.1172	0.1187	0.1211	0.1240
6.0	0.0805	0.0866	0.0916	0.0957	0.0991	0.1021	0.1067	0.1101	0.1126	0.1146	0.1161	0.1185	0.1216
6.2	0.0783	0.0842	0.0891	0.0932	0.0966	0.0995	0.1041	0.1075	0.1101	0.1120	0.1136	0.1161	0.1193
6.4	0.0762	0.0820	0.0869	0.0909	0.0942	0.0971	0.1016	0.1050	0.1076	0.1096	0.1111	0.1137	0.1171
6.6	0.0742	0.0799	0.0847	0.0886	0.0919	0.0948	0.0993	0.1027	0.1053	0.1073	0.1088	0.1114	0.1149
6.8	0.0723	0.0779	0.0826	0.0865	0.0898	0.0926	0.0970	0.1004	0.1030	0.1050	0.1066	0.1092	0.1129
7.0	0.0705	0.0761	0.0806	0.0844	0.0877	0.0904	0.0949	0.0982	0.1008	0.1028	0.1044	0.1071	0.1109
7.2	0.0688	0.0742	0.0787	0.0825	0.0857	0.0884	0.0928	0.0962	0.0987	0.1008	0.1023	0.1051	0.1090
7.4	0.0672	0.0725	0.0769	0.0806	0.0838	0.0865	0.0908	0.0942	0.0967	0.0988	0.1004	0.1031	0.1071
7.6	0.0656	0.0709	0.0752	0.0789	0.0820	0.0846	0.0889	0.0922	0.0948	0.0968	0.0984	0.1012	0.1054
7.8	0.0642	0.0693	0.0736	0.0771	0.0802	0.0828	0.0871	0.0904	0.0929	0.0950	0.0966	0.0994	0.1036
8.0	0.0627	0.0678	0.0720	0.0755	0.0785	0.0811	0.0853	0.0886	0.0912	0.0932	0.0948	0.0976	0.1020
8.2	0.0614	0.0663	0.0705	0.0739	0.0769	0.0795	0.0837	0.0869	0.0894	0.0914	0.0931	0.0959	0.1004
8.4	0.0601	0.0649	0.0690	0.0724	0.0754	0.0779	0.0820	0.0852	0.0878	0.0893	0.0914	0.0943	0.0938
8.6	0.0588	0.0636	0.0676	0.071	0.0739	0.0764	0.0805	0.0836	0.0862	0.0882	0.0898	0.0927	0.0973
8.8	0.0576	0.0623	0.0663	0.0696	0.0724	0.0749	0.0790	0.0821	0.0846	0.0866	0.0882	0.0912	0.0959
9.2	0.0554	0.0599	0.0637	0.067	0.0697	0.0721	0.0761	0.0792	0.0817	0.0837	0.0853	0.0882	0.0931
9.6	0.0533	0.0577	0.0614	0.0645	0.0672	0.0696	0.0734	0.0765	0.0789	0.0809	0.0825	0.0855	0.0905
10.0	0.0514	0.0556	0.0592	0.0622	0.0649	0.0672	0.0710	0.0739	0.0763	0.0783	0.0799	0.0829	0.0880
10.4	0.0496	0.0537	0.0572	0.0601	0.0627	0.0649	0.0686	0.0716	0.0739	0.0759	0.0775	0.0804	0.0857
10.8	0.0479	0.0519	0.553	0.0581	0.0606	0.0628	0.0664	0.0693	0.0717	0.0736	0.0751	0.0781	0.0834

续表

z/b \ l/b	1.0	1.2	1.4	1.6	1.8	2.0	2.4	2.8	3.2	3.6	4.0	5.0	10.0
11.2	0.0463	0.0502	0.535	0.0563	0.0587	0.0609	0.0644	0.0672	0.0695	0.0714	0.0730	0.0759	0.0813
11.6	0.0448	0.0486	0.518	0.0545	0.0569	0.0590	0.0625	0.0652	0.0675	0.0694	0.0709	0.0738	0.0793
12.0	0.0435	0.0471	0.0502	0.0529	0.0552	0.0573	0.0606	0.0634	0.0656	0.0674	0.0690	0.0719	0.0774
12.8	0.0409	0.0444	0.0474	0.0499	0.0521	0.0541	0.0573	0.0599	0.0621	0.0639	0.0654	0.0682	0.0739
13.6	0.0387	0.0420	0.0448	0.0472	0.0493	0.0512	0.0543	0.0568	0.0589	0.0607	0.0621	0.0649	0.0707
14.4	0.0367	0.0398	0.0425	0.0448	0.0468	0.0486	0.0516	0.0540	0.0561	0.0577	0.0592	0.0619	0.0677
15.2	0.0349	0.0379	0.0404	0.0426	0.0445	0.0463	0.0492	0.0515	0.0535	0.0551	0.0565	0.0592	0.0650
16.0	0.0332	0.0361	0.0385	0.0407	0.0425	0.0442	0.0469	0.0492	0.0511	0.0527	0.0540	0.0567	0.0625
18.0	0.0297	0.0323	0.0345	0.0364	0.0381	0.0396	0.0422	0.0442	0.0460	0.0475	0.0487	0.0512	0.0570
20.0	0.0269	0.0292	0.0312	0.0330	0.0345	0.0359	0.0383	0.0402	0.0418	0.0432	0.0444	0.0468	0.0524

表 4.6　矩形面积上三角形分布荷载作用下的平均附加应力系数 $\bar{\alpha}$

z/b \ l/b 点	0.2 1	0.2 2	0.4 1	0.4 2	0.6 1	0.6 2	0.8 1	0.8 2	1.0 1	1.0 2
0.0	0.0000	0.2500	0.0000	0.2500	0.0000	0.2500	0.0000	0.2500	0.0000	0.2500
0.2	0.0112	0.2161	0.0140	0.2308	0.0148	0.2333	0.0151	0.2339	0.0152	0.2341
0.4	0.0179	0.1810	0.0245	0.2084	0.0270	0.2153	0.0280	0.2175	0.0285	0.2184
0.6	0.0207	0.1505	0.0308	0.1851	0.0355	0.1966	0.0376	0.2011	0.0388	0.2030
0.8	0.0217	0.1277	0.0340	0.1640	0.0405	0.1787	0.0440	0.1852	0.0459	0.1883
1.0	0.0217	0.1104	0.0351	0.1461	0.0430	0.1624	0.0476	0.1704	0.0502	0.1746
1.2	0.0212	0.0970	0.0351	0.1312	0.0439	0.1480	0.0492	0.1571	0.0525	0.1621
1.4	0.0204	0.0865	0.0344	0.1187	0.0436	0.1356	0.0495	0.1451	0.0534	0.0507
1.6	0.0195	0.0779	0.0333	0.1082	0.0427	0.1247	0.0490	0.1345	0.0533	0.1405
1.8	0.0186	0.0709	0.0321	0.0993	0.0415	0.1153	0.0480	0.1252	0.0525	0.1313
2.0	0.0178	0.0650	0.0308	0.0917	0.0401	0.1071	0.0467	0.1169	0.0513	0.1232
2.5	0.0157	0.0538	0.0276	0.0769	0.0365	0.0908	0.0429	0.1000	0.0478	0.1063
3.0	0.0140	0.0458	0.0248	0.0661	0.0330	0.0786	0.0392	0.0871	0.0439	0.0931
5.0	0.0097	0.0289	0.0175	0.0424	0.0236	0.0476	0.0285	0.0576	0.0324	0.0624
7.0	0.0073	0.0211	0.0133	0.0311	0.0180	0.0352	0.0219	0.0427	0.0251	0.0465
10.0	0.0053	0.0150	0.0097	0.0222	0.0133	0.0253	0.0162	0.0308	0.0186	0.0336

4.3 基础最终沉降量

续表

z/b \ l/b 点	1.2 1	1.2 2	1.4 1	1.4 2	1.6 1	1.6 2	1.8 1	1.8 2	2.0 1	2.0 2
0.0	0.0000	0.2500	0.0000	0.2500	0.0000	0.2500	0.0000	0.2500	0.0000	0.2500
0.2	0.0153	0.2342	0.0153	0.2343	0.0153	0.2343	0.0153	0.2343	0.0153	0.2343
0.4	0.0288	0.2187	0.0289	0.2189	0.0290	0.2190	0.0290	0.2190	0.0290	0.2191
0.6	0.0394	0.2039	0.0397	0.2043	0.0399	0.2046	0.0400	0.2047	0.0401	0.2048
0.8	0.0470	0.1899	0.0476	0.1907	0.0480	0.1912	0.0482	0.1915	0.0483	0.1917
1.0	0.0518	0.1769	0.0528	0.1781	0.0534	0.1789	0.0538	0.1794	0.0540	0.1797
1.2	0.0546	0.1649	0.0560	0.1666	0.0568	0.1678	0.0574	0.1684	0.0577	0.1689
1.4	0.0559	0.1541	0.0575	0.1562	0.0586	0.1576	0.0594	0.1585	0.0599	0.1591
1.6	0.0561	0.1443	0.0580	0.1467	0.0594	0.1484	0.0603	0.1494	0.0609	0.1502
1.8	0.0556	0.1354	0.0578	0.1381	0.0593	0.1400	0.0604	0.1413	0.0611	0.1422
2.0	0.0547	0.1274	0.0570	0.1303	0.0587	0.1324	0.0599	0.1338	0.0608	0.1348
2.5	0.0513	0.1107	0.0540	0.1139	0.0560	0.1163	0.0575	0.1180	0.0586	0.1193
3.0	0.0476	0.0976	0.0503	0.1008	0.0525	0.1033	0.0541	0.1052	0.0554	0.1067
5.0	0.0356	0.0661	0.0382	0.0690	0.0403	0.0714	0.0421	0.0734	0.0435	0.0749
7.0	0.0277	0.0496	0.0299	0.0520	0.0318	0.0541	0.0333	0.0558	0.0347	0.0572
10.0	0.0207	0.0359	0.0224	0.0379	0.0239	0.0395	0.0252	0.0409	0.0263	0.0403

z/b \ l/b 点	3.0 1	3.0 2	4.0 1	4.0 2	6.0 1	6.0 2	8.0 1	8.0 2	10.0 1	10.0 2
0.0	0.0000	0.2500	0.0000	0.2500	0.0000	0.2500	0.0000	0.2500	0.0000	0.2500
0.2	0.0153	0.2343	0.0153	0.2343	0.0153	0.2343	0.0153	0.2343	0.0153	0.2343
0.4	0.0290	0.2192	0.0291	0.2192	0.0291	0.2192	0.0291	0.2192	0.0291	0.2192
0.6	0.0402	0.2050	0.0402	0.2050	0.0402	0.2050	0.0402	0.2050	0.0402	0.2050
0.8	0.0486	0.1920	0.0487	0.1920	0.0487	0.1921	0.0487	0.1921	0.0487	0.1921
1.0	0.0545	0.1803	0.0546	0.1803	0.0546	0.1804	0.0546	0.1804	0.0546	0.1804
1.2	0.0584	0.1697	0.0586	0.1699	0.0587	0.1700	0.0587	0.1700	0.0587	0.1700
1.4	0.0609	0.1603	0.0612	0.1605	0.0613	0.1606	0.0613	0.1606	0.0613	0.1606
1.6	0.0623	0.1517	0.0626	0.1521	0.0628	0.1523	0.0628	0.1523	0.0628	0.1523
1.8	0.0628	0.1441	0.0633	0.1445	0.0635	0.1447	0.0635	0.1448	0.0635	0.1448
2.0	0.0629	0.1371	0.0634	0.1377	0.0637	0.1380	0.0638	0.1380	0.0638	0.1380
2.5	0.0614	0.1223	0.0623	0.1233	0.0627	0.1237	0.0628	0.1238	0.0628	0.1239
3.0	0.0589	0.1104	0.0600	0.1116	0.0607	0.1123	0.0609	0.1124	0.0609	0.1125
5.0	0.0480	0.0797	0.0500	0.0817	0.0515	0.0833	0.0519	0.0837	0.0521	0.0839
7.0	0.0391	0.0619	0.0414	0.0642	0.0435	0.0663	0.0442	0.0671	0.0445	0.0674
10.0	0.0302	0.0462	0.0325	0.0485	0.0340	0.0509	0.0359	0.0520	0.0364	0.0526

注 表中点1为荷载零值点；点2为荷载最大值点。

【例 4.2】 按分层总和法规范修正公式计算［例 4.1］所示基础中点的最终沉降量，已知 $f_{ak}=94\text{kPa}$，其他计算资料不变。

解：

(1) σ_c、σ_z 分布及 p_0 值计算见［例 4.1］步骤 (1) ～ (5)。

(2) 计算 E_s。根据已知条件，由式 $E_{si}=\dfrac{1+e_{1i}}{e_{1i}-e_{2i}}(p_{2i}-p_{1i})$ 确定各分层 E_{si}，其中 $p_{2i}=\overline{\sigma}_{ci}+\overline{\sigma}_{zi}$，$p_{1i}=\overline{\sigma}_{ci}$。计算结果见表 4.7。

(3) 计算 $\overline{\alpha}$。根据角点法，过基底中点将荷载面 4 等分，各计算区域边长 $l_i=b_i=2\text{m}$，由表 4.5 确定 $\overline{\alpha}$。计算结果见表 4.7。

(4) 确定沉降计算深度 z_n。根据基础条件及基底宽度由式 (4.25) 计算得
$$z_n=b(2.5-0.4\ln b)=4\times(2.5-0.4\ln 4)=7.8(\text{m})$$

(5) 计算各分层沉降量 $\Delta s_i'$。

由式 $\Delta s_i'=\dfrac{p_0}{E_{si}}[(4\overline{\alpha}_i)z_i-(4\overline{\alpha}_{i-1})z_{i-1}]=4\dfrac{p_0}{E_{si}}(\overline{\alpha}_i z_i-\overline{\alpha}_{i-1}z_{i-1})$ 和前述 ΔE_{si}、$\overline{\alpha}_i$ 的计算结果，求得各分层沉降量。计算结果见表 4.7。

表 4.7　　　　　　　［例 4.2］　表 1

z/m	l/b	z/b	$\overline{\alpha}$	$\overline{\alpha}z$/m	$\overline{\alpha}_i z_i-\overline{\alpha}_{i-1}z_{i-1}$/m	E_{si}/MPa	$\Delta s'$/mm	s'/mm
0	2/2=1	0	0.2500	0	0.2908	6.5	18.1	
1.2		0.6	0.2423	0.2908	0.2250	6.5	14.0	
2.4		1.2	0.2149	0.5158	0.1826	5.9	12.5	
4.0		2.0	0.1746	0.6984	0.1041	5.4	7.8	57.9
5.6		2.8	0.1433	0.8025	0.0651	4.8	5.5	
7.2		3.6	0.1205	0.8676	0.0185	8.0	0.9	58.8
7.8		3.9	0.1136	0.8861				

(6) 确定计算沉降量 s'。由式 $s'=\sum\limits_{i=1}^{n}\Delta s_i'$ 和各分层沉降量计算结果求得 $s'=58.8\text{mm}$。由表 4.7 结果可知：$\Delta z=0.6\text{m}$，相应的 $\Delta s_n'=0.9\text{mm}$，有
$$\dfrac{\Delta s_n'}{\sum\limits_{i=1}^{n}\Delta s_i'}=\dfrac{0.9}{58.8}=0.015<0.025$$

满足沉降计算深度要求。

(7) 确定修正系数 ψ_s。根据式 $\overline{E}_s=\dfrac{\sum\Delta A_i}{\sum\dfrac{\Delta A_i}{E_{si}}}$，求得：$\overline{E}_s=6.09\text{MPa}$。

因 $p_0>f_{ak}$ 由表 4.4 得 $\psi_s=1.09$。

(8) 计算基础最终沉降。
$$s=\psi_s s'=1.09\times 58.8=64.1(\text{mm})$$

所以，由分层总和法规范修正公式求得的基础最终沉降量 $s=64.1\mathrm{mm}$。

4.3.3 应力历史法

4.3.1小节和4.3.2小节所述的分层总和法所采用的压缩性指标都是通过 $e-p$ 曲线获得，所以也被称为 $e-p$ 曲线法。应力历史法仍然是采用分层总和法的单向压缩公式，与前不同的是所采用的压缩性指标是从由 $e-\lg p$ 曲线推求的原位压缩曲线获得，因此也将其称为 $e-\lg p$ 曲线法，该法通过原位压缩曲线考虑了应力历史对沉降的影响。

1. 正常固结土（层）

根据原位压缩曲线确定压缩指数 C_c，按下述公式计算固结沉降 s_c（图4.17）：

$$s_c = \sum_{i=1}^{n} \varepsilon_i H_i \tag{4.27}$$

其中

$$\varepsilon_i = \frac{\Delta e_i}{1+e_{0i}} = \frac{1}{1+e_{0i}} C_{ci} \lg \frac{p_{1i}+\Delta p_i}{p_{1i}}$$

即

$$s_c = \sum_{i=1}^{n} \frac{H_i}{1+e_{0i}} C_{ci} \lg \frac{p_{1i}+\Delta p_i}{p_{1i}} \tag{4.28}$$

式中：ε_i 为第 i 分层的压缩应变；H_i 为第 i 分层厚度；Δe_i 为从原位压缩曲线确定的第 i 层的孔隙比变化；e_{0i} 为第 i 层土的初始孔隙比；p_{1i} 和 Δp_i 分别为第 i 层土的自重应力均值和附加应力均值；C_{ci} 为第 i 层土的压缩指数。

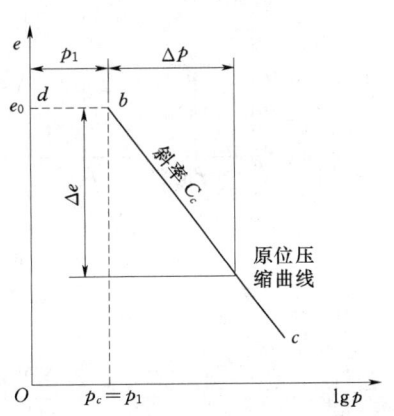

图4.17 正常固结土沉降计算

2. 超固结土（层）

计算超固结土沉降时，首先根据原位压缩曲线和原位再压缩曲线分别确定土的压缩指数 C_c 和回弹指数 C_e。计算中注意区分两种情况：①各分层平均固结压力 $\Delta p > p_c - p_1$；②$\Delta p \leq p_c - p_1$。

对于 $\Delta p > p_c - p_1$ 情况［图4.18（a）］，土体在 Δp_i 作用下，孔隙比将先沿原位再压缩曲线 $b_1 b$ 段减少 $\Delta e'$，然后沿原位压缩曲线 bc 段减少 $\Delta e''$，相应于 Δp 的孔隙比变化 Δe 应等于这两部分变形之和。即

$$\Delta e' = C_e \lg(p_c/p_1)$$
$$\Delta e'' = C_c \lg[(p_1+\Delta p)/p_c]$$
$$\Delta e = \Delta e' + \Delta e'' = C_e \lg(p_c/p_1) + C_c \lg[(p_1+\Delta p)/p_c] \tag{4.29}$$

由此得各分层的固结沉降量总和为

$$s_c = \sum_{i=1}^{n} \frac{H_i}{1+e_{0i}} \{C_{ei} \lg(p_{ci}/p_{1i}) + C_{ci} \lg[(p_{1i}+\Delta p_i)/p_{ci}]\} \tag{4.30}$$

式中：n 为压缩土层中固结压力 $\Delta p > p_c - p_1$ 的分层数；C_{ei}、C_{ci} 为第 i 层土的回弹指数和压缩指数；p_{ci} 为第 i 层土的先期固结压力。

对于 $\Delta p \leq p_c - p_1$ 情况［图4.18（b）］，分层土的孔隙比变化 Δe 只沿再压缩曲线 $b_1 b$ 发生：

$$\Delta e = C_e \lg[(p_1+\Delta p)/p_1] \tag{4.31}$$

各分层固结沉降量

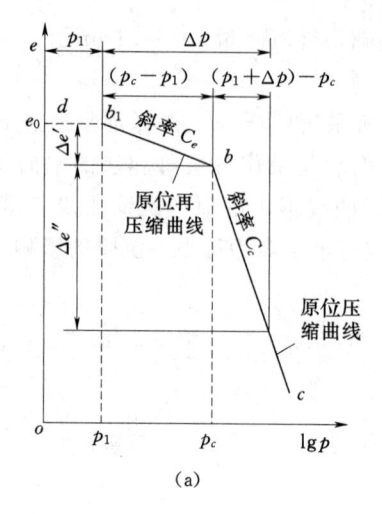

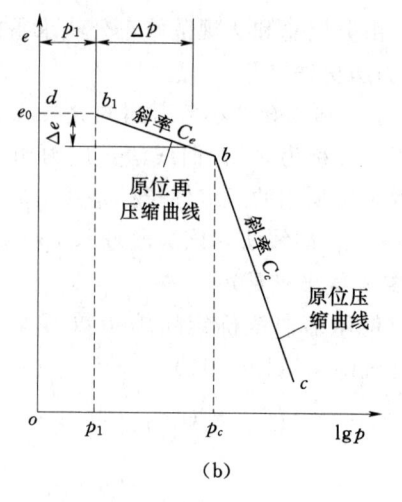

图 4.18 超固结土沉降计算
(a) $\Delta p > p_c - p_1$；(b) $\Delta p \leqslant p_c - p_1$

$$s_c = \sum_{i=1}^{m} \frac{H_i}{1+e_{0i}} C_{ei} \lg[(p_{1i} + \Delta p_i)/p_{1i}] \tag{4.32}$$

式中：m 为压缩土层中 $\Delta p \leqslant p_c - p_1$ 的分层数；其余符号意义同前。

3. 欠固结土（层）

欠固结土的沉降计算必须考虑自重应力作用下固结还没有达到稳定的那一部分沉降。孔隙比变化可近似按正常固结土方法求得的原位压缩曲线确定（图 4.19），固结沉降除了附加应力引起的沉降外，还包含自重应力作用下土层继续固结引起的沉降：

由 $\qquad \Delta e = \Delta e' + \Delta e''$

得 $\qquad s_c = \sum_{i=1}^{n} \frac{H_i}{1+e_{0i}} [C_{ci} \lg(p_{1i} + \Delta p_i)/p_{ci}] \qquad (4.33)$

式中：p_{ci} 为第 i 层土的实际有效压力，小于土的自重应力 p_{1i}。

4.3.4 沉降计算方法讨论

1. 分层总和法

(1) 该方法的主要特点是原理简单，应用方便，且积累了较多的经验。但是该方法在计算中假定土体无侧向变形，这只有当基础面积较大，可压缩土层较薄时才比较符合实际情况，而在一般情况下，将由于这一假定使得计算结果偏小。另一方面，计算中采用的基础中心点下土的附加应力一般大于基础底面其他点下的附加应力，因而把基础中心点的沉降作为整个基础的平均沉降时可能又会使计算结果偏大。这两个相反的因素在一定程度上可能会相互抵消一部分，但其精确误差目前还难以估计。再加上许多其他因素造成的误差，如室内固结试验成果对土体实际性状描述的准确性、土层非均匀性对附加应力的影响、上部结构对基础沉降的调整作用等，都会使得分层总和法的计算结果与实际沉降存在差异。规范修正公式中引入的经验系数 ψ_s 可以对各种因素造成的沉降计算误差进行适

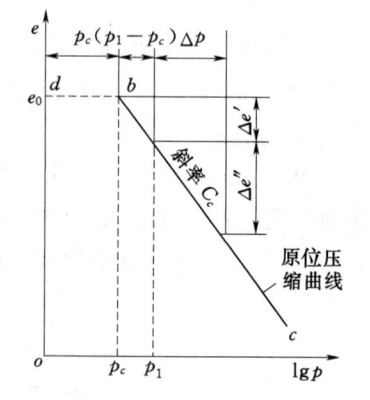

图 4.19 欠固结土沉降计算

当修正,以使计算结果更接近实际值。

(2) 对于欠固结土层,由于土体在自重作用下尚未达到压缩稳定,所以在附加应力考虑中还应包括土体自重应力,即此时的分层总和法中应考虑土体在自重作用下的压缩量。

(3) 有相邻荷载作用时,应将相邻荷载在沉降计算点各深度处引起的应力叠加到附加应力中去。

(4) 当基础埋置较深时,应考虑开挖基坑时地基土的回弹,根据现行规范,该部分回弹变形量可按下式计算:

$$s_c = \psi_c \sum_{i=1}^{n} \frac{p_c}{E_{ci}} (z_i \bar{\alpha}_i - z_{i-1} \bar{\alpha}_{i-1}) \tag{4.34}$$

式中:s_c 为地基的回弹变形量;ψ_c 为考虑回弹影响的经验系数,无地区经验时可取 1.0;p_c 为基坑底面以上土的自重压力,地下水位以下应扣除浮力;E_{ci} 为土的回弹模量,通过试验确定。

2. 应力历史法

应力历史法虽然也是采用分层总和法的单向压缩公式,但由于土的压缩性指标是基于原位压缩曲线确定的,所以能在一定程度上考虑应力历史对土体变形的影响,其结果优于基于 e-p 曲线的分析结果。应注意的是,推求原位压缩曲线所依据的室内 e-$\lg p$ 曲线需在高压固结仪上完成。

3. 黏性土沉降的 3 个组成部分

根据对黏性土地基在局部荷载作用下的实际变形特征的观察,可以认为黏性土地基的最终沉降量 s 是由机理不同的 3 部分沉降组成,如图 4.20 所示。

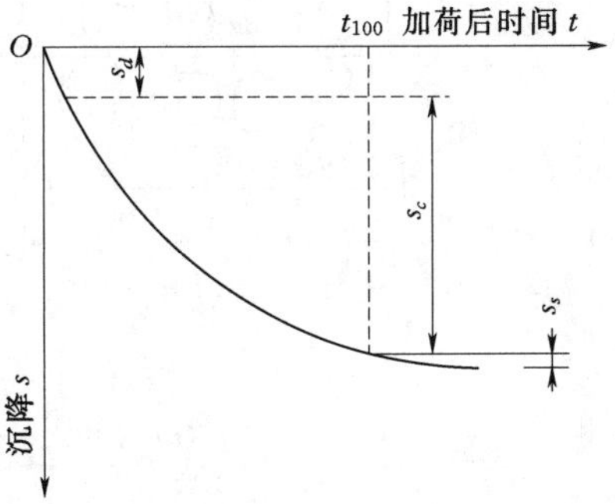

$$s = s_d + s_c + s_s \tag{4.35}$$

图 4.20 黏性土沉降的 3 个组成部分

式中:s_d 为瞬时沉降(亦称初始沉降);s_c 为固结沉降(亦称主固结沉降);s_s 为次固结沉降(亦称蠕变沉降)。

瞬时沉降是指加载后土体即时产生的变形,此时土体只有不排水剪切变形,没有体积变化,这部分沉降可以根据弹性理论来进行计算。固结沉降是指饱和或接近饱和的黏性土在荷载作用下,随着孔隙水压力的消散,土骨架产生变形所造成的沉降,对于软黏土来说,固结沉降占有很大比例且需一定时间才能完成,前述应力历史法所求得的沉降就属于这一种沉降(侧限条件)。次固结沉降是指在有效应力不变的情况下,土的骨架随时间发生的蠕动变形。一般情况下,次固结沉降所占比例较小,但对于塑性高的软黏土,次固结沉降也是不应忽视的。

式 (4.35) 所示的黏性土最终沉降的 3 个组成部分,有学者根据各部分变形机理建立了分部计算线性叠加的计算公式,具体计算可参见有关文献。

4.4 饱和土的一维固结理论

无黏性土地基由于土的透水性强、压缩性低,因而在荷载下的变形一般在较短的时间就能完成。而黏性土地基特别是饱和黏性土地基，变形可延续较长时间。饱和土体的压缩变形过程，即土体在压力作用下压缩量随时间增长的全过程称为土的固结。对于建造在这一类地基上的建筑物，设计时除了需计算基础的最终沉降外，还需知道固结过程中任意时间的变形，以消除后期变形可能带来的不利影响。

4.4.1 饱和土中的有效应力

1. 有效应力原理

土体中承受荷载的任意截面都可被分为颗粒截面和孔隙截面两部分，如图 4.21（a）所示。通过颗粒接触点传递的应力被称为土中有效应力，是控制土体变形和强度变化的应力，通过孔隙传递的应力被称为土中孔隙压力，包括孔隙水压力和孔隙气压力，当土体饱和时，就只有孔隙水压力，分静水压力和超静水压力。土中某点的有效应力与孔隙压力之和被称为总应力，对于饱和土体，总应力就是有效应力与孔隙水压力之和。

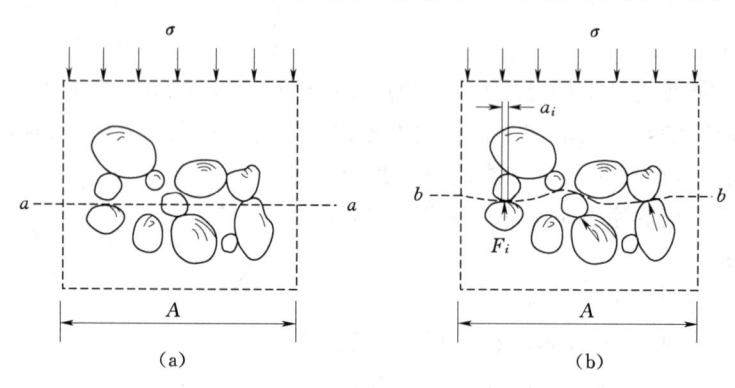

图 4.21 土中总应力与有效应力
（a）土中水平截面；（b）土中非水平截面

为了研究饱和土体中的有效应力，可以截取一个如图 4.21（b）所示的截面 $b-b$，与如图 4.21（a）所示的 $a-a$ 截面不同，该截面通过颗粒接触点和面形成一个未截断颗粒的非水平面，假设横截面面积为 $A \times 1$，总应力 σ 为附加应力，超静水压力为 u。设作用于颗粒接触面 i 上的力为 F_i，相应的接触面积为 a_i，则各 F_i 的竖向分量 F_{iv} 之和等于横截面积上有效应力合力，即 $\sum F_{iv} = \sigma' A$，由此可列出横截面上的力平衡方程为

$$\sum F_{iv} + u(A - \sum a_i) = \sigma A$$

式中：$\sum a_i$ 为颗粒接触面积，当将其忽略时（$\sum a_i$ 通常不大于全面积 A 的 2% 或 3%），上式可表示为

$$\sigma' + u = \sigma \tag{4.36}$$

式（4.36）即为著名的饱和土有效应力原理，揭示了饱和土中任意点的总应力 σ 恒等于有效应力与孔隙水压力之和。

2. 土中水渗流对有效应力的影响

图 4.22 表示一土层剖面，当土层中的地下水处于静止、向下渗流、向上渗流时土体中 A、B、C 点的总应力 σ、孔隙水压力 u、有效应力 σ' 的分布。结果显示渗流不影响土中总应力，但渗流时产生的渗流力将改变土中有效应力和孔隙水压力。土中水向下渗流

4.4 饱和土的一维固结理论

时，渗流力与土自重应力方向一致，有效应力增加，孔隙水压力减小。土中水向上渗流时，土中有效应力减小，孔隙水压力增加。

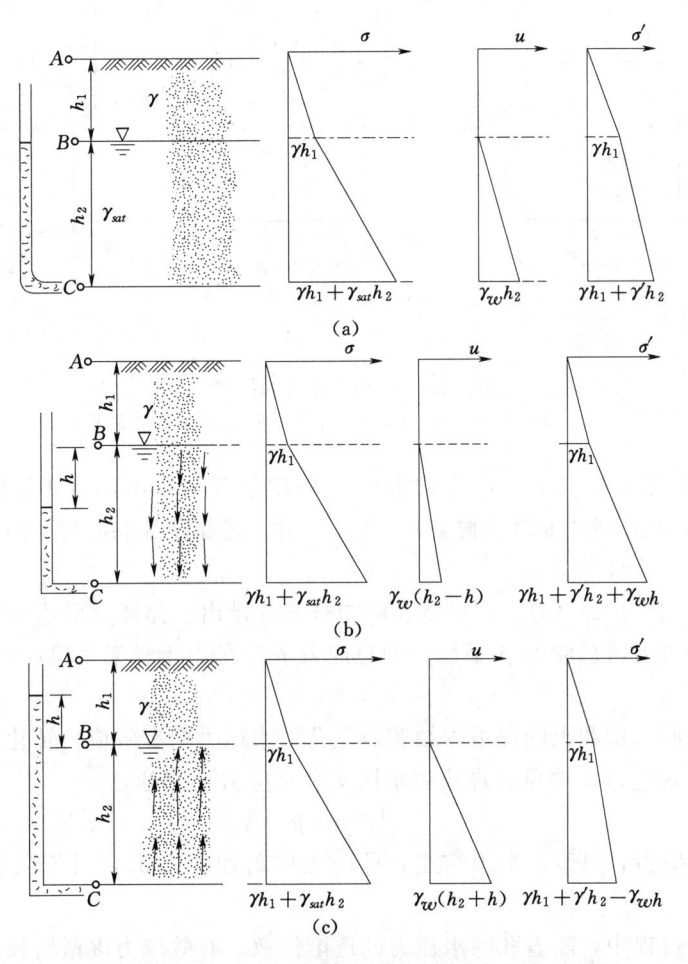

图 4.22 土中水渗流对有效应力的影响
(a) 静水条件下 σ、u、σ' 分布；(b) 渗流向下时 σ、u、σ' 分布；(c) 渗流向上时 σ、u、σ' 分布

3. 渗透固结对有效应力的影响

饱和土的压缩主要是由于土体在外荷作用下孔隙水被排出、孔隙体积减小所致，而在同等荷载条件下，孔隙水排出速度主要是取决土的渗透性和土层厚度，这种与自由水的渗透速度有关的饱和土固结过程被称为渗透固结。

图 4.23 为太沙基（1923）建立的模拟饱和土体中某点渗透固结过程的弹簧模型。模型的容器中盛满水，水面设置一个带有排水孔的活塞，下端用一个弹簧支承。在该模型中，弹簧模拟土颗粒骨架，容器内的水模拟土中自由水。p 为总应力，此处等于外荷载，u 为 p 在土孔隙水中所引起的超孔隙水压力，σ' 为土骨架所传递的压力，即有效应力。

加荷瞬时 $t=0$ 时 [图 4.23（a）]，容器中的水来不及排出，不考虑水的压缩性时弹簧此时不受力，全部外荷由孔隙水承担，测压管中水柱上升度高为 h，有 $u=\gamma_w h = p$，$\sigma'=0$。

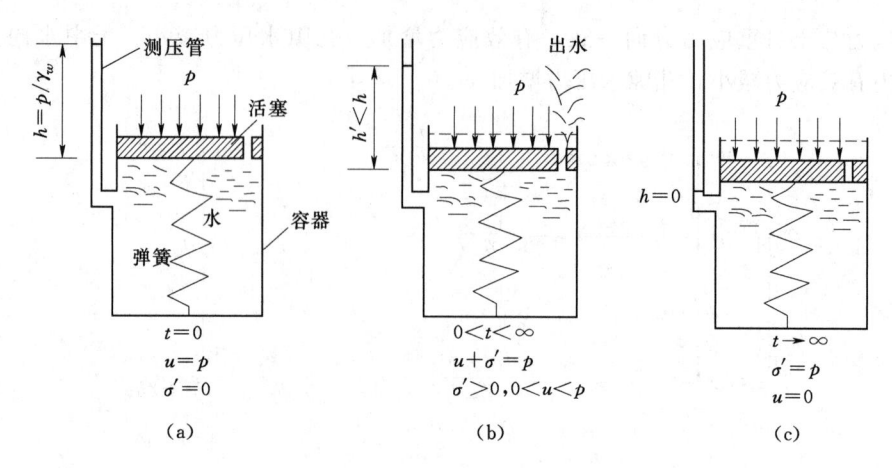

图 4.23　饱和土渗透固结模型
(a) 加荷瞬间；(b) 排水过程中任一时刻；(c) 固结完成

当 $t>0$ 时 [图 4.23 (b)]，孔隙水在 p 作用下开始排出，活塞下降，弹簧受到压缩，此时 $\sigma'>0$，测压管中水柱下降，$u=\gamma_w h'<p$。随着容器中水的不断排出，u 不断减小，σ' 不断增大。

当 $t\to\infty$ 时 [图 4.23 (c)]，水从孔隙中被充分排出、弹簧变形达到稳定，活塞不再下降，此时弹簧应力与总应力 p 平衡，即总应力 p 全部由土骨架承担，$u=0$，$\sigma'=p$，土的渗透固结完成。

上述模拟表明，饱和土的渗透固结实质是孔隙水压力向有效应力转化的过程，即土体中任一时刻的有效应力 σ' 都可通过孔隙水压 u 和总应力 p 来描述：

$$\sigma'=p-u \tag{4.37}$$

式中：p 为压缩应力，对于正常固结土，即为土中附加应力 σ_z，对于欠固结土，还需包括自重应力。

在渗透固结过程中，随着孔隙水压力的逐渐消散，有效应力逐渐增长，土的体积也就逐渐减小，强度随之提高。

4.4.2　饱和土的一维固结理论

如图 4.24 所示，在可压缩层厚度为 H 的饱和土层表面施加无限均布竖向荷载 p，在土中产生的附加应力 $\sigma_z=p$ 沿深度均匀分布，土层只在外荷作用方向产生渗流和变形，属于一维渗透固结情况，与室内侧限压缩试验条件相似。

1. 基本假定

一维固结理论的基本假设如下：
(1) 土层是均质的、各向同性的、完全饱和的。
(2) 土粒和孔隙水都是不可压缩的。
(3) 土中水的渗流和土的压缩只沿竖向发生。
(4) 土中水的渗流服从达西定律。
(5) 在渗透固结中，土的渗透系数 k 和压缩系数 a 保持不变。
(6) 外荷是一次瞬时施加，且在固结过程中保持不变。

4.4 饱和土的一维固结理论

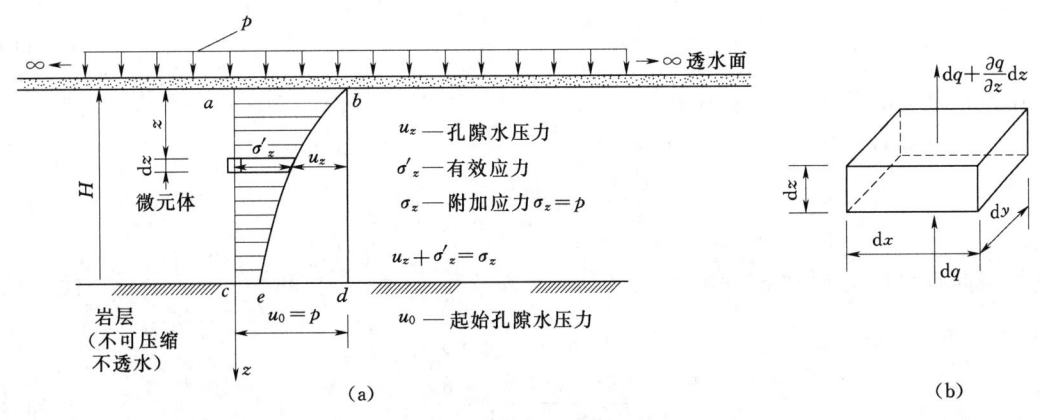

图 4.24 一维渗透固结过程
(a) 土层；(b) 微元体

2. 微分方程及其解析解

从压缩土层中深度 z 处取 $1\times 1\times \mathrm{d}z$ 的微元体[图 4.24（b）]，已知土粒体积 $V_s = \dfrac{1}{1+e_1}\mathrm{d}z$，孔隙体积 $V_v = eV_s = \dfrac{e}{1+e_1}\mathrm{d}z$，这里 e_1 为微元体固结前的初始孔隙比。根据土的压缩性条件，土粒体积 V_s 在固结过程中保持不变。

设 z 方向的渗透系数为 k，水力梯度为 i，透水面下 z 深度处的超静水头为 h，微元土体截面积为 A，则根据达西定律，加荷 $\mathrm{d}t$ 时间内 z 方向流入和流出微元体的单位渗流量分别为

流入
$$\mathrm{d}q = kiA = k\left(-\frac{\partial h}{\partial z}\right)\mathrm{d}x\,\mathrm{d}y$$

流出
$$\mathrm{d}q + \frac{\partial q}{\partial z}\mathrm{d}z = k\left(-\frac{\partial h}{\partial z} - \frac{\partial^2 h}{\partial z^2}\mathrm{d}z\right)\mathrm{d}x\,\mathrm{d}y$$

根据水流连续性原理，微元体在 $\mathrm{d}t$ 时间的渗水量变化（渗出）为

$$\frac{\partial q}{\partial z}\mathrm{d}z = -k\frac{\partial^2 h}{\partial z^2}\mathrm{d}x\,\mathrm{d}y\,\mathrm{d}z \tag{4.38}$$

微元体孔隙体积 $V_v = V_w$ 的变化量（减少）为

$$\frac{\partial V_v}{\partial t} = -\frac{\partial}{\partial t}\left(\frac{e}{1+e_1}\mathrm{d}x\,\mathrm{d}y\,\mathrm{d}z\right) \tag{4.39}$$

在 $\mathrm{d}t$ 时间内，微元体中孔隙体积的变化等于同一时间内从微元体中流出的水量，亦即

$$\frac{\partial V_v}{\partial t}\mathrm{d}t = \frac{\partial q}{\partial z}\mathrm{d}z\,\mathrm{d}t$$

由式（4.38）和式（4.39），有

$$k\frac{\partial^2 h}{\partial z^2}\mathrm{d}x\,\mathrm{d}y\,\mathrm{d}z = \frac{\partial}{\partial t}\left(\frac{e}{1+e_1}\mathrm{d}x\,\mathrm{d}y\,\mathrm{d}z\right)$$

整理得
$$k\frac{\partial^2 h}{\partial z^2} = \frac{1}{1+e_1}\frac{\partial e}{\partial t} \tag{4.40}$$

根据侧限条件下土的压缩系数定义 $a = -\mathrm{d}e/\mathrm{d}p = -\mathrm{d}e/\mathrm{d}\sigma'$ 有

$$\frac{\partial e}{\partial t} = -a\frac{\partial \sigma'}{\partial t} \tag{4.41}$$

式中：σ' 为有效应力。

将式（4.41）代入式（4.40）得

$$\frac{k(1+e_1)}{a}\frac{\partial^2 h}{\partial z^2} = -\frac{\partial \sigma'}{\partial t} \tag{4.42}$$

根据有效应力原理 $\sigma' = \sigma_z - u$ 和 $u = \gamma_w h$，有 $\frac{\partial \sigma'}{\partial t} = -\frac{\partial u}{\partial t}$ 和 $\frac{\partial^2 h}{\partial z^2} = \frac{1}{\gamma_w}\frac{\partial^2 u}{\partial z^2}$，代入式（4.42）得

$$\frac{k(1+e_1)}{a\gamma_w}\frac{\partial^2 u}{\partial z^2} = \frac{\partial u}{\partial t} \tag{4.43a}$$

或

$$c_v \frac{\partial^2 u}{\partial z^2} = \frac{\partial u}{\partial t} \tag{4.43b}$$

$$c_v = \frac{k(1+e_1)}{a\gamma_w} \tag{4.44}$$

式中：c_v 为土的固结系数，与土的压缩系数成反比，与渗透系数成正比，m^2/年或 cm^2/年；其他符号意义同前。

式（4.43）即为饱和土的渗透固结微分方程，可根据不同的初始条件和边界条件求得它的特解。

如对图 4.24 所示的一维固结情况，初始条件和边界条件为

$t=0$ 和 $0 \leqslant z \leqslant H$ 时，$u = u_0 = \sigma_z$

$0 < t < \infty$ 和 $z = 0$ 时，$u = 0$

$0 < t < \infty$ 和 $z = H$ 时，$\frac{\partial u}{\partial z} = 0$

$t \to \infty$ 和 $0 \leqslant z \leqslant H$ 时，$u = 0$

根据初始条件和边界条件，采用分离变量法可求得满足上述条件的解如下：

$$u_{zt} = \frac{4}{\pi}\sigma_z \sum_{m=1}^{\infty} \frac{1}{m}\sin\frac{m\pi z}{2H}e^{-\frac{m^2\pi^2}{4}T_v} \tag{4.45}$$

$$T_v = \frac{c_v}{H^2}t \tag{4.46}$$

式中：T_v 为时间因数，与固结系数成正比；u_{zt} 为深度 z 处在时间 t 时刻的孔隙水压力；σ_z 为深度 z 处的附加应力；m 为正奇整数 1，3，5…；e 为自然对数底数；H 为固结土层的最长排水距离，当土层为单面排水时，H 等于土层厚度，当土层为上下双面排水时，H 为土层厚度的一半；t 为固结时间。

3. 地基固结度

地基中某点的固结度 U_{zt} 是指该点超孔隙水压力消散程度，如式（4.47a）所示，也可表示为地基中某点在任一时刻 t 的固结沉降量 s_{ct} 与最终固结沉降量 s_c 之比，如式（4.47b）所示。

$$U_{zt} = \frac{u_0 - u_{zt}}{u_0} \tag{4.47a}$$

或

$$U_{zt} = \frac{s_{ct}}{s_c} \quad (4.47b)$$

式中：u_0、u_{zt} 分别为地基中某点初始孔隙水压力和 t 时刻的孔隙水压力；s_{ct}、s_c 分别为 t 时刻地基中某点的固结沉降和地基最终固结沉降。

应提及的是式（4.47a）为固结度的应力表达式，式（4.47b）为固结度的应变表达式，由于土体的非线性变形特征，两式的计算结果不一定相同。

对于实际工程来说，重点关注的不是某点的固结度 U_{zt} 而是地基的平均固结度 U_t，即 t 时刻土骨架所承担的有效应力与总附加应力的比值，可表示成应力面积比，对于如图 4.24 所示的土层，有

$$U_t = \frac{\text{应力面积 } abce}{\text{应力面积 } abcd} = \frac{\text{应力面积 } abcd - \text{应力面积 } bed}{\text{应力面积 } abcd}$$

即

$$U_t = \frac{\int_0^H u_0 \, dz - \int_0^H u_{zt} \, dz}{\int_0^H u_0 \, dz} = 1 - \frac{\int_0^H u_{zt} \, dz}{\int_0^H u_0 \, dz} \text{ 或 } U_t = 1 - \frac{\int_0^H u_{zt} \, dz}{\int_0^H \sigma_z \, dz} \quad (4.48)$$

式中符号意义同前。

式（4.48）表明，地基的固结度就是土体中孔隙水压力向有效应力转化的完成程度。

将式（4.45）求得的孔隙水压力代入式（4.48），经积分可求得地基固结度为

$$U_t = 1 - \frac{8}{\pi^2} \sum_{m=1}^{\infty} \frac{1}{m^2} e^{-\frac{m^2 \pi^2}{4} T_v} \quad (4.49)$$

式中符号意义同前。

由于式（4.49）中级数收敛很快，故当 T_v 值较大时（如 $T_v \geq 0.16$），可只取第一项（精确度可满足工程要求），此时上式被简化为

$$U_t = 1 - \frac{8}{\pi^2} e^{-\frac{\pi^2}{4} T_v} = f(T_v) \quad (4.50)$$

式（4.50）即为地基固结度基本表达式，表明固结度仅与时间因素 T_v 有关。当土性指标 k、e、a 和土层厚度 H 已知，土层排水条件和地基所受附加应力确定时，U_t 仅是时间的函数，据此可绘出 U_t-t 关系曲线。

根据式（4.50），在压缩应力分布及排水条件相同的情况下，两个土质相同（即 c_v 相同）而排水距离不同的土层，要达到相同的固结度，其时间因素 T_v 应相等，即

$$T_v = \frac{c_v}{H_1^2} t_1 = \frac{c_v}{H_2^2} t_2$$

则

$$\frac{t_1}{t_2} = \frac{H_1^2}{H_2^2} \quad (4.51)$$

式（4.51）表明，对于同一土层情况，若将单面排水改为双面排水，达到相同固结度所需历时可减少到原来的 1/4。

4. 各种情况下地基固结度的求解

对于如图 4.24 所示的一维固结问题的单面排水地基，起始孔隙水压力分布可被归纳成下述 3 类（对于正常固结土，即为附加应力分布），如图 4.25 所示。

图 4.25（a）所示分布 1 适用于地基土在其自重作用下已固结完成，基底面积很大而压缩土层又较薄的情况。

图 4.25（b）所示分布 2 适用于土层在其自重作用下未固结，土的自重压力等于附加应力的情况。

图 4.25（c）所示分布 3 适用于地基土在其自重作用下已固结完成，基底面积较小，压缩土层较厚，外荷在压缩土层的底面引起的附加应力已接近于零的情况。

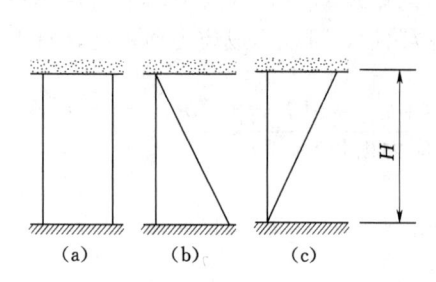

图 4.25 3 种简单分布的起始孔隙水压力图
(a) 分布 1；(b) 分布 2；(c) 分布 3

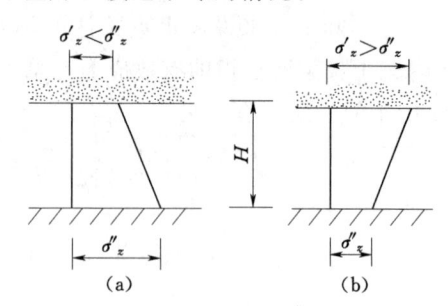

图 4.26 两种梯形分布的起始孔隙水压力图
(a) 分布 4；(b) 分布 5

将分布 1 分别和分布 2、3 叠加，即可获得如图 4.26 所示的梯形分布 4 和分布 5，分别对应欠固结土和正常固结土基底面积和压缩层都有限的情况，图中 σ'_z 和 σ''_z 分别代表土层透水面、不透水面的起始孔隙水压力，对于正常固结土即为附加应力。

如图 4.25 和图 4.26 所示均为单面排水情况，若土层为双面排水，则均按图 4.25 中的分布 1 计算，但最大排水距离应取土层厚度的一半。

式（4.50）表明 U_t 随地基所受附加应力和排水条件不同而不同，为便于应用，可按式（4.50）将如图 4.25 和图 4.26 所示的各种起始孔隙水压力分布的地基固结度的解绘制成如图 4.27 所示的 $U_t - T_v$ 关系曲线，称为一维渗透固结理论曲线。

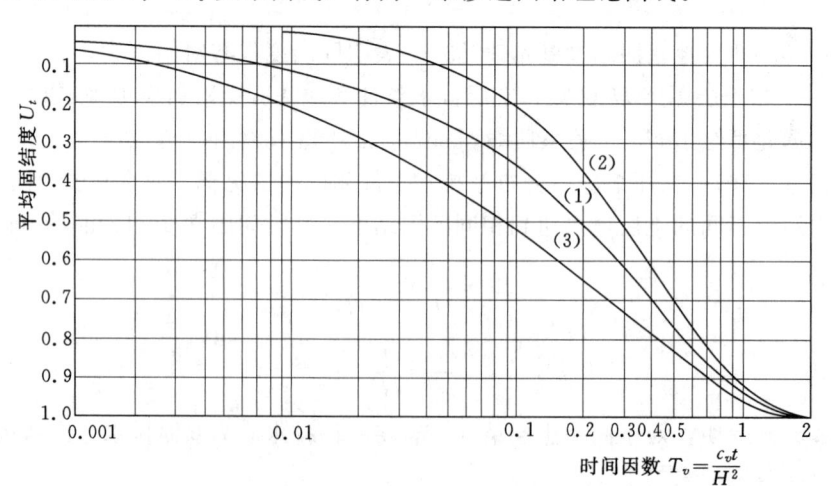

图 4.27 地基平均固结度 U_t 与时间因素 T_v 关系曲线

图 4.27 中曲线（1）用于计算图 4.25 中分布 1 和所有双面排水情况，曲线（2）用于计算图 4.25 中分布 2 情况，曲线（3）用于计算图 4.25 中分布 3 情况。

4.4 饱和土的一维固结理论

对于图 4.26 中梯形分布的情况，只能基于图 4.27 曲线采用叠加原理近似求解。设梯形分布附加应力（即起始孔隙水压力）在排水面和不排水面处分别为 σ'_z 和 σ''_z，若 $\sigma'_z < \sigma''_z$ [图 4.26（a）]，则根据固结度定义式（4.47b）和沉降计算式（4.13），有

$$s_{ct} = U_t s_c = \frac{U_t}{E_s} \cdot \frac{\sigma'_z + \sigma''_z}{2} H$$

令 $s_{ct1} = U_{t1} s_{c1} = \dfrac{U_{t1}}{E_s} \sigma'_z H$，$s_{ct2} = U_{t2} s_{c2} = \dfrac{U_{t2}}{E_s} \cdot \dfrac{\sigma''_z - \sigma'_z}{2} H$

有
$$s_{ct} = s_{ct1} + s_{ct2}$$

所以
$$U_t = \frac{2\sigma'_z U_{t1} + (\sigma''_z - \sigma'_z) U_{t2}}{\sigma'_z + \sigma''_z} \tag{4.52}$$

式中 U_{t1} 和 U_{t2} 分别采用曲线（1）和曲线（2）求解。

同理，当 $\sigma'_z > \sigma''_z$ 时 [图 4.26（b）]，可采用曲线（1）和曲线（3）求解，相应的叠加公式为

$$U_t = \frac{2\sigma''_z U_{t1} + (\sigma'_z - \sigma''_z) U_{t3}}{\sigma'_z + \sigma''_z} \tag{4.53}$$

综上，求解地基在任意时刻的沉降量的步骤如下：
(1) 根据土中应力计算方法计算地基附加应力沿深度分布。
(2) 根据地基最终沉降计算方法计算地基最终固结沉降 s_c。
(3) 根据土性指标计算土层竖向固结系数 c_v 和竖向固结时间因素 T_v。
(4) 根据 T_v 和一维渗透固结理论曲线确定相应的地基平均固结度 U_t。
(5) 根据 $s_{ct} = U_t s_c$ 计算地基固结过程中某一时刻 t 的沉降量 s_{ct}。

【例 4.3】 某饱和黏土层厚度 $H=10\text{m}$，单面排水，在大面积荷载 p 作用下附加应力分布如图 4.28 所示。已知黏土层的初始孔隙比 $e_1=1.1$，压缩系数 $a_{1-2}=0.3\text{MPa}^{-1}$，渗透系数 $k=5.5\times10^{-7}\text{cm/s}$。试求：(1) 土层最终沉降量 s_c；(2) 加荷一年后土层的平均固结度 U_t 和相应的沉降量 s_{ct}；(3) 若将黏土层的下部设置为透水层，则达同一固结度所需历时 t。

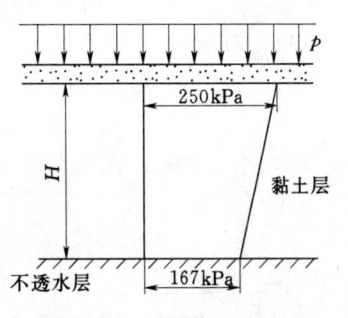

图 4.28 [例 4.3] 图

解：
(1) 最终沉降量 s_c。
$$s_c = \frac{a_{1-2}}{1+e_1} \bar{\sigma}_z H = \frac{0.0003}{1+1.1} \times \left(\frac{250+167}{2}\right) \times 10000 = 297.9(\text{mm})$$

(2) 加荷 1 年后土层的平均固结度 U_t 和沉降量 s_{ct}。
$$c_v = \frac{k(1+e_1)}{a\gamma_w} = \frac{5.5\times10^{-7} \times (1+1.1)}{0.0003 \times 0.1} = 3.85\times10^{-2}(\text{cm}^2/\text{s}) = 121.4(\text{m}^2/\text{年})$$

$$T_v = \frac{c_v}{H^2} t = \frac{121.4}{10^2} \times 1 = 1.21$$

附加应力分布符合如图 4.26（b）所示图式，可采用式（4.53）求解地基平均固结度。由 $T_v=1.21$ 查图 4.27，得 $U_{t1}=0.93$，$U_{t3}=0.97$。

则

$$U_t = \frac{2\sigma_z'' U_{t1} + (\sigma_z' - \sigma_z'') U_{t3}}{\sigma_z' + \sigma_z''} = \frac{2 \times 167 \times 0.93 + (250 - 167) \times 0.97}{250 + 167} = 0.94$$

$$s_{ct} = U_t s_c = 0.94 \times 297.9 = 280.0 (\text{mm})$$

(3) 将黏土层下部改为透水层时。此时地基为双面排水，同样达到 $U_t = 0.94$ 所需的历时 t 仅为单面排水时的 1/4，即 $t = 0.25$ 年。

4.5 利用沉降观测资料推算后期沉降量

建筑物的沉降观测能反映地基的实际变形以及地基变形对建筑物的影响程度，根据已有的沉降观测资料预测建筑物后期沉降可以验证建筑物地基设计方案是否正确、判断地基沉降是否满足设计要求及施工质量是否合格，还可以比较现行各种沉降计算方法的准确性。因此，沉降观测及利用沉降观测资料推算后期沉降具有重要的意义。

观测资料的整理及后期沉降推算有多种方法，下面介绍采用较多的对数曲线方法。

设地基平均固结度 U_t 可表示成下述一般式

$$U_t = 1 - A e^{-Bt} \tag{4.54}$$

式中：A、B 为待定参数。

将上式与式（4.50）所示的理论公式比较，可选择 $A = 8/\pi^2$，B 与土层的固结系数、排水距离等有关。

根据式（4.35）所示的黏性土地基最终沉降量的3个组成部分，若忽略次固结沉降，则在施工期 T 后任一时刻 t（$t > T$）的沉降可表示为 $s_t = s_d + s_{ct} = s_d + U_t s_c$，将其代入式（4.54），有

$$\frac{s_t - s_d}{s_c} = 1 - A e^{-Bt} \tag{4.55}$$

令 $s = s_d + s_c$，代入上式，并以推算的最终沉降量 s_∞ 代替 s，得

$$s_t = s_\infty (1 - A e^{-Bt}) + s_d A e^{-Bt} \tag{4.56}$$

上式即为通过沉降观测资料确定施工期后任一时刻沉降的对数曲线计算公式，式中 s_∞、s_d、B、A 为计算参数，其中 A 可如前所述定为 $A = 8/\pi^2$，其余参数需从实测的 s-t 曲线（图4.29）确定，步骤如下。

(1) 绘出实测的沉降与时间关系曲线 s-t。

(2) 确定时间修正零点 O'，如果施工期是等速加载，则 O' 在加荷期中点。

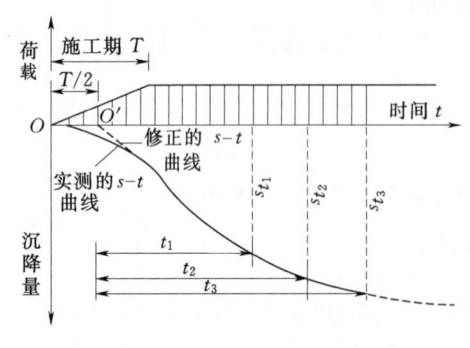

图4.29 沉降与时间关系实测曲线

(3) 以 O' 为零点，从修正曲线上选择停止加荷后的3个时间 t_1、t_2、t_3，其中 $t_2 - t_1$ 和 $t_3 - t_2$ 必须相等且尽量大些，t_3 尽可能与曲线终点对应。

(4) 将所选时间代入式（4.56），有

$$\left.\begin{array}{l}s_{t1}=s_{\infty}(1-Ae^{-Bt_1})+s_d Ae^{-Bt_1}\\ s_{t2}=s_{\infty}(1-Ae^{-Bt_2})+s_d Ae^{-Bt_2}\\ s_{t3}=s_{\infty}(1-Ae^{-Bt_3})+s_d Ae^{-Bt_3}\end{array}\right\} \tag{4.57}$$

整理后得

$$s_d=\frac{s_{t1}-s_{\infty}(1-Ae^{-Bt_1})}{Ae^{-Bt_1}}=\frac{s_{t2}-s_{\infty}(1-Ae^{-Bt_2})}{Ae^{-Bt_2}}=\frac{s_{t3}-s_{\infty}(1-Ae^{-Bt_3})}{Ae^{-Bt_3}} \tag{4.58}$$

(5) 将 $t_2-t_1=t_3-t_2$，或 $e^{B(t_2-t_1)}=e^{B(t_3-t_2)}$ 与式 (4.58) 联立求解，得

$$B=\frac{1}{t_2-t_1}\ln\frac{s_{t2}-s_{t1}}{s_{t3}-s_{t2}} \tag{4.59}$$

$$s_{\infty}=\frac{s_{t3}(s_{t2}-s_{t1})-s_{t2}(s_{t3}-s_{t2})}{(s_{t2}-s_{t1})-(s_{t3}-s_{t2})} \tag{4.60}$$

(6) 将通过实测资料确定的参数 B、s_{∞} 以及 $A=8/\pi^2$ 代入式 (4.58) 确定 s_d。

(7) 式 (4.56) 所需 s_{∞}、s_d、B 全部通过实测资料获得，加上理论参数 $A=8/\pi^2$，式 (4.56) 既可用于确定沉降后期任一时刻的沉降量 s_t。

思 考 题

4.1 简述土体具有压缩性的原因。

4.2 简述土的压缩性指标 a_{1-2}、E_{1-2} 的意义及其确定方法。

4.3 简述地基土压缩模量和变形模量在概念上的区别，公式 $E_0=\beta E_s$ 是否总是与实际相符？

4.4 简述分层总和法的假定条件，并写出其表达形式。

4.5 简述土的应力历史对土的压缩性的影响。

4.6 简述饱和土体的有效应力原理。

4.7 简述饱和土一维固结理论的基本假设及其适用条件。

4.8 根据饱和土一维固结理论，简述固结土层厚度、排水条件、渗透系数对固结时间的影响。

4.9 简述根据沉降观测资料推算后期沉降的对数曲线法。

习 题

4.1 某饱和黏性土的固结试验。已知土粒相对密度 $d_s=2.67$，环刀高度为 2cm，内径为 61.8mm，环刀重 59.8g，土样与环刀的总重为 179.2g。当固结压力从 $p_1=100$kPa 增加到 $p_2=200$kPa 时，土样变形稳定后的高度相应地由 18.9mm 减小到 17.9mm。试验结束后烘干试样，称得干土重为 96.7g。试确定：

(1) 与 p_1 及 p_2 相对应的孔隙比 e_1 及 e_2；

(2) 该土样的压缩系数 a_{1-2}；

(3) 评价该土的压缩性。

4.2 某地基土层的自重应力与附加应力分布如图4.30（a）所示，通过室内固结试验获得的 e-p 曲线如图4.30（b）所示。试用分层总和法计算该地基的最终沉降量。

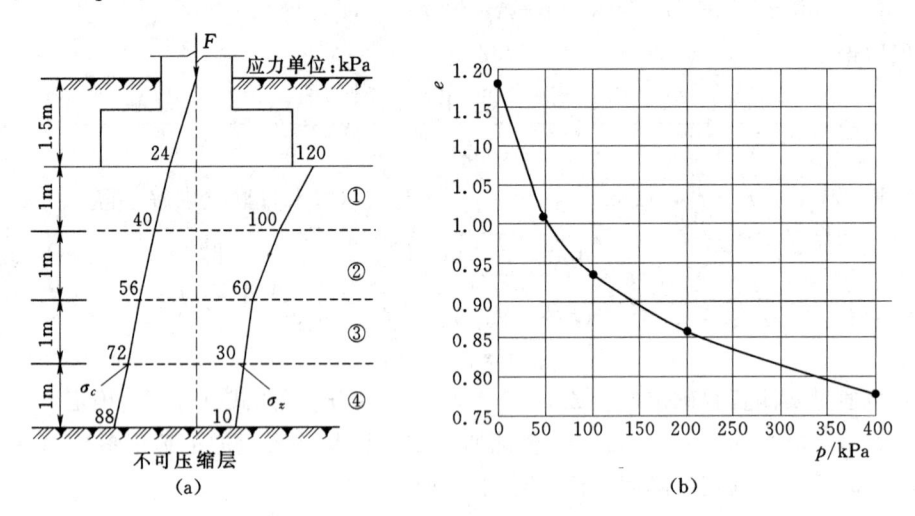

图4.30 习题4.2图
（a）地基中的应力分布；（b）e-p 曲线

4.3 一独立基础的地基土层资料如图4.31所示，已知基础埋深 $d=1.5\mathrm{m}$，基础底面尺寸 $4\mathrm{m}\times2\mathrm{m}$，承受的柱荷载 $F=1200\mathrm{kN}$。试按规范修正公式计算该基础底面的最终沉降量（地基承载力标准值 $f_{ak}=150\mathrm{kPa}$）。

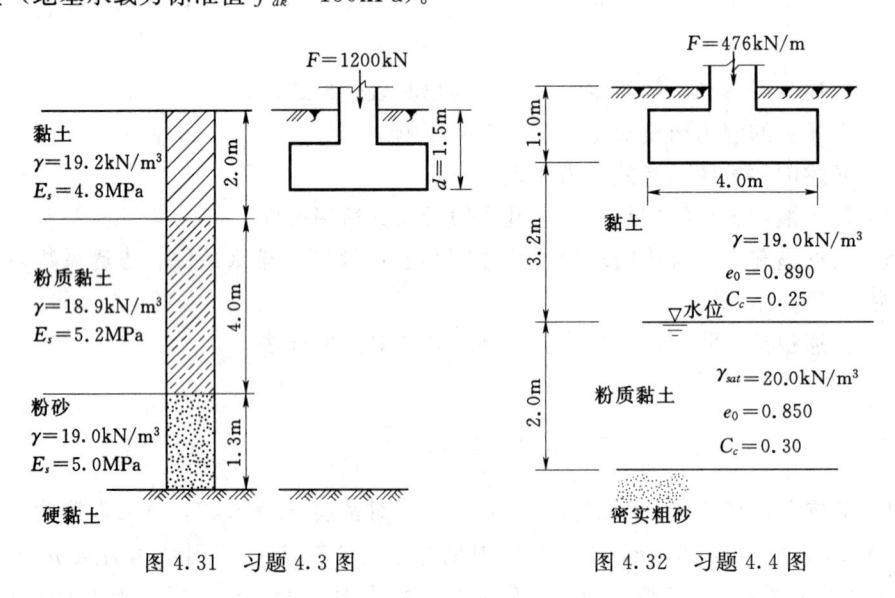

图4.31 习题4.3图

图4.32 习题4.4图

4.4 某中心荷载作用下的条形基础如图4.32所示，基础宽 $b=4.0\mathrm{m}$，地基土为正常固结土，试计算基础中点的沉降值。

4.5 某基础中点下的附加应力分布如图4.33所示，厚6m的饱和黏土层上下为透水砂层，已知黏土层在自重应力作用下的孔隙比 $e_1=0.726$，压缩系数 $a_{1-2}=0.35\text{MPa}^{-1}$，渗透系数 $k=0.0019\text{m}/$年。假设饱和黏土层下的密实砂层不产生变形，试求：(1) 加荷 1 年后的沉降量；(2) 沉降量达 90mm 时需多少时间？

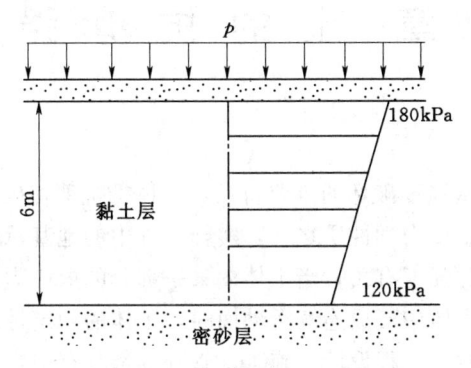

图 4.33 习题 4.5 图

第 4 章 习题答案

第 5 章 土的抗剪强度

剪切破坏是建筑物地基强度破坏的重要特点，土体抵抗剪切破坏的极限能力就是土的抗剪强度。抗剪强度是土的重要力学性质之一，实际工程中的地基承载力、挡土墙的土压力以及土坡稳定等都与土的抗剪强度有关，当土体内某一部分的剪应力达到抗剪强度，并不断扩大剪切破坏范围，最终在土体中形成连续滑动面时，土体的稳定性就会丧失。因此，研究土的抗剪强度及其变化规律对于工程设计、施工、管理等都具有非常重要的意义。

本章主要介绍土的抗剪强度理论、抗剪强度试验方法、土的剪切性状等内容。

5.1 土的抗剪强度理论

5.1.1 库仑定律

法国科学家库仑（Coulomb，1773）通过一系列砂土剪切试验，提出砂土抗剪强度的表达式：

$$\tau_f = \sigma \tan\varphi \tag{5.1}$$

以后又通过试验进一步提出黏性土的抗剪强度表达式：

$$\tau_f = c + \sigma \tan\varphi \tag{5.2}$$

式中：τ_f 为土的抗剪强度，kPa；σ 为剪切面上的法向应力，kPa；c 为土的黏聚力，kPa；φ 为土的内摩擦角，(°)。

式（5.1）和式（5.2）称为库仑抗剪强度定律，式中 c、φ 称为土的抗剪强度指标。将库仑定律表示在 τ_f-σ 坐标中即为如图 5.1 所示的两条直线。

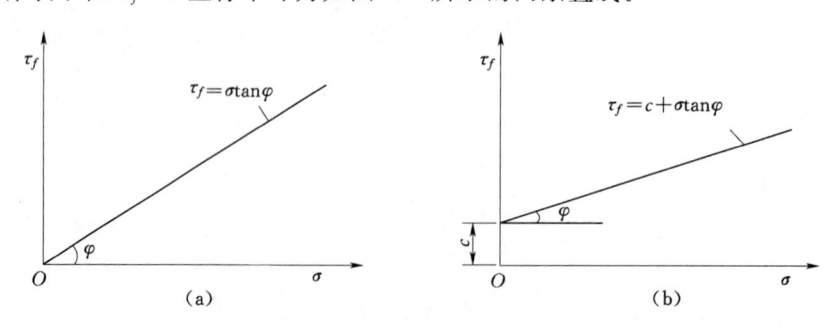

图 5.1 土的抗剪强度定律
(a) 无黏性土；(b) 黏性土

库仑定律表明，土体的抗剪强度表现为剪切面上法向总应力 σ 的线性函数，对于无黏性土，抗剪强度由粒间摩擦力提供，对于黏性土，其抗剪强度由黏聚力和摩擦力两部分构成。

抗剪强度的摩擦力主要来自两方面：一是滑动摩擦，即剪切面颗粒表面粗糙所产生的摩擦作用；二是咬合摩擦，即粒间互相嵌入所产生的咬合力。因此，抗剪强度的摩擦力 $\sigma\tan\varphi$ 除了与剪切面上的法向总应力有关外，还与土的密实度、颗粒形状、表面粗糙程度以及级配等因素有关。

抗剪强度的黏聚力 c 一般由土粒之间的胶结作用和电分子引力等因素所形成，通常与土中黏粒含量、矿物成分、含水量、土的结构等因素密切相关。

应当指出，c、φ 是决定土的抗剪强度的两个重要指标，其值的大小与试验方法和排水条件等有关，其中影响最大的是排水条件。根据有效应力原理，土体内的剪应力只能由土的骨架承担，因此，土体的抗剪强度实质是剪切面上法向有效应力 σ' 的函数，即砂土和黏性土库仑定律的表达式分别为

$$\tau_f = \sigma'\tan\varphi' \tag{5.3}$$

$$\tau_f = c' + \sigma'\tan\varphi' \tag{5.4}$$

式中：σ' 为剪切破坏面上的法向有效应力，$\sigma' = \sigma - u$；c'、φ' 分别为土的有效黏聚力和有效内摩擦角，即土的有效应力强度指标。

所以，以库仑定律描述的土的抗剪强度有两种表达方法：①式（5.1）和式（5.2）所示的总应力表示方法，相应的 c、φ 称为总应力抗剪强度指标；②式（5.3）和式（5.4）所示的有效应力表示方法，相应的 c'、φ' 称为有效应力抗剪强度指标。有效应力强度指标可以更真实地反映土的抗剪强度实质，是比较合理的表示方法，但总应力法在试验上比较方便，因此，两种表达式并存至今，目前在工程中存在着两套指标的现象。

5.1.2 莫尔-库仑强度理论及土的极限平衡条件

1. 土中某点的应力状态

莫尔（Mohr，1910）提出材料的抗剪强度是剪切面上法向应力 σ 的函数 $\tau_f = f(\sigma)$。该函数在 τ_f-σ 坐标中是一条曲线，称为莫尔包络线，或抗剪强度包线，如图 5.2 中实线所示。如果用库仑定律所示的直线近似表示莫尔包络线，可得到图 5.2 中的虚线，当法向应力不大时，这种近似是可行的。所以，莫尔-库仑强度理论就是用库仑公式近似描述较低法向应力水平下的莫尔包络线的强度理论。

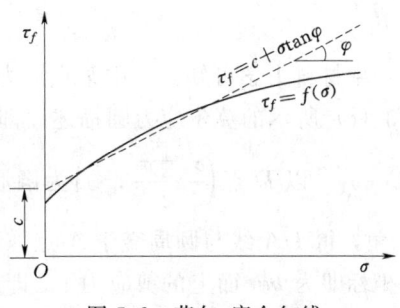

图 5.2 莫尔-库仑包线

当土中任意一点在某一方向的剪应力 τ 达到土的抗剪强度 τ_f 时，该点便处于极限平衡状态。因此，若已知土体的抗剪强度 τ_f，则只要求得土中某点各个面上的剪应力 τ 和法向应力 σ，即可判断土体所处的状态。

以平面课题为例。

从土体中任取一如图 5.3（a）所示的单元体，设作用在该单元体上的大、小主应力分别为 σ_1 和 σ_3，在单元体内与大主应力 σ_1 作用面成任意角 α 的 mn 平面上有正应力 σ，剪应力 τ。为建立 σ、τ 与 σ_1、σ_3 之间的关系，取楔形脱离体 abc，如图 5.3（b）所示。

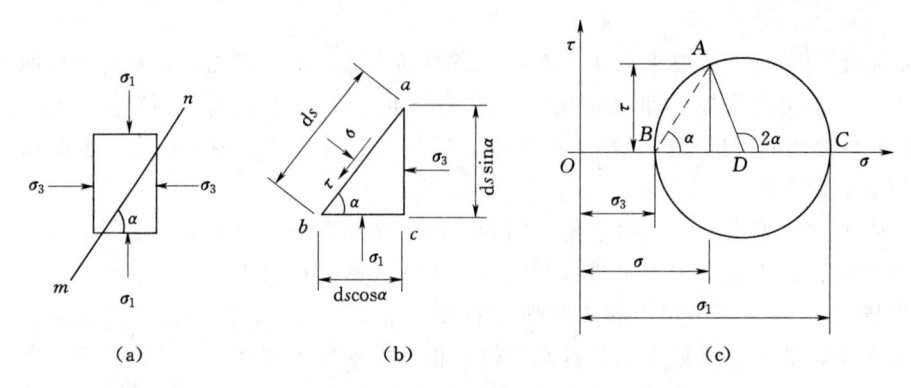

图 5.3 土中任意点的应力状态

(a) 单元体上的应力；(b) 脱离体上的应力；(c) 莫尔应力圆

根据楔体静力平衡条件可得

$$\sigma_3 \mathrm{d}s\sin\alpha - \sigma \mathrm{d}s\sin\alpha + \tau \mathrm{d}s\cos\alpha = 0$$

$$\sigma_1 \mathrm{d}s\cos\alpha - \sigma \mathrm{d}s\cos\alpha - \tau \mathrm{d}s\sin\alpha = 0$$

联立求解以上方程得 mn 平面上的应力为

$$\left.\begin{aligned}\sigma &= \frac{1}{2}(\sigma_1 + \sigma_3) + \frac{1}{2}(\sigma_1 - \sigma_3)\cos2\alpha \\ \tau &= \frac{1}{2}(\sigma_1 - \sigma_3)\sin2\alpha\end{aligned}\right\} \quad (5.5)$$

根据材料力学公式，微分单元上大、小主应力值与 xOz 坐标上 σ_z、σ_x 和 τ_{xz} 间的相互转换关系为

$$\left.\begin{aligned}\sigma_1 \\ \sigma_3\end{aligned}\right\} = \frac{\sigma_z + \sigma_x}{2} \pm \sqrt{\frac{(\sigma_z - \sigma_x)^2}{4} + \tau_{xz}^2} \quad (5.6)$$

由材料力学可知，土中某点应力状态既可由式（5.5）和式（5.6）表示，也可用如图 5.3 (c) 所示的莫尔应力圆描述。即在 σ-τ 坐标系中，按一定比例沿 σ 轴截取 $OB = \sigma_3$，$OC = \sigma_1$，以 D 点 $\left(\frac{\sigma_1 + \sigma_3}{2}, 0\right)$ 为圆心、$\frac{\sigma_1 - \sigma_3}{2}$ 为半径作圆，从 DC 开始逆时针方向旋转 2α 角，得 DA 线与圆周交于 A 点。可以证明，A 点的横坐标即为斜面 mn 上的正应力 σ，纵坐标即为 mn 面上的剪应力 τ。即莫尔圆圆周上某点的坐标表示土中该点在这一平面的正应力和剪应力，该面与大主应力作用面的夹角，等于 $\overset{\frown}{CA}$ 所含的圆心角的一半。图 5.3 (c) 还表明最大剪应力 $\tau_{\max} = \frac{1}{2}(\sigma_1 - \sigma_3)$ 的作用面与大主应力 σ_1 作用面的夹角 $\alpha = 45°$。

2. 土的极限平衡条件

为判别土体中某点的应力状态，可将上述莫尔-库仑抗剪强度包线与描述土体中某点的莫尔应力圆绘于同一坐标系中，如图 5.4 所示，然后按其相对位置判断该点所处的应力状态。

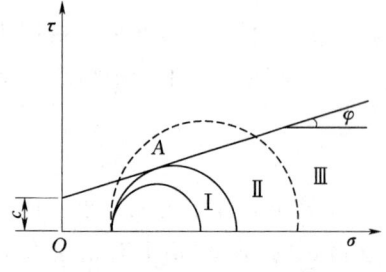

图 5.4 莫尔-库仑破坏准则

5.1 土的抗剪强度理论

(1) 莫尔圆Ⅰ位于抗剪强度包线的下方，表明通过该点的任何平面上的剪应力都小于抗剪强度，即 $\tau < \tau_f$，所以该点处于弹性平衡状态。

(2) 莫尔圆Ⅱ与抗剪强度包线在 A 点相切，表明通过该点的切点 A 所代表的平面上剪应力等于抗剪强度，即 $\tau = \tau_f$，该点处于极限平衡状态。

(3) 莫尔圆Ⅲ与抗剪强度包线相割，表示过该点的相应于割线所对应弧段代表的平面上的剪应力已"超过"土的抗剪强度，即"$\tau > \tau_f$"，该点剪切破坏。实际上，圆Ⅲ的应力状态是不可能存在的，因为在任何条件下产生的任何应力都不可能超过其极限强度。所以，当土体的剪应力达到抗剪强度时，其解答已不符合弹性理论。

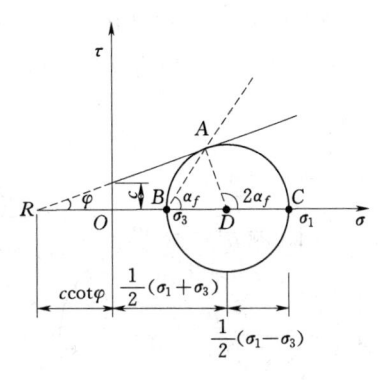

图 5.5　土的极限平衡条件

土的极限平衡条件即是指 $\tau = \tau_f$ 时的应力关系，故莫尔圆Ⅱ被称为极限应力圆。图 5.5 表示了极限应力圆与抗剪强度包线之间的几何关系，由此几何关系可得极限平衡条件的数学表达式为

$$\sin\varphi = \frac{\overline{AD}}{\overline{RD}} = \frac{\frac{1}{2}(\sigma_1 - \sigma_3)}{c\cot\varphi + \frac{1}{2}(\sigma_1 + \sigma_3)} \tag{5.7}$$

利用三角函数关系转换后可得

$$\sigma_1 = \sigma_3 \tan^2\left(45° + \frac{\varphi}{2}\right) + 2c\tan\left(45° + \frac{\varphi}{2}\right) \tag{5.8}$$

或

$$\sigma_3 = \sigma_1 \tan^2\left(45° - \frac{\varphi}{2}\right) - 2c\tan\left(45° - \frac{\varphi}{2}\right) \tag{5.9}$$

由于土处于极限平衡状态时破坏面与大主应力作用面间的夹角为 a_f，则由图 5.5 中的几何关系可得

$$a_f = \frac{1}{2}(90° + \varphi) = 45° + \frac{\varphi}{2} \tag{5.10}$$

式 (5.7) ~ 式 (5.10) 均为土的极限平衡条件，用于判别土中一点是否产生剪切破坏。对于无黏性土，由于 $c = 0$，则式 (5.8) 和式 (5.9) 可写为

$$\sigma_1 = \sigma_3 \tan^2\left(45° + \frac{\varphi}{2}\right) \tag{5.11}$$

$$\sigma_3 = \sigma_1 \tan^2\left(45° - \frac{\varphi}{2}\right) \tag{5.12}$$

上述式 (5.7) ~ 式 (5.12) 统称为莫尔-库仑强度理论。由该理论所描述的土体极限平衡可知，土的剪切破坏与一般连续性材料不同，这种具有内摩擦强度的材料的破裂面并不是由最大剪应力 $\tau_{max} = \frac{\sigma_1 - \sigma_3}{2}$ 控制，即土中某点的剪破面并不是产生于最大剪应力面，而是与最大剪应力面成 $\frac{\varphi}{2}$ 的夹角。

【例 5.1】 地基中某点的应力状态为 $\sigma_1=350\text{kPa}$，$\sigma_3=100\text{kPa}$，已知该土体的抗剪强度指标 $c=20\text{kPa}$，$\varphi=18°$。试问该点是否会出现剪切破坏？

解：已知 $\sigma_1=350\text{kPa}$，$\sigma_3=100\text{kPa}$，$c=20\text{kPa}$，$\varphi=18°$。

（1）该点所处应力状态判别。利用极限平衡条件公式判别：

设达到极限平衡状态时的大主应力为 σ_{1f}，则由式 (5.8) 可得

$$\sigma_{1f}=\sigma_3\tan^2\left(45°+\frac{\varphi}{2}\right)+2c\tan\left(45°+\frac{\varphi}{2}\right)$$
$$=100\tan^2 54°+2\times 20\tan 54°$$
$$=244.5(\text{kPa})$$

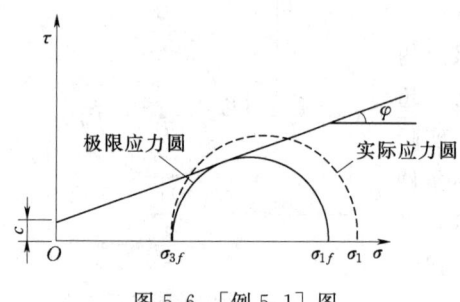

图 5.6 [例 5.1] 图

因为 σ_{1f} 小于该点实际大主应力 σ_1，即由实际 σ_1 和 σ_3 构成的应力圆半径大于极限应力圆半径，如图 5.6 所示，表明该点处于剪切破坏状态。

判别方法亦可采用式 (5.9) 计算达到极限平衡状态时所需小主应力 σ_{3f}，即

$$\sigma_{3f}=\sigma_1\tan^2\left(45°-\frac{\varphi}{2}\right)-2c\tan\left(45°-\frac{\varphi}{2}\right)=350\tan^2 36°-2\times 20\tan 36°=155.7(\text{kPa})$$

因为 σ_{3f} 大于该点实际小主应力 σ_3，即实际应力圆半径大于极限应力圆半径，同样可得出上述结论。

（2）本题另一种解法是利用剪切面上剪应力 τ 与抗剪强度 τ_f 进行判断。

剪切面与大主应力作用面夹角　$\alpha_f=45°+\dfrac{\varphi}{2}=54°$

剪切面上法向应力　$\sigma=\dfrac{1}{2}(\sigma_1+\sigma_3)+\dfrac{1}{2}(\sigma_1-\sigma_3)\cos 2\alpha_f=\dfrac{1}{2}\times(350+100)+\dfrac{1}{2}\times(350-100)\cos 108°=186.4(\text{kPa})$

剪切面上剪应力　$\tau=\dfrac{1}{2}(\sigma_1-\sigma_3)\sin 2\alpha_f=\dfrac{1}{2}\times(350-150)\sin 108°=118.9(\text{kPa})$

由库仑定律　$\tau_f=c+\sigma\tan\varphi=20+186.4\tan 18°=80.5(\text{kPa})$

由于　　　　　　　　　　　$\tau>\tau_f$

所以，该点处于剪切破坏状态。

5.2 土的抗剪强度试验

确定土的抗剪强度指标的试验称为剪切试验。剪切试验方法有多种，本节仅介绍实验室内常用的直接剪切试验、三轴压缩试验和无侧限抗压强度试验，以及现场原位测试的十字板剪切试验。

5.2.1 直接剪切试验

直接剪切试验是测定土的抗剪强度指标的最常用方法，所使用的仪器称直剪仪，分应变控制式和应力控制式两种，前者以等应变速率使试样产生剪切位移直至剪破，后者是分

级施加水平剪应力并测定相应的剪切位移。目前我国用得较多的是应变控制式直剪仪，其主要工作部分如图5.7所示。

试验时，对正上下盒，插入固定销。根据试验排水要求在下盒内放置透水石或不透水板，将切好的环刀样的平口向下，对准剪切盒口，在试样顶面也放置透水石或不透水板，然后将试样徐徐推入剪切盒内，移去环刀。通过杠杆对土样施加垂直压力 p 达固定时间后，拔除固定销，由推动座匀速推进对下盒施加剪应力，使试样沿上下盒水平接触面产生剪切变形，直至破坏。剪切面上相应的剪应力值由与上盒接触的测力计推算。

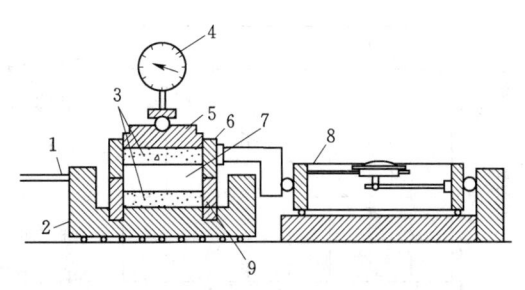

图5.7 应变控制式直剪仪结构示意图
1—推动座；2—底座；3—透水石；4—垂直变形量表；
5—加压上盖；6—上盒；7—试样；
8—测力计；9—下盒

剪切过程中，每隔一固定时间间隔记录测力计读数，如测力计的读数达到稳定，或有显著后退，表示试样已剪损。但一般宜剪至剪切变形达到4mm。若测力计读数继续增加，则剪切变形应达到6mm为止。根据剪应力 τ 与剪切位移 Δl 的值可绘制出相应于某一法向应力 σ 的剪应力-剪切位移关系曲线，如图5.8所示。

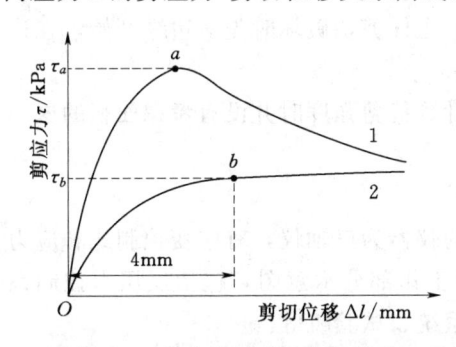

图5.8 剪应力与剪切位移关系

对于较密实的黏土及密砂土，τ-Δl 曲线具有明显峰值，如图5.8中曲线1所示，其峰值 τ_a 即为破坏强度 τ_f；对于软黏土和松砂，其 τ-Δl 曲线如图5.8中曲线2所示，一般不出现峰值。此时可按某一剪切变形量作为控制破坏标准，《土工试验方法标准》（GB/T 50123—2019）规定以剪切位移 $\Delta l=4$mm（或 $\Delta l=6$mm）对应的剪应力 τ_b 作为抗剪强度 τ_f。

图5.8中曲线1表明出现峰值后，强度随剪切变形增大而降低，此为应变软化特征。曲线2无峰值出现，强度随剪切位移增大而趋于某一稳定值，称之为应变硬化特征。

直剪试验确定土的抗剪强度时，通常取4个试样在4种不同垂直压力 σ 下进行剪切，一个相当于现场预期的最大压力 p，另一个大于 p、其他2个小于 p，注意垂直压力的各级极差要大致相等。也可以取垂直压力分别为100kPa、200kPa、300kPa、400kPa进行剪切，各个垂直压力可以一次轻轻施加，若土质软弱，也可以分级施加以防试样挤出。

以抗剪强度 τ_f 为纵坐标，垂直压力 σ 为横坐标，绘制 τ_f-σ 关系曲线，即土的抗剪强度包线，如图5.9所示。强度包线与 σ 轴的夹角即为内摩擦角 φ，在纵轴上的截距即为土的黏聚力 c。注意绘制如图5.9所示的抗剪强度与垂直压力的关系曲线时必须纵横坐标的比例一致。

为了模拟土体在现场的剪切排水条件，直剪试验可分为快剪（quick shear test）、固结快剪（consolidated quick shear test）和慢剪（slow shear test）3种，基本方法如下：

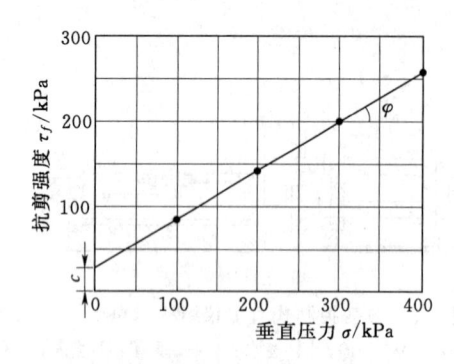

图 5.9 抗剪强度与垂直压力的关系曲线

(1) 快剪 (q)。在试样的上下面与透水石之间用不透水薄膜隔开，给试样施加竖向压力 σ 后，立即拔去固定销，施加水平剪力，以 0.8~1.2mm/min 的速率剪切，使试样在 3~5min 内剪损。

(2) 固结快剪 (cq)。在试样的上下面与透水石之间用滤纸隔开，给试样施加竖向压应力 σ 后，允许试样在竖向压力下充分排水固结，待完全固结后再快速施加水平剪应力使试样剪切，尽量使土样在剪切过程中不再排水。

(3) 慢剪 (s)。在试样的上下面与透水石之间用滤纸隔开，给试样施加竖向压应力 σ 后待试样充分排水固结，再以小于 0.02mm/min 的速率施加水平剪切力，直至试样剪破。

直剪试验的仪器构造简单、操作方便，因而在工程中被广泛采用。但该试验存在着下述不足：

(1) 不能严格控制排水条件，不能量测试验过程中试样的孔隙水压力，因而对于抗剪强度受排水条件影响显著的土体，试验成果不够准确。

(2) 试验中限定了上下盒的接触面为剪切面，而不是沿土样最薄弱的面剪切破坏。

(3) 剪切过程中剪切面上的剪应力分布不均匀，土样剪切破坏时先从边缘开始，在边缘处会发生应力集中现象。

(4) 剪切面积随剪切位移的增加而减小，但在计算抗剪强度时并没有考虑面积的这一变化。

5.2.2 三轴压缩试验

三轴压缩试验也被称为三轴剪切试验，所使用的仪器为三轴仪，有应变控制式和应力控制式两种，其中前者使用较广泛，图 5.10 为主要工作部分示意图，包括反压力控制系统、周围压力控制系统、压力室、孔隙水压力测量系统、试验机等。

三轴试验的主要步骤如下：

(1) 将制备好的试样套在橡皮膜内并置于压力室底座上，装上压力室外罩并密封。

(2) 向压力室充水使周围压力达到所需的 σ_3。

(3) 按照试验要求关闭或开启各阀门，开动马达使压力室按选定的速率匀速上升，活塞即对试样施加轴向压力增量 $\Delta\sigma$，试样的大主应力为 $\sigma_1 = \sigma_3 + \Delta\sigma$。

三轴试验的圆柱形试样及初始应力状态如图 5.11 (a) 所示，假定试样上下端所受约束的影响忽略不计，则轴向即为大主应力方向，试样剪破面方向与大主应力作用平面的夹角为 $a_f = 45° + \dfrac{\varphi}{2}$ [图 5.11 (b)]。按试样剪破时的 σ_1 和 σ_3 作极限应力圆，它必与抗剪强度包线切于 A 点，如图 5.11 (c) 所示。A 点的坐标值即为剪破面 mn 上的法向应力 σ_f 与剪应力 τ_f。

试验时通常用 3~4 个试样，分别在不同的恒定周围压力（即小主应力 σ_3）下施加轴向压力（即主应力差 $\Delta\sigma = \sigma_1 - \sigma_3$）进行剪切直至试样破坏，得出不同的破坏应力圆。然后根据摩尔-库仑理论，绘出各应力圆的公切线，即为抗剪强度包线，求得抗剪强度参数 c、φ 值 [图 5.11 (d)]。

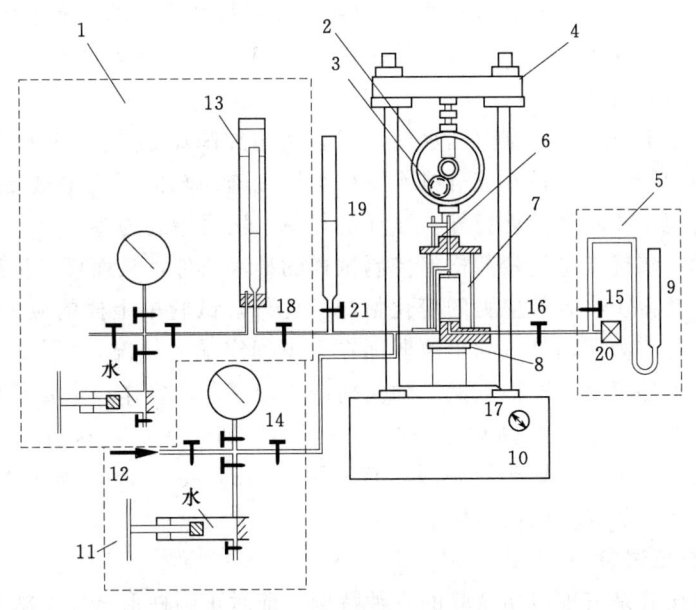

图 5.10 三轴仪组成示意图

1—反压力控制系统；2—轴向测力计；3—轴向位移计；4—试验机横梁；5—孔隙水压力测量系统；6—活塞；7—压力室；8—升降台；9—量水管；10—试验机；11—周围压力控制系统；12—压力源；13—体变管；14—周围压力阀；15—量管阀；16—孔隙压力阀；17—手轮；18—体变管阀；19—排水管；20—孔隙压力传感器；21—排水管阀

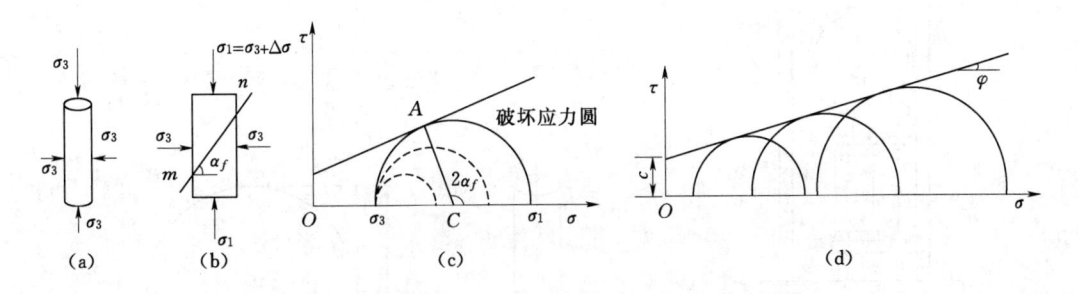

图 5.11 三轴剪切试验成果
(a) 试验土样；(b) 试样破坏面方向；(c) 剪切过程中应力圆变化；(d) 剪切试验成果

如要量测试验过程中的孔隙水压力，可以通过调压筒调整零位指示器的水银面始终保持原来位置，使得孔隙水压力表中读数就是孔隙水压力值。如要量测试验过程中的排水量，可打开排水阀，让试样中的水排入量水管中，根据量水管中的水位变化可算出在试验过程中的排水量。

根据试验中的排水条件，三轴压缩试验可被分为不固结不排水剪（unconsolidated undrained test）、固结不排水剪（consolidated undrained test）、固结排水剪（consolidated drained test）。基本试验方法如下：

(1) 不固结不排水剪（UU）。简称不排水剪，试样在施加围压 σ_3 后和施加竖向压力

增量 $\Delta\sigma$ 后都不允许排水，直至试样剪切破坏，即试验自始至终关闭排水阀，整个试验过程土样的含水量不变。

（2）固结不排水剪（CU）。试验在施加围压 σ_3 时打开排水阀，使土样充分排水固结，直到试样中的孔隙水压力 $u_1=0$，然后关闭排水阀门，再施加竖向压力增量 $\Delta\sigma$，使试样在不排水条件下剪切破坏。

（3）固结排水剪（CD）。简称排水剪，试验在施加围压 σ_3 时打开排水阀，使土样充分排水固结，待固结稳定后再在充分排水条件下缓慢施加轴向压力增量 $\Delta\sigma$ 至试样剪切破坏，整个试验过程中排水阀始终打开，试样的孔隙水压力始终为零。

三轴试验的突出优点是能较严格地控制试样的排水条件，从而可以量测试样中的孔隙水压力，以定量获得土中有效应力的变化情况。此外，试验中土样的应力状态比较明确，破裂面可以发生在应力薄弱处（除了薄弱面在上下固定端的情况）。所以，三轴试验成果较直剪试验成果更加可靠、准确。但三轴仪构造比较复杂，操作技术要求高，且试样制备也比较麻烦。另外，试验是在轴对称情况下进行的，即 $\sigma_2=\sigma_3$，这与一般土体实际受力还是有所差异的。对于这一缺陷的克服只有采用 $\sigma_1\neq\sigma_2\neq\sigma_3$ 的真三轴仪等能更准确地测定不同应力状态下土的强度的实验仪器。

5.2.3 无侧限抗压试验

无侧限抗压试验是三轴剪切试验的一种特例，即对正圆柱形试样不施加周围压力（$\sigma_3=0$），而只对它施加垂直的轴向压力 σ_1，由此测出试样在无侧向压力的条件下抵抗轴向压力的极限强度，称之为无侧限抗压强度。

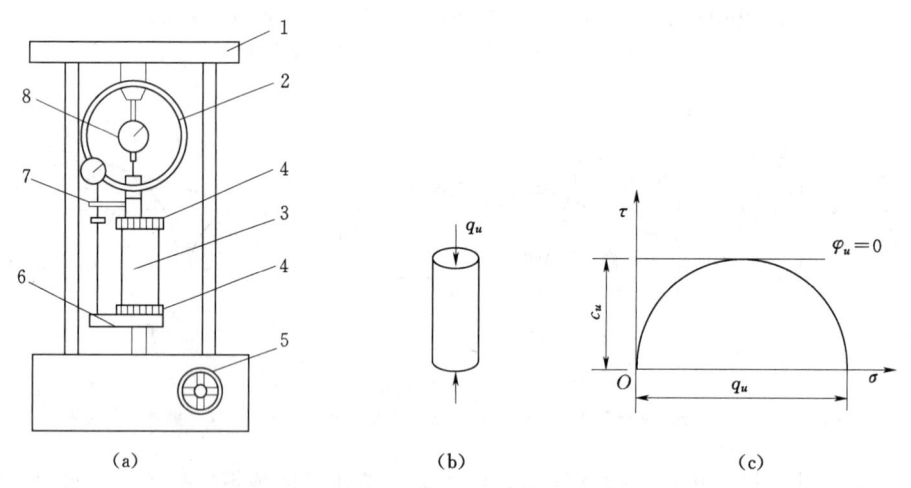

图 5.12 应变控制式无侧限抗压强度试验
(a) 无侧限抗压试验仪；(b) 试样受力状态；(c) 试验成果
1—轴向加压架；2—轴向测力计；3—试样；4—上、下传压板；5—手轮或电动转轮；
6—升降板；7—轴向位移计；8—量表

图 5.12（a）为应变控制式无侧限压缩仪，试样受力状态如图 5.12（b）所示。因为试样的 $\sigma_3=0$，所以试验成果只能整理出一个极限应力圆，对于一般的黏性土很难确定莫尔-库仑强度包线。

对于饱和软黏土，根据三轴不排水剪试验成果，其强度包线近似于一水平线，即 φ_u

$=0$。所以,在 $\sigma-\tau$ 坐标上,以无侧限抗压强度 q_u 为直径,通过 $\sigma_3=0$、$\sigma_1=q$ 作极限应力圆,其水平切线就是强度包线,如图 5.12(c)所示。该线在 τ 轴上的截距 c_u 即等于抗剪强度 τ_f,即

$$\tau_f = c_u = \frac{q_u}{2} \tag{5.13}$$

式中:c_u 为饱和软黏土的不排水强度,kPa。

所以,无侧限抗压强度试验适用于测定饱和软黏土的不排水强度。另外,饱和黏性土的强度与土的结构有关,当土的结构遭受破坏时,其强度会迅速降低。所以,在实际工程中,无侧限抗压强度的试验结果可以用来反映土的结构性的强弱,称之为灵敏度 S_t。

$$S_t = \frac{q_u}{q_0} \tag{5.14}$$

式中:q_u 为原状土的无侧限抗压强度,kPa;q_0 为重塑土(指在含水量不变的条件下使土的天然结构彻底破坏再重新制备试样的土)的无侧限抗压强度,kPa。

根据灵敏度的值可将饱和黏性土分为 3 类:

低灵敏度　　　　　　　　　　　$1 < S_t \leqslant 2$
中灵敏度　　　　　　　　　　　$2 < S_t \leqslant 4$
高灵敏度　　　　　　　　　　　$S_t > 4$

土的灵敏度越高,其结构性越强,受扰动后土的强度降低就越多。所以在高灵敏土上修建建筑物时,应尽量减少对土的扰动。

5.2.4 十字板剪切试验

十字板剪切试验是一种现场测定饱和软黏土的抗剪强度的原位试验方法。与室内无侧限抗压强度试验一样,十字板剪切所测得的成果亦相当于不排水抗剪强度。

十字板剪切仪的主要工作部分如图 5.13 所示。试验时先将套管打到预定深度,清理套管内的土后将十字板固定在钻杆下端下至孔底,压入孔底以下约 750mm。然后通过安放在地面上的设备施加扭矩,使十字板按一定速率扭转直至土体剪切破坏。

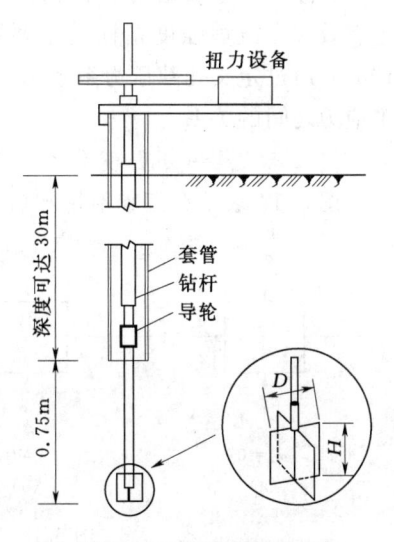

图 5.13 十字板剪切仪

设剪切破坏时所施加的最大扭矩为 $M_{\max}$,由土的抗剪强度产生的抗扭力矩为 M_1 和 M_2,则应该有

$$M_{\max} = M_1 + M_2 \tag{5.15}$$

式中:M_1 为柱体上下平面的抗剪强度对圆心所产生的抗扭力矩;M_2 为圆柱侧面上的剪应力与圆心所产生的抗扭力矩。

$$M_1 = 2\frac{\pi D^2}{4}\frac{D}{3}\tau_{fh} \tag{5.16}$$

$$M_2 = \pi DH \frac{D}{2}\tau_{fv} \tag{5.17}$$

式中：τ_{fh} 为水平面上的抗剪强度，kPa；D 为十字板直径，m；H 为十字板高度，m；τ_{fv} 为竖直面上的抗剪强度，kPa。

假定土体为各向同性体，有 $\tau_{fh}=\tau_{fv}=\tau_f$，则将式（5.16）和式（5.17）代入式（5.15）中，可得

$$\tau_f = \frac{2}{\pi D^2 H\left(1+\dfrac{D}{3H}\right)} M_{max} \tag{5.18}$$

式（5.18）即为通过十字板剪切试验获得土体抗剪强度的计算公式。该试验具有无需钻孔取样和使土少受扰动的优点，且仪器结构简单、操作方便，因而在软黏土地基中（$\varphi_u=0$）有较好的适用性，亦常用以在现场测定软黏土的灵敏度。但这种原位测试方法中剪切面上的应力条件十分复杂，排水条件也不能严格控制，因此所测得的不排水强度与原状土室内的不排水剪切试验成果可能会有一定差别。另外，对于软土层中夹砂薄层，测试结果有可能失真或偏高。

5.3 三轴试验中的孔隙压力系数

孔隙压力系数是用于不排水条件下描述总应力中孔隙水压力变化和发展的系数，是确定有效应力抗剪强度指标的重要系数。根据三轴压缩试验结果，斯肯普顿（Skempton，1954）通过定义孔隙压力系数 A 和 B，建立了轴对称应力状态下土中孔隙压力与大、小主应力之间的关系。

1. 三轴试验中孔压变化

图 5.14 表示在三轴不排水剪切试验中孔隙压力的发展。

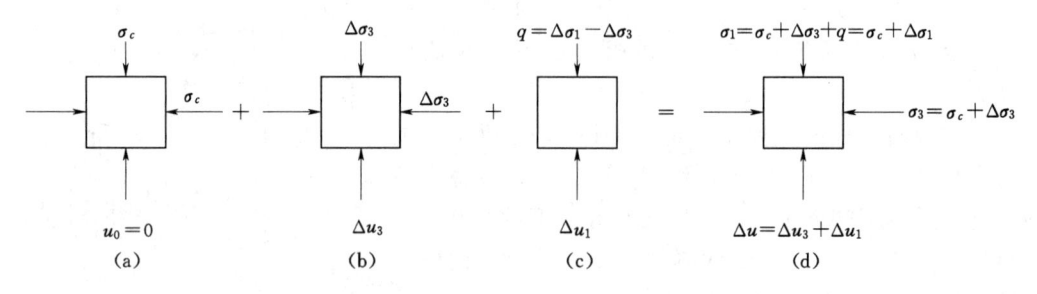

图 5.14 不排水剪切试验中孔隙压力的变化
（a）原位状态；（b）各向等压状态；（c）轴向加压状态；（d）轴向压力和侧向压力共同作用状态

图 5.14（a）为试样在周围压力 σ_c 下固结，此状态模拟土体的原位应力状态，对应的初始孔隙水压力 $u_0=0$，此时 $\sigma_c=\sigma'_c$。

图 5.14（b）为受到各向相等的压力 $\Delta\sigma_3$ 的作用，孔隙压力的增长为 Δu_3，根据有效应力原理，有效应力的增长为

$$\Delta\sigma'_3 = \Delta\sigma_3 - \Delta u_3 \tag{5.19}$$

图 5.14（c）为在单元体上施加轴向压力增量 $q=\Delta\sigma_1-\Delta\sigma_3$，此时试样中产生孔隙压力增量为 Δu_1，则相应轴向和侧向有效应力增量分别为

5.3 三轴试验中的孔隙压力系数

$$\Delta\sigma_1' = (\Delta\sigma_1 - \Delta\sigma_3) - \Delta u_1 \tag{5.20}$$

和
$$\Delta\sigma_3' = -\Delta u_1 \tag{5.21}$$

图 5.14（d）为在 $\Delta\sigma_1$ 和 $\Delta\sigma_3$ 共同作用下土体中产生孔隙压力 $\Delta u = \Delta u_3 + \Delta u_1$，在不排水条件下，$\Delta u \neq 0$。

图 5.14 表明，当求外荷载在土体中所引起的超孔隙水压力时，土体中的应力是在自重应力基础上增加一个附加应力（用增量表示），对于三轴试验所描述的轴对称应力状态，可分解成等向压应力增量 $\Delta\sigma_3$ 和偏应力增量 $q = \Delta\sigma_1 - \Delta\sigma_3$。这两种应力增量在加荷瞬间所引起的初始孔隙水压力增量可以分别计算如下。

2. 等向压缩应力状态-孔压系数 B

对于如图 5.14（b）所示的应力状态，根据弹性理论，已知弹性模量和泊松比分别为 E 和 μ，则在各向应力相等且无剪应力的情况下，土体积的变化为

$$\Delta V = \frac{3(1-2\mu)}{E} V \Delta\sigma_3'$$

将式 (5.19) 代入上式得

$$\Delta V = C_s V(\Delta\sigma_3 - \Delta u_3) \tag{5.22}$$

式中：C_s 为土骨架的三向体积压缩系数，$C_s = 3(1-2\mu)/E$；V 为试样体积。

土孔隙的压缩量为

$$\Delta V_v = C_v n V \Delta u_3 \tag{5.23}$$

式中：n 为土的孔隙率；C_v 为孔隙的三向体积压缩系数。

忽略土体中固体颗粒的压缩量，土体体积的变化就等于土中孔隙体积的变化 $\Delta V = \Delta V_v$，则由式 (5.22) 和式 (5.23) 得

$$C_s V(\Delta\sigma_3 - \Delta u_3) = C_v n V \Delta u_3$$

整理后得

$$\Delta u_3 = \frac{1}{1 + n\dfrac{C_v}{C_s}} \Delta\sigma_3 = B \Delta\sigma_3 \tag{5.24}$$

其中
$$B = 1/(1 + nC_v/C_s) \tag{5.25}$$

上述 B 即为各向应力相等条件下的孔隙压力系数，是土体在等向压缩应力状态时单位围压增量所引起的孔隙压力增量。

对于完全饱和土，孔隙被水充满，由于水的压缩性比土骨架的压缩性小得多，有 $C_v/C_s \to 0$，和 $B = 1$，此时 $\Delta u_3 = \Delta\sigma_3$；对于干土，孔隙被气体充满，气体的压缩性远大于土骨架，有 $C_v/C_s \to \infty$ 和 $B = 0$；对于非饱和土，$C_v/C_s > 0$ 和 $0 < B < 1$，土的饱和度越小，B 值也越小，两者之间的关系如图 5.15 所示。

3. 偏应力状态-孔压系数 A

对于如图 5.14（c）所示的应力状态，根

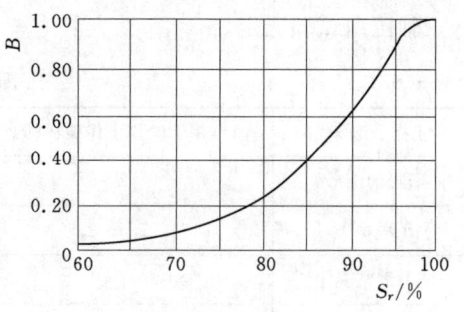

图 5.15 孔压系数 B 和饱和度 S_r 的一般关系曲线

据弹性理论，其体积变化为

$$\Delta V = C_s V \times \frac{1}{3}(\Delta\sigma_1' + 2\Delta\sigma_3')$$

将式（5.20）及式（5.21）代入上式，得

$$\Delta V = C_s V \times \frac{1}{3}(\Delta\sigma_1 - \Delta\sigma_3 - 3\Delta u_1) \tag{5.26a}$$

同理，土孔隙体积的变化为

$$\Delta V_v = C_v n V \Delta u_1 \tag{5.26b}$$

根据 $\Delta V = \Delta V_v$，得

$$\Delta u_1 = B \times \frac{1}{3}(\Delta\sigma_1 - \Delta\sigma_3) \tag{5.27}$$

将式（5.24）和式（5.27）相加，得到在 $\Delta\sigma_1$ 和 $\Delta\sigma_3$ 共同作用下总的孔隙压力增量为

$$\Delta u = \Delta u_3 + \Delta u_1 = B\left[\Delta\sigma_3 + \frac{1}{3}(\Delta\sigma_1 - \Delta\sigma_3)\right] \tag{5.28}$$

由于土并不是理想的弹性体，故上式推导中的系数 1/3 是不准确的，以 A 代替，上式为

$$\Delta u = B[\Delta\sigma_3 + A(\Delta\sigma_1 - \Delta\sigma_3)] \tag{5.29}$$

式中 A 就是与偏应力增量相关的孔隙压力系数。

对于饱和土，由于不排水条件下 $B=1$，故式（5.29）可表示为

$$\Delta u = \Delta\sigma_3 + A(\Delta\sigma_1 - \Delta\sigma_3) \tag{5.30}$$

对于固结不排水试验，由于试样在 $\Delta\sigma_3$ 作用下固结，$\Delta u_3 = 0$，于是有

$$\Delta u = \Delta u_1 = A(\Delta\sigma_1 - \Delta\sigma_3) \tag{5.31}$$

在排水试验中，孔隙压力全部消散，$\Delta u = 0$。

A 值的大小取决于偏应力增量 $(\Delta\sigma_1 - \Delta\sigma_3)$ 所引起的体积变化，受很多因素的影响，并随着应力增加呈非线性变化。高压缩性土的 A 值比较大，超固结黏土在偏应力作用下将发生体积膨胀，会产生负的孔隙压力，故 A 是负值。即便是对同一种土，A 值也不是常数，分别受应变、初始应力状态和应力历史等因素影响。各类土的孔隙压力系数 A 的参考值见表 5.1，但要比较准确地确定土体的孔隙压力，还是要根据实际应力应变条件进行三轴压缩试验测定。

表 5.1　　　　　　　　　　　孔 隙 压 力 系 数 A

土样（饱和）	A（用于验算土体破坏的数值）	土样（饱和）	A（用于计算地基沉降的数值）
很松的细砂	2～3	很灵敏的软黏土	＞1
灵敏黏土	1.5～2.5	正常固结黏土	0.5～1
正常固结黏土	0.7～1.3	超固结黏土	0.25～0.5
轻度超固结黏土	0.3～0.7	严重超固结黏土	0～0.25
严重超固结黏土	−0.5～0		

当孔压系数 A、B 确定后,三轴试验条件下土体中孔隙水压力的变化即可被确定,这对于有效应力原理的应用和土的有效应力指标确定具有实际意义。

5.4 饱和黏性土的抗剪强度

5.4.1 剪切试验成果表达方法

根据直接剪切试验和三轴压缩试验的 3 种排水条件,剪切试验成果的总应力指标可被表示成表 5.2 所列的 3 种。对于同一种土,试验方法不同,所得的以总应力表示的抗剪强度指标就不同。

表 5.2 剪 切 试 验 成 果 表 达

直接剪切		三轴剪切	
试验方法	成果表达	试验方法	成果表达
快剪	c_q、φ_q	不排水剪	c_u、φ_u
固结快剪	c_{cq}、φ_{cq}	固结不排水剪	c_{cu}、φ_{cu}
慢剪	c_s、φ_s	排水剪	c_d、φ_d

对于三轴试验,其成果除了用总应力强度指标表达外,还可用有效应力强度指标 c'、φ' 表示。如图 5.16 所示,整理固结不排水剪切试验成果时,将试验所得的总应力圆 Ⅰ、Ⅱ、Ⅲ(图中实线圆)向坐标原点平移一段距离,其值等于试样破坏时的孔隙水压力 u 的大小 $u_Ⅰ$、$u_Ⅱ$、$u_Ⅲ$,圆的半径保持不变,可绘出有效应力莫尔圆(图中虚线圆)。按实线圆求得的公切线为试样的总应力抗剪强度包线,据之确定 c_{cu} 和 φ_{cu},按虚线圆求得的公切线为有效应力抗剪强度包线,据之可确定 c' 和 φ'。对同一种土来说,有效应力强度指标不随试验方法而变。

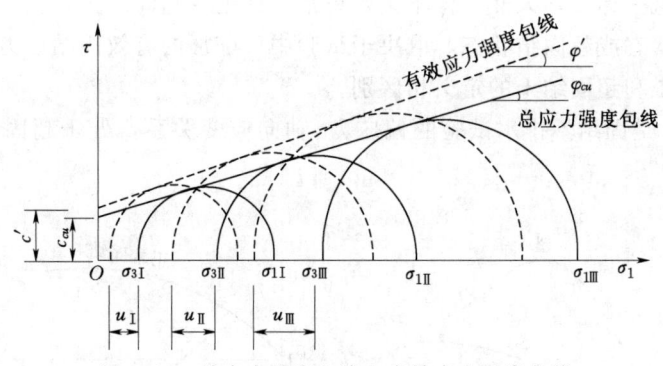

图 5.16 总应力强度包线和有效应力强度包线

5.4.2 不固结不排水强度

图 5.17 表示饱和黏性土的三轴不排水剪试验结果,图中 3 个实线圆 A、B、C 表示 3 个试样在不同 σ_3 作用下剪切破坏时的总应力圆,虚线圆为有效应力圆。

试验结果表明,虽然 3 个试样的周围压力 σ_3 不同,但剪切破坏时的主应力差相等,因而 3 个极限应力圆的直径相同,由此而得的强度包线是一条水平线,即

図5.17 饱和黏性土的不排水剪切试验结果

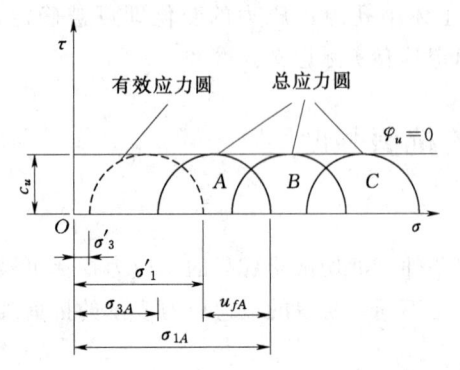

$$\varphi_u = 0$$
$$\tau_f = c_u = \frac{1}{2}(\sigma_1 - \sigma_3) \tag{5.32}$$

试验中分别量测试样破坏时的孔隙水压力 u_f，可根据有效应力原理获得以有效应力表示的极限应力圆。结果表明，3个试样只有同一个有效应力圆：

$$\sigma_1' - \sigma_3' = (\sigma_1 - \sigma_3)_A = (\sigma_1 - \sigma_3)_B = (\sigma_1 - \sigma_3)_C$$

上述现象表明，在不排水条件下，试样在剪切过程中因始终不能排水固结而使含水量不变，体积也不变，所增加的周围压力只能引起孔隙水压力的增加，并不能增加试样中的有效应力，因此土体的抗剪强度不会改变。即使试样被剪切前的固结压力较高，也不会改变这一现象，只是会得出较大的不排水强度 c_u。

饱和黏性土在不排水剪中的这一剪切性状表明随着 σ_3 的增加，试样存在含水量-体积-有效应力唯一性的特征，导致剪切过程中强度不变。

由于一组试验的有效应力圆只有一个，因而该方法不能得到有效应力破坏包线和有效应力强度指标 c'、φ'，通常被用于测定饱和黏性土的不排水强度。

从固结和排水条件而言，直剪快剪试验与三轴不固结不排水剪试验属于同一类型的试验。

5.4.3 固结不排水抗剪强度

土样的固结不排水抗剪强度在一定程度上受应力历史的影响，在研究黏性土的固结不排水强度时，要区别试样是处于正常固结还是超固结状态。由于天然土体都曾经受过某一先期固结压力 σ_c 的固结，当 $\sigma_c \leqslant \sigma_3$ 时土样处于正常固结状态，而当 $\sigma_c > \sigma_3$ 时土样处于超固结状态。按照这一标准，天然土体不论是正常固结土或超固结土，在三轴试验中都有可能处于正常固结状态或超固结状态，取决于试验中所施加的有效固结压力，这一点需与地基中的正常固结土和超固结土的定义相区别。

图5.18(a)是固结不排水试验的偏应力-轴向应变关系，处于超固结状态呈应变软

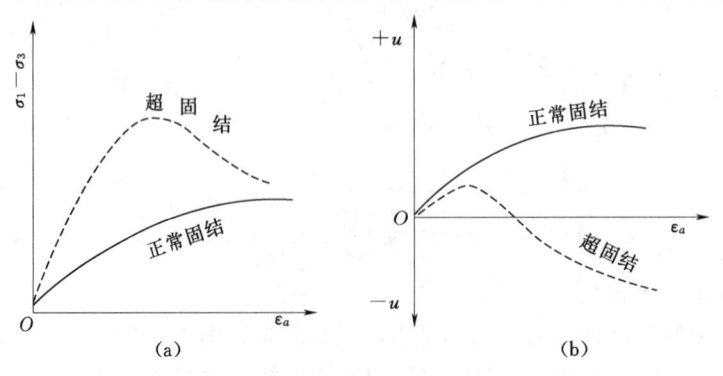

图5.18 固结不排水试验
(a) 偏应力与轴向应变关系；(b) 孔隙水压力与轴向应变关系

化特征，正常固结状态呈应变硬化特征。在试验中，试样在 σ_3 作用下充分排水固结，$\Delta u_3 = 0$，然后在不排水条件下施加偏应力进行剪切，试样中的孔隙水压力随偏应力的增加不断变化，$\Delta u_1 = A(\Delta \sigma_1 - \Delta \sigma_3)$。对于正常固结试样，剪切时体积有减少的趋势（剪缩），但由于不允许排水，故产生正的孔隙水压力，由试验得出孔隙压力系数大于零。而对于超固结试样，剪切时体积有增加的趋势（剪胀），强超固结试样在剪切过程中开始产生正的孔隙水压力，以后转为负值，如图 5.18（b）所示。

试样处于正常固结状态下的固结不排水试验结果如图 5.19 所示，图中实线表示总应力圆和总应力破坏包线，虚线表示有效应力圆和有效应力破坏包线，u_f 为剪切破坏时的孔隙水压力。根据 $\sigma_1' = \sigma_1 - u_f$，$\sigma_3' = \sigma_3 - u_f$，可知有效应力圆与总应力圆直径相等，但位置向坐标原点移动了 u_f 距离。总应力破坏包线和有效应力破坏包线都通过原点，说明未受任何应力固结的土处于软弱的泥浆状态时，不会提供抗剪强度。图中总应力破坏包线的倾角以 φ_{cu} 表示，有效应力破坏包线的倾角以 φ' 表示，$\varphi' > \varphi_{cu}$。

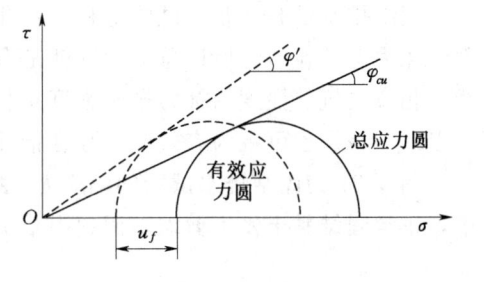

图 5.19 正常固结饱和黏性土固结不排水试验结果

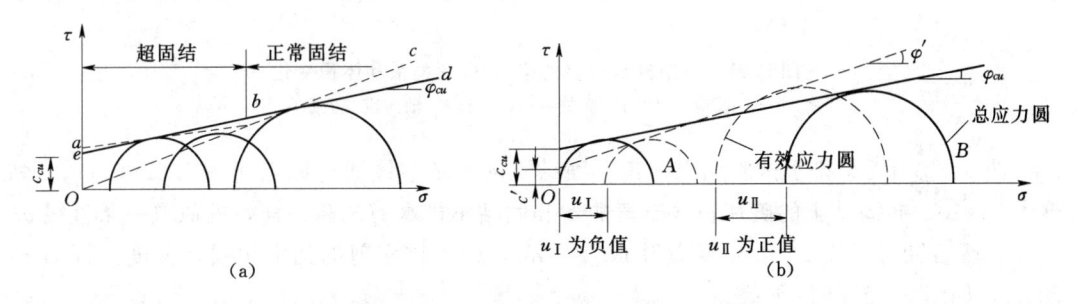

图 5.20 超固结饱和黏性土固结不排水试验结果
(a) 总应力包线；(b) 总应力圆和有效应力圆

处于超固结段的固结不排水总应力破坏包线如图 5.20（a）所示，是一条略平缓的曲线，近似用直线 ab 代替，与正常固结破坏包线 bc 相交（bc 线的延长线仍通过原点）。由于两段折线不便于工程应用，在实际应用中将折线简化为图 5.20（a）所示的直线 ed，固结不排水剪的总应力破坏包线同样可用库仑公式表达为

$$\tau_f = c_{cu} + \sigma \tan \varphi_{cu} \tag{5.33}$$

式中：c_{cu}、φ_{cu} 为总应力强度指标。

如以有效应力表示，有效应力圆和有效应力破坏包线如图 5.20（b）中虚线所示。由于超固结土在剪切破坏时会产生负的孔隙水压力，所以有效应力圆向坐标原点方向实际是移动 $-u_Ⅰ$ 距离 [图 5.20（b）中圆 A]，正常固结试样产生正的孔隙水压力，故有效应力圆向坐标原点方向移动 $u_Ⅱ$ 距离 [图 5.20（b）中圆 B]。有效应力强度包线表示为

$$\tau_f = c' + \sigma' \tan \varphi' \tag{5.34}$$

式中：c'、φ'为有效应力强度参数。

从固结和排水条件而言，直剪固结快剪试验与三轴固结不排水剪试验属于同一类型的试验。

5.4.4 固结排水抗剪强度

固结排水试验在整个试验过程中超孔隙水压力都保持为0，试样承受的总应力最后全部转化为有效应力，所以总应力圆就是有效应力圆，总应力破坏包线就是有效应力破坏包线，相应的抗剪强度指标为排水强度指标c_d和φ_d。因为试样内的应力始终为有效应力，所以c_d和φ_d也可视为有效应力强度指标c'和φ'。

图 5.21 为固结排水试验的偏应力-轴向应变关系和体积-轴向应变关系，在剪切过程中，正常固结黏土发生剪缩，而超固结土是先剪缩，继而呈现剪胀的特性。

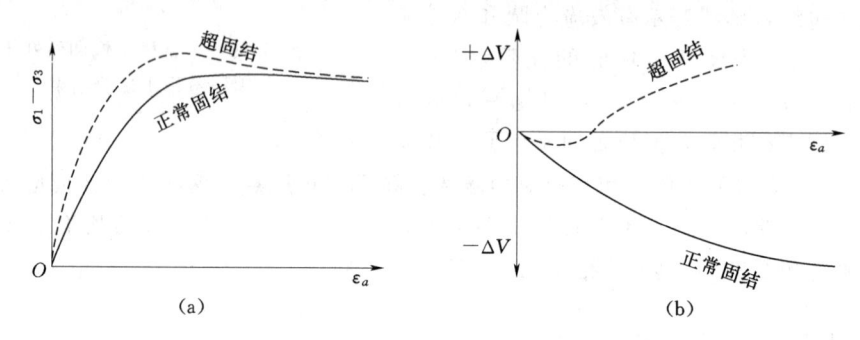

图 5.21 固结排水试验的应力-应变关系和体积变化
(a) 偏应力-轴向应变关系；(b) 体变-轴向应变关系

图 5.22 为固结排水试验结果。正常固结土的破坏包线通过原点 [图 5.22 (a)]，黏聚力$c_d=0$。超固结土的破坏包线略弯曲，和固结不排水剪试验一样，近似取一条直线ab代替，然后针对折线ab和bc再简化成直线de，即为排水剪的强度包线，强度指标为c_d和φ_d，如图 5.22 (b) 所示。

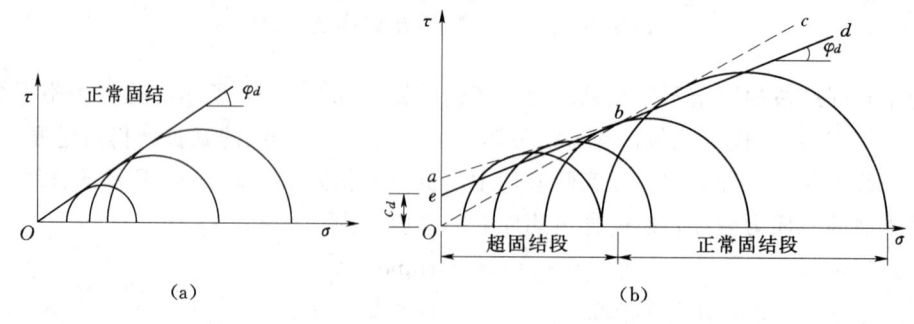

图 5.22 固结排水试验结果
(a) 正常固结；(b) 超固结

试验结果表明，c_d、φ_d与固结不排水试验得到的c'、φ'接近，由于固结排水试验所需的时间较长，故实用上常以c'、φ'代替c_d和φ_d，但要注意两者的试验条件是不同的，固结不排水试验在剪切过程中试样体积保持不变，而固结排水试验在剪切过程中试样体积会发生变化。

从固结和排水条件而言，直剪慢剪试验与三轴固结排水剪试验属于同一类型的试验。

综上，同一种土在3种不同排水条件下进行剪切试验，如果以总应力表示，将得出不同的试验结果，但以有效应力表示只有一种结果，即抗剪强度与有效应力有唯一的对应关系。

5.4.5 抗剪强度指标的选用

由于土的抗剪强度指标随试验方法、排水条件的不同而异，土体稳定分析成果的可靠性在很大程度上取决于抗剪强度试验方法和强度指标的正确选择，因而在实际工程中应该尽可能按照现场条件选择适当的试验方法，以获得与实际场地最为接近的抗剪强度指标。

与有效应力分析法和总应力分析法相对应，应分别采用土的有效应力强度指标或总应力强度指标。一般认为，由三轴固结不排水试验确定的有效应力强度参数 c' 和 φ' 宜用于分析地基的长期稳定性，例如土坡的长期稳定分析、挡土结构物的长期土压力计算、位于软土地基上结构物的地基长期稳定分析等。而对于饱和软黏土的短期稳定问题，宜采用不排水剪的强度指标，可取 $\varphi_u=0$，但在进行不排水剪试验时，宜在土的有效自重应力下预固结，以避免出现试验得出的指标过低的情况。

土的抗剪强度指标的选用可参考表5.3。

表5.3　　　　　　　　　　　　抗剪强度指标的选用

试验方法		强度指标		适　用　条　件
直剪试验	三轴试验	直剪试验	三轴试验	
快剪	不排水试验	c_q, $\varphi_q=0$	c_u, $\varphi_u=0$	饱和软黏土地基的短期稳定性、快速开挖时的稳定性、黏土地基上的填方工程的短期稳定性等
慢剪	固结不排水或排水试验	c_s, φ_s	c', φ' 或 c_d, φ_d	无黏性土地基的稳定性、位于饱和黏土上的结构的长期稳定性、开挖工程的长期稳定性、天然边坡的长期稳定性等
固结快剪	固结不排水试验	c_{cq}, φ_{cq}	c_{cu}, φ_{cu}	黏性土地基上建筑物竣工后较长时间荷载又突然增加情况（如房屋增层、水库水位降落期等）

实际工程中的加荷情况和土的特性都是复杂的，而且建筑物在施工和使用过程中要经历不同的固结状态，因此，确定强度指标时还应结合工程经验。

【例 5.2】 对某饱和黏性土分别进行快剪、固结快剪和慢剪试验，试验成果列入表5.4中，试用作图方法确定试验土样在3种试验条件下的抗剪强度指标。

表5.4　　　　　　　　　　　　[例5.2] 表

σ/kPa		100	200	300	400
快剪 (q)	τ_f/kPa	62	66	70	73
固结快剪 (cq)		70	94	117	141
慢剪 (s)		81	130	176	225

解： 据表5.4所列数据，依次绘制3种试验方法所得的抗剪强度包线，如图5.23所示，并由此确定得各抗剪强度指标如下：

$$c_q = 59\text{kPa}, \quad \varphi_q = 2°$$
$$c_{cq} = 47\text{kPa}, \quad \varphi_{cq} = 13°$$
$$c_s = 34\text{kPa}, \quad \varphi_s = 26°$$

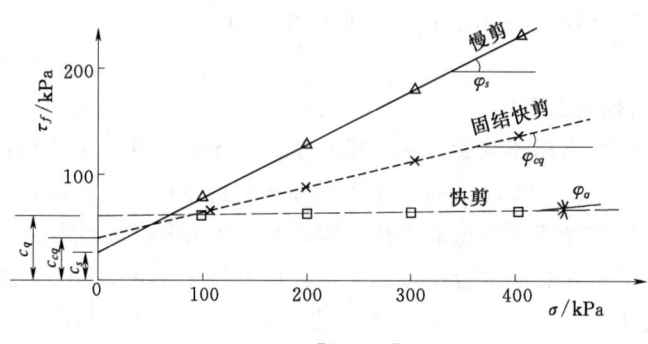

图 5.23 [例 5.2] 图

【例 5.3】 对某饱和黏性土做固结不排水试验,3 个试样成果包括破坏时的 σ_{1f}、σ_{3f} 和相应的孔隙水压力 u_f 列于表 5.5。(1) 试确定该试样的 c_{cu}、φ_{cu} 和 c'、φ';(2) 试分析用总应力法与有效应力法表示土的强度时,土的破坏面是否发生在同一平面上?

表 5.5 [例 5.3] 表

σ_{1f}/kPa	σ_{3f}/kPa	u_f/kPa
133	50	23
210	90	40
303	140	67

解:

(1) 根据表 5.5 中的 σ_{1f} 和 σ_{3f} 值,按比例在 τ-σ 坐标中绘出 3 个总应力极限圆,如图 5.24 中的实线圆所示,绘制此 3 圆的外包线,确定:

$$c_{cu} = 13\text{kPa}, \quad \varphi_{cu} = 18°$$

将 3 个总应力圆按各自测得的 u_f 值分别向坐标原点平移,即 $\sigma' = \sigma - u$,绘出 3 个有效应力极限圆,如图 5.24 中虚线圆所示,绘制此 3 个圆的外包线,确定:

$$c' = 11\text{kPa}, \quad \varphi' = 27°$$

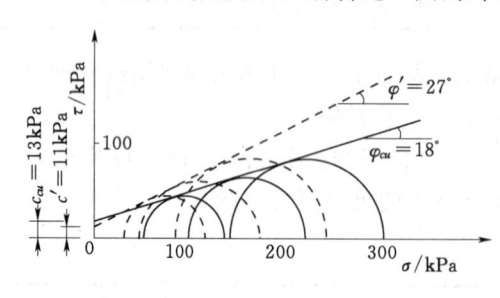

图 5.24 [例 5.3] 图

(2) 由土的极限平衡条件可知,剪破角 $a_f = 45° + \dfrac{\varphi}{2}$,若以总应力来表示,$a_f = 45° + \dfrac{\varphi_{cu}}{2} = 54°$,而用有效应力来表示,$a_f = 45° + \dfrac{\varphi'}{2} = 58.5°$。

该例表明,用总应力法和有效应力法表示土的强度时,其理论剪破面并不是发生在同一面上。

5.5 砂土的抗剪强度

5.5.1 砂土的抗剪强度公式

砂土属于无黏性土，具有较强的透水性，剪切试验中的受剪过程大多相当于固结排水剪情况，无论是密实砂还是松砂，试验所求得的抗剪强度包线都为过原点的直线，如图5.25 所示，表达为

$$\tau_f = \sigma \tan\varphi' \tag{5.35}$$

式中：φ' 为有效摩擦角，与固结排水剪试验求得的内摩擦角 φ_d 相当，图中 φ' 的下标分别表示密砂和松砂的剪切强度。

影响砂土内摩擦角的主要因素是土体的初始孔隙比、土粒表面粗糙度及颗粒级配，初始孔隙比小、土粒表面粗糙、级配良好的砂土内摩擦角较大。另外，土体的饱和度也对内摩擦角有一定影响，研究表明，具有同一初始孔隙比的同一种砂土在饱和时的内摩擦角比干燥时一般小 2°左右。

5.5.2 砂土的剪切特性

砂土在剪切过程中的性状与初始孔隙比有关，图5.26 为同一种砂土具有不同初始孔隙比时在相同周围压力 σ_3 下受剪时的性状。图示结果显示，松砂受剪时强度随轴向应变的增大而增大，应力-应变关系呈应变硬化型，受剪过程中体积减小（剪缩）。密砂受剪时应力-应变关系有明显峰值，但过峰值后随着轴向应变的增加，强度逐渐降低，呈应变软化型，最后趋于松砂的强度。体积变化特征是开始稍有减少，继而不断增加（剪胀），超过了初始体积，这是由于土粒间的咬合作用，受剪时砂粒之间产生相对滚动，位置重新排列，使得体积增加。研究表明，密砂的剪胀趋势会随着围压的增大、颗粒的破碎而逐渐消失，即在高的周围压力下，不论砂土的密实程度如何，受剪都将产生体积减小。

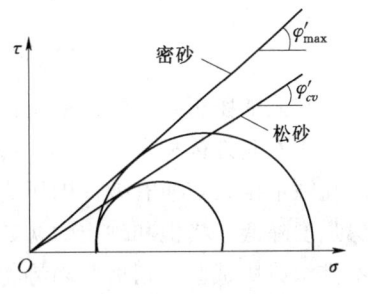

图 5.25 砂土排水剪试验结果

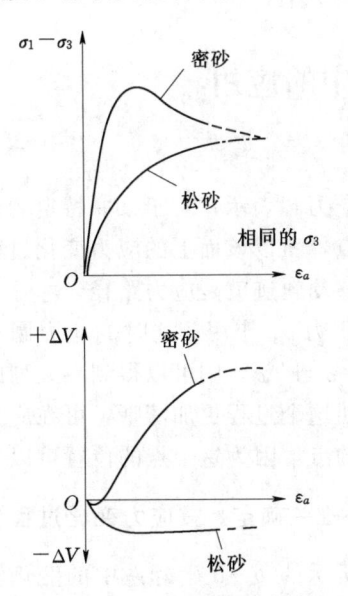

图 5.26 砂土排水剪时剪切特征

根据砂土在低周围压力下受剪时体积是缩小还是增大取决于初始孔隙比的现象，将具有不同初始孔隙比 e_0 的试样在同一压力下进行剪切试验，可以得到如图 5.27 所示的 e_0 与体积变化率 $\Delta V/V$ 之间的关系曲线。将相应体积变化为零的初始孔隙比被定义为临界孔隙比 e_{cr}，即砂土在这一初始孔隙比下受剪，剪破时的体积等于其初始体积。砂土的临界孔隙比与周围压力有关，在三轴试验中，可以通过施加不同围压 σ_3 得出不同的 e_{cr}，随着围压的增加临界孔隙比降低，如图 5.27（a）所示。在同一固结压力下，无论是密砂还是松砂，固结排水剪条件下的临

界孔隙比大致相等，与砂土的密实状态无关[图5.27（b）]。

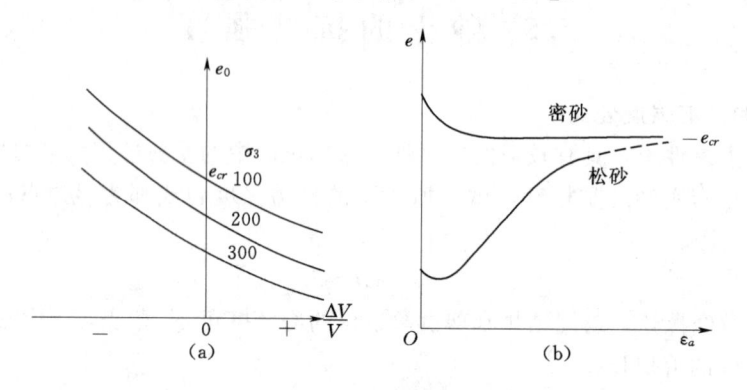

图 5.27 砂土的临界孔隙比
(a) 不同围压下的临界孔隙比；(b) 同一围压下的临界孔隙比

在低围压下，当饱和砂土的初始孔隙比 e_0 大于临界孔隙比 e_{cr}（松砂）时，如果剪切过程中不允许体积发生变化，如进行固结不排水剪，则剪应力作用下的剪缩趋势将产生正的孔隙水压力，使有效周围压力降低，以保持试样在受剪阶段体积不变，从而使土体的抗剪强度降低。当饱和砂土的初始孔隙比 e_0 小于临界孔隙比 e_{cr}（密砂）时，如果进行固结不排水剪切试验，则剪胀趋势将通过土体内部的应力调整，产生负孔隙水压力，使有效周围压力增加，以保持试样在受剪阶段体积不变。所以，在相同的初始围压下，松砂由固结不排水剪试验获得的抗剪强度将小于固结排水剪，密砂由固结不排水剪试验获得的强度将高于固结排水剪。

另外，当饱和松砂受到动荷作用（如地震）时，由于孔隙水来不及排出，导致孔隙水压力不断上升，就有可能使得有效应力降低到零，此时砂土会像流体那样完全失去抗剪强度，这种现象被称为砂土液化。关于此部分的内容可参阅有关书籍。

5.6 应力路径及在强度问题中的应用

5.6.1 应力路径的概念

在二维应力问题中，应力的变化过程可用若干个摩尔应力圆表示，对于某一特定的面上的应力变化来说，由于该面的应力在应力圆上就是一个点，所以该面上的应力变化过程可用该点在应力坐标上的移动轨迹来表示，这个应力点的移动轨迹就是应力路径。

如图 5.28（a）所示，在三轴试验中试样先受到周围压力 σ_3 作用，这时的应力圆是图中的一个点 C_0，然后保持 σ_3 不变，逐渐增加偏应力 $\sigma_1 = \sigma_3 + \Delta\sigma$，则可以得到一系列的应力圆，这是用应力圆来表示应力变化过程的方法。为了使这个过程更加清晰，可在应力圆上选择一个特征点来代表应力圆，通常选择剪应力最大的点，因为这个点的位置可以用圆心的位置 $p = \frac{1}{2}(\sigma_1 + \sigma_3)$ 和应力圆半径 $q = \frac{1}{2}(\sigma_1 - \sigma_3)$ 唯一确定。按应力变化过程将图 5.28（a）中的 C 点顺序连接，就得到如图 5.28（b）所示的 p-q 坐标系中的变化轨迹 C_0、C_1、C_2…，并以箭头标出应力状态的发展方向。

5.6 应力路径及在强度问题中的应用

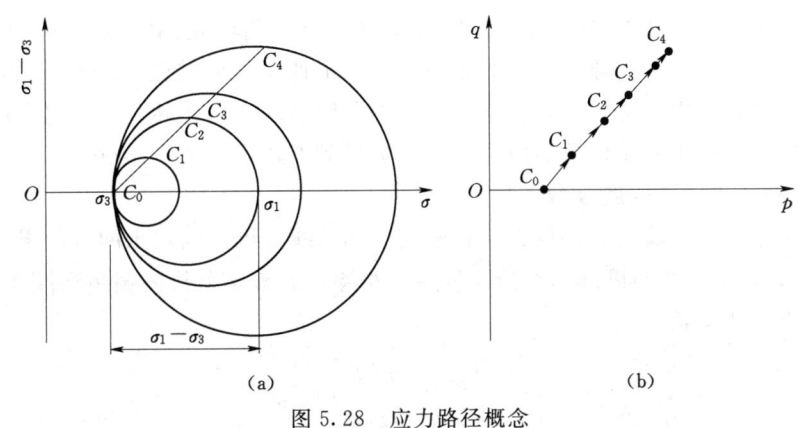

图 5.28 应力路径概念
(a) 应力圆表示应力变化；(b) 应力路径表示应力变化

实际应用中，也可以选择其他特征点，但都不如最大剪应力点方便。另外，土体中的应力可以用总应力表示，也可用有效应力表示，表示总应力变化轨迹的就是总应力路径，表示有效应力变化轨迹的就是有效应力路径。

5.6.2 几种典型的应力路径

加荷方法不同，应力路径也不同。如图 5.29 所示，在三轴试验中，如果保持 σ_3 不变，逐渐增大 σ_1，应力路径为 AB，如果保持 σ_1 不变，逐渐减少 σ_3，则应力路径为 AC。

应力表示为总应力还是有效应力，应力路径也将不同。图 5.30（a）为正常固结黏土三轴固结不排水试验的应力路径，土中总应力路径 AB 是直线，有效应力路径 AC 是曲线，两线之间的距离是孔隙水压力 u_f。总应力路径 AB 上任一点坐标为 $p=\frac{1}{2}(\sigma_1+\sigma_3)$ 和 $q=\frac{1}{2}(\sigma_1-\sigma_3)$，相应于有效应力路径 AC 上该点的坐标为 $p'=\frac{1}{2}(\sigma_1'+\sigma_3')$ 和 $q=\frac{1}{2}(\sigma_1-\sigma_3)$。图中 K_f 线和 K_f' 线分别为以总应力圆和有效应力圆顶点的连线。

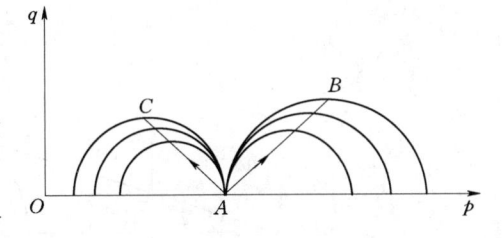

图 5.29 不同加荷方式的应力路径

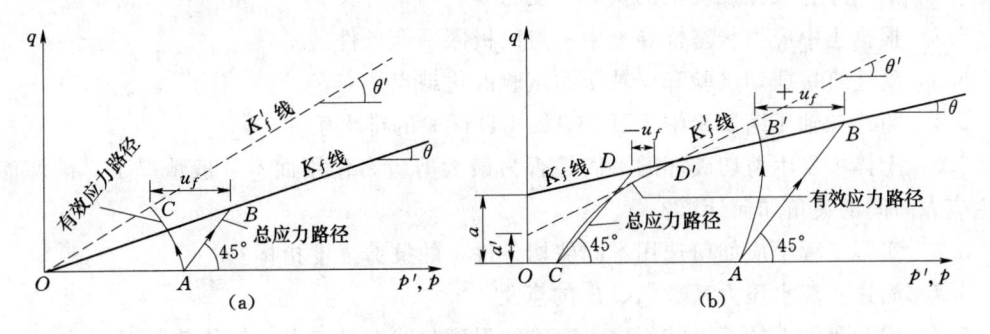

图 5.30 三轴固结不排水试验中的应力路径
(a) 正常固结；(b) 超固结

图 5.30（b）为超固结试样的应力路径，AB 和 AB' 为弱超固结试样的总应力路径和有效应力路径，由于土中孔隙水压力为正值，所以形似正常固结土，CD 和 CD' 为强超固结试样的应力路径，由于剪切过程中试样产生的孔隙水压力由正转负，所以这两条线会有交叉，有效应力路径由开始位于总应力路径左边转到右边，至 D' 点破坏。

5.6.3 应力路径法确定强度参数

利用固结不排水试验的有效应力路径确定的 K'_f 线，可以确定土的抗剪强度参数。如图 5.31 所示，将 K'_f 线与破坏包线绘于同一坐标系中，设 K'_f 线的截距和倾角为 α' 和 θ'，由图可以建立下述关系：

$$\left. \begin{array}{l} \sin\varphi' = \tan\theta' \\ c' = \alpha'/\cos\varphi' \end{array} \right\} \quad (5.36)$$

根据式（5.36）即可反算出有效强度指标 c' 和 φ'。

应力路径法确定强度指标的优势在于所得出的指标考虑了应力施加的路径，可以更好地模拟实际工程中应力产生的原因，如堆载问题、开挖问题等，对于进一步揭示土的强度机理有重要意义。

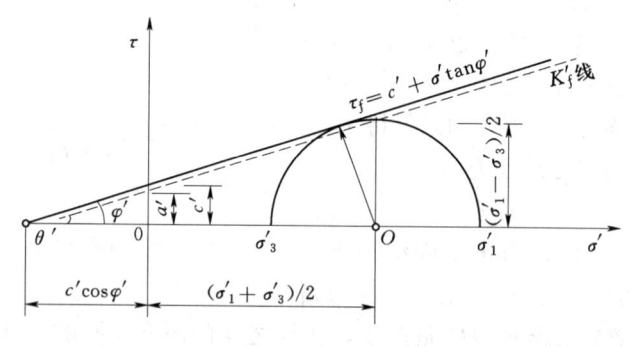

图 5.31 α'、θ' 与 c'、φ' 之间的关系

思 考 题

5.1 试用库仑定律说明土的抗剪强度与哪些因素有关。

5.2 根据土中应力状态推导土中一点的极限平衡条件。

5.3 简述直接剪切试验和三轴压缩试验的优缺点。

5.4 简述三轴压缩试验中 UU、CU、CD 试验的排水条件。

5.5 土体中发生剪切破坏的平面是否为最大剪应力作用面？一般情况下，破坏面与大主应力面间的夹角如何计算？

5.6 实际工程中应如何选用不同剪切条件下的抗剪强度指标？

5.7 简述孔隙水压力系数 A、B 的意义。

5.8 饱和黏性土的不固结不排水试验的强度包线有何特点，解释其原因。

5.9 简述密实砂土的固结排水剪切性状。

习 题

5.1 已知某土样的快剪试验成果见表 5.6。试用作图法确定该土样的抗剪强度指标 c_q、φ_q。若已知此土体中某剪切面上的应力为：$\sigma=210\text{kPa}$，$\tau=120\text{kPa}$，试问该面是否会发生剪切破坏？

表 5.6　　　　　　　　　　习 题 5.1 表

σ/kPa	50	100	200	400
τ_f/kPa	45	79	130	236

5.2 已知某地基土的抗剪强度指标为 $\varphi=22°$，$c=12\text{kPa}$，土体中某点的应力为 $\sigma_z=210\text{kPa}$、$\sigma_x=120\text{kPa}$、$\tau_{xz}=50\text{kPa}$。问：(1) 该点是否会产生剪切破坏？(2) 若 σ_z 和 σ_x 不变，τ_{xz} 增至 65kPa，该点是否产生剪切破坏？

5.3 某饱和黏性土的三轴固结不排水剪切试验试验结果见表 5.7。试用作图法求该土样的总应力强度指标和有效应力强度指标 c_{cu}、φ_{cu} 和 c'、φ'。

表 5.7　　　　　　　　　　习 题 5.3 表

固结压力 σ_3/kPa	剪切破坏时	
	σ_1/kPa	u_f/kPa
100	205	63
200	385	110
300	570	150

5.4 砂土地基中某点应力状态为 $\sigma_1=450\text{kPa}$，$\sigma_3=220\text{kPa}$，已知土体内摩擦角 $\varphi=30°$，试计算：

(1) 该点最大剪应力及相应的正应力分别是多少？

(2) 此点是否已达极限平衡状态？

(3) 如果此点未达到极限平衡，令大主应力不变，改变小主应力使该点达到极限平衡状态，此时小主应力应为多少？

5.5 某饱和黏性土无侧限抗压强度试验测得不排水抗剪强度 $c_u=65\text{kPa}$，若对同一土样进行三轴不固结不排水试验，施加周围压力 $\sigma_3=120\text{kPa}$，试问在多大的轴向压力作用下发生破坏？

第 5 章 习题答案

第6章 土 压 力

土压力通常指作用于挡土墙和各种支护结构上的侧压力。由于土压力是这类土工建筑的主要外荷载,因此直接影响着设计结果。土压力计算是比较复杂的问题,不仅与挡土墙位移大小和位移方向有关,还与挡土墙后填土性质和墙背型式有关。根据土压力的产生条件和作用性质,土压力被分为主动土压力、被动土压力和静止土压力。

本章主要介绍3种土压力的基本概念和近似计算方法。

6.1 挡土墙侧土压力

6.1.1 土压力类型及产生条件

挡土墙是防止土体坍塌的构筑物,是应用最广泛的土工建筑物之一。图6.1为房屋建筑、桥梁工程等应用挡土墙的实例。

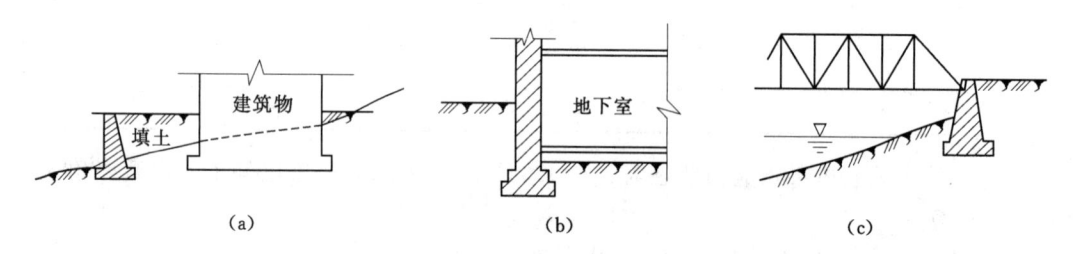

图6.1 常见挡土墙应用
(a)支撑建筑物周围填土;(b)地下室侧墙;(c)桥台边墩

根据挡土墙的位移情况和墙后土体所处的应力状态,作用在挡土墙侧的土压力被分为3种(图6.2)。

1. 静止土压力

当墙在墙后填土的推力作用下,不产生任何移动或转动时,墙后填土处于弹性平衡状态时,这时,作用于挡土墙背的土压力称为静止土压力,用 E_0 表示[图6.2(a)]。坚硬基岩上的重力式挡土墙、建筑结构的地下室外墙等都可视为受静止土压力作用。

2. 主动土压力

当墙在土压力作用下产生向着离开填土方向的移动或绕墙根的转动时,墙后土体因侧面所受限制的放松而有下滑趋势,为阻止下滑,土内潜在滑动面上剪应力增加,从而使作用用在墙背上的土压力减少。当墙的移动或转动达到某一数量时,滑动面上的剪应力等于土的抗剪强度,墙后土体达到极限平衡状态,此时作用在墙背的土压力称为主动土压力,用

E_a 表示[图 6.2（b）]。支撑构筑物周围填土的挡土墙大多受主动土压力作用。

3. 被动土压力

当墙在外力作用下向着填土方向偏移或转动时，墙后填土受到挤压，有上滑趋势。为阻止其上滑，土内剪应力反向增加，使得作用在墙背上的土压力加大。到墙的移动量足够大时，滑动面上的剪应力等于抗剪强度，墙后土体达到被动极限平衡状态，这时作用在墙背的土压力称为被动土压力，用 E_p 表示[图 6.2（c）]。桥台边墩受到桥体推力时土体对其产生的侧压力属被动土压力。

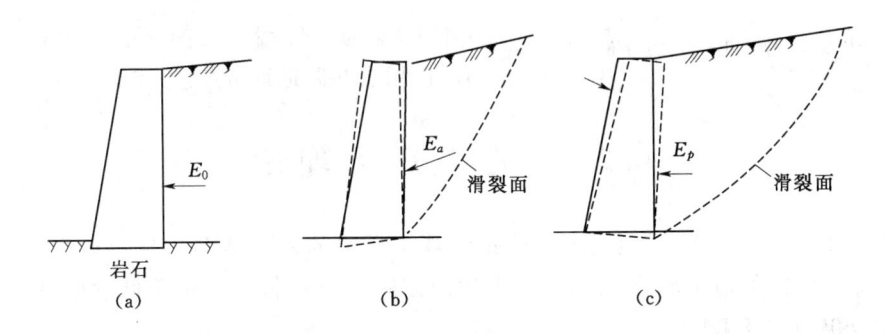

图 6.2 挡土墙侧的 3 种土压力
（a）静止土压力；（b）主动土压力；（c）被动土压力

将上述挡土墙位移与土压力的关系绘制成如图 6.3 所示的曲线。理论分析与原型实测结果均证明，对同一挡土墙，在填土的物理力学性质相同的条件下，3 种土压力在数值上存在 $E_a < E_0 \ll E_p$ 的关系。相应地，产生被动土压力所需位移量 Δ_p 也大大超过产生主动土压力所需的位移量 Δ_a，即 $\Delta_p \gg \Delta_a$。

6.1.2 静止土压力计算

静止土压力可按如图 6.4 所示方法计算。在墙后填土表面下任意深度 z 处取一微小单元体，作用于单元体水平面上的应力为 γz，则该点的静止土压力强度 σ_0 为

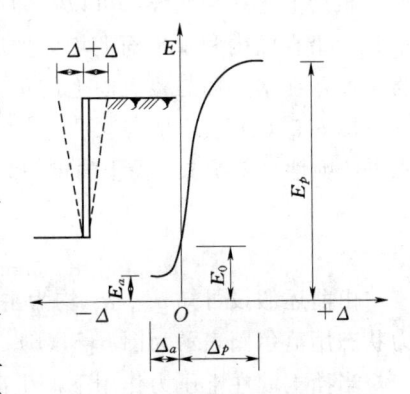

图 6.3 墙身位移与土压力关系

$$\sigma_0 = K_0 \gamma z \tag{6.1}$$

式中：K_0 为土的侧压力系数，即静止土压力系数；γ 为墙后填土重度，kN/m³；z 为计算点在填土面下的深度，m。

静止土压力系数可通过试验测定，也可采用经验公式确定。研究表明，K_0 除了与土性及密度有关外，黏性土的 K_0 还与应力历史有关。对于无黏性土和正常固结黏土，可采用杰克（Jacky，1948）经验公式，即

$$K_0 = 1 - \sin\varphi' \tag{6.2}$$

式中：φ' 为土的有效内摩擦角，(°)。

一般认为，式（6.2）计算的 K_0 值与砂性土的试验结果吻合较好，对黏性土有一定误差，对饱和软黏土更应谨慎采用。

由式（6.1）可知，静止土压力沿墙高为如图 6.4 所示的三角形分布，若墙高为 h，则作用于单位长度墙上的总静止土压力 E_0 为

$$E_0 = \frac{1}{2}\gamma h^2 K_0 \qquad (6.3)$$

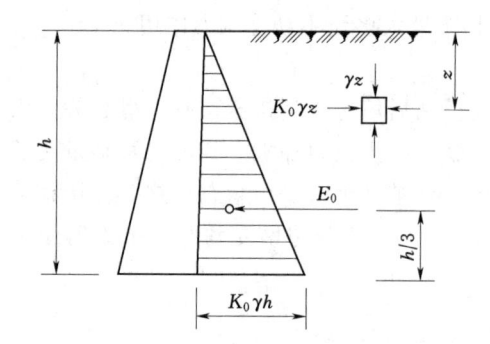

图 6.4 静止土压力的分布

式中：E_0 为单位墙长的静止土压力合力，kN/m，作用点在距墙底 $h/3$ 处。

6.2 朗肯土压力理论

朗肯（Rankine，1857）土压力理论是计算土压力的两个著名古典土压力理论之一，该理论根据半空间的应力状态和土中一点的极限平衡条件得出，由于概念明确，方法简便，故至今仍被广泛采用。

6.2.1 墙背土体的应力状态

朗肯土压力理论的假设条件：①墙为刚体；②墙背铅直、光滑；③填土表面水平。

根据上述 3 点假设，可以认为墙背水平填土中的应力状态与半空间土体中的应力状态一致，铅直面内和水平面上均无剪应力存在。这样可将墙背假想为半无限土体内的一个铅直平面，在水平面与铅直面上的正应力分别为大、小主应力。

图 6.5（a）表示地表水平的半空间 z 处取一微单元体 M，当土体处于静止状态时，该点处于弹性平衡状态。设土的重度为 γ，作用在单元体 M 上的水平应力和铅直应力分别为

$$\sigma_z = \gamma z \qquad (6.4)$$
$$\sigma_x = K_0 \gamma z$$

由前述假设可知 σ_z、σ_x 均为主应力，且在正常固结土中 $\sigma_1 = \sigma_z$、$\sigma_3 = \sigma_x$，此时的应力状态用莫尔圆表示为图 6.5（b）中圆 I 。

当挡土墙在土压力作用下产生离开土体的位移时，墙背土体在水平方向均匀伸展，此时作用在墙背微单元 M 上的竖向应力 σ_z 保持不变，水平应力 σ_x 由于土体抗剪强度的发挥而逐渐减少，应力圆直径逐渐加大。当挡土墙位移增大到 Δa，墙后土体在某一范围达到极限平衡状态（称之为朗肯主动状态）时，土体中出现一组与大主应力作用面（即水平面）的夹角为 $(45°+\varphi/2)$ 的滑裂面［图 6.5（c）］，这时水平应力 $\sigma_x = \sigma_3$ 减至最低限值 σ_a，此即为主动土压力。以 $\sigma_1 = \sigma_z = \gamma z$ 和 $\sigma_3 = \sigma_x = \sigma_a$ 绘制的应力圆必与抗剪强度包线相切，如图 6.5（b）中圆 II 所示。若挡土墙继续位移，只能使土体产生塑性变形，而不会改变其应力状态。

如果挡土墙在外力作用下向填土方向位移，则土体在水平方向的压缩导致 σ_x 不断增加，σ_z 保持不变，土中剪应力最初减小，后来又逐渐反向增加，直至剪应力达到土的抗剪强度时，应力圆又与强度包线相切，达到被动极限平衡状态，如图 6.5（b）中的圆 III

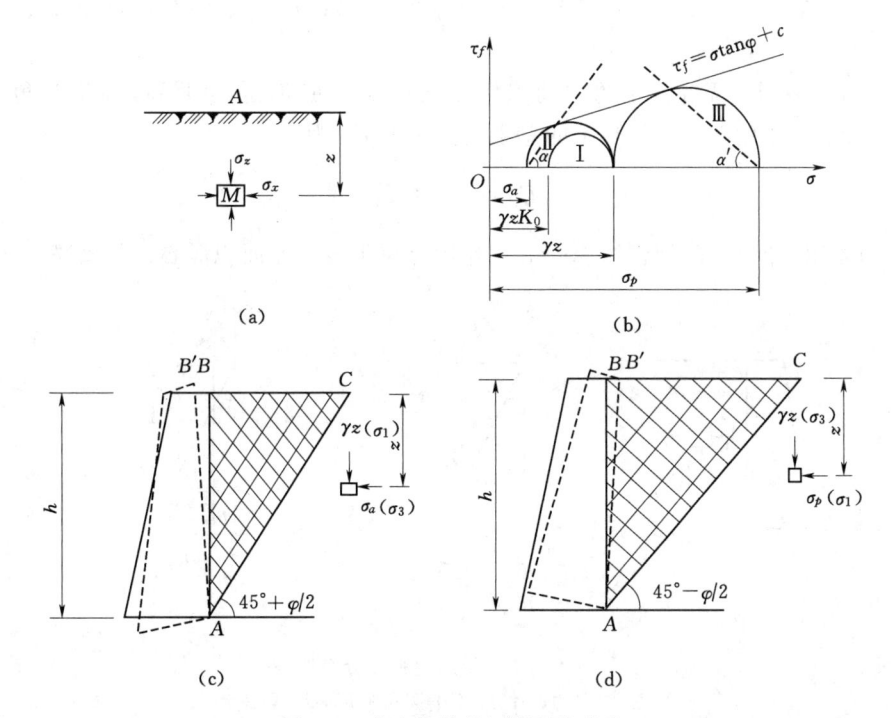

图 6.5 半空间体的极限平衡状态

(a) 半空间体中一点的应力；(b) 莫尔应力圆与朗肯状态关系；(c) 主动朗肯状态；(d) 被动朗肯状态

所示。墙后土体中出现一组与小主应力作用面（即水平面）的夹角为 $(45°-\varphi/2)$ 的滑裂面［图 6.5（d）］。这时的 σ_x 达到最大值 σ_p，此即为被动土压力，是大主应力，σ_z 变为小主应力。

上述过程表明，随着墙后填土在水平方向的伸展或压缩，土体的应力状态由弹性平衡转为塑性平衡。

6.2.2 主动土压力

根据前述分析可知，当挡土墙偏移土体、墙后填土达到极限平衡状态时，作用于任一深度 z 处土单元上的竖直应力是大主应力，而作用于墙背的水平向土压力是小主应力。由第 5 章介绍的土体的极限平衡条件可知，在极限平衡状态下，如图 6.6（a）所示黏性填土中任一点的大、小主应力 σ_1 和 σ_3 之间应满足下式

$$\sigma_3 = \sigma_1 \tan^2\left(45° - \frac{\varphi}{2}\right) - 2c\tan\left(45° - \frac{\varphi}{2}\right) \tag{6.5}$$

将 $\sigma_3 = \sigma_a$、$\sigma_1 = \gamma z$ 代入上式并令 $K_a = \tan^2\left(45° - \frac{\varphi}{2}\right)$，则可得到主动土压力计算公式

$$\sigma_a = \gamma z K_a - 2c\sqrt{K_a} \tag{6.6}$$

对于无黏性土，有 $c=0$，则

$$\sigma_a = \gamma z K_a \tag{6.7}$$

式中：σ_a 为主动土压力强度，kPa；K_a 为主动土压力系数；γ 为墙后填土重度，kN/m^3；

c 为填土的黏聚力，kPa；φ 为填土的内摩擦角，(°)；z 为计算点距离填土表面的距离，m。

式（6.7）表明，无黏性土的主动土压力强度与 z 成正比，即沿墙高呈三角形分布[图 6.6 (b)]。作用在单位墙长上的总主动土压力 E_a 为

$$E_a = \frac{1}{2}\gamma h^2 K_a \tag{6.8}$$

式中 E_a 的作用方向垂直于墙背，kN/m，作用点位于三角形面积形心，距墙底 $h/3$ 处。

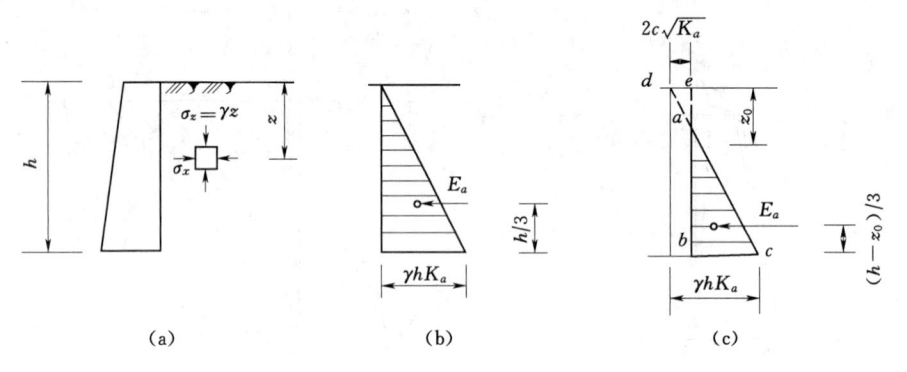

图 6.6 主动土压力强度分布图
(a) 主动土压力的计算；(b) 无黏性土；(c) 黏性土

对于黏性土，式（6.6）表明，主动土压力由两部分组成：①土重产生的土压力 $\gamma z K_a$，是正值，沿墙高呈三角形分布；②黏聚力引起的土压力 $2c\sqrt{K_a}$，是负值（拉力），起减少土压力的作用，其值不随墙高变化。这两部分土压力叠加后如图 6.6（c）所示，包括 $\triangle abc$ 所示的压力和 $\triangle ade$ 所示的"拉"力。由于结构物与土之间的抗拉强度很低，在拉力作用下极易开裂，因而"拉"力是一种在设计中不应被考虑的力，在图中以虚线表示。图中 z_0 被称为临界深度，z_0 以上可认为土压力为零，z_0 以下土压力按 $\triangle abc$ 分布。

z_0 的位置可令式（6.6）中 $\sigma_a = 0$ 确定

$$\sigma_a = \gamma z_0 K_a - 2c\sqrt{K_a} = 0$$

$$z_0 = \frac{2c}{\gamma\sqrt{K_a}} \tag{6.9}$$

作用于墙背的总主动土压力为

$$E_a = \frac{1}{2}(h - z_0)(\gamma h K_a - 2c\sqrt{K_a}) = \frac{1}{2}\gamma h^2 K_a - 2ch\sqrt{K_a} + \frac{2c^2}{\gamma} \tag{6.10a}$$

或

$$E_a = \frac{1}{2}\gamma(h - z_0)^2 K_a \tag{6.10b}$$

E_a 垂直作用于墙背，kN/m，作用点位于三角形分布图形心，距墙底 $(h - z_0)/3$ 处。

【例 6.1】 如图 6.7（a）所示挡土墙高 4.5m，墙背铅直、光滑，墙后填土面水平。填土为黏性土，物理力学指标如下：$\gamma = 18\text{kN/m}^3$，$c = 8\text{kPa}$，$\varphi = 20°$。试求主动土压力沿墙高分布、总主动土压力及其作用点。

解：墙底处的土压力强度：

$$\sigma_a = \gamma h \tan^2\left(45°-\frac{\varphi}{2}\right) - 2c\tan\left(45°-\frac{\varphi}{2}\right)$$
$$= 18 \times 4.5 \tan^2\left(45°-\frac{20°}{2}\right) - 2 \times 8 \tan\left(45°-\frac{20°}{2}\right)$$
$$= 28.51(\text{kPa})$$

临界深度：

$$z_0 = \frac{2c}{\gamma\sqrt{K_a}} = \frac{2 \times 8}{18\tan\left(45°-\frac{20°}{2}\right)} = 1.27(\text{m})$$

总主动土压力：

$$E_a = \frac{1}{2} \times (4.5-1.27) \times 28.51 = 46.04(\text{kN/m})$$

总主动土压力距墙底的距离为

$$\frac{h-z_0}{3} = \frac{4.5-1.27}{3} = 1.08(\text{m})$$

主动土压力分布如图 6.7（b）所示。

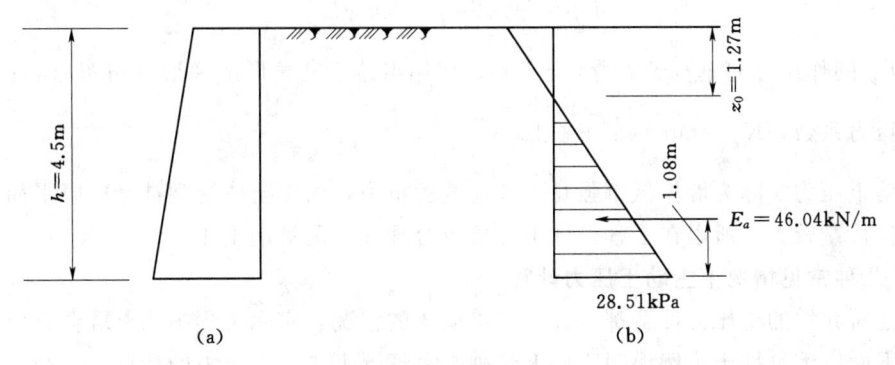

图 6.7 ［例 6.1］图
(a) 挡土墙；(b) 主动土压力分布

6.2.3 被动土压力

当墙在外力作用下产生向填土方向移动并使墙背填土达到被动极限平衡状态时，填土中任意一点的竖向应力 $\sigma_z = \gamma z$ 保持不变，应力状态为小主应力 $\sigma_3 = \sigma_z$，大主应力 $\sigma_1 = \sigma_p$，由此可根据极限平衡条件推出被动土压力 σ_p 计算公式为

黏性土：

$$\sigma_p = \gamma z K_p + 2c\sqrt{K_p} \tag{6.11}$$

无黏性土：

$$\sigma_p = \gamma z K_p \tag{6.12}$$

土压力分布图形如图 6.8 所示。

单位墙长的总被动土压力 E_p 为

无黏性土：

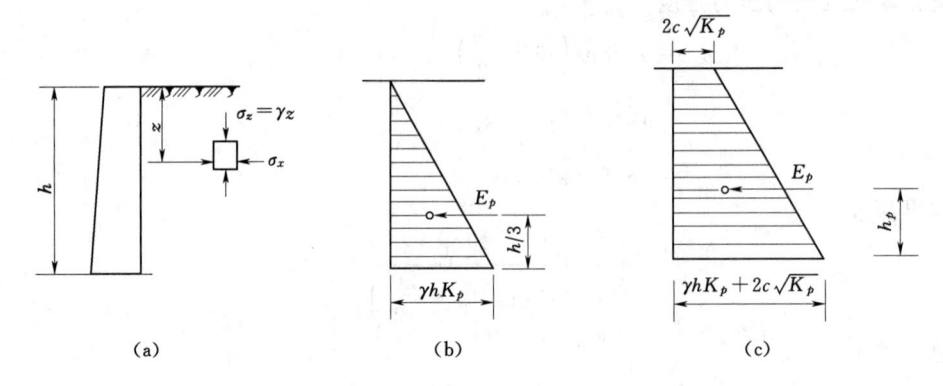

图 6.8 被动土压力强度分布图
(a) 被动土压力的计算；(b) 无黏性土；(c) 黏性土

$$E_p = \frac{1}{2}\gamma h^2 K_p \tag{6.13}$$

黏性土：

$$E_p = \frac{1}{2}\gamma h^2 K_p + 2ch\sqrt{K_p} \tag{6.14}$$

式中：E_p 的作用方向垂直于墙背，kN/m，作用点位于三角形或梯形分布图形心；K_p 为被动土压力系数，$K_p = \tan^2\left(45° + \dfrac{\varphi}{2}\right)$。

被动土压力实际为墙体抵御强身上外荷载的抗力，由于土体达到被动极限平衡条件所要求的位移量较大，所以在工程设计中要慎重合理地预测被动土压力。

6.2.4 几种常见情况下主动土压力计算

上述所介绍的土压力计算都是针对简单墙体的情况，实际工程中挡土墙会有更复杂的情况。下面以无黏性土为例说明工程上几种常见情况下主动土压力的计算。

1. 填土表面有均布荷载

挡土墙后填土面上作用的均布荷载 q 被称为超载，超载分布范围一般有如图 6.9 所示几种型式。有超载作用的主动土压力强度计算是将超载 q 换算成当量土层厚度 h：

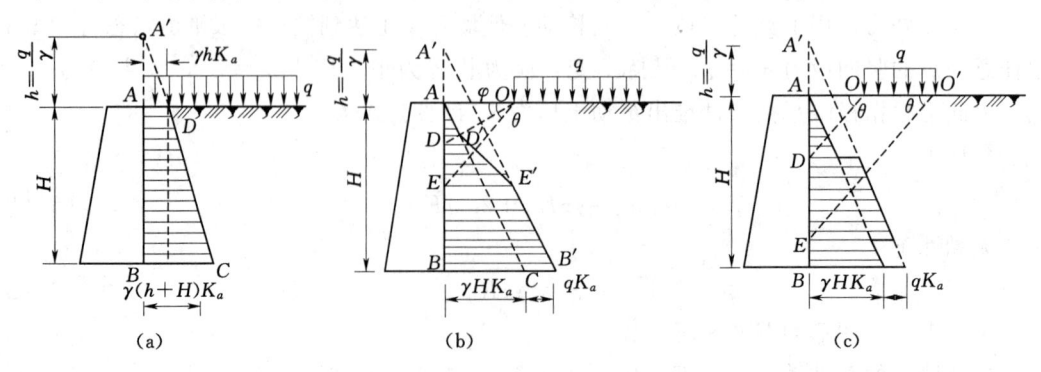

图 6.9 填土面有均布荷载时的主动土压力
(a) 连续均布荷载；(b) 距墙顶一定距离均布荷载；(c) 局部均布荷载

$$h = \frac{q}{\gamma} \tag{6.15}$$

当超载 q 为如图 6.9（a）所示的连续分布时，以 $A'B$ 为墙背代替原墙背 AB，然后按填土面无荷载情况计算土压力。对于无黏性土，填土面 A 点土压力强度为

$$\sigma_{aA} = \gamma h K_a = q K_a \tag{6.16}$$

墙底 B 点的土压力强度为

$$\sigma_{aB} = \gamma(h+H) K_a = (q+\gamma H) K_a \tag{6.17}$$

压力分布如图 6.9（a）所示，实际土压力分布为梯形 $ADBC$，合力的作用点在梯形形心处。

当超载 q 为如图 6.9（b）所示的分布时，土压力计算仍然采用当量土层厚度法，但超载所产生的土压力分布范围按下述方法近似确定：自均布荷载起点 O 作两条与水平面夹角分别为 φ 和 θ 的辅助线 $\overline{OD}$ 和 $\overline{OE}$，$\theta = 45° + \dfrac{\varphi}{2}$，认为 D 点以上土压力不受填土面超载影响、E 点以下完全受影响，将 D 点和 E 点间的土压力用直线 $\overline{O'E'}$ 连接，图中阴影部分即为墙背 AB 上的土压力分布。

当超载 q 为如图 6.9（c）所示的分布时，当量土层厚度法如下：自均布荷载分布点 O 和 O' 作两条与水平面夹角均为 θ 的平行线 $\overline{OD}$ 和 $\overline{O'E}$，$\theta = 45° + \dfrac{\varphi}{2}$，认为 D 点以上和 E 点以下不受超载影响，D、E 点间的土压力按连续均布荷载计算，墙背 AB 上的土压力分布如图中阴影部分。

2. 成层填土

图 6.10 为挡土墙后填土由不同的土层组成，计算土压力时，第一层按均质土计算，层顶 $\sigma_{a0} = 0$，层底处的土压力值为 $\sigma_{ae1} = \gamma_1 h_1 K_{a1}$；计算第二层土压力时，将第一层土重看作超载 $q = \gamma_1 h_1$，所形成的当量土层厚度 $h_1' = h_1 \dfrac{\gamma_1}{\gamma_2}$，按均质土计算第二层土压力上下层面的土压力值 σ_{ae2} 和 σ_{aB}：

$$\sigma_{ae2} = \gamma_2 h_1' K_{a2} = \gamma_1 h_1 K_{a2}$$

$$\sigma_{aB} = (\gamma_2 h_1' + \gamma_2 h_2) K_{a2} = (\gamma_1 h_1 + \gamma_2 h_2) K_{a2}$$

绘制出土压力分布如图 6.10 所示（$\varphi_2 > \varphi_1$）。由图可见，由于各层土的性质不同，朗肯主动土压力系数 K_a 也不相同，因此在土层的分界面上主动土压力强度会出现上下两个数值不连续的情况。

3. 墙后填土埋藏地下水

当挡土墙后填土全部或部分处于地下水位以下时，作用在墙背上的侧压力分为土压力和水压力两部分，总的侧压力等于土压力和水压力之和。计算土压力时，假设水上及水下土的抗剪强度指

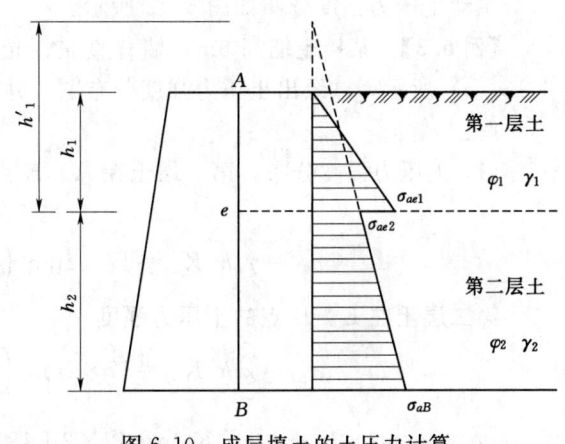

图 6.10 成层填土的土压力计算

图 6.11 所示为无黏性土侧压力计算图示，$abcde$ 部分为土压力分布图，fgh 部分为水压力分布图。

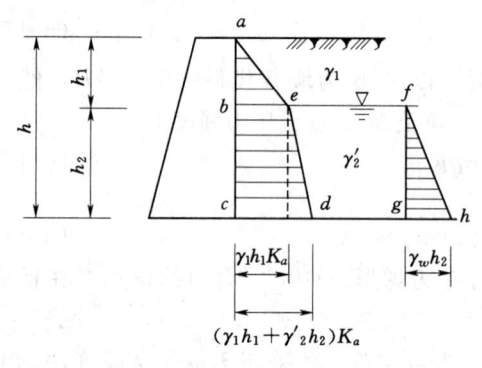

图 6.11 填土中有地下水时土压力计算

【例 6.2】 某挡土墙高 5m，墙背铅直光滑；填土面水平，其上作用有连续均布荷载 $q=10\text{kPa}$。已知填土的物理力学指标为：$\varphi=20°$，$c=16\text{kPa}$，$\gamma=18\text{kN/m}^3$，试求挡土墙上作用的主动土压力 E_a 及作用点位置，并绘出主动土压力强度分布图。

解：

(1) 临界深度 z_0。根据黏性土土压力分布特征，确定土压力的临界深度

$$z_0 = \frac{2c}{\gamma\sqrt{K_a}} - \frac{q}{\gamma} = \frac{2\times16}{18\tan\left(45°-\frac{20°}{2}\right)} - \frac{10}{18} = 1.99(\text{m})$$

(2) 墙底处的土压力强度。

$$\sigma_{a2} = (q+\gamma h)K_a - 2c\sqrt{K_a}$$
$$= (10+18\times5)\tan^2\left(45°-\frac{20°}{2}\right) - 2\times16\times\tan\left(45°-\frac{20°}{2}\right) = 26.6(\text{kPa})$$

(3) 总主动土压力。

$$E_a = \frac{1}{2}(h-z_0)\sigma_{a2}$$
$$= \frac{1}{2}\times3.01\times26.6 = 40.0(\text{kN/m})$$

总土压力作用点位置

$$z = \frac{h-z_0}{3} = \frac{5-1.99}{3} = 1.0(\text{m})$$

主动土压力强度分布如图 6.12 所示。

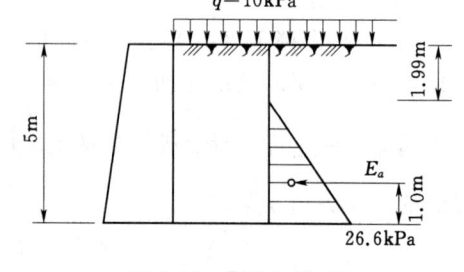

图 6.12 [例 6.2] 图

【例 6.3】 某挡土墙高 6m，墙背直立、光滑，墙后填土面水平，其他已知条件如图 6.13(a) 所示。试绘出土压力强度分布图，并确定总的主动土压力 E_a。

解：

(1) 土压力强度分布。第一层土在 A、E 点的土压力强度

$$\sigma_A = 0$$

$$\sigma_{E1} = \gamma_1 h_1 K_{a1} = 17\times2\tan^2\left(45°-\frac{30°}{2}\right) = 11.3(\text{kPa})$$

第二层土在 E、B 点的土压力强度

$$\sigma_{E2} = \gamma_1 h_1 K_{a2} = 17\times2\tan^2\left(45°-\frac{26°}{2}\right) = 13.3(\text{kPa})$$

$$\sigma_B = (\gamma_1 h_1 + \gamma_2 h_2)K_{a2} = (17\times2+18\times4)\tan^2\left(45°-\frac{26°}{2}\right) = 41.4(\text{kPa})$$

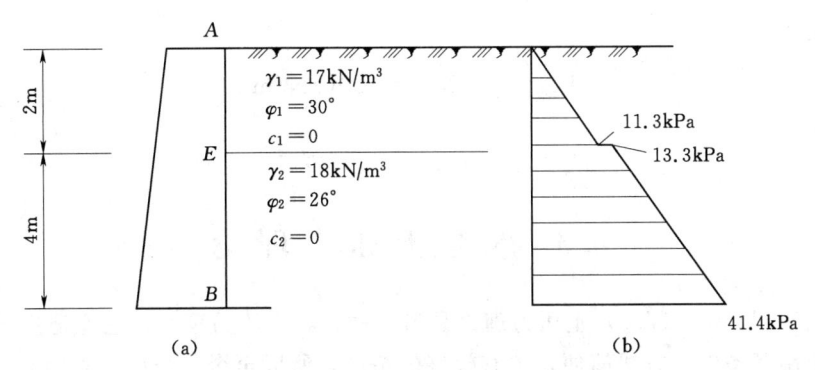

图 6.13 [例 6.3]图
(a) 挡土墙；(b) 主动土压力分布

绘制土压力分布如图 6.13（b）所示。
(2) 主动土压力 E_a 为

$$E_a = \frac{1}{2} \times 11.3 \times 2 + \frac{1}{2} \times (13.3 + 41.4) \times 4 = 120.7 (\text{kN/m})$$

【**例 6.4**】 某挡土墙高 5m，墙后填土为无黏性土，地下水位距填土表面 3m，如图 6.14（a）所示。已知填土的物理力学指标为：$\gamma = 18\text{kN/m}^3$，$\gamma_{sat} = 20\text{kN/m}^3$，$\varphi = 30°$。试绘出土压力和水压力分布图，并求作用于挡土墙的总侧向压力 E。

解：

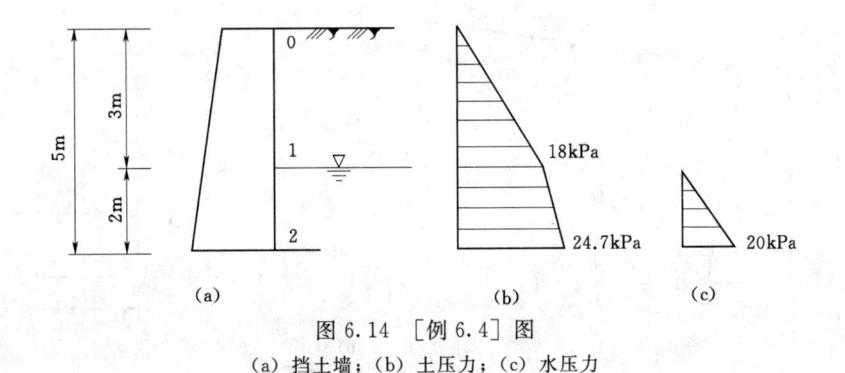

图 6.14 [例 6.4]图
(a) 挡土墙；(b) 土压力；(c) 水压力

(1) 土、水压力分布。各土层的土压力强度
$$\sigma_0 = 0$$
$$\sigma_1 = \gamma_1 h_1 K_a = 18 \times 3 \tan^2\left(45° - \frac{30°}{2}\right) = 18(\text{kPa})$$
$$\sigma_2 = (\gamma h_1 + \gamma' h_2) K_a = 18 + (20-10) \times 2 \tan^2\left(45° - \frac{30°}{2}\right) = 24.7(\text{kPa})$$

静水压力强度
$$\sigma_w = \gamma_w h_2 = 10 \times 2 = 20(\text{kPa})$$

绘制土压力分布如图 6.14（b）所示，绘制水压力分布如图 6.14（c）所示。
(2) 总侧向压力。总主动土压力
$$E_a = \frac{1}{2} \times 18 \times 3 + \frac{1}{2} \times (18 + 24.7) \times 2 = 69.7(\text{kN/m})$$

总静水压力
$$E_w = \frac{1}{2} \times 20 \times 2 = 20 \text{(kN/m)}$$
总侧向压力
$$E = E_a + E_w = 69.7 + 20 = 89.7 \text{(kN/m)}$$

6.3 库仑土压力理论

库仑（Coulomb，1776）土压力理论是另一种古典土压力理论，它能适用于各种填土面和不同的墙背条件，方法简便，也有较好的精度，所以至今仍被广泛采用。

6.3.1 基本假设

与朗肯土压力理论不同，库仑土压力理论是建立在整个滑动土体的平衡条件上，求解出的是作用于墙背的总土压力，即根据墙后土体处于极限平衡状态并形成一滑动楔体时，以楔体的静力平衡条件推导土压力的计算公式。

库仑理论的基本假设是：①墙后的填土是理想的散粒体（$c=0$）；②滑动破坏面为通过墙踵的平面；③滑动土楔体被视为刚体。

6.3.2 无黏性土的主动土压力

设挡土墙型式如图 6.15（a）所示，墙高 H，墙背与垂线夹角为 α，墙后填土为无黏性土，填土表面与水平面的夹角为 β，墙背与填土间的摩擦角（称为外摩擦角）为 δ。

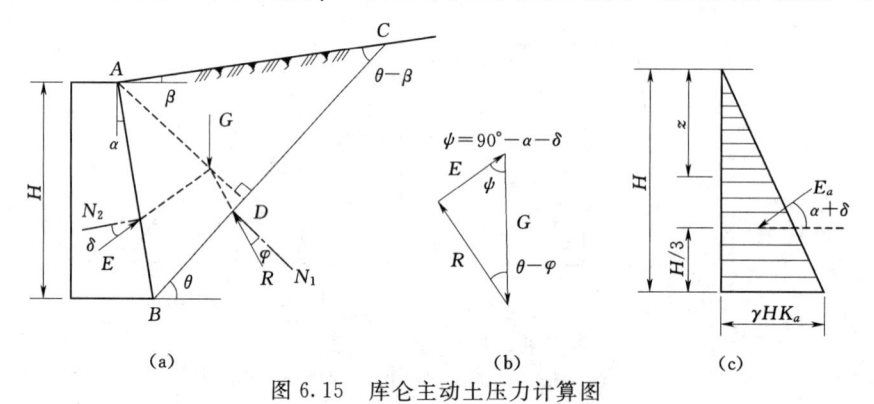

图 6.15 库仑主动土压力计算图
(a) 土楔体上的作用力；(b) 力矢三角形；(c) 主动土压力分布及土压力合力

沿墙长度方向取 1m 进行分析。当墙向前移动或转动而使墙后填土沿某一破坏面 $\overline{BC}$ 和墙背 $\overline{AB}$ 向下滑动时，滑动土楔体 $\overline{ABC}$ 处于主动极限平衡状态[图 6.15（a）]。取 $\overline{ABC}$ 作为脱离体研究其平衡条件，作用于土楔上的力有下述几部分。

（1）土楔体自重 G。设滑裂面 $\overline{BC}$ 与水平面夹角为 θ，则
$$G = \gamma \triangle ABC = \frac{1}{2} \gamma \overline{BC} \cdot \overline{AD} \tag{6.18a}$$

利用平面三角关系可得
$$\overline{BC} = \overline{AB} \frac{\sin(90°-\alpha+\beta)}{\sin(\theta-\beta)}$$

将 $\overline{AB} = H/\cos\alpha$ 代入上式，有

$$\overline{BC} = H\cos(\alpha-\beta)/\cos\alpha\sin(\theta-\beta)$$

由△ADB 可得

$$\overline{AD} = \overline{AB}\cos(\theta-\alpha) = H\cos(\theta-\alpha)/\cos\alpha$$

将 $\overline{BC}$ 和 $\overline{AD}$ 的表达式代入式（6.18a），得

$$G = \frac{1}{2}\gamma H^2 \frac{\cos(\alpha-\beta)\cos(\theta-\alpha)}{\cos^2\alpha\sin(\theta-\beta)} \tag{6.18b}$$

土楔体重力的方向向下。

（2）滑裂面 $\overline{BC}$ 上的反力 R。R 的方向与滑裂面 $\overline{BC}$ 的法线逆时针成 φ 角（φ 为土的内摩擦角），并位于下侧，大小未知。

（3）墙背对土楔体的反力 E。E 与墙背的法线顺时针成 δ 角。当土楔下滑时，墙对土楔的阻力向上，故反力 E 位于 $\overline{AB}$ 法线的下侧。

土楔体 $\overline{ABC}$ 在以上三力作用下处于静力平衡状态，三力形成一个闭合的力三角形［图 6.15（b）］，由正弦定律可知

$$\frac{E}{\sin(\theta-\varphi)} = \frac{G}{\sin[180°-(\theta-\varphi+\psi)]}$$

则

$$E = G\frac{\sin(\theta-\varphi)}{\sin[180°-(\theta-\varphi+\psi)]} = G\frac{\sin(\theta-\varphi)}{\sin(\theta-\varphi+\psi)} \tag{6.19a}$$

将式（6.18b）所示的土楔体重 G 的表达式代入上式得

$$E = \frac{1}{2}\gamma H^2 \frac{\cos(\alpha-\beta)\cos(\theta-\alpha)\sin(\theta-\varphi)}{\cos^2\alpha\sin(\theta-\beta)\sin(\theta-\varphi+\psi)} \tag{6.19b}$$

上式中，γ、H、α、β 和 φ、δ 都可以已知，只有滑裂面 $\overline{BC}$ 与水平面倾角 θ 是未知的，是假定的，所以，E 是 θ 的单值函数 $E=f(\theta)$。给定不同的滑裂面倾角 θ 即可得出一系列相应的土压力 E 值。当 $\theta=90°+\alpha$ 时，滑裂面即为墙背面，此时 $E=0$；当 $\theta=\varphi$ 时，R 与 G 重合。当 θ 在两者之间时，E 有一个且仅有一个最大值 $E_{\max}$，此值即为所求的主动土压力，相应的滑裂面就是最危险的滑裂面。

所以，针对式（6.19b）可用微分学中求极限的方法求 $E_{\max}$，令 $dE/d\theta=0$，用数解法解出 $\theta=\theta_{cr}$，然后将 θ_{cr} 代入式（6.19b），整理后可得出库仑主动土压力 E_a 的一般表达式为

$$E_a = \frac{1}{2}\gamma H^2 \frac{\cos^2(\varphi-\alpha)}{\cos^2\alpha\cos(\alpha+\delta)\left[1+\sqrt{\dfrac{\sin(\varphi+\delta)\sin(\varphi-\beta)}{\cos(\alpha+\delta)\cos(\alpha-\beta)}}\right]^2} \tag{6.20}$$

令

$$K_a = \frac{\cos^2(\varphi-\alpha)}{\cos^2\alpha\cos(\alpha+\delta)\left[1+\sqrt{\dfrac{\sin(\varphi+\delta)\sin(\varphi-\beta)}{\cos(\alpha+\delta)\cos(\alpha-\beta)}}\right]^2} \tag{6.21}$$

则

$$E_a = \frac{1}{2}\gamma H^2 K_a \tag{6.22}$$

式中：K_a 为库仑主动土压力系数，按式（6.21）计算或查表 6.1 确定；H 为挡土墙高

第6章 土 压 力

度，m；γ 为墙后填土的重度，kN/m^3；φ 为墙后填土的内摩擦角，(°)；α 为墙背的倾斜角，(°)，俯斜时取正号，仰斜时取负号；β 为墙后填土面的倾角，(°)；δ 为土对挡土墙背的摩擦角，(°)，可查表6.2确定。

当墙背垂直（$\alpha=0$）、光滑（$\delta=0$），填土面水平（$\beta=0$）时，式（6.20）可写为

$$E_a = \frac{1}{2}\gamma H^2 \tan^2\left(45° - \frac{\varphi}{2}\right) \tag{6.23}$$

即在上述条件下，库仑公式与朗肯公式相同。

由式（6.22）可知，主动土压力 E_a 与墙高 H 的平方成正比，为求得距离墙顶任意深度 z 处的主动土压力强度 σ_a，可将 E_a 对 z 求导，即

$$\sigma_a = \frac{dE_a}{dz} = \frac{d}{dz}\left(\frac{1}{2}\gamma z^2 K_a\right) = \gamma z K_a \tag{6.24}$$

由上式可见，主动土压力强度沿墙高呈三角形分布。主动土压力的合力作用点在离墙底 $H/3$ 处，方向与墙背法线顺时针成 δ 角，与水平面成 $\alpha+\delta$ 角 [图 6.15（c）]。

式（6.24）是 E_a 对垂直深度 z 微分得来的，因而在如图 6.15（c）中所示的土压力分布只代表大小，不代表作用方向。

表 6.1　　　　　　　　　库仑主动土压力系数 K_a 值

δ	α	β＼φ	15°	20°	25°	30°	35°	40°	45°	50°
0°	−20°	0°	0.497	0.380	0.287	0.212	0.153	0.106	0.070	0.043
		10°	0.595	0.439	0.323	0.234	0.166	0.114	0.074	0.045
		20°		0.707	0.401	0.274	0.188	0.125	0.080	0.047
		30°				0.498	0.239		0.090	0.051
	−10°	0°	0.540	0.433	0.344	0.270	0.209	0.158	0.117	0.083
		10°	0.644	0.500	0.389	0.301	0.229	0.171	0.125	0.088
		20°		0.785	0.482	0.353	0.261	0.190	0.136	0.094
		30°				0.614	0.331	0.226	0.155	0.104
	0°	0°	0.589	0.490	0.406	0.333	0.271	0.217	0.172	0.132
		10°	0.704	0.569	0.462	0.374	0.300	0.238	0.186	0.142
		20°		0.883	0.573	0.441	0.344	0.267	0.204	0.154
		30°				0.750	0.436	0.318	0.235	0.172
	10°	0°	0.652	0.560	0.478	0.407	0.343	0.288	0.238	0.194
		10°	0.784	0.655	0.550	0.461	0.384	0.318	0.261	0.211
		20°		1.015	0.685	0.548	0.444	0.360	0.291	0.231
		30°				0.925	0.566	0.433	0.337	0.262
	20°	0°	0.736	0.648	0.569	0.498	0.434	0.375	0.322	0.274
		10°	0.896	0.768	0.663	0.572	0.492	0.421	0.358	0.302
		20°		1.205	0.834	0.688	0.576	0.484	0.405	0.337
		30°				1.169	0.740	0.586	0.474	0.385

6.3 库仑土压力理论

续表

δ	α	β \ φ	15°	20°	25°	30°	35°	40°	45°	50°
5°	−20°	0°	0.457	0.352	0.267	0.199	0.144	0.101	0.067	0.041
		10°	0.557	0.410	0.302	0.220	0.157	0.108	0.070	0.043
		20°		0.688	0.380	0.259	0.178	0.119	0.076	0.045
		30°				0.484	0.228	0.140	0.085	0.049
	−10°	0°	0.503	0.406	0.324	0.256	0.199	0.151	0.112	0.080
		10°	0.612	0.474	0.369	0.286	0.219	0.164	0.120	0.085
		20°		0.776	0.463	0.339	0.250	0.183	0.131	0.091
		30°				0.607	0.321	0.218	0.149	0.100
	0°	0°	0.556	0.465	0.387	0.319	0.260	0.210	0.166	0.129
		10°	0.680	0.547	0.444	0.360	0.289	0.230	0.180	0.138
		20°		0.886	0.558	0.428	0.333	0.259	0.199	0.150
		30°				0.753	0.428	0.311	0.229	0.168
	10°	0°	0.622	0.536	0.460	0.393	0.333	0.280	0.233	0.191
		10°	0.767	0.636	0.534	0.448	0.374	0.311	0.255	0.207
		20°		1.035	0.676	0.538	0.436	0.354	0.286	0.228
		30°				0.943	0.563	0.428	0.333	0.259
	20°	0°	0.709	0.627	0.553	0.485	0.424	0.368	0.318	0.271
		10°	0.887	0.775	0.650	0.562	0.484	0.416	0.355	0.300
		20°		1.250	0.835	0.684	0.571	0.480	0.402	0.335
		30°				1.212	0.746	0.587	0.474	0.385
10°	−20°	0°	0.427	0.330	0.252	0.188	0.137	0.096	0.064	0.039
		10°	0.529	0.388	0.286	0.209	0.149	0.103	0.068	0.041
		20°		0.675	0.364	0.248	0.170	0.114	0.073	0.044
		30°				0.475	0.220	0.135	0.082	0.047
	−10°	0°	0.477	0.385	0.309	0.245	0.191	0.146	0.109	0.078
		10°	0.590	0.455	0.354	0.275	0.221	0.159	0.116	0.082
		20°		0.773	0.450	0.328	0.242	0.177	0.127	0.088
		30°				0.605	0.313	0.212	0.146	0.098
	0°	0°	0.533	0.447	0.373	0.309	0.253	0.204	0.163	0.127
		10°	0.664	0.531	0.431	0.350	0.282	0.225	0.177	0.136
		20°		0.897	0.549	0.420	0.326	0.254	0.195	0.148
		30°				0.762	0.423	0.306	0.226	0.166
	10°	0°	0.603	0.520	0.448	0.384	0.326	0.275	0.230	0.189
		10°	0.759	0.626	0.524	0.440	0.369	0.307	0.253	0.206
		20°		1.064	0.674	0.534	0.432	0.351	0.284	0.227
		30°				0.969	0.564	0.427	0.332	0.258
	20°	0°	0.695	0.615	0.543	0.478	0.419	0.365	0.316	0.271
		10°	0.890	0.752	0.646	0.558	0.482	0.414	0.354	0.300
		20°		1.308	0.844	0.687	0.573	0.481	0.403	0.337
		30°				1.268	0.758	0.594	0.478	0.388

第6章 土 压 力

续表

δ	α	β \ φ	15°	20°	25°	30°	35°	40°	45°	50°
15°	−20°	0°	0.405	0.314	0.180	0.240	0.132	0.093	0.062	0.038
		10°	0.509	0.372	0.201	0.201	0.144	0.100	0.066	0.040
		20°		0.667	0.352	0.239	0.164	0.110	0.071	0.042
		30°				0.470	0.214	0.131	0.080	0.046
	−10°	0°	0.458	0.371	0.298	0.237	0.186	0.142	0.106	0.076
		10°	0.576	0.442	0.344	0.267	0.205	0.155	0.114	0.081
		20°		0.776	0.441	0.320	0.237	0.174	0.125	0.087
		30°				0.607	0.308	0.209	0.143	0.097
	0°	0°	0.518	0.434	0.363	0.301	0.248	0.201	0.160	0.125
		10°	0.656	0.522	0.423	0.343	0.277	0.222	0.174	0.135
		20°		0.914	0.546	0.415	0.323	0.251	0.194	0.147
		30°				0.777	0.422	0.305	0.225	0.165
	10°	0°	0.592	0.511	0.441	0.378	0.323	0.273	0.228	0.189
		10°	0.760	0.623	0.520	0.437	0.366	0.305	0.252	0.206
		20°		1.103	0.679	0.535	0.432	0.351	0.284	0.228
		30°				1.005	0.571	0.430	0.334	0.260
	20°	0°	0.690	0.611	0.540	0.476	0.419	0.366	0.317	0.273
		10°	0.904	0.757	0.649	0.560	0.484	0.416	0.357	0.303
		20°		1.383	0.862	0.697	0.579	0.486	0.408	0.341
		30°				1.341	0.778	0.606	0.487	0.395
20°	−20°	0°			0.231	0.174	0.128	0.090	0.061	0.038
		10°			0.266	0.195	0.140	0.097	0.064	0.039
		20°			0.344	0.233	0.160	0.108	0.069	0.042
		30°				0.468	0.210	0.129	0.079	0.045
	−10°	0°			0.291	0.232	0.182	0.140	0.105	0.076
		10°			0.337	0.262	0.202	0.153	0.113	0.080
		20°			0.437	0.316	0.233	0.171	0.124	0.086
		30°				0.614	0.306	0.207	0.142	0.096
	0°	0°			0.357	0.297	0.245	0.199	0.160	0.125
		10°			0.419	0.340	0.275	0.220	0.174	0.135
		20°			0.547	0.414	0.322	0.251	0.193	0.147
		30°				0.798	0.425	0.306	0.225	0.166
	10°	0°			0.438	0.377	0.322	0.273	0.229	0.190
		10°			0.521	0.438	0.367	0.306	0.254	0.208
		20°			0.690	0.540	0.436	0.354	0.286	0.230
		30°				1.015	0.582	0.437	0.338	0.264
	20°	0°			0.543	0.479	0.422	0.370	0.321	0.277
		10°			0.659	0.568	0.490	0.423	0.363	0.309
		20°			0.891	0.715	0.592	0.496	0.417	0.349
		30°				1.434	0.807	0.624	0.501	0.406

6.3 库仑土压力理论

续表

δ	α	β \ φ	15°	20°	25°	30°	35°	40°	45°	50°
25°	−20°	0°				0.170	0.125	0.089	0.060	0.037
		10°				0.191	0.137	0.096	0.063	0.039
		20°				0.229	0.157	0.106	0.069	0.041
		30°				0.470	0.207	0.127	0.078	0.045
	−10°	0°				0.228	0.180	0.139	0.104	0.075
		10°				0.259	0.200	0.151	0.112	0.080
		20°				0.314	0.232	0.170	0.123	0.086
		30°				0.620	0.307	0.207	0.142	0.096
	0°	0°				0.296	0.245	0.199	0.160	0.126
		10°				0.340	0.275	0.221	0.175	0.136
		20°				0.417	0.324	0.252	0.195	0.148
		30°				0.828	0.432	0.309	0.228	0.168
	10°	0°				0.379	0.325	0.276	0.232	0.193
		10°				0.443	0.371	0.311	0.258	0.211
		20°				0.551	0.443	0.360	0.292	0.235
		30°				1.112	0.600	0.448	0.346	0.270
	20°	0°				0.488	0.430	0.377	0.329	0.284
		10°				0.582	0.502	0.433	0.372	0.318
		20°				0.740	0.612	0.512	0.430	0.360
		30°				1.553	0.846	0.650	0.520	0.421

表 6.2 土对挡土墙墙背的摩擦角

挡土墙情况	外摩擦角 δ	挡土墙情况	外摩擦角 δ
墙背平滑、排水不良	$(0\sim 0.33)\varphi_k$	墙背平滑、排水良好	$(0.5\sim 0.67)\varphi_k$
墙背粗糙、排水不良	$(0.33\sim 0.5)\varphi_k$	墙背粗糙、排水良好	$(0.67\sim 1.0)\varphi_k$

注 φ_k 为墙背填土的内摩擦角的标准值。

【例 6.5】 如图 6.16 所示挡土墙墙高 4m，墙背倾斜角 $\alpha=10°$，填土坡角 $\beta=12°$。填土为砂土 $\gamma=17.5\text{kN/m}^3$，$\varphi=30°$，填土与墙背的摩擦角 $\delta=(2/3)\varphi$，试按库仑土压力理论求主动土压力 E_a 及作用点。

解：
由 $\alpha=10°$，$\beta=12°$，$\varphi=30°$，$\delta=(2/3)\varphi=20°$，查表 6.1 得主动土压力系数为 $K_a=0.458$
则

$$E_a = \frac{1}{2}\gamma H^2 K_a = \frac{1}{2} \times 17.5 \times 4^2 \times 0.458 = 64.1(\text{kN/m})$$

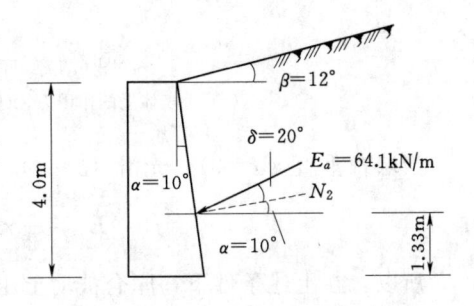

图 6.16 [例 6.5] 图

土压力作用点在距墙底 $H/3=4/3=1.33\text{m}$ 处（图 6.16）。

6.3.3 无黏性土的被动土压力

图 6.17（a）表示墙受外力作用向填土方向移动的情况。当墙背土体沿某一破坏面 $\overline{BC}$ 产生滑动时，土楔体 ABC 在自重 G 和反力 R、E 的作用下处于极限平衡状态，构成一个闭合的力三角形[图 6.17（b）]。根据土体滑动方向，R 和 E 的方向分别位于 $\overline{BC}$ 和 $\overline{AB}$ 面法线上方。与求主动土压力同样的原理可求得一系列可能滑裂面所对应的土压力的极小值 $E_{\min}=E_p$，即

$$E_p = \frac{1}{2}\gamma H^2 \frac{\cos^2(\varphi+\alpha)}{\cos^2\alpha\cos(\alpha-\delta)\left[1-\sqrt{\dfrac{\sin(\varphi+\delta)\sin(\varphi+\beta)}{\cos(\alpha-\delta)\cos(\alpha-\beta)}}\right]^2} \quad (6.25)$$

令

$$K_p = \frac{\cos^2(\varphi+\alpha)}{\cos^2\alpha\cos(\alpha-\delta)\left[1-\sqrt{\dfrac{\sin(\varphi+\delta)\sin(\varphi+\beta)}{\cos(\alpha-\delta)\cos(\alpha-\beta)}}\right]^2} \quad (6.26)$$

则

$$E_p = \frac{1}{2}\gamma H^2 K_p \quad (6.27)$$

式中：K_p 为被动土压力系数，由式（6.26）确定；其余符号意义同前。

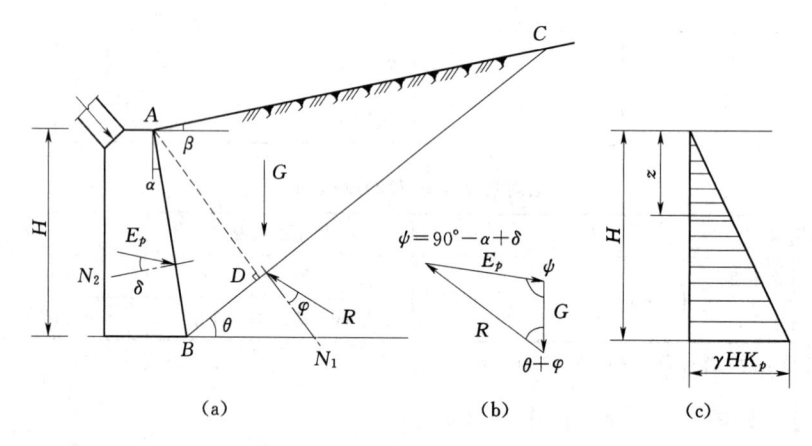

图 6.17 库仑被动土压力计算图
(a) 土楔体上的作用力；(b) 力矢三角形；(c) 被动土压力分布

当墙背垂直（$\alpha=0$）、光滑（$\delta=0$），填土面水平（$\beta=0$）时，式（6.27）可写为

$$E_p = \frac{1}{2}\gamma H^2 \tan^2\left(45°+\frac{\varphi}{2}\right)$$

所以，在上述条件下，库仑被动土压力公式和朗肯被动土压力公式相同。

被动土压力强度 σ_p 按下式确定

$$\sigma_p = \frac{dE_p}{dz} = \frac{d}{dz}\left(\frac{1}{2}\gamma z^2 K_p\right) = \gamma z K_p \quad (6.28)$$

由上式可见，被动土压力强度沿墙高呈三角形分布[图 6.17（c）]，合力作用点在

6.3 库仑土压力理论

离墙底 $H/3$ 处，方向与墙背法线逆时针成 δ 角。同样，如图 6.17（c）中所示的土压力分布只表示沿墙垂直高度的大小，并不代表作用方向。

由于库仑理论中将滑裂面假设为平面，这一假设在被动土压力计算中产生的误差较大，故一般在工程中应用较少。

6.3.4 黏性土的主动土压力

库仑土压力理论只讨论了墙背填土 $c=0$ 的无黏性土的土压力问题，且填土面水平。如果墙背填土为 $c\neq 0$ 的黏性土或填土面不是水平，可以采用下述方法确定主动土压力。

1. 图解法

图解法适用于挡土墙产生位移并使黏性填土的抗剪强度全部发挥的情况。如图 6.18（a）所示，墙后填土在 z_0 深度内出现张拉裂缝（假设 z_0 满足朗肯土压力理论的临界深度条件），则当形成滑裂面 $\overline{BD'}$ 时，根据滑动土楔体 $\overline{A'BD'}$ 的平衡条件可绘制如图 6.18（b）所示的力矢多边形。其中：C 为 $\overline{BD'}$ 面上的总黏聚力 $C=c\overline{BD'}$，c 为填土的黏聚力，kPa；C_a 为墙背与 $\overline{A'B}$ 面上的总黏聚力 $C_a=c_a\overline{A'B}$，c_a 为墙背与填土间的黏聚力，kPa。

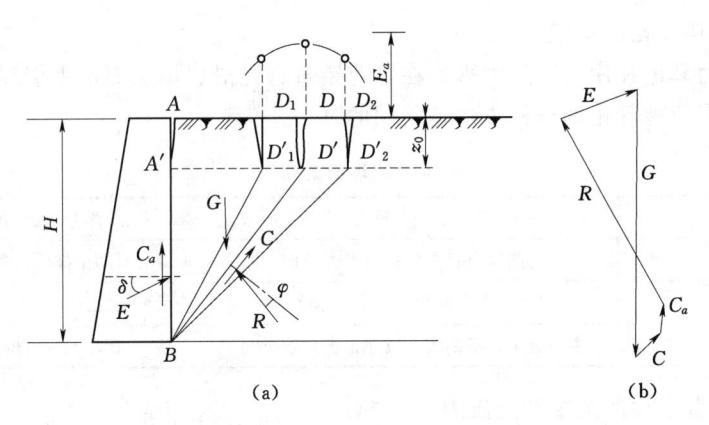

图 6.18 图解法求解黏性填土的主动土压力
(a) 土楔体上的作用力；(b) 力矢多边形

假定不同的滑裂面按上述方法确定相应的 E，从中确定 $E_a=E_{\max}$ [图 6.18（a）]。

2. 公式法

《建筑地基基础设计规范》（GB 50007—2011）提出基于库仑土压力理论的、适用于黏性土和粉土条件的重力式挡土墙的主动土压力计算的一般公式为

$$E_a=\frac{1}{2}\psi_c\gamma H^2 K_a \tag{6.29}$$

式中：ψ_c 为主动土压力增大系数，挡土墙高度小于 5m 时宜取 1.0，高度为 5～8m 时宜取 1.1，高度大于 8m 时宜取 1.2；K_a 为主动土压力系数，按下式确定。

$$\begin{aligned}K_a=&\frac{\sin(\alpha'+\beta)}{\sin^2\alpha'\sin^2(\alpha'+\beta-\varphi-\delta)}\{k_q[\sin(\alpha'+\beta)\sin(\alpha'-\delta)+\sin(\varphi+\delta)\sin(\varphi-\beta)]\\&+2\eta\sin\alpha'\cos\varphi\cos(\alpha'+\beta-\varphi-\delta)\\&-2[k_q\sin(\alpha'+\beta)\sin(\varphi-\beta)+\eta\sin\alpha'\cos\varphi)(k_q\sin(\alpha'-\delta)\sin(\varphi+\delta)+\eta\sin\alpha'\cos\varphi)]^{1/2}\}\end{aligned}$$

(6.30)

式中

$$k_q = 1 + \frac{2q}{\gamma H} \frac{\sin\alpha'\cos\beta}{\sin(\alpha'+\beta)} \quad (6.31)$$

$$\eta = \frac{2c}{\gamma h} \quad (6.32)$$

上述式中 α'、β、δ 如图 6.19 所示。

规范规定，当墙背满足朗肯主动土压力假定时，式（6.30）可表示成 $K_a = \tan^2(45°-\varphi/2)$；当墙背倾斜、粗糙，填土面倾斜，填土为无黏性土时，式（6.30）可表示成式（6.21）；当墙背倾斜、粗糙，填土面倾斜，填土为黏性土、粉土时，宜按图解法计算最大值。

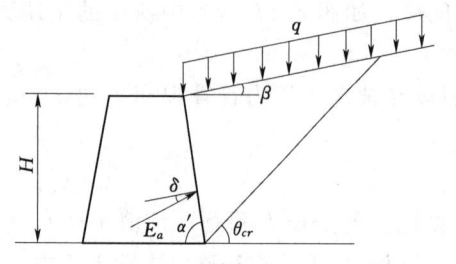

图 6.19 公式法计算主动土压力

6.4 土压力计算方法讨论

6.4.1 两种经典理论的比较

朗肯土压力理论和库仑土压力理论在墙背铅直、光滑、填土面水平情况下可得出相同的计算结果，但两种理论的分析方法是不同的。

表 6.3　　　　　　两种经典理论的比较

项　目	朗肯土压力理论	库仑土压力理论
理论依据	半空间应力状态和极限平衡条件	墙后滑动土楔体的静力平衡条件
基本假定	墙背铅直、光滑、填土面水平	墙后填土为无黏性土、滑裂面为平面
结果误差	主动土压力略偏大、被动土压力偏小	被动土压力偏大明显

6.4.2 特殊墙背条件时的主动土压力

1. 坦墙

当墙背平缓如图 6.20 所示时被称为坦墙，此时土体不是沿墙背 AC 产生滑动，而是沿土中与垂线夹角为 α_{cr} 的 BC 面，α_{cr} 为临界角，按下式计算

$$\alpha_{cr} = 45° - \frac{\varphi}{2} + \frac{\beta}{2} - \frac{1}{2}\arcsin\frac{\sin\beta}{\sin\varphi} \quad (6.33)$$

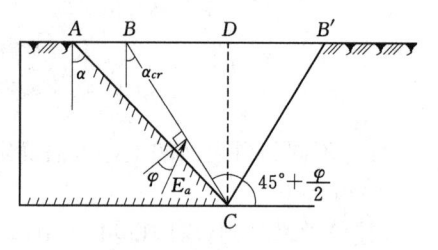

图 6.20 坦墙主动土压力计算

确定了 α_{cr} 之后可按库仑理论计算墙背土压力，注意土压力的作用面为 $\overline{BC}$，△ABC 内土体的有效重力计入墙体自重。

也可假定土压力的作用面是 $\overline{DC}$，将△ACD 内土体的有效重力计入墙体自重，然后按朗肯理论计算 E_a。

2. 折线型墙背

如果挡土墙为如图 6.21（a）所示的折线型，可先按常规方法计算 $\overline{AB}$ 段之土压力 [图 6.21（b）]，再将 BC 延长交墙顶于 D，将 $\overline{CD}$ 作为假想墙背计算土压力，其中 B 点以下的土压力 BFEC 即为 $\overline{BC}$ 段承受的土压力 [图 6.21（c）]。

6.4 土压力计算方法讨论

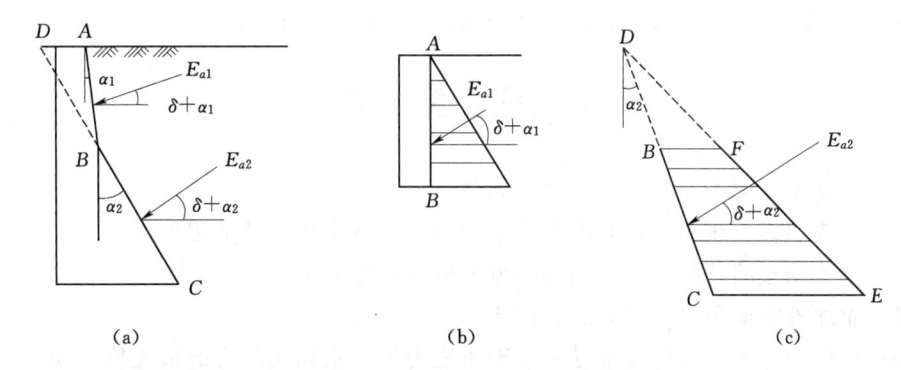

(a)   (b)   (c)

图 6.21 折线型墙背土压力计算
(a) 折线型墙背；(b) AB 段土压力；(c) BC 段土压力

3. 墙背设卸荷平台

图 6.22 (a) 为墙背设卸荷平台的挡土墙，可起到减小土压力的作用。设滑裂面通过平台边缘交于墙背 E 点，平台以上 H_1 高度内土压力按朗肯理论计算，将 $\overline{AB}$ 设为墙背，作用的土压力为 $\gamma H_1 K_a$，平台以下土压力计算考虑平台的减压作用从 B 点土压力等于零始，减压范围至 E 点，相应点土压力为 E'，连接 B' 和 E' 并按朗肯理论计算墙底处土压力为 $\gamma(H_1+H_2)K_a$，土压力分布如图 6.22 (b) 所示。

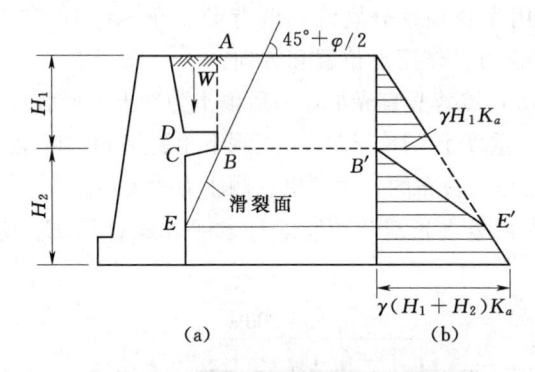

(a)   (b)

图 6.22 墙背设卸荷平台土压力计算
(a) 墙背设卸荷平台；(b) 土压力分布

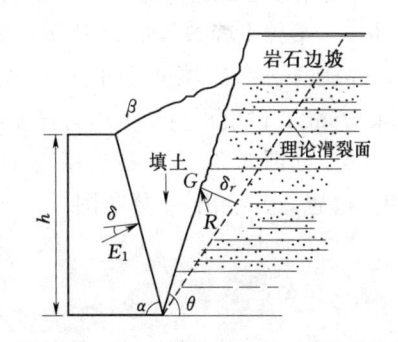

图 6.23 墙后有岩石边坡土压力计算

6.4.3 墙后有稳定岩坡时的主动土压力

如图 6.23 所示，当挡土墙后有较陡峻的稳定岩石边坡、且坡度 $\theta > 45° + \dfrac{\varphi}{2}$ 时，应按有限范围填土计算土压力，取岩石坡面作为滑裂面。根据稳定岩石面与填土间的摩擦角按下式计算主动土压力系数：

$$K_a = \frac{\sin(\alpha+\theta)\sin(\alpha+\beta)\sin(\theta-\delta_r)}{\sin^2\alpha \sin(\theta-\beta)\sin(\alpha-\delta+\theta-\delta_r)} \tag{6.34}$$

式中：θ 为稳定岩石坡面的倾角，(°)；δ_r 为稳定岩石坡面与填土间的摩擦角，(°)，根据试验确定，当无试验资料时可取 $\delta_r = 0.33\varphi_k$；φ_k 为填土的内摩擦角标准值，(°)；δ 为挡土墙墙背与填土的摩擦角，(°)。

第6章 土 压 力

这种情况亦可采用库仑理论的图解法直接求出主动土压力值。

思 考 题

6.1 简述土压力的类型及其产生的条件。

6.2 比较朗肯土压力理论和库仑土压力理论的基本假定及适用条件。

6.3 简述挡土墙背黏性填土临界深度的概念及影响因素。

6.4 简述外摩擦角对主动土压力的影响。

6.5 简述库仑土压力公式推导中主动土压力是一系列土压力的最大值，为什么？

习 题

6.1 某挡土墙高 4.5m，墙背竖直光滑，填土表面水平，填土的物理指标：$\gamma=18.2\text{kN/m}^3$，$c=10\text{kPa}$，$\varphi=26°$，试求：

（1）E_a 及其作用点位置，并绘出 σ_a 分布图。

（2）若填土表面作用有超载 $q=10\text{kPa}$，计算 E_a 及其作用点位置，并绘出 σ_a 分布图。

6.2 挡土墙高 4.2m，填土倾向角 $\beta=10°$，填土的重度 $\gamma=19.5\text{kN/m}^3$，$c=0\text{kPa}$，$\varphi=30°$，填土与墙背的摩擦角 $\delta=10°$，试用库仑理论分别计算墙背倾斜角 $\alpha=10°$ 和 $\alpha=-10°$ 时的主动土压力并绘图表示其分布与合力、作用点位置和方向。

6.3 某挡土墙如图 6.24 所示。墙高 6m，墙背竖直光滑，墙后填土为砂土，表面水平，$\varphi=30°$，地下水位距填土表面 3m，水上填土重度 $\gamma=18.5\text{kN/m}^3$，水下土的饱和重度 $\gamma_{sat}=21.5\text{kN/m}^3$，试绘出主动土压力强度和静水压力分布图，并求出总侧压力的大小。

6.4 如图 6.25 所示挡土墙高 4m，墙背竖直光滑，填土表面水平，试计算 E_a 及其作用点位置，并绘出 σ_a 分布图。

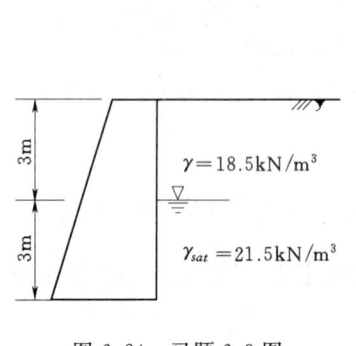

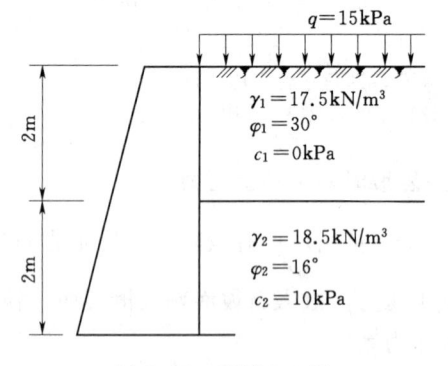

图 6.24 习题 6.3 图　　　图 6.25 习题 6.4 图　　　第 6 章 习题答案

第7章 地基承载力

地基承载力是指地基土承受荷载的能力。地基破坏有两种形式：①建筑物产生了过大的沉降或沉降差；②建筑物的荷载超出了地基承载力。为了保证地基在荷载作用下，不至于出现整体剪切破坏而丧失其稳定性，在地基计算中必须验算地基的承载力。本章主要介绍地基的3种破坏模式，以及地基承载力的基本原理、计算公式和影响因素等。

7.1 地基的破坏模式

根据地基的剪切破坏特征，可将地基破坏概化为3种模式：整体剪切破坏、局部剪切破坏和冲切剪切破坏，如图7.1所示。

7.1.1 整体剪切破坏

整体剪切破坏的概念最早由普朗德尔（Prandtl，1920）提出，是一种在基础荷载作用下地基内产生连续剪切滑动面的地基破坏模式。其破坏特征是随着荷载增加，剪切破坏区域不断扩大，最后在地基中形成连续的滑动面，并延伸到地表，造成基础急剧下沉或向一侧倾倒，基础四周地面明显隆起，地基发生整体剪切破坏［图7.1 (a)］。

描述整体剪切破坏模式的荷载-沉降曲线（$p-s$曲线）的典型特征是具有明显的转折点。

整体剪切破坏通常发生在浅埋基础下的密砂或硬黏土等坚实地基中。

7.1.2 局部剪切破坏

局部剪切破坏概念最早由太沙基（Terzaghi，1943）提出，是一种在基础荷载作用下地基某一范围内发生剪切破坏的破坏模式。其破坏特征是随着荷载增加，塑性区只发展到地基内某一范围，滑动面没有发展到地面，基础没有明显的倾斜或倒塌，基础周围地面稍有隆起［图7.1 (b)］。

描述局部剪切破坏模式的$p-s$曲线的主要特征是，起始的直线段范围较小，达到破坏时一般没有明显的转折点。

中等密实砂土、松砂、软黏土都可能发生局部剪切破坏。

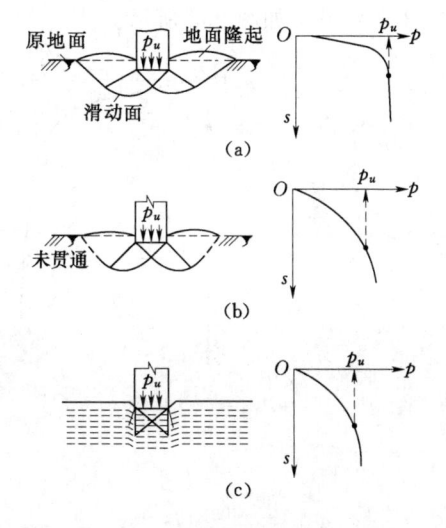

图7.1 地基破坏模式
(a) 整体剪切破坏；(b) 局部剪切破坏；
(c) 冲切剪切破坏

7.1.3 冲切剪切破坏

冲切剪切破坏概念由德贝尔和魏锡克（De Beer，Vesic，1958）提出，是一种在荷载作用下地基土体沿着基础边缘发生垂直剪切破坏，使基础产生较大沉降的破坏模式，也称刺入破坏。其破坏特征是在荷载作用下地基中不出现明显的滑动面，基础产生较大沉降，基础周围部分土体也发生下陷[图7.1（c）]。

描述冲切剪切破坏的 $p-s$ 曲线特征与局部剪切破坏的 $p-s$ 曲线类似，但变形发展速率更大。

压缩性较大的松砂、软土地基或基础埋深较大时可能发生冲切剪切破坏。

地基破坏模式的形成与地基土性质（尤其是土的压缩性）、基础条件、加荷方式等因素有关，是这些因素综合作用的结果，对于一个具体工程可能会发生哪一种破坏需综合考虑各方面的因素。

7.2 临界荷载

7.2.1 地基土变形的3个阶段

根据现场载荷试验成果可得到具有整体破坏特征的地基土 $p-s$ 曲线和地基变形经过的3个阶段，如图7.2所示。

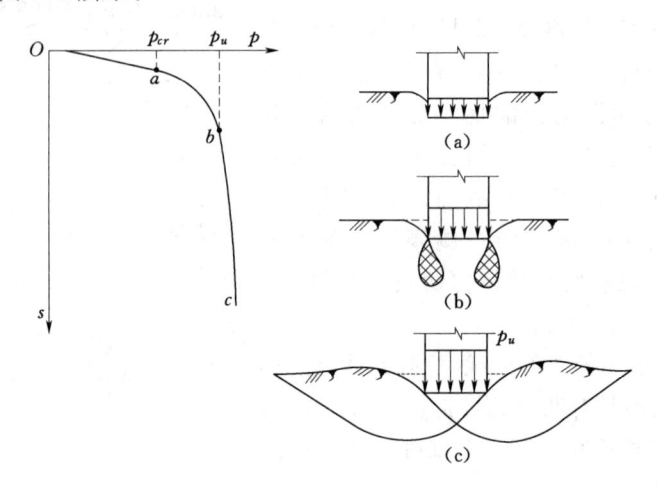

图 7.2 地基载荷试验结果
（a）压缩阶段；（b）剪切阶段；（c）隆起阶段

1. 直线变形阶段

对应 $p-s$ 曲线的 Oa 段，又称压缩阶段。这个阶段外加荷载较小，地基土以压缩变形为主，地基中任一点的剪应力均小于该点的抗剪强度，地基中的应力处于弹性平衡阶段。

2. 塑性变形阶段

对应 $p-s$ 曲线呈现非线性变化的 ab 段，又称剪切阶段。这一阶段基底边缘局部位置土中剪应力等于该处土的抗剪强度，土体处于塑性极限平衡状态，但塑性区尚未在地基中连成片。

7.2 临界荷载

3. 塑性流动阶段

对应 $p\text{-}s$ 曲线的 bc 段,又称隆起阶段。该阶段塑性区已经发展到形成一个连续滑动面,基础周围土体隆起,荷载略有增加或不增加都可能会引起基础大的沉降,这个变形不是由土的压缩引起,而是由地基土的塑性流动引起,其结果会导致地基失去稳定性。

相应于上述地基变形的 3 个阶段,在如图 7.2 所示的 $p\text{-}s$ 曲线上存在 a 和 b 两个转折点:a 点所对应的荷载 p_{cr} 是压缩阶段与剪切阶段的界限荷载,称为临塑荷载或比例界限荷载;b 点所对应的荷载 p_u 是剪切阶段与隆起阶段的界限荷载,称为极限荷载。地基荷载从 p_{cr} 到 p_u 的过程就是地基剪切破坏区逐渐发展的过程。

7.2.2 地基临塑荷载和临界荷载

1. 地基塑性变形区边界方程

根据 3.3 节介绍和弹性力学理论,可求得如图 7.3(a)所示表面作用有均布条形荷载的均质地基内任一点 M 处的大、小主应力的极坐标表达为

$$\left.\begin{array}{l}\sigma_1\\ \sigma_3\end{array}\right\} = \frac{p_0}{\pi}(\beta_0 \pm \sin\beta_0) \tag{7.1}$$

式中:p_0 为均布条形荷载,kPa;β_0 为任意点 M 到均布条形荷载两端点的夹角,弧度;σ_1 和 σ_3 的作用方向如图 7.3(a)所示。

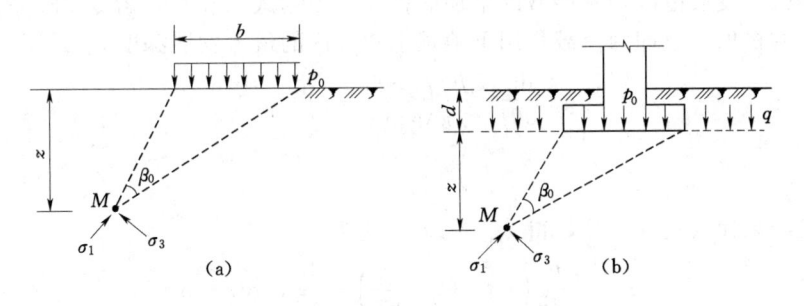

图 7.3 均布条形荷载作用下地基中的主应力
(a)无埋置深度;(b)有埋置深度

考虑基础的埋置深度时,条形基础两侧作用有超载 $q = \gamma_m d$,γ_m 为基础埋深范围内土层的加权平均重度,d 为从地面算起的基础埋深[图 7.3(b)]。此时,p_0 为作用于基底的附加压力,即 $p_0 = p - \gamma_m d$,p 为作用在基础顶面的荷载。

作用在 M 点的应力除了由基底附加压力 p_0 引起的地基附加应力外,还有土的自重应力 $q + \gamma z$[图 7.3(b)],其中 γ 为地基持力层土的重度,地下水位以下均取有效重度,z 为 M 点距基础底面的垂直距离。土体达到塑性流动时,体积不发生变化,泊松比 $\mu = 0.5$,因此为了简化计算,假设地基原有的自重应力场在各个方向的大小相等,即设静止侧压力系数 $K_0 = 1$,则 $\sigma_x = \sigma_z = q + \gamma z$。所以 M 点的大、小主应力可表示为

$$\left.\begin{array}{l}\sigma_1\\ \sigma_3\end{array}\right\} = \frac{p_0}{\pi}(\beta_0 \pm \sin\beta_0) + q + \gamma z \tag{7.2}$$

式中:p_0 为基底附加压力。

当 M 点应力达到极限平衡状态时,该点的大、小主应力应满足下述极限平衡条

件，即

$$\sin\varphi = \frac{\sigma_1 - \sigma_3}{\sigma_1 + \sigma_3 + 2c\cot\varphi} \tag{7.3}$$

将式（7.2）代入式（7.3），有

$$z = \frac{p_0}{\gamma\pi}\left(\frac{\sin\beta_0}{\sin\varphi} - \beta_0\right) - \frac{1}{\gamma}(c\cot\varphi + q) \tag{7.4}$$

式（7.4）即为满足极限平衡条件的地基塑性区边界方程，该式给出了塑性区边界上任意一点的坐标 z 与 β_0 角的关系，如图 7.4 所示。如果荷载 p_0、基础两侧超载 q 以及土的 γ、c、φ 为已知，则根据此式可绘出塑性区的边界线。

2. 临塑荷载

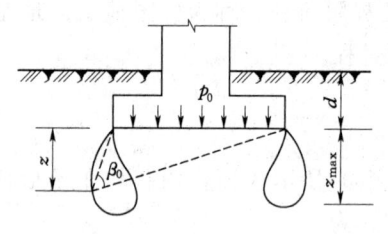

图 7.4 条形基础底面边缘的塑性区

临塑荷载是指地基土中应力状态从压缩阶段过渡到剪切阶段时的界限荷载，即地基中刚要出现塑性区时基底单位面积上所承担的荷载。

在基础中心荷载作用下，当荷载超过临塑荷载时，基础两侧以下土中将出现对称的塑性区，塑性区的发展范围随着荷载的增加而扩大。根据式（7.4），若令 $dz/d\beta_0 = 0$，可以求得数学上的极值，也即为荷载作用下地基土塑性区的最大发展深度 z_{max}（图 7.4）。

令

$$\frac{dz}{d\beta_0} = \frac{p_0}{\gamma\pi}\left(\frac{\cos\beta_0}{\sin\varphi} - 1\right) = 0$$

得

$$\beta_0 = \frac{\pi}{2} - \varphi$$

将上述结果代入式（7.4），得 z_{max} 的表达式为

$$z_{max} = \frac{p_0}{\gamma\pi}\left(\cot\varphi + \varphi - \frac{\pi}{2}\right) - \frac{1}{\gamma}(c\cot\varphi + q) \tag{7.5}$$

由上式可见，当土性和基础埋深一定时，塑性区最大深度仅随荷载 p_0 的增大而增大。

根据临塑荷载的定义，当 $z_{max} = 0$ 时所对应的荷载就是临塑荷载 p_{cr}，即

$$p_{cr} = \frac{\pi(c\cot\varphi + q)}{\cot\varphi + \varphi - \frac{\pi}{2}} + q \tag{7.6a}$$

用承载力系数 N_c、N_q 表示时，有

$$p_{cr} = cN_c + qN_q \tag{7.6b}$$

式中：N_c、N_q 均为 φ 的函数，有

$$N_c = \frac{\pi\cot\varphi}{\cot\varphi + \varphi - \frac{\pi}{2}} \tag{7.7}$$

$$N_q = \frac{\cot\varphi + \varphi + \frac{\pi}{2}}{\cot\varphi + \varphi - \frac{\pi}{2}} \tag{7.8}$$

7.2 临界荷载

3. 临界荷载

临塑荷载 p_{cr} 可以作为地基容许承载力，但对于中等强度以上的地基可能偏于保守。事实上，地基中存在一定范围的塑性区域仍然可以保证地基的安全度。允许地基产生一定范围的塑性变形区所对应的荷载即为临界荷载，将临界荷载作为地基容许承载力或地基承载力特征值可以比较充分地发挥地基的承载能力。

根据工程经验，对于基底宽度为 b 的基础，中心荷载作用下可允许塑性区最大开展深度 $z_{\max}=b/4$，偏心荷载下可允许塑性区最大开展深度 $z_{\max}=b/3$，将此代入式（7.5）可得临界荷载 $p_{1/4}$ 和 $p_{1/3}$ 的表达式为

$$p_{1/4}=\frac{\pi\left(c\cot\varphi+q+\frac{\gamma b}{4}\right)}{\cot\varphi+\varphi-\frac{\pi}{2}}+q \tag{7.9a}$$

$$p_{1/3}=\frac{\pi\left(c\cot\varphi+q+\frac{\gamma b}{3}\right)}{\cot\varphi+\varphi-\frac{\pi}{2}}+q \tag{7.10a}$$

若改用承载力系数表示，有

$$p_{1/4}=cN_c+qN_q+\gamma bN_{1/4} \tag{7.9b}$$
$$p_{1/3}=cN_c+qN_q+\gamma bN_{1/3} \tag{7.10b}$$

式（7.9b）、式（7.10b）中承载力系数 $N_{1/4}$、$N_{1/3}$ 均为 φ 的函数，有

$$N_{1/4}=\frac{\pi}{4\left(\cot\varphi+\varphi-\frac{\pi}{2}\right)} \tag{7.11}$$

$$N_{1/3}=\frac{\pi}{3\left(\cot\varphi+\varphi-\frac{\pi}{2}\right)} \tag{7.12}$$

式（7.9b）和式（7.10b）表明，临界荷载由三部分组成：第一、二部分分别反映地基土黏聚力和基础埋深对承载力的影响，这两部分的叠加即为临塑荷载；第三部分表明基础宽度和地基土重度对承载力的影响，实际反映塑性区开展深度的影响。

由承载力系数的定义和公式的表示形式可知，临界荷载的大小随着 φ、c、q、γ、b 的增大而增加。需注意的是，以上公式是基于弹性理论针对条形基础承受均布垂直荷载推出的，因而对于其他基础型式和塑性区较大的情况存在误差。

【例 7.1】 某条形基础宽度 $b=2.5\text{m}$，埋深 $d=1.1\text{m}$。地基土性指标：$\gamma=18.0\text{kN}/\text{m}^3$，$w=35\%$，$d_s=2.73$，$c=10\text{kPa}$，$\varphi=13°$。试确定：

（1）不考虑地下水位影响时该基础的临塑荷载 p_{cr}、临界荷载 $p_{1/4}$ 和 $p_{1/3}$。

（2）若地下水位上升至基础底面，临塑荷载和临界荷载会有何变化（不考虑水对土体抗剪强度指标的影响）？

解：

根据 $\varphi=13°$，从公式计算得：$N_c=4.55$，$N_q=2.05$，$N_{1/4}=0.26$，$N_{1/3}=0.35$

$$q=\gamma_m d=18.0\times1.1=19.8(\text{kPa})$$

$$p_{cr} = cN_c + qN_q = 10 \times 4.55 + 19.8 \times 2.05 = 86 \text{(kPa)}$$

$$p_{1/4} = cN_c + qN_q + \gamma bN_{1/4} = 10 \times 4.55 + 19.8 \times 2.05 + 18 \times 2.5 \times 0.26 = 98 \text{(kPa)}$$

$$p_{1/3} = cN_c + qN_q + \gamma bN_{1/3} = 10 \times 4.55 + 19.8 \times 2.05 + 18 \times 2.5 \times 0.35 = 102 \text{(kPa)}$$

当地下水位上升到基础底面时，γ需取有效重度γ'，有

$$\gamma' = \frac{d_s - 1}{1+e}\gamma_w = \frac{(d_s-1)\gamma}{d_s(1+w)} = \frac{(2.73-1) \times 18.0}{2.73 \times (1+0.35)} = 8.45 \text{(kPa/m}^3\text{)}$$

则

$$p_{cr} = 10 \times 4.55 + 19.8 \times 2.05 = 86 \text{(kPa)}$$

$$p_{1/4} = 10 \times 4.55 + 19.8 \times 2.05 + 8.45 \times 2.5 \times 0.26 = 92 \text{(kPa)}$$

$$p_{1/3} = 10 \times 4.55 + 19.8 \times 2.05 + 8.45 \times 2.5 \times 0.35 = 93 \text{(kPa)}$$

所以，地下水位自基底以下上升至基础底面时，将降低地基的临界荷载$p_{1/3}$和$p_{1/4}$，而对地基临塑荷载无影响。如果地下水位上升到基础底面以上时临塑荷载将降低。

7.3 地基极限承载力

地基极限承载力是指使地基发生剪切破坏失去整体稳定时的基底压力，亦称地基极限荷载，相当于地基土中应力状态从剪切阶段过渡到隆起阶段时的界限荷载。

地基极限承载力的理论公式一般是基于整体剪切破坏模式进行推导，求解方法有两大类：一类是根据极限平衡理论，假定地基土是刚塑性体，用严密的数学方法求解土中某点达到极限平衡时的静力平衡方程组，以得出地基极限承载力；另一类是根据模型试验的滑动面形状，通过简化得到假定的滑动面，然后借助该滑动面上的极限平衡条件，求出地基极限承载力。

本节仅介绍基于极限平衡理论的普朗德尔和赖斯纳极限承载力公式，以及基于假定滑动面法的太沙基公式、汉森公式和魏锡克公式。

7.3.1 普朗德尔和赖斯纳极限承载力公式

普朗德尔（Prandtl，1920）根据极限平衡理论分析了刚性模子压入半无限刚塑性体的问题，指出在上述假定条件下，当作用在基础上的荷载足够大使基础陷入地基中时，地基中将产生如图7.5所示的整体剪切破坏。

普朗德尔假定：①条形基础，具有足够大的刚度，且底面光滑；②地基土具有刚塑性性质，且重度为零；③基础置于地基表面。

普朗德尔将整个塑性极限平衡区分为5个部分：一是位于基础以下的中心楔体，又称主动朗肯区，该区竖向应力为大主应力σ_1，水平应力为小主应力σ_3，根据极限平衡理论小主应力作用方向与破坏面夹角为$(45°+\varphi/2)$，此即该区边界AC（或BC）与水平面的夹角。与中心区相邻的是两个辐射向剪切区，又称普朗德尔区，由一组形似以对数螺线$r_0 e^{\theta \tan\varphi}$为弧线边界的扇形和一组辐射向直线组成，中心角为直角。与两个普朗德尔区另一侧相邻的是两个被动楔体，又称为被动朗肯区，该区水平向应力为大主应力σ_1，竖向应力为小主应力σ_3，破坏面与水平面的夹角为$(45°-\varphi/2)$。

对如图7.5所示的破坏模式，普朗德尔导出基底极限荷载为

7.3 地基极限承载力

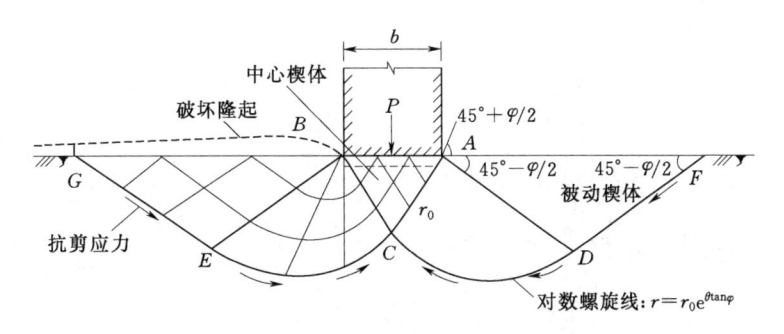

图 7.5 普朗德尔地基整体剪切破坏模式

$$p_u = cN_c \tag{7.13}$$

式中：p_u 即为普朗德尔极限承载力；N_c 为承载力系数，$N_c = \cot\varphi \left[e^{\pi\tan\varphi} \tan^2\left(45° + \dfrac{\varphi}{2}\right) - 1 \right]$；$c$、$\varphi$ 为土的抗剪强度指标。

在式（7.13）基础上，赖斯纳（Ressiner，1924）进一步考虑了基础埋深对承载力的影响，如图 7.6 所示。通过将埋深范围内基底两侧土体重量视为作用在基底面上的柔性超载 $q = \gamma_m d$，可得到相应的地基极限承载力公式，即

$$p_u = cN_c + qN_q \tag{7.14}$$

式中：N_q 为承载力系数，$N_q = e^{\pi\tan\varphi} \tan^2\left(45° + \dfrac{\varphi}{2}\right)$；其余符号意义同前。

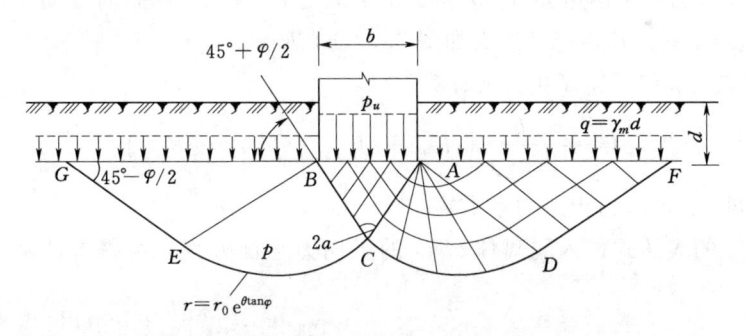

图 7.6 基础有埋置深度时的赖斯纳解

普朗德尔和赖斯纳极限承载力理论公式没有考虑基底以下地基土的重量，也没有考虑基础埋深范围内侧面土的抗剪强度，因而应用结果与实际工程有较大的差距。为此，太沙基等学者先后对此问题进行了系统的研究，并得出了具有应用价值的成果。

7.3.2 太沙基极限承载力公式

太沙基（Terzaghi，1943）极限承载力理论考虑地基土重量，并假设：①基底粗糙；②不考虑基底以上填土的抗剪强度，仅视为作用在基底水平面上的超载；③极限荷载作用下基础发生整体剪切破坏；④地基中滑动面的形状如图 7.7（a）所示。

滑动土体共分为三区：基础下的Ⅰ区为弹性区，由于粗糙基底与土之间的摩阻力阻止了剪切位移，使得该区仅存在压密作用，土体像弹性核一样随着基础一起向下移动，弹性核侧面 ab 和 a_1b 与水平面夹角 ψ 介于（$45° + \varphi/2$）（基底光滑）和 φ 之间（基底足够粗

157

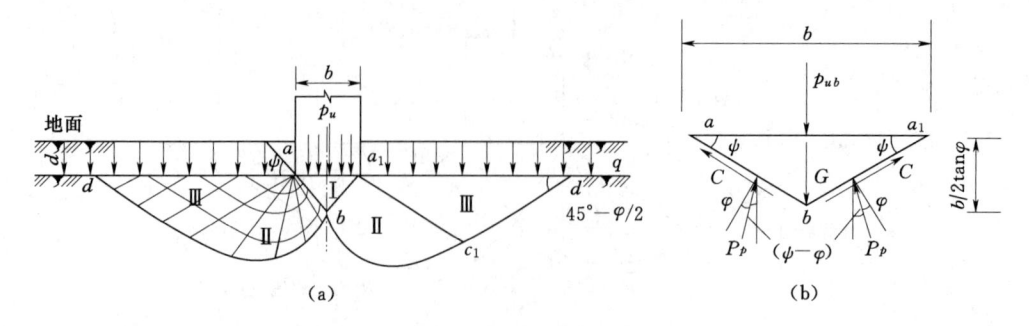

图 7.7 太沙基承载力解
(a) 粗糙基底地基中滑动面形状；(b) 弹性楔体受力状态

糙，可完全限制弹性核侧向位移）；Ⅱ区为过渡区，滑动面由对数螺旋线和直线组成，b 点处螺线的切线垂直，c_1 点处螺线的切线与水平线成 $(45°-\varphi/2)$ 角；Ⅲ区为被动朗肯区，该区土体处于被动极限平衡状态，滑动面是平面，与 c_1 点处螺线的切线重合。

太沙基极限承载力公式不考虑基底以上基础两侧土体抗剪强度的影响，以均布超载 q 来代替埋深范围内的土体自重。取弹性核 aba_1 为脱离体，如图 7.7(b) 所示，图中 C 为斜面 ab（或 a_1b）上总的黏聚力，$C = c\overline{ab} = c\dfrac{b}{2}\tan\psi$，根据竖向力的平衡条件可得

$$p_u b = 2P_p \cos(\psi - \varphi) + cb\tan\psi - G$$

式中：P_p 为作用于弹性核边界面 ab 和 a_1b 上的与 c、q、γ 有关的被动土压力合力，即 $P_p = P_{pc} + P_{pq} + P_{p\gamma}$；其余符号意义如图 7.7(b) 所示。

太沙基建议 P_p 按下述简化公式计算

$$P_p = \frac{b}{2\cos^2\varphi}\left(cK_{Pc} + qK_{Pq} + \frac{1}{4}\gamma b \tan\varphi K_{P\gamma}\right)$$

式中：K_{Pc}、K_{Pq}、$K_{P\gamma}$ 为土压力系数。

将上述 P_p 的表达式代入脱离体 aba_1 的竖向力平衡方程，可得太沙基承载力公式的一般表达式：

$$p_u = cN_c + qN_q + \frac{1}{2}\gamma b N_\gamma \tag{7.15}$$

式中：q 为基底面以上基础两侧超载，$q = \gamma_m d$，kPa；b、d 分别为基底宽度和基础埋深，m；N_c、N_q、N_γ 为承载力系数，与土的内摩擦角 φ 和夹角 ψ 有关。

当假设基底完全粗糙时，有 $\psi = \varphi$，太沙基给出了承载力系数 N_q、N_c 的数学表达式：

$$N_q = \frac{e^{\left(\frac{3\pi}{2} - \varphi\right)\tan\varphi}}{2\cos^2\left(\dfrac{\pi}{4} + \dfrac{\varphi}{2}\right)} \tag{7.16}$$

$$N_c = (N_q - 1)\cot\varphi \tag{7.17}$$

对于 N_γ，太沙基未给出显式，需通过试算确定。

承载力系数与 φ 的关系也可由如图 7.8 所示的承载力系数曲线查得。而当地基为饱

7.3 地基极限承载力

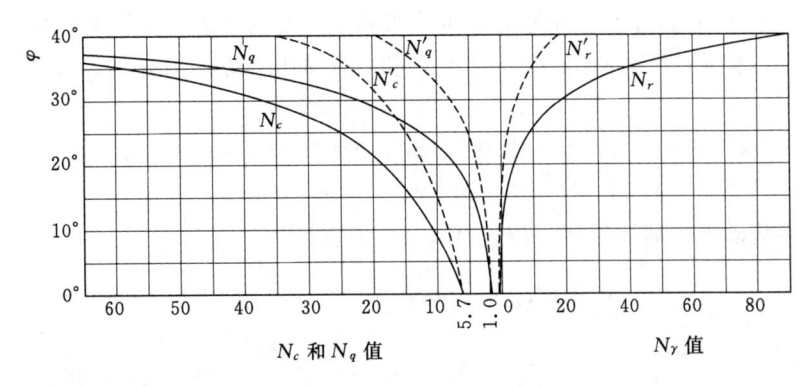

图7.8 太沙基公式承载力系数

和软黏土时，$\varphi_u=0$，此时 $N_c\approx 5.7$，$N_q\approx 1$，$N_\gamma\approx 0$，按式（7.15）可得饱和软黏土地基上极限承载力为

$$p_u\approx q+5.7c_u \tag{7.18}$$

式中：c_u 为饱和软黏土的不排水强度，kPa。

式（7.18）表明，饱和软黏土地基的极限承载力与基础宽度无关。

式（7.15）适用于条形基础整体剪切破坏的情况。对于局部剪切破坏，太沙基建议将 c 和 $\tan\varphi$ 进行折减，取

$$c'=\frac{2}{3}c$$

$$\tan\varphi'=\frac{2}{3}\tan\varphi \tag{7.19}$$

则局部剪切破坏时的地基极限承载力 p_u 为

$$p_u=\frac{2}{3}cN_c'+qN_q'+\frac{1}{2}\gamma bN_\gamma' \tag{7.20}$$

式中：N_c'、N_q'、N_γ' 分别为局部剪切破坏时的承载力系数，由 φ 查图 7.8 中的虚线，或由 φ' 查图中实线。

对于方形和圆形均布荷载整体剪切破坏情况，太沙基建议采用经验系数进行修正，修正后的公式为：

方形基础（宽度为 b）

整体剪切破坏 $\qquad p_u=1.2cN_c+qN_q+0.4\gamma bN_\gamma \tag{7.21}$

局部剪切破坏 $\qquad p_u=0.8cN_c'+qN_q'+0.4\gamma bN_\gamma' \tag{7.22}$

圆形基础（半径为 b）

整体剪切破坏 $\qquad p_u=1.2cN_c+qN_q+0.6\gamma bN_\gamma \tag{7.23}$

局部剪切破坏 $\qquad p_u=0.8cN_c'+qN_q'+0.6\gamma bN_\gamma' \tag{7.24}$

对于 $b\times l$ 的矩形基础，可分别计算 $b/l=0$（条形基础）和 $b/l=1$（方形基础）的极限承载力，然后根据 b/l 值进行内插求得。

【例 7.2】 基本资料同 [例 7.1]，试确定：

（1）$b=3.0$m 时条形基础地基整体剪切破坏时太沙基极限承载力；

(2) 边长 $b=3\text{m}$ 的方形基础地基整体剪切破坏时太沙基地基极限承载力；

(3) 若地下水位上升到基础底面，问（1）和（2）的极限承载力有无变化？如何变化？

解：

已知 $c=10\text{kPa}$，$\varphi=13°$，$\gamma=18.0\text{kN/m}^3$，$b=3.0\text{m}$，$d=1.1\text{m}$，$q=19.8\text{kPa}$

查图 7.8 得 $N_c=11.55$，$N_q=3.48$，$N_\gamma=0.88$

(1) 条形基础整体剪切破坏。按式（7.15）计算

$$p_u = cN_c + qN_q + \frac{1}{2}\gamma b N_\gamma$$

$$= 10\times11.55+19.8\times3.48+\frac{1}{2}\times18.0\times3.0\times0.88$$

$$=208.16(\text{kPa})$$

(2) $b=3\text{m}$ 的方形基础整体剪切破坏。按式（7.21）计算

$$p_u = 1.2cN_c + qN_q + 0.4\gamma b N_\gamma$$

$$=1.2\times10\times11.55+19.8\times3.48+0.4\times18.0\times3.0\times0.88$$

$$=226.51(\text{kPa})$$

(3) 地下水位上升到基础底面，则水位以下采用有效重度 γ'，由［例 7.1］可知，$\gamma'=8.45\text{kN/m}^3$，则条形基础整体剪切破坏

$$p_u=10\times11.55+19.8\times3.48+\frac{1}{2}\times8.45\times3.0\times0.88$$

$$=195.56(\text{kPa})$$

方形基础整体剪切破坏

$$p_u=1.2\times10\times11.55+19.8\times3.48+0.4\times8.45\times3.0\times0.88$$

$$=216.43(\text{kPa})$$

比较计算结果可知，地下水位上升可导致地基极限承载力降低。

7.3.3 汉森极限承载力公式

汉森（Hansen，1961，1970）在太沙基理论基础上假定基底光滑，并考虑荷载倾斜和偏心，给出如图 7.9 所示的理论破坏模式。与仅作用中心荷载的情况不同，地基在水平荷载作用下的整体剪切破坏将沿水平荷载作用方向一侧发生滑动，使得弹性区边界面不对

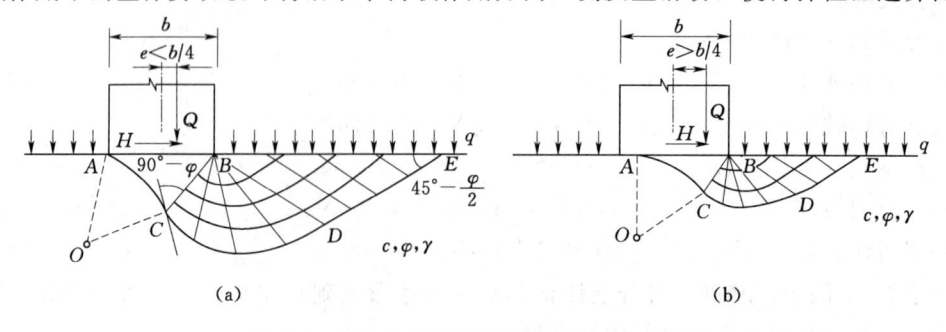

图 7.9 偏心和倾斜荷载作用下的理论滑动面

(a) 偏心距 $e<b/4$ 时；(b) 偏心距 $e>b/4$ 时

7.3 地基极限承载力

称：一侧为平面（滑动方向），另一侧为圆弧（圆心与基础转动中心重合），如图 7.9（a）所示。另外，随着荷载偏心距的增大，滑动面明显缩小［图 7.9（b）］。

汉森基于复杂荷载作用下的理论滑动面对太沙基极限承载力计算公式进行了修正，提出了考虑荷载倾斜和偏心、基础形状和埋深、地面倾斜、基底倾斜等诸多影响因素的承载力修正公式，即

$$p_u = \frac{1}{2}\gamma b N_\gamma S_\gamma i_\gamma d_\gamma g_\gamma b_\gamma + q N_q S_q i_q d_q g_q b_q + c N_c S_c i_c d_c g_c b_c \tag{7.25}$$

式中：N_c、N_q、N_γ 为承载力系数，在汉森公式中取 $N_q = e^{\pi\tan\varphi}\tan^2\left(45° + \frac{\varphi}{2}\right)$，$N_c = (N_q - 1)\cot\varphi$，$N_\gamma = 1.8 N_c \tan^2\varphi$；$S_c$、$S_q$、$S_\gamma$ 为基础形状修正系数；i_c、i_q、i_γ 为荷载倾斜修正系数；d_c、d_q、d_γ 为基础埋深修正系数；g_c、g_q、g_γ 为地面倾斜修正系数；b_c、b_q、b_γ 为基底倾斜修正系数。

汉森、魏锡克（Vesic，1963，1973）等对式（7.25）中的修正系数进行了研究，提出了各自的计算公式，见表 7.1～表 7.5。

表 7.1　　基础形状修正系数 S_c、S_q、S_γ

公式来源 \ 系数	S_c	S_q	S_γ
汉森	$1 + 0.2 i_c (b/l)$	$1 + i_q(b/l)\sin\varphi$	$1 - 0.4(b/l)$，$i_\gamma \geq 0.6$
魏锡克	$1 + (b/l)(N_q/N_c)$	$1 + (b/l)\tan\varphi$	$1 - 0.4(b/l)$

注　1. b、l 分别为基础的宽度和长度。
　　2. i 为荷载倾斜系数，见表 7.3。

表 7.2　　荷载倾斜修正系数 i_c、i_q、i_γ

公式来源 \ 系数	i_c	i_q	i_γ
汉森	$\varphi = 0°$：$0.5 - \sqrt{1 - \dfrac{H}{cA}}$ $\varphi > 0°$：$i_q - \dfrac{1 - i_q}{N_q - 1}$	$\left(1 - \dfrac{0.5H}{Q + cA\cot\varphi}\right)^5 > 0$	水平基底：$\left(1 - \dfrac{0.7H}{Q + cA\cot\varphi}\right)^5 > 0$ 倾斜基底：$\left[1 - \dfrac{(0.7 - \eta°/450°)H}{Q + cA\cot\varphi}\right]^5 > 0$
魏锡克	$\varphi = 0°$：$1 - \dfrac{mH}{cAN_c}$ $\varphi > 0°$：$i_q - \dfrac{1 - i_q}{N_c \tan\varphi}$	$\left(1 - \dfrac{H}{Q + cA\cot\varphi}\right)^m$	$\left(1 - \dfrac{H}{Q + cA\cot\varphi}\right)^{m+1}$

注　1. 基底面积 $A = bl$，当荷载偏心时，则用有效面积 $A_e = b_e l_e$。
　　2. H 和 Q 分别为倾斜荷载在基底上的水平分力和竖直分力。
　　3. η 为基础底面与水平面的倾斜角，一般采用弧度单位，$\eta°$ 采用角度单位。
　　4. 当荷载在短边倾斜时，$m = \left[2 + \left(\dfrac{b}{l}\right)\right] \Big/ \left[1 + \left(\dfrac{b}{l}\right)\right]$，当荷载在长边倾斜时，$m = \left[2 + \left(\dfrac{l}{b}\right)\right] \Big/ \left[1 + \left(\dfrac{l}{b}\right)\right]$，对于条形基础 $m = 2$。
　　5. 当进行荷载倾斜修正时，必须满足 $H \leq c_a A + Q\tan\delta$ 的条件，c_a 为基底与土之间的黏着力，可取用土的不排水剪切强度 c_u，δ 为基底与土之间的摩擦角。

表 7.3　　　　　　　　　　基础埋深修正系数 d_c、d_q、d_γ

公式来源＼系数	d_c	d_q	d_γ
汉森	$1+0.35(d/b)$	$1+2\tan\varphi(1-\sin\varphi)^2(d/b)$	1.0
魏锡克	$\varphi=0°$时 $d\leq b$：$1+0.4(d/b)$ $\varphi=0°$时 $d>b$：$1+0.4\arctan(d/b)$ $\varphi>0°$时 $d_q-\dfrac{1-d_q}{N_c\tan\varphi}$	$d\leq b$ 时 $1+2\tan\varphi(1-\sin\varphi)^2(d/b)$ $d>b$ 时 $1+2\tan\varphi(1-\sin\varphi)^2\arctan(d/b)$	1.0

表 7.4　　　　　　　　　　地面倾斜修正系数 g_c、g_q、g_γ

公式来源＼系数	g_c	$g_q=g_\gamma$
汉森	$1-\dfrac{\beta°}{147°}$	$(1-0.5\tan\beta)^5$
魏锡克	$\varphi=0°$：$\dfrac{\beta}{5.14}$ $\varphi>0°$：$i_q-\dfrac{1-i_q}{5.14\tan\varphi}$	$(1-\tan\beta)^2$

注　1. β 为倾斜地面与水平面之间的夹角，一般采用弧度单位，$\beta°$采用角度单位。
　　2. 魏锡克公式规定，当基础置于 $\varphi=0°$ 的倾斜地面上时，承载力公式中的 N_γ 项应为负值，其值为 $N_\gamma=-2\sin\beta$，并且应满足 $\beta<45°$ 和 $\beta<\varphi$ 的条件。

表 7.5　　　　　　　　　　基底倾斜修正系数 b_c、b_q、b_γ

公式来源＼系数	b_c	b_q	b_γ
汉森	$1-\dfrac{\eta°}{147°}$	$e^{-2\eta\tan\varphi}$	$e^{-2.7\eta\tan\varphi}$
魏锡克	$\varphi=0$：$\dfrac{\eta}{5.14}$ $\varphi>0$：$1-\dfrac{2\eta}{5.14\tan\varphi}$	$(1-\eta\tan\varphi)^2$	$(1-\eta\tan\varphi)^2$

注　η 为倾斜基底与水平面之间的夹角，一般采用弧度单位，$\eta°$采用角度单位，应满足 $\eta<45°$ 的条件。

7.3.4　关于地基极限承载力的讨论

1. 极限承载力公式比较

上述各种承载力公式都是在一定的假设前提下导出的，因而其结果不尽一致，表 7.6 和表 7.7 给出了相同 φ 值下不同承载力理论的承载力系数和极限承载力计算结果。从表可知，太沙基考虑基底摩擦，通常情况下其值较大；魏锡克和汉森假定基底光滑，其值相对较小，因此计算结果偏安全。

2. 影响承载力的因素

根据地基极限承载力的理论可知，地基极限承载力大致由下列几部分组成：

(1) 滑裂土体自重所产生的抗力。
(2) 基础两侧均布超载 q 所产生的抗力。

(3) 滑裂面上黏聚力 c 所产生的抗力。

其中，第一种抗力除了取决于土的重度 γ 以外，还取决于滑裂土体的体积。随着基础宽度的增加，滑裂土体的长度和深度也随着增长，即极限承载力将随着基础宽度 b 的增加而线性增加。第二种抗力主要来自基底以上土体的上覆压力。基础埋深越大，则基础两侧超载 $\gamma_0 d$ 越大，极限承载力越高。第三种抗力主要取决于地基土的黏聚力 c，其次也受滑裂面长度的影响。若 c 值越大，滑裂面长度越长，极限承载力也随之增加。另外，上述3种抗力都与地基破坏时的滑裂面形状有关，而滑裂面的形状又主要受土体内摩擦角 φ 的影响。随着土的内摩擦角 φ 值的增加，N_γ、N_q、N_c 也增大很多。

表7.6 承载力系数比较表

N 值	φ	0°	10°	20°	30°	40°
N_c	太沙基公式	5.70	9.10	17.30	36.40	91.20
	魏锡克公式	5.14	8.35	14.83	30.14	75.32
	汉森公式	5.14	8.35	14.83	30.14	75.32
N_q	太沙基公式	1.00	2.60	7.30	22.00	77.50
	魏锡克公式	1.00	2.47	6.40	18.40	64.20
	汉森公式	1.00	2.47	6.40	18.40	64.20
N_γ	太沙基公式	0	1.20	4.70	21.00	130.00
	魏锡克公式	0	1.22	5.39	22.40	109.41
	汉森公式	0	0.47	3.54	18.08	95.45

注 表中太沙基公式指基底完全粗糙的情况。

表7.7 极限承载力 p_u 比较表

计算公式	d/b	0	0.25	0.5	0.75	1.00
太沙基		673.0	868.0	1063.0	1258.0	1453.0
魏锡克		616.0	811.0	1029.0	1273.0	1541.0
汉森		532.0	731.0	844.0	1185.0	1389.0

注 表计算值所用资料 $\gamma=19.5\text{kN/m}^3$，$c=20\text{kPa}$，$\varphi=22°$，$b=4\text{m}$。

7.4 地基容许承载力

7.4.1 基本概念

地基极限承载力是从地基稳定的临界状态来确定地基土体所能够承受的最大荷载。地基容许承载力则是从地基稳定具有足够的安全度来确定地基所能承受的荷载，在数值上等于地基极限承载力除以一个安全系数 K。也就是要求作用在基底的压应力不超过地基的极限承载力，同时所引起的地基变形不超过建筑物的容许变形。所以，地基容许承载力可定义为在保证地基足够稳定的前提下，还能满足建筑物基础的变形不超过容许值的地基承载力。

显然，地基的容许承载力不仅取决于地基土的性质，还受其他一些因素的影响，如基础尺寸、形状和埋置深度等，同时与建筑物的容许沉降也有直接关系。所以，地基容许承载力与一般材料的容许强度或结构构件的容许承载力内涵是不同的，这是研究地基容许承载力问题时所必须建立的一个基本概念。

在确定地基承载力时，还需注意地基容许承载力和地基承载力特征值在概念上的区别，前者是定值设计法中的控制值，后者是指地基稳定性满足某一可靠指标 β 的承载能力，是基于概率极限状态设计方法所提出的一个概念。在现行规范中，地基承载力特征值被定义为由载荷试验测定的地基土压力-变形曲线线性变形段内规定的变形所对应的压力值，在实际工程设计中，这一压力值也可被认为是地基承载力容许值。

7.4.2 地基容许承载力的确定方法

由于地基的容许承载力涉及建筑物的容许变形，因此难以精确确定。在定值设计法中，一般是将地基极限承载力除以一个安全系数 K 作为地基的容许承载力，即

$$f = \frac{p_u}{K} \tag{7.26}$$

式中：f 为地基容许承载力；p_u 为地基极限承载力。

K 的取值应根据建筑物（构筑物）的安全等级、荷载性质、地基土的条件、地基土抗剪强度指标的可靠程度等因素综合确定，当采用太沙基公式时，一般取 $K = 2 \sim 3$；当采用汉森公式确定地基容许承载力时，安全系数 K 的取值见表 7.8。

表 7.8　　　　　　　　汉森公式安全系数表

土 或 荷 载 条 件	K
无黏性土	2.0
黏性土	3.0
瞬时荷载（风、地震和相当的活荷载）	2.0
静荷载或长期活荷载	2 或 3（视土体而定）

另外，根据地基容许承载力的概念，地基临塑荷载 p_{cr}、临界荷载 $p_{1/4}$ 和 $p_{1/3}$ 的理论公式都属于地基承载力的表达公式。如以 $[\sigma]$ 表示经过了宽度和深度修正的地基容许承载力，则可取 $[\sigma] = p_{cr}$、$p_{1/4}$、$p_{1/3}$ 或 f，具体确定时可根据相关的地基条件选定。

对于地基承载力特征值，现行规范基于工程实践经验和土工试验成果提出了两类确定方法：一是根据现场地基土的静载荷试验结果来确定；二是根据地基土的抗剪强度指标以理论公式计算。关于这方面的详细介绍可参见第 10 章。

思 考 题

7.1 地基破坏的模式有哪几种？它与土的性质有何关系？

7.2 地基的破坏过程与地基中的塑性范围有何关系？正常工作状态下地基承载力应处在破坏过程的哪个位置？

7.3 怎样根据地基内塑性区开展的深度确定临塑荷载？基本假定是怎样的？

7.4 地基土的临界荷载和临塑荷载有什么不同？临界荷载主要受到哪些因素的影响？

7.5 普朗德尔和赖斯纳极限承载力公式推导的基本假定有哪些？和太沙基极限承载力公式的主要区别在哪里？

7.6 将条形基础的极限承载力公式计算结果用于方形基础，是偏于安全还是不安全？

7.7 地基极限承载力、地基容许承载力和地基承载力特征值在定义上有什么不同？

习　题

7.1 某条形基础如图 7.10 所示，$b=3\text{m}$。试求临塑荷载 p_{cr}、临界荷载 $p_{1/4}$ 和 $p_{1/3}$，并用太沙基公式求极限承载力 p_u。若取安全系数 $K=3$，试求其地基承载力是否能满足要求。已知粉质黏土的重度 $\gamma_1=18\text{kN/m}^3$，黏土层 $\gamma=19.8\text{kN/m}^3$，$c=15\text{kPa}$，$\varphi=25°$，作用在基础底面的荷载 $p=250\text{kPa}$。

7.2 某方形基础受中心垂直荷载作用，$b=1.5\text{m}$，$d=2.0\text{m}$，地基为坚硬黏土，$\gamma=18.2\text{kN/m}^3$，$c=30\text{kPa}$，$\varphi=22°$，试计算临界荷载 $p_{1/4}$，并分别按太沙基公式、汉森公式确定地基的容许承载力（取安全系数 $K=3$）。

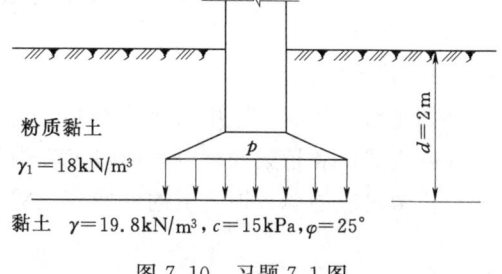

图 7.10　习题 7.1 图

7.3 某条形基础置于一均质地基上，宽度 $b=3.0\text{m}$，埋深 $d=1.0\text{m}$，地基土的天然重度 $\gamma=18.0\text{kN/m}^3$，$c=15\text{kPa}$，$\varphi=12°$。试用太沙基公式求地基整体剪切破坏和局部剪切破坏时的极限承载力。

7.4 有一宽度 $b=1.5\text{m}$、长度 $l=4.0\text{m}$ 的矩形基础，建于均质黏土层上，基础埋深 $d=1.8\text{m}$。地基土参数分别为 $\gamma=19\text{kN/m}^3$，$c=15\text{kPa}$，$\varphi=20°$。试用太沙基公式求地基整体剪切破坏和局部剪切破坏时的极限承载力。

7.5 有一宽度 $b=3.0\text{m}$ 的方形基础，埋深 $d=2.0\text{m}$，基础受垂直中心荷载作用，地基土参数分别为 $\gamma=18\text{kN/m}^3$，$c=30\text{kPa}$，$\varphi=0°$。若取安全系数 $K=2.5$，试按魏锡克承载力公式计算地基的极限承载力和容许承载力。

第 7 章　习题答案

第8章 挡土墙设计

挡土墙是用来支撑天然山坡或填土边坡，以防止边坡坍滑和保持土体稳定性或给外部结构提供反力的建筑物。挡土墙广泛应用于铁路、公路、矿山、水利、港口和建筑等行业。本章主要介绍几种常用挡土墙的基本设计方法。

8.1 挡土墙类型及设计要求

8.1.1 挡土墙类型

挡土墙在实际工程中得到广泛应用，如在铁道或公路工程中主要用于路堤或路堑边坡、隧道洞口和桥梁的桥台；港口工程中常用于重力式码头；在建筑工程中常在每级平台的外边缘建造挡墙、地下室的外墙等。图8.1是几种常用实例。

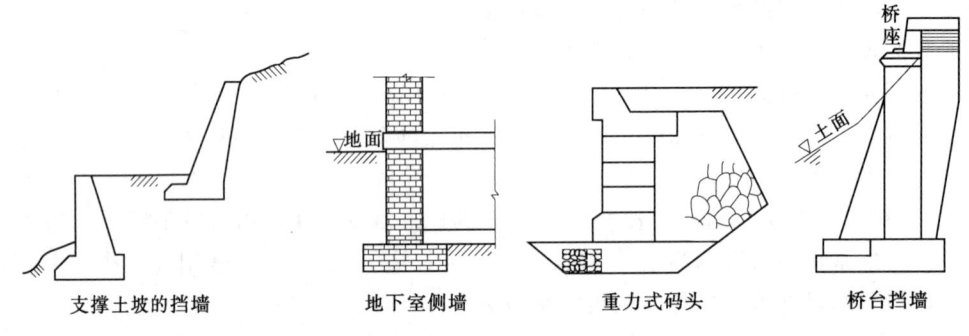

图 8.1 挡土墙应用实例

根据所用材料和结构类型可将挡土墙型式分成多种。

1. 按所用材料分类

挡土墙墙身可以采用毛石砌体、片石混凝土、素混凝土和钢筋混凝土等材料。

(1) 毛石砌体。一般用于重力式挡土墙，块石或条石厚度不小于200mm，强度等级不低于MU30；挡墙的外露面采用M7.5砂浆勾缝。

(2) 片石混凝土。一般用于重力式挡土墙，片石的尺寸不应大于挡墙结构最小尺寸的1/4，且不大于15cm，片石强度等级不低于MU30；混凝土的强度等级不低于C20；片石体积不应大于片石混凝土总体积的25%。

(3) 素混凝土。一般用于重力式挡墙，混凝土强度等级不低于C20。

(4) 钢筋混凝土。一般用于悬臂式、扶壁式挡土墙，当挡土墙地基承载力不满足要求时，可以采取地基处理或桩基础方案。混凝土强度等级不低于C25；受力钢筋直径不小于

8.1 挡土墙类型及设计要求

12mm，间距不大于 250mm，保护层厚度不小于 25mm。

2. 按结构型式分类

可以分为重力式挡土墙和轻型挡土墙。

（1）重力式挡土墙。主要依靠墙体自重来保证墙身的稳定性，其墙身断面较大；墙高一般小于 8m，当墙高在 8~12m 时宜采用衡重式。

根据墙背的倾斜情况，可以分为仰斜式、直立式和俯斜式，如图 8.2 所示。设计时应优先采用仰斜式，其次是直立式。重力式挡土墙的结构简单，施工方便，能就地取材，在建筑工程中应用最广。

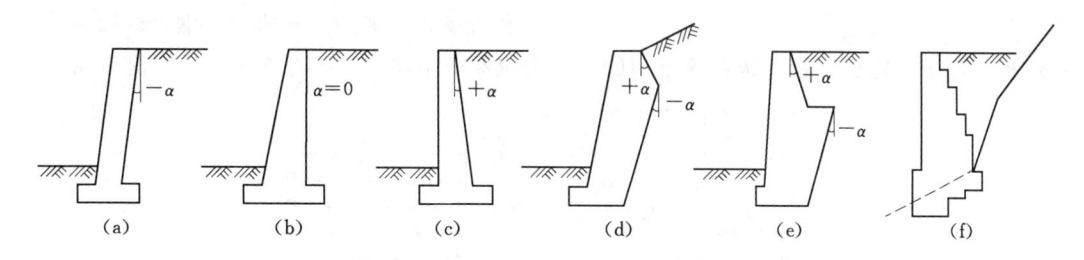

图 8.2 重力式挡土墙常用类型
(a) 仰斜式；(b) 直立式；(c) 俯斜式；(d) 凸折式；(e) 衡重式；(f) 台阶式

（2）轻型挡土墙包括悬臂式挡土墙、扶壁式挡土墙、锚杆式挡土墙、锚定板式挡土墙和加筋土挡土墙。

1）悬臂式挡土墙。主要依靠墙踵板上填土重量保持墙身的稳定性，如图 8.3 所示。墙体内侧设置受拉钢筋，墙身（立板）截面尺寸较小；适用于重要工程中墙高大于 5m，地基土质较差，当地缺少石料等情况，在市政工程和厂矿储存库中应用较广泛。

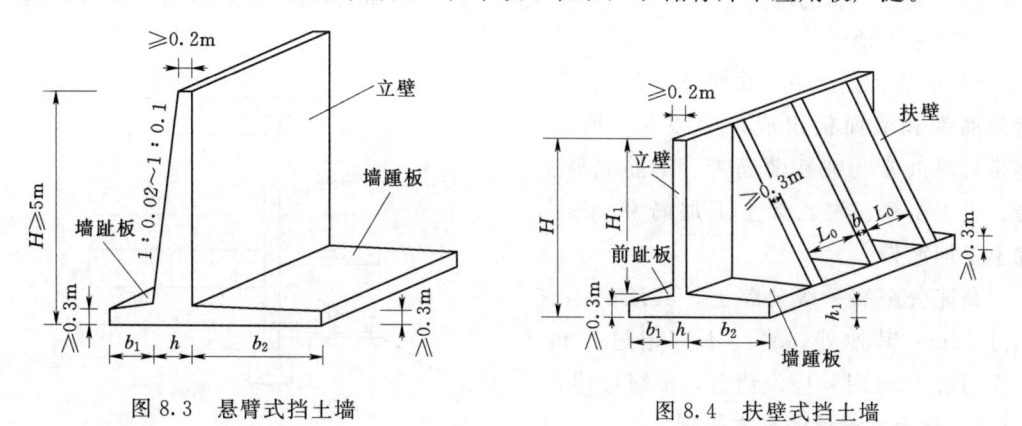

图 8.3 悬臂式挡土墙

图 8.4 扶壁式挡土墙

2）扶壁式挡土墙。当墙高大于 8m 时采用悬臂式挡土墙时导致墙身过厚而不经济，通常沿墙的纵向每隔 1/3~1/2 墙高设置一道扶壁，增加立壁的抗弯性能，如图 8.4 所示。扶壁一般设置在立壁的内侧，也可以设置在立壁的外侧。一般用于墙高大于 10m 的重要工程。

3）锚杆式挡土墙。采用肋柱、面板与锚杆组合结构，分为板肋式及板壁式锚杆挡土墙、排桩式锚杆挡土墙和钢筋混凝土格架式锚杆挡土墙，锚杆的抗拔力由锚杆与填料的摩擦力提供。

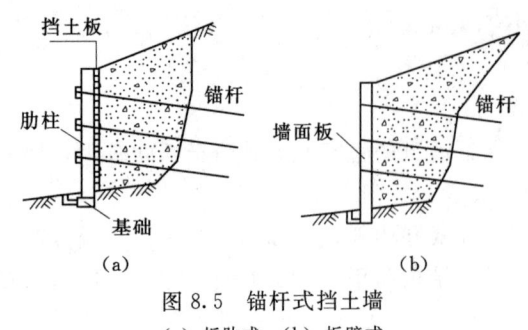

板肋式及板壁式锚杆挡土墙，可采用单级墙或多级墙，每级墙高不宜大于8m，平台宽度不小于2m，如图8.5所示。

排桩式锚杆挡土墙适用于边坡稳定性很差、坡肩有建（构）筑物等附加荷载地段的边坡。

4）锚定板式挡土墙。采用立柱、面板、钢拉杆和锚定板组合结构，分为肋柱式和板壁式，如图8.6所示。钢拉杆的端部用锚定板固定于稳定区，锚定板在填土中的抗拔力应保证墙体在土压力作用下的平衡与稳定。

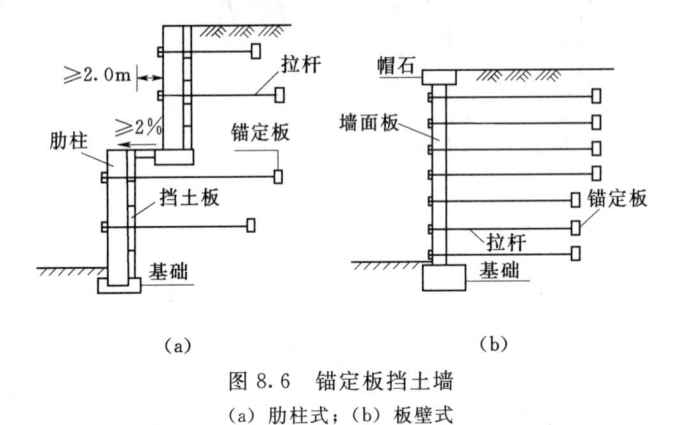

图8.5 锚杆式挡土墙
(a) 板肋式；(b) 板壁式

图8.6 锚定板挡土墙
(a) 肋柱式；(b) 板壁式

锚定板挡土墙的墙高不宜超过10m，适用于路堤式路基段，但不适用于滑坡、坍塌、软土及膨胀土地区。

5）加筋土挡土墙。由填土、填土中布置的筋带和墙面板组成，如图8.7所示。筋带材料通常为镀锌薄钢带、钢筋混凝土带、土工格栅、聚乙烯土工加筋带、聚丙烯土工加筋带。

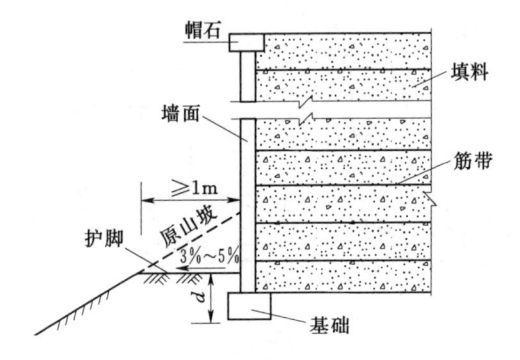

高速公路和一级公路上，其墙高不宜超过12m；其他处，墙高不宜超过20m。墙高超过12m时，应设错台，多级修建。

图8.7 加筋土挡土墙

8.1.2 挡土墙设计的基本原则

挡土墙设计应根据边坡类型、边坡环境、边坡高度及可能的破坏模式，选择适当的支护结构型式；挡土墙的布置应依山就势，防止大挖大填。

挡土墙应进行排水设计。应根据挡土墙墙后的渗水量，在墙身上合理布置排水构造。重力式、悬臂式和扶壁式等整体式墙身的挡土墙，应沿墙高和墙长设置泄水孔，孔眼尺寸不宜小于100mm，其间距宜取2.0~3.0m，排水孔向墙外倾斜的坡度宜为5%。折线墙背可能积水处,也应设置泄水孔。挡土墙最下排泄水孔的底部,应高出地面 0.3m,若为浸水挡土墙,应设于常水位以上 0.3m。泄水孔的进水侧,应设反滤层,反滤层的厚度不应小于 0.30m。

挡土墙墙趾附近存在地表水源时,应采取地表排水、墙后填土区外设截水沟、填土表面设隔水层、墙面涂防水层、排水沟防渗等隔水和排水措施,防止地表水渗入挡土墙的填料中。

挡土墙后的填土,应选择透水性强的填料。当采用黏性土作填料时,宜掺入适量的碎石。在季节性冻土地区,应选择不冻胀的炉渣、碎石、粗砂等填料。

挡土墙应保证填土和墙身的稳定,墙身具有足够的强度,以保证挡土墙的安全使用;同时,设计中还应做到经济合理。

挡土墙设计要满足下述要求:

(1) 能承受正常施工和正常使用时可能出现的各种荷载,因此应满足抗滑移稳定性、抗倾覆稳定性、挡土墙地基承载力、挡土墙墙身强度等要求。

(2) 在正常使用时具有良好的工作性能。

(3) 在正常维护下具有足够的耐久性,设计中应对使用过程的维修给出相应规定。

(4) 在地震发生时及发生后,挡土墙仍能保持必要的稳定性。

8.2 作用于挡土墙上的荷载

8.2.1 地震时的土压力

作用于挡土墙上的主要外荷载是土压力,具体计算方法见第 6 章。本节仅介绍地震时的土压力计算方法。

地震时由于地面运动使土压力增加,在挡土墙及墙后土体上增加一个水平地震力 F:

$$F = C_z K_h G \tag{8.1}$$

式中:K_h 为水平地震系数,即地震时地面最大加速度与重力加速度之比,见表 8.1;C_z 为综合影响系数,表示地震反应与理论计算间的差异,取 0.25;G 为挡土墙或滑动楔体的重力。

地震时,因土压力增大而造成挡土墙的破坏。因此,在地震区建造挡土墙时,应考虑地震对土压力的影响,但影响的具体大小目前为止尚无成熟的理论计算方法。国内常用经验方法如下:假定地震时挡土墙如同刚性体固定在地基上,挡土墙上任意点的加速度与地表加速度相同,土体产生的水平惯性力作为一种附加力作用在滑动楔体上,如图 8.8 所示。图中 G_1 是滑动楔体自重 G 与作用在其上的水平惯性力 F 的合力,它与竖直线的夹角称为地震角,用 α' 表示。

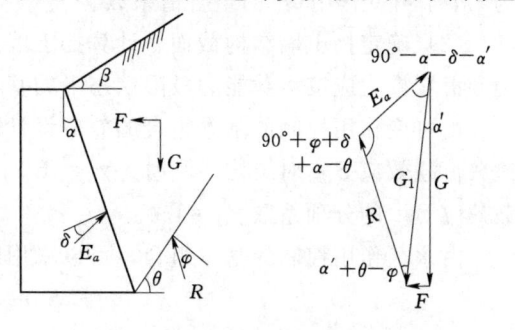

图 8.8 地震作用下滑动楔体的受力

式 (8.1) 所示的地震力应与其他作用力一起计算,此时的主动土压力可按下式计算:

第8章 挡土墙设计

$$E_a = \frac{1}{2}\frac{\gamma}{\cos\alpha}H^2 K_a \tag{8.2}$$

$$K_a = \frac{\cos^2(\varphi-\alpha-\alpha')}{\cos^2(\alpha+\alpha')\cos(\alpha+\alpha'+\delta)\left[1+\sqrt{\frac{\sin(\varphi+\delta)\sin(\varphi-\beta-\alpha')}{\cos(\alpha+\alpha'+\delta)\cos(\alpha-\beta)}}\right]^2} \tag{8.3}$$

式中：H 为挡土墙高度；γ 为墙后填土的重度；φ 为墙后填土的内摩擦角；α 为墙背的倾角，俯斜时取正号，仰斜时取负号；β 墙后填土面的倾角；δ 为挡土墙墙背与填土之间的摩擦角；α' 为地震角，$\alpha' = \arctan C_z K_h$，可以由表8.1查得。

表 8.1　　　　　　　　　　　　　　　系数 $C_z K_h$ 及地震角 α'

地震烈度	0.1g，0.15g	0.2g，0.3g	≥0.4g
地震系数 $C_z K_h$	0.025	0.05	0.10
地震角 α'	1°30′	3°	6°

8.2.2　作用于挡土墙上的荷载和荷载效应

1. 作用于挡土墙上的荷载

按其作用性质可将作用在挡土墙上的荷载分为：

（1）永久荷载。指长期作用在挡土墙上的不变荷载，如挡土墙的自重、土压力、水压力、浮力、地基反力和摩擦力等。

（2）可变荷载。指作用在挡土墙上的活荷载、动荷载、波浪压力、洪水压力及浮力、温度应力和地震作用等。

2. 荷载效应组合

挡土墙设计采用以分项系数表示的极限状态法为主的设计方法，按承载能力极限状态和正常使用极限状态两类极限状态进行设计。

《建筑地基基础设计规范》（GB 50007—2011）对相应的荷载效应做了如下规定。

（1）计算挡土墙的稳定性。作用效应按承载能力极限状态作用下的基本组合，但其分项系数 γ_G、γ_{Qi} 均为1.0，由可变作用控制的基本组合的效应设计值 S_d 按下式确定：

$$S_d = \gamma_G S_{Gk} + \gamma_{Q1} S_{Q1k} + \gamma_{Q2}\psi_{c2} S_{Q2k} + \cdots + \gamma_{Qn}\psi_{cn} S_{Qnk} \tag{8.4}$$

式中：S_{Gk} 为永久作用标准值 G_k 的效应；S_{Qik} 为第 i 个可变作用标准值 Q_{ik} 的效应；ψ_{ci} 为第 i 个可变作用 Q_i 的组合值系数。

（2）确定挡土墙结构截面、计算挡土墙内力、确定配筋和验算材料强度。挡土墙土压力和滑坡推力应按承载能力极限状态下的基本组合，采用相应的分项系数。

由可变作用控制的基本组合的效应设计值 S_d 按式（8.4）计算，分项系数取值如下：永久荷载效应 S_{Gk} 对结构不利时，$\gamma_G = 1.2$；S_{Gk} 对结构有利时，γ_G 不大于1.0；可变荷载效应 S_{Qk} 的分项系数 $\gamma_Q = 1.4$。

由永久作用控制的基本组合，可以采用简化规则，基本组合的效应设计值 S_d 为

$$S_d = 1.35 S_k \tag{8.5}$$

式中：S_k 为标准组合的作用效应设计值。

（3）验算挡土墙的变形、裂缝宽度。按正常使用状态下作用的标准组合，其作用效应

的组合设计值 S_k 为

$$S_k = S_{Gk} + S_{Q1k} + \psi_{c2} S_{Q2k} + \cdots + \psi_{cn} S_{Qnk} \tag{8.6}$$

3. 挡土墙结构的重力计算

计算挡土墙结构的重力时，建筑材料的标准重度可按表 8.2 的规定采用。

表 8.2　　　　　　　　　　材 料 标 准 重 度

材料种类	重度/(kN/m³)	材料种类	重度/(kN/m³)
钢、铸钢	78.5	干砌块石或片石	21.0
钢筋混凝土	25.0	砖砌体	18.0
混凝土或片石混凝土	24.0	沥青混凝土	24.0
浆砌块石或料石	24.0	泥结碎（砾）石	21.0
浆砌片石	23.0		

8.3　重力式挡土墙设计

重力式挡土墙可用块石、片石、混凝土预制块作为砌体，或采用片石混凝土、混凝土进行整体浇筑。

8.3.1　挡土墙的选型

重力式挡土墙由墙身和基础组成，也可以不设基础。墙胸一般为平面，而墙背主要根据地形条件和挡土墙所处位置，可以做成仰斜、垂直、俯斜、凸形折线和衡重式等型式，如图 8.2 所示。

断面形式的选择主要从挡土墙稳定性、开挖回填量少和经济等方面考虑。在其他条件相同时，仰斜式挡土墙所受的主动土压力小、断面尺寸小，且墙背的倾斜方向与开挖、回填边坡的方向大体一致，开挖回填量也小，比较经济。当地面横坡较陡时，宜选用俯斜式挡土墙，利用垂直的墙面减小墙高。但俯斜式挡土墙所受的主动土压力较大，故其墙背可以设计成台阶形，以增加墙背与填料之间的摩擦力，提高墙体的整体稳定性，如图 8.9 所示。

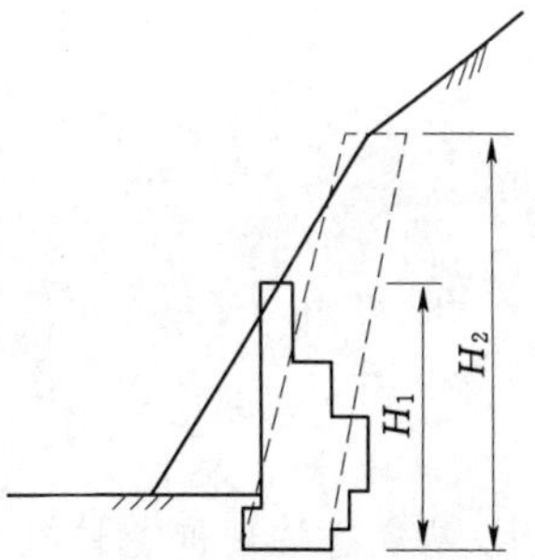

凸形墙背系将仰斜式挡土墙的上部改为俯斜，以减少上部断面尺寸［图 8.2（d）］，多用于路堑挡土墙，也可用于路肩挡土墙。

图 8.9　墙背形式与墙高的关系
H_2—仰斜式墙高；H_1—俯斜式墙高（台阶）

衡重式挡土墙在上下墙背间设置衡重台，利用衡重台上填土的重量来增加墙体的稳定性（图 8.2）。因墙面较陡，可以减少墙高，多用于山区地形陡峻段的路肩墙和路堤墙，也可用于路堑墙。

8.3.2　挡土墙的构造

1. 顶面宽度

顶面宽度一般为 $H/12$（H 为垂直墙高），毛石挡土墙的顶宽不宜小于 400mm，混凝土挡土墙的顶宽不宜小于200mm。

2. 墙面和墙背的坡率

重力式挡土墙的墙胸坡度应与墙背坡度相协调,同时还应考虑墙趾处的地面横坡。

墙胸坡度直接影响墙体高度,当墙前地面横坡较陡时,墙面坡度一般采用1:0.05～1:0.2或直立,以利于争取高度;墙前地面横坡较缓时,一般采用1:0.2～1:0.3,中-高挡墙的墙面坡度宜放缓,但不宜小于1:0.4;衡重式挡土墙一般采用垂直的墙胸。

俯斜式墙背坡度常采用1:0.25～1:0.4;仰斜式墙背坡度,不宜小于1:0.25。衡重式挡土墙的上、下墙高度之比,多采用2:3较为合理,上墙墙背坡度一般为1:0.25～1:0.4,下墙背坡度一般为1:0.25左右。此外,同一地段的挡土墙,其断面形式不宜太多以免造成施工困难,并影响外观。

3. 埋置深度

挡土墙的埋置深度 d 是指最浅处的墙趾底至地面的垂直距离(图8.10)。

埋置深度需考虑不同的地基要求:土质地基中不宜小于0.5m;软弱地基需将基础加宽加深;冻土地基应埋置在冻土层以下0.25m处,但是若地基为中砂以上粗粒土,则埋置深度与冻土层深度无关;基底为风化岩层时,需将其全部挖除,并加挖0.15～0.25m,然后再设置挡墙基础;软岩中的挡墙埋置深度不宜小于0.3m;基底为基岩时,挡墙嵌入岩层的深度 d 和宽度 l 需满足规定值。

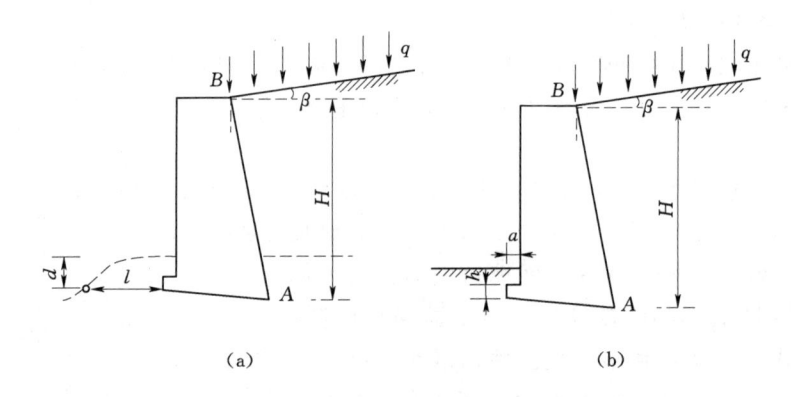

图8.10 重力式挡土墙的埋置深度、墙底结构
(a) 埋置深度;(b) 墙底结构

4. 基底逆坡坡度、墙趾台阶

当墙身高度超过一定限度时,基底压应力往往是控制截面尺寸的重要因素。为使基底压力不超过地基承载力,可以在墙底加设墙趾台阶,也有利于挡土墙的抗倾覆稳定性。墙趾的高度与宽度之比,应按材料的刚性角确定,墙趾台阶连线与竖直线之间的夹角 θ 应为:石砌挡土墙,$\theta \leqslant 35°$;混凝土挡土墙,$\theta \leqslant 45°$。

一般墙趾宽度 a 不大于墙高的1/20,也不应小于0.1m;墙趾高度 h 按刚性角确定,但不宜小于0.4m[图8.10(b)]。

为了增加挡土墙的抗滑稳定性,可在基底设置逆坡。土质地基的基底逆坡坡度不宜大于1:10;岩石地基的基底逆坡坡度,不宜大于1:5。

5. 沉降缝与伸缩缝

为避免因地基不均匀沉降而引起墙身开裂，应按地质条件的变化和墙高、墙身断面的变化情况设置沉降缝。同时为了防止圬工砌体因收缩硬化和温度变化而产生裂缝，还应设置伸缩缝。在设计中一般将沉降缝和伸缩缝合并设置，如图 8.11 所示。

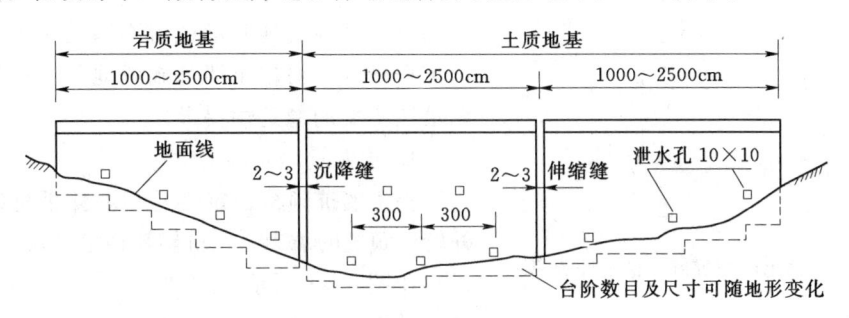

图 8.11 沉降缝与伸缩缝的设置

应沿墙长一定间距及与其他建筑物连接处设置伸缩缝，重力式挡土墙伸缩缝间距宜为 10~15m；挡土墙高度突变或基底地质、水文情况变化处，均应设沉降缝；挡土墙在平面按折线布置时，宜在转折处设置沉降缝；挡墙与其他建筑物衔接处，需设置沉降缝。沉降缝、伸缩缝的缝宽为 2cm，嵌填柔性防水材料。

6. 排水设施

为防止地表水下渗而导致墙后积水形成静水压力，或减少寒冷地区回填土的冻胀压力等，挡墙墙身应设置排水措施。通常在墙身适当高度处布置一排或多排泄水孔，泄水孔尺寸不小于 100mm，排水孔向墙外坡度不小于 5%，排水孔间距 2~3m。最下排泄水孔高出地面或侧沟水位 0.3m，浸水挡土墙的泄水孔高出常水位 0.3m。为防止水分渗入地基，最下排泄水孔的进口侧下部铺设隔水层。

为防止泄水孔淤塞，应在泄水孔的进口侧设置厚度不小于 0.4m 的粗粒料反滤层，如粗砂、卵石、碎石等。当墙背回填土透水性能不良或可能发生冻胀时，应在最低一排泄水孔至墙顶以下 0.5m 的范围内，填筑厚度不小于 0.4m 的砂卵石层（图 8.12）。

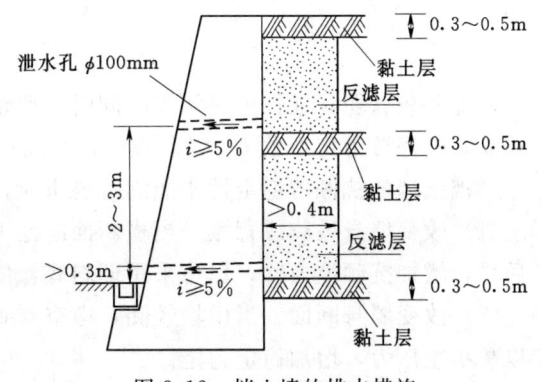

图 8.12 挡土墙的排水措施

8.3.3 挡土墙的设计计算

重力式挡土墙的设计内容包括：

（1）根据现场的实际情况，进行挡土墙的墙体材料、墙体型式和基础埋置深度的选择。

（2）参考重力式挡土墙的构造要求，初步拟定墙身各部位的结构尺寸。

（3）计算作用于挡土墙上的荷载，其中包括土压力的计算。

(4) 验算在各种荷载的组合力系作用下，挡土墙沿基底的滑动稳定性、绕墙趾的倾覆稳定性、地基承载力和墙身截面强度验算。

当基底以下存在软弱下卧层时，还应验算其滑动稳定性。当地基承载力不满足要求时，应采取工程措施，对挡土墙基础或地基进行处理，以满足挡土墙的稳定性要求。

1. 抗倾覆稳定性验算

挡土墙抗倾覆稳定性是指墙体抵抗绕墙趾向外转动倾覆的能力，用抗倾覆稳定系数 K_t 表示。

如图 8.13 所示，主动土压力 E_a 与墙背法线夹角为 δ，与水平面夹角为 $90°-\alpha+\delta$，其水平分力 E_{ax}、垂直分力 E_{az}，以及绕墙趾 O 点的力臂 z_f、x_f 计算式如下：

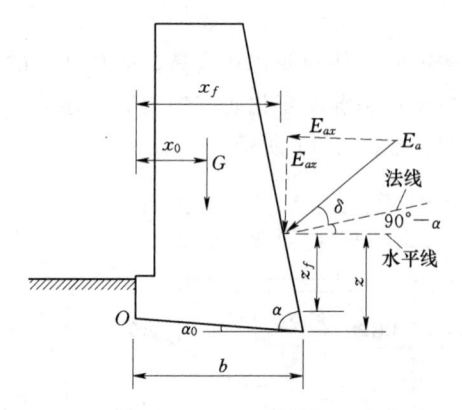

图 8.13 挡土墙的抗倾覆稳定性验算

$$E_{ax}=E_a\sin(\alpha-\delta); \quad z_f=z-b\tan\alpha_0 \tag{8.7}$$

$$E_{az}=E_a\cos(\alpha-\delta); \quad x_f=b-z\cot\alpha \tag{8.8}$$

抗倾覆稳定系数 K_t 为

$$K_t=\frac{Gx_0+E_{az}x_f}{E_{ax}z_f}\geqslant 1.6 \tag{8.9}$$

α 为墙背与水平面的夹角，当墙背垂直，即 $\alpha=90°$；α_0 为基础底面与水平面的夹角，当基底水平，即 $\alpha_0=0$ 时，有

$$E_{ax}=E_a\cos\delta; \quad z_f=z \tag{8.10}$$

$$E_{az}=E_a\sin\delta; \quad x_f=b \tag{8.11}$$

若地基较软弱，在挡土墙倾覆的同时，墙趾可能陷入土中，因而力矩中心（墙趾）向内移动，抗倾覆稳定系数 K_t 将会降低，因此在采用式（8.9）时要考虑地基土的压缩性。

当挡土墙的抗倾覆稳定性不能满足要求时，可以采取如下措施：

（1）改变墙身坡胸或背坡。当横断面净空不受限制，地面较平缓，可放缓胸坡使墙重心后移，增加抗倾覆力臂；也可采用仰斜式，以减小土压力。

（2）改变墙身断面。当横坡较陡，净空受到限制时，可采用衡重式或卸载平台式挡土墙以减小土压力，增加稳定力矩。

（3）墙趾加宽。可以直接增加稳定力矩，是常用的方法；但墙趾的宽度要满足刚性角的要求，当墙趾较宽时可采用钢筋混凝土基础板。

2. 抗滑移稳定性验算

挡土墙抗滑移稳定性是指基底摩擦阻力抵抗墙体沿基底滑移的能力，用抗滑稳定性系数 K_s 表示。

图 8.14 中符号意义如前，将主动土压力 E_a、挡土墙重力 G，各分解为平行和垂直于基底的两个分力：

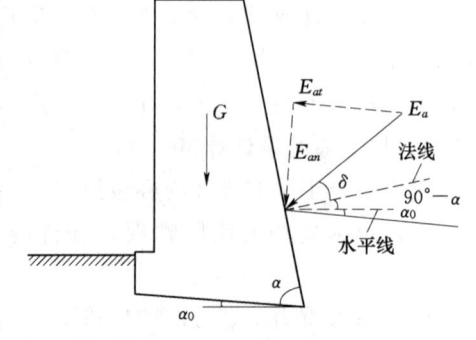

图 8.14 挡土墙的抗滑移稳定性验算

8.3 重力式挡土墙设计

$$E_{an}=E_a\cos(\alpha-\alpha_0-\delta)\ ;\quad E_{at}=E_a\sin(\alpha-\alpha_0-\delta) \tag{8.12}$$

$$G_n=G\cos\alpha_0\ ;\quad G_t=G\sin\alpha_0 \tag{8.13}$$

式中：E_{an}、E_{at} 分别为 E_a 垂直于基底、沿基底的分力；G_n、G_t 分别为 G 垂直于基底、沿基底的分力。

抗滑移稳定性系数 K_s 为

$$K_s=\frac{(G_n+E_{an})\mu}{E_{at}-G_t}\geqslant 1.3 \tag{8.14}$$

当墙背垂直，即 $\alpha=90°$；基底水平，即 $\alpha_0=0$ 时，有

$$E_{an}=E_a\sin\delta\ ;\quad E_{at}=E_a\cos\delta \tag{8.15}$$

$$G_n=G\ ;\quad G_t=0 \tag{8.16}$$

式中：μ 为挡土墙基底对地基的摩擦系数，由试验确定，当无试验资料时可以参考表 8.3 选用。

表 8.3　　　　　　　　挡土墙基底对地基的摩擦系数 μ 值

土的类别		摩擦系数 μ
黏性土	可塑	0.25～0.30
	硬塑	0.30～0.35
	坚硬	0.35～0.45
粉土		0.30～0.40
中砂、粗砂、砾砂		0.40～0.50
碎石土		0.40～0.60
岩石	软质岩	0.40～0.60
	表面粗糙的硬质岩	0.65～0.75

对于软土地基，由于超载等因素，还可能出现沿地基中某一曲面滑动，对于这种情况，应采用圆弧法进行地基稳定性验算。

为了增加挡土墙的抗滑移稳定性，基底可以设置成逆坡；也可以做成凸榫基础，即在挡土墙底部设置阻滑键。

3. 地基承载力验算

挡土墙地基承载力验算与一般偏心受压基础的验算方法相同，先求出作用在基底上的合力及合力的作用点位置。

将主动土压力 E_a、挡土墙重力 G 各分解为平行、垂直于基底面的分力：

$$E_n=E_{an}+G_n=E_a\cos(\alpha-\alpha_0-\delta)+G\cos\alpha_0 \tag{8.17}$$

$$E_t=E_{at}-G_t=E_a\sin(\alpha-\alpha_0-\delta)-G\sin\alpha_0 \tag{8.18}$$

E_n 距墙趾 O 点的距离 c 为

$$E_n c=Gx_0+E_{ax}x_f-E_{ax}z_f$$

$$c=\frac{Gx_0+E_{ax}x_f-E_{ax}z_f}{E_a\cos(\alpha-\alpha_0-\delta)+G\cos\alpha_0} \tag{8.19}$$

偏心距 e 为

$$e=\frac{b'}{2}-c=\frac{b}{2\cos\alpha_0}-c \tag{8.20}$$

偏心距 e 不应大于 $0.25b$。当 $e \leqslant b'/6$ 时，基底压力呈梯形或三角形分布。

$$p_{\min}^{\max} = \frac{E_n}{b'}\left(1 \pm \frac{6e}{b'}\right) \leqslant 1.2f_a \tag{8.21a}$$

$$\bar{p} = \frac{1}{2}(p_{\max} + p_{\min}) \leqslant f_a \tag{8.21b}$$

当 $e > b'/6$ 时，基底压力呈三角形分布。

$$p_{\max} = \frac{2E_n}{3c} \leqslant 1.2f_a \tag{8.22}$$

式中：f_a 为修正后的地基承载力特征值，当基底倾斜时，对于土质地基应乘以 0.9 的折减系数。

当地基承载力不能满足要求时，可以增大基底的宽度。

4. 墙身强度验算

墙身截面强度验算是为了保证墙身具有足够的强度。对于一般挡土墙，可取 1~2 个控制截面进行检算，如墙身底部、1/2 墙高处、上下墙（凸形及衡重式墙）

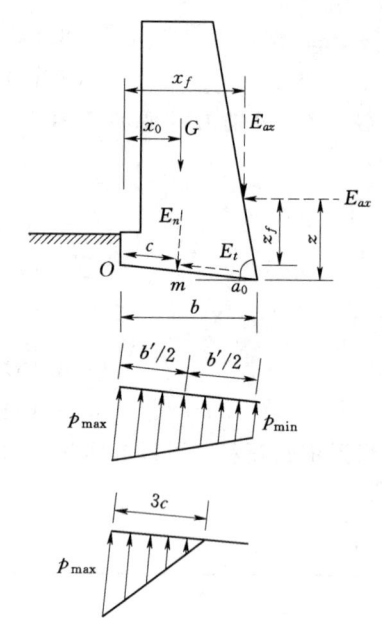

图 8.15 挡土墙的地基承载验算

交界处，如图 8.16 中 1-1、2-2、3-3 截面所示。

如图 8.17 所示取截面 Ⅰ-Ⅰ，首先计算墙高为 h'_r 时的土压力 E'_a、墙身重力 G'，用前面方法计算出 E_n 及合力点 c，然后按砌体受压公式进行验算。

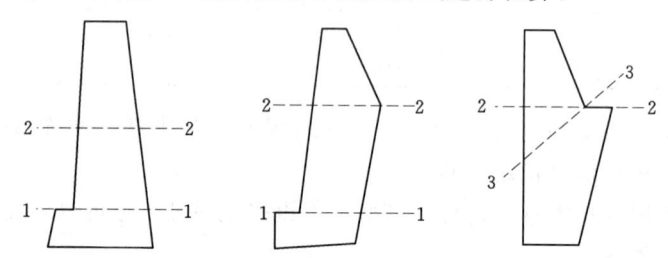

图 8.16 验算截面的选择

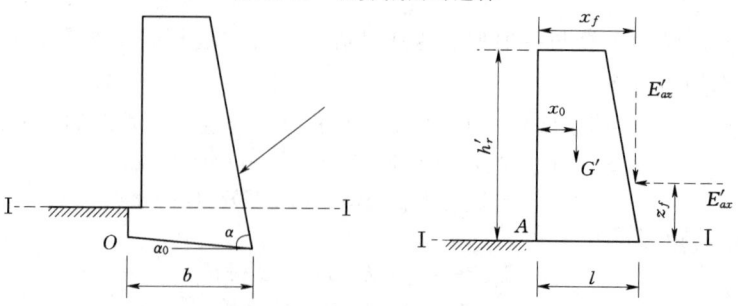

图 8.17 墙身强度验算

将主动土压力 E'_a、挡土墙重力 G' 各分解为平行、垂直于 Ⅰ-Ⅰ 面的分力：

$$E_n = E'_{az} + G' = E'_a \cos(\alpha - \delta) + G' \tag{8.23}$$

$$E_t = E'_{ax} = E'_a \sin(\alpha - \delta) \tag{8.24}$$

8.3 重力式挡土墙设计

E_n 距 A 点的距离 c 为

$$E_n c = G' x_0 + E'_{az} x_f - E'_{ax} z_f$$

$$c = \frac{G' x_0 + E'_{az} x_f - E'_{ax} z_f}{E'_a \cos(\alpha - \delta) + G'} \tag{8.25}$$

偏心距为

$$e_k = \frac{l}{2} - c \tag{8.26}$$

(1) 抗压验算。

$$N = E_n \leqslant \gamma_a \varphi A f \tag{8.27}$$

式中：N 为由设计荷载产生的纵向力；γ_a 为构件的设计抗力调整系数，取 $\gamma_a = 1.0$；A 为计算截面面积，取 1m 长度；f 为砌体抗压强度设计值；φ 为纵向力影响系数，根据砂浆强度等级、β、e/h 查表求得，其中 β 为高厚比，$\beta = 2h'_r / h$ （h 为墙的平均厚度）。在求 φ 时，先对 β 值乘以砌体系数，对粗料石和毛石砌体取 1.5。

e 为纵向力的计算偏心距，$e = e_k + e_a$；e_k 为标准荷载产生的偏心距，e_a 为附加的偏心距，$e_a = \frac{h'_r}{300} \leqslant 20\text{mm}$。

(2) 抗剪验算。

$$Q = E_t \leqslant \gamma_a (f_v + 0.18\sigma_u) A \tag{8.28}$$

式中：Q 为设计荷载产生的水平荷载；f_v 为砌体设计抗剪强度；σ_u 为恒载标准值产生的平均压应力。

5. 抗震验算

计算地震区挡土墙时需要考虑两种情况，即有地震时的挡土墙和无地震时的挡土墙。由于在考虑地震附加组合时，允许的安全系数降低，计算出的墙截面可能比无地震时的要小，因此应选用其中截面较大者。

(1) 抗倾覆验算 (图 8.18)。

$$K_t = \frac{G x_0 + E_{az} x_f}{E_{ax} z_f + F z_w} \geqslant 1.2 \tag{8.29}$$

(2) 抗滑移验算 (图 8.19)。

$$K_s = \frac{(G_n + E_{an} + F \sin\alpha_0) \mu}{E_{at} - G_t + F \cos\alpha_0} \geqslant 1.1 \tag{8.30}$$

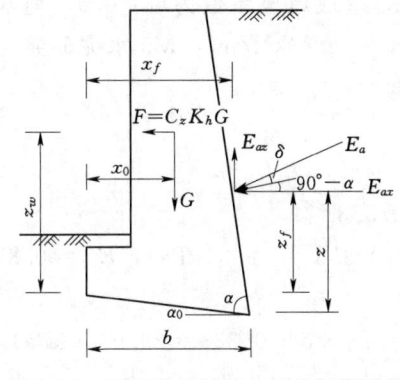

图 8.18 地震作用下挡土墙抗倾覆验算 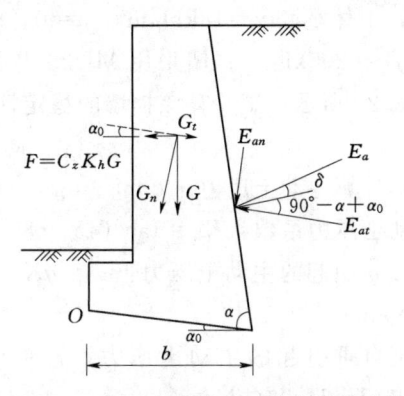　　图 8.19 地震作用下挡土墙抗滑移验算

第8章 挡土墙设计

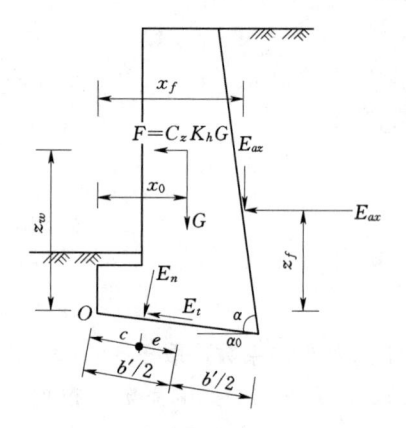

(3) 地基承载力验算 (图 8.20)。当基底合力的偏心距 $e \leqslant b'/6$ 时：

$$p_{\max} = \frac{N + F\sin\alpha_0}{b'}\left(1 + \frac{6e}{b'}\right) \leqslant 1.2 f_a \quad (8.31a)$$

$$\bar{p} = \frac{N + F\sin\alpha_0}{b'} \leqslant f_a \quad (8.31b)$$

当基底合力的偏心距 $e > b'/6$ 时：

$$p_{\max} = \frac{2(N + F\sin\alpha_0)}{3c} \leqslant 1.2 f_a \quad (8.32)$$

图 8.20 挡土墙地基承载力验算

式中

$$c = \frac{Gx_0 + E_{az}x_f - E_{ax}z_f - Fz_w}{N + F\sin\alpha_0}$$

$$N = E_n = E_a\cos(\alpha - \alpha_0 - \delta) + G\cos\alpha_0$$

(4) 墙身强度验算 (图 8.21)。抗压验算：

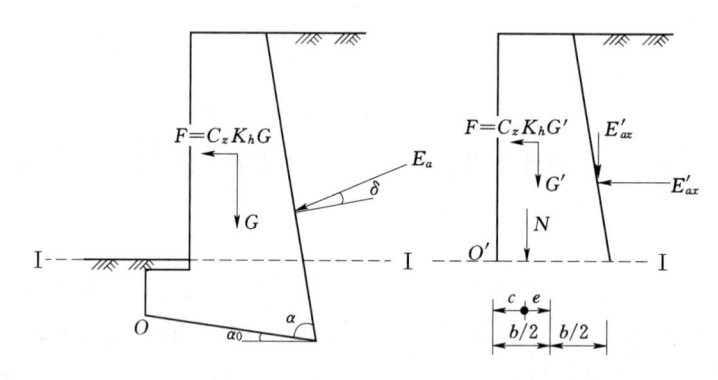

图 8.21 挡土墙墙身强度验算

$$N \leqslant \gamma_a \varphi A f \quad (8.33)$$

抗剪验算：

$$Q \leqslant \gamma_a (f_v + 0.18\sigma_u) A \quad (8.34)$$

注意：计算 Q 时，要考虑地震力 F。

【例 8.1】 挡土墙高 $H = 5\text{m}$，墙背垂直光滑，填土面水平，作用无限均布荷载 $q = 2.5\text{kPa}$，土体重度 $\gamma = 18\text{kN/m}^3$，$c = 0$，$\varphi = 30°$，基底摩擦系数为 $\mu = 0.5$，地基承载力特征值 $f_a = 200\text{kPa}$。挡墙采用 MU20 毛石砌筑，$\gamma_k = 22\text{kN/m}^3$，M5 水泥砂浆，截面尺寸如图 8.22 所示。试验算该挡墙的稳定性及强度。

解：

(1) 计算主动土压力。

主动土压力系数：$K_a = \tan^2(45° - 30°/2) = 0.333$

超载 q 引起的主动土压力：$\sigma_a = qK_a = 2.5 \times 0.333 = 0.833(\text{kPa})$，$E_{a1} = 0.833 \times 5 = 4.17(\text{kN/m})$

填土自重引起的主动土压力：$\sigma_a = \gamma H K_a = 18 \times 5 \times 0.333 = 29.97\ (\text{kPa})$，$E_{a2} = 29.97 \times 5/2 = 74.93(\text{kN/m})$

8.3 重力式挡土墙设计

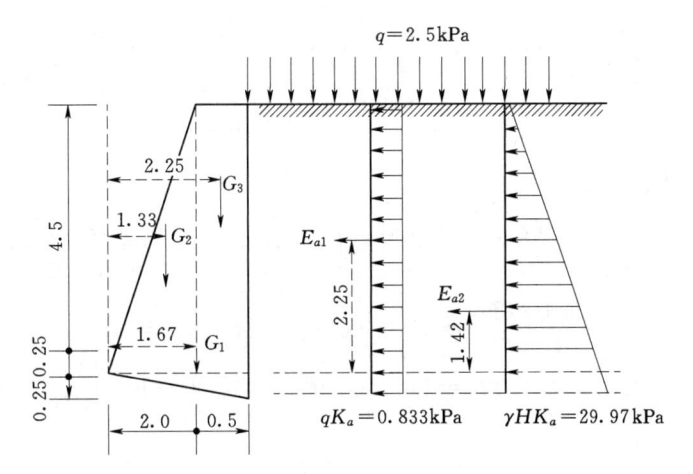

图 8.22 [例 8.1] 图 1

(2) 计算挡墙自重。

$$G_1 = \frac{1}{2} \times 2.5 \times 0.25 \times 22 = 6.875 (\text{kN/m})$$

$$G_2 = \frac{1}{2} \times 2 \times 4.75 \times 22 = 104.5 (\text{kN/m})$$

$$G_3 = 0.5 \times 4.75 \times 22 = 52.25 (\text{kN/m})$$

(3) 抗倾覆验算。

$$K_t = \frac{6.875 \times 1.67 + 104.5 \times 1.33 + 52.25 \times 2.25}{4.17 \times 2.25 + 74.93 \times 1.42} = \frac{268.029}{115.78} = 2.314 > 1.6, 满足要求。$$

(4) 抗滑移验算。

$$\tan\alpha_0 = \frac{0.25}{2.5} = 0.1; \sin\alpha_0 = 0.0995; \cos\alpha_0 = 0.995$$

$$E_{a1t} = E_{a1}\cos\alpha_0 = 4.17 \times 0.995 = 4.149 (\text{kN/m})$$

$$E_{a1n} = E_{a1}\sin\alpha_0 = 4.17 \times 0.0995 = 0.415 (\text{kN/m})$$

$$E_{a2t} = E_{a2}\cos\alpha_0 = 74.93 \times 0.995 = 74.555 (\text{kN/m})$$

$$E_{a2n} = E_{a2}\sin\alpha_0 = 74.93 \times 0.0995 = 7.456 (\text{kN/m})$$

$$\sum G = G_1 + G_2 + G_3 = 6.875 + 104.5 + 52.25 = 163.625 (\text{kN/m})$$

$$G_t = \sum G \sin\alpha_0 = 163.625 \times 0.0995 = 16.281 (\text{kN/m})$$

$$G_n = \sum G \cos\alpha_0 = 163.625 \times 0.995 = 162.81 (\text{kN/m})$$

$$K_s = \frac{(162.81 + 0.415 + 7.456) \times 0.5}{4.149 + 74.555 - 16.281} = 1.367 > 1.3$$

满足要求。

(5) 地基承载力验算。

$$E_n = E_{an} + G_n = 0.415 + 7.456 + 162.81 = 170.681 (\text{kN/m})$$

$$E_t = E_{at} - G_t = 4.149 + 74.555 - 16.281 = 62.423 (\text{kN/m})$$

$$c = \frac{268.029 - 115.78}{170.681} = 0.892 (\text{m})$$

$$e=\frac{b/\cos\alpha_0}{2}-c=\frac{2.5/0.995}{2}-0.892=0.364(\mathrm{m})$$

$$e=0.364\leqslant\frac{b'}{6}=\frac{2.5/0.995}{6}=0.418(\mathrm{m})$$

基底压力呈梯形分布：

$$\left.\begin{array}{c}p_{\max}\\p_{\min}\end{array}\right\}=\frac{E_n}{b'}\left(1\pm\frac{6e}{b'}\right)=\frac{170.681}{2.513}\times\left(1.0\pm\frac{6\times0.364}{2.513}\right)=\frac{126.95}{8.892}(\mathrm{kPa})$$

$$\bar{p}=\frac{126.95+8.892}{2}=67.921<f_a=200\times0.9=180(\mathrm{kPa})$$

$$p_{\max}=126.95\leqslant1.2f_a=1.2\times(0.9\times200)=216(\mathrm{kPa})$$

满足要求。

(6) 墙身强度验算。如图 8.23 所示，取截面 Ⅰ-Ⅰ（距墙顶 3.0m）：超载 q 引起的主动土压力 E'_{1a} 和填土引起的主动土压力 E'_{a2}，以及墙身重力 G'_2、G'_3 的计算结果如下：

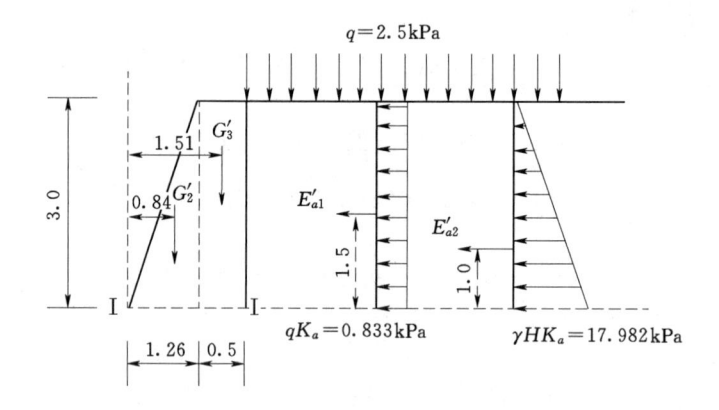

图 8.23　[例 8.1] 图 2

$$E'_{a1}=0.833\times3=2.499(\mathrm{kN/m})$$

$$E'_{a2}=\frac{1}{2}\times17.982\times3=26.973(\mathrm{kN/m})$$

$$G'_2=\frac{1}{2}\times1.26\times3\times22=41.58(\mathrm{kN/m})$$

$$G'_3=0.5\times3\times22=33.0(\mathrm{kN/m})$$

$$c=\frac{G'x_0+E'_{az}x_f-E'_{ax}z_f}{E'_a\cos(\alpha-\delta)+G'}=\frac{41.58\times0.84+33\times1.51-2.499\times1.5-26.973\times1}{41.58+33}=0.72(\mathrm{m})$$

$$e_k=\frac{l}{2}-c=\frac{1.76}{2}-0.72=0.16(\mathrm{m})$$

1) 抗压验算。

设计荷载　　　　$N=\gamma_G(G'_2+G'_3)=1.2\times74.58=89.5(\mathrm{kN/m})$

墙身平均厚度 $\bar{h}=\dfrac{0.5+1.76}{2}=1.13$ (m)，结构的重要性系数取 $\gamma_0=1.0$，计算截面

面积 $A=1\times1.76=1.76$ （m²）。毛石强度等级为 MU20，M5 砂浆，毛石砌体的抗压强度设计值为 $f=0.51\text{MPa}=510\text{kPa}$。

毛石砌体的高厚比为 $$\beta=\gamma_\beta\frac{H_0}{h}=\gamma_\beta\frac{2H}{h}=1.5\times\frac{2\times3}{1.13}=7.965$$

$\beta>3$ 时，纵力影响系数 φ 计算如下：

$$\frac{e}{h}=\frac{0.16}{1.76}=0.0909,\text{M5 砂浆取 }\alpha=0.0015,\varphi_0=\frac{1}{1+\alpha\beta^2}=\frac{1}{1+0.0015\times7.965^2}=0.9131$$

$$\varphi=\frac{1}{1+12\left[\frac{e}{h}+\sqrt{\frac{1}{12}\left(\frac{1}{\varphi_0}-1\right)}\right]^2}=\frac{1}{1+12\times\left[0.0909+\sqrt{\frac{1}{12}\left(\frac{1}{0.9131}-1\right)}\right]^2}=0.7201$$

$\gamma_0\varphi Af=1.0\times0.7201\times1.76\times510=646.36(\text{kN})>N=89.5\text{kN}$，满足要求。

2）抗剪强度检算。

设计荷载 $V=\gamma_G E'_{a2}+\gamma_Q E'_{a1}=1.2\times26.973+1.4\times2.499=35.87(\text{kN/m})$

M5 水泥砂浆，毛石砌体抗剪强度取 $f_v=0.16\text{MPa}=160\text{kPa}$

恒载标准值产生的平均压应力 $\sigma_0=\frac{N}{A}=\frac{G'_2+G'_3}{A}=\frac{74.58}{1.76}=42.375$ （kPa）

$\gamma_G=1.2$，取 $\alpha=0.6$，$\mu=0.26-0.082\frac{\sigma_0}{f}=0.26-0.082\times\frac{42.375}{510}=0.2532$

$\gamma_0(f_v+\alpha\mu\sigma_0)A=1.0\times(160+0.6\times0.2532\times42.375)\times1.76=292.93(\text{kN})>V\times1\text{m}=35.87\text{kN}$

满足要求。

8.4 悬臂式挡土墙设计

悬臂式挡土墙属于钢筋混凝土薄壁式结构，墙高一般大于 5m，截面常设计成 L 形，如图 8.3 所示。悬臂式挡土墙主要依靠墙身自重和墙底板以上填筑土体的重量来维持挡土墙的稳定性。悬臂式挡土墙的主要设计内容包括：根据现场实际情况进行挡土墙墙体型式、基础埋置深度选择；根据构造要求初拟墙身各部位的结构尺寸；计算作用于挡土墙的荷载；验算在各种荷载的组合力系作用下挡土墙的稳定性；进行墙身截面强度验算和地基承载力验算。

8.4.1 构造要求

悬臂式挡土墙由立壁和墙底板组成（图 8.24）。

(1) 立壁。立壁为锚固于墙底板上的悬臂板，主要承受作用于墙背上的土压力所引起的弯曲应力，为了节约混凝土材料，通常做成上小下大的变截面［图 8.24（a）］。立壁内侧一般做成竖直面，墙面坡度一般为 1∶0.02～1∶0.05，墙身高度大时取大值。如果挡土墙高度较小，立壁板也可以做成等厚度。墙身顶面最小宽度宜为 200mm。如果墙高大于 6m，宜加扶壁。

(2) 底板。墙底板一般设置为水平，可做成变厚度板，以节约混凝土，有利于排水。底板厚度宜与墙身下端相等，立壁与底板连接处可设置支托［图 8.24（b）］。底板宽度 b

按整体稳定性条件确定，一般取 $(0.6\sim0.8)H$ （H 为墙高），底板由墙趾板和墙踵板组成：墙踵板底面水平，顶面倾斜，长度由抗滑移稳定性控制，根部厚度一般取 $(1/12\sim1/10)$ 墙踵板长度，端部厚度不应小于 200mm；墙趾板长度由抗倾覆稳定、基底压力和偏心距大小等条件控制，一般可以取 $0.15b\sim0.3b$，趾板与立壁连接处的厚度与踵板相同，宜设置成向下倾斜的坡度，端部厚度不应小于 200mm。

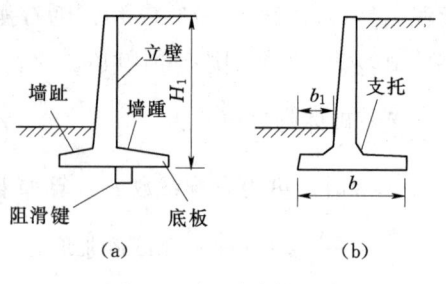

图 8.24 悬臂式挡土墙

（3）阻滑键。为了提高挡土墙的抗滑移能力，底板有时设置阻滑键[图 8.24（a）]，其高度应保证阻滑键前的土体不被挤出，厚度应满足阻滑键的直剪强度，但不应小于 0.3m。

（4）配筋。一般情况下墙身混凝土强度等级不宜低于 C25，受力钢筋直径不应小于 12mm，间距不应大于 0.25m。

墙趾板上缘、墙踵板下缘，应对应配置不小于 50% 主筋面积的构造钢筋。挡土墙外侧墙面应配置分布钢筋，直径不应小于 8mm，每米墙高需配置的钢筋总面积不宜小于 500mm²，钢筋间距不应大于 300mm。

混凝土保护层厚度不应小于 25mm，立壁钢筋的净保护层厚度不应小于 35mm，底板钢筋的净保护层厚度不小于 40mm，无垫层时不小于 70mm。

（5）泄水孔。通常在墙身中每隔 2~3m 设置一个 100~150mm 孔径的泄水孔，墙后设置滤水层，墙后地面宜铺筑黏土隔水层。

（6）伸缩缝。一般每隔 10~15m 设置一道伸缩缝，伸缩缝的设置同重力式挡土墙。当墙面较长时，可以分段施工以减小收缩影响。

（7）填土。墙后填筑应在墙身混凝土强度达到设计强度的 70% 之后进行。填土应分层夯实，反滤层应在填筑过程中及时施工；在严寒气候条件下有冻胀可能时，最好以炉渣填充。

8.4.2 设计计算

悬臂式挡土墙的设计计算内容包括：土压力、立壁内力及配筋、底板内力及配筋，以及挡土墙稳定性验算、地基承载力验算等。一般情况下，可取单位墙长（1 延米）为计算单元。

1. 墙身内力和配筋计算

墙身（立壁）按固定在底板上的悬臂梁进行计算，墙身截面设计时可以不计自重，仅计入主动土压力的水平分量。

过立壁端部截取 I—I 断面[图 8.25（a）]，墙身高度为 H。墙背土压力包括由超载 q 引起的土压力 $E_{a1}=qHK_a$ 和由填土自重引起的土压力 $E_{a2}=\dfrac{1}{2}\gamma H^2 K_a$，如图 8.25（b）所示。

墙身下端的设计弯矩值为

$$M=\gamma_0\left(\gamma_G E_{a2}\dfrac{H}{3}+\gamma_Q E_{a1}\dfrac{H}{2}\right) \tag{8.35}$$

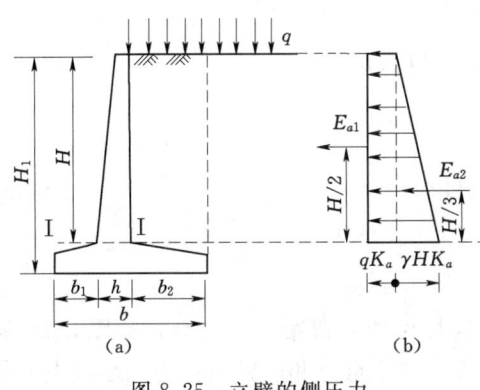

8.4 悬臂式挡土墙设计

式中:γ_0 为结构重要性系数,按有关规范的规定采用,但 $\gamma_0 \geqslant 1.0$; γ_G 为墙后填土的荷载分项系数,$\gamma_G = 1.2$; γ_Q 为填土面均布活载 q 的荷载分项系数,$\gamma_Q = 1.4$。

受力钢筋的面积为

$$A_s = \frac{M}{\gamma_s f_y h_0} \tag{8.36}$$

式中:A_s 为受拉钢筋截面面积;γ_s 为系数,与受压区相对高度有关,可预先算出;f_y 受拉钢筋设计强度;h_0 为截面的有效高度,此时钢筋保护层厚度应取 30mm。

图 8.25 立壁的侧压力

由式(8.35)算得的弯矩是墙身底端的嵌固弯矩,也是墙身的最大弯矩。随着沿墙身高度方向自下而上的土压力减小,弯矩也是逐渐减小的,至顶部弯矩为零。因此可将墙身厚度和配筋沿墙高由下而上逐渐减小,根据墙顶最小宽度(200mm),仅将底部钢筋的 1/3～1/2 升至顶部,其余的钢筋可交替在墙中部的一处或两处切断。

另外,需注意墙身受力钢筋配置在墙背(受拉侧),水平分布钢筋与受力钢筋绑扎在一起形成一个钢筋网片,分布钢筋可采用 Φ10@300。若墙身较厚,可以在墙面侧(受压侧)配置构造钢筋网片 Φ10@300,配筋率不小于 0.2%。

2. 地基承载力验算

墙身截面尺寸及配筋确定后,可以根据构造要求初步拟定底板截面尺寸,包括:底板宽度 b、墙趾板宽度 b_1、墙踵板宽度 b_2、底板与立壁连接处的厚度 h[图 8.26(a)]一般与立壁板底端厚度相同。然后根据所拟定的尺寸计算墙身重力 G_1、底板重力 G_2、墙踵板上填土重力 G_3、墙踵板宽度范围内的活载 G_4,以及超载 q 和填土产生的主动土压力分别为 E'_{a1} 和 E'_{a2} [图 8.26(a)、(b)]。

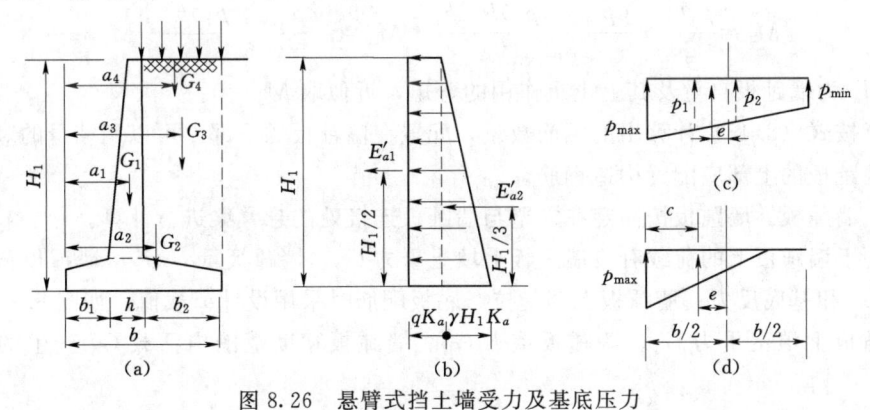

图 8.26 悬臂式挡土墙受力及基底压力

基底合力的偏心距 e 为[图 8.26(c)]

$$e = \frac{b}{2} - \frac{(G_1 a_1 + G_2 a_2 + G_3 a_3 + G_4 a_4) - E'_{a1} \frac{H_1}{2} - E'_{a2} \frac{H_1}{3}}{G_1 + G_2 + G_3 + G_4} \tag{8.37}$$

当 $e \leqslant b/6$ 时，基底压力呈梯形或三角形分布 [图 8.26 (c)]：

$$\left.\begin{array}{r}p_{\max}\\p_{\min}\end{array}\right\}=\frac{\sum G_i}{b}\left(1\pm\frac{6e}{b}\right)\leqslant 1.2f_a;\ \overline{p}\leqslant f_a \tag{8.38}$$

当 $e>b/6$ 时，基底压力呈三角形分布 [图 8.26 (d)]：

$$p_{\max}=\frac{2\sum G_i}{3c}\leqslant 1.2f_a \tag{8.39}$$

式中：f_a 为修正后的地基承载力特征值。

3. 底板的内力和配筋

（1）墙趾板。墙趾板按固定在立壁与墙踵板连接处的悬臂梁进行计算，如图 8.26 所示。作用于墙趾板上的荷载有：基底反力、墙趾板上填土重力和墙趾板重力。墙趾板下部受拉，配筋时采用设计荷载值。

与式（8.37）不同，此时底板上合力的偏心距需考虑分项系数：

$$e=\frac{b}{2}-\frac{(G_1a_1+G_2a_2+G_3a_3)\gamma_G+(G_4a_4)\gamma_Q-\left(E'_{a1}\dfrac{H_1}{2}+E'_{a2}\dfrac{H_1}{3}\right)}{(G_1+G_2+G_3)\gamma_G+G_4\gamma_Q} \tag{8.40}$$

式中：γ_G 为墙后填土的荷载分项系数，$\gamma_G=1.2$；γ_Q 为墙踵板宽度范围内的活载的荷载分项系数，$\gamma_Q=1.4$。

当 $e\leqslant b/6$ 时，基底压力呈梯形或三角形分布：

$$\left.\begin{array}{r}p_{\max}\\p_{\min}\end{array}\right\}=\frac{(G_1+G_2+G_3)\gamma_G+G_4\gamma_Q}{b}\left(1\pm\frac{6e}{b}\right) \tag{8.41}$$

当 $e>b/6$ 时，基底压力呈三角形分布：

$$p_{\max}=\frac{2}{3c}[(G_1+G_2+G_3)\gamma_G+G_4\gamma_Q] \tag{8.42}$$

墙趾板的嵌固弯矩设计值为

$$M_1=\frac{p_1b_1^2}{2}+\frac{(p_{\max}-p_1)b_1}{2}\frac{2b_1}{3}-M_a=\frac{(2p_{\max}+p_1)b_1^2}{6}-M_a \tag{8.43}$$

式中：M_a 为墙趾板自重及其上土重作用的弯矩，近似取 $M_a=0$。

注意按式（8.43）计算出的钢筋数量，配置在墙趾板的下部，可以用墙身的竖向钢筋下弯，墙趾板的上部应配置构造钢筋。

（2）墙踵板。墙踵板按固定在立壁与墙趾板连接处的悬臂梁进行计算。

作用于墙踵板上的荷载有：墙踵板上填土重力 G_3、墙踵板重力 G'_2、墙踵板宽度范围内活载 G_4 和基底反力。墙踵板上部受拉，底板配筋时采用设计荷载值，如图 8.26 所示。

墙踵板上填土重力 G_3、墙踵板重力 G'_2、墙踵板宽度范围内活载 G_4 产生的均布荷载为

$$q_1=\frac{\gamma_G G'_2+\gamma_G G_3+\gamma_Q G_4}{b_2} \tag{8.44}$$

当基底压力为梯形分布时，墙踵板的嵌固弯矩设计值为

$$M_2=\frac{q_1b_2^2}{2}-\frac{p_{\min}b_2^2}{2}-\frac{(p_2-p_{\min})b_2^2}{3\times 2}$$

$$= \frac{1}{6}[3q_1 - 3p_{\min} - (p_2 - p_{\min})]b_2^2$$

$$= \frac{1}{6}[2(q_1 - p_{\min}) + (q_1 - p_2)]b_2^2 \tag{8.45}$$

根据式（8.45）计算出的钢筋数量，配置在墙踵板的上部；墙踵板的下部应配置构造钢筋。

4. 挡土墙稳定性验算

如图 8.27 所示，墙高为 H_1 的墙身上作用的荷载有超载 q 和填土产生的主动土压力 E'_{a1} 和 E'_{a2}，作用的其他力包括：墙身重力 G_1、底板重力 G_2、墙踵板上填土重力 G_3。稳定性验算时一般不考虑墙踵板宽度范围内的活载 G_4，但如果有地下水时，G_1、G_2 和 G_3 中要扣除浮力。

（1）抗倾覆稳定性。抗倾覆稳定性系数为

$$K_t = \frac{G_1 a_1 + G_2 a_2 + G_3 a_3}{E'_{a1}\dfrac{H_1}{2} + E'_{a2}\dfrac{H_1}{3}} \geqslant 1.6 \tag{8.46}$$

（2）抗滑移稳定性。抗滑移稳定性系数为

$$K_s = \frac{(G_1 + G_2 + G_3)\mu}{E'_{a1} + E'_{a2}} \geqslant 1.3 \tag{8.47}$$

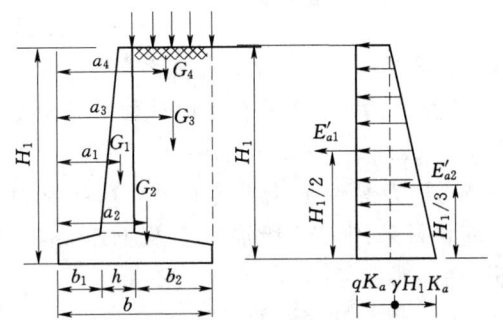

图 8.27 挡土墙的抗倾覆验算

（3）提高稳定性的措施。当悬臂式挡土墙的稳定性不满足上述要求时，应采取相应措施。提高稳定性的常用措施如下：

1）减小挡土墙的侧压力。墙后填土用碎石、块石等可以提高其内摩擦角 φ，达到减小主动土压力的目的；或在扶壁式挡土墙立壁中部设置减压平台（图 8.28），注意平台宜伸出土体滑裂面以外，以提高减压效果。

2）增加墙踵板的宽度。可在原底板墙踵后面设置抗滑拖板，与墙踵板铰接，或将墙踵板加长（图 8.29）。

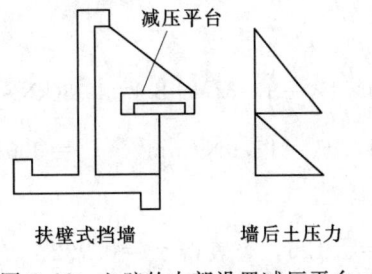

图 8.28 立壁的中部设置减压平台

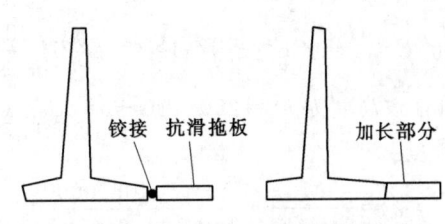

图 8.29 增加墙踵板的宽度

3）设置阻滑键。阻滑键（凸榫）设置在底板的下端，高度 h_j 与距墙趾的长度 a_j 宜满足如下关系：

$$\frac{h_j}{a_j} = \tan\left(45° - \frac{\varphi}{2}\right) \tag{8.48}$$

阻滑键提供的被动土压力为

$$E_p = \frac{p_{\max} + p_b}{2} K_p h_j = \frac{p_{\max} + p_b}{2} \tan^2\left(45° + \frac{\varphi}{2}\right) h_j \tag{8.49}$$

底板 BC 段提供的摩擦力 F 为

$$F = \frac{p_b + p_{\min}}{2}(b - a_j)\mu \tag{8.50}$$

抗滑移稳定性系数为

$$K_s = \frac{\psi_p E_p + F}{E_a} \geq 1.3 \tag{8.51}$$

式中：ψ_p 为被动土压力的折减系数，一般取 $\psi_p = 0.5$。

4）设置碎石垫层。在底板以下设置 300~500mm 厚的碎石，分层压实，以增加摩擦系数 μ 值，提高挡土墙的抗滑移力。

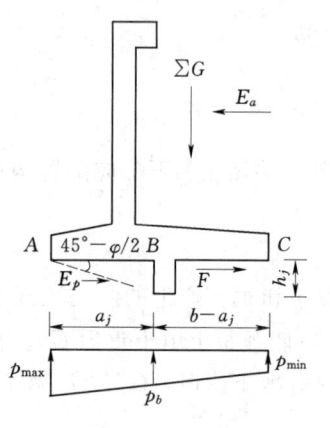

图 8.30 设置阻滑键

【例 8.2】 悬臂式挡土墙截面尺寸如图 8.31 所示，填土顶面上作用活载 $q=4$kPa，填土 $\gamma=18$kN/m³，黏聚力 $c=0$，内摩擦角 $\varphi=30°$。基础的持力层为黏性土，地基承载力特征值为 $f_a=100$kPa。挡墙材料采用 C25 级混凝土及 HPB235、HRB335 级钢筋，基底摩擦系数 $\mu=0.3$。求：

（1）墙身和底板的配筋。
（2）验算墙的稳定性及地基承载力。

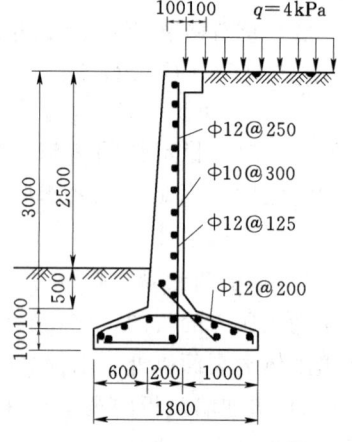

图 8.31 [例 8.2] 图 1（单位：mm）

解：
（1）墙身内力及配筋计算。

主动土压力系数：$K_a = \tan^2(45° - 30°/2) = 0.333$

立壁高：$H = 2500 + 500 = 3000$(mm) $= 3.0$(m)

$$E_{a1} = qHK_a = 4 \times 3 \times 0.333 = 4.0 \text{(kN/m)}$$

$$E_{a2} = \frac{1}{2}\gamma H^2 K_a = \frac{1}{2} \times 18 \times 3^2 \times 0.333 = 27.0 \text{(kN/m)}$$

设计嵌固弯矩：

$$M = \gamma_0 \left(\gamma_G E_{a2} \frac{H}{3} + \gamma_Q E_{a1} \frac{H}{2}\right) = 1 \times \left(1.2 \times 27 \times \frac{3}{3} + 1.4 \times 4 \times \frac{3}{2}\right) = 32.4 + 8.4 = 40.8 \text{(kN·m/m)}$$

截面有效高度为 $h_0 = 200 - 30 - 5 = 165$ (mm)，$f_c = 11.9$N/mm²，$f_y = 300$N/mm²（HRB335）：

$$\alpha_s = \frac{M}{\alpha_1 f_c b h_0^2} = \frac{40800000}{1.0 \times 11.9 \times 1000 \times 165^2} = 0.126, \text{查表得 } \gamma_s = 0.932$$

$$A_s = \frac{M}{\gamma_s f_y h_0} = \frac{40800000}{0.932 \times 300 \times 165} = 884 \text{(mm}^2\text{/m)}$$

沿墙身每延米配置 HRB335 级 8Φ12（$A_s = 905$mm²）竖向钢筋，钢筋的 1/2 伸至顶部，其余钢筋在墙高中部切断。布置水平分布钢筋 HPB235 级 Φ10@300。

（2）地基承载力验算。计算墙身重力 G_1，基础板重力 G_2，墙踵板上填土重力 G_3、活载 G_4

8.4 悬臂式挡土墙设计

$$G_1 = \frac{1}{2} \times (0.1+0.2) \times 3 \times 25 = 11.3 (\text{kN/m})$$

$$G_2 = \frac{1}{2} \times (0.1+0.2) \times 1.6 \times 25 + 0.2 \times 0.2 \times 25 = 7.0 (\text{kN/m})$$

$$G_3 = \left(3 + \frac{0.1}{2}\right) \times 1 \times 18 = 54.9 (\text{kN/m})$$

$$G_4 = 4 \times 1 = 4.0 (\text{kN/m})$$

计算墙高 $H_1 = 3.2\text{m}$ 的土压力：$K_a = \tan^2(45° - 30°/2) = 0.333$

$$E'_{a1} = qH_1K_a = 4 \times 3.2 \times 0.333 = 4.3 (\text{kN/m})$$

$$E'_{a2} = \frac{1}{2}\gamma H_1^2 K_a = \frac{1}{2} \times 18 \times 3.2^2 \times 0.333 = 30.7 (\text{kN/m})$$

$$e = \frac{b}{2} - \frac{(G_1a_1 + G_2a_2 + G_3a_3 + G_4a_4) - E'_{a2}\dfrac{H_1}{3} - E'_{a1}\dfrac{H_1}{2}}{G_1 + G_2 + G_3 + G_4}$$

$$= \frac{1.8}{2} - \frac{(11.3 \times 0.72 + 7.0 \times 0.87 + 54.9 \times 1.3 + 4 \times 1.3) - 30.7 \times \dfrac{3.2}{3} - 4.3 \times \dfrac{3.2}{2}}{11.3 + 7.0 + 54.9 + 4.0}$$

$$= 0.9 - \frac{51.2}{77.2}$$

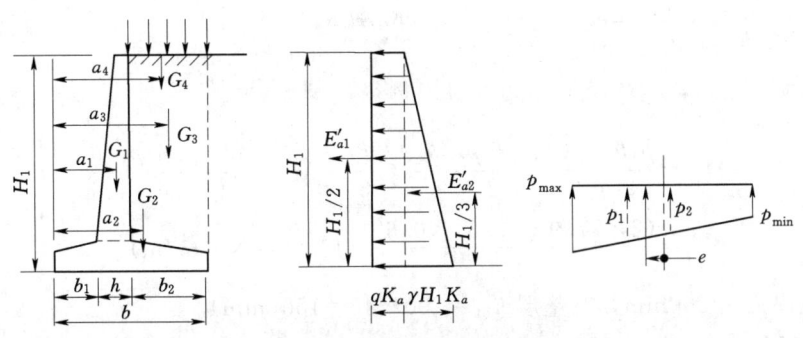

$$= 0.237 (\text{m})$$

图 8.32 [例 8.2] 图 2

因 $e \leqslant \dfrac{b}{6} = \dfrac{1.8}{6} = 0.3 (\text{m})$，基底压力呈梯形分布，如图 8.32 所示。

$$\left.\begin{array}{c}p_{\max}\\p_{\min}\end{array}\right\} = \frac{\sum G_i}{b}\left(1 \pm \frac{6e}{b}\right) = \frac{77.2}{1.8} \times \left(1 \pm \frac{6 \times 0.237}{1.8}\right) = \begin{array}{c}76.8\\9.0\end{array}(\text{kPa})$$

$p_{\max} = 76.8\text{kPa} \leqslant 1.2f_a = 120\text{kPa}$，$\bar{p} = \dfrac{76.8 + 9}{2} = 42.9\text{kPa} \leqslant f_a = 100\text{kPa}$，满足要求。

(3) 基础底板的内力计算及配筋。已知 $G_1 = 11.3\text{kN/m}$、$G_2 = 7.0\text{kN/m}$、$G_3 = 54.9\text{kN/m}$ 和 $G_4 = 4.0\text{kN/m}$，$E'_{a2} = 30.7\text{kN/m}$，$E'_{a1} = 4.3\text{kN/m}$、$\gamma_G = 1.2$；$\gamma_Q = 1.4$。基底合力偏心距为

$$e = \frac{b}{2} - \frac{(G_1a_1 + G_2a_2 + G_3a_3)\gamma_G + (G_4a_4)\gamma_Q - \left(E'_{a2}\dfrac{H_1}{3} + E'_{a1}\dfrac{H_1}{2}\right)}{(G_1 + G_2 + G_3)\gamma_G + G_4\gamma_Q}$$

$$= \frac{1.8}{2} - \frac{(11.3\times0.72+7.0\times0.87+54.9\times1.3)\times1.2+(4\times1.3)\times1.4-30.7\times\frac{3.2}{3}-4.3\times\frac{3.2}{2}}{(11.3+7.0+54.9)\times1.2+4.0\times1.4}$$

$$=0.9-\frac{70.42}{93.44}$$

$$=0.15(\text{m})$$

1) 墙趾板的内力及配筋。

$$\left.\begin{array}{c}p_{\max}\\p_{\min}\end{array}\right\}=\frac{(G_1+G_2+G_3)\gamma_G+G_4\gamma_Q}{b}\left(1\pm\frac{6e}{b}\right)=\begin{array}{c}77.9\\26.0\end{array}(\text{kPa})$$

$$p_1=26+(77.9-26)\times\frac{1+0.2}{1.8}=60.6(\text{kPa}),\text{见图 8.33。}$$

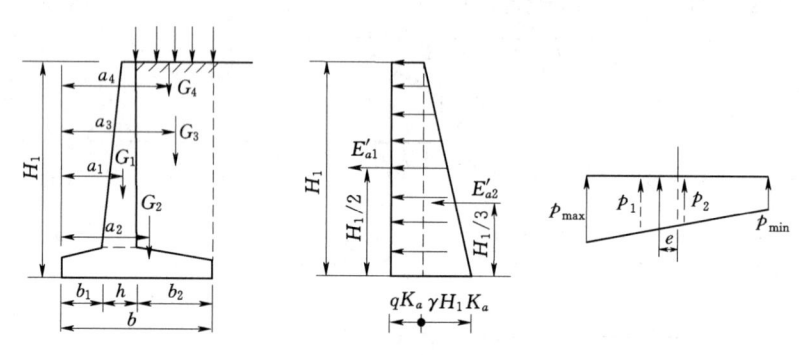

图 8.33 ［例 8.2］图 3

$$M_1=\frac{p_1 b_1^2}{2}+\frac{(p_{\max}-p_1)b_1}{2}\times\frac{2b_1}{3}-M_a\approx\frac{(2p_{\max}+p_1)b_1^2}{6}$$

$$=\frac{(2\times77.9+60.6)\times0.6^2}{6}=12.98(\text{kN}\cdot\text{m/m})$$

基础板厚 $h_1=200\text{mm}$,有垫层 $h_{01}=200-45=155(\text{mm})$。

$$\alpha_s=\frac{M}{\alpha_1 f_c b h_{01}^2}=\frac{12980000}{1.0\times11.9\times1000\times155^2}=0.045,\text{查表得}\ \gamma_s=0.977。$$

$$A_s=\frac{M}{\gamma_s f_y h_{01}}=\frac{12980000}{0.977\times300\times155}=286(\text{mm}^2/\text{m}),\text{利用墙身竖向钢筋下弯。}$$

2) 墙踵板的内力及配筋。

墙踵板的重力为 $G_2'=1.0\times0.15\times25=3.75(\text{kN/m})$

$$q_1=\frac{\gamma_G G_3+\gamma_Q G_4+\gamma_G G_2'}{b_2}=\frac{1.2\times54.9+1.4\times4.0+1.2\times3.75}{1.0}=75.98(\text{kPa})$$

$$p_2=26+(77.9-26)\times\frac{b_2}{b}=26+(77.9-26)\times\frac{1.0}{1.8}=54.83(\text{kPa}),\text{如图 8.33 所示。}$$

$$M_2=\frac{1}{6}[2(q_1-p_{\min})+(q_1-p_2)]b_2^2=\frac{1}{6}\times[2\times(75.98-26)+(75.98-54.83)]\times1^2$$

$$=20.19(\text{kN}\cdot\text{m/m})$$

墙踵根部、墙趾根部、立壁端部的厚度均为 $h_2=200\text{mm}$,$h_{02}=200-45=155$(mm):

$$\alpha_s = \frac{M_2}{\alpha_1 f_c b h_{01}^2} = \frac{20190000}{1.0 \times 11.9 \times 1000 \times 155^2} = 0.071,\text{查表得 } \gamma_s = 0.963$$

$$A_s = \frac{M_2}{\gamma_s f_y h_{01}} = \frac{20190000}{0.963 \times 300 \times 155} = 450(\text{mm}^2/\text{m}),\text{选用 HRB335 级}\Phi 12@200\ (A_s = 565\text{mm}^2)。$$

(4) 稳定性验算。不考虑活载 G_4 的影响。已知 $G_1 = 11.3\text{kN/m}$、$G_2 = 7.0\text{kN/m}$、$G_3 = 54.9\text{kN/m}$ 和 $G_4 = 4.0\text{kN/m}$，$E'_{a2} = 30.7\text{kN/m}$、$E'_{a1} = 4.3\text{kN/m}$。

1) 抗倾覆稳定性。

$$K_t = \frac{G_1 a_1 + G_2 a_2 + G_3 a_3}{E'_{a2}\dfrac{H_1}{3} + E'_{a1}\dfrac{H_1}{2}} = \frac{11.3 \times 0.72 + 7 \times 0.87 + 54.9 \times 1.3}{30.7 \times \dfrac{3.2}{3} + 4.3 \times \dfrac{3.2}{2}} = \frac{85.6}{39.6} = 2.16 > 1.6,$$

满足要求。

2) 抗滑移稳定性。

$$K_s = \frac{(G_1 + G_2 + G_3)\mu}{E'_{a2} + E'_{a1}} = \frac{(11.3 + 7.0 + 54.9) \times 0.3}{30.7 + 4.3} =$$

$0.63 < 1.3$，不满足要求。采取设置阻滑键来提高抗滑移能力，如图 8.34 所示。

阻滑键至墙趾的距离 $a_j = 0.8\text{m}$，高度 h_j 为

$$h_j = a_j \tan\left(45° - \frac{\varphi}{2}\right) = 0.8\tan\left(45° - \frac{30°}{2}\right) = 0.46(\text{m})$$

$$p_b = p_{\min} + (p_{\max} - p_{\min})\frac{b - a_j}{b} = 9 + (76.8 - 9) \times \frac{1.8 - 0.8}{1.8}$$

$$= 46.7(\text{kPa})$$

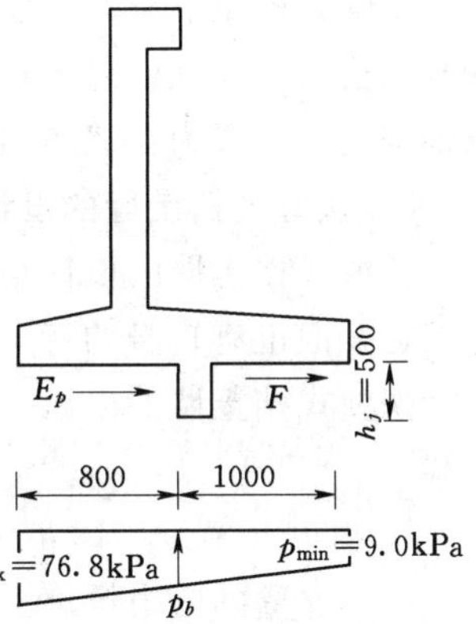

图 8.34 ［例 8.2］图 4

被动土压力为

$$E_p = \frac{p_{\max} + p_b}{2}\tan^2\left(45° + \frac{\varphi}{2}\right)h_j = \frac{76.8 + 46.7}{2}\tan^2\left(45° + \frac{30°}{2}\right) \times 0.46 = 85.22(\text{kN/m})$$

$$F = \frac{p_b + p_{\min}}{2}(b - a_j)\mu = \frac{46.7 + 9}{2} \times (1.8 - 0.8) \times 0.3 = 8.36(\text{kN/m})$$

抗滑移稳定系数为

$$K_s = \frac{\psi_p E_p + F}{E_a} = \frac{0.5 \times 85.22 + 8.36}{30.7 + 4.3} = 1.46 \geqslant 1.3$$

满足要求。抗滑键 $h_j = 0.46\text{m}$，实际可取 0.5m。

8.5 扶壁式挡土墙设计

当挡土墙高大于 6m 时，扶壁式挡土墙要比悬臂式挡土墙经济。一般扶壁式挡土墙高 9~10m（不宜超过 15m），适用于石料缺乏或地基承载力较低的情况。

8.5.1 挡土墙的构造要求

扶壁式挡土墙由立壁、底板和扶壁三部分组成，如图 8.35 所示。

(1) 立壁。立壁顶宽不应小于0.2m，下端厚度根据强度计算确定。实际工程中立壁宜采用等厚的竖直板。

(2) 底板。底板由墙趾板和墙踵板组成，底板底面一般水平设置，顶面则从立壁连接处向两侧倾斜。墙趾板和墙踵板的厚度由强度计算确定，最小厚度不应小于0.2m。底板宽度一般为墙高 H_1 的 3/5～4/5，有地下水或地基承载力较低时要加大底板宽度；通常底板设置阻滑键。

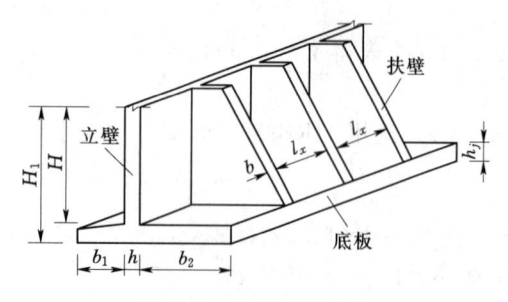

图 8.35 扶壁式挡土墙

(3) 扶壁。为便于施工，立壁的间距 l_x 一般为墙高 H_1 的 1/3～1/2，可近似取 3.0～4.5m；立壁的厚度 b 为扶壁间距 l_x 的 1/8～1/6，一般可取 0.3～0.4m。

扶壁式挡土墙分段长度不宜超过20m，每一分段中宜包含3个或3个以上的扶壁。每一段墙段两端，立壁外伸长度根据外伸的悬臂的固端弯矩与中间跨扶壁两端负弯矩相等的原则确定，一般为扶壁净间距 l_x 的 0.41。

8.5.2 扶壁式挡土墙的设计

扶壁式挡土墙的设计与悬臂式挡土墙设计相近，但也有自身的特点。

扶壁式挡土墙的土压力计算同悬臂式挡土墙。

1. 内力计算

(1) 立壁的内力计算。立壁板为三边固定一边自由的双向板，如图8.36所示，作用在立壁上的荷载包括土压力的水平分量和水压力。

计算时将立壁板划分为上、下两部分：离底板顶面 $1.5l_1$ 高度以下的立壁板按三边固定一边自由的双向板计算；以上部分按以扶壁为支座的多跨连续单向板计算。

1) 立壁下部三边固定、一边自由的双向板。作用于立壁下部分板上的荷载有［图8.36（b）］：超载 q 引起的主动土压力水平分力，$p=qK_a$，呈均匀分布；填土引起的主动土压力水平分力，呈梯形分布，下端为 $p_2=\gamma H K_a$、上端为 $p_1=(H-1.5l_1)\gamma K_a$。

在均布荷载和梯形荷载作用下，三边固定、上边缘自由的矩形板的内力计算可查结构静力计算手册，分别计算出双向板的固端弯矩及板中弯矩，乘以相应的分项系数 γ_Q，

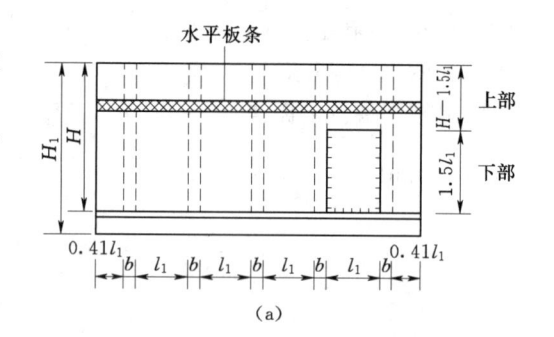

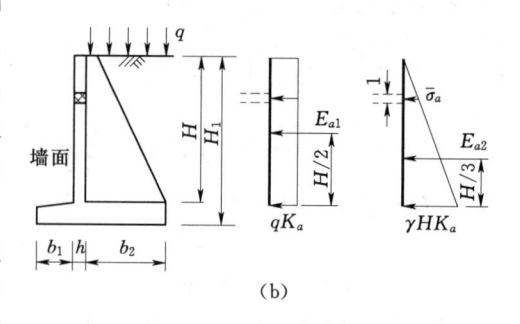

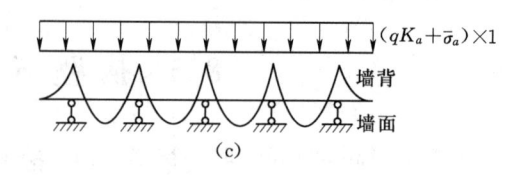

图 8.36 立壁板的计算
(a) 挡墙单元的立面图；(b) 挡墙断面及土压力；
(c) 立壁上部水平板条简化计算模式

8.5 扶壁式挡土墙设计

γ_G 后进行叠加，再乘以结构重要性系数 γ_0 后得到弯矩设计值，进行横向配筋和竖向配筋计算。

2) 立壁上部多跨连续单向板。立壁高度方向分段截取单位立壁高度为板宽的水平板条进行计算，作用的荷载等于该板条所在立壁高度处的水平土压力。如图 8.36 (c) 所示，板条上超载 q 和填土产生的水平荷载分别为 $P=1\times qK_a$、$\overline{P}_1=1\times\overline{\sigma}_a(\text{kN/m})$。乘以相应的分项系数 γ_Q、γ_G，根据结构静力计算手册可分别计算出跨中弯矩及扶壁处的端部固端弯矩，再乘以结构重要性系数 γ_0 后即可得到弯矩设计值，然后进行横向配筋计算。

受力钢筋面积 A_s 的计算公式同式 (8.36)。

(2) 墙趾、墙踵板内力计算。墙趾板内力计算同悬臂式挡土墙。

墙踵板上作用的荷载为向上的基底压力，以及向下的均布荷载 q_1，如图 8.37 (a) 所示，图中梯形或三角形分布的基底压力计算同式 (8.41) 或式 (8.42)，q_1 的计算同式 (8.44)。

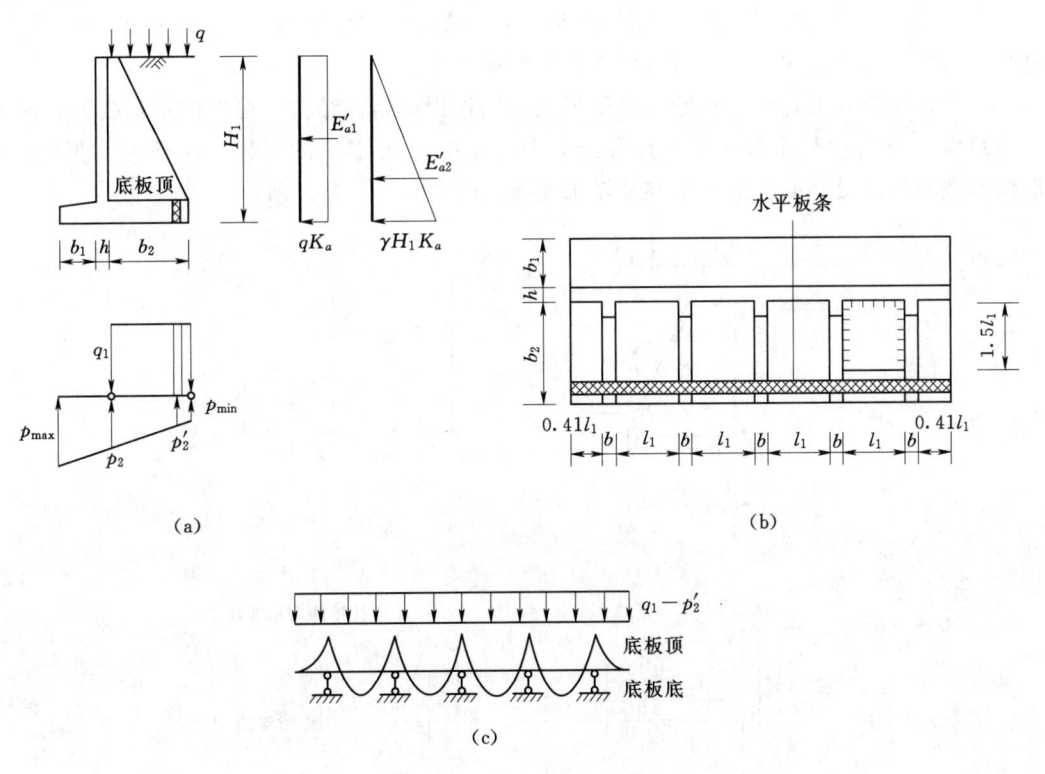

图 8.37 墙踵板的计算
(a) 墙踵板内力计算；(b) 挡墙单元平面图；(c) 墙踵板的水平板条简化计算模式

墙踵板的计算应根据板宽 b_2 分如下两种情况分别计算。

1) 墙踵板的宽度 $b_2 > 1.5l_1$ 时 [图 8.37 (b)]。

a. 自立壁连接处起至距立壁 $1.5l_1$ 的踵板部分仍按三边固定、一边自由的双向板计算。

根据梯形向上的压力（p_2、$p_{\min}$）、向下的均布压力 q_1 计算墙踵板的净压力，净压力

191

等于 q_1 减去梯形分布的压力。

然后计算净压力作用下双向板的弯矩，乘以结构重要性系数 γ_0 后得到弯矩设计值，进行双向板沿墙长方向、沿底板宽度方向的配筋计算。

b. 其以外的部分。按单向连续多跨板计算，在踵板宽度上取单位宽度（1m）为板宽，按水平板条进行计算。作用在水平板条上的净压力为 $1\times(q_1-p_2')$，其中 p_2' 为单位板宽上基底压力的平均值 [图 8.37（a）]。

根据结构静力计算手册，分别计算出净压力作用下的跨中弯矩和支座弯矩 [图 8.37（c）]，再乘以结构重要性系数 γ_0 后得到弯矩设计值，进行沿墙长方向的配筋计算。

受力钢筋的面积 A_s 计算公式，同式（8.36）。

2) 墙踵板的宽度 $b_2<1.5l_1$ 时。仍按三边固定、一边自由的双向板计算。根据梯形向上的压力（p_2、$p_{\min}$）、向下的均布压力 q_1 计算墙踵板的净压力：净压力等于 q_1 减去梯形分布的压力。

然后计算净压力作用下双向板的弯矩，乘以结构重要性系数 γ_0 后得到弯矩设计值，进行双向板沿墙长方向、沿底板宽度方向的配筋计算。

(3) 扶壁的内力计算。扶壁与立壁形成共同作用的整体结构，可以按垂直放置、锚固于墙踵板上的 T 形截面的悬臂梁计算。其中，立壁为 T 形梁的翼板，扶壁为其腹板，T 形梁的截面高度沿墙高自上而下逐渐增加至 b_2，如图 8.38（a）所示。

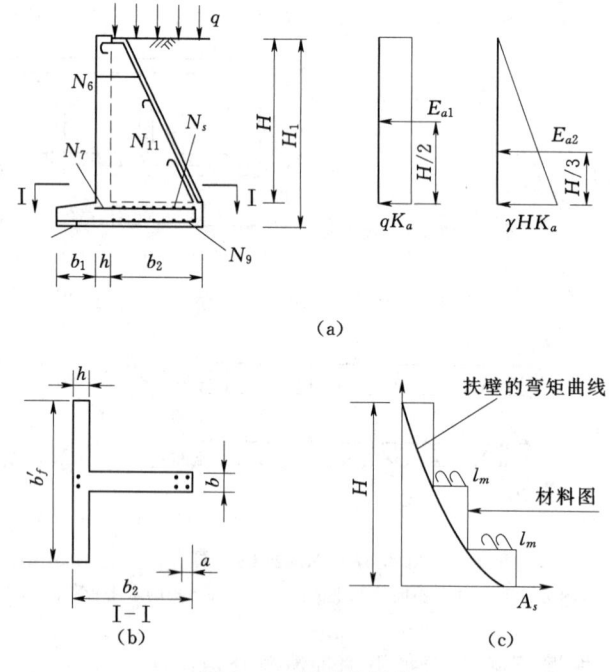

图 8.38 扶壁的计算

不计扶壁自重和土压力的垂直分量，作用于扶壁的荷载为宽度为 B_E 的立壁板上的全部水平土压力，B_E 被定义为水平土压力的作用宽度，按扶壁的位置确定。

中扶壁：

8.5 扶壁式挡土墙设计

$$B_E=0.5l_1+b+0.5l_1=b+l_1 \tag{8.52}$$

边扶壁：

$$B_E=0.5l_1+b+0.41l_1=b+0.91l_1 \tag{8.53}$$

沿不同高程取 2～3 个截面按 T 形截面受弯构件计算，如扶壁底端截面Ⅰ-Ⅰ[图 8.38 (b)]，T 形截面受压区的翼缘计算宽度 b'_f 为

中扶壁：

$$b'_f=b+l_1，且\leqslant b+12h \tag{8.54}$$

边扶壁：

$$b'_f=b+0.91l_1，且\leqslant b+12h \tag{8.55}$$

式中：h 为立壁板的厚度。

扶壁上高度为 H_i 处，T 形截面受压区的翼缘计算宽度 b'_{fi} 为

$$b'_{fi}=\frac{H_i}{H}(b'_f-b)+b \tag{8.56}$$

式中：H 为立壁高度；H_i 为计算截面处的立壁高度；b'_f 为扶壁底端 T 形截面翼缘的计算宽度，如图 8.39 所示。

则图 8.38 (b) 中Ⅰ-Ⅰ截面处 T 形截面的设计弯矩值为

$$M=\gamma_0\left(\gamma_G E_{a2}\frac{H}{3}+\gamma_Q E_{a1}\frac{H}{2}\right)B_E \tag{8.57}$$

式中符号同前。

受力钢筋的面积为

$$A_s=\frac{M}{\gamma_s f_y h_0}\sec\theta \tag{8.58}$$

式中：θ 为扶壁斜面与垂直线之间的夹角；h_0 为截面的有效高度，$h_0=b_2-a$，a 为钢筋保护层厚度（$\geqslant 30mm$）；其余符号意义同前。

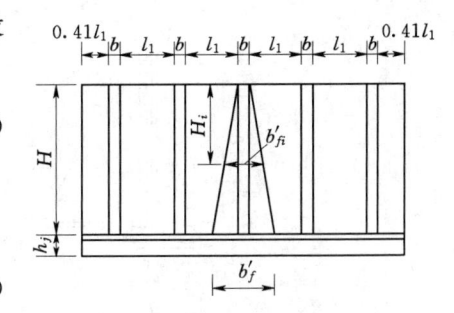

图 8.39 扶壁 T 形计算截面的翼缘计算宽度图

按式（8.58），沿不同高程取 2～3 个截面，分别计算出扶壁的弯矩曲线和所需的钢筋面积 A_s，绘制材料图及配置钢筋 N_{11}，如图 8.38 (c) 所示。

扶壁作为悬臂梁还承受水平剪力作用，当此剪应力产生较大的主拉应力超过混凝土的抗拉强度设计值，则需计算水平箍筋数量：

$$V\leqslant 0.07f_c b h_0+1.5f_{yv}\frac{A_{sv}}{s}h_0 \tag{8.59}$$

式中：V 为扶壁斜截面上的最大剪力；A_{sv} 为配置在同一截面内箍筋各肢的全部截面面积，$A_{sv}=nA_{sv1}$，其中 n 为同一截面内箍筋的肢数，A_{sv1} 为单肢箍筋的截面面积；s 为沿构件长度方向上箍筋的间距；f_{yv} 为箍筋抗拉强度设计值。

由于立壁承受水平压力后有与扶壁脱开的趋势，此水平拉力沿墙高逐渐增大。在某一高程 H_i 处，超载 q 产生的土压力强度为 qK_a、填土自重产生的土压力强度为 $\gamma H_i K_a$，则该高程附近单位立壁高度（1.0m）上的拉力设计值为

$$N=1(\gamma_Q qK_a+\gamma_G\gamma H_iK_a)l_1 \tag{8.60}$$

单位立壁高度（1.0m）在扶壁与立板之间应配置连接钢筋面积为

$$A_s\geqslant\frac{\gamma_0 N}{f_y}=\frac{\gamma_0(\gamma_Q qK_a+\gamma_G\gamma H_iK_a)l_i}{f_y} \tag{8.61}$$

同样，墙踵板与扶壁也有脱开的趋势，需要配置竖向的连接钢筋，计算方法同上。

2. 配筋设计

扶壁式挡土墙的立壁板、墙趾板、墙踵板按矩形截面受弯构件配筋，扶壁则按变截面T形截面梁设计。

(1) 立壁板的配筋。

1) 水平受拉钢筋。立壁板的水平受拉钢筋分为内侧和外侧，如图8.40所示。

内侧受拉钢筋 N_2，以扶壁处支座弯矩设计，全墙可以分为3～4段。

外侧受拉钢筋 N_3，布置在中间跨立壁板临空一侧，承受水平正弯矩，该钢筋沿墙长方向通长布置。为了施工方便，可以在扶壁中心处切断。沿墙高可分为几带配筋，但分带不宜过多。

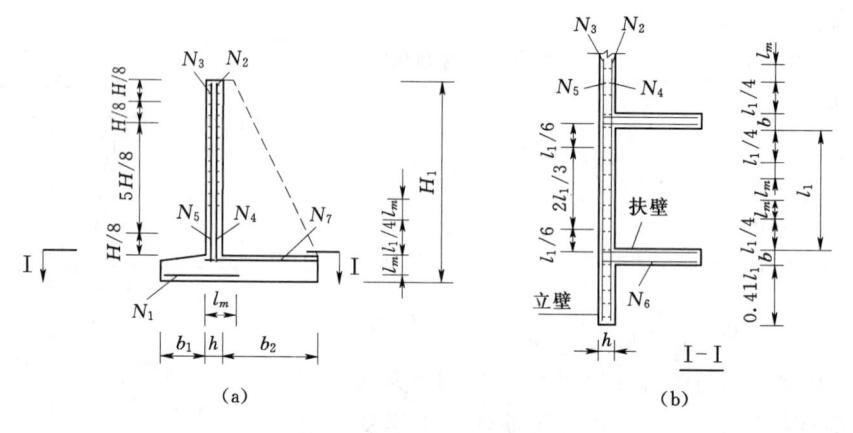

图8.40 立壁板钢筋布置图
(a) 水平受拉钢筋；(b) 纵向受拉钢筋

2) 竖向钢筋。内侧受力钢筋 N_4 承受立壁板的竖向负弯矩，该钢筋向下伸入墙踵板不少于钢筋锚固长度 l_m；向上在距墙踵板顶高 $H_1/4+l_m$ 处切断，如图8.40所示。

可以在跨中 $2l_1/3$ 范围内按跨中最大竖向负弯矩配筋，靠近扶壁两侧各 $l_1/6$ 按该最大负弯矩的1/2来配筋。

外侧竖向受力钢筋 N_5，承受立壁板的竖向正弯矩，该钢筋通长布置，兼作立壁板的分布钢筋。

3) 立壁板与扶壁的U形拉筋。连接立壁板和扶壁的U形拉筋 N_6，其开口向扶壁的背侧。该钢筋的每一肢承受宽度为拉筋间距的水平板条的板端剪力，在扶壁通长布置，如图8.41 (a) 所示。

(2) 墙踵板的配筋。墙踵板顶面横向水平钢筋 N_7 [图8.41 (a)]，是为了 N_4 得以发挥作用而设置的。该钢筋的布置与 N_4 相同，一端插入立壁板的长度不小于 l_m（l_m 为钢筋锚固长度）；另一端伸至踵板端部，如果 N_7 的间距很小，可以将一半 N_7 在距踵板端部 $b_2/2-l_m$ 处切断。

墙踵板顶面、底面的纵向水平受力钢筋 N_8、N_9［图 8.41（a）］，承受墙踵板扶壁两端的负弯矩和跨中正弯矩，该钢筋切断情况同 N_2、N_3。

连接墙踵板与扶壁之间的 U 形钢筋 N_{10}，其开口向上。向上可在距墙踵顶面 l_m 处切断。也可以延伸至扶壁的顶面，作为扶壁两侧的分布钢筋。在垂直于墙面板方向的分布，与墙踵板顶面的纵向水平钢筋 N_8 相同。

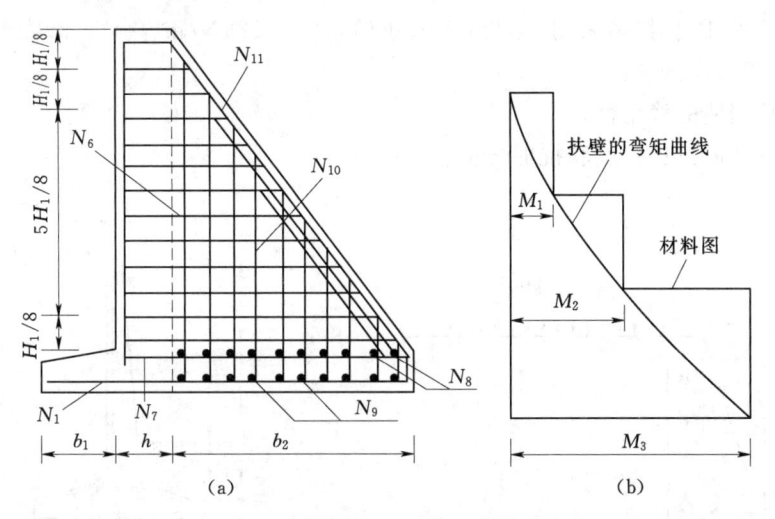

图 8.41 墙踵板与扶壁的钢筋布置图
（a）墙踵板和扶壁的钢筋布置图；（b）扶壁的弯矩图

（3）墙趾板的配筋。同悬臂式挡土墙墙趾板的配筋设计。受力 N_1 钢筋设置于墙趾板的底面，一端伸入墙趾板与立壁连接处以右不小于 l_m（l_m 为钢筋锚固长度）；另一端，一半的钢筋伸至墙趾端，另一半在距墙趾端 $b_1/2-l_m$ 处切断，如图 8.40（a）所示。

（4）扶壁的配筋。扶壁背侧的受拉钢筋 N_{11} 应根据扶壁的弯矩图，选取 2~3 个截面，分别计算所需的拉筋面积与数量［图 8.41（b）］。为节约混凝土可将 N_{11} 多层排列，但不多于 3 层。其间距应满足规范要求，必要时采用束筋。各层钢筋上端应加长 l_m 长度，必要时将钢筋下端横向弯入墙踵板的底面。

还应根据剪力配置箍筋，并按构造要求布置构造钢筋。

思 考 题

8.1 从墙背型式、排水构造设置等因素的分析，简述提高重力式挡土墙稳定性的主要措施。

8.2 分析凸榫的作用及设计方法。

8.3 根据悬臂式挡土墙与重力式挡土墙的受力特点，比较这两种挡土墙的优缺点。

8.4 简述悬臂式挡土墙的立壁板、墙踵板、墙趾板的内力计算方法。

8.5 简要分析悬臂式挡土墙与扶壁式挡土墙内力计算方法不同之处。

8.6 简要分析扶壁式挡土墙的配筋特点与方法。

习　题

8.1 挡土墙高 $H=5\mathrm{m}$，墙背垂直光滑，填土面水平，作用无限均布荷载 $q=4.0\mathrm{kPa}$，土体重度 $\gamma=18\mathrm{kN/m^3}$，$c=0$，$\varphi=30°$，基底摩擦系数为 $\mu=0.4$，地基承载力特征值 $f_a=200\mathrm{kPa}$。挡墙采用 MU20 毛石砌筑，$\gamma_k=22\mathrm{kN/m^3}$，M5 水泥砂浆，截面尺寸如图 8.42 所示。试求：

(1) 验算挡墙的稳定性；

(2) 墙身截面抗压强度和抗剪强度验算。

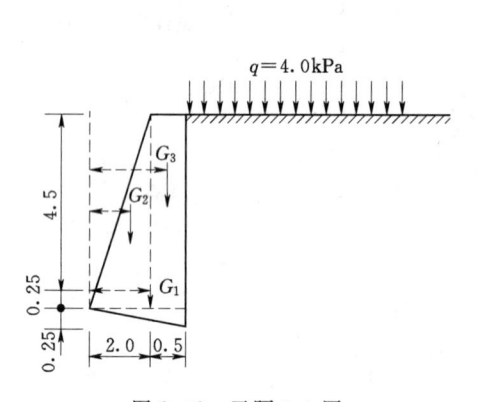

图 8.42　习题 8.1 图　　　　图 8.43　习题 8.2 图

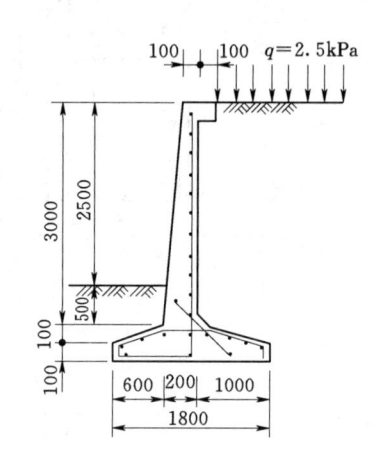

8.2 悬臂式挡土墙截面尺寸如图 8.43 所示。填土顶面上作用活载 $q=2.5\mathrm{kPa}$，填土 $\gamma=18\mathrm{kN/m^3}$，$c=0$，$\varphi=30°$。基础的持力层为黏性土，$f_a=100\mathrm{kPa}$。挡墙材料采用 C25 级混凝土及 HPB235、HRB335 级钢筋。基底摩擦系数为 $\mu=0.35$。试求：

(1) 墙身、底板的配筋；

(2) 验算挡墙的稳定性及地基承载力。

第 8 章　习题答案

第9章 土坡稳定分析

在工程上经常会遇到填方或挖方边坡，或者在天然土坡上修建建筑物。如果土坡设计得较陡或在坡顶施加较大的荷载，则可能导致边坡土体沿某个滑动面产生滑动从而丧失稳定性；反之，如果边坡设计得过缓，则会大量增加土方量，造成浪费。因此，边坡设计时应进行稳定性计算。

本章主要介绍无黏性土土坡的稳定分析、黏性土土坡的稳定分析以及土坡稳定分析的若干问题。

9.1 土坡失稳的影响因素和滑动面类型

土坡是具有倾斜坡面的土体，分为天然土坡和人工土坡。由于地质作用而自然形成的土坡称为天然土坡，如山坡、江河岸坡；在天然土体中开挖或填筑而成的土坡称为人工土坡，如基坑、渠道、路堤及土坝边坡等。土坡的简单形状及各部位名称如图9.1所示。

土体重量及渗透力在坡体内引起剪应力τ，若剪应力达到土体的抗剪强度τ_f，就要产生剪切破坏，导致土坡中一部分土体相对于另一部分土体滑动，这种现象称为滑坡。黏性土均质土坡中，滑动面的形状呈曲线状，一般在坡脚附近的地面有较大的侧向位移并隆起，坡顶出现明显的下沉并出现裂缝。对于砂、卵石、风化砾石等无黏性土，滑动面接近于平面，一般在靠近坡面的浅层发生滑动。对于非均质的黏性土土坡，如土坝坝身或坝基中存在有软弱夹层时，则可能出现由曲线和直线组成的复合滑动面，如图9.2所示。

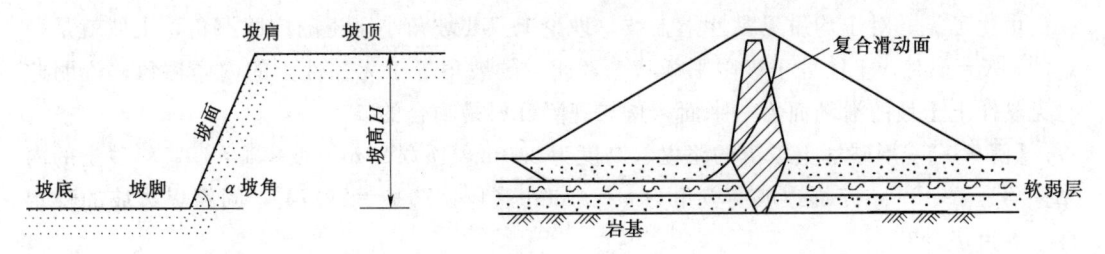

图 9.1 土坡的简单形状及各部位名称

图 9.2 复合滑动面

土坡失稳是在外界不利因素影响下触发和加剧的，是促使土体下滑的滑动力与沿滑动面上的抗滑力这一对矛盾抗衡的结果，诸如降雨使土体重度增加、水库蓄水或水位下降时形成的渗透力以及地震的动荷载，均会引起滑动力的增大；土的干裂、冻胀、湿化、膨胀和蠕变都会降低土体的抗剪强度而使抗滑力减小，这些因素都会增大土坡产生滑动的可能性。

一般土坡的长度远大于其宽度，因此在土坡稳定分析中，常沿坡长方向取单位长度按平面应变问题来计算。若土体中存在软弱面（如裂缝、软弱夹层、老滑坡体等）时，坡体一般沿该软弱面滑动，滑动面为已知；除此之外，一般情况下土坡的滑动面位置是未知的，进行稳定计算时，要假定若干可能的滑动面，分别求出它们的抗滑安全系数，从中找出最小值，与此相应的滑动面即为最危险的滑动面。实际土坡的稳定验算表明，计算出的最小安全系数能反映实际土坡的稳定程度，但最危险滑动面与实际情况相差较大。

9.2 无黏性土土坡稳定分析

9.2.1 全干或全部淹没的土坡稳定安全系数

均质的无黏性土颗粒间无黏聚力，对于全干或全部淹没的土坡来说，只要坡面上的土粒能够保持稳定，则整个土坡便是稳定的。图9.3为一均质无黏性土土坡，坡角为 α。现从坡面上任取一侧面垂直、底面与坡面平行的土单元体，假定不考虑该单元体两侧的应力对稳定性的影响。设土单元体的重量为 W，它沿坡面方向的分量即为下滑力 $T = W\sin\alpha$。

阻止土体下滑的力是此单元体与下面土体之间的抗剪力，其所能发挥的最大值为

$$T_f = N\tan\varphi = W\cos\alpha\tan\varphi \quad (9.1)$$

式中：N 为单元体自重在坡面法线方向的分力；φ 为土的内摩擦角。

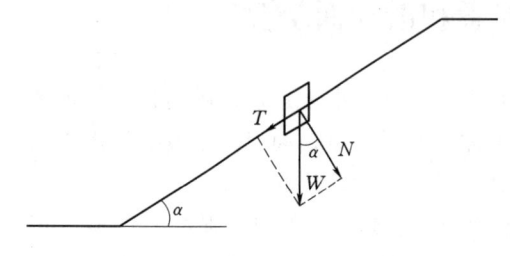

图 9.3 无黏性土土坡的稳定性

定义无黏性土土坡稳定安全系数为最大抗剪力与剪切力之比，则

$$K = \frac{T_f}{T} = \frac{W\cos\alpha\tan\varphi}{W\sin\alpha} = \frac{\tan\varphi}{\tan\alpha} \quad (9.2)$$

由此可见，对于均质无黏性土土坡，理论上只要坡角小于土的内摩擦角，土坡就是稳定的。$K=1$ 时，土体处于极限平衡状态，此时的坡角等于无黏性土的内摩擦角；说明此时无黏性土土坡的滑动面为一平面，这与观测资料是吻合的。

【例 9.1】 用砂性土填筑的路堤，高度为 3.0m，顶宽 26m，坡率 1:1.75。砂土的内摩擦角为 $\varphi = 30°$，路堤边坡的坡角为 $\alpha = \arctan(1/1.75) = 29.74°$，问路堤边坡的稳定性系数为多少？

解：由公式

$$K = \frac{\tan\varphi}{\tan\alpha}$$
$$= \frac{\tan 30°}{\tan 29.74°}$$
$$= 1.01$$

即砂土路堤边坡的稳定安全系数为 1.01。

9.2 无黏性土土坡稳定分析

【例 9.2】 某无限长土坡，土坡高度 H，土重度 $\gamma=19\text{kN/m}^3$，滑动面土的抗剪强度 $c=0$，$\varphi=30°$，若安全系数 $K=1.3$，试求坡角 α 值。

解：设土坡的坡角为 α 值，无黏性土土坡的稳定安全系数为

$$K=\frac{T_f}{T}=\frac{W\sin\alpha\tan\varphi}{W\sin\alpha}=\frac{\tan\varphi}{\tan\alpha}=1.3$$

则

$$\tan\alpha=\frac{\tan\varphi}{1.3}=\frac{\tan 30°}{1.3}=0.444$$

$$\alpha=24°$$

即该土坡安全系数若为 1.3，则土坡坡角为 24°。

9.2.2 自然休止角

式（9.2）表明，无黏性土坡的坡角 α 不可能超过土的内摩擦角 φ，无黏性土所能形成的最大坡角就是无黏性土的内摩擦角，此坡角也称为自然休止角。人工临时堆放的砂土，常比较疏松，其自然休止角略小于同一级配砂土的内摩擦角。根据这一原理，在工程上就可以通过堆砂锥体法来确定砂土的内摩擦角的近似值。图 9.4 表示通过漏斗在地面上堆砂堆，无论砂堆多高，所能形成的最陡的坡角总是一定的，就是土坡处于极限平衡状态时的坡角，即自然休止角。

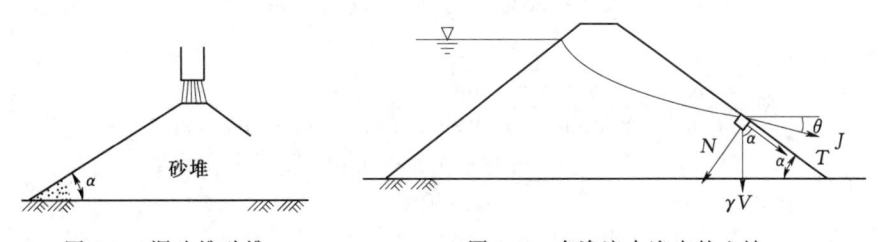

图 9.4 漏斗堆砂堆

图 9.5 有渗流水逸出的土坡

9.2.3 存在渗流时的稳定安全系数

水库蓄水或库水位突然下降，无黏性土坡中有渗流通过，对土坡稳定性带来了不利影响。

在坡面上渗流逸出处取一单元土体，其体积为 V，水流的方向与水平面成夹角 θ，如图 9.5 所示。单元体除本身重量外，还受到渗透力 J 的作用，这增加了该土块的滑动力，减少了抗滑力，因而会降低边坡的稳定安全系数。

取土体 V 中的土骨架为隔离体，其有效重量为 $\gamma'V$，作用在土骨架上的渗透力为 $J=jV=i\gamma_w V$。该土块沿坡面的下滑力（包括重力分量和渗透力分量）为

$$T=\gamma'V\sin\alpha+i\gamma_w V\cos(\alpha-\theta)$$

土块在坡面的正压力为

$$N=\gamma'V\cos\alpha-i\gamma_w V\sin(\alpha-\theta)$$

土块沿坡面滑动的稳定安全系数为

$$K=\frac{\text{抗滑力}}{\text{滑动力}}=\frac{N\tan\varphi}{T}=\frac{[\gamma'V\cos\alpha-i\gamma_w V\sin(\alpha-\theta)]\tan\varphi}{\gamma'V\sin\alpha+i\gamma_w V\cos(\alpha-\theta)} \tag{9.3}$$

式中：i 为水力坡降；γ' 为土体的有效重度；γ_w 为水的重度；φ 为无黏性土的内摩擦角。

若渗流为顺坡出流，则溢出处渗透力方向与坡面平行，即 $\theta=\alpha$，此时 $i=\sin\alpha$，将 θ 及 i 值代入式 (9.3)，稳定安全系数为

$$K=\frac{(\gamma'\cos\alpha)\tan\varphi}{\gamma'\sin\alpha+\gamma_w\sin\alpha}=\frac{\gamma'\tan\varphi}{(\gamma'+\gamma_w)\tan\alpha}=\frac{\gamma'}{\gamma_{sat}}\frac{\tan\varphi}{\tan\alpha} \qquad (9.4)$$

可见，与式 (9.2) 相比，相差 γ'/γ_{sat} 倍，此值约为 1/2。所以，当坡面有顺坡渗流作用时，无黏性土坡的稳定安全系数约降低一半。因此要维持同样稳定安全系数，有渗透力作用时的无黏性土边坡的坡角要比无渗透力作用时平缓得多。

【例 9.3】 和 [例 9.2] 同条件，但土体处于饱和状态，土体的饱和重度 $\gamma_w=20$ kN/m³，水沿顺坡方向渗流，当安全系数 $K=1.3$ 时，试求允许坡角。

解： 土坡下滑力除土体本身重量外，还受到渗透力作用，渗透力为

$$J=\gamma_w iV$$

式中：γ_w 为水的重度；i 为水力坡降，当顺坡渗流时 $i=\sin\alpha$。

下滑力为

$$T+J=W\sin\alpha+\gamma_w iV=\gamma'V\sin\alpha+\gamma_w V\sin\alpha$$

抗滑力为

$$R=W\cos\alpha\tan\varphi=\gamma'V\cos\alpha\tan\varphi$$

所以

$$K=\frac{R}{T+J}=\frac{\gamma'V\cos\alpha\tan\varphi}{\gamma'V\sin\alpha+\gamma_w V\sin\alpha}=\frac{\gamma'\tan\varphi}{(\gamma'+\gamma_w)\tan\alpha}=\frac{\gamma'}{\gamma_{sat}}\frac{\tan\varphi}{\tan\alpha}$$

代入已知条件：

$$1.3=\frac{(20-9.81)\tan 30°}{20\tan\alpha}$$

则

$$\tan\alpha=\frac{(20-9.81)\times 0.577}{20\times 1.3}=0.226;\quad \alpha=12.7°$$

比较以上两个例题，对于无黏性土坡安全系数，当存在水的顺坡渗流时，其安全系数降低约 1/2 倍。在同样的安全系数，有水渗流时，容许坡角减小约 1 倍。

9.3 黏性土土坡稳定分析

黏性土的抗剪强度包括摩擦强度和黏聚强度两个组成部分。由于黏聚力的存在，黏性土土坡不会像无黏性土土坡那样沿坡面表面滑动，黏性土坡危险滑动面深入土体内部。根据实际调查，均质黏性土土坡的滑动面通常为一光滑的曲面，顶部曲率半径较小，常垂直于坡顶，底部则比较平缓，如图 9.6 所示。为了方便起见，常将均质黏性土土坡破坏时的滑动面假定为一圆柱面，其在土坡断面上的投影就是一个圆弧，简称为滑弧。建立在这一假定上的稳定分析方法称为圆弧滑动法，如整体圆弧滑动法、瑞典条分法、毕肖普法等。

9.3.1 整体圆弧滑动法

整体圆弧滑动法是最常用的方法之一，又称瑞典圆弧法，是由瑞典的彼得森 (K. E. Petterson) 于 1915 年提出，后在各国被广泛应用于实际工程。

整体圆弧滑动法将滑动面以上的土体视作刚体，并分析在极限平衡条件下它的整体受

9.3 黏性土土坡稳定分析

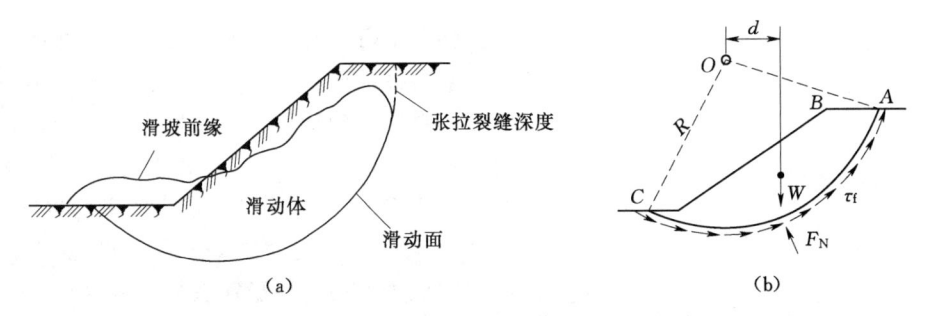

图 9.6 均质黏性土土坡滑动面
(a) 实际滑坡体的组成；(b) 假设滑动面投影是圆弧的滑动体

力情况 [图 9.6 (b)]，以整个滑动面上的平均抗剪强度与平均剪应力之比来定义土坡的安全系数，即

$$K = \frac{\tau_f}{\tau} \tag{9.5}$$

对于均质的黏性土土坡，其安全系数也可用滑动面上的最大抗滑力矩与滑动力矩之比来定义，其最终结果与式（9.5）的定义完全相同，即

$$K = \frac{M_f}{M} = \frac{\tau_f L_{AC} R}{\tau L_{AC} R} = \frac{\tau_f L_{AC} R}{Wd} \tag{9.6}$$

式中：τ_f 为滑动面上的平均抗剪强度，kPa；τ 为滑动面上的平均剪应力，kPa；M_f 为滑动面上的抗滑力矩，kN·m；M 为滑动面上的滑动力矩，kN·m；L_{AC} 为滑弧 AC 长度，m；R 为滑弧半径，m；d 为滑动土体重心到滑弧圆心 O 的水平距离，m；W 为滑动土体自重力，kN。

根据莫尔-库仑强度理论，黏性土的抗剪强度 $\tau_f = \sigma\tan\varphi + c$，但由于滑动面上法向应力 σ 沿滑动面不断改变的，并非常数，因此 τ_f 随滑动面上法向应力的改变而变化，沿整个滑动面并非一个常量。式（9.6）只给出了稳定安全系数的定义，并不能确定 K 的大小。

但对于饱和软黏土，在不排水条件下，其内摩擦角 φ_u 等于 0，此时 $\tau_f = c_u$，即抗剪强度与滑动面上的法向应力无关，于是式（9.6）可写为

$$K = \frac{c_u L_{AC} R}{Wd} \tag{9.7}$$

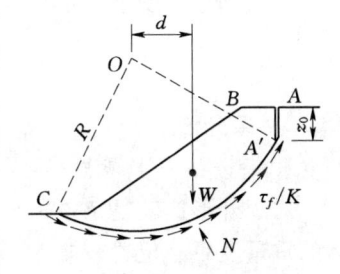

图 9.7 存在开裂深度的整体圆弧法简图

这种方法通常称为 $\varphi = 0$ 的分析法。c_u 可以用三轴不排水剪试验确定，也可通过无侧限抗压强度试验或现场十字板剪切试验获得。

黏性土土坡在发生滑坡前，坡顶常出现竖向裂缝，如图 9.7 所示，其开裂深度 z_0 可近似按式（6.9）计算，即 $z_0 = \frac{2c}{\gamma\sqrt{K_a}}$。当 $\varphi_u = 0$ 时，$K_a = 1$，故 $z_0 = \frac{2c_u}{\gamma}$。裂缝的出现将使滑弧长度由 AC 减小到 $A'C$。$A'C$ 段的稳定分析仍可用式（9.7）。如果裂缝中有可能积水，还要考虑静水压力对土坡稳定的不利影响。

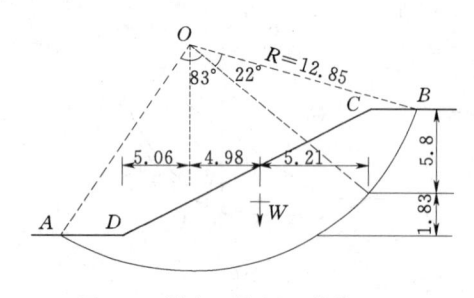

图9.8 [例9.4]图（单位：m）

【例9.4】 黏性边坡的几何尺寸如图9.8所示。滑坡体的面积为150m²。边坡土层由两层土组成，从坡顶到埋深5.8m处为第一层，其黏聚力$c=38.3$kPa，$\varphi=0$；以下为第二层，其黏聚力$c=57.5$kPa，$\varphi=0$。两层土的平均重度为$\gamma=19.25$kN/m³。若边坡以O点为圆心做滑弧滑动，问该边坡的安全稳定系数为多少？

解：

(1) 滑坡体的自重（取单位宽度）。

$$W=\gamma \times 面积=19.25 \times 150=2887.5(kN)$$

(2) 滑坡体的下滑力矩为

$$M=G \times 4.98=2887.5 \times 4.98=14397.75(kN \cdot m)$$

(3) 计算滑坡体抗滑力矩。

第一层土弧长：
$$L_1=\frac{18.25 \times \pi \times 22°}{180°}=7.0(m)$$

第二层土弧长：
$$L_2=\frac{18.25 \times \pi \times 83°}{180°}=26.44(m)$$

抗滑力矩：

$$M_{f1}=c_1 L_1 R_1=38.3 \times 7.0 \times 18.25=4892.83(kN \cdot m)$$

$$M_{f2}=c_2 L_2 R_2=57.5 \times 26.44 \times 18.25=27745.48(kN \cdot m)$$

总抗滑力矩 $M_f=M_{f1}+M_{f2}=4892.83+27745.48=32638.31(kN \cdot m)$

(4) 则边坡安全稳定系数为

$$K=\frac{M_f}{M}=\frac{32638.31}{14397.75}=2.27$$

9.3.2 条分法

1. 条分法基本原理

对于外形比较复杂，$\varphi>0$的黏性土坡，特别是土坡由多层土组成时，要确定滑动土体的重量及重心位置较复杂。滑动面上的抗剪强度又分布不均匀，与各点的法向应力有关。因此，瑞典的费伦纽斯（Fellenius，1922）等人提出了条分法。该法将滑动体分成若干个垂直土条，把土条视为刚体，分别计算各土条上的力对滑弧中心的滑动力矩和抗滑力矩，而后按式（9.6）求土坡稳定安全系数。

图9.9（a）为一均质黏性土坡，设滑动面为AC，对应的滑弧圆心为O，半径为R，将滑动体ABC分成n个土条，取其中第i个土条并分析其受力状况，如图9.9（b）所示。

下面分析土条所受的力及整个滑动体上的未知数。

(1) 重力W_i。$W=\gamma_i b_i h_i$，γ_i、b_i、h_i分别为第i条土的重度、宽度和高度，为已知量；所以W_i已知。

(2) 土条底面上的法向反力和抗剪力。假设法向反力N_i作用在土条底面中点，抗剪

9.3 黏性土土坡稳定分析

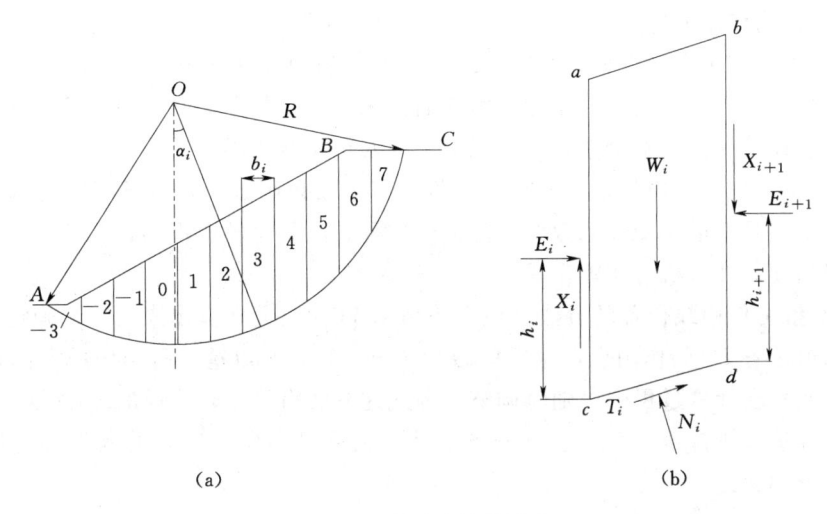

图 9.9 条分法计算图式
(a) 土坡分条；(b) 第 i 条受力分析

力 T_i 与滑动方向相反，其可能发挥的最大值等于土条底面上土的 τ_f 与滑弧长度 l_i 的乘积。当土坡处于稳定状态 ($K \geqslant 1$) 并假定各土条底部滑动面上的安全系数均等于整个滑动面上的安全系数时，则实际发挥的抗剪力 T_i 为

$$T_i = \frac{T_{fi}}{K} = \frac{c_i l_i + N_i \tan\varphi_i}{K} \tag{9.8}$$

可见，对于指定的安全系数，知道 N_i 大小就可以求出 T_i。所以，N_i 或 T_i 未知，K 亦未知，n 个土条共有 $n+1$ 个独立未知数。

(3) 土条间法向作用力 E_i 和 h_i。其大小和作用点均为未知量，n 个土条有 $n-1$ 个分界面，因此，实际上 n 个土条共有 $2(n-1)$ 个独立的未知数。

(4) 土条间的切向作用力 X_i。其大小为未知量，n 个土条有 $n-1$ 个分界面，所以未知数目共有 $n-1$ 个。

因此条分法共有 $n+(2n-2)+(n-1)+1=(4n-2)$ 个未知数。考虑土条的静力平衡条件，每个土条可列出两个垂直方向的力平衡方程和力矩平衡方程，所以，n 个土条应该有 $3n$ 个独立的平衡方程。可见，未知数比方程数多 $n-2$ 个，属于超静定问题。

为使问题求解，必须对条块间作用力的大小和位置作某些假定，以减少未知量个数。目前，不同条分法的差别在于所采用的简化假定上，由此导致稳定安全系数的计算结果存在一些差异。

各种简化假定，大体上分为以下几种类型。

(1) 瑞典条分法。瑞典条分法忽略条间力，即假定 $E_i = X_i = 0$，是一种简单的条分法。

(2) 毕肖普法。毕肖普在 1955 年提出了 $\Delta X_i = X_{i+1} - X_i = 0$ 条件，忽略了条间剪力的影响，n 个土条可增加 $n-1$ 个条件方程。

(3) 假设推力作用方向的方法。基于不同的推力假设，此方法又可分为不同的方法。

1) 假设推力作用方向与滑弧面方向平行，就是所谓的滑动面方向推力法。

2) 假设推力作用方向与分条面的法线成 φ 角，就是摩擦角推力法。此法是假定分条面土已达极限平衡。这种假定对于土坡滑弧面尚未达到极限平衡时的情况是不合理的，故后来又提出假设条间面的安全系数与滑弧面上的安全系数相同。

3) 假设推力作用方向与条分面法线夹角为某一已知函数，并假设不同的函数进行稳定计算，以求出具有最小安全系数的函数值。这种方法是比较合理的，但需要大量的计算工作量，仅当使用计算机时才能完成。

4) 假定推力作用线位置的方法。该方法是 1954 年由简布提出来的，其确定了推力作用线，也知道了各 E_i 的作用点，这样就减少了 $n-1$ 个未知量。由于作用点的位置比较容易确定，而且在计算过程中可随时调整，因此这方法得到了较广泛的应用。

瑞典条分法、毕肖普条分法、普遍条分法（又称简布条分法）的假设和适用条件不同，以下将分别叙述。

2. 瑞典条分法

瑞典条分法亦称为简单条分法，该法假定滑动面是一个圆弧面，并忽略条块间的作用力。或者说，假定条块两侧的作用力大小相等、方向相反且作用于同一直线上。

如图 9.10 所示土坡，取单位长度土坡按平面应变问题计算。设滑动面是一圆弧 AD，圆心为 O，半径为 R。将滑体 $ABCDA$ 分成许多竖向土条，土条的宽度一般可取 $b=0.1R$，任一土条 i 上的作用力包括：

(1) 土条的重力 W_i，其大小、作用点位置及方向均为已知。

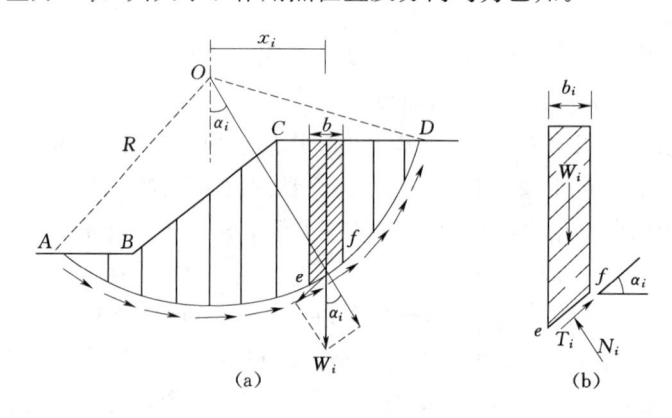

图 9.10 瑞典条分法
(a) 土坡分条；(b) i 土条受力分析

(2) 滑动面 ef 的法向力 N_i 及抗剪力 T_i，假定 N_i、T_i 作用在滑动面 ef 的中点，它们的大小均未知。根据径向力的平衡条件可得

$$N_i = W_i \cos\alpha_i$$

由于不考虑条块间的作用力 $\qquad T_i \neq W_i \sin\alpha_i$

抗剪力可能发挥的最大值为

$$T_{fi} = l_i(\sigma_i \tan\varphi_i + c_i) = N_i \tan\varphi_i + c_i l_i = W_i \cos\alpha_i \tan\varphi_i + c_i l_i$$

式中：α_i 为土条 i 滑动面的法向（亦即半径）与竖直线的夹角；l_i 为土条 i 滑动面的弧

长；c_i、φ_i 分别为滑动面上的黏聚力及内摩擦角。

假定各土条底部滑动面上的安全系数均等于整个滑动面上的安全系数，土坡的稳定安全系数为

$$\sum W_i d = \sum T_i R ; \sum W_i R \sin\alpha_i = \sum \frac{c_i l_i + N_i \tan\varphi_i}{K} R$$

$$K = \frac{\sum(W_i \cos\alpha_i \tan\varphi_i + c_i l_i)}{\sum W_i \sin\alpha_i} \tag{9.9}$$

对于均质土坡，$c_i = c$，$\varphi_i = \varphi$，则得

$$K = \frac{\tan\varphi \sum W_i \cos\alpha_i + c\hat{L}}{\sum W_i \sin\alpha_i} \tag{9.10}$$

式中：$\hat{L}$ 为滑动面 AD 的弧长；n 为土条数目。

瑞典分法不考虑土条两侧的推力，使得到的安全系数偏低，但误差不超过10%，偏于安全。由于此法应用的时间较长，积累了丰富的工程经验，故目前仍然是工程上常用的方法。

用瑞典条分法进行土坡稳定分析时可按下述步骤进行，取分条宽度 $b = R/10$，并将编号为 0 的土条中心线与圆心的铅垂线重合，然后向上下对称编号。各土条的 $\sin\alpha_i = \frac{x_i}{R} = \frac{ib}{R} = \frac{i}{10}$，分别等于 0、±0.1、±0.2…。

需要指出的是，使用瑞典条分法仍然要假设很多滑动面并通过试算分析，才能找到最危险滑动面，从而找到相应最小的 K 值，并由此判断土坡的稳定性。

【例 9.5】 一简单黏性土坡，高 25m，坡比 1:2，土的重度 $\gamma = 20\text{kN/m}^3$，内摩擦角 $\varphi = 26.6°$，黏聚力 $c = 10\text{kPa}$，滑动圆心 O 点如图 9.11 所示，试用瑞典条分法求该滑动圆弧的稳定安全系数。

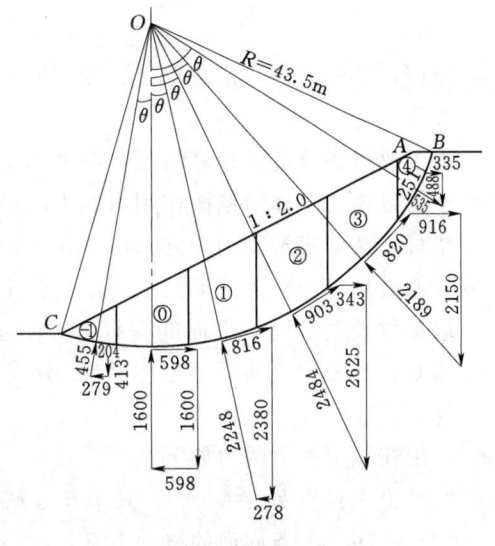

图 9.11 [例 9.5] 图

解： 为使例题计算简单，只将滑动土体分成 6 个土条，分别计算各条块的重量 W_i，滑动面长度 l_i，滑动面中心与过圆心铅垂线的圆心角 α_i，然后，按照瑞典条分法进行稳定性计算。计算结果见表 9.1。

表 9.1　　　　　　　　　　[例 9.5] 计算结果

条块编号	α_i /(°)	W_i /kN	$\sin\alpha_i$	$\cos\alpha_i$	$W_i \sin\alpha_i$ /kN	$W_i \cos\alpha_i$ /kN	$W_i \cos\alpha_i \tan\varphi$ /kN	l_i	cl_i
−1	−9.93	412.5	−0.172	0.985	−71.0	406.3	203	8.0	80
0	0	1600	0	1.0	0	1600	800	10.0	100

续表

条块编号	α_i /(°)	W_i /kN	$\sin\alpha_i$	$\cos\alpha_i$	$W_i\sin\alpha_i$ /kN	$W_i\cos\alpha_i$ /kN	$W_i\cos\alpha_i\tan\varphi$ /kN	l_i	cl_i
1	13.29	2375	0.230	0.973	546	2311	1156	10.5	105
2	27.37	2625	0.460	0.888	1207	2331	1166	11.5	115
3	43.60	2150	0.690	0.724	1484	1557	779	14.0	140
4	59.55	487.5	0.862	0.507	420	247	124	11.0	110

$$\sum W_i\sin\alpha_i = 3584\text{kN}$$
$$\sum W_i\cos\alpha_i\tan\varphi = 4228\text{kN}$$
$$\sum cl_i = 650\text{kN}$$

稳定安全系数为

$$K = \frac{\tan\varphi\sum W_i\cos\alpha_i + c\widehat{L}}{\sum W_i\sin\alpha_i} = \frac{4228+650}{3584} = 1.36$$

所以，本例针对指定的滑弧，相应的安全系数为 1.36。

3. 毕肖普条分法

为了改进条分法的计算精度，应考虑土条间的作用力，毕肖普（Bishop，1955）提出了一个可以考虑土体间侧面作用力的土坡稳定分析方法，简称毕肖普法。

毕肖普法假定滑动面为圆弧面，并考虑土条侧面的作用力，各土条底部滑动面上的稳定安全系数均等于整个滑动面上的平均安全系数。

取单位长度土坡按平面问题计算，如图 9.12 所示。设可能的滑动面为一圆弧 AC，圆心为 O，半径 R。将滑动土体 ABC 分成若干土条，取其中任一条（第 i 条）分析其受力情况。

作用在该土条上的力如下：

(1) 土条自重 $W_i = \gamma b_i h_i$，其中 b_i、h_i 分别为该土条的宽度与平均高度。

(2) 作用于土条底面的抗剪力 T_i、有效法向反力 N_i' 及孔隙水压力 $u_i l_i$，其中 u_i、l_i 分别为该土条底面中点处孔隙水压力和滑弧弧长。

(3) 作用于该土条两侧的法向力 E_i 和 E_{i+1} 及切向力 X_i 和 X_{i+1} 且 W_i、T_i、N_i' 及 $u_i l_i$ 的作用点均在土条底面中点。

由第 i 土条竖向力的平衡条件得

$$W_i + \Delta X_i - T_i\sin\alpha_i - N_i'\cos\alpha_i - u_i l_i\cos\alpha_i = 0$$

或

$$N_i'\cos\alpha_i = W_i + \Delta X_i - T_i\sin\alpha_i - u_i b_i \tag{9.11}$$

当土坡尚未破坏时，土条滑动面上的抗剪强度只发挥了一部分，若以有效应力表示，土条滑动面上的抗剪力为

$$T_i = \frac{T_{fi}}{K} = \frac{c_i' l_i}{K} + N_i'\frac{\tan\varphi_i'}{K} \tag{9.12}$$

式中：c_i' 为土的有效黏聚力；φ_i' 为土的有效内摩擦角；K 为安全系数。

9.3 黏性土土坡稳定分析

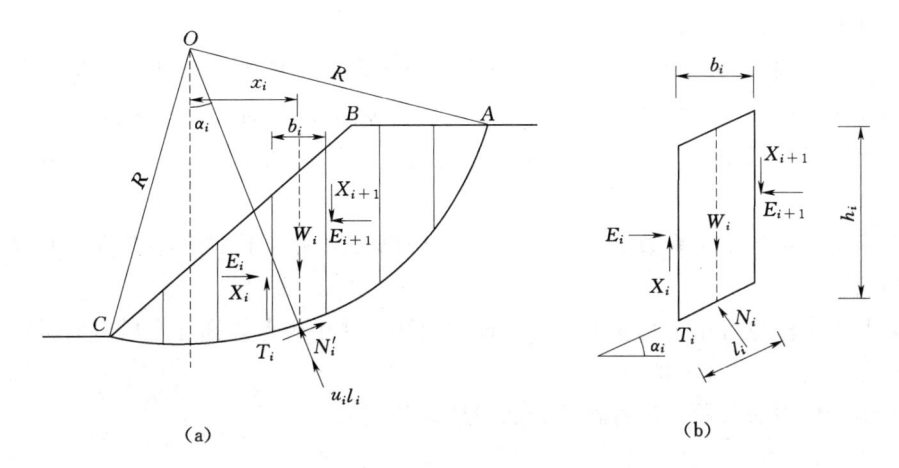

图 9.12 毕肖普条分法计算图式
(a) 土坡剖面；(b) 作用在第 i 土条上的力

将式 (9.12) 代入式 (9.11)，可解得 N'_i 为

$$N'_i = \frac{1}{m_{0i}}\left(W_i + \Delta X_i - u_i b_i - \frac{c'_i l_i}{K}\sin\alpha_i\right) \tag{9.13}$$

其中

$$m_{ai} = \cos\alpha_i\left(1 + \frac{\tan\varphi'_i \tan\alpha_i}{K}\right) \tag{9.14}$$

然后，整个滑动土体对圆心 O 求力矩平衡，此时相邻土条之间侧壁作用力的力矩将相互抵消，而各土条的 N'_i 及 $u_i l_i$ 的作用线均通过圆心，也不产生力矩，故有

$$\sum_{i=1}^{n} W_i X_i - \sum_{i=1}^{n} T_i R = \sum_{i=1}^{n} W_i R \sin\alpha_i - \sum_{i=1}^{n} T_i R = 0$$

将式 (9.14) 代入式 (9.13)，而后再代入上式可得

$$K = \frac{\sum \dfrac{1}{m_{ai}}[c'_i b_i + (W_i - u_i b_i + \Delta X_i)\tan\varphi'_i]}{\sum W_i \sin\alpha_i} \tag{9.15}$$

式 (9.15) 是毕肖普条分法计算边坡安全系数的基本公式。尽管考虑了侧面的法向力 E_i 和 E_{i+1}，但式 (9.15) 中并未出现该项。需要注意，在式 (9.15) 中 $\Delta X_i = X_{i+1} - X_i$ 仍是未知数。为使问题得到简化，并给出确定的 K 大小，毕肖普假设 $\Delta X_i = X_{i+1} - X_i = 0$，并已经证明，这种简化对安全系数 K 的影响仅在 1% 左右。而且分条宽度越小，这种影响就越小。因此，假定 $\Delta X_i = 0$ 计算的结果能满足工程设计对精度的要求。简化的毕肖普条分法基本公式得到广泛应用，即简化为

$$K = \frac{\sum \dfrac{1}{m_{ai}}[c'_i b_i + (W_i - u_i b_i)\tan\varphi'_i]}{\sum W_i \sin\alpha_i} \tag{9.16}$$

由于 m_{ai} 的计算式 (9.14) 中含有安全系数 K，故上述安全系数 K 仍需试算。通常试算时可先假定 $K=1$，由式 (9.14) 求出 m_{ai}，再按式 (9.16) 求 K，若计算的 K 与假定 K 值不等，则以计算的 K 值代入式 (9.14) 再求出新的 m_{ai} 和按式 (9.16) 计算 K，如此反复迭代，直至前后两次 K 值满足所要求的精度为止。通常迭代 3～4 次即可满足工

程精度要求，且迭代总是收敛的。

尚需注意，当 a_i 为负时，m_{ai} 有可能趋近于无限大，显然不合理，故此时简化毕肖普法不能应用。国外某些学者建议，当任一土条的 $m_{ai} \leqslant 0.2$ 时，简化毕肖普法计算的 K 值误差较大，最好采用其他方法。此外，当坡顶土条的 a_i 很大时，N_i' 出现负值，此时可取 $N_i' = 0$。

为了求得最小的安全系数 K，毕肖普条分法也必须在若干个假定滑动面中搜索最危险的滑裂面。

毕肖普条分法也可用于总应力分析，即在上述公式中不考虑孔隙水压力的影响，同时采用总应力强度 c、φ 计算即可。

如采用总应力法表示，毕肖普条分法的计算公式为

$$K = \frac{\sum \frac{1}{m_i}[c_i b_i + (W_i + \Delta X_i)\tan\varphi_i]}{\sum W_i \sin\alpha_i} \tag{9.17}$$

$$K = \frac{\sum \frac{1}{m_i}(c_i b_i + W_i \tan\varphi_i)}{\sum W_i \sin\alpha_i} \tag{9.18}$$

与瑞典条分法相比，简化的毕肖普法假定 $\Delta X_i = 0$，这实际上未考虑土体的切向力，并在此条件下满足力多边形闭合条件。也就是说，这种方法虽然在最终计算 K 的表达式中未出现水平力，但实际上考虑了土体之间的水平相互作用力。总之，简化毕肖普法具有以下特点：

（1）假设滑动面为圆弧。

（2）满足整体力矩平衡条件。

（3）假设土条之间只有法向力而无切向力。

（4）在（2）和（3）两个条件下，满足各个土条的力多边形闭合条件，而不满足各个土条的力矩平衡条件。

（5）从计算结果上分析，由于考虑了土条间的水平作用力，它的安全系数比瑞典法条分法略高一些。

（6）简化的条分法虽然不是严格的（即满足全部静力平衡条件）的极限平衡分析法，但它的计算结果却与严格方法很接近。这一点已为大量的工程计算所证实。由于其计算不是很复杂，精度较高，所以它是目前工程上的常用方法。使用者可根据具体工程和土性参数情况选用适当形式（有效应力或总应力）的公式。

4. 最危险滑裂面的确定方法

以上几种方法求出的 K 是任意假定的某个滑动面的抗滑安全系数，而土坡稳定分析要求的是与最危险滑动面相对应的最小安全系数。为此，通常需要假定一系列滑动面进行多次试算，才能找到所需要的最危险滑动面对应的安全系数，计算工作量是很大的。费伦纽斯通过大量计算，曾提出确定最危险滑动面圆心的经验方法，对于较快地确定最危险滑动面很有帮助，迄今仍被使用。该法主要内容如下：

对于均质黏性土坡，当土的内摩擦角 $\varphi = 0$ 时，其最危险滑动面常通过坡脚。其圆心

9.3 黏性土土坡稳定分析

位置可由图 9.13（a）中 BO 与 CO 两线的交点确定，图中 β_1 及 β_2 的值可根据坡角由表 9.2 查出。当 $\varphi>0$ 时，最危险滑动面的圆心位置可能在图 9.14（b）中 EO 的延长线上。自 O 点向外取圆心 O_1、$O_2\cdots$ 分别作滑弧，并求出相应的抗滑安全系数 K_1、$K_2\cdots$，然后用适当的比例尺标在相应圆心上，并连成安全系数随圆心位置的变化曲线，曲线的最低点即为圆心在 EO 线上时安全系数的最小值。当土坡比较复杂时，最危险滑弧圆心并不一定在 EO 线上。可通过这个最低点引 EO 的垂直线，并在这个垂直线上再定几个圆心，用类似步骤确定圆心在这个垂直线上时的最小安全系数，即为土坡的稳定安全系数 $K_{\min}$。

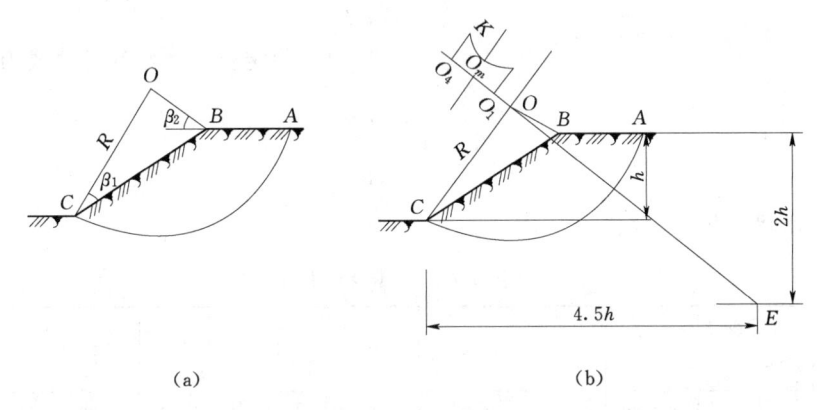

图 9.13 确定最危险滑动面圆心位置示意图
(a) $\varphi=0$；(b) $\varphi\neq 0$

表 9.2　　　　　　　　　　不同边坡的 β_1、β_2 数据表

坡比	坡角/(°)	β_1/(°)	β_2/(°)	坡比	坡角/(°)	β_1/(°)	β_2/(°)
1:0.58	60	29	40	1:3	18.43	25	35
1:1	45	28	37	1:4	14.04	25	37
1:1.5	33.79	26	35	1:5	11.32	25	37
1:2	26.57	25	35				

实际上，对于非均质的、边坡条件较为复杂的土坡，用上述方法寻找最危险滑动面的位置将是十分困难的。随着计算机技术的发展和普及，目前可以采用最优化搜索方法，寻找最危险的滑动面的位置。国内已有这方面的程序可供使用。

【例 9.6】 某均质黏性土坡，高 10m，坡比 1:1，填土黏聚力 $c=15\text{kPa}$，内摩擦角 $\varphi=20°$，重度 $\gamma=18\text{kN/m}^3$，坡内无地下水影响，试用毕肖普条分法（总应力法）计算土坡的稳定安全系数。

解：

（1）选择滑弧圆心，作出相应的滑动圆弧。按一定比例画出土坡剖面，如图 9.14 所示。由于是均质土坡，可按表 9.2 查得 $\beta_1=28°$，$\beta_2=37°$，作 BO 线及 CO 线得交点 O。再如图 9.15 所示求得 E 点，作 EO 的延长线，在 EO 延长线上取一点 O_1 作为第一次试算的滑弧圆心，过坡脚作相应的滑动圆弧，可量得半径 $R=16.56\text{m}$。

(2) 将滑动土体分成若干土条，并对其编号。取土条编号从滑弧圆心的垂线开始作为 0，逆滑动方向的土条依次编号为 1、2、3、…、7。

(3) 量出各土条中心高度 h_i，并列表计算 $\sin\alpha_i$、$\cos\alpha_i$、W_i、$W_i\sin\alpha_i$、$W_i\tan\varphi$ 以及 c_ib_i。

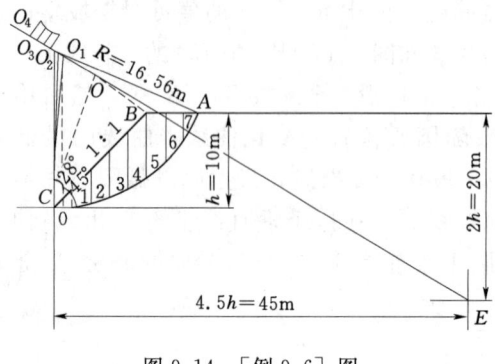

图 9.14 [例 9.6] 图

(4) 稳定安全系数计算公式为

$$K = \frac{\sum \frac{1}{m_{a_i}}[c_ib_i + W_i\tan\varphi_i]}{\sum W_i\sin\alpha_i}$$

(5) 计算结果见表 9.3。

表 9.3　　　　　　　　　　[例 9.6] 计 算 结 果

计算项目及编号 \ 土条编号		0	1	2	3	4	5	6	7	Σ
h_i/m	(1)	0.970	2.786	4.351	5.640	6.612	6.188	4.202	1.520	
B/m	(2)	2.0	2.0	2.0	2.0	2.0	2.0	2.0	1.709	
$W_i(=\gamma h_i b)$	(3)	34.92	100.30	156.64	203.04	238.03	222.77	151.27	46.76	
$\sin\alpha_i$	(4)	0.030	0.151	0.272	0.393	0.514	0.636	0.758	0.950	
$\cos\alpha_i$	(5)	1.000	0.988	0.962	0.919	0.857	0.772	0.652	0.313	
$W_i\sin\alpha_i$	(6)	1.05	15.15	42.61	79.79	122.35	141.68	114.66	44.42	561.71
$W_i\tan\varphi$	(7)	12.71	36.51	57.01	73.90	86.64	91.08	55.06	17.02	
c_ib_i	(8)	30.0	30.0	30.0	30.0	30.0	30.0	30.0	25.64	
$m_{a_i}(K=1)$	(9)	1.011	1.043	1.061	1.062	1.044	1.003	0.928	0.659	
[(7)+(8)]/(9)	(10)	42.25	63.77	82.01	97.83	111.72	110.75	91.66	64.73	664.72
$m_{a_i}(K=1.1834)$	(11)	1.009	1.034	1.046	1.040	1.015	0.968	0.885	0.605	
[(7)+(8)]/(11)	(12)	42.33	64.32	83.18	99.90	114.92	114.75	96.11	70.51	686.02
$m_{a_i}(K=1.2213)$	(13)	1.009	1.033	1.043	1.036	1.010	0.962	0.878	0.596	
[(7)+(8)]/(13)	(14)	42.33	64.39	83.42	100.29	115.49	115.47	96.88	71.58	689.85
$m_{a_i}(K=1.2281)$	(15)	1.009	1.033	1.043	1.035	1.009	0.961	0.877	0.595	
[(7)+(8)]/(15)	(16)	42.33	64.39	83.42	100.39	115.60	115.59	96.99	71.70	690.41

第一次试算时，假定 $K=1$，求得

$$K = \frac{664.72}{561.71} = 1.1834$$

第二次试算时，假定 $K=1.1834$，求得

$$K=\frac{686.02}{561.71}=1.2213$$

第三次试算时，假定 $K=1.2213$，求得

$$K=\frac{689.85}{561.71}=1.2281$$

第四次试算时，假定 $K=1.2281$，求得

$$K=\frac{690.41}{561.71}=1.2291$$

满足精度要求，故取 $K=1.23$。应当注意：这仅是一个滑弧的计算结果，为了求出最小的 K 值，需要假定若干个滑动面，按前法进行试算。

9.3.3 简布条分法

在实际工程中常常会遇到非圆弧滑动面的土坡稳定分析，如土坡下面有软弱夹层，或土坡位于倾斜岩层面上，滑动面形状受到夹层或硬层影响而呈非圆弧形状。此时圆弧滑动面法分析就不再适用，为了解决这一问题，简布（Janbu，1954 和 1972）提出了非圆弧普遍条分法，简称简布法。

1. 基本假设

如图 9.15（a）所示土坡，假定：①滑动面上的抗剪力 T_i 发挥的最大值等于滑动面上土所发挥的抗剪强度 τ_{fi} 与 l_i 的乘积，即 $T_i = \tau_{fi} l_i / K = (N_i \tan\varphi_i + c_i l_i)/K$；②土条两侧法向力 E 的作用点位置已知，这样可以减少 $n-1$ 个未知量，而且每个条块都满足全部静力平衡条件和极限平衡条件，滑动土体也满足整体力矩平衡条件。

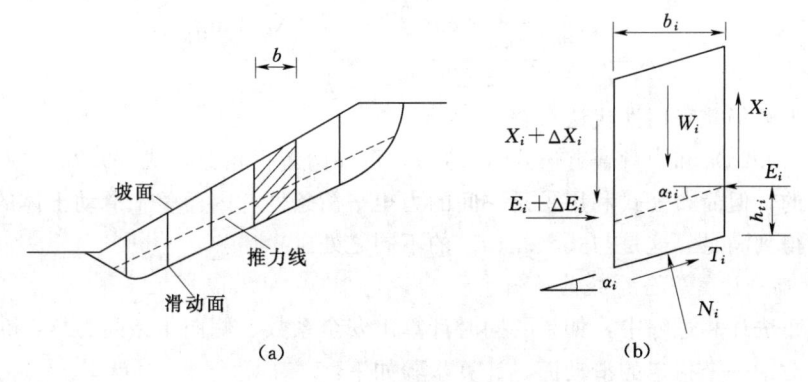

图 9.15 简布的普遍条分法
(a) 土坡剖面；(b) 作用在第 i 土条上的力分析

简布法适用于任何形状的滑动面，所以又称为普遍条分法。分析表明，条间力作用点的位置对土坡稳定安全系数的大小影响不大，一般可假定其作用于土条底面以上 1/3 高度处，这些作用点的连线称为推力线。

2. 计算公式

取任一土条如图 9.15（b）所示，h_{ti} 为条间力作用点的位置，α_{ti} 为推力线与水平线的夹角。需求的未知量有：土条底部法向反力 N_i（n 个）；法向条间力之差 ΔE_i [$(n-1)$ 个]；切向条间力 X_i [$(n-1)$ 个] 及安全系数 K。可通过对每一土条力和力矩平衡建立

$3n$ 个方程求解。

针对每一土条，根据竖向力的平衡，有
$$N_i\cos\alpha_i = W_i + \Delta X_i - T_i\sin\alpha_i$$

或
$$N_i = (W_i + \Delta X_i)\sec\alpha_i - T_i\tan\alpha_i \tag{9.19}$$

根据水平向力的平衡，有
$$\Delta E_i = N_i\sin\alpha_i - T_i\cos\alpha_i = (W_i + \Delta X_i)\tan\alpha_i - T_i\sec\alpha_i \tag{9.20}$$

对土条中点取力矩平衡，并略去高阶微量，有
$$X_i b_i = -E_i b_i \tan\alpha_{ti} + h_{ti}\Delta E_i$$

或
$$X_i = -E_i\tan\alpha_{ti} + h_{ti}\Delta E_i/b_i \tag{9.21}$$

由整个土坡 $\sum\Delta E_i = 0$ 可得
$$\sum(W_i + \Delta X_i)\tan\alpha_i - \sum T_i\sec\alpha_i = 0 \tag{9.22}$$

根据安全系数的定义和莫尔-库仑破坏准则
$$T_i = \frac{\tau_{fi} l_i}{K} = \frac{c_i b_i \sec\alpha_i + N_i \tan\varphi_i}{K} \tag{9.23}$$

联合求解式 (9.19) 及式 (9.23)，得
$$T_i = \frac{1}{K}[c_i b_i + (W_i + \Delta X_i)\tan\varphi_i]\frac{1}{m_{ai}} \tag{9.24}$$

式中
$$m_{ai} = \cos\alpha_i\left(1 + \frac{\tan\varphi_i \tan\alpha_i}{K}\right)$$

将式 (9.24) 代入式 (9.22)，得
$$K = \frac{\sum\dfrac{1}{m_{ai}}\dfrac{1}{\cos\alpha_i}[c_i b_i + (W_i + \Delta X_i)\tan\varphi_i]}{\sum(W_i + \Delta X_i)\tan\alpha_i} \tag{9.25}$$

上述公式的求解仍需采用迭代法求解。

比较式 (9.25) 和毕肖普普遍式 (9.15)，可知两者很相似，式 (9.25) 中的 ΔX_i 项次也是未知的，但简布公式利用了条块间的力矩平衡条件，因而整个滑动土体的整体力矩平衡也自然得到满足，这是与式 (9.15) 的不同之处。

3. 用简布法计算安全系数的迭代步骤

在用简布法计算过程中，如果要同时计算出安全系数、侧向土条间力 X_i 和 E_i，需要用迭代法。对于一个指定的滑动面，计算步骤如下：

(1) 确定安全系数 K 的迭代精度要求，即首先确定 $\Delta K_{\min}$。

(2) 设 $\Delta X_i = 0$，相当于简化的毕肖普方法，并假设 $K = 1.0$，算出 m_{ai}，再用式 (9.25) 计算安全系数 K' 与假定的 K 值进行比较。如果二者相差较大，则用 K' 值重新计算 m_{ai} 和新的安全系数，反复逼近至满足精度要求，求出 K 的第一次近似值。

(3) 据前述相应公式分别计算每一土条的 T'、ΔE_i、E_i、X_i，并计算出 ΔX_i。

(4) 将新求出的 ΔX_i 代入式 (9.24)，计算的 K 为第二次安全系数的近似值，并依次重复上述的 (2) ~ (3)，直到前后两次计算的 K 值达到精度为止。

由于需要通过滑动面的反复搜索才能找出最危险的滑动面，所以一般需要通过计算机来完成整个计算过程。

9.4 土坡稳定分析的若干问题

9.4.1 坡顶开裂时的土坡稳定性

如图 9.16 所示，由于土的收缩及张力作用，在黏性土坡的坡顶附近可能出现裂缝，雨水或相应的地表水渗入裂缝后，将产生一静水压力，其值为

$$P_w = \frac{\gamma_w z_0^2}{2} \tag{9.26}$$

式中：z_0 为坡顶裂缝开展深度，可近似地按挡土墙后为黏性填土时，墙顶产生的拉裂深度 $z_0 = 2c/(\gamma\sqrt{K_a})$，其中 K_a 为朗肯主动土压力系数。

裂缝中的静水压力将促使土坡滑动，其对最危险滑动面圆心 O 的力臂为 z，因此，在按前述各种方法进行土坡稳定分析时，滑动力矩中尚应计入 P_w 的影响，同时土坡滑动的弧长也将相应地减短为图 9.16 的 $A'C$，即抗滑力矩有所减少。

所以，在实际工程的施工过程中，如发现坡顶出现裂缝，应及时用黏土填塞，并严格控制施工用水，避免地面水的渗入。

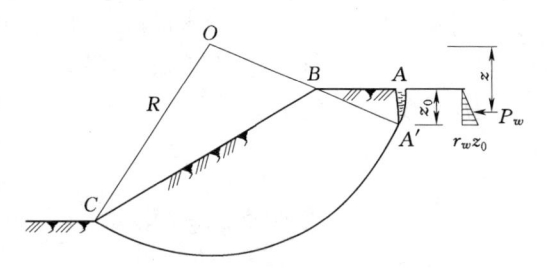

图 9.16 坡顶开裂时的稳定计算

9.4.2 边坡稳定分析的总应力法和有效应力法

无论是天然土坡还是人工土坡，在许多情况下土体内存在着孔隙水压力，例如渗流所引起的渗透压力或者填土所引起的超孔隙水压力等。孔隙水压力的大小在有些情况下容易确定，如稳定渗流引起的渗透压力；有些情况下则较难确定，如施工期水位骤降及地震时产生的孔隙水压力等；有些目前几乎没有办法确定，如土坡在滑动过程中的孔隙水压力变化。所以，在边坡稳定计算方法中，作用于滑动土体上的力是用总应力表示还是用有效应力表示是一个十分重要的问题。

如图 9.17 所示，假如土坡中因某种原因存在的孔隙水压力垂直作用于滑弧面 L_{AC}，作用方向指向圆心。取第 i 土条进行受力分析，将土条重力 W_i 分解成法向力 N_i 和切向力 T_i，其中 T_i 对圆心产生的滑动力矩为 M。N_i 是法向力，按有效应力法分析时，将其扣除孔隙水压力 $u_i l_i$，剩余部分 $N_i - u_i l_i$ 在滑动面上产生的摩擦阻力为 $T_{fi} = [(N_i - u_i l_i) \times \tan\varphi_i' + c_i' l_i]/K$，对圆心产生抗滑力矩为 M_f，由于此处的孔隙水压力已被扣除，所以摩阻力完全由有效应力计算，抗剪强度指标也应当采用有效应力强度指标；按总应力法分析时，不扣除孔隙水压力，摩擦阻力直接用式 $T_{fi} = (N_i \tan\varphi_i + c_i l_i)/K$ 计算。

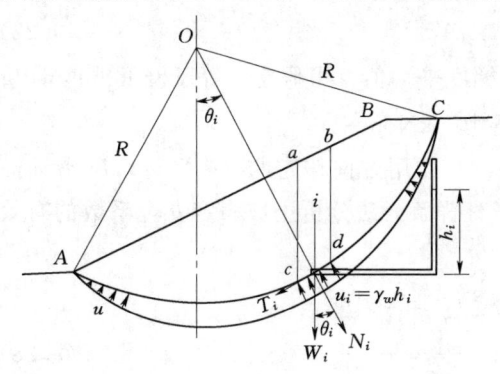

图 9.17 滑动面上孔隙水压力的作用

理论上说，上述两种计算方法得到的摩擦阻力应该一致，但前提是总应力强度指标 φ_i 能较好反映孔隙水压力 u_i 所起的作用。两种方法中，有效应力法的概念更清晰，但在一些实际工程中，由于孔隙水压力难以确定而总应力法应用得更多，不管哪种方法，抗剪强度指标的确定和选择都是关键问题。

9.4.3 土中水渗流时的土坡稳定性

当土坡部分浸水时，水下土条的重力都应按饱和重度计算，同时还需要考虑滑动面上的静孔隙水压力和作用在土坡坡面上的水压力。如图 9.18（a）所示，ef 线以下作用有滑动面上的静孔隙水压力合力 P_1、坡面上水压力合力 P_2 以及孔隙水的重力和土粒浮力的反作用力的合力 G_w。在静水状态三力维持平衡，且由于 P_1 的作用线通过圆心，根据力矩平衡条件，P_2 对圆心的矩也恰好与 G_w 对圆心的矩相互抵消。因此，在静水条件下水压力对滑动土体的影响可用静水面以下滑动土体所受的浮力来代替，即相当于水下土条重量取浮重度计算。故稳定安全系数的计算公式与前述完全相同，只是将坡外水位以下土的重度用浮重度 γ' 计算即可。

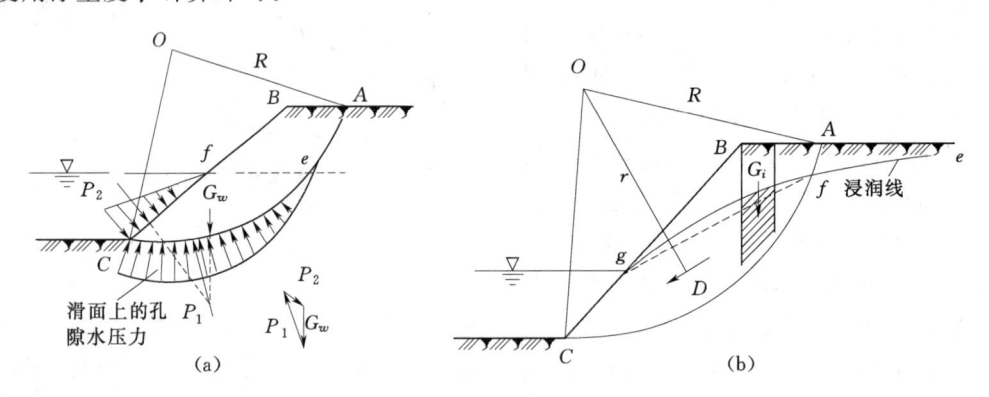

图 9.18 水渗流时的土坡稳定计算
(a) 部分渗水土坡；(b) 水渗流时土坡

当土坡两侧水位不同形成渗流时，土坡稳定分析需考虑渗透力的作用。图 9.18（b）为形成方向指向坡面渗透力的情况，若已知浸润线（渗流水位线）为 efg，滑动土体在浸润线以下部分（fgC）的面积为 A_w，则作用在该部分土体上每延米的渗透力合力 D 为

$$D = JA_w = i\gamma_w A_w \tag{9.27}$$

式中：i 为浸润线以下部分面积 A_w 范围内水头梯度平均值，可假定 i 等于浸润线两端 fg 连线的坡度；J 为作用在单位体积土体上的渗透力，kN/m^3。

渗透力合力 D 的作用点在面积 fgC 的形心，其作用方向假定与 fg 平行，D 滑动面圆心 O 的力臂为 r，由此可得考虑渗透力后，毕肖普条分法分析土坡稳定安全系数的有效应力计算公式为

$$K = \frac{\sum \dfrac{1}{m_{ai}}[c'_i b_i + (W_i - u_i b_i)\tan\varphi'_i]}{\dfrac{r}{R}D + \sum W_i \sin\alpha_i} \tag{9.28}$$

9.4.4 土的抗剪强度指标及安全系数的选用

1. 强度指标的选用

土体抗剪强度指标是影响土坡稳定性的重要因素，土坡稳定分析成果的可靠性很大程度上取决于对土的抗剪强度的正确确定。

不同的剪切试验方法可以得到不同的抗剪强度指标，在实际工程中应合理选用，如验算土坡施工结束时的稳定情况，若土坡施工速度较快，填土的渗透性较差，土中孔隙水压力不易消散，这时宜采用快剪或三轴不排水剪试验指标，用总应力法分析。如验算土坡长期稳定性，应采用排水剪或固结不排水剪指标，用有效应力法分析。表9.4给出了抗剪强度指标选用的一般建议。

表 9.4   稳定性计算时抗剪强度指标的选用

土坡状况	分析方法	土类		试验仪器	试验方法	强度指标
正常施工	有效应力法	无黏性土		直剪	慢剪	c', φ'
				三轴	排水剪	
		粉土黏性土	饱和度 $\leqslant 80\%$	直剪	慢剪	
				三轴	不排水剪测孔压	
			饱和度 $>80\%$	直剪	慢剪	
				三轴	固结不排水剪，测孔隙水压力	
快速施工	总应力法	粉土黏性土	渗透系数 $<10^{-7}$cm/s	直剪	快剪	c_u, φ_u
			任何渗透系数	三轴	不排水剪	
稳定渗流	有效应力法	无黏性土		直剪	慢剪	c', φ'
				三轴	排水剪	
		粉土、黏性土		直剪	慢剪	
				三轴	固结不排水剪，测孔隙水压力	

实际上，抗剪强度指标选用是个很复杂的问题，既与理论上的合理性有关，又与使用经验有关，还与试验技术条件与使用者的技术水平有关。

2. 安全系数的选用

当土坡处于极限平衡状态时，安全系数 $K=1$。也就是说，理论上土坡设计时只要满足安全系数 $K>1$，就可以保证土坡的安全性。但由于边坡分析中的不确定因素较多，所以计算结果的可靠性不能完全保证，计算得到的安全系数等于1或者稍大于1，并不表示土坡就一定是稳定的。

现行规范要求安全系数必须满足一个最起码要求，称为允许安全系数。因采用的抗剪强度试验方法和稳定分析方法不同，边坡允许安全系数也不会相同。表9.5～表9.8为我国一些现行规范对允许安全系数的要求，具体选用时可根据工程情况综合考虑。

第 9 章 土坡稳定分析

表 9.5　　　　　　　　　碾压式土石坝坝坡抗滑稳定最小安全系数

运用条件	工程等级			
	1	2	3	4、5
正常运用条件	1.50	1.35	1.30	1.25
非常运用条件 Ⅰ	1.30	1.25	1.20	1.15
非常运用条件 Ⅱ	1.20	1.15	1.15	1.10

注 正常运用条件指：
1. 水库水位处于正常蓄水位和设计洪水位与死水位之间的各种水位下的稳定渗流期。
2. 水库水位在上述范围内的经常性的正常降落。
3. 抽水蓄能电站的水库水位的经常性变化和降落。

非常运用条件Ⅰ指：
1. 施工期。
2. 校核洪水位下有可能形成稳定渗流的情况。
3. 水库水位的非常降落，如自校核洪水降落、降落至死水位以下、大流量快速泄空等。

非常运用条件Ⅱ指正常运用条件遇地震的情况。

表 9.6　　　　　　　　　　边坡稳定安全系数 F_{st}

边坡类型		边坡工程安全等级		
		一级	二级	三级
永久边坡	一般工况	1.35	1.30	1.25
	地震工况	1.15	1.10	1.05
临时边坡		1.25	1.20	1.15

注 1. 地震工况时，安全系数仅适用于塌滑区内无重要建（构）筑物的边坡。
2. 对地质条件很复杂或破坏后果极严重的边坡工程，其稳定安全系数应适当提高。

表 9.7　　　　　　　　　公路土体边坡稳定安全系数容许值
[《公路软土地基路堤设计与施工技术规范》（JTJ 017—1996）]

分析方法	抗剪强度指标	安全系数容许值	备注
总应力法	快剪	1.10	应用时根据不同的分析方法采用相应的计算公式
	十字板剪	1.20	
有效固结应力法	快剪与固结快剪	1.20	
	十字板剪	1.30	
有效应力法	有效剪	1.40	

注 当需要考虑地震作用时，安全系数允许值应减少 0.1。

表 9.8　　　　　　　　边坡稳定安全系数 [《岩土工程勘察规范》
（GB 50021—2001）]

新设计边坡、重要工程	一般工程	次要工程	验算已有边坡
1.30~1.50	1.15~1.30	1.05~1.15	1.10~1.25

思 考 题

9.1 土坡失稳破坏的原因有哪些？

9.2 何谓无黏性土土坡的自然休止角？无黏性土土坡的稳定性与哪些因素有关？

9.3 黏性土土坡稳定分析的条分法原理是什么？瑞典条分法和毕肖普条分法是如何在一般条分法的基础上进行简化的？这两种方法的主要区别是什么？对于同一工程问题，这两种方法计算的安全系数哪个更小、更偏于安全？

9.4 土坡稳定分析时应如何选取抗剪强度指标？

9.5 用总应力法及有效应力法分析土坡稳定时有何不同之处？各适用于何种情况？

习 题

9.1 某边坡高10m，边坡坡率1∶1，如图9.19所示，路堤填料指标为 $\gamma=20\mathrm{kN/m^3}$，填料与基岩面的抗剪强度指标为 $c=10\mathrm{kPa}$，$\varphi=25°$。试求直线滑动面的倾角 $\alpha=32°$ 时的稳定系数。

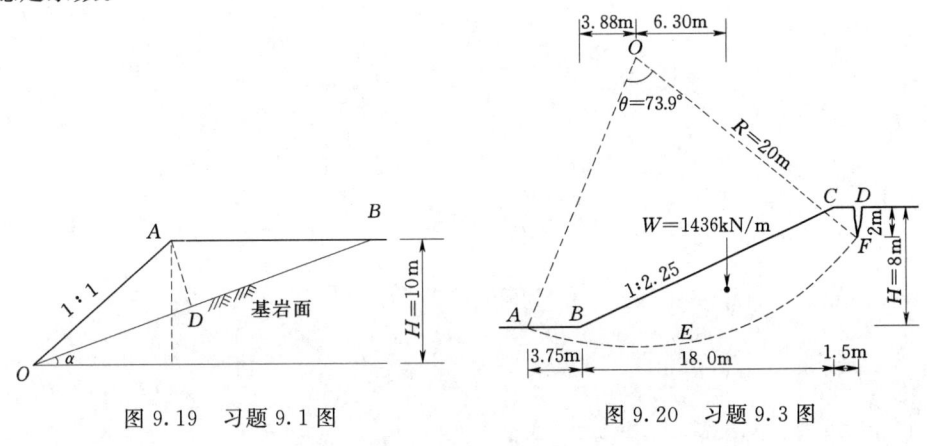

图9.19 习题9.1图

图9.20 习题9.3图

9.2 某均质无黏性土土坡，土的湿重度和饱和重度分别为 $19\mathrm{kN/m^3}$ 和 $20.2\mathrm{kN/m^3}$，内摩擦角 $\varphi=30°$，若该土坡的稳定安全系数为1.2。试求：

（1）土坡在干燥或完全浸水时的允许坡角 $\alpha=?$

（2）坡面有顺坡渗流时的允许坡角 $\alpha=?$

9.3 某路堑边坡的坡高 $H=8\mathrm{m}$，边坡坡率为1∶2.25，黏性土的平均重度 $\gamma=18\mathrm{kN/m^3}$，$c_u>0$，$\varphi_u=0$。该边坡发生了滑动变形，经钻孔调查，滑动面为 AEF 圆弧，半径 $R=20\mathrm{m}$，$\theta=73.9°$，圆心及滑弧位置如图9.20所示。试求：滑动面的平均不排水强度 $c_u=?$

9.4 用毕肖普条分法计算如图9.21所示土坡指定滑动面圆心位置的稳定安全系数。

已知土坡高度 $H=6\text{m}$，坡角 $\beta=55°$，土的 $\gamma=19\text{kN/m}^3$，$c=17\text{kPa}$，$\varphi=15°$。

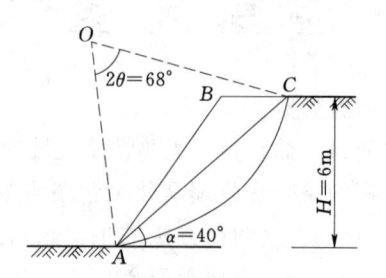

图 9.21 习题 9.4 图

第 9 章 习题答案

第 10 章　天然地基上的浅基础

基础根据其埋深或相对埋深分为浅基础与深基础，地基根据基础建造前是否对其进行了加固改良分为天然地基与人工地基。常见的地基基础方案包括天然地基上的浅基础、人工地基上的浅基础、深基础等。当场地地基土质较好，能够承受基础传递的荷载，并能保证变形控制在允许范围内时，一般优先采用天然地基上浅基础。

本章主要介绍扩展基础的设计原理和计算方法。

10.1　浅 基 础 类 型

浅基础类型较多，根据结构型式可分为扩展基础、柱下条形基础、十字交叉条形基础、筏板基础、箱形基础等。

10.1.1　扩展基础

扩展基础指通过向侧边拓展一定基底面积来承担上部结构的荷载，使之满足地基承载力和变形要求的基础。根据使用的材料分为无筋扩展基础和钢筋混凝土扩展基础；根据上部结构型式可分为墙下条形基础和柱下独立基础。

1. 无筋扩展基础

无筋扩展基础指由砖、块石、素混凝土、三合土和灰土等材料组成的，且不需配置钢筋的墙下条形基础或柱下独立基础（图 10.1）。这些材料的共性是具有较高的抗压强度和较低的抗拉、抗剪强度。设计时要求基础的外伸宽度和基础高度的比值在一定范围内，以避免基础内出现较高的拉应力与剪应力。无筋扩展基础的相对高度比较大，一般不发生弯曲变形，习惯上称为刚性基础。

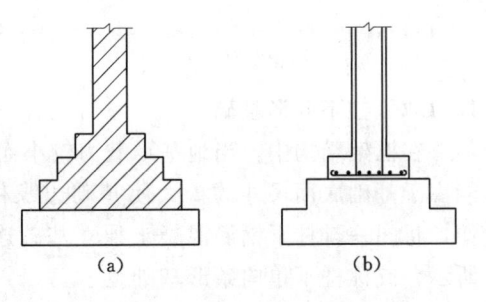

图 10.1　无筋扩展基础
(a) 墙下条形基础；(b) 柱下独立基础

2. 钢筋混凝土扩展基础

钢筋混凝土扩展基础包括柱下钢筋混凝土独立基础和墙下钢筋混凝土条形基础。由于基础内配置了钢筋，故具有较好的抗拉与抗剪强度。与无筋扩展基础相比，基础的高度较小，更适宜应用于基础埋深较小的情况。

柱下独立基础通常有现浇台阶形基础、现浇锥形基础和预制柱的杯口形基础等，如图 10.2 所示。

墙下条形基础一般做成板式（或称无肋式），如图 10.3 (a) 所示。但当基础纵向

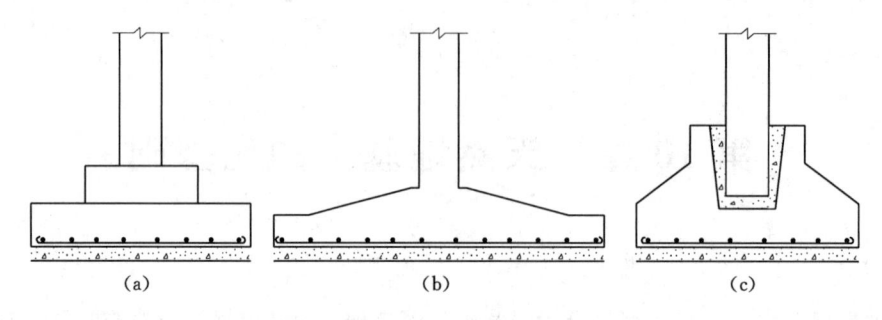

图 10.2　柱下独立基础
(a) 台阶形基础；(b) 锥形基础；(c) 杯口形基础

上墙上荷载分布不均匀或地基土的压缩性不均匀时，为了增强基础的整体性和纵向抗弯能力，减少不均匀沉降，有时采用带肋的墙下钢筋混凝土条形基础，如图 10.3 (b) 所示。

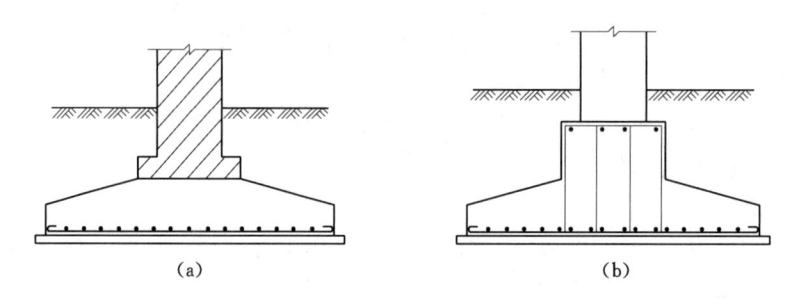

图 10.3　墙下条形基础
(a) 板式；(b) 梁式

10.1.2　柱下条形基础

在框架结构中，当地基承载力较小而荷载较大时，若采用柱下钢筋混凝土独立基础可能由于基础底面尺寸的扩大使基础边缘相互接近或对接，为增强基础的整体性和施工方便，将同一排柱下钢筋混凝土独立基础连接成整体，称为柱下条形基础，如图 10.4 (a) 所示，或称柱下单向条形基础。

如果在一个方向上连接为条形基础尚不能满足地基基础设计要求时，则可设置双向条形基础，此时称为柱下十字交叉条形基础，如图 10.4 (b) 所示。

10.1.3　筏形基础

当地基承载力较低而荷载大，以致十字交叉条形基础仍不能满足地基基础设计要求时，可采用钢筋混凝土满堂基础，即筏形基础。筏形基础类似一倒置的上部建筑结构层，比十字交叉条形基础有更大的整体刚度，能较好地协调上部结构荷载在平面上的变化，减小不均匀沉降。

筏形基础可分为平板式与梁板式两种类型，如图 10.5 所示。

10.1.4　箱形基础

箱形基础是由钢筋混凝土底板、顶板和足够数量的纵横交错的内外墙组成的空间结

10.1 浅基础类型

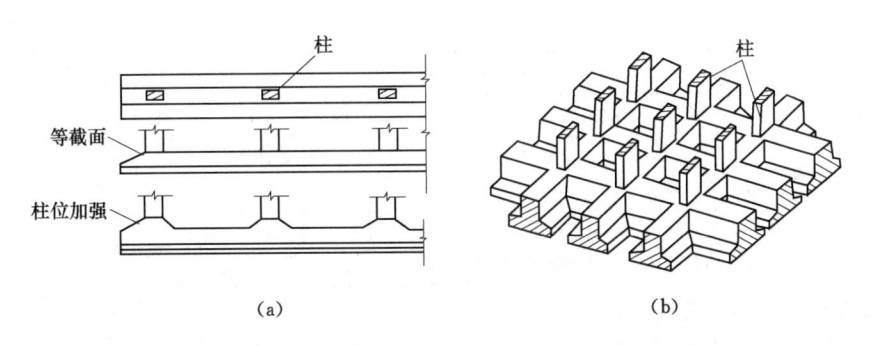

(a)

(b)

图 10.4 柱下条形基础
(a) 柱下单向条形基础；(b) 十字交叉条形基础

构，如图 10.6 所示。箱形基础类似一块巨大的空心厚板，较筏形基础具有大得多的空间刚度，能较好地减小或控制差异沉降，避免上部结构产生过大的次应力。

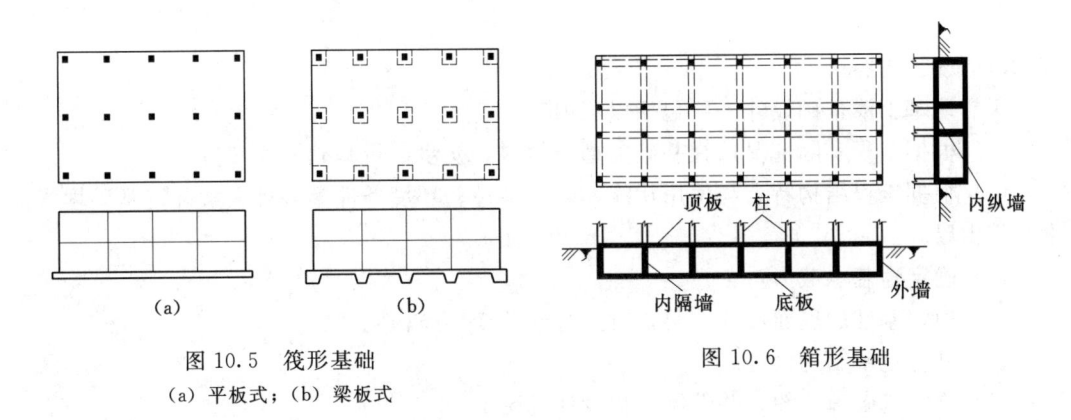

图 10.5 筏形基础
(a) 平板式；(b) 梁板式

图 10.6 箱形基础

箱形基础可用于高层建筑，抗震性能好，且其中的中空部分可作为地下室使用。但该基础型式材料用量大，工期长，造价高，施工技术比较复杂。

10.1.5 浅基础类型的选择

浅基础类型的选择需综合考虑地基承载力要求、地基变形要求及建筑物的使用要求。一般情况下可参照表 10.1 选择浅基础类型。

表 10.1 浅基础类型的选择

结构类型	岩土性质与荷载条件	适宜的基础类型
多层砖混结构	土质均匀，承载力高，无软弱下卧层，地下水位以上，荷载不大	无筋扩展基础
	土质均匀性较差，承载力较低，有软弱下卧层，基础需浅埋	墙下条形基础或交叉条形基础
	土质均匀性差，承载力低，荷载较大，采用条形基础面积超过建筑物占地面积的 50%	筏形基础

221

续表

结构类型	岩土性质与荷载条件	适宜的基础类型
框架结构（无地下室）	土质均匀，承载力较高，荷载相对较小，柱网分布均匀	柱下独立基础
	土质均匀性较差，承载力较低，荷载较大，采用独立基础不能满足要求	柱下条形基础或交叉条形基础
	土质不均匀，承载力低，荷载大，柱网分布不均，采用条形基础面积超过建筑物占地面积的50%	筏形基础
全剪力墙，10层以上住宅建筑	地基土层较好，荷载分布均匀	筏形基础
	当上述条件不能满足时	筏形基础或箱形基础
框架、剪力墙结构（有地下室）	可采用天然地基时	筏形基础或箱形基础

10.2 浅基础设计

10.2.1 设计内容

天然地基上浅基础设计一般包括以下内容：

（1）根据工程实际情况选择基础类型与材料，初步进行基础平面布置。

（2）根据工程结构特点与使用功能、岩土条件、环境条件等多种因素确定基础埋置深度与持力层。

（3）确定地基承载力。

（4）确定基础的底面尺寸，必要时进行地基变形与稳定性验算。

（5）进行地基结构设计。

（6）绘制基础施工图，并编制工程设计说明书。

（7）必要时编制工程预算书。

10.2.2 设计原则

根据地基复杂程度、建筑物规模和功能特征以及由于地基问题可能造成建筑物破坏或影响正常使用的程度，《建筑地基基础设计规范》（GB 50007—2011）将地基基础设计分为 3 个设计等级，设计时应根据具体情况按表 10.2 选用。

表 10.2   地基基础设计等级

设计等级	建筑和地基类型
甲级	重要的工业与民用建筑；30层以上的高层建筑；体型复杂，层数相差超过10层的高低层连成一体的建筑物；大面积的多层地下建筑物；对地基变形有特殊要求的建筑物；复杂地质条件下的坡上建筑物；对原有工程影响较大的新建筑物；场地和地基条件复杂的一般建筑物；位于复杂地质条件及软土地区的 2 层及以上地下室的基坑工程；开挖深度大于 15m 的基坑工程；周边环境条件复杂、环境保护要求高的基坑工程
乙级	除甲级、丙级以外的工业与民用建筑物；除甲级、丙级以外的基坑工程
丙级	场地和地基条件简单、荷载分布均匀的 7 层及 7 层以下民用建筑及一般工业建筑物，次要的轻型建筑物；非软土地区且场地地质条件简单、基坑周边环境条件简单、环境保护要求不高且开挖深度小于 5.0m 的基坑工程

根据建筑物地基基础设计等级及长期荷载作用下地基变形对上部结构的影响程度，地基基础设计应符合以下基本规定。

（1）所有建筑物的地基计算均应满足承载力计算的有关规定。

（2）设计等级为甲级、乙级的建筑物，均应按地基变形设计。

（3）表10.3所列范围内设计等级为丙级的建筑物可不作变形验算，如有下列情况之一时，仍应作变形验算。

1）地基承载力特征值小于130kPa，且体型复杂的建筑。

2）在基础上及其附近有地面堆载或相邻基础荷载差异较大，可能引起地基产生过大的不均匀沉降时。

3）软弱地基上的建筑物存在偏心荷载时。

4）相邻建筑距离近，可能发生倾斜时。

5）地基内有厚度较大或厚薄不均的填土，其自重固结未完成时。

（4）对经常受水平荷载作用的高层建筑、高耸结构和挡土墙等，以及建造在斜坡上或边坡附近的建筑物和构筑物，尚应验算其稳定性。

（5）基坑工程应进行稳定性验算。

（6）建筑物地下室或地下构筑物存在上浮问题时，尚应进行抗浮验算。

表10.3　　　　可不作地基变形验算的设计等级为丙级的建筑物范围

地基主要受力层情况	地基承载力特征值 f_{ak}/kPa	$80 \leqslant f_{ak}$ <100	$100 \leqslant f_{ak}$ <130	$130 \leqslant f_{ak}$ <160	$160 \leqslant f_{ak}$ <200	$200 \leqslant f_{ak}$ <300
	各土层坡度/%	$\leqslant 5$	$\leqslant 10$	$\leqslant 10$	$\leqslant 10$	$\leqslant 10$
建筑类型	砌体承重结构、框架结构（层数）	$\leqslant 5$	$\leqslant 5$	$\leqslant 6$	$\leqslant 6$	$\leqslant 7$
	单层排架结构（6m柱距）单跨 吊车额定起重量/t	10～15	15～20	20～30	30～50	50～100
	单层排架结构（6m柱距）单跨 厂房跨度/m	$\leqslant 18$	$\leqslant 24$	$\leqslant 30$	$\leqslant 30$	$\leqslant 30$
	单层排架结构（6m柱距）多跨 吊车额定起重量/t	5～10	10～15	15～20	20～30	30～75
	单层排架结构（6m柱距）多跨 厂房跨度/m	$\leqslant 18$	$\leqslant 24$	$\leqslant 30$	$\leqslant 30$	$\leqslant 30$
	烟囱 高度/m	$\leqslant 40$	$\leqslant 50$	$\leqslant 75$	$\leqslant 100$	
	水塔 高度/m	$\leqslant 20$	$\leqslant 30$	$\leqslant 30$	$\leqslant 30$	
	水塔 容积/m³	50～100	100～200	200～300	300～500	500～1000

注　1. 地基主要受力层系指条形基础底面下深度为$3b$（b为基础底面宽度），独立基础下为$1.5b$，且厚度均不小于5m的范围（2层以下一般的民用建筑物除外）。
　　2. 地基主要受力层中如有承载力标准值小于130kPa的土层时，表中砌体承重结构的设计，应符合《建筑地基基础设计规范》（GB 50007—2011）第7章的有关要求。
　　3. 表中砌体承重结构和框架结构均指民用建筑，对于工业建筑可按厂房高度、荷载情况折合成与其相当的民用建筑层数。
　　4. 表中吊车额定起重量、烟囱高度和水塔容积的数值系指最大值。

10.2.3　荷载取值与抗力限值

地基基础设计时，所采用的作用效应与相应的抗力限值应按下述规定：

（1）按地基承载力确定基础底面积及埋深时，传至基础或承台底面上的作用效应应按正常使用极限状态下的标准组合；相应的抗力应采用地基承载力特征值或单桩承载力特征值。

（2）计算地基变形时，传至基础底面上的作用效应应按正常使用极限状态下作用的准永久组合，不应计入风荷载和地震作用；相应的限值应为地基变形允许值。

（3）计算挡土墙土压力、地基或滑坡稳定性以及基础抗浮稳定性时，作用效应应按承载能力极限状态下作用的基本组合，但其分项系数均取 1.0。

（4）在确定基础或桩基承台高度、支挡结构截面、计算基础或支挡结构内力、确定配筋和验算材料强度时，上部结构传来的作用效应和相应的基底反力、挡土墙土压力以及滑坡推力，应按承载能力极限状态下作用的基本组合，采用相应的分项系数；当需要验算基础裂缝宽度时，应按正常使用极限状态下作用的标准组合。

（5）基础设计安全等级、结构设计使用年限、结构重要性系数应按有关规范的规定采用，但结构重要性系数 r_0 不应小于 1.0。

（6）作用组合的效应设计值应满足《建筑地基基础设计规范》有关要求，其中对由永久作用控制的基本组合的效应设计值 S_d 可按下式确定：

$$S_d = 1.35 S_k \tag{10.1}$$

式中：S_k 为标准组合的作用效应设计值。

10.3 地 基 计 算

10.3.1 基础埋置深度

基础埋置深度指基础底面至天然地面的距离。选择合适的基础埋深是地基基础设计工作中的重要环节，关系到地基的可靠性，基础施工的难易程度，施工工期长短以及工程造价高低。确定基础埋深除了考虑作用在地基上的荷载大小和性质外，还需综合考虑以下因素。

1. 建筑物的结构特点与功能

确定基础埋深时，首先要考虑建筑物的用途，有无地下室、设备基础和地下设施，基础的型式和构造。同时要考虑作用于地基上的荷载大小和性质。

土质地基上的高层建筑基础的埋深要满足地基承载力、变形和稳定性要求；岩石地基上的高层建筑，其埋深要满足抗滑稳定性要求。在抗震设防区，天然地基上的筏形和箱形基础埋深不宜小于建筑物高度的 1/15。另外，对于承受水平荷载的建筑物基础，必须有足够的埋置深度来获得土的侧向抗力，以保证基础的稳定性，避免建筑物的整体倾斜。对于承受动荷载的建筑基础，则不宜选择饱和的粉细砂作为持力层，以免砂土液化丧失地基承载力，导致地基失稳。对于桥梁墩基础，确定其埋深时必须充分考虑河床的冲刷问题。

2. 工程地质与水文地质条件

在满足地基稳定和变形要求的前提下，基础宜适当浅埋，以方便施工、节省投资。当上层土的承载力大于下层土时，宜优先利用上层土作为持力层。除岩石地基外，基础埋深不宜小于 0.5m，且基础顶面宜低于室外设计地面 0.1m 以上，以便于建筑物周围排水沟的布置。

如地基土在水平方向分布不均匀，可将建筑场地分段或分区，在保证相邻基础底面标高差不超出规范允许值的条件下不同区段的基础埋深不同。

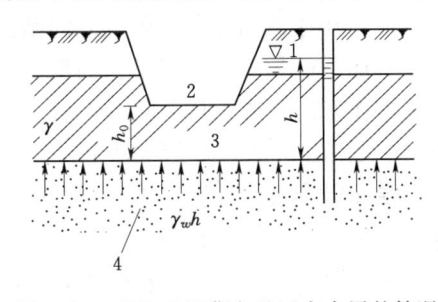

图 10.7 基坑下埋藏有承压含水层的情况
1—承压水位；2—基槽；3—黏土隔水层；
4—透水层

对于砂土层和粉土层，应注意基础埋深太小会导致侧限作用小，土体可能被挤出并降低土体密实度而影响地基承载力。对于膨胀土、非饱和土、有机质土、湿陷性黄土等特殊土地基，应根据相关研究成果具体分析设计。

基础应埋置在地下水位以上，当必须埋在地下水位以下时，应采取地基土在施工时不受扰动的措施。

当持力层为隔水层而其下方存在承压水层时（图 10.7），为了避免施工过程中承压水冲破槽底而破坏地基，应在开挖基槽时保留一定厚度的槽底地基土。图中槽底地基土安全厚度 h_0 可按下式估算：

$$h_0 > \frac{\gamma_w}{\gamma} h \tag{10.2}$$

式中：γ 为隔水层土的重度，kN/m^3；γ_w 为水的重度，kN/m^3；h 为承压水的上升高度（从隔水层底面起算），m；h_0 为槽底地基土安全厚度（槽底隔水层剩余厚度），m。

如果场地的地下水位在基础底面标高附近经常变动，进行基础设计时应考虑地下水位的起落对地基有效应力的影响。

3. 场地与环境条件

如果在基础影响范围内有管道或坑沟等地下设施通过时，原则上基础的顶面应低于这些设施的底面。否则应采取有效措施，消除基础对地下设施的不利影响。

当存在相邻建筑物时，新建工程的基础埋深不宜大于原有建筑基础。当埋深大于原有建筑基础时，两基础间应保持一定净距 L，其数值根据

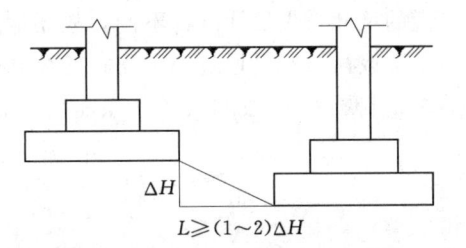

图 10.8 相邻原有建筑物与新建建筑物

建筑荷载大小、基础形式和土质情况确定，如图 10.8 所示。如上述要求不能满足时，应根据具体情况采取分段施工、设置临时支撑加固等施工措施，或事先加固原有建筑物地基，以保证其安全。

4. 地基冻融深度

当地基土温度低于 0℃时，土中部分孔隙水将冻结而形成冻土。冻土分为季节性冻土和多年冻土两类，季节性冻土是指一年内冻结与解冻交替出现。

在季节性冻土地区，当土冻结后，土颗粒间的连接力增强，体积膨胀，产生冻胀。当温度升高冻土解冻后，土中的冰晶体融化，使土体处于饱和及软化状态，强度降低，地基产生融陷。如果冻胀产生的上抬力大于基底压力，会引起建筑物不均匀隆起、结构开裂甚至破坏。在气温低、冻融深度大的地区，由于冻害使建筑物墙体开裂的情况较多，为避免冻融变化对建筑物产生的不利影响，需根据场地的冻结深度来确定基础最小埋深。

冻胀现象的主要影响因素为土的粒径、土中含水量以及地下水补给条件等。对于黏粒含量很少的粗颗粒土，孔隙较大，毛细作用较弱，基本不存在这一问题。坚硬状态的黏性土由于结合水含量低，冻胀作用也比较微弱。所以，在其他条件相似的情况下，黏性土的冻胀现象比无黏性土明显，特别是地下水位高且通过毛细作用能向冻结区补给的区域，冻胀现象更不容忽视。《建筑地基基础设计规范》根据土的类别、天然含水量大小和地下水位相对深度，将地基土划分为不冻胀、弱冻胀、冻胀、强冻胀和特强冻胀5类。

季节性冻土地区基础最小埋深 d_{min} 可按下式确定：

$$d_{min}=Z_d-h_{max} \tag{10.3}$$

式中：Z_d 为场地冻结深度；h_{max} 为基础底面下允许冻土层的最大厚度，均按《建筑地基基础设计规范》确定。

满足基础最小埋深是防止冻害的一个基本要求，对于冻胀明显的地基，还应根据情况采取相应的防冻措施。

10.3.2 地基承载力特征值

地基承载力概念已在第7章中介绍，此处主要介绍浅基础设计中地基承载力特征值的确定方法，即在保证地基稳定的前提下，使建筑物沉降不超过允许值的地基承载能力，用 f_{ak} 表示。

1. 根据现场静载荷试验成果确定

现场静载荷试验是获得地基承载力特征值的最直接方法，如果能进行足尺原型试验，那么就能直接得到准确的地基承载力。但事实上，现场的静荷载试验与实际的基础相比，二者的尺寸与埋置深度都不同，故还应进行相应的修正。

静载荷试验是通过一定面积的荷载板（亦称承压板）对地基逐级施加荷载，根据试验结果绘制压力 p-沉降 s 的关系曲线，如图10.9所示。

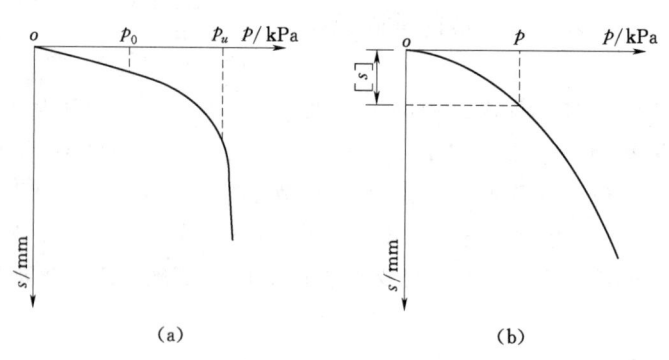

图10.9 按静载荷试验 p-s 曲线确定地基承载力特征值
(a) 低压缩性土；(b) 高压缩性土
p_0—比例极限荷载；p_u—极限荷载

对于低压缩性土，如密实砂土、硬塑黏土等，p-s 曲线呈急进破坏的"陡降型"，存在比较明显的直线段和极限值[图10.9(a)]，考虑到低压缩性土的承载力特征值一般由强度控制，所以以直线段末点所对应的压力 p_0（比例界限荷载）作为承载力特征值，此时地基的变形很小。如果极限荷载 p_u 小于比例界限荷载值的2倍时，取极限荷载的一

10.3 地 基 计 算

半（$p_u/2$）作为地基承载力特征值。

对于一些中、高压缩性土，如松砂、填土、可塑黏土等，$p-s$ 曲线往往呈渐进破坏的"缓变型"，无明显转折点［图 10.9（b）］。考虑到中、高压缩性土承载力特征值一般由变形控制，所以，当压板面积为 $0.25\sim0.50\text{m}^2$ 时，可取 $s/b=0.01\sim0.015$（b 为承压板宽度或直径）所对应的荷载作为承载力特征值，但其值不能大于最大加载量的一半。

场地的同一土层参加统计的试验点不应小于 3 点，当试验实测值的级差不超过其平均值的 30% 时，取平均值作为该土层的地基承载力特征值。当试验实测值的级差超过其平均值的 30% 时，应取最低值作为该土层的地基承载力特征值。

当基础宽度大于 3m 或埋置深度大于 0.5m 时，通过静载荷试验确定的地基承载力特征值应按下式修正：

$$f_a = f_{ak} + \eta_b \gamma (b-3) + \eta_d \gamma_m (d-0.5) \tag{10.4}$$

式中：f_a 为修正后的地基承载力特征值，kPa；f_{ak} 为通过载荷试验或其他原位测试、公式计算等得到的地基承载力特征值，kPa；η_b、η_d 为基础宽度和埋深的地基承载力修正系数，查表 10.4；b 为基础底面宽度，m，当基宽小于 3m 按 3m 计，大于 6m 按 6m 计；d 为基础埋置深度，m，宜自室外地面标高算起。在填方整平地区，可自填土地面标高算起。但填土在上部结构施工后完成时，应从天然地面标高算起。对于地下室，如采用箱形基础或筏基时，基础埋置深度自室外地面标高算起；当采用独立基础或条形基础时，应从室内地下室地面标高算起；γ_m 为基础底面以上土的加权平均重度，地下水位以下的取有效重度，kN/m^3；γ 为基础底面以下土的重度，可以 $1b$ 深度作为取值范围，地下水位以下取有效重度，kN/m^3。

表 10.4 承载力修正系数

土 的 类 别		η_b	η_d
淤泥和淤泥质土		0	1.0
人工填土 e 及 I_L 大于或等于 0.85 的黏性土		0	1.0
红黏土	含水比 $a_w > 0.8$	0	1.2
	含水比 $a_w \leq 0.8$	0.15	1.4
大面积压实填土	压实系数大于 0.95、黏粒含量 $\rho_c \geq 10\%$ 粉土	0	1.5
	最大干密度大于 21kN/m^3 的级配砂石	0	2.0
粉土	黏粒含量 $\rho_c \geq 10\%$ 的粉土	0.3	1.5
	黏粒含量 $\rho_c < 10\%$ 的粉土	0.5	2.0
e 及 I_L 均小于 0.85 的黏性土		0.3	1.6
粉砂、细砂（不包括很湿与饱和时的稍密状态）		2.0	3.0
中砂、粗砂、砾砂和碎石土		3.0	4.4

注 1. 强风化和全风化的岩石，可参照所风化成的相应土类取值，其他状况下的岩石不修正。
    2. 地基承载力特征值按深层平板载荷试验（参见相应规范）确定时 η_d 取 0。
    3. 含水比是指土的天然含水量与液限的比值。
    4. 大面积压实填土是指填土范围大于两倍基础宽度的填土。

2. 根据地基土抗剪强度指标确定

(1) 规范推荐的理论公式。当荷载偏心距 $e \leq 0.033b$（b 为基础底面宽度）时，根据土的抗剪强度指标确定地基承载力特征值可按《建筑地基基础设计规范》推荐的公式计算，并应满足变形要求：

$$f_a = M_b \gamma b + M_d \gamma_m d + M_c c_k \tag{10.5}$$

式中：f_a 为由土的抗剪强度指标确定的地基承载力标准值，kPa；M_b、M_d、M_c 为承载力系数，根据土的内摩擦角标准值 φ_k 按表 10.5 确定；b 为基础底面宽度，大于 6m 时按 6m 取值，对于砂土，小于 3m 时按 3m 取值；c_k、φ_k 为基底下一倍短边宽度深度内土的黏聚力和内摩擦角标准值。

表 10.5 承载力系数 M_b、M_d、M_c

$\varphi_k/(°)$	M_b	M_d	M_c	$\varphi_k/(°)$	M_b	M_d	M_c
0	0	1.00	3.14	22	0.61	3.44	6.04
2	0.03	1.12	3.32	24	0.80	3.87	6.45
4	0.06	1.25	3.51	26	1.10	4.37	6.90
6	0.10	1.39	3.71	28	1.40	4.93	7.40
8	0.14	1.55	3.93	30	1.90	5.59	7.95
10	0.18	1.73	4.17	32	2.60	6.35	8.55
12	0.23	1.94	4.42	34	3.40	7.21	9.22
14	0.29	2.17	1.69	36	4.20	8.25	9.97
16	0.36	2.43	9.00	38	5.00	9.44	10.80
18	0.43	2.72	5.31	40	5.80	10.84	11.73
20	0.51	3.06	5.66				

关于式（10.5）的几点说明：

1) 承载力系数 M_b、M_d、M_c 应是针对基础底面以下塑性发展深度内土层而言的，实际计算中可以基础底面下相当于 1 倍基础宽度的深度内土层的试验参数为基础，通过下述回归分析方法得到；如在此深度内为分层土，则应取加权平均值。

2) 当地基持力层土的渗透系数较低（如厚度较大的饱和软黏土），在快速加载条件下，地基土可能因未能充分固结而破坏，此时应采用土的不排水抗剪强度计算短期承载力。

3) 按该公式确定地基承载力时，只保证地基强度有足够的安全度，不保证地基变形满足要求，故还应进行地基变形验算。

4) 内摩擦角标准值 φ_k 和黏聚力标准值 c_k 按下列规定计算。

根据室内 n 组三轴压缩试验的结果，按下列公式计算某一土层强度指标的变异系数 δ_c 和 δ_φ、试验平均值 c_m 和 φ_m 及标准差 σ_c 和 σ_φ。

$$\delta = \frac{\sigma}{\mu} \tag{10.6}$$

$$\mu = \frac{\sum_{i=1}^{n} \mu_i}{n} \tag{10.7}$$

$$\sigma = \sqrt{\frac{\sum_{1}^{n}\mu_i^2 - n\mu^2}{n-1}} \tag{10.8}$$

式中：δ 为变异系数；μ 为试验平均值；σ 为标准差。

按下述公式计算内摩擦角和黏聚力的统计修正系数 ψ_φ、ψ_c：

$$\psi_\varphi = 1 - \left(\frac{1.704}{\sqrt{n}} + \frac{4.678}{n^2}\right)\delta_\varphi \tag{10.9}$$

$$\psi_c = 1 - \left(\frac{1.704}{\sqrt{n}} + \frac{4.678}{n^2}\right)\delta_c \tag{10.10}$$

式中：ψ_φ 为内摩擦角的统计修正系数；ψ_c 为黏聚力的统计修正系数；δ_φ 为内摩擦角的变异系数；δ_c 为黏聚力的变异系数。

按下述公式计算内摩擦角标准值 φ_k 和黏聚力标准值 c_k：

$$\varphi_k = \psi_\varphi \varphi_m \tag{10.11}$$

$$c_k = \psi_c c_m \tag{10.12}$$

式中：φ_m 为土层内摩擦角的试验平均值；c_m 为土层黏聚力的试验平均值。

(2) 地基极限承载力理论公式。根据第 7 章所介绍的地基极限承载力公式，地基承载力特征值按下式计算：

$$f_a = p_u / K \tag{10.13}$$

式中：K 为安全系数，对长期承载力一般取 $K=2 \sim 3$；p_u 为地基极限承载力，可按第 7 章所介绍的理论公式确定。

此外，确定地基承载力的方法还有静力触探、动力触探、标准贯入试验、旁压试验等原位试验方法，以及经验方法、规范承载力表格方法等，可根据实际工程选用，并进行综合分析。

10.3.3 地基变形验算

在地基承载力特征值满足要求的情况下，并不总是能保证地基变形也满足要求，地基变形计算也是地基设计中的一个重要组成部分。地基变形验算就是要保证建筑物的地基变形计算值不大于地基变形允许值。

对于表 10.3 所列范围内的建筑物，可不进行地基变形验算。但对于甲、乙设计等级的建筑物以及表 10.3 所列范围以外的建筑物，尚应进行地基变形计算。

地基变形按其特征可分为 4 种：

(1) 沉降量——独立基础中心点的沉降值或整幢建筑物基础的平均沉降值。

(2) 沉降差——相邻两个柱基的沉降量之差。

(3) 倾斜——基础倾斜方向两端点的沉降差与其距离的比值。

(4) 局部倾斜——砌体承重结构沿纵墙 $6 \sim 10m$ 内基础两点的沉降差与其距离的比值。

由于地基不均匀、荷载差异很大、体型复杂等因素引起的地基变形，对于砌体承重结构应由局部倾斜控制；对于框架结构和单层排架结构应由相邻柱基的沉降差控制；对于多层或高层建筑和高耸结构应由倾斜值控制；必要时还应控制平均沉降量。

地基变形验算的要求为

$$\Delta \leqslant [\Delta] \tag{10.14}$$

式中：Δ 为地基变形计算值；$[\Delta]$ 为地基变形允许值，按表 10.6 采用。对表中未包括的建筑物，其地基变形允许值应根据上部结构对地基变形的适应能力和使用上的要求确定。

表 10.6　　　　　　　　　　建筑物的地基变形允许值

变形特征		地基土类别	
		中、低压缩性土	高压缩性土
砌体承重结构基础的局部倾斜		0.002	0.003
工业与民用建筑相邻柱基的沉降差	框架结构	$0.002l$	$0.003l$
	砌体墙填充的边排柱	$0.0007l$	$0.001l$
	当基础不均匀沉降时不产生附加应力的结构	$0.005l$	$0.005l$
单层排架结构（柱距为 6m）柱基的沉降量/mm		(120)	200
桥式吊车轨面的倾斜（按不调整轨道考虑）	纵向	0.004	
	横向	0.003	
多层或高层建筑的整体倾斜	$H_g \leqslant 24$	0.004	
	$24 < H_g \leqslant 60$	0.003	
	$60 < H_g \leqslant 100$	0.0025	
	$H_g > 100$	0.002	
体型简单的高层建筑基础的平均沉降量/mm		200	
高耸结构基础的倾斜	$H_g \leqslant 20$	0.008	
	$20 < H_g \leqslant 50$	0.006	
	$50 < H_g \leqslant 100$	0.005	
	$100 < H_g \leqslant 150$	0.004	
	$150 < H_g \leqslant 200$	0.003	
	$200 < H_g \leqslant 250$	0.002	
高耸结构基础的沉降量/mm	$H_g \leqslant 100$	400	
	$100 < H_g \leqslant 200$	300	
	$200 < H_g \leqslant 250$	200	

注　1. 表中数值为建筑物地基实际最终变形允许值。
　　2. 有括号者仅适用于中压缩性土。
　　3. l 为相邻柱基的中心距离，mm；H_g 为自室外地面起算的建筑物高度，m。

10.4　基础底面尺寸确定

初步确定基础类型和埋置深度后，可以根据持力层承载力特征值计算基础底面的尺寸。如果地基受力层范围内存在承载力明显低于持力层的软弱下卧层，则所选择的基础底面尺寸还需满足下卧层承载力验算的要求。

10.4.1 按地基持力层承载力确定基底尺寸

1. 轴心荷载作用

在轴心荷载作用下，按地基持力层承载力特征值确定基底尺寸时，要求基础底面压力满足下式

$$p_k \leqslant f_a \tag{10.15}$$

式中：f_a 为修正后的地基承载力特征值，kPa；p_k 为相应于作用的标准组合时，基础底面处的平均压力值，kPa。

p_k 可按下式计算：

$$p_k = \frac{F_k + G_k}{A} \tag{10.16}$$

式中：A 为基础底面面积，m²；F_k 相应于作用的标准组合时，上部结构传至基础顶面的竖向力值，kN；G_k 为基础自重和基础上的土重，kN，对于一般实体基础，可近似取 $G_k = \gamma_G A d$，γ_G 为基础及上方回填土的平均重度，一般取 $\gamma_G = 20 \text{kN/m}^3$，$d$ 为基础平均埋深，m，如果在地下水位以下，尚需考虑浮力的影响。

将式（10.16）代入式（10.15），可得基础底面尺寸计算公式为

$$A \geqslant \frac{F_k}{f_a - \gamma_G d + \gamma_w h_w} \tag{10.17}$$

对于条形基础，沿长度方向取 1m 作为计算单元，可得基础宽度 b 为

$$b \geqslant \frac{F_k}{f_a - \gamma_G d + \gamma_w h_w} \tag{10.18}$$

此处 F_k 为沿长度方向 1m 范围内上部结构传至地面标高处的竖向力值，kN/m。

2. 偏心荷载作用

当偏心荷载作用时，除满足式（10.15）要求外，还需满足下式

$$p_{k\max} \leqslant 1.2 f_a \tag{10.19}$$

式中：$p_{k\max}$ 为相应于作用的标准组合时，基础底面边缘的最大压力值，kPa；其余符号意义同前。

根据基础压力呈直线分布的假定，基底边缘最大、最小压力按下式计算

$$\left.\begin{array}{r} p_{k\max} \\ p_{k\min} \end{array}\right\} = \frac{F_k + G_k}{A} \pm \frac{M_k}{W} \tag{10.20}$$

式中：M_k 相应于作用的标准组合时，作用于基础底面的力矩值，kN·m；W 为基础底面的抵抗矩，m³；$p_{k\min}$ 为相应于作用的标准组合时，基础底面边缘的最小压力值，kPa；其余符号意义同前。

当基础形状为矩形且偏心距 $e = \dfrac{M_k}{F_K + G_k} \leqslant \dfrac{l}{6}$ 时，基底最大压力可按下式计算

$$p_{k\max} = p_k \left(1 + \frac{6e}{l}\right) \tag{10.21}$$

式中：l 为基础底面偏心方向边长，m；其余符号意义同前。

为保证基础不至于过分倾斜，通常应满足偏心距 $e\leqslant l/6$ 条件。

上述计算需先确定承载力特征值 f_a，但 f_a 又与基础底面尺寸有关，所以一般采用下述步骤进行试算确定：

(1) 首先进行深度修正，初步确定修正后的地基承载力特征值。

(2) 按轴心荷载作用初算基础底面积 A_0，然后根据荷载偏心情况将 A_0 增大 10%～40%，即

$$A=(1.1\sim 1.4)A_0=(1.1\sim 1.4)\frac{F_k}{f_a-\gamma_G d+\gamma_w h_w} \tag{10.22}$$

(3) 选取基础底面长边 l 与短边 b 的比值 n，有

$$b=\sqrt{A/n} \tag{10.23}$$
$$l=nb \tag{10.24}$$

(4) 根据上述结果判断是否需要对承载力进行宽度修正，如果需要，则在完成承载力修正后重复上述步骤2和步骤3，使所取的宽度前后一致。

(5) 计算偏心距 e 和基底最大压力 $p_{k\max}$，并验算是否满足式（10.19）和 $e\leqslant l/6$。

(6) 如果不满足或尺寸定的太大，可调整 l 和 b 再行验算，一般1~2次即可确定。

10.4.2 地基软弱下卧层承载力验算

软弱下卧层是指在地基受力层范围内存在的承载力显著低于持力层的高压缩性土层。当地基受力范围内存在软弱下卧层时，根据持力层承载力确定的基底尺寸还须进行下卧层承载力验算，以保证基底压力传递至软弱下卧层顶面处的附加应力与土的自重应力之和不超过软弱下卧层的地基承载力特征值，如图10.10所示。

验算软弱下卧层的地基承载力公式如下：

$$p_z+p_{cz}\leqslant f_{az} \tag{10.25}$$

式中：p_z 为相应于作用的标准组合时，软弱下卧层顶面处的附加应力值，kPa；p_{cz} 为软弱下卧层顶面处的土体自重应力值，kPa；f_{az} 为软弱下卧层顶面处经深度修正后的地基承载力特征值，kPa。

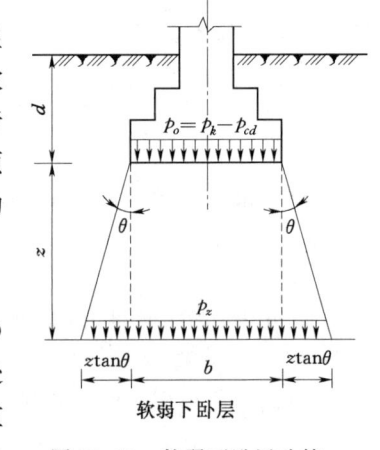

图 10.10 软弱下卧层验算

软弱下卧层顶面处的附加应力值 p_z 的确定可按不同变形性质的双层地基中的应力分布理论解求解，但该方法比较复杂。现行规范给出了相应的简化方法，即当持力层与软弱下卧层的压缩模量之比 $E_{s1}/E_{s2}\geqslant 3$ 时，假定基底处附加应力 p_0 经持力层往下传递时按压力扩散角 θ 扩散至软弱下卧层顶面，根据基底与扩散面积上总附加应力相等的条件，得软弱下卧层顶面处的附加应力计算公式为

条形基础：

$$p_z=\frac{b(p_k-p_{cd})}{b+2z\tan\theta} \tag{10.26}$$

矩形基础：

$$p_z=\frac{lb(p_k-p_{cd})}{(b+2z\tan\theta)(l+2z\tan\theta)} \tag{10.27}$$

式中：p_{cd} 为基底处土体自重应力，kPa；z 为基础底面至软弱下卧层的距离，m；b 为矩

10.4 基础底面尺寸确定

形基础或条形基础底边宽度，m；l 为矩形基础长度，m；θ 为地基压力扩散角，按表 10.7 选用。

应注意的是，当上覆硬土层厚度 $z<0.25b$ 时，该土层只能起到调节变形与保护下卧软土层的作用，此时不应考虑其压力扩散作用；另外，当上、下两土层的压缩模量的比值小于 3 时，可按均匀土层考虑应力分布。

表 10.7   地 基 压 力 扩 散 角

E_{s1}/E_{s2}	z/b	
	0.25	0.5
3	6°	23°
5	10°	25°
10	20°	30°

注 1. E_{s1} 为上层土压缩模量，E_{s2} 为下层土压缩模量。
  2. $z/b<0.25$ 时取 $\theta=0°$，必要时由试验确定，$z/b>0.50$ 时 θ 不变。
  3. z/b 在 0.25 与 0.50 之间时可插值使用。

【例 10.1】 某柱基础设计地面处荷载作用情况和地基条件如图 10.11 所示。已知基础埋深 2.8m，基础底面尺寸 $b\times l=3.0\text{m}\times 3.2\text{m}$，试验算持力层和软弱下卧层的承载力。

解：

（1）持力层承载力验算。持力层承载力特征值 f_a：

因为 $b=3\text{m}$，所以不用进行宽度修正；根据 $d=2.8\text{m}$，$e=0.82<0.85$，$I_L=0.76<0.85$ 查表 10.4 得 $\eta_d=1.6$。

基础底面以上土的加权平均厚度为

$$\gamma_{m1}=\frac{15.5\times 1.8+18.5\times 1.0}{2.8}=16.6(\text{kN/m}^3)$$

经过深度修正的持力层承载力特征值 f_a 为

$$\begin{aligned}f_a &= f_{ak}+\eta_d\gamma_{m1}(d-0.5)\\ &=220+1.6\times 16.6\times(2.8-0.5)\\ &=281.1(\text{kPa})\end{aligned}$$

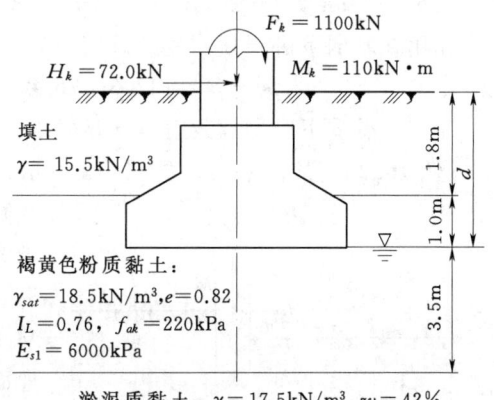

图 10.11 [例 10.1] 图

基础底面平均压力为

$$p_k=\frac{F_k+G_k}{A}=\frac{1100+3\times 3.2\times 2.8\times 20}{3\times 3.2}=170.6(\text{kPa})<f_a \quad（满足）$$

基础底面最大压力为

$$\sum M=110+72\times 2.8=311.6(\text{kN}\cdot\text{m})$$

$$W=\frac{bl^2}{6}=\frac{3\times 3.2^2}{6}=5.12(\text{m}^3)$$

由于

$$e=\frac{\sum M}{F_k+G_k}=\frac{311.6}{1100+3\times 3.2\times 2.8\times 20}=0.19(\text{m})\leqslant\frac{l}{6} \quad（满足）$$

则 $p_{k\max}=\dfrac{F_k+G_k}{A}+\dfrac{\sum M}{W}=170.6+\dfrac{110+72\times 2.8}{5.12}=231.5<1.2f_a$ （满足）

所以，持力层承载力满足要求。

(2) 软弱下卧层承载力验算。下卧层承载力特征值 f_{az} 计算：

因为下卧层是淤泥质土，查表 10.4 得 $\eta_d=1.0$。

下卧层顶面埋深 $d'=d+z=2.8+3.5=6.3(\text{m})$，下卧层顶面以上土的平均重度 γ_{m2} 为

$$\gamma_{m2}=\dfrac{15.5\times 1.8+18.5\times 1.0+(18.5-10)\times 3.5}{1.8+1.0+3.5}=12.1(\text{kN/m}^3)$$

$$f_{az}=f_{ak}+\eta_d\gamma_{m2}(d'-0.5)=85+1.0\times 12.1\times(6.3-0.5)=155.2(\text{kPa})$$

基础底面附加压力为

$$p_0=p_k-\gamma_{m1}d=170.6-16.6\times 2.8=124.1(\text{kPa})$$

下卧层顶面处应力为

自重应力：$p_{cz}=15.5\times 1.8+18.5\times 1.0+(18.5-10)\times 3.5=76.2(\text{kPa})$

附加应力：根据 $E_{s1}/E_{s2}=6000/1920=3.125$，$z/b=3.5/3.0=1.7>0.50$，查表 10.7，得地基压力扩散角 $\theta=23°$，由此得附加应力为

$$p_z=\dfrac{p_0bl}{(b+2z\tan\theta)(l+2z\tan\theta)}=\dfrac{124.1\times 3\times 3.2}{(3+2\times 3.5\tan 23°)\times(3.2+2\times 3.5\tan 23°)}=32.3(\text{kPa})$$

作用在软弱下卧层顶面处的总应力为

$$p_z+p_{cz}=32.3+76.2=108.5(\text{kPa})<f_{az}\quad（满足）$$

所以，软弱下卧层承载力也满足要求。

【例 10.2】 某柱基础如图 10.12 所示，地基为均质黏性土层，重度 $\gamma=18.0\text{kN/m}^3$，孔隙比 $e=0.7$，液性指数 $I_L=0.72$。已确定地基承载力特征值为 $f_{ak}=226\text{kPa}$，柱截面为 $300\text{mm}\times 400\text{mm}$，作用于基础上的荷载为 $F_k=700\text{kN}$，$M_k=105\text{kN}\cdot\text{m}$，$H_k=25\text{kN}$。基础埋深从设计地面（±0.000）起算为 1.3m。试按持力层承载力确定柱下独立基础的底面尺寸。

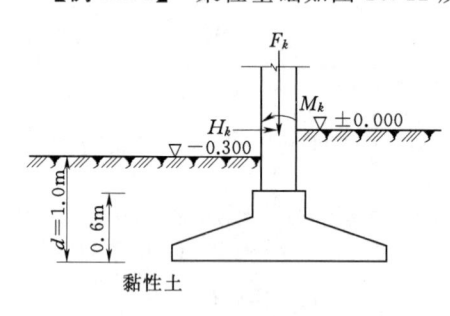

图 10.12 ［例 10.2］图

解：

(1) 求经过深度修正的地基承载力特征值 f_a

由黏性土 $e=0.7$，$I_L=0.78$，查表 10.4 得 $\eta_d=1.6$

基础埋深 d 按室外地面起算为 $1.3-0.3=1.0(\text{m})$

持力层承载力 f_a 为

$$f_a=f_{ak}+\eta_d\gamma_m(d-0.5)=226+1.6\times 18.0\times(1.0-0.5)=240.4(\text{kPa})$$

(2) 初步选定基础底面尺寸。计算基础和回填土承受重力 G_k 时的基础埋深采用平均埋深 d，即

$$d=\dfrac{1.0+1.3}{2}=1.15$$

基础底面面积为

$$A \geqslant \frac{F_k}{f_a - \gamma_G d} = \frac{700}{240.4 - 20 \times 1.15} = 3.22 (\mathrm{m}^2)$$

由于偏心不大，基础底面积按 20% 增大

$$A = 1.2 A_0 = 1.2 \times 3.22 = 3.86 (\mathrm{m}^2)$$

初步选择基础底面积 $A = lb = 2.4 \times 1.6 = 3.84 (\mathrm{m}^2)$

由于 $b = 1.6 \mathrm{m} < 3 \mathrm{m}$，所以不需对 f_a 进行宽度修正。

(3) 验算持力层的地基承载力。基础及回填土所受重力 G_k 为

$$G_k = \gamma_G d A = 20 \times 1.15 \times 3.84 = 88.3 (\mathrm{kN})$$

偏心距为

$$e = \frac{\sum M_k}{F_K + G_k} = \frac{105 - 25 \times 1.3}{700 + 88.3} = 0.092 (\mathrm{m}) < \frac{l}{6}$$

基底压力最大、最小值为

$$\left.\begin{array}{c} p_{k\max} \\ p_{k\min} \end{array}\right\} = \frac{F_k + G_k}{A} \left(1 \pm \frac{6e}{l}\right) = \frac{700 + 88.3}{2.4 \times 1.6} \times \left(1 \pm \frac{6 \times 0.092}{2.4}\right) = \begin{array}{c} 252.5 \\ 158.1 \end{array} (\mathrm{kPa})$$

承载力验算

$$p_{k平均} = 205.3 \mathrm{kPa} < f_a = 240.4 (\mathrm{kPa})$$

$$p_{k\max} = 252.5 \mathrm{kPa} < 1.2 f_a = 1.2 \times 240.4 = 288.5 (\mathrm{kPa})$$

结论：满足持力层地基承载力要求，基础底面积最终按 $A = lb = 2.4 \times 1.6 = 3.84$ (m^2) 确定。

10.5 扩展基础设计

10.5.1 无筋扩展基础

无筋扩展基础的抗拉强度和抗剪强度较低，设计原则是必须使基础主要承受压应力，并保证基础内拉应力和剪应力都不超过材料强度的设计值，设计中主要通过控制基础的宽高比值来满足要求。同时，基础底面尺寸应满足地基承载力要求，或同时满足变形要求。

根据建造材料的不同，无筋扩展基础可分为混凝土基础、毛石混凝土基础、砖基础、毛石基础、灰土基础、三合土基础等。设计无筋扩展基础时应根据材料特点满足相应的构造要求。

无筋扩展基础设计一般通过控制材料强度等级和台阶宽高比确定基础截面尺寸，无需再进行内力分析和截面强度计算。设计时一般先选择适当的基础埋深和基础底面尺寸，基础高度 H_0 应符合下式要求：

$$H_0 \geqslant \frac{b - b_0}{2 \tan \alpha} \tag{10.28}$$

式中：b 为基础底面宽度；b_0 为基础顶面的墙体宽度或柱脚宽度，如图 10.13 所示，图中

b_2 为基础台阶宽度；$\tan\alpha$ 为基础台阶宽高比 b_2/H_0，其允许值参照表 10.8 选用。

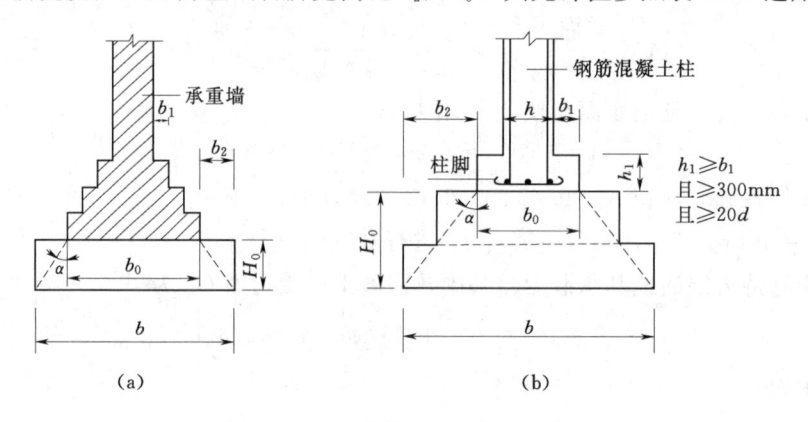

图 10.13 无筋扩展基础构造示意
(a) 墙下；(b) 柱下

表 10.8　　　　　无筋扩展基础台阶宽高比的允许值

基础材料	质量要求	台阶宽高比的允许值 $p_k \leqslant 100$	$100 < p_k \leqslant 200$	$200 < p_k \leqslant 300$
混凝土基础	C20 混凝土	1∶1.00	1∶1.00	1∶1.25
毛石混凝土基础	C20 混凝土	1∶1.00	1∶1.25	1∶1.50
砖基础	砖不低于 MU10、砂浆不低于 M5	1∶1.50	1∶1.50	1∶1.50
毛石基础	砂浆不低于 M5	1∶1.25	1∶1.50	—
灰土基础	体积比为 3∶7 或 2∶8 的灰土，其最小干密度：粉土 1550kg/m³　粉质黏土 1500kg/m³　黏土 1450kg/m³	1∶1.25	1∶1.50	—
三合土基础	体积比 1∶2∶4～1∶3∶6（石灰∶砂∶骨料），每层约虚铺 220mm，夯至 150mm	1∶1.50	1∶2.00	—

注　1. p_k 为作用的标准组合时基础底面处的平均压力。
　　2. 阶梯形毛石基础的每阶伸出宽度，不宜大于 200mm。
　　3. 当基础由不同材料叠合组成时，应对接触部分作抗压验算。
　　4. 混凝土基础单侧扩展范围内基础底面处的平均压力超过 300kPa 时，尚应进行抗剪验算；对基底反力集中于立柱附近的岩石地基，应进行局部受压承载力验算。
　　5. 根据《混凝土结构设计规范》(GB 50010—2010，2015 年版)，将混凝土强度等级由 C15 改为 C20，下同。

混凝土基础高度 H_0 不宜小于 200mm，一般为 300mm。砖基础的高度应符合砖的模数（标准砖的规格为 240mm×115mm×53mm，八五砖的规格为 220mm×105mm×43mm）。砌筑方式有两皮一收和二一间隔收，如图 10.14 所示。两皮一收即每层为两皮砖，高度为 120mm，挑出 1/4 砖长，即 60mm；二一间隔收是从底层起先砌两皮砖，收进 1/4 砖长，再砌一皮砖，收进 1/4 砖长，如此反复。

毛石基础的每阶伸出宽度不宜大于 200mm，每阶高度通常取 400～600mm，并由两

10.5 扩展基础设计

层毛石错缝砌成。三合土基础或灰土基础高度应为150mm的倍数。

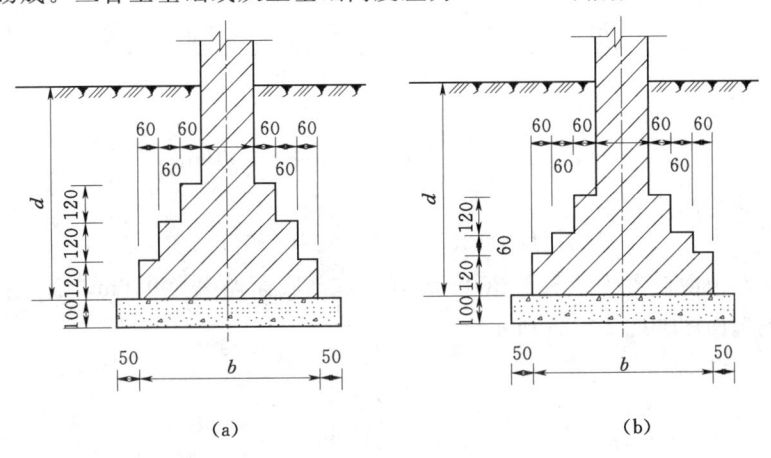

图 10.14 砖基础剖面图（单位：mm）
(a) 两皮一收；(b) 二一间隔收

【例 10.3】 某多层住宅承重墙厚 $B=240$mm，地基土表层为杂填土，层厚 0.65m，$\gamma=17.2$kN/m³；其下为黏性土层，$\gamma=18.3$kN/m³，$e=0.86$，$I_L=0.92$，承载力特征值 $f_{ak}=160$kPa。地下水位在地表下 0.8m 处。若已知上部墙体传来的荷载效应标准组合竖向值为 176kN/m，试设计该承重墙下的条形基础。

解：

(1) 确定基础宽度 b。

初选基础埋深：为便于施工，将基础建在地下水位以上，初选 $d=0.8$m。

对持力层承载力进行深度修正：根据黏性土层 $e=0.86$ 和 $I_L=0.92$，查表10.4得 $\eta_d=1.0$

$$\gamma_m = \frac{17.3\times 0.65 + 18.3\times 0.15}{0.8} = 17.5(\text{kN/m}^3)$$

持力层承载力特征值初定为

$$f_a = f_{ak} + \eta_d \gamma_m(d-0.5) = 160 + 17.5\times 1.0\times(0.8-0.5) = 165(\text{kPa})$$

条形基础宽度

$$b \geq \frac{F_k}{f_a - \gamma_G d} = \frac{176}{165 - 20\times 0.8} = 1.18(\text{m})$$

取基础宽度

$$b = 1.2\text{m} = 1200\text{mm}$$

(2) 确定基础剖面尺寸。基础下层采用 300mm 厚的 C20 素混凝土层，其上采用"二一间隔收"砖砌基础。

混凝土垫层设计：

基底压力

$$p_k = \frac{F_k + G_k}{A} = \frac{176 + 20\times 0.8\times 1.0\times 1.2}{1.2\times 1.0} = 163(\text{kPa})$$

由表10.8查得 C20 素混凝土基础的宽度比允许值 $\tan\alpha = 1:1.0$，所以混凝土垫层内收 300mm。

则砖基础所需台阶数为
$$n \geqslant \frac{b-B-2b_2}{2b_1} = \frac{1}{2} \times \frac{1200-240-2\times 300}{60} = 3$$
基础高度为
$$H_0 = \frac{b-b_0}{2\tan\alpha} = \frac{1200-300\times 2}{2\times 1} = 300(\text{m})$$
基础与台阶总高度为
$$H = H_0 + 120\times 2 + 60\times 1 = 600(\text{mm})$$
(3) 将基础顶面设置于地表下 200mm 处，基础底面埋深为 0.8m。
绘制基础剖面图如图 10.15 所示。

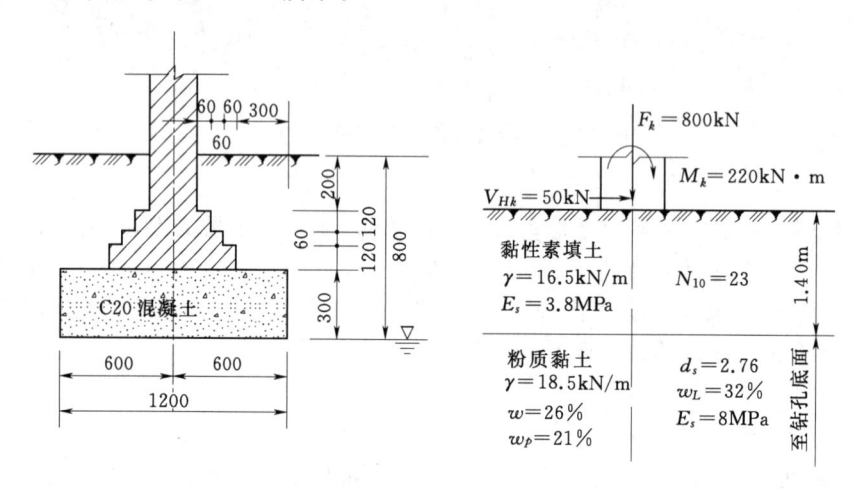

图 10.15 ［例 10.3］基础剖面设计结果

图 10.16 ［例 10.4］图 1

【例 10.4】 某建筑柱截面 600mm×400mm，基础承受荷载值为 $F_k=800$kN，$M_k=220$kN·m，$V_{Hk}=50$kN。地基土层剖面如图 10.16 所示，基础埋置于粉质黏土层中，埋深 $d=2.0$m，粉质黏土层的承载力 $f_{ak}=190$kPa。试按柱下无筋扩展基础进行设计。

解：
(1) 按中心荷载初估基底面积。
$$A_1 = \frac{F_k}{f_{ak}-\gamma_G d} = \frac{800}{190-20\times 2} = 5.33(\text{m}^2)$$
(2) 考虑偏心荷载作用，将基底面积扩大 1.4 倍
$$A = 1.4A_1 = 7.46\text{m}^2$$
采用 3m×2.5m 基础尺寸。
(3) 计算基底压力 $p_{\max}$。基础及回填土重
$$G_k = \gamma_G dA = 20\times 2\times 3\times 2.5 = 300(\text{kN})$$
基础的总垂直荷载为
$$F_k + G_k = 800 + 300 = 1100(\text{kN})$$
作用于基底的力矩为
$$M = 220 + 50\times 2 = 320(\text{kN}\cdot\text{m})$$

荷载的偏心距为

$$e = \frac{320}{1100} = 0.29(\text{m}) < \frac{l}{6} = 0.5(\text{m})$$

基底边缘最大压力为

$$p_{k\max} = \frac{F_k + G_k}{A} + \frac{M}{W} = \frac{1100}{3 \times 2.5} + \frac{6 \times 320}{3^2 \times 2.5} = 232(\text{kN/m}^2)$$

（4）对地基承载力进行宽度、埋深修正。

黏性土

$$I_L = \frac{w - w_p}{w_L - w_p} = \frac{26 - 21}{11} = 0.45$$

由表10.4得：$\eta_b = 0.3$，$\eta_d = 1.6$。

$$\gamma_m = \frac{16.5 \times 1.4 + 18.5 \times 0.6}{2} = 17.1(\text{kN/m}^3)$$

$$f_a = f_{ak} + \eta_b \gamma (b - 3) + \eta_d \gamma_0 (d - 0.5)$$
$$= 190 + 1.6 \times 17.1 \times (2.0 - 0.5) = 231.04(\text{kN/m}^2)$$

（5）地基承载力验算。

$$p_k = \frac{F_k + G_k}{A} = \frac{1100}{3 \times 2.5} = 146.67(\text{kN/m}^2) < f_a = 231.04(\text{kN/m}^2)$$

$$p_{k\max} = 232\text{kN/m}^2 < 1.2 f_a = 1.2 \times 231.04 = 277.25(\text{kN/m}^2)$$

所以，基础底面按3m×2.5m设置满足要求。

（6）确定基础高度和构造尺寸。采用C20混凝土基础，查表10.8，台阶宽高比允许值1∶1.0，则基础高度

$$h = \frac{l - l_0}{2} = \frac{3.0 - 0.6}{2} = 1.2(\text{m})$$

可设置3个台阶，基础的构造尺寸如图10.17所示。

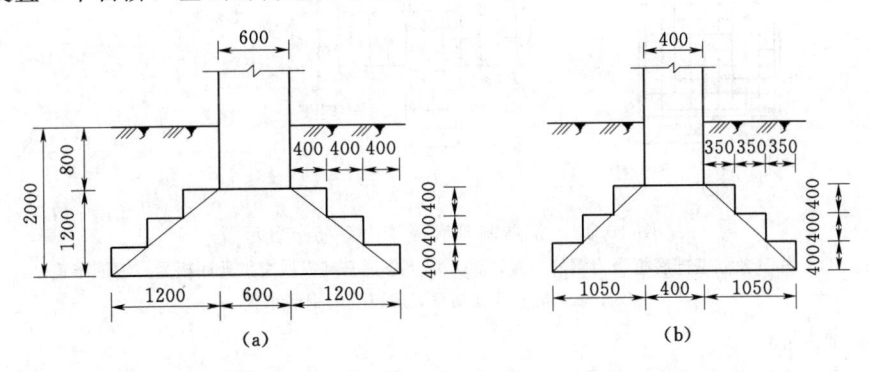

图10.17　[例10.4]图2基础设计剖面图
(a)正面剖面；(b)侧面剖面

10.5.2　钢筋混凝土扩展基础设计

钢筋混凝土扩展基础包括柱下钢筋混凝土独立基础和墙下钢筋混凝土条形基础。与前述无筋扩展基础不同，由于基础内配置了钢筋，因而具有较好的抗拉强度，通常能在较小的埋深内把基础底面扩大到所需的面积。

1. 构造要求

扩展基础的构造应符合下列要求：

(1) 锥形基础的边缘高度不宜小于 200mm，且两个方向的坡度不宜大于 1:3；阶梯形基础的每阶高度宜为 300～500mm。

(2) 基础下通常设置素混凝土垫层，垫层厚度不宜小于 70mm，垫层混凝土强度等级不宜低于 C20。

(3) 扩展基础受力钢筋最小配筋率不应小于 0.15%，底板受力钢筋的最小直径不宜小于 10mm，间距不宜大于 200mm，也不宜小于 100mm。墙下钢筋混凝土条形基础纵向分布钢筋的直径不宜小于 8mm；间距不宜大于 300mm；每延米分布钢筋的面积应不小于受力钢筋面积的 15%。当有垫层时钢筋保护层厚度不宜小于 40mm，无垫层时不宜小于 70mm。

(4) 混凝土强度等级不低于 C20。

(5) 当柱下钢筋混凝土独立基础的边长和墙下钢筋混凝土条形基础的宽度大于或等于 2.5m 时，底板受力钢筋的长度可取边长或宽度的 9/10，并宜交错布置 [图 10.18 (a)]。

(6) 钢筋混凝土条形基础底板在 T 形及十字形交接处，底板横向受力钢筋仅沿一个主要受力方向通长布置，另一方向的横向受力钢筋可布置到主要受力方向底板宽度 1/4 处 [图 10.18 (b)]。在拐角处底板横向受力钢筋应沿两个方向布置 [图 10.18 (c)]。

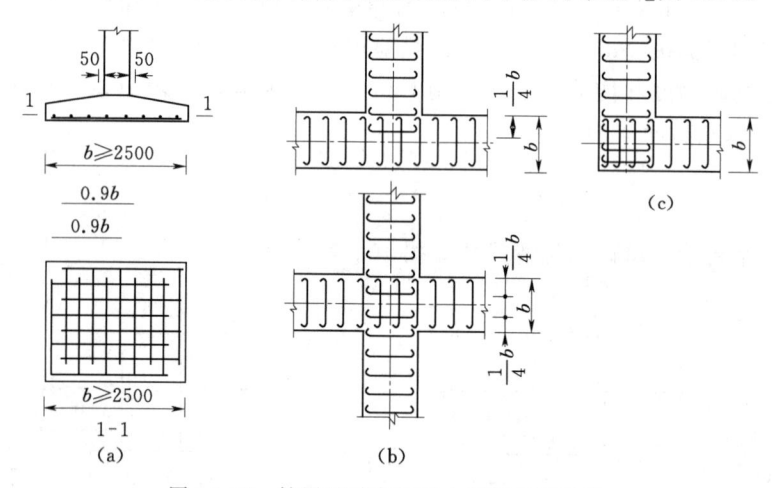

图 10.18 扩展基础底板受力钢筋布置示意
(a) 柱下独立基础底板受力钢筋布置；(b) 墙下条形基础纵横交叉处底板受力钢筋布置；
(c) 墙下条形基础拐角处底板受力钢筋布置

2. 基础设计

(1) 一般规定。钢筋混凝土扩展基础设计包括局部抗冲切承载力或抗剪切承载力验算与底板厚度设计、弯矩计算与配筋设计以及局部受压承载力验算等。有关计算应符合以下规定：

1) 对于柱下独立基础，当冲切破坏锥体落在基础底面以内时，应验算柱与基础交接处以及基础变阶处的受冲切承载力。

2) 对基础底面短边尺寸小于等于柱宽加两倍基础有效高度的柱下独立基础，以及墙下条形基础，应验算柱（墙）与基础交接处的基础受剪切承载力。

3) 基础底板的配筋应按抗弯计算确定。

4) 当基础的混凝土强度等级小于柱的混凝土强度等级时，应验算柱下扩展基础顶面的局部受压承载力。

(2) 墙下条形扩展基础。墙下条形基础的内力计算一般可按平面问题处理。截面设计内容包括：基础底面宽度、基础高度及基础底面配筋等。其中基础底面宽度应根据地基承载力要求确定，基础高度由混凝土的抗剪条件确定，基础底板的受力配筋则由基础验算截面的抗弯能力确定。在确定基础底面尺寸或基础沉降时，应考虑设计地面以下基础及其上覆土重力的作用，而在进行基础截面设计（基础高度的确定、基础底板配筋）中，应采用不计基础与上覆土重力作用时的基底净反力进行计算。

1) 基底净反力。相应于作用的基本组合时的基底净反力为（扣除基础自重及其上土重）：

轴心荷载

$$p_j = \frac{F}{b} \tag{10.29}$$

偏心荷载

$$p_{j\max} = \frac{F}{b}\left(1 + \frac{6e_0}{b}\right) \tag{10.30}$$

式中：p_j 为基底净反力，kPa；$p_{j\max}$ 为基础边缘处的最大净反力，kPa；F 为上部结构传至地面标高处的竖向荷载设计值，kN；b 为墙下条形基础宽度（图 10.19），m。

2) 任意截面每延米宽度弯矩。

$$M_\mathrm{I} = \frac{1}{6}a_1^2\left(2p_{\max} + p - \frac{3G}{A}\right) \tag{10.31}$$

中心荷载作用时简化为

$$M_\mathrm{I} = \frac{1}{2}p_j a_1^2 \tag{10.32}$$

式中：a_1 为 I—I 截面到基础边缘的距离，当墙体材料为混凝土时取 $a_1=b_1$，如为砖墙且放脚不大于 1/4 砖长时，取 $a_1=b_1+60\mathrm{mm}$；$p_{\max}$ 为相应于作用的基本组合时的基础底面边缘处最大地基反力设计值；p 为相应于作用的基本组合时任意截面I—I处基础底面地基反力设计值；G 为考虑分项

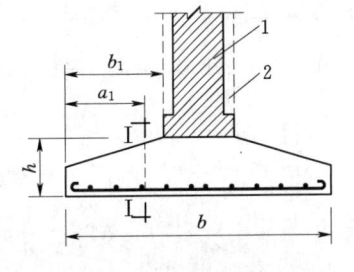

图 10.19 墙下条形基础的计算示意图
1—砖墙；2—混凝土墙

系数的基础自重及其上的土自重，当组合值由永久荷载控制时分项系数可取 1.35。

3) 基础底板厚度确定。由于墙下钢筋混凝土条形基础底板属于不配置箍筋与弯起钢筋的情况，因此，其底板厚度应满足混凝土的抗剪条件。

墙与基础交接处截面受剪承载力应满足下式：

$$V_s \leqslant 0.7\beta_{hs} f_t A_0$$
$$\beta_{hs} = (800/h_0)^{1/4} \tag{10.33}$$

式中：V_s 为墙与基础交界处由基底净反力产生的单位长度剪力设计值，为受剪面积乘以基底平均净反力，中心荷载作用时简化为 $V_s = p_j a_1$，kN；h_0 为基础底板有效高度，即基

础底板厚度减去钢筋保护层厚度加钢筋直径的 1/2，m；β_{hs} 为受剪切承载力截面高度影响系数，当 $h_0 \leqslant 800$mm 时，取 $h_0 = 800$mm；当 $h_0 \geqslant 2000$mm 时，取 $h_0 = 2000$mm；f_t 为混凝土轴心抗拉强度设计值，kPa；A_0 为验算截面处基础底板的单位长度垂直截面有效面积，对于条形基础，有 $A_0 = h_0 \times 1$，m²。

通过上述公式确定 h_0 后，加上钢筋保护层厚度及 1/2 倍钢筋直径即为设计的基础底板厚度。

4）基础底板配筋计算。基础底板的受力配筋由基础验算截面的抗弯能力确定。基础每延米受力钢筋截面面积 A_s 按下式计算：

$$A_s = \frac{M}{0.9 h_0 f_y} \tag{10.34}$$

式中：f_y 为钢筋抗拉强度设计值；其余符号意义同前。

【例 10.5】 墙下条形基础的剖面如图 10.20 所示，已知基础宽度 $b = 3$m，钢筋保护层厚度为 40mm，基础底面净反力分布为梯形，$p_{j\max} = 150$kPa，$p_{j\min} = 60$kPa，验算截面 Ⅰ-Ⅰ 距最大边缘压力端的距离为 $a_1 = 1.0$m。试计算：

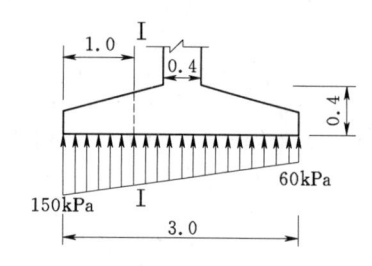

（1）截面 Ⅰ-Ⅰ 处的弯矩设计值；

（2）每延米基础的受力钢筋截面面积（钢筋抗拉强度设计值为 $f_y = 300$MPa）。

解：

（1）截面 Ⅰ-Ⅰ 处的弯矩。设截面 Ⅰ-Ⅰ 处的基底净压力为 p_j，则由

$$\frac{p_j - p_{j\min}}{p_{j\max} - p_{j\min}} = \frac{b - a_1}{b}$$

图 10.20 ［例 10.5］图（单位：m）

得　$p_j = 120$kPa

根据式（10.31），并考虑此处已为净反力，因此不再考虑基础自重 G，有

$$M_{\mathrm{I}} = \frac{1}{6} a_1^2 \left(2 p_{\max} + p - \frac{3G}{A} \right) = \frac{1}{6} a_1^2 (2 p_{j\max} + p_j)$$

$$= \frac{1}{6} \times 1.0^2 \times (2 \times 150 + 120)$$

$$= 70 (\mathrm{kN \cdot m/m})$$

（2）每延米基础的受力钢筋截面面积。根据式（10.34），有

$$A_s = \frac{M}{0.9 f_y h_0} = \frac{70}{0.9 \times 300 \times 10^3 \times (0.4 - 0.04)} = 720 (\mathrm{mm^2/m})$$

所以，截面 Ⅰ-Ⅰ 处的弯矩设计值为 70kN·m，每延米基础的受力钢筋截面面积为 720mm²。

（3）柱下独立扩展基础。

1）基础底板厚度。在柱荷载 F 作用下，如果基础高度（或阶梯高度）不满足要求，将沿柱周边（或阶梯高度变化处）产生冲切破坏，形成 45°斜裂面的角锥体（图 10.21）。因此，由冲切破坏锥体以外的地基反力所产生的冲切力应小于冲切面处混凝土的抗冲切能力。

对于矩形基础，柱短边一侧冲切破坏较柱长边一侧危险，所以，只需根据短边一侧抗

10.5 扩展基础设计

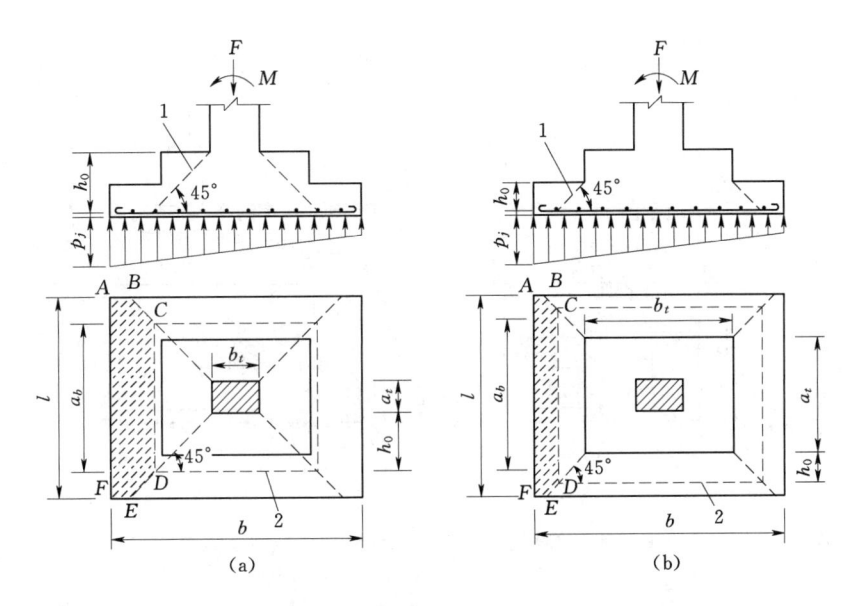

图 10.21 计算柱下阶形独立基础受冲切承载力截面位置
(a) 柱与基础交接处；(b) 基础变阶处
1—冲切破坏锥体最不利一侧的斜截面；2—冲切破坏锥体的底面线

冲切破坏条件确定底板厚度。即

$$F_l \leqslant 0.7\beta_{hp}f_t a_m h_0$$
$$a_m = (a_t + a_b)/2 \tag{10.35}$$
$$F_l = p_j A_l$$

式中：F_l 为相应于作用的基本组合时作用在 A_l 上的地基土净反力设计值，kN；A_l 为冲切验算时取用的部分基底面积（图 10.21 中的阴影部分面积 ABCDEF），m²；β_{hp} 为受冲切承载力截面高度影响系数，当 $h \leqslant 800$mm 时，β_{hp} 取 1.0，当 $h \geqslant 2000$mm 时，β_{hp} 取 0.9，其间按线性内插法取用；f_t 为混凝土轴心抗拉强度设计值，kPa；h_0 为基础冲切破坏锥体的有效高度，m；a_m 为冲切破坏锥体最不利一侧计算长度，m；a_t 为冲切破坏锥体最不利一侧斜截面的上边长，当计算柱与基础交接处的受冲切承载力时，取柱宽，当计算基础变阶处的受冲切承载力时，取上阶宽，m；a_b 为冲切破坏锥体最不利一侧斜截面在基础底面积范围内的下边长，当冲切破坏锥体的底面落在基础底面以内时，计算柱与基础交接处的受冲切承载力时，取柱宽加两倍基础有效高度，当计算基础变阶处的受冲切承载力时，取上阶宽加两倍该处的基础有效高度，m；p_j 为扣除基础自重及其上土重后相应于作用的基本组合时的地基土单位面积净反力，对偏心受压基础可取基础边缘处最大地基土单位面积净反力，kPa。

当基础底面短边尺寸小于或等于柱宽加两倍基础有效高度时，应按式（10.33）验算柱与基础交接处截面受剪承载力。此时式中 V_s 为相应于作用的基本组合时，柱与基础交接处的剪力设计值，图 10.22 中的阴影面积乘以基底平均反力；A_0 为验算截面处基础的有效截面面积，当验算截面为阶梯形或锥形时，可折算为矩形截面，截面的折算宽度与截面的有效高度参照《建筑地基基础设计规范》(GB 50007—2011) 附录 U 计算。

2）弯矩计算与配筋设计。在轴心荷载或单向偏心荷载作用下，当台阶的宽高比 $\tan\alpha$

第10章 天然地基上的浅基础

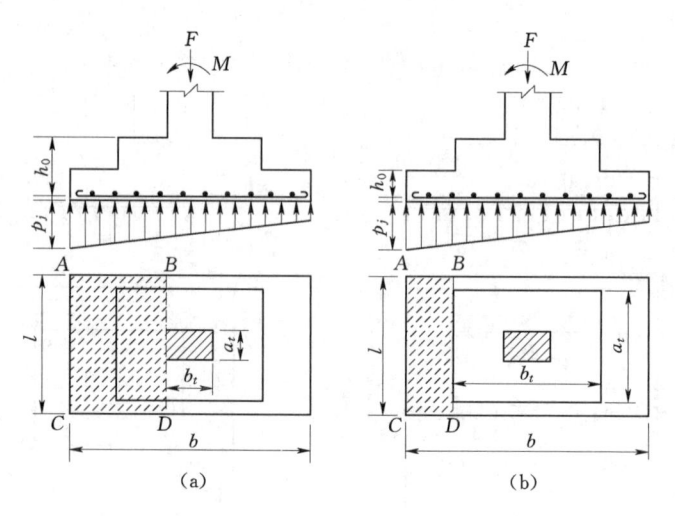

图 10.22 验算柱下阶形基础受剪切承载力示意图
(a) 柱与基础交接处；(b) 基础变阶处

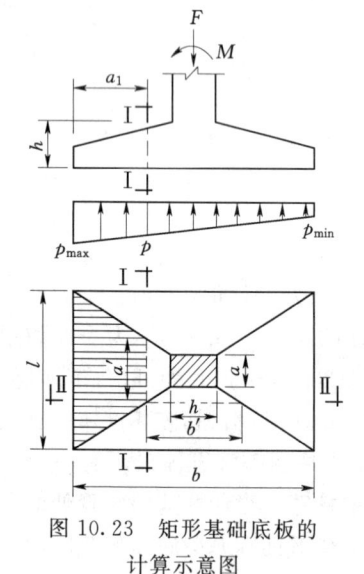

$\leqslant 2.5$ 及 $e \leqslant b/6$ 时，柱下矩形独立基础任意截面的底板弯矩按下列公式计算（图 10.23）：

$$M_{\mathrm{I}} = \frac{1}{12}a_1^2\left[(2l+a')\left(p_{\max}+p-\frac{2G}{A}\right)+(p_{\max}-p)l\right] \tag{10.36}$$

$$M_{\mathrm{II}} = \frac{1}{48}(l-a')^2(2b+b')\left(p_{\max}+p_{\min}-\frac{2G}{A}\right) \tag{10.37}$$

式中：M_{I} 和 M_{II} 为相应于作用的基本组合时，任一截面 I-I、II-II 处的弯矩设计值，$\mathrm{kN \cdot m}$；a_1 为任一截面 I-I 至基底边缘最大反力处的距离，m；a' 为冲切验算时取用的阴影面积的上边长，m；l、b 为基础底面的边长，m；$p_{\max}$、$p_{\min}$ 为相应于作用的基本组合时基础底面边缘最大与最小地基反力设计值，kPa；p 为相应于作用的基本组合时在任一截面 I-I 处基础底面地基反力设计值，kPa；G 为考虑分项系数的基础自重及其上的土自重，当组合值由永久荷载控制时分项系数可取 1.35，kN。

图 10.23 矩形基础底板的计算示意图

基础底板钢筋按式（10.34）计算。

基础底板配筋除满足计算和最小配筋率要求外，尚应符合相应规范的构造要求。计算最小配筋率时，对阶梯形或锥形基础截面，可将其折算为矩形截面，截面的折算宽度和截面的有效高度参照《建筑地基基础设计规范》附录 U 计算。

此外，将基础底面的长短边之比记为 ω，当 $2 \leqslant \omega \leqslant 3$ 时，基础底板短向钢筋应按下述规定布置：将短向全部钢筋面积乘以 λ（$\lambda = 1-\omega/6$）后求得的钢筋，均匀分布在与柱中心线重合的宽度等于基础短边的中间带宽范围内，其余的短向钢筋则均匀分布在中间带宽的

10.5 扩展基础设计

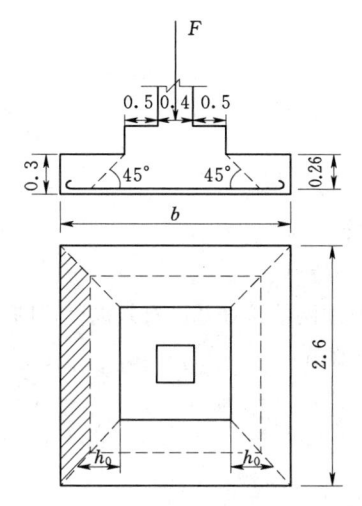

两侧。长向钢筋应均匀分布在基础全宽度范围内。

【例 10.6】 如图 10.24 所示，某柱截面为 0.4m× 0.4m，基础顶面作用竖向荷载设计值 $F=850$kN，基础底面积 $b\times l=2.6$m×2.6m，混凝土强度等级 C20，$f_t=1.1$MPa。试验算基础变阶处的冲切承载力。

解：

$$p_j=\frac{F}{A}=\frac{850}{2.6^2}=125.74(\text{kPa})$$

$$a_t=0.4+0.5\times 2=1.4(\text{m})$$

变阶处：

$$a_t+2h_0=0.4+0.5\times 2+2\times 0.26=1.92(\text{m})\leqslant b=2.6\text{m}$$

冲切破坏锥体底面落在基础底面以内。变阶处 a_b 取上阶宽加两倍该处基础有效高度，即

$$a_b=a_t+2h_0=1.92(\text{m})$$
$$a_m=(a_t+a_b)/2=(1.4+1.92)/2=1.66(\text{m})$$
$$A_l=\left(\frac{b}{2}-\frac{b_t}{2}-h_0\right)l-\left(\frac{l}{2}-\frac{a_t}{2}-h_0\right)^2$$
$$=\left(\frac{2.6}{2}-\frac{1.4}{2}-0.26\right)\times 2.6-\left(\frac{2.6}{2}-\frac{1.4}{2}-0.26\right)^2=0.768(\text{m}^2)$$
$$F_l=p_jA_l=125.7\times 0.768=96.57(\text{kN})$$
$$h=0.3\text{m}<0.8\text{m}，取 \beta_{hp}=1$$
$$0.7\beta_{hp}f_ta_mh_0=0.7\times 1\times 1100\times 1.66\times 0.26=332.3(\text{kN})$$
$$F_l=96.57\text{kN}\leqslant 0.7\beta_{hp}f_ta_mh_0=332.3\text{kN}$$

所以，基础变阶处受冲切承载力满足要求。

【例 10.7】 某厂房采用 C20 钢筋混凝土独立柱基础（$f_t=1.1$MPa）如图 10.25 所示。基础底面尺寸为 2.5m×2.5m，作用在基础顶面的荷载为 $F_k=556$kN、$M_k=80$kN·m。柱截面尺寸 0.4m×0.4m，基础有效高度 $h_0=0.5-0.04=0.46(\text{m})$，基础埋深 2.0m。试计算：

（1）柱与基础交接处所受冲切承载力并进行验算；

（2）基础底板弯矩并配筋。

解：

（1）验算柱与基础交接处所受冲切承载力

偏心距

$$e=\frac{M_k}{F_k+G_k}=\frac{80}{556+2.5^2\times 2\times 20}=0.10(\text{m})<\frac{2.5}{6}=0.42(\text{m})$$

根据地基净反力计算公式及式（10.1），有

图 10.24 ［例 10.6］图（单位：m）

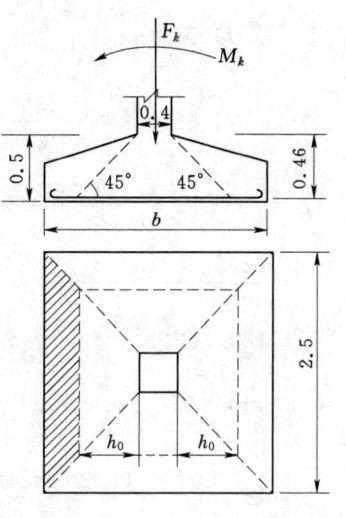

图 10.25 ［例 10.7］图（单位：m）

第 10 章 天然地基上的浅基础

$$p_{j\max} = \frac{1.35 \times F_k}{A} + \frac{1.35 \times M_k}{W}$$

$$W = b^2 l / 6$$

$$p_{j\max} = 1.35 \times \left(\frac{556}{2.5^2} + \frac{80 \times 6}{2.5^3}\right) = 161.6 (\text{kPa})$$

因计算柱与基础交接处受剪承载力，a_t、b_t 取柱宽 0.4m。

$$a_t + 2h_0 = 0.4 + 2 \times 0.46 = 1.32 < 2.5 (\text{m})$$

冲切破坏锥体底面落在基础底面以内。变阶处 a_b 取上阶宽加两倍该处基础有效高度，即

$$a_b = a_t + 2h_0 = 0.4 + 2 \times 0.46 = 1.32 (\text{m})$$

$$A_l = \left(\frac{b}{2} - \frac{b_t}{2} - h_0\right) l - \left(\frac{l}{2} - \frac{a_t}{2} - h_0\right)^2$$

$$= \left(\frac{2.5}{2} - \frac{0.4}{2} - 0.46\right) \times 2.5 - \left(\frac{2.5}{2} - \frac{0.4}{2} - 0.46\right)^2$$

$$= 1.13 (\text{m}^2)$$

$$F_l = p_{j\max} A_l = 161.6 \times 1.13 = 182.6 (\text{kN})$$

$$a_m = (a_t + a_b)/2 = (0.4 + 1.32)/2 = 0.86 (\text{m})$$

$$h = 0.5\text{m} < 0.8\text{m}，取 \beta_{hp} = 1$$

$$0.7 \beta_{hp} f_t a_m h_0 = 0.7 \times 1 \times 1100 \times 0.86 \times 0.46 = 304.6 (\text{kN})$$

$$F_l = 182.6 \text{kN} \leqslant 0.7 \beta_{hp} f_t a_m h_0 = 304.6 \text{kN}$$

所以，柱与基础交接处受冲切承载力满足要求。

（2）弯矩计算及底板配筋。根据有关设计规定，设计控制截面在柱边，有

$$a_1 = (l - 0.4)/2 = 1.05 (\text{m})$$

$$a' = 0.4\text{m}$$

$$b' = 0.4\text{m}$$

根据地基反力计算公式及式（10.1），有

$$\left.\begin{array}{c} p_{\max} \\ p_{\min} \end{array}\right\} = 1.35 \times \left(\frac{F_k + G_k}{A} \pm \frac{M_k}{b^2 l/6}\right)$$

$$= 1.35 \times \left(\frac{556 + 2.5^2 \times 2 \times 20}{2.5^2} \pm \frac{80}{2.5^3/6}\right) = \frac{215.6}{132.6}(\text{kPa})$$

$$p = \frac{(p_{\max} - p_{\min})(b - a_1)}{b} + p_{\min}$$

$$= \frac{(215.6 - 132.6) \times (2.5 - 1.05)}{2.5} + 132.6$$

$$= 180.7 (\text{kPa})$$

$$M_I = \frac{1}{12} a_1^2 \left[(2l + a')\left(p_{\max} + p - \frac{2G}{A}\right) + (p_{\max} - p) l\right]$$

$$= \frac{1}{12} \times 1.05^2 \times \left[(2 \times 2.5 + 0.4) \times \left(215.6 + 180.7 - \frac{2 \times 2.5^2 \times 2 \times 20 \times 1.35}{2.5^2}\right) + (215.6 - 180.7) \times 2.5\right]$$

$$= 151 (\text{kN} \cdot \text{m})$$

$$M_{\text{II}} = \frac{1}{48}(l-a')^2(2b+b')\left(p_{\max}+p_{\min}-\frac{2G}{A}\right)$$

$$= \frac{1}{48}\times(2.5-0.4)^2\times(2\times 2.5+0.4)\times\left(215.6+132.6-\frac{2\times 2.5^2\times 2\times 20\times 1.35}{2.5^2}\right)$$

$$=119.2(\text{kN}\cdot\text{m})$$

按 M_{I} 计算配筋为

$$A_s = \frac{M_{\text{I}}}{0.9f_y h_0} = \frac{151}{0.9\times 300\times 10^3\times 0.46} = 1216(\text{mm}^2)$$

可按 16Φ12 等间距双向配筋，实际配筋面积 1810mm²；也可根据 M_{I}、M_{II} 的计算结果在两个方向分别配筋。

10.6 减少不均匀沉降危害的措施

地基变形过大会导致建筑物损坏或影响使用功能。减少非均匀沉降除了选择合适的基础方案和地基处理措施外，在建筑、结构设计和施工中采取相应的措施也十分重要，如果处理得当，可节省基础造价或减少地基处理的费用。

10.6.1 建筑措施

1. 建筑体型力求简单

建筑体型指平面和立面轮廓。建筑平面简单、高度一致的建筑物，基底应力较均匀，圈梁容易拉通，整体刚度好，即使沉降较大，建筑物也不易产生裂缝和损坏。

平面形状复杂的建筑物，如"L"形、"T"形、"H"形等，不但整体刚度被降低，而且会造成建筑物纵横单元相交处地基中附加应力重叠，沉降增大，同时房屋构件中应力状态也比较复杂，建筑物容易因不均匀沉降而产生裂损。

当建筑体型比较复杂时，宜根据其平面形状和高度差异情况，在适当部位用沉降缝将其划分成若干个刚度较好的单元；当高度差异或荷载差异较大时，可将两者隔开一定距离，当拉开距离后的两单元必须连接时，应采用能自由沉降的连接构造。

2. 控制建筑物长高比

建筑物长高比指平面长度与从基础底面起算的高度之比。长高比大的砌体承重结构整体刚度较差，纵墙易因挠度过大而开裂。一般来说，若预估最大沉降量 $s>120$mm，对三层及以上建筑长高比不宜大于 2.5；对于平面简单、内外墙贯通、横墙间隔较小的房屋可适当放宽，但也不宜大于 3.0。

3. 设置沉降缝

用沉降缝将复杂的建筑物、或长高比较大的建筑物分割成若干个独立的沉降单元，可有效地减轻地基的不均匀沉降危害。一般宜在下述部位设置沉降缝：

(1) 建筑平面的转折部位。

(2) 高度差异或荷载差异处。

(3) 长高比过大的砌体承重结构或钢筋混凝土框架结构的适当部位。

(4) 地基土的压缩性有显著差异处。

(5) 建筑结构或基础类型不同处。

(6) 分期建造房屋的交界处。

图 10.26 和图 10.27 分别为砖石承重结构条形基础和框架结构基础沉降缝的构造。

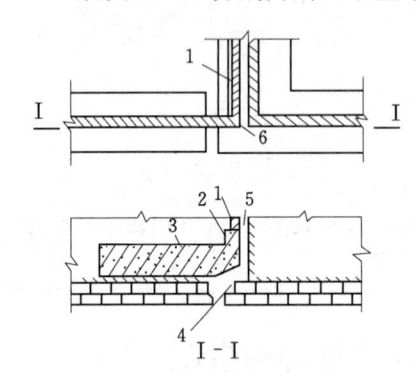

图 10.26 条形基础沉降缝
1—轻质墙；2—横梁；3—挑梁；4—松散煤渣；
5—沉降缝；6—落水管

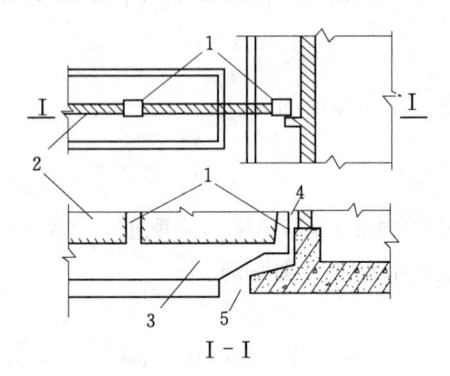

图 10.27 框架基础沉降缝
1—框架柱；2—填充墙；3—挑梁；
4—沉降缝；5—松散煤渣

沉降缝应有足够的宽度，缝宽与建筑物层数有关，按表 10.9 选用。

表 10.9 房屋沉降缝的宽度

建筑物层数	沉降缝宽度/mm	建筑物层数	沉降缝宽度/mm
2～3	50～80	5 层以上	≥120
4～5	80～120		

4. 控制相邻建筑物的间距

建筑物相隔太近时会由于地基应力的扩散作用使相邻建筑物产生附加沉降。所以，建造在软弱地基上的建筑物应隔开一定距离，基础间净距参见表 10.10。

表 10.10 相邻建筑物基础间净距　　　　　　　　　　　　　　　　单位：m

影响建筑物的 预估平均沉降量 s/mm	被影响建筑物的长高比 $2.0 \leq \dfrac{L}{H_f} < 3.0$	$3.0 \leq \dfrac{L}{H_f} < 5.0$
70～150	2～3	3～6
150～250	3～6	6～9
250～400	6～9	9～12
>400	9～12	≥12

注 1. 表中 L 为房屋长度或沉降缝分隔的单元长度；H_f 为自基础底面标高算起的建筑物高度，m。
　　2. 当被影响的长高比为 $1.5 < L/H_f < 2.0$ 时，其间净距可适当减小。

相邻高耸结构或对倾斜要求严格的构筑物的外墙间隔距离，应根据倾斜允许值计算确定。

5. 调整建筑物的某些标高

确定建筑物各组成部分的标高，应根据可能产生的不均匀沉降采取如下措施：

(1) 室内地坪和地下设施的标高，应根据预估的沉降量予以提高；建筑物各部分（或设备之间）有联系时，可将沉降大者的标高适当提高。

(2) 建筑物与设备之间应留有净空；当建筑物有管道通过时，应预留孔洞，或采用柔性的管道接头。

10.6.2 结构措施

(1) 减少建筑物的基底压力。减轻建筑物自重可以有效减低建筑物基底压力，是减少基础不均匀沉降的根本措施，主要方法有：

1) 选用轻型结构，减轻墙体自重，采用架空地板代替室内填土。
2) 设置地下室或半地下室，采用覆土少、自重轻的基础形式。
3) 调整各部分的荷载分布、基础宽度或埋置深度。
4) 对不均匀沉降要求严格的建筑物，可选用较小的基底压力。

(2) 采用刚度大的基础型式。对于建筑体型复杂、荷载差异较大的框架结构，可采用箱基、筏基等加强基础整体刚度，减少不均匀沉降。对于采用单独柱基的框架结构，可在基础间设置基础梁（地梁），以增大基础刚度、减小不均匀沉降。

(3) 增强建筑物刚度和强度。

1) 对于三层和三层以上的房屋，其长高比 L/H_f 宜小于或等于 2.5；当房屋的长高比 $2.5 < L/H_f \leqslant 3.0$ 时，宜做到纵墙不转折或少转折，并应控制其内横墙间距或增强基础刚度和强度；当房屋的预估最大沉降量 $s \leqslant 120\text{mm}$ 时，其长高比可不受限制。
2) 墙体内宜设置钢筋混凝土圈梁或钢筋砖圈梁。
3) 在墙体上开洞时，宜在开洞部位配筋或采用构造柱及圈梁加强。

(4) 设置圈梁。在砌体内适当部位设置圈梁，以提高砌体的抗剪、抗拉强度，防止建筑物出现裂缝。圈梁一般按下列要求设置：

1) 在多层房屋的基础和顶层处应各设置一道，其他各层可隔层设置，必要时也可逐层设置；单层工业厂房、仓库，可结合基础梁、联系梁、过梁等酌情设置。
2) 圈梁应设置在外墙、内纵墙和主要内横墙上，并宜在平面内连成封闭系统。

圈梁分钢筋混凝土圈梁及配筋砖圈梁两种。钢筋混凝土圈梁宽度一般与砖墙宽度相同，混凝土的强度等级不低于 C20，主筋一般不小于 3Φ10 [图 10.28 (a)]。如兼作过梁，钢筋应按计算确定。钢筋砖圈梁的截面一般为 6 皮砖高，用 M5 水泥砂浆砌筑，在圈梁部位中的上、下灰缝中各配 3Φ6 的钢筋 [图 10.28 (b)]。

当圈梁因墙身开洞不能连通时，可按如图 10.28 (c) 所示方法处理。当洞尺寸过大时，宜采取加设构造柱等加强措施。

(5) 上部结构采用静定体系。当发生不均匀沉降时，静定结构体系中的构件，不致因不均匀沉降出现很大的附加应力，故在软弱地基上建造某些公共建筑物、单层工业厂房、仓库等，可考虑采用静定结构体系，以减轻不均匀沉降产生的不利后果。

10.6.3 施工措施

采用科学的施工程序和施工方法对于减小软基上建筑物不均匀沉降有重要的意义，具体的施工措施有以下几点。

(1) 当建筑物存在高低差异或轻重悬殊时，应遵循先高（重）后低（轻）的施工程

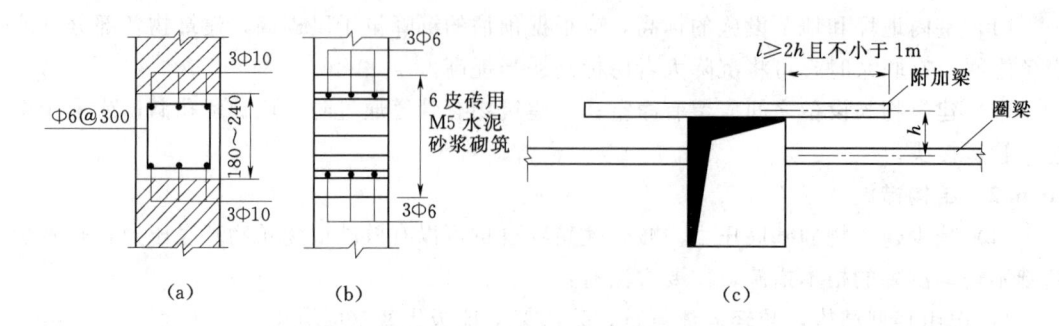

图 10.28 圈梁截面及搭接
(a) 钢筋混凝土圈梁；(b) 钢筋砖圈梁；(c) 圈梁穿过空洞时的处理方法

序，如果高低层之间设计有连接体，应最后修建连接体，以部分消除高低层之间沉降差异的影响。

(2) 不要在已建成的建筑物周围堆载、打桩和降水，确需进行这些施工活动时要采取有效的防范措施，密切关注对邻近建筑物可能产生的不利影响。

(3) 基坑开挖时不要扰动基底土的原状结构，通常要在坑底保留约 200mm 厚的土层，待垫层施工时再挖除。如发现坑底已被扰动，可挖去已扰动的土，并用砂、碎石等回填夯实至要求标高。

思 考 题

10.1 天然地基浅基础的设计包括哪些内容？
10.2 常见浅基础有哪些型式？
10.3 确定基础埋置深度时需要考虑哪些因素？
10.4 如何确定地基的承载力？
10.5 如何进行无筋扩展基础设计？
10.6 如何进行钢筋混凝土墙下条形扩展基础和柱下独立扩展基础设计？

习 题

10.1 某矩形基础（$b<3m$）承受轴心荷载标准组合 $F_k=250$kN，基础埋深 1.5m，场地为均质粉土，重度 $\gamma=18$kN/m³，黏粒含量 $\rho_c=11\%$，地基承载力特征值 $f_{ak}=190$kPa，试确定则基础尺寸。

10.2 某墙下条形基础底面宽度 1.5m，基础埋深 1.2m，偏心距 $e=0.04$m，地基为粉质黏土，黏聚力 $c_k=12$kPa，内摩擦角 $\varphi_k=26°$，地下水位距地表 1.0m，地下水位以上土的重度 $\gamma=18.0$kN/m³，地下水位以下土的饱和重度 $\gamma_{sat}=19.5$kN/m³，求该地基土的承载力特征值。

10.3 某墙下条形基础如图 10.29 所示。墙厚 0.36m，基础埋置深度 1.5m，基础顶面作用荷载 $F_k=83$kN/m、$M_k=8.0$kN·m/m，修正后的地基承载力特征值 $f_a=$

100kPa。试确定基础宽度 b，并按台阶的宽高比 1∶1 确定混凝土基础上的砖放脚台阶数及砖基础高度。

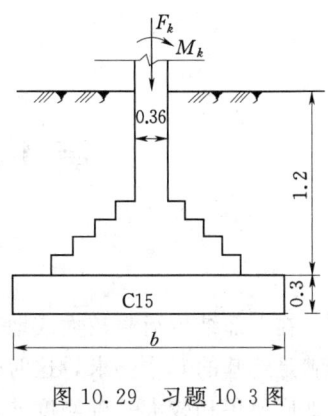

10.4 某正方形基础尺寸 3m×3m，埋深 2m，承受荷载 $F_k=1400$kN，$M_k=120$kN·m，如图 10.30 所示。混凝土轴心抗拉强度设计值 $f_t=1.1$N/mm^2，正方形截面柱尺寸 0.5m×0.5m。试计算（1）抗冲切承载力；（2）基础底板弯矩并配筋。

10.5 某柱下矩形独立基础如图 10.31 所示，平面尺寸 2m×3m，基础埋深 2m，在设计地面处荷载标准组合值为：轴力 $F_k=800$kN，弯矩 $M_k=220$kN·m，水平力 $H_k=50$kN。第一层土为素填土，厚度 1.6m，天然重度 $\gamma=17.2$kN/m^3；第二层土为粉质黏土，厚度 4.2m，天然重度 $\gamma=19.2$kN/m^3，饱和重度 $\gamma=19.8$kN/m^3，地基承载力特征值 $f_{ak}=198$kPa，$E_{s1}=9$MPa，宽度、深度修正系数分别为 $\eta_b=0.3$，$\eta_d=1.6$，应力扩散角取 23°；第三层为淤泥质黏土，天然重度 $\gamma=17$kN/m^3，地基承载力特征值 $f_{ak}=80$kPa，$E_{s2}=3$MPa，深度修正系数 $\eta_d=1.0$；地下水位埋深 2.6m。要求：（1）验算持力层承载力；（2）验算软弱下卧层地基承载力。

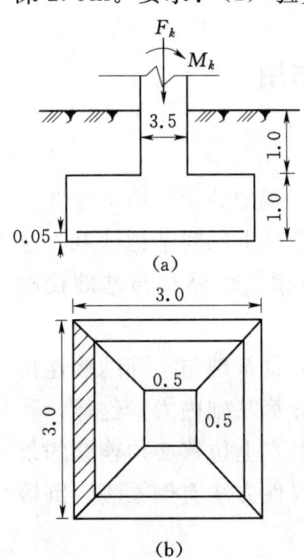

图 10.29 习题 10.3 图（单位：m）

图 10.30 习题 10.4 图（单位：m）

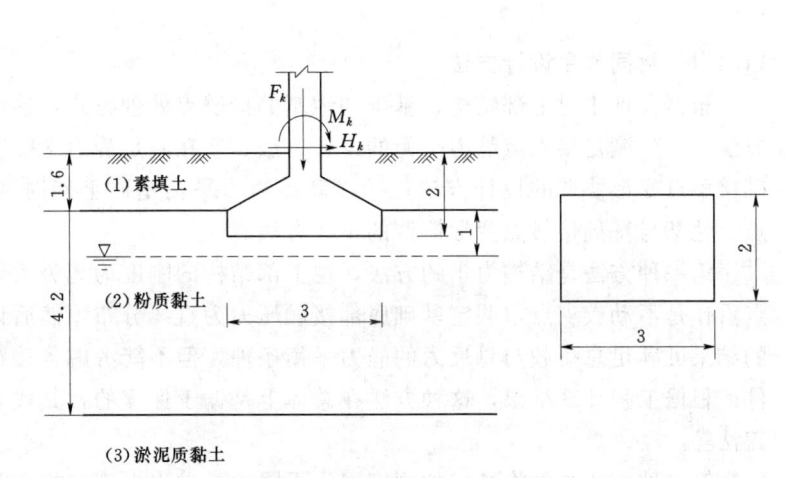

图 10.31 习题 10.5 图（单位：m）

第 10 章 习题答案

第11章 连 续 基 础

在上部结构荷载较大或地基条件较差的情况下，采用第10章所述的扩展基础往往不能满足地基的基本要求，这时候可以考虑选用连续基础或深基础。连续基础是指具有较大基础底面积和较大基础刚度的浅基础，包括有柱下条形基础、柱下交叉条形基础、筏形基础和箱形基础等。

连续基础的设计一般可以按规范采用简化计算方法。在地基条件和基础受荷较复杂时，可以将连续基础看成为地基上的受弯构件（梁或者板），从地基、基础以及上部结构三者相互影响的观点出发，采用共同作用的方法进行地基上梁或者板的分析和计算。

本章主要介绍地基与基础共同作用基本概念、弹性地基模型、弹性地基上梁的分析方法以及有关连续基础的简化计算方法。

11.1 上部结构与地基基础共同作用

11.1.1 共同作用设计方法

根据设计中对上部结构、基础和地基的接触点处理方式，连续基础的设计有下述3种方法：①只满足接触点静力平衡的设计方法；②在满足静力平衡基础上同时考虑地基与基础接触点变形协调的设计方法；③在满足静力平衡基础上同时考虑上部结构与基础接触点、地基与基础接触点变形协调的设计方法。

第一种方法是结构力学的方法，视上部结构的刚度为无穷大，将基础与上部结构连接点看作是不动铰支点，假定基础底部接触压力为直线分布，然后计算基础内力。这样计算的结果可满足总荷载与总反力的静力平衡条件，但不能考虑各接触点上位移必须连续的条件。根据工程计算结果，这种方法在总体上是偏于保守的，其代表性方法有倒梁法、倒楼盖法等。

第二种方法是先将基础的刚度视为无限大，求出上部结构在基础顶面处的墙、柱固端反力，然后再将该反力作用于基础，在同时考虑基础与地基静力平衡和变形协调的条件下计算基础内力。这是一种不完全的共同作用设计方法，所得到的计算结果可以反映地基与基础相对刚度对工作性状的影响，其代表性方法有弹性地基梁、板法。

第三种方法同时考虑上部结构与地基基础的共同作用，其主要特点是将上部结构、基础和地基三者看成是一个彼此协调的整体，根据其整体共同作用原理，使之在接触点处不仅满足静力平衡条件，而且满足变形协调条件，这是一种完全的共同作用设计方法，所得结果可以反映三部分刚度的相互影响，代表性方法有子结构法等。

所以，共同作用设计方法就是基于土与结构物共同作用的理念、通过静力平衡和变形协调两类控制条件进行基础设计的方法，包括地基与基础的共同作用和上部结构与地基基础的共同作用。具体设计中，这种共同作用是通过三者刚度比例变化所造成的影响来表示的，即分析上部结构时考虑地基基础刚度的作用，分析基础结构时也考虑上部结构刚度的贡献和地基刚度的影响。

由于共同作用设计方法所求解的对象属高维超静定问题，因而必须借助计算机和先进的计算技术采用数值分析的方法。

11.1.2 上部结构与地基基础的相互影响

1. 上部结构刚度对基础受力性状的影响

上部结构刚度由水平刚度、竖向刚度和抗弯刚度组成，对基础受力性状的影响主要表现在对差异沉降的调整和对基础相对挠曲的调整，即增大上部结构刚度将减小基础挠曲和内力。较多实测数据显示，上部结构对基础受力的影响表现为两大特征：①影响的有限性；②影响的滞后性。有限性是指刚度的形成并非随着上部结构的层数增加而不断增加，水平刚度和抗弯刚度只是在最初几层随着层数的增加而增加较快，继而迅速减缓至趋于某一稳定值。竖向刚度则随层数的增加呈一定规律增加，但同样会在达到某一层时趋于稳定，所不同的是使竖向刚度达到稳定值的层数一般大于使水平刚度和抗弯刚度达到稳定值的层数。滞后性是指上部结构的逐层建造使其刚度的形成与建造过程有关，相对于结构的形成有一定的滞后，即当后建成的结构的刚度逐渐形成并与先建造的部分形成一个整体之前，先建成部分可能已产生结构内力和变形。

2. 基础刚度对上部结构的影响

在上部结构刚度与地基条件不变的情况下，基础内力随其刚度增大而增大，相对挠曲随之减少，由此使得上部结构中的次应力也随之减少。所以，从减少基础内力出发，宜减少基础刚度；而从减少上部结构次应力而言，宜增加基础刚度。

另外，基础刚度对上部结构的内力分布亦有一定影响，如竖向荷载作用下，由于基础发生了盆形沉降，中柱因沉降大而卸载，边柱因沉降小而加载。即在基础刚度影响下，上部结构柱系的内力将会出现重分布现象。

3. 地基刚度和地基模型对基础的影响

在上部结构、基础和荷载都不变的条件下，随着地基刚度的降低，基础内力和纵向弯曲相应增大，上部结构中的内力也会发生相应变化；反之，当地基土较坚硬时，由于基础自身的相对挠曲比较小，使得上部结构刚度对基础内力的影响不甚明显。所以，当地基土较软弱时，考虑上部结构-基础-地基的共同作用更具有实际意义。

地基模型的选用对共同作用的分析结果有显著的影响，如采用线弹性地基模型时，随着结构刚度的增加，基底反力不断向边、端部集中，造成基底边缘发生过大的反力，与实测结果相差甚远。采用非线性弹性地基模型时，基底反力的集中现象可以得到改善。采用弹塑性地基模型时，即使对于刚性基础，其基底边缘反力也比较缓和，与实测结果比较接近。所以，应根据计算目的和研究对象选用合理的地基模型，如仅仅计算建筑物的平均沉降，一般可以考虑采用最简单的弹性模型，但如要研究基础的内力或建筑物的整体弯曲，则应考虑地基土的非线性特征。

11.2 地基模型

连续基础共同作用分析的重要依赖是地基模型的选取及模型参数的确定。地基模型是描述岩土体在外荷载作用下的反应的一种数学表达,不仅直接影响地基反力的分布和基础的沉降,而且影响基础结构和上部结构的内力分布和变形。由于岩土体特性的复杂,地基模型通常只能针对一些理想化的状态建立,且不存在普遍都能适用的数学模型。

11.2.1 文克尔地基模型

1. 模型的基本形式

文克尔(Winkler,1867)地基模型是一种最简单地考虑了地基和基础相互作用的线弹性模型,它假设土介质表面任一点所受的压力强度 p 仅与该点的竖向位移 s 成正比,即

$$p = ks \tag{11.1}$$

式中:k 为基床系数,kN/m^3,与土的性质、类别有关,还与基础底面积的大小、形状以及基础的埋置深度等因素有关。

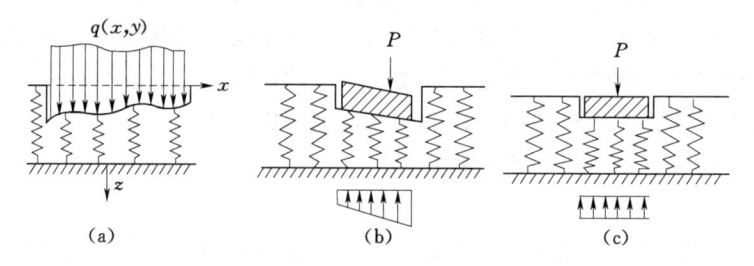

图 11.1 文克尔地基模型示意
(a) 柔性基础受非均布荷载;(b) 刚性基础受偏心荷载;(c) 刚性基础受中心荷载

文克尔地基模型实质是将地基分割成了无数的小土柱,然后将每一条土柱用一根独立弹簧来代替,如图 11.1 所示。当基础刚度不同,基础上施加的荷载特性不同时,采用该模型计算的基底反力分布也不同,对于柔性基础,基底反力与基础的竖向位移分布相似,绝对刚性基础因基底各点竖向位移呈线性变化,故基底反力也呈直线分布。

文克尔地基模型的主要缺陷是忽略了地基中的剪应力,因而不能反映地基中附加应力的扩散,使得计算结果与实际情况不符,如图 11.2 所示。但由于该模型简单、模型参数少、且参数 k 的取值有较多的工程经验,所以目前在实际设计中还被广泛采用。一般认为,当地基土为较软弱的半液态土(如淤泥、软黏土等)或基底下塑性区相对较大时,比较符合文克尔假定。另外,对于地基的压缩层较薄、不超过梁或板的短边宽度之半的薄压缩层地基,因压力面积较大,剪应力较小,也可以采用文克尔地基模型进行计算。

2. 基床系数 k 的确定

基床系数 k 是文克尔地基模型的重要参数,确定 k 值的方法有下述几种。

(1) 按荷载试验确定。载荷试验确定基床系数的方法是在现场载荷 $p-s$ 曲线上取线性段的两端点坐标 (p_1, s_1) 和 (p_2, s_2) 来计算载荷板下的基床系数,即

$$k_p = \frac{p_2 - p_1}{s_2 - s_1} \tag{11.2}$$

11.2 地基模型

图 11.2 文克尔地基变形与实际地基变形比较
(a) 文克尔地基；(b) 实际地基

当载荷板 $b_p <$ 0.707m 时，将上述结果用于实际工程时还可按太沙基建议的方法(Terzaghi, 1955)进行适当修正。

砂土
$$k = k_p \left(\frac{b+0.3}{2b}\right)^2 \tag{11.3a}$$

黏土
$$k = k_p \frac{b_p}{b} \tag{11.3b}$$

式中：b 为基础宽度；b_p 为载荷板宽度。

(2) 按基础预估沉降量确定。对于某一特定的地基基础条件，可以通过下述方法估算基床系数：

$$k = \frac{p_0}{s_m} \tag{11.4}$$

式中：p_0 为基底平均附加压力；s_m 为基础平均沉降量。

对于薄压缩层地基或压缩层分层地基，根据 $s_m = \sigma_z h/E_s \approx p_0 h/E_s$，上式可分别写成

$$k = \frac{E_s}{h} \tag{11.5a}$$

$$k = \frac{1}{\sum \frac{h_i}{E_{si}}} \tag{11.5b}$$

式中：h、E_s 分别为薄压缩层厚度和压缩模量；h_i、E_{si} 分别为第 i 土层的厚度和压缩模量。

(3) 按经验值确定。当基底面积大于 $10m^2$ 时，k 值可按表 11.1 参考确定。需要说明的是，这些经验数据的得来都有确定的背景和条件，所以在应用时需要根据具体情况采用。

表 11.1 基床系数参考值

地基土种类与特征		$k/(10^4 kN/m^3)$	地基土种类与特征	$k/(10^4 kN/m^3)$
淤泥质、有机质土或新填土		0.1~0.5	黄土及黄土性粉质黏土	4~5
软弱黏土		0.5~1.0	紧密砾石	5~10
黏土及粉质黏土	软塑	1~2	硬黏土或人工夯实粉质黏土	10~20
	可塑	2~4	软质岩石和中、强风化的坚硬岩石	20~100
	硬塑	4~10	完好的坚硬岩石	100~1500
松砂		1~1.5	砖	400~500
中密砂或松散砾石		1.5~2.5	块石砌体	500~600
密砂或中密砾石		2.5~4	混凝土与钢筋混凝土	800~1500

11.2.2 有限层地基模型

有限层地基模型源于地基计算的分层总和法，能较好地反应地基土扩散应力和变形的能力，能较容易地考虑土层非均匀性沿深度的变化和土的分层性。该模型采用的公式类似于我国建筑地基基础设计规范中推荐的计算地基沉降的分层总和法公式：

$$s = \sum_{k=1}^{n} \frac{\sigma_k}{E_{sk}} \Delta h_k \tag{11.6}$$

式中：n 为土层的分层数；Δh_k 为第 k 土层的厚度；E_{sk} 为第 k 土层的压缩模量；σ_k 为第 k 土层的平均附加压力。

按有限层地基模型进行数值分析时，可将地基与基础的接触面划分成 n 个单元，如图 11.3 所示。当 j 单元作用集中荷载 $P_j = 1$ 时，由布辛奈斯克公式可求得在 i 单元中点下第 k 土层产生的平均附加应力 σ_{kij}，则由式（11.6）可确定 i 单元中点沉降为

$$f_{ij} = \sum_{k=1}^{n} \frac{\sigma_{kij}}{E_{ski}} \Delta h_{ki} \tag{11.7}$$

式中：n 为 i 单元下的土层数；E_{ski} 为 i 单元下第 k 土层的压缩模量；Δh_{ki} 为 i 单元下第 k 土层的厚度。

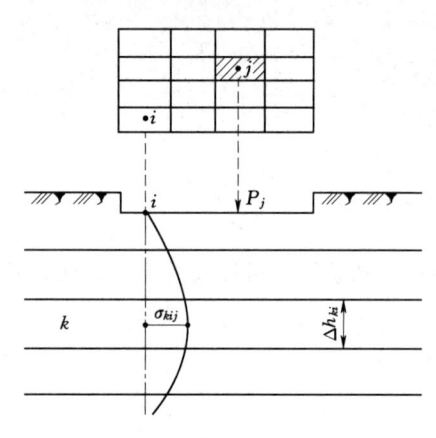

图 11.3 有限层地基模型

根据应力叠加原理，i 单元中点的沉降 s_i 为基底各单元荷载分别在该单元引起的沉降之和，其表达式为

$$s_i = f_{i1}P_1 + f_{i2}P_2 + \cdots + f_{in}P_n = \sum_{j=1}^{n} f_{ij}P_j \tag{11.8}$$

表达为矩阵形式，有

$$\begin{Bmatrix} s_1 \\ s_2 \\ \vdots \\ s_i \\ \vdots \\ s_n \end{Bmatrix} = \begin{bmatrix} f_{11} & f_{12} & \cdots & f_{1j} & \cdots & f_{1n} \\ f_{21} & f_{21} & \cdots & f_{2j} & \cdots & f_{2n} \\ \vdots & \vdots & \vdots & \vdots & \vdots & \vdots \\ f_{i1} & f_{i1} & \cdots & f_{ij} & \cdots & f_{in} \\ \vdots & \vdots & \vdots & \vdots & \vdots & \vdots \\ f_{n1} & f_{n2} & \cdots & f_{nj} & \cdots & f_{nn} \end{bmatrix} \begin{Bmatrix} P_1 \\ P_2 \\ \vdots \\ P_i \\ \vdots \\ P_n \end{Bmatrix} \tag{11.9}$$

即

$$\{s\} = [f]\{P\} \tag{11.10}$$

式中：$\{s\}$ 为基底各单元中点沉降列向量；$[f]$ 为地基的柔度矩阵，元素 f_{ij} 按式（11.7）计算；$\{P\}$ 为基底各单元集中力列向量。

11.2.3 弹性半空间地基模型

弹性半空间模型源于经典连续介质力学，该模型将地基看成是匀质线性变形的半空间体，利用弹性力学中的弹性半空间体理论建立计算模型。

弹性半空间模型假设地基为均匀、各向同性的半无限弹性体。根据布辛奈斯克解，当弹性半空间表面作用一个集中力 P 时，半空间表面上距离竖向集中力作用点为 r 处的地

基表面沉降 s 为

$$s=\frac{P(1-\mu^2)}{\pi E r} \tag{11.11}$$

式中：E、μ 分别为弹性材料的弹性模量和泊松比；r 为集中力到计算点的距离。

对于均布矩形荷载 p_0 作用下矩形面积中点的沉降 s_0，则可以通过对式（11.11）积分求得

$$s_0=\frac{2(1-\mu^2)}{\pi E}\left(l\ln\frac{b+\sqrt{l^2+b^2}}{l}+b\ln\frac{l+\sqrt{l^2+b^2}}{b}\right)p_0 \tag{11.12}$$

式中：l、b 分别为矩形荷载面的长度和宽度。

当弹性半空间体表面作用任意分布荷载 $p(\xi,\eta)$ 时，地基表面任一点 $M(x,y)$ 的竖向位移理论上都可由式（11.11）积分而得，但具体求解会比较繁琐。实际应用中通常采用与有限层地基模型方法相同的方法将基底平面进行划分，然后根据式（11.10）进行数值求解，此时柔度矩阵中的元素 f_{ij} 按式（11.13）确定。

$$f_{ij}=\frac{1-\mu^2}{\pi E}\begin{cases}2\left(\dfrac{1}{b_j}\ln\dfrac{b_j+\sqrt{l_j^2+b_j^2}}{l_j}+\dfrac{1}{l_j}\ln\dfrac{l_j+\sqrt{l_j^2+b_j^2}}{b_j}\right) & (i=j)\\[2ex]\dfrac{1}{\sqrt{(x_i-x_j)^2+(y_i-y_j)^2}} & (i\neq j)\end{cases} \tag{11.13}$$

弹性半空间地基模型考虑了基底各点的沉降不仅与该点的压力大小有关，而且还与其他相邻各点的压力有关，因而在理论上比文克尔模型更完善。但是，由于实际地基土并不是均质、各向同性的理想的弹性体，地基压缩层厚度也是有限的，因而使得该模型所考虑的地基中应力扩散能力可能大于实际情况。一些计算实例也表明，按弹性半空间地基模型所得的计算结果往往大于基础的实际位移和实际内力。

11.3 文克尔地基上梁的分析

11.3.1 梁的挠曲微分方程

设弹性地基上一等截面基础梁在外荷载作用形成的挠曲线如图 11.4（a）所示，梁宽度为 B。从基础梁上取出梁单元 dx，其上作用分布荷载 q 和基底反力 p 以及截面弯矩 M 和剪力 V，如图 11.4（b）所示。

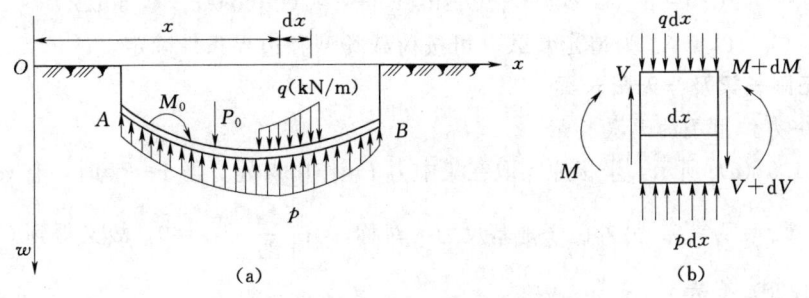

图 11.4 弹性地基上的基础梁及梁单元
（a）弹性地基梁；（b）梁单元

由梁单元的静力平衡条件，有
$$V-(V+\mathrm{d}V)+pB\mathrm{d}x-q\mathrm{d}x=0$$
整理得
$$\frac{\mathrm{d}V}{\mathrm{d}x}=Bp-q \tag{11.14}$$
根据材料力学，梁挠度 w 的微分方程为
$$E_h I \frac{\mathrm{d}^2 w}{\mathrm{d}x^2}=-M \tag{11.15}$$
式中：E_h、I 分别为梁的弹性模量和截面惯性矩。

将式（11.15）连续对 x 求导，并利用 $V=\dfrac{\mathrm{d}M}{\mathrm{d}x}$ 可得
$$E_h I \frac{\mathrm{d}^4 w}{\mathrm{d}x^4}=-\frac{\mathrm{d}^2 M}{\mathrm{d}x^2}=-\frac{\mathrm{d}V}{\mathrm{d}x}=-Bp+q \tag{11.16}$$

式（11.16）即为满足静力平衡条件的弹性地基上梁的挠度微分方程，对于梁的无荷载段，上式可表示为
$$E_h I \frac{\mathrm{d}^4 w}{\mathrm{d}x^4}=-Bp \tag{11.17}$$

式（11.17）中基底反力 p 的计算可根据实际情况采用不同的地基模型，如果采用文克尔地基模型，有 $p=ks$。根据地基与梁的接触条件，沿梁全长任一点的地基变形 s 应与该点梁的挠度 w 相等（变形协调），即 $s=w$，代入式（11.17），有
$$E_h I \frac{\mathrm{d}^4 w}{\mathrm{d}x^4}=-Bkw=-Kw \tag{11.18}$$

式中：K 为梁单位长度上的集中基床系数，$K=kB$；k 为文克尔地基的基床系数。

令 $\lambda=\sqrt[4]{\dfrac{kB}{4E_h I}}$，式（11.18）可进一步表示为
$$\frac{\mathrm{d}^4 w}{\mathrm{d}x^4}+4\lambda^4 w=0 \tag{11.19}$$

式（11.19）即为文克尔地基上同时满足静力平衡和变形协调的梁的挠曲微分方程式，式中 λ 被称为梁的柔度特征值，单位为（长度$^{-1}$）。λ 值越大，梁的刚度越小。

式（11.19）是四阶常系数线性常微分方程，其通解为
$$w(x)=\mathrm{e}^{\lambda x}(C_1\cos\lambda x+C_2\sin\lambda x)+\mathrm{e}^{-\lambda x}(C_3\cos\lambda x+C_4\sin\lambda x) \tag{11.20}$$
式中：C_1、C_2、C_3、C_4 为待定常数，可按荷载类型和边界条件确定。

11.3.2 无限长梁及半无限长梁

1. 集中力作用下的无限长梁

如图 11.5（a）所示，坐标原点取在集中力 P_0 作用点处。当 $x\to\infty$ 时，有 $w\to 0$，故式（11.20）中 $C_1=C_2=0$。另外由于地基反力为对称，有 $\left[\dfrac{\mathrm{d}w}{\mathrm{d}x}\right]_{x=0}=0$，故又得到 $C_3=C_4=C$。

所以式（11.20）变为
$$w(x)=\mathrm{e}^{-\lambda x}C(\cos\lambda x+\sin\lambda x) \tag{11.21}$$

11.3 文克尔地基上梁的分析

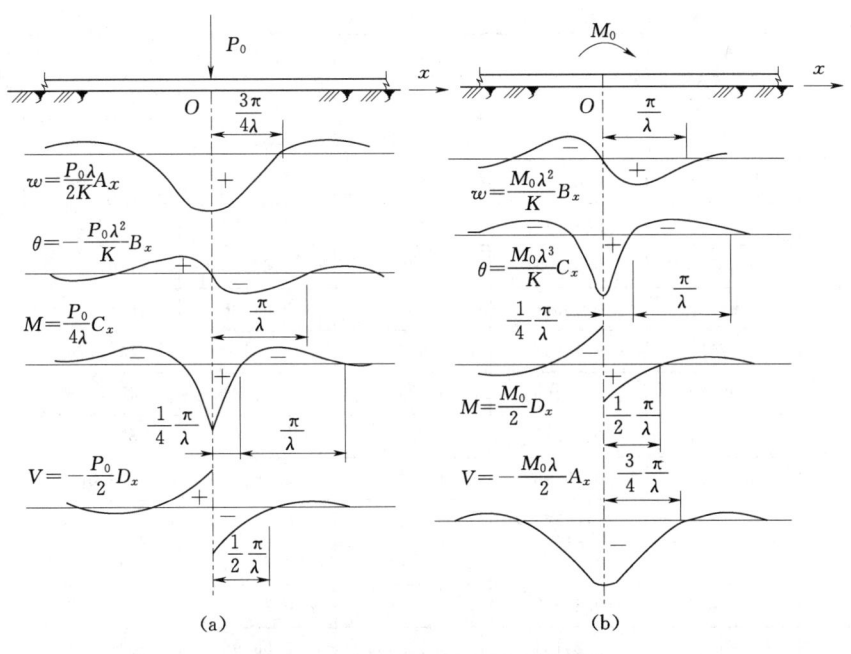

图 11.5 文克尔地基上的无限长梁
(a) 集中力作用；(b) 集中力偶作用

在 O 点右侧无穷小处（$x=\varepsilon$）将梁切开，梁截面上剪力 $V=-E_h I\left(\dfrac{\mathrm{d}^3 w}{\mathrm{d}x^3}\right)\bigg|_{x\to 0}=-\dfrac{P_0}{2}$，故得到 $C=\dfrac{P_0\lambda}{2K}$。将 C 代入式（11.21），可得集中荷载作用下文克尔地基上无限长梁的解答

$$w=\frac{P_0\lambda}{2K}A_x \quad \theta=-\frac{P_0\lambda^2}{K}B_x \\ M=\frac{P_0}{4\lambda}C_x \quad V=-\frac{P_0}{2}D_x \tag{11.22}$$

其中

$$A_x=\mathrm{e}^{-\lambda x}(\cos\lambda x+\sin\lambda x), B_x=\mathrm{e}^{-\lambda x}\sin\lambda x \\ C_x=\mathrm{e}^{-\lambda x}(\cos\lambda x-\sin\lambda x), D_x=\mathrm{e}^{-\lambda x}\cos\lambda x \tag{11.23}$$

A_x、B_x、C_x、D_x 数值可查表 11.2 确定。

式（11.22）是对梁的右半部导出的（$x>0$），对 P_0（$x=0$）左侧的截面，有 $x<0$，此时需用 x 的绝对值代入上式计算，计算结果 w、M 的符号与式（11.22）相同，θ、V 取相反符号，如图 11.5（a）所示。

表 11.2　　A_x、B_x、C_x、D_x、E_x、F_x 函数表

λx	A_x	B_x	C_x	D_x	E_x	F_x
0	1	0	1	1	∞	$-\infty$
0.02	0.99961	0.01960	0.96040	0.98000	382156	-382105
0.04	0.99844	0.03842	0.92160	0.96002	48802.6	-48776.6

续表

λx	A_x	B_x	C_x	D_x	E_x	F_x
0.06	0.99654	0.05647	0.88360	0.94007	14851.3	−14738.0
0.08	0.99393	0.07377	0.84639	0.92016	6354.30	−6340.76
0.10	0.99065	0.09033	0.80998	0.90032	3321.06	−3310.01
0.12	0.98672	0.10618	0.77437	0.88054	1962.18	−1952.78
0.14	0.98217	0.12131	0.73954	0.68085	1261.70	−1253.48
0.16	0.97702	0.13576	0.70550	0.84126	863.174	−855.840
0.18	0.97131	0.14954	0.67224	0.82178	619.176	−612.524
0.20	0.96507	0.16266	0.63975	0.80241	461.078	−454.971
0.22	0.95831	0.17513	0.60804	0.78318	353.904	−348.240
0.24	0.95106	0.18698	0.57710	0.76408	278.526	−273.229
0.26	0.94336	0.19822	0.54691	0.74514	223.862	−218.874
0.28	0.93522	0.20887	0.51748	0.72635	183.183	−178.457
0.30	0.92666	0.21893	0.48880	0.70773	152.233	−147.733
0.35	0.90360	0.24164	0.42033	0.66196	101.318	−97.2646
0.40	0.87844	0.26103	0.35637	0.61740	71.7915	−68.0628
0.45	0.85150	0.27735	0.29680	0.57415	53.3711	−49.8871
0.50	0.82307	0.29079	0.24149	0.53228	41.2142	−37.9185
0.55	0.79343	0.30156	0.19030	0.49186	32.8243	−29.6754
0.60	0.76284	0.30988	0.14307	0.45295	26.8201	−23.7865
0.65	0.73153	0.31594	0.09966	0.41559	22.3922	−19.4496
0.70	0.69972	0.31991	0.05990	0.37981	19.0435	−16.1724
0.75	0.66761	0.32198	0.02364	0.34563	16.4562	−13.6409
$\pi/4$	0.64479	0.32240	0	0.32240	14.9672	−12.1834
0.80	0.63538	0.32233	−0.00928	0.31305	14.4202	−11.6477
0.85	0.60320	0.32111	−0.03902	0.28209	12.7924	−10.0518
0.90	0.57120	0.31848	−0.06574	0.25273	11.4729	−8.75491
0.95	0.53954	0.31458	−0.08962	0.22496	10.3905	−7.68705
1.00	0.50833	0.30956	−0.11079	0.19877	9.49305	−6.79724
1.05	0.47766	0.30354	−0.12943	0.17412	8.74207	−6.04780
1.10	0.44765	0.29666	−0.14567	0.15099	8.10850	−5.41038
1.15	0.41836	0.28901	−0.15967	0.12934	7.57013	−4.86335
1.20	0.38986	0.28072	−0.17158	0.10914	7.10976	−4.39002
1.25	0.36223	0.27189	−0.18155	0.09034	6.71390	−3.97735
1.30	0.33550	0.26260	−0.18970	0.07290	6.37186	−3.61500
1.35	0.30972	0.25295	−0.19617	0.05678	6.07508	−3.29477

11.3 文克尔地基上梁的分析

续表

λx	A_x	B_x	C_x	D_x	E_x	F_x
1.40	0.28492	0.24301	−0.20110	0.04191	5.81664	−3.01003
1.45	0.26113	0.23286	−0.20459	0.02827	5.59088	−2.75541
1.50	0.23835	0.22257	−0.20679	0.01578	5.39317	−2.52652
1.55	0.21662	0.21220	−0.20779	0.00441	5.21965	−2.31974
$\pi/2$	0.20788	0.20788	−0.20788	0	5.15382	−2.23953
1.60	0.19592	0.20181	−0.20771	−0.00590	5.06711	−2.13210
1.65	0.17625	0.19144	−0.20664	−0.01520	4.93283	−1.96109
1.70	0.15762	0.18116	−0.20470	−0.02354	4.81454	−1.80464
1.75	0.14002	0.17099	−0.20197	−0.03097	4.71026	−1.66098
1.80	0.12342	0.16098	−0.19853	−0.03765	4.61834	−1.52865
1.85	0.10782	0.15115	−0.19448	−0.04333	4.53732	−1.40638
1.90	0.09318	0.14154	−0.18989	−0.04835	4.46596	−1.29312
1.95	0.07950	0.13217	−0.18483	−0.05267	4.40314	−1.18795
2.00	0.06674	0.12306	−0.17938	−0.05632	4.34792	−1.09008
2.05	0.05488	0.11423	−0.17359	−0.05936	4.29946	−0.99885
2.10	0.04388	0.10571	−0.16753	−0.06182	4.25700	−0.91368
2.15	0.03373	0.09749	−0.16124	−0.06376	4.21988	−0.83407
2.20	0.02438	0.08958	−0.15479	−0.06521	4.18751	−0.75959
2.25	0.01580	0.08200	−0.14821	−0.06621	4.15936	−0.68987
2.30	0.00796	0.07476	−0.14156	−0.06680	4.13495	−0.62457
2.35	0.00084	0.06785	−0.13487	−0.06702	4.11387	−0.56340
$3\pi/4$	0	0.06702	−0.13404	−0.06702	4.11147	−0.55610
2.40	−0.00562	0.06128	−0.12817	−0.06689	4.09573	−0.50611
2.45	−0.01143	0.05503	−0.12150	−0.06647	4.08019	−0.45248
2.50	−0.01663	0.04913	−0.11489	−0.06576	4.06692	−0.40229
2.55	−0.02127	0.04354	−0.10836	−0.06481	4.05568	−0.35537
2.60	−0.02536	0.03829	−0.10193	−0.06364	4.04618	−0.31156
2.65	−0.02894	0.03335	−0.09563	−0.06228	4.03821	−0.27070
2.70	−0.03204	0.02872	−0.08948	−0.06076	4.03157	−0.23264
2.75	−0.03469	0.02440	−0.08348	−0.05909	4.02608	−0.19727
2.80	−0.03693	0.02037	−0.07767	−0.05730	4.02157	−0.16445
2.85	−0.03877	0.01663	−0.07203	−0.05540	4.01790	−0.13408
2.90	−0.04026	0.01316	−0.06659	−0.05343	4.01495	−0.10603
2.95	−0.04142	0.00997	−0.06134	−0.05138	4.01259	−0.08020
3.00	−0.04226	0.00703	−0.05631	−0.04929	4.01074	−0.05650

续表

λx	A_x	B_x	C_x	D_x	E_x	F_x
3.10	−0.04314	0.00187	−0.04688	−0.04501	4.00819	−0.01505
π	−0.04321	0	−0.04321	−0.04321	4.00748	0
3.20	−0.04307	−0.00238	−0.03831	−0.04069	4.00675	0.01910
3.40	−0.04079	−0.00853	−0.02374	−0.03227	4.00563	0.06840
3.60	−0.03659	−0.01209	−0.01241	−0.02450	4.00533	0.09693
3.80	−0.03138	−0.01369	−0.00400	−0.01769	4.00501	0.10969
4.00	−0.02583	−0.01386	−0.00189	−0.01197	4.00442	0.11105
4.20	−0.02042	−0.01307	−0.00572	−0.00735	4.00364	0.10468
4.40	−0.01546	−0.01168	−0.00791	−0.00377	4.00279	0.09354
4.60	−0.01112	−0.00999	−0.00886	−0.00113	4.002	0.07996
$3\pi/2$	−0.00898	−0.00898	−0.00898	0	4.00161	0.07190
4.80	−0.00748	−0.00820	−0.00892	0.00072	4.00134	0.06561
5.00	−0.00455	−0.00646	−0.00837	0.00191	4.00085	0.05170
5.50	−0.00001	−0.00288	−0.00578	0.00290	4.0002	0.02307
6.00	−0.00169	−0.00069	−0.00307	0.00238	4.00003	0.00554
2π	−0.00187	0	−0.00187	0.00187	4.00001	0
6.50	−0.00179	0.00032	−0.00114	0.00147	4.00001	−0.00259
7.00	−0.00129	0.00060	−0.00009	0.00069	4.00001	−0.00479
$9\pi/4$	−0.00120	0.00060	0.00000	0.00060	4.00001	−0.00482
7.50	−0.00071	0.00052	0.00033	0.00019	4.00001	−0.00415
$5\pi/2$	−0.00039	0.00039	0.00039	0	4.00000	−0.00311
8.00	−0.00028	0.00033	0.00038	−0.00005	4.00000	−0.00266

2. 集中力偶作用下的无限长梁

当无限长梁上作用集中力偶时，设顺时针方向力偶 M_0 作用点为原点[图 11.5 (b)]。当 $x \to \infty$ 时，有 $w \to 0$，由式（11.20）得 $C_1 = C_2 = 0$；又由反对称性得 $C_3 = 0$。在 $x = \varepsilon$ 处将梁切开，由 $M = -E_h I \left(\dfrac{\mathrm{d}^2 w}{\mathrm{d} x^2}\right)\bigg|_{x \to 0} = \dfrac{M_0}{2}$，得 $C_4 = \dfrac{M_0 \lambda^2}{K}$，于是得集中力偶作用下文克尔地基上无限长梁的解答

$$\left.\begin{array}{l} w = \dfrac{M_0 \lambda^2}{K} B_x, \quad \theta = \dfrac{M_0 \lambda^3}{K} C_x \\ M = \dfrac{M_0}{2} D_x, \quad V = -\dfrac{M_0 \lambda}{2} A_x \end{array}\right\} \tag{11.24}$$

式中：A_x、B_x、C_x、D_x 与式（11.23）相同。当计算截面位于 M_0 左边时，x 取绝对值，w、M 的符号与式（11.24）计算结果相反，θ、V 取相同符号。集中力偶 M_0 作用下的 w、θ、M、V 如图 11.5 (b) 所示。

3. 梁端有集中荷载和弯矩作用的半无限长梁

当梁的一端作用有荷载,另一端延伸很远时,此梁称为半无限长梁。

设在梁的一端作用一集中荷载 P_0 和弯矩 M_0(图 11.6),坐标原点设于端点,则类似于无限长梁的推导方法可得式(11.20)的特解为

$$\left. \begin{aligned} w &= \frac{2\lambda}{K}(P_0 D_x - \lambda M_0 C_x) \\ M &= -\frac{1}{\lambda}(P_0 B_x - \lambda M_0 A_x) \\ V &= -(P_0 C_x + 2\lambda M_0 B_x) \end{aligned} \right\} \quad (11.25)$$

式中:A_x、B_x、C_x、D_x 与式(11.23)相同。

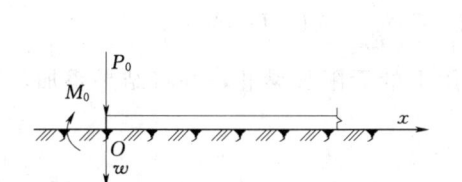

图 11.6 作用集中荷载和弯矩的半无限长梁

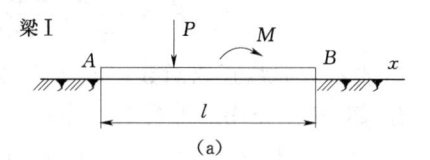

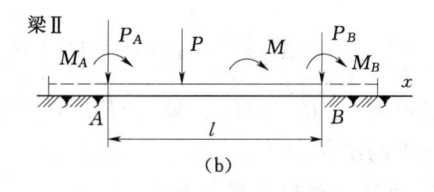

图 11.7 有限长梁的计算
(a) 有限长梁;(b) 扩展为无限长梁

11.3.3 有限长梁

1. 有限长梁的计算

实际工程中并不存在真正的无限长梁或半无限长,对于有限长梁,确定积分常数比无限长梁复杂得多,一种常用的简化方法是依据前述无限长梁的解,利用叠加原理求得满足有限长梁两自由端边界条件的解答。

图 11.7 (a) 为一长为 l 的梁 AB(简称梁Ⅰ),假设梁Ⅰ两端都无限延伸成为无限长梁Ⅱ,则在端点 A、B 处必然产生原来并不存在的内力 M_a、V_a 和 M_b、V_b。要使梁Ⅱ的 AB 段等效于梁Ⅰ的状态,就必须在梁Ⅱ的 A、B 端施加未知力 P_A、P_B 和未知弯矩 M_A、M_B,以满足原来 A、B 处无内力的边界条件[图 11.7 (b)]。

由式(11.22)及式(11.24)可建立方程组

$$\left. \begin{aligned} M_a + \frac{P_A}{4\lambda} + \frac{P_B}{4\lambda}C_l + \frac{M_A}{2} - \frac{M_B}{2}D_l &= 0 \\ V_a - \frac{P_A}{2} + \frac{P_B}{2}D_l - \frac{\lambda M_A}{2} - \frac{\lambda M_B}{2}A_l &= 0 \\ M_b + \frac{P_A}{4\lambda}C_l + \frac{P_B}{4\lambda} + \frac{M_A}{2}D_l - \frac{M_B}{2} &= 0 \\ V_b - \frac{P_A}{2}D_l + \frac{P_B}{2} - \frac{\lambda M_A}{2}A_l - \frac{\lambda M_B}{2} &= 0 \end{aligned} \right\} \quad (11.26)$$

解上述方程组得到

$$\left.\begin{aligned}P_A &= (E_l+F_lD_l)V_a + \lambda(E_l-F_lA_l)M_a - (F_l+E_lD_l)V_b + \lambda(F_l-E_lA_l)M_b \\ M_A &= -(E_l+F_lC_l)\frac{V_a}{2\lambda} - (E_l-F_lD_l)M_a + (F_l+E_lC_l)\frac{V_b}{2\lambda} - (F_l-E_lD_l)M_b \\ P_B &= (F_l+E_lD_l)V_a + \lambda(F_l-E_lA_l)M_a - (E_l+F_lD_l)V_b + \lambda(E_l-F_lA_l)M_b \\ M_B &= (F_l+E_lC_c)\frac{V_a}{2\lambda} + (F_l-E_lD_l)M_a - (E_l+F_lC_l)\frac{V_b}{2\lambda} + (E_l-F_lD_l)M_b\end{aligned}\right\}$$

(11.27)

其中

$$E_l = \frac{2\mathrm{e}^{\lambda l}\mathrm{sh}\lambda l}{\mathrm{sh}^2\lambda l - \sin^2\lambda l}, F_l = \frac{2\mathrm{e}^{\lambda l}\sin\lambda l}{\sin^2\lambda l - \mathrm{sh}^2\lambda l} \tag{11.28}$$

式中：sh 表示双曲线正弦函数；E_l、F_l 数值可查表 11.2 确定。

当有限长梁上作用的外荷载对称时，由 $V_a = -V_b$，$M_a = M_b$，有

$$\left.\begin{aligned}P_A &= P_B = (E_l+F_l)[(1+D_l)V_a + \lambda(1-A_l)M_a] \\ M_A &= -M_B = -(E_l+F_l)[(1+C_l)\frac{V_b}{2\lambda} + (1-D_l)M_a]\end{aligned}\right\}$$

(11.29)

求解 P_A、P_B、M_A、M_B、P、M 分别作用下的无限长梁Ⅱ，并将结果叠加，即可得到梁Ⅰ的结果。

2. 地基上梁的柔度指数

实际工程中的梁是属于无限长梁还是有限长梁并非以梁长的绝对尺度划分，而是通过荷载在梁端引起的影响是否可以忽略来判断。根据式 (11.27)，所有边界条件力都与系数 λl 有关，定义 λl 为地基上梁的柔度指数，表明梁的相对刚柔程度，则当 $\lambda l \to \infty$ 时，梁是绝对柔性的，亦即无限长梁；当 $\lambda l \to 0$ 时，梁是绝对刚性的，亦即短梁。则根据介于 $\infty \sim 0$ 之间的 λl 值可近似将文克尔地基上的梁分成表 11.3 所示的 3 种计算模式。

需提及的是，式 (11.26) 还表明与外荷载大小和作用点有关的 V_a、V_b、M_a、M_b 也是影响边界条件力的因素，所以，表 11.3 所做的划分在有些情况下并不一定是完全合理的划分，实际计算时可根据精度要求兼顾 λl 的值和荷载作用性状。

表 11.3   梁长计算模式的判断

柔度指数 λl	梁长计算模式	柔度指数 λl	梁长计算模式
$\lambda l \geqslant \pi$	长梁（柔性梁）	$\lambda l \leqslant \pi/4$	短梁（刚性梁）
$\pi/4 < \lambda l < \pi$	有限长梁（有限刚度梁）		

【例 11.1】 有限长梁计算如图 11.8 所示。一钢筋混凝土条形基础承受对称柱荷载，基础抗弯刚度 $EI = 4.3 \times 10^3 \mathrm{MPa} \cdot \mathrm{m}^4$，梁长 $l = 17\mathrm{m}$，底面宽 $b = 2.5\mathrm{m}$，预估基础平均沉降 $s_m = 36.7\mathrm{mm}$。试计算基础中点 C 处的挠度、弯矩和基底净反力。

解：

(1) 确定基床系数 k 和梁的柔度指数 λl。设基底附加压力 p_0 约等于基底平均净反力 p_j。

$$p_0 = \frac{\sum P}{lb} = \frac{(1000+1500)\times 2}{17 \times 2.5} = 117.65(\mathrm{kPa})$$

11.3 文克尔地基上梁的分析

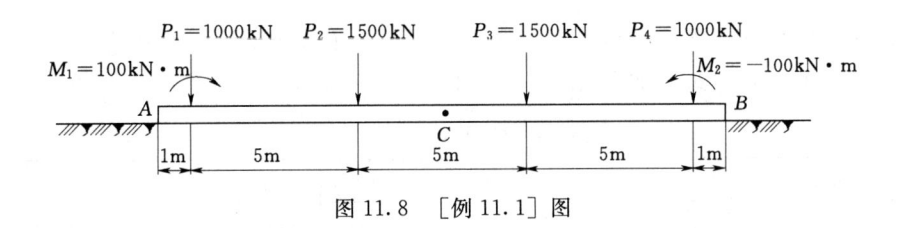

图 11.8 [例 11.1] 图

按基础预估平均沉降确定基床系数

$$k=\frac{p_0}{s_m}=\frac{117.65\times 10^3}{36.7\times 10^{-3}}=3.21(\mathrm{MN/m^3})$$

柔度指数

$$\lambda=\sqrt[4]{\frac{kb}{4EI}}=\sqrt[4]{\frac{3.21\times 2.5}{4\times 4.3\times 10^3}}=0.1470(\mathrm{m^{-1}})$$

$$\lambda l=0.1470\times 17=2.498$$

因为 $\pi/4<\lambda l<\pi$，所以可以按有限长梁计算。

(2) 按无限长梁公式计算梁左端 A 处的 M_a、V_a。计算无限长梁相应于基础左端 A 处由外荷载引起的弯矩 M_a 和剪力 V_a，计算结果见表 11.4。

由于存在对称性，故 $M_b=M_a=289.36\mathrm{kN\cdot m}$，$V_b=-V_a=-576.88\mathrm{kN}$。

表 11.4 [例 11.1] 表 1

外荷载	x/m	λx	A_x	C_x	D_x	M_a/(kN·m)	V_a/kN
$P_1=1000\mathrm{kN}$	1	0.14697		0.72759	0.85401	1237.64	427.01
$M_1=100\mathrm{kN\cdot m}$	1	0.14697	0.98044		0.85401	−42.70	−7.20
$P_2=1500\mathrm{kN}$	6	0.88182		−0.05637	0.26322	−143.83	197.41
$P_3=1500\mathrm{kN}$	11	1.61667		−0.20746	−0.00911	−529.33	−6.83
$P_4=1000\mathrm{kN}$	16	2.35152		−0.13467	−0.06702	−229.07	−33.51
$M_2=-100\mathrm{kN\cdot m}$	16	2.35152	0.00063		−0.06702	−3.35	0.00
总计						289.36	576.88

(3) 计算梁端边界条件力 P_A、M_A 和 P_B、M_B。由 $\lambda l=2.498$ 按式 (11.23) 和式 (11.28) 确定得

$A_l=-0.01649, C_l=-0.11509, D_l=-0.06579, E_l=4.06730, F_l=-0.40376$。

代入式 (11.29)，得

$$P_A=P_B=(E_l+F_l)[(1+D_l)V_a+\lambda(1-A_l)M_a]$$
$$=(4.06730-0.40376)\times[(1-0.06579)\times 576.88+0.1470\times(1+0.01649)\times 289.36]$$
$$=2132.76(\mathrm{kN})$$

$$M_A=-M_B=-(E_l+F_l)\left[(1+C_l)\frac{V_a}{2\lambda}+(1-D_l)M_a\right]$$
$$=-(4.06730-0.40376)\times\left[(1-0.11509)\times\frac{576.88}{2\times 0.1470}+(1+0.06579)\times 289.36\right]$$
$$=-7492.34(\mathrm{kN\cdot m})$$

(4) 计算外荷载与梁端边界条件力同时作用于无限长梁时，基础中点 C 的弯矩 M_C、挠度 w_C 和基底净反力 p_C，计算结果见表 11.5。

表 11.5　　　　　　　　　　　　　[例 11.1] 表 2

外荷载及边界条件力	x/m	λx	A_x	B_x	C_x	D_x	$M_C/2$	$w_C/2$
$P_1=1000\text{kN}$	7.5	1.10228	0.44630		−0.14635		−248.95	0.0041
$M_1=100\text{kN·m}$	7.5	1.10228		0.29632		0.14997	7.50	0.0001
$P_2=2000\text{kN}$	2.5	0.36743	0.89505		0.39753		1014.32	0.0123
$P_A=2132.76\text{kN}$	8.5	1.24925	0.36264		−0.18141		−658.14	0.0071
$M_A=-7492.34\text{kN·m}$	8.5	1.24925		0.27203		0.09061	−339.46	−0.0055
总计							−224.73	0.0181

$M_C = 2 \times (-224.73) = -449.45 (\text{kN·m})$

$w_C = 2 \times 0.0181 = 0.0362 (\text{m})$

$p_C = kw_C = 3.21 \times 10^3 \times 0.0362 = 116.20 (\text{kPa})$

注　按照同样的方法对其他各点计算后，可绘制基底净反力图、弯矩图和剪力图。

11.4　柱下条形基础及交叉条形基础

11.4.1　柱下条形基础

柱下条形基础是框架或排架结构常用的基础型式，适用于软弱地基、压缩性不均匀地基（局部有软弱夹层、土洞）、上部荷载不均匀或上部结构对基础沉降比较敏感的情况，与扩展基础相比，具有刚度大、可在一定程度上调整不均匀沉降的特点，但相应造价也会增加。

1. 构造要求

柱下条形基础横截面一般为倒 T 形，基础截面下部向两侧伸出部分称为翼板，中间梁腹部分称为肋梁，如图 11.9 所示。主要构造要求如下：

（1）肋梁高度一般为柱距的 1/8~1/4，并满足受剪承载力计算要求。翼板厚度不宜

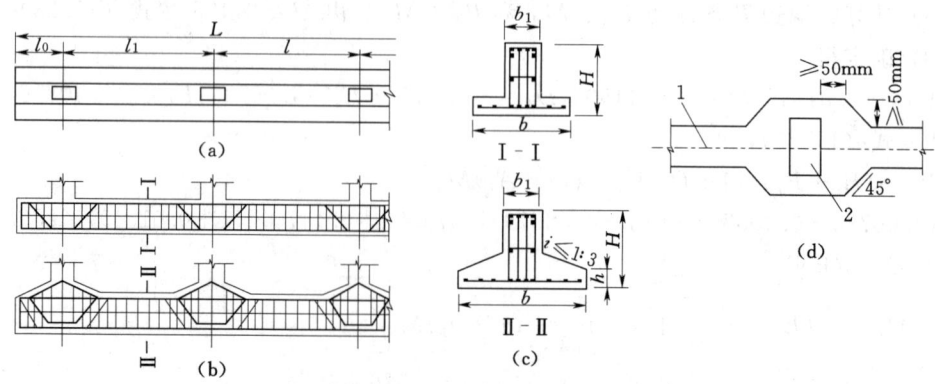

图 11.9　柱下条形基础构造

(a) 平面图；(b) 剖面图；(c) 横截面图；(d) 现浇柱与条形基础梁交接平面尺寸
1—基础梁；2—柱

小于200mm。当翼板厚度大于250mm时，宜采用变厚度翼板，其顶面坡度宜小于或等于1:3。

(2) 基础端部应沿纵向从两端边柱外伸，其长度宜为边跨跨距的1/4倍。

(3) 现浇柱与条形基础梁交接处，其平面尺寸不应小于图11.9（d）的规定。

(4) 基础梁顶部和底部的纵向受力钢筋除满足计算要求外，顶部钢筋按计算配筋全部贯通，底部通长配筋不应少于底部受力钢筋截面积的1/3。

(5) 柱下条形基础的混凝土强度等级不应低于C20。

2. 内力计算

条形基础内力计算方法有简化计算方法和弹性地基梁法，其中弹性地基梁法除了前述解析方法外，更多的是采用数值分析方法，这部分内容可参考有关文献，此处仅介绍实际工程中应用较多的简化计算方法。

简化计算方法假设基底反力为直线分布，适用于地基土较均匀、基础有足够相对刚度、柱距相差不大的情况，通常要求基础上的平均柱距应满足下列要求：

$$l_m \leqslant 1.75\left(\frac{1}{\lambda}\right) \tag{11.30}$$

式中：l_m 为平均柱距；$1/\lambda$ 为文克尔地基梁的特征长度；λ 为梁的柔度指数。

根据上部结构刚度的大小，该类方法又可分为静定分析法和倒梁法。

(1) 静定分析法。静定分析法如图11.10所示，将柱端作为固端，经上部结构分析得到固端荷载，按直线分布求出基底净反力，然后按连续梁的静力平衡条件计算基础任一截面弯矩和剪力。

静定分析法不考虑上部结构刚度的影响，计算所得的基础不利截面上的弯矩绝对值偏大。

(2) 倒梁法。倒梁法计算简图如图11.11所示，假定柱下条形基础的基底反力为直线分布，以柱作为固定铰支座，基底净反力作为荷载，将基础视为倒置连续梁计算内力（采用弯矩分配法或弯矩系数法）。

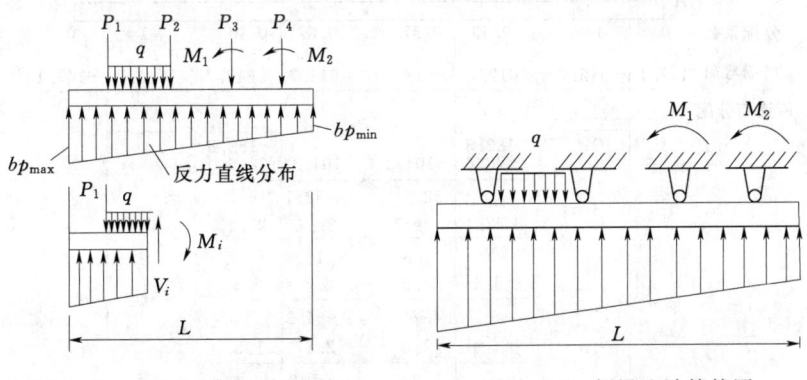

图11.10 静定分析法计算简图　　图11.11 倒梁法计算简图

当基础或上部结构刚度较大，柱距不大且接近等间距，相邻柱荷载相差不大时，用倒梁法计算的内力比较接近实际，但计算的支座反力可能不等于柱荷载，其差值随着荷载的不均匀性和基础梁跨度不等的增加而增加。为解决这个问题，可采用逐次修正的方法，将支座处的不平衡力均匀分布在该支座两侧各 1/3 跨度内,作为基底反力的调整值,使反力呈阶梯分布,然后重新进行连续梁分析,直至支座反力与柱荷载相吻合为止。

【例 11.2】 分别用倒梁法和静力平衡法计算 [例 11.1] 中 C 点弯矩。

解:

(1) 倒梁法。

柱距 $l_m = 5\text{m} \leqslant 1.75\left(\dfrac{1}{\lambda}\right) = 1.75 \times \dfrac{1}{0.1470} = 11.9(\text{m})$,满足基础的相对刚度要求。

将柱脚视为条形基础的铰支座,将基础梁按倒置的普通连续梁计算,荷载为直线分布的基底净反力 bp_j (kN/m) 和除柱脚竖向集中荷载以外的各种荷载,如图 11.12 所示。

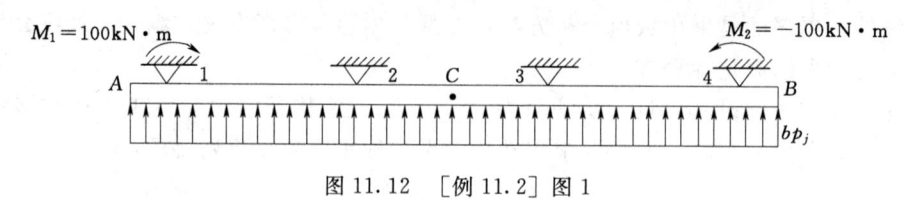

图 11.12 [例 11.2] 图 1

基底净反力: $bp_j = \dfrac{\sum P}{l} = \dfrac{5000}{17} = 294.1(\text{kN/m})$

各固端弯矩:

边跨 $M_{21} = \dfrac{1}{12} bp_j l_1^2 = \dfrac{1}{12} \times 294.1 \times 5^2 = 612.7(\text{kN·m})$

中跨 $M_{23} = \dfrac{1}{12} bp_j l_2^2 = \dfrac{1}{12} \times 294.1 \times 5^2 = 612.7(\text{kN·m})$

A 截面伸出端 $M_1^l = \dfrac{1}{2} \times 294.1 \times 1^2 = 147.1(\text{kN·m})$

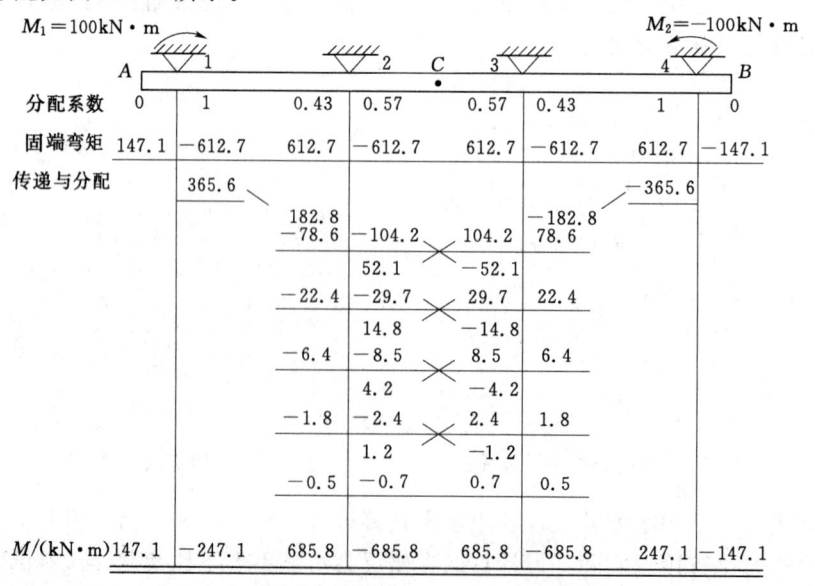

弯矩分配如图 11.13 所示。

图 11.13 [例 11.2] 图 2

得 C 点弯矩

$$M_c = -\frac{1}{8}bp_jl_2^2 + M_2 = -\frac{1}{8} \times 294.1 \times 5^2 + 685.8 = -233.3(\text{kN} \cdot \text{m})$$

此为第一次计算结果,要得到最终结果尚需进行支座反力与柱荷载不平衡力的调整,此处略。

(2) 静定分析法。如图 11.14 所示,按直线分布假定求出基底净反力,然后将柱荷载直接作用在基础梁上,按静力平衡条件计算内力。

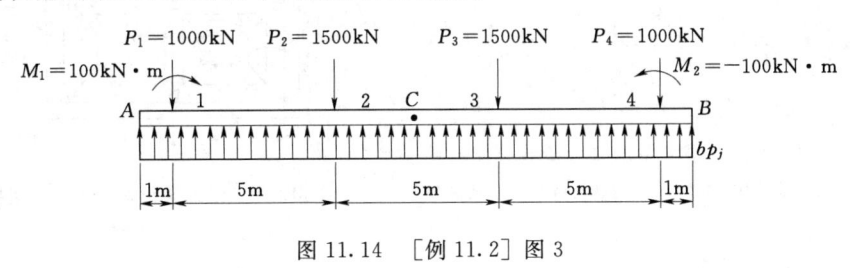

图 11.14 [例 11.2] 图 3

根据前已求得的基底净反力,得

$$M_c = 294.1 \times 8.5 \times \frac{8.5}{2} + 100 - 1000 \times 7.5 - 1500 \times 2.5 = -525.6(\text{kN} \cdot \text{m})$$

同理可求出梁的弯矩图和剪力图。

需说明的是,本例主要是说明各种方法的计算过程,并未探讨该地基梁最适合采用何种方法。

11.4.2 柱下交叉条形基础

柱下交叉条形基础可看成由纵横两个方向柱下条形基础组成的一种空间结构,与柱下条形基础相比具有更大的基底面积和空间刚度,因而具有较好的调整不均匀沉降的能力。此类基础的上部结构荷载通常都作用于交叉节点处,故采用简化方法进行计算的关键问题是解决节点处荷载在纵横两个方向上的分配。当分配在纵横两个方向条形基础上的荷载为已知时,即可分别按单向条形基础进行构造设计和计算。

1. 节点荷载分配原则

如图 11.15 所示,节点荷载分配的简化计算方法可采用节点形状分配系数法,该方法假定:

(1) 纵横条形基础的交点均为铰接,一个方向条形基础有转角时不对另一方向的条形基础引起内力。

(2) 节点上两个方向的弯矩分别由纵向和横向条形基础承担。

(3) 不计相邻条形基础上荷载的影响。

(4) 节点分配必须满足静力平衡条件和变形协调条件,即分配在纵横条形基础上的两个力之和应等于作用在节点上的荷载和纵横条形基础在节点处的沉降应相等,即

$$\left.\begin{array}{l}P_i = P_{xi} + P_{yi} \\ w_{ix} = w_{iy}\end{array}\right\} \quad (11.31)$$

2. 节点类型和荷载分配公式

(1) 节点类型。交叉条形基础的节点类型如图 11.16 所示,符号 A、B、C、D、E、

F 分别对应边柱节点、一个方向伸出悬臂边柱节点、内柱节点、角柱节点、两个方向伸出悬臂角柱节点、一个方向伸出悬臂角柱节点。

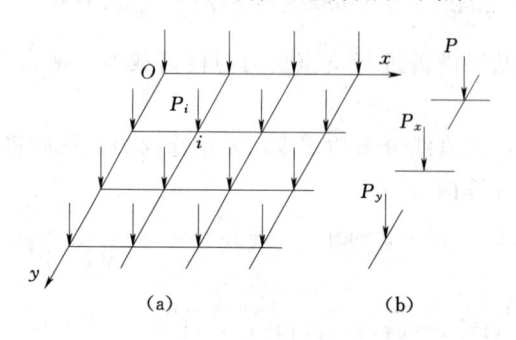

图 11.15 交叉条形基础荷载分配示意
(a) 条形基础轴线及柱荷载；(b) 节点荷载分配

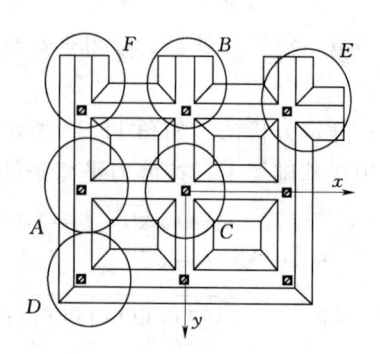

图 11.16 交叉条形基础节点类型

(2) 节点荷载分配公式。

1) 边柱节点（T形节点）。

情况一：边柱节点类型如图 11.16 中 A 节点所示，详情如图 11.17 (a) 所示。针对图 11.17 (a)，在节点荷载 P 作用下，交叉条形基础可分解为 P_x 作用下的无限长梁和 P_y 作用下的半无限长梁。

由式 (11.22)，P_x 作用下节点（$x=0$）的沉降 w_x 为

$$w_x = \frac{P_x \lambda_x}{2kb_x} = \frac{P_x}{2kb_x S_x}$$

其中

$$S_x = \sqrt[4]{\frac{4EI_x}{kb_x}}$$

由式 (11.25)，P_y 作用下节点的沉降为

$$w_y = \frac{2P_y \lambda_y}{kb_y} = \frac{2P_y}{kb_y S_y}$$

其中

$$S_y = \sqrt[4]{\frac{4EI_y}{kb_y}}$$

式中：k 为地基的基床系数；b_x、b_y 分别为 x 方向和 y 方向梁的底面宽度；λ_x、λ_y 分别为 x、y 方向梁的弹性特征系数，$\lambda_x = 1/S_x$、$\lambda_y = 1/S_y$。

根据静力平衡条件和变形协调条件，得

$$P_x = \frac{4b_x S_x}{4b_x S_x + b_y S_y} P; \quad P_y = \frac{b_y S_y}{4b_x S_x + b_y S_y} P \tag{11.32}$$

情况二：边柱节点类型如图 11.16 中 B 节点所示，详情如图 11.17 (b) 所示。

按上述方法可求得边柱有伸出悬臂长度时的荷载 P_x 和 P_y。设伸出悬臂长度为 L_y，一般有 $L_y = (0.6 \sim 0.75)S_y$，节点的分配荷载按下式计算

$$P_x = \frac{\alpha b_x S_x}{\alpha b_x S_x + b_y S_y} P; \quad P_y = \frac{b_y S_y}{\alpha b_x S_x + b_y S_y} P \tag{11.33}$$

式中：α 系数由表 11.6 确定；其余符号意义同前。

2) 中柱节点（十字形节点）。中柱节点类型如图 11.16 中 C 节点所示，详情如图 11.17（c）所示。按上述同样方法求得荷载分配为

$$P_x = \frac{b_x S_x}{b_x S_x + b_y S_y} P \; ; \quad P_y = \frac{b_y S_y}{b_x S_x + b_y S_y} P \tag{11.34}$$

式中符号意义同前。

3) 角柱节点（L 形节点）。

情况一：角柱节点如图 11.16 中 D 类节点所示，详情如图 11.17（d）所示，荷载分配公式如式（11.34）。

情况二：角柱角点如图 11.16 中 E 类节点，详情如图 11.17（e）所示。为减缓角柱节点处地基反力过于集中的情况，常在两个方向上都伸出一段。当 $L_x = \xi S_x$ 和 $L_y = \xi S_y$、$\xi = 0.60 \sim 0.75$ 时，节点荷载分配公式仍可采用式（11.34）。

情况三：图 11.16 中 F 类节点，详情如图 11.17（f）所示，只在一个方向上形成悬臂梁。此时按下式确定节点荷载分配：

$$P_x = \frac{\beta b_x S_x}{\beta b_x S_x + b_y S_y} P \; ; \quad P_y = \frac{b_y S_y}{\beta b_x S_x + b_y S_y} P \tag{11.35}$$

式中：$\beta = L_x / S_x$，查表 11.6 确定。

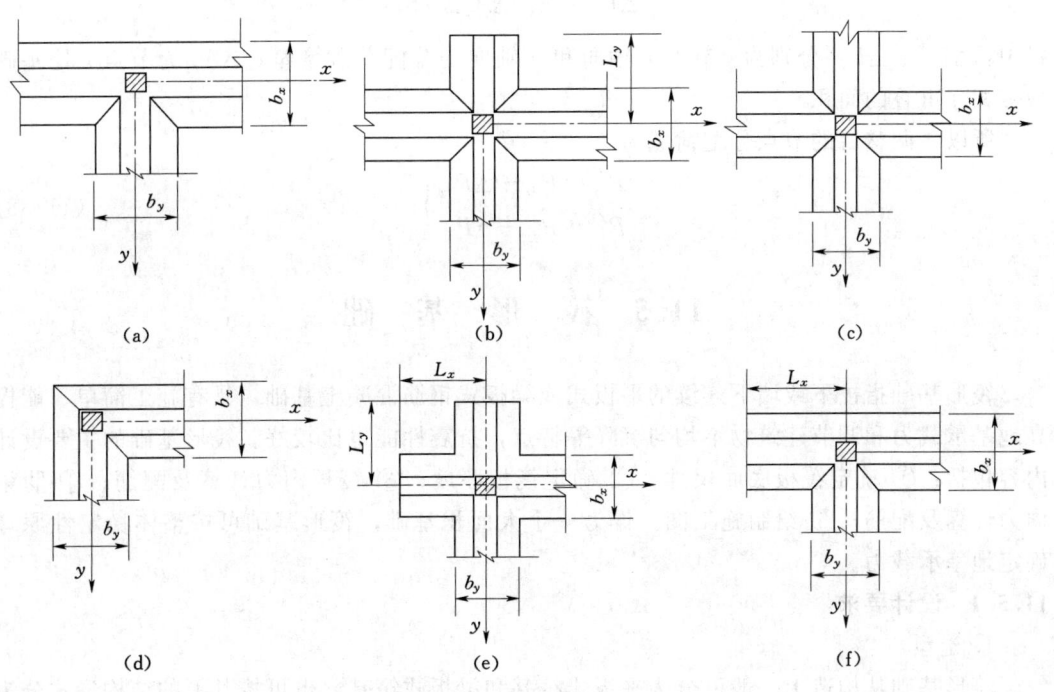

图 11.17 各类节点详图
(a) 边柱节点；(b) 一端伸出边柱节点；(c) 中柱节点；(d) 角柱节点；
(e) 两端伸出角柱节点；(f) 一端伸出角柱节点

表 11.6　　　　　　　　　　　　　　　α 与 β 取值

L/S	0.60	0.62	0.64	0.65	0.66	0.67	0.68	0.69	0.70	0.71	0.73	0.75
α	1.43	1.41	1.38	1.36	1.35	1.34	1.32	1.31	1.30	1.39	1.36	1.34
β	2.80	2.84	2.91	2.94	2.97	3.00	3.03	3.05	3.08	3.10	3.18	3.23

（3）节点分配荷载的调整。按照上述节点集中力分配公式计算出的 P_x 和 P_y 只能作为确定交叉条形基础地基反力的初值，因为交叉条形基础的底板在节点处有一部分面积是重叠的（图 11.18），实际计算时，需考虑由于这一部分重叠面积所造成的基底反力的减小。

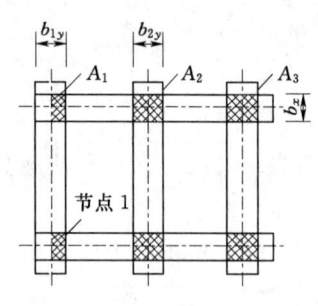

图 11.18　重叠面积示意

设考虑重叠面积 ΔA 后基底反力的增量为

$$\Delta p = \frac{\sum \Delta A_i}{A} \cdot \frac{\sum P_i}{A + \sum \Delta A_i} \tag{11.36}$$

式中：ΔA 为交叉条形基础节点重叠面积总和；$\sum P_i$ 为所有节点集中力之和；A 为交叉条形基础总支承面积。

将基底反力增量 ΔP 按节点分配荷载和节点荷载的比例折算成分配荷载增量，对于任一节点 i，有

$$\left. \begin{array}{l} \Delta P_{ix} = \dfrac{P_{ix}}{P_i} \Delta A_i \Delta p \\ \Delta P_{iy} = \dfrac{P_{iy}}{P_i} \Delta A_i \Delta p \end{array} \right\} \tag{11.37}$$

式中：ΔP_{ix}、ΔP_{iy} 分别为 i 节点 x 轴向和 y 轴向的分配荷载增量；ΔA_i 为节点 i 处基础板带相互重叠的面积。

所以，调整后的节点分配荷载为

$$\left. \begin{array}{l} P'_{ix} = P_{ix} + \Delta P_{ix} \\ P'_{iy} = P_{iy} + \Delta P_{iy} \end{array} \right\} \tag{11.38}$$

11.5　筏　形　基　础

筏形基础指柱下或墙下连续的平板式或梁板式钢筋混凝土基础，具有施工简单、能提高地基承载力和调节建筑物不均匀沉降等特点，抗震性能也比较好。筏形基础的主要设计内容包括：① 确定筏板底面尺寸；② 确定筏板厚度；③ 筏板内力计算及配筋；④ 肋梁内力计算及配筋；⑤ 绘制施工图。作为一个大面积基础，筏形基础可按整体稳定性原理确定地基承载力。

11.5.1　设计要求

1. 选型

筏形基础从构造上一般可分为平板式筏基和梁板式筏基，也可按其上的结构形式分为柱下筏基和墙下筏基：框架结构下的筏基称为柱下筏基，剪力墙结构下的筏基称为墙下筏基。另外，梁板式筏基有单向肋、双向肋之分，双向肋又分为主肋、次肋型和十字交叉主

11.5 筏形基础

肋型，如图 11.19 所示。

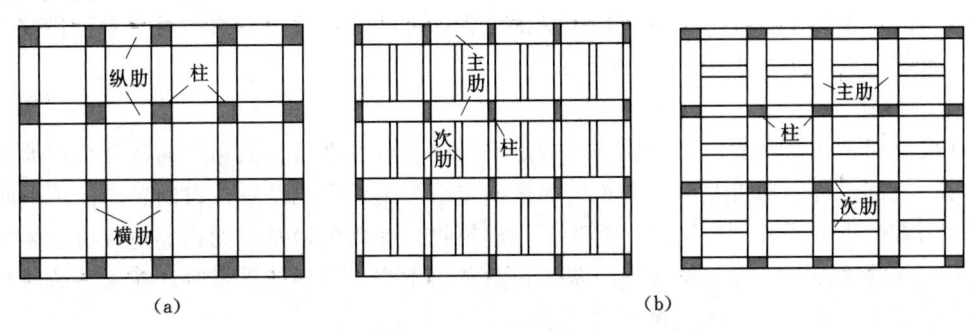

图 11.19 梁板式筏板基础的肋梁布置
(a) 梁沿柱网布置；(b) 柱网间增设肋梁

选型基于多种因素的综合考虑，应根据地基土质、上部结构体系、柱距、荷载大小、使用要求及施工条件等确定。梁板式筏基耗材量少于平板式筏基，同时具有较大的刚度，而平板式筏基施工方便，同时对地下室空间高度有利。

2. 构造要求

平板式筏基底板厚度根据受弯承载力和冲切承载力确定，一般应不小于 500mm。梁板式筏基底板厚度应符合受弯、受冲切和受剪承载力要求，一般不应小于 400mm，板厚与最大双向板格的短边净跨之比不宜小于 1/14，梁的高跨比不宜小于 1/6。另外，初拟时可根据上部结构开间和荷载大小凭经验确定，也可根据楼层层数按每层 50mm 估算，但不得小于构造要求。梁板式筏基的肋梁除应满足正截面受弯承载力的要求外，还要验算柱边缘处或梁柱连接面八字角边缘处基础梁斜截面受剪承载力。

地下室底层柱、剪力墙与梁板式筏基的基础梁的连接构造要求应符合如图 11.20 所示的规定。

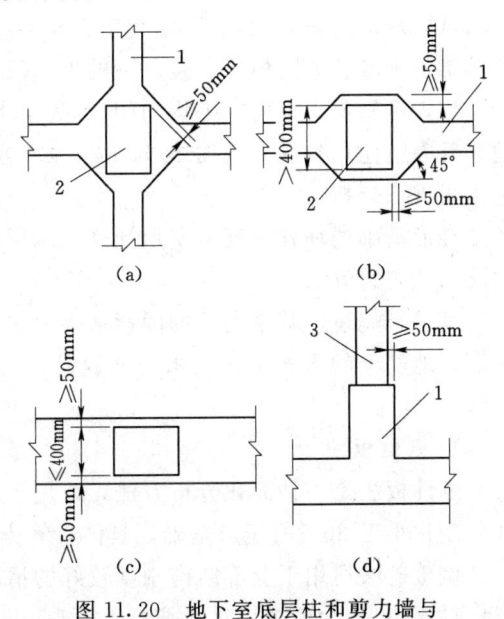

图 11.20 地下室底层柱和剪力墙与梁板式筏基的基础梁连接构造
1—基础梁；2—柱；3—墙
(a) 交叉基础梁宽度小于柱截面边长；(b)、(c) 单向基础梁与柱连接；(d) 基础梁与剪力墙连接

筏形基础地下室的外墙厚度不应小于 250mm，内墙厚度不应小于 200mm。墙体内应设置双面钢筋，钢筋不宜采用光面圆钢筋。水平钢筋的直径不应小于 12mm，竖向钢筋的直径不应小于 10mm，间距不应大于 200mm。当筏板厚度大于 2000mm 时，宜在板厚中间部位设置直径不小于 12mm、间距不大于 300mm 的双向钢筋。

考虑到整体弯曲的影响，筏板的柱下板带和跨中板带的底部钢筋应用 1/3 贯通全跨，顶部钢筋应按实际配筋全部连通，上下贯通钢筋的配筋率不应小于 0.15%。

筏板混凝土强度等级不应低于C30。对于设置地下室或架空层的筏基底板、肋梁及侧壁应采用防水混凝土，抗渗等级应根据基础埋置深度按现行规范选用，对于重要建筑宜采用自防水并设置架空排水层。

3. 地基计算的一般规定

在根据建筑物使用要求和地质条件选定筏板的埋置深度后，其基底面积可根据地基土承载力、上部结构的布置及荷载分布等因素确定。当为满足地基承载力的要求而扩大底板面积时，宜优先扩大基础的宽度。对于单幢建筑物，在均匀地基及无相邻建筑荷载影响的条件下，基底平面形心宜与结构竖向永久荷载重心重合。当不能重合时，在永久荷载与长期效应作用下，偏心距 e 应满足下式要求：

$$e \leqslant 0.1 \frac{W}{A} \tag{11.39}$$

式中：W 为与偏心距方向一致的基础底面边缘抵抗距；A 为基础底面积。

当上部结构刚度较大（如剪力墙体系、填充墙很多的框架体系），且地基压缩模量 $E_s \leqslant 4\mathrm{MPa}$ 时，筏基下的地基反力可按直线分布考虑（如果上部结构荷载比较均匀，则地基反力可取均匀反力）。对于厚度大于 $l/6$（l 为承重横向剪力墙开间或最大柱距）的筏板且上部结构刚度较大的情况，筏基下的地基反力仍可按直线分布确定（如果上部结构荷载比较均匀，筏基反力也可视为均匀的）。为了考虑整体弯曲的影响，在板端一、二开间内的地基反力应比均匀反力增加 10%～20%。若不能满足上述条件，则只能按照弹性地基板理论来进行分析。

筏形基础的埋置深度、变形计算、承载力计算等具体要求可参见相应规范。

11.5.2 内力计算

其中影响筏形基础内力的因素很多，包括上部结构刚度、荷载大小及分布状况、板的刚度、地基土的压缩性以及相应的地基反力等。目前常用的计算方法有刚性板法和弹性板法。

1. 刚性板法

刚性板法是一种简化分析方法，适用于地基较均匀、上部结构刚度比较大、柱荷载及柱距变化小于 20% 的筏形基础，具体计算方法有倒楼盖法和静定分析法两种。

倒楼盖法适用于上部结构刚度较好的情况，计算时可以柱或墙为支座、以基底净反力（呈直线分布）为荷载。对于平板式筏基，可按无梁楼盖计算。对于梁板式筏基，单向肋基础中，地基净反力是直接传给肋梁；主、次肋型基础，地基净反力是先传给次肋、再由次肋传给主肋。

静定分析法是将筏板划分为互相垂直的板带，以相邻柱间中线作为各板带的分界线。图 11.21 为平板式筏形基础在纵横两个方向划分为柱下板带和跨中板带的划分方法 [图 11.21（a）]，及柱下板带计算简图 [图 11.21（b）]。梁板式筏基的基底反力按直线分布计算时，肋梁内力可按多跨连续梁分析，边跨的跨中弯矩及第一支座的弯矩值宜乘以 1.2 的增大系数，底板可视为承受地基净反力分布荷载作用的多跨连续双向板（或单向板）。静定分析法假定各板带互不影响，内力计算按刚性截条考虑，由于没有考虑条带之间的剪力，因而计算结果常与实际情况有一定差异。

11.5 筏形基础

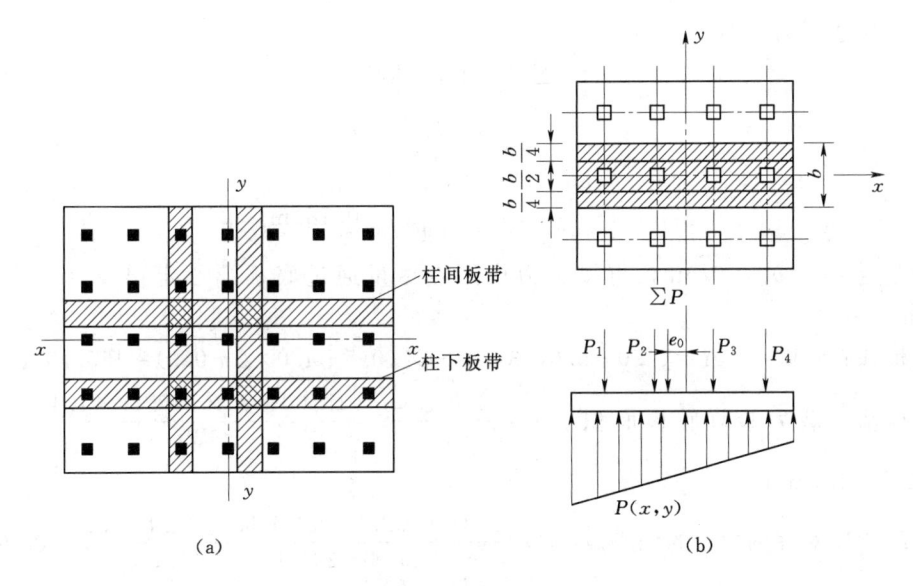

图 11.21 平板式筏板基础板带划分
(a) 平板式筏基板带划分；(b) 板带计算简图

总体而言，采用刚性板法求得的内力偏大，但方法简单，所以在实际工程中一直有较多应用。

2. 弹性板法

弹性板法适用于地基复杂、上部结构刚度有限、或柱荷载及柱距变化较大的情况。具体计算时将筏板看作弹性地基上的板（如文克尔地基），首先按冲切承载力或常规刚性板法确定筏板厚度 h 以及抗弯刚度 D [式（11.40）]，然后采用有限差分法或有限单元法对筏板进行数值分析。对于梁板式筏形基础，划分单元时可将肋梁与板分别划分成梁单元和薄板单元。具体计算方法参见相关书籍。

$$D = \frac{E_h h^3}{12(1-\mu_h^2)} \tag{11.40}$$

式中：E_h、μ_h 分别为筏板材料的弹性模量和泊松比。

在同一大面积整体筏形基础上有多幢高层和低层建筑时，筏基的内力计算宜考虑上部结构、基础与地基土的共同作用。

【例 11.3】 试确定如图 11.22 所示框架结构下的平板式筏基的柱下板带计算简图。已知基础埋深 1.4m，地基基床系数 $k=1500 \text{kN/m}^3$，地基承载力标准值 $f_k=130 \text{kN/m}^2$，筏板混凝土弹性模量 $E_h = 2.6 \times 10^7 \text{kN/m}^2$，柱网尺寸及荷载如图。

解：

(1) 确定底板尺寸。外荷载合力对柱网

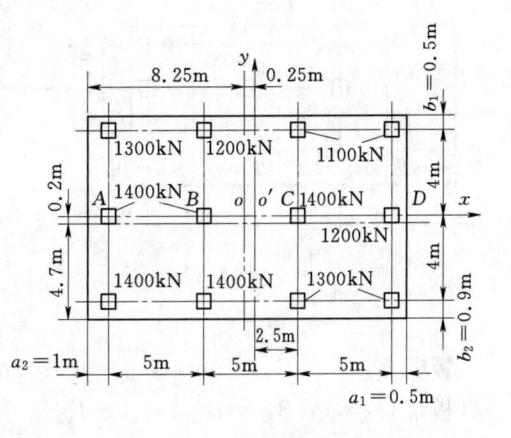

图 11.22 [例 11.3] 图 1

中心 o' 的偏心矩为

$$\sum F_i = 15500 \text{kN}$$

$$e_x = \frac{\sum F_i x_i}{\sum F_i} = 0.274 \text{m}$$

$$e_y = \frac{\sum F_i y_i}{\sum F_i} = 0.181 \text{m}$$

先选定 $a_1 = b_1 = 0.5$m，再按合力作用点尽量通过底板形心定出 $a_2 = 1.0$m，$b_2 = 0.9$m。

筏板基底面积：$A = (1.0 + 5.0 \times 3 + 0.5) \times (0.5 + 4.0 \times 2 + 0.9) = 155.10 (\text{m}^2)$

按地基承载力验算底板面积：$A = \frac{\sum F_i + G}{f_k} = \frac{15500 + 20 \times 155.10 \times 1.4}{130} = 152.64$ $(\text{m}^2) < 155.10 (\text{m}^2)$

$\sum F_i + G$ 对柱网中心的偏心矩：$e'_x = \frac{15500 \times 0.274 + 20 \times 155.10 \times 1.4 \times 0.25}{15500 + 20 \times 155.10 \times 1.4} = 0.269 (\text{m})$

$$e'_y = \frac{15500 \times 0.181 + 20 \times 155.10 \times 1.4 \times 0.2}{15500 + 20 \times 155.10 \times 1.4} = 0.185 (\text{m})$$

$\sum F_i + G$ 对基底形心 o 点的偏心矩：$e_{ox} = 0.269 - 0.25 = 0.019 (\text{m})$

$$e_{oy} = 0.185 - 0.2 = -0.015 (\text{m})$$

$$\left. \begin{array}{c} p_{\max} \\ p_{\min} \end{array} \right\} = \frac{\sum F_i + G}{A} \pm \frac{(\sum F_i + G) e_{ox}}{I_y} x \pm \frac{(\sum F_i + G) e_{oy}}{I_x} y$$

$$= \frac{19842.8}{155.10} \pm \frac{19842.8 \times 0.019}{\frac{1}{12} \times 9.4 \times 16.5^3} \times 8.25 \pm \frac{19842.8 \times 0.015}{\frac{1}{12} \times 16.5 \times 9.4^3} \times 4.7 = 127.94 \pm 0.88 \pm 1.22$$

$p_{\max} = 130.04 \text{kN/m}^2 < 1.2 f_k = 156 \text{kN/m}^2$ （f_k 不做修正已满足要求）

$p_{\min} = 125.84 \text{kN/m}^2 > 0$

$$p = \frac{\sum F_i + G}{A} = 127.94 \text{kN/m}^2 < f_k = 130 \text{kN/m}^2$$

（2）确定板带计算简图。按柱网中心划分板带（相邻柱荷载及相邻柱距之差<20%），如对 x 轴的中间板带 $A-B-C-D$，板带宽 4m 厚 0.4m（图 11.23）。

板带的截面惯性矩：$I_x = \frac{1}{12} \times 4 \times 0.4^3 = 0.0213 (\text{m}^4)$

沿 y 轴方向板带：

板带 A：$\quad B_{yA} = 3.5 \text{m}$，$I_{yA} = 0.0187 \text{m}^4$

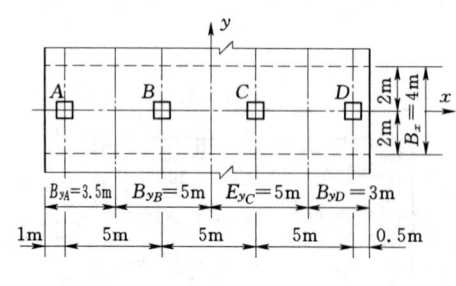

图 11.23　[例 11.3] 图 2

板带 B：$\quad B_{yB} = 5 \text{m}$，$I_{yB} = 0.0267 \text{m}^4$

板带 C：$\quad B_{yC} = B_{yB}$，$I_{yC} = I_{yB}$

板带 D：$\quad B_{yD} = 3 \text{m}$，$I_{yD} = 0.016 \text{m}^4$

计算各板带的弹性特征系数 λ：

$$\lambda_x = \sqrt[4]{\frac{kB_x}{4E_cI_x}} = 0.228, \lambda_{yA} = \sqrt[4]{\frac{kB_{yA}}{4E_cI_{yA}}}\lambda_{yA} = \sqrt[4]{\frac{kB_{yA}}{4E_cI_{yA}}} = 0.228$$

$$\lambda_{yB} = \lambda_{yC} = 0.228, \lambda_{yD} = 0.228$$

分配节点荷载：

节点 A：$F_x = \dfrac{B_x\lambda_x}{B_x\lambda_x + 4B_{yA}\lambda_{yA}} \times 1400 = 311\text{kN}$

节点 B、C：$F_x = \dfrac{B_x\lambda_x}{B_x\lambda_x + B_{yB}\lambda_{yB}} \times 1400 = 622\text{kN}$

节点 D：$F_x = \dfrac{B_x\lambda_x}{B_x\lambda_x + 4B_{yD}\lambda_{yD}} \times 1200 = 300\text{kN}$

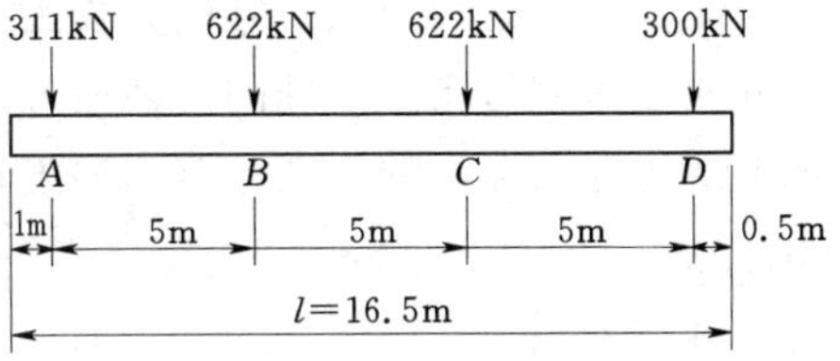

图 11.24　[例 11.3] 图 3

板带 A-B-C-D 计算简图如图 11.24 所示。

板带内力计算与柱列下条形基础相同。其他板带均可按此法确定出计算简图并求出各板带内力。

11.6　箱　形　基　础

箱形基础设计比一般浅基础要复杂，合理的设计与计算除综合考虑整个建筑场地的地质条件、施工方法和使用要求外，还应适当考虑地基基础与上部结构的共同作用。

11.6.1　设计要求

1. 埋置深度

箱形基础的埋置深度应按下列条件确定：

(1) 建筑物的用途，有无地下室，设备基础和地下设施，基础的形式和构造。
(2) 作用在地基上的荷载大小和性质。
(3) 工程地质和水文地质条件。
(4) 相邻建筑物基础的埋置深度。
(5) 地基土冻胀和融陷的影响。
(6) 抗震要求。

箱形基础的埋置深度除应满足地基承载力、变形和稳定性要求外，还须满足最小埋深要求。即在抗震设防区，除岩石地基外，天然地基上的箱形基础埋置深度不宜小于建筑物高度的 1/15，桩箱基础埋置深度（不计桩长）不宜小于建筑物高度的 1/18。

2. 平面尺寸

箱形基础的平面尺寸应根据工程地质条件、上部结构布置、地下结构底层平面及荷载分布等因素确定。一般情况下，箱基平面形状与上部结构一致。

对单幢建筑物，在地基均匀的条件下，箱形基础的基底平面形心宜与结构竖向永久荷载重心重合；当不能重合时，在荷载效应准永久组合下，偏心距 e 宜符合式（11.39）规定。

大面积整体基础上的建筑宜均匀对称布置。当整体基础面积较大且其上建筑数量较多时，可将整体基础按单幢建筑的影响范围分块，每幢建筑的影响范围可根据荷载情况、基础刚度、地下结构及裙房刚度、沉降后浇带的位置等因素确定。每幢建筑竖向永久荷载重心宜与影响范围内的基底平面形心重合。当不能重合时，偏心距 e 宜符合式（11.39）规定。

当需要扩大底板面积时宜优先扩大基础的宽度。当采用整体扩大箱形基础方案时，扩大部分的墙体应与箱形基础的内墙或外墙连通成整体，且扩大部分墙体的挑出长度不宜大于地下结构埋入土中的深度。与内墙连通的箱形基础扩大部分墙体可视为由箱基内、外墙伸出的悬挑梁。

3. 箱基高度

基础高度应满足结构承载力和整体刚度的要求，并应考虑建筑使用要求，其值不宜小于箱形基础长度（不包括底板悬挑部分）的 1/20，且不小于 3m。

4. 内外墙构造

箱形基础的内、外墙应沿上部结构柱网和剪力墙纵横均匀布置，当上部结构为框架或框剪结构时，墙体水平截面总面积（不扣除洞口部分）不宜小于箱基水平投影面积的 1/12；当基础平面长宽比大于 4 时，纵墙水平截面面积不宜小于箱形基础水平投影面积的 1/18。

箱形基础的墙身厚度应根据实际受力情况、整体刚度及防水要求确定。外墙厚度不应小于 250mm；内墙厚度不宜小于 200mm。

墙体应尽量不开洞或少开洞，并应避免开偏洞和边洞，箱基上的门洞宜设在柱间居中部位，洞边至上层柱中心的水平距离不宜小于 1.2m，洞口上过梁的高度不宜小于层高的 1/5，洞口面积不宜大于柱距与箱形基础全高乘积的 1/6。

5. 底板厚度

箱形基础的底板厚度应根据实际受力情况、整体刚度及防水要求确定，底板厚度不应小于 400mm，且板厚与最大双向板格的短边净跨之比不应小于 1/14。底板除应满足正截面受弯承载力的要求外，尚应满足受冲切承载力的要求。当底板区格为矩形双向板时，底板的截面有效高度 h_0 应符合下式规定：

$$h_0 \geqslant \frac{(l_{n1}+l_{n2}) - \sqrt{(l_{n1}+l_{n2})^2 - \dfrac{4p_n l_{n1} l_{n2}}{p_n + 0.7\beta_{hp} f_t}}}{4} \tag{11.41}$$

式中：p_n 为扣除底板及其上填土自重后，相应于荷载效应基本组合的基底平均净反力设计值，kPa；l_{n1}、l_{n2} 为计算板格的短边和长边的净长度，m；β_{hp} 为受冲切承载力截面高度影响系数，当 $h \leqslant 800$mm 时，取 $\beta_{hp}=1.0$，当 $h \geqslant 2000$mm 时，取 $\beta_{hp}=0.9$，其间按线性内插法取值；f_t 为混凝土轴心抗拉强度设计值，kPa。

6. 配筋及混凝土材料

墙体内应设置双面钢筋。竖向和水平钢筋的直径均不应小于 10mm，间距不应大于 200mm。除上部为剪力墙外，内、外墙的墙顶处宜配置两根直径不小于 20mm 的通长构造钢筋。

墙体洞口周围应设置加强钢筋，洞口四周附加钢筋面积不应小于洞口内被切断钢筋面积的一半，且不应少于两根直径为 14mm 的钢筋，此钢筋应从洞口边缘处延长 40 倍钢筋直径。

箱形基础的混凝土强度等级不应低于 C25，抗渗等级应根据基础埋置深度按现行规范选用，对于重要建筑宜采用自防水并设置架空排水层。

11.6.2 基底反力

箱形基础基底反力可采用基底反力系数法计算，该法是通过对我国一批高层建筑长期实测、分析整理而提出的一种实用计算方法，被列入《高层建筑筏形与箱形基础技术规范》(JGJ 6—2011)。

该方法考虑了箱基基底反力的实际分布特征，对于矩形基础，将其底面（包括悬挑部分，但不宜大于 0.8m）划分为若干区格，各区格基底反力 p_i 为

$$p_i = \frac{\sum P}{BL}\alpha_i \tag{11.42}$$

式中：$\sum P$ 为上部结构竖向荷载加箱基自重和挑出部分台阶上的土重；B、L 分别为箱基的宽度和长度；α_i 为相应于第 i 区格的基底反力系数，由表 11.7 确定。

对于一些异型基础，上述技术规范也提供了类似的反力系数表。

表 11.7   箱形基础基底反力系数

	黏 性 土							
	1.379	1.177	1.127	1.108	1.108	1.127	1.177	1.379
	1.177	0.952	0.898	0.879	0.879	0.898	0.952	1.177
	1.127	0.898	0.841	0.821	0.821	0.841	0.898	1.127
$L/B=1$	1.108	0.879	0.821	0.800	0.800	0.821	0.879	1.108
	1.108	0.879	0.821	0.800	0.800	0.821	0.879	1.108
	1.127	0.898	0.841	0.821	0.821	0.841	0.898	1.127
	1.177	0.952	0.898	0.879	0.879	0.898	0.952	1.177
	1.379	1.177	1.127	1.108	1.108	1.127	1.177	1.379
	1.267	1.115	1.075	1.061	1.061	1.075	1.115	1.267
	1.074	0.904	0.865	0.853	0.853	0.865	0.904	1.074
$L/B=2\sim3$	1.047	0.875	0.835	0.822	0.822	0.835	0.875	1.047
	1.074	0.904	0.865	0.853	0.853	0.865	0.904	1.074
	1.267	1.115	1.075	1.061	1.061	1.075	1.115	1.267
	1.229	1.042	1.014	1.003	1.003	1.014	1.042	1.229
	1.096	0.929	0.904	0.896	0.896	0.904	0.929	1.096
$L/B=4\sim5$	1.082	0.918	0.893	0.884	0.884	0.893	0.918	1.082
	1.096	0.929	0.904	0.895	0.895	0.904	0.929	1.096
	1.229	1.042	1.014	1.003	1.003	1.014	1.042	1.229

续表

	黏 性 土							
$L/B=6\sim 8$	1.215	1.053	1.013	1.008	1.008	1.013	1.053	1.215
	1.083	0.939	0.903	0.899	0.899	0.903	0.939	1.083
	1.070	0.927	0.892	0.888	0.888	0.892	0.927	1.070
	1.083	0.939	0.903	0.899	0.899	0.903	0.939	1.083
	1.215	1.053	1.013	1.008	1.008	1.013	1.053	1.215
	软 土							
	0.906	0.966	0.814	0.738	0.738	0.814	0.966	0.906
	1.124	1.197	1.009	0.914	0.914	1.009	1.197	1.124
	1.235	1.314	1.109	1.006	1.006	1.109	1.314	1.235
	1.124	1.107	1.009	0.914	0.914	1.009	1.107	1.124
	0.906	0.966	0.814	0.738	0.738	0.814	0.966	0.906
	砂 土							
$L/B=1$	1.5876	1.2582	1.1875	1.1611	1.1611	1.1875	1.2582	1.5876
	1.2582	0.9096	0.8410	0.8168	0.8168	0.8410	0.9096	1.2582
	1.1875	0.8410	0.7690	0.7436	0.7436	0.7690	0.8410	1.1875
	1.1611	0.8168	0.7436	0.7175	0.7175	0.7436	0.8168	1.1611
	1.1611	0.8168	0.7436	0.7175	0.7175	0.7436	0.8168	1.1611
	1.1875	0.8410	0.7690	0.7436	0.7436	0.7690	0.8410	1.1875
	1.2582	0.9096	0.8410	0.8168	0.8168	0.8410	0.9096	1.2582
	1.5876	1.2582	1.1875	1.1611	1.1611	1.1875	1.2582	1.5876
$L/B=2\sim 3$	1.411	1.168	1.111	1.090	1.090	1.111	1.168	1.411
	1.110	0.847	0.798	0.781	0.781	0.798	0.847	1.110
	1.070	0.812	0.762	0.745	0.745	0.762	0.812	1.070
	1.110	0.847	0.798	0.781	0.781	0.798	0.847	1.110
	1.411	1.168	1.111	1.090	1.090	1.111	1.168	1.411
$L/B=4\sim 5$	1.396	1.212	1.166	1.149	1.149	1.166	1.212	1.396
	0.992	0.828	0.794	0.783	0.783	0.794	0.828	0.992
	0.989	0.818	0.783	0.772	0.772	0.783	0.818	0.989
	0.992	0.828	0.794	0.783	0.783	0.794	0.828	0.992
	1.396	1.212	1.166	1.149	1.149	1.166	1.212	1.396

基底反力系数法适用于上部为框架结构、荷载均匀、地基为均质土、无相邻建筑物影响、并基本满足有关构造要求的单幢建筑物的箱基。当上部结构及荷载不均匀时，应分别将不均匀对称的荷载对纵横方向所产生的力矩值所引起的基底不均匀反力和按表 11.7 计算的基底反力进行叠加，其中力矩引起的基底不均匀反力可按直线分布计算。

11.6.3 基础内力计算

箱形基础作为一个空格结构，除了承受着上部结构传来的荷载与地基反力引起的整体弯曲应力之外，其顶、底板还分别承受着由顶板荷载与地基反力引起的局部弯曲。因此，顶、底板的弯曲应力需按整体和局部弯曲的组合来决定，分析中应考虑上部结构、基础和土的共同作用。在实际工程中可根据上部结构整体刚度选用下述简化分析方法。

1. 按局部弯曲计算

当地基压缩层深度范围内的土层在竖向和水平方向较均匀、且上部结构为平立面布置较规则的剪力墙、框架、框架-剪力墙体系时，箱形基础的顶、底板可仅按局部弯曲计算，即顶板按普通楼盖计算，底板按倒楼盖计算，底板反力按基底反力系数法确定，注意应扣除板的自重。

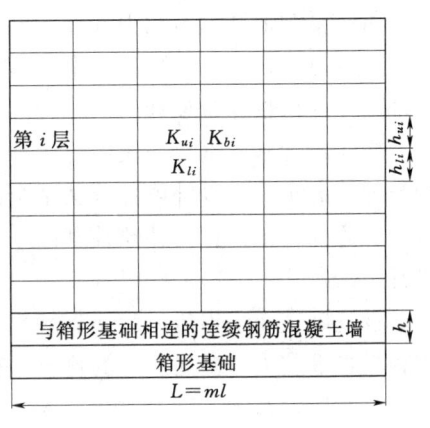

图 11.25 式（11.43）中符号的示意

考虑到整体弯曲的影响，顶、底板钢筋配置量除满足局部弯曲的计算要求外，纵横方向的支座钢筋尚应有 1/3～1/2 贯通全跨，且贯通钢筋的配筋率分别不应小于 0.15%、0.10%；跨中钢筋应按实际配筋全部连通。

2. 按局部弯曲＋整体弯曲计算

对于不满足上述要求的箱形基础，应同时考虑整体弯曲和局部弯曲作用，基底反力可按基底反力系数法确定。

计算底板局部弯曲所产生的弯矩时应乘以 0.8 的折减系数，计算整体弯曲时应考虑上部结构与箱形基础的共同作用，对于框架结构，箱形基础的自重应按均布荷载处理。

箱形基础承受的整体弯矩 M_F 按下列公式计算：

$$M_F = M \frac{E_F I_F}{E_F I_F + E_B I_B} \tag{11.43}$$

式中：$E_B I_B$ 为上部结构总抗弯折算刚度，对于等柱距的框架结构，有

$$E_B I_B = \sum_{i=1}^{n} \left[E_b I_{bi} \left(1 + \frac{K_{ui} + K_{li}}{2K_{bi} + K_{ui} + K_{li}} m^2 \right) \right] + E_w I_w \tag{11.44}$$

式中：M 为建筑物整体弯曲产生的弯矩，可按静定梁分析或采用其他有效方法计算；$E_F I_F$ 为箱形基础的刚度，其中 E_F 为箱基的混凝土弹性模量，I_F 为按工字形截面计算的箱基截面惯性矩，工字形截面的上、下翼缘宽度分别为箱基顶、底板的全宽，腹板厚度为在弯曲方向的墙体厚度的总和；E_b 为梁、柱的混凝土弹性模量；K_{ui}、K_{li}、K_{bi} 分别为第 i 层上柱、下柱和梁的线刚度（图 11.25），其值为 I_{ui}/h_{ui}、I_{li}/h_{li} 和 I_{bi}/l；I_{ui}、I_{li}、I_{bi} 分别为第 i 层上柱、下柱和梁的截面惯性矩，h_{ui}、h_{li} 分别为第 i 层上柱及下柱的高度；L、l 分别为上部结构弯曲方向的总长度和柱距；E_w 为弯曲方向与箱基相连的连续钢筋混凝土墙混凝土的弹性模量；I_w 为弯曲方向与箱基相连的连续钢筋混凝土墙的截面惯性矩，其值为 $th^3/12$，t、h 为在弯曲方向与箱基相连的连续钢筋混凝土墙体厚度和高度；m 为弯曲方向的节间数；n 为建筑物层数（不大于 5 层时，取实际楼层数；大于 5 层时取 5）。

式（11.44）也可适用于柱距相差不超过 20% 的框架结构，此时 l 取柱距的平均值。

将所计算的整体弯曲和局部弯曲结果叠加，据此进行配筋计算。

箱形基础地基的承载力计算、变形计算及稳定性计算可参见《高层建筑筏形与箱形基础技术规范》(JGJ 6—2011) 相关部分。

11.6.4 补偿性基础设计

当建筑物基础部分采用箱形基础或设地下室时，中空及封闭型结构使得基础埋深范围内被挖除的土重可以补偿部分甚至全部上部结构重量，使得地基的稳定性和变形状况得以改善。这种基础被称为补偿性基础，按照这种设计理念进行的基础设计被称为补偿性基础设计。

设基础底面平均压力为 p，基础底面处自重应力和受到的水的浮力分别为 σ_c 和 σ_w，则根据自重应力与基底压力的比较，补偿性基础被分为

全补偿性基础： $\sigma_c = p - \sigma_w$

超补偿性基础： $\sigma_c > p - \sigma_w$

欠补偿性基础： $\sigma_c < p - \sigma_w$

根据上述定义和地基中附加应力概念，全补偿性基础是可以不考虑沉降问题的，但由于基础和上部结构修建过程存在的回弹及再压现象，使得实际工程中任何补偿性基础都存在一定的沉降。

【例 11.4】 箱形基础计算实例。

某建筑物上部结构为 12 层框架结构，底层、顶层层高为 3.8m，标准层层高为 3.2m，结构平面如图 11.26（a）所示，地基土层分布如图 11.27 所示。

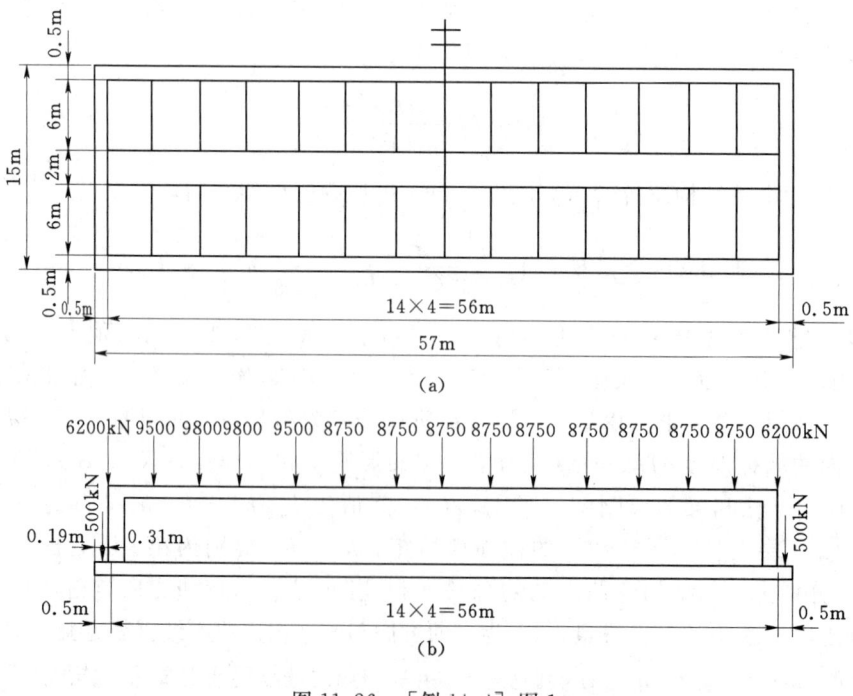

图 11.26 ［例 11.4］图 1
(a) 结构平面图；(b) 基础荷载

11.6 箱形基础

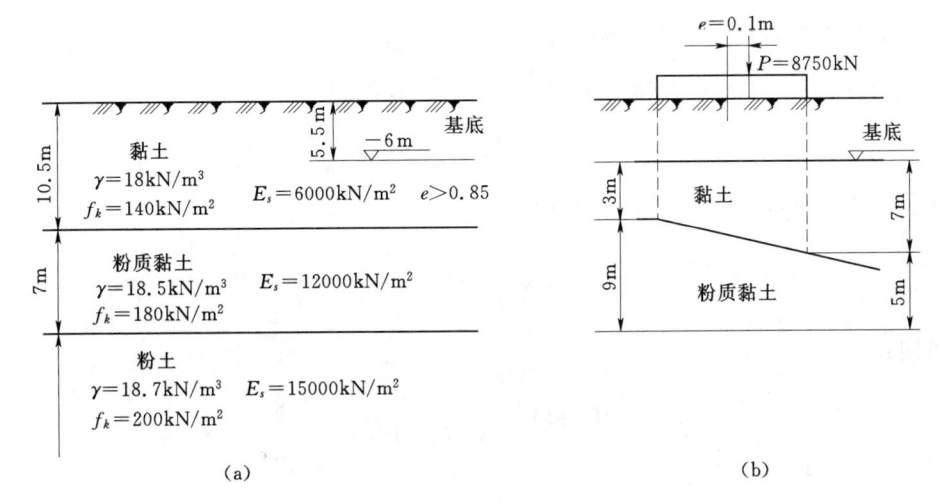

图 11.27 [例 11.4] 图 2
(a) 纵向；(b) 横向

框架纵向梁截面为 0.25m×0.45m，柱截面为 0.5m×0.5m。上部结构作用在基础上的荷载如图 11.26（b）所示，每一竖向荷载为横向 4 个柱荷载之和，横向荷载偏心距为 0.1m。箱基高 4m，埋深 −6.0m，室内外高差 0.50m，箱基顶板厚 0.35m，底板厚 0.50m，底板挑出 0.50m，内墙厚 0.20m，外墙厚 0.30m。箱基混凝土强度等级为 C25，采用 HRB335 级钢筋建造。

解：

（1）荷载计算。

纵向：$\sum P = 8750 \times 9 + 9500 \times 2 + 9800 \times 2 + 6200 \times 2 = 129750$ （kN）

$\sum M = (9500 - 8750) \times 12 + (9800 - 8750) \times 16 + (9800 - 8750) \times 20 + (9500 - 8750) \times 24 = 64800$ (kN·m)

$q = (35 + 12.5) \times 15 = 712.5$ (kN/m)（箱基顶板、内外墙等重 35kN/m²，底板重 12.5kN/m²）

横向：（取一个开间计算）

$$P = 8750 \text{kN}$$

$$M = 8750 \times 0.10 = 875 \text{(kN·m)}$$

$$q = (35 + 12.5) \times 4 = 190 \text{(kN/m)}$$

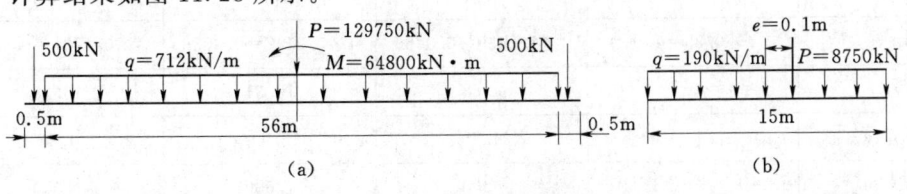

计算结果如图 11.28 所示。

图 11.28 [例 11.4] 图 3
(a) 纵向；(b) 横向

283

(2) 地基承载力验算。地基承载力设计值：

$$f_a = f_k + \eta_b \gamma (b-3) + \eta_d \gamma_0 (d-0.5) = 140 + 0 + 1.0 \times 18 \times (5.5 - 0.5) = 230 (\text{kN/m}^2)$$

$$1.2f = 1.2 \times 230 = 276 (\text{kN/m}^2)$$

荷载作用下基础底面平均压力设计值：

$$p = \frac{129750 + 2 \times 500}{57 \times 15} + (35 + 125) = 200.4 (\text{kN/m}^2) < f_a$$

纵向：

$$\left.\begin{array}{c} p_{\max} \\ p_{\min} \end{array}\right\} = 200.4 \pm \frac{64800}{15 \times 57^2 / 6} = 200.4 \pm 8.0 = \begin{array}{c} 208.4 \\ 192.4 \end{array} (\text{kN/m}^2)$$

$$p_{\max} < 1.2 f_a \ ; \quad p_{\min} > 0$$

横向：

$$\left.\begin{array}{c} p_{\max} \\ p_{\min} \end{array}\right\} = \frac{8750}{4 \times 15} + (35 + 12.5) \pm \frac{8750 \times 0.1}{4 \times 15^2 / 6} = \begin{array}{c} 199.1 \\ 187.5 \end{array} (\text{kN/m}^2)$$

$$p_{\max} < 1.2 f_a \ ; \quad p_{\min} > 0$$

(3) 基础沉降计算。采用分层总和法计算基础沉降，计算公式为

$$s = \psi_s \sum_{i=1}^{n} \frac{p_0}{E_{si}} (z_i \bar{\alpha}_i - z_{i-1} \bar{\alpha}_{i-1})$$

式中：ψ_s 为沉降计算经验系数，取 0.7。

按长期荷载近似确定基底平均反力 $p = 200 \text{kN/m}^2$，则基底附加压力为

$$p_0 = p - \gamma d = 200 - 18 \times 5.5 = 101 (\text{kN/m}^2)$$

地基沉降计算深度为

$$Z_n = B(2.5 - 0.4 \ln B) = 15 \times (2.5 - 0.4 \ln 15) = 21.25 (\text{m})$$

故地基沉降计算深度取 $Z_n = 22\text{m}$，基础沉降计算表见表 11.8。

表 11.8　　　　　　　　　　　基 础 沉 降 计 算 表

L/B	28.5/7.5 = 3.8			
Z_i / m	0	5	12	22
Z_i / B	0	0.67	1.60	2.93
$\bar{\alpha}_i$	$4 \times 0.25 = 1.0$	$4 \times 0.2439 = 0.9756$	$4 \times 0.2147 = 0.8588$	$4 \times 0.1731 = 0.6924$
$Z_i \bar{\alpha}_i$	0	4.88	10.31	15.23
$Z_i \bar{\alpha}_i - Z_{i-1} \bar{\alpha}_{i-1}$		4.88	5.43	4.92
$E_{si} / (\text{kN/m}^2)$		6000	12000	15000
$\Delta s_i / \text{m}$		0.082	0.046	0.033

11.6 箱形基础

基础最终沉降量为 $s = \psi_s \sum \Delta s_i = 0.7 \times (0.082 + 0.046 + 0.033) = 0.113 \text{(m)}$

(4) 基础横向倾斜计算。首先计算如图 11.29 (a) 中所示 a、b 两点的沉降差，然后计算基础的横向倾斜。

由荷载标准值确定得基底附加压力分布如图 11.29 (b) 所示，计算得 a、b 两点的沉降差为 $\Delta s_i = 0.7 \times 0.0417 = 0.029 \text{(m)}$；横向倾斜为 $\alpha = 0.029/15 = 0.00195 < 0.003$，满足规范要求（建筑高度按 40m 计）。

(5) 基底反力计算。

1) 轴向荷载作用引起的地基反力。根据地基反力系数法，将箱基底面划分为 40 个区格，每区格平均反力为 $p_i = \dfrac{\sum P}{BL} \alpha_i$，式中 α_i 为反力系数，查表 11.7 确定。为简化计算，近似认为横向区格反力系数相等，取其平均值，则纵向各区格的平均反力计算结果如图 11.30 (a) 所示。

2) 纵向弯矩引起的地基反力。纵向弯矩引起基础边缘的最大反力为

$$\Delta p_{\max} = \frac{MB}{W} = \frac{64800 \times 15}{15 \times 57^2/6} = 119.7 \text{(kN/m)}$$

为简化计算，纵向弯矩引起的反力按直线分布，计算结果如图 11.30 (b) 所示。

取每一区段的平均值与轴心荷载作用下的地基反力叠加，得各区段基底总反力值，如图 11.30 (c) 所示。

3) 基底净反力。箱基自重沿纵向的分布为 $q = (35.0 + 12.5) \times 15 = 712.5 \text{(kN/m)}$，则基底总反力值扣除箱基自重可得到基底净反力值，各区段净反力如图 11.30 (d) 所示。

(6) 箱基内力计算。因上部结构为框架体系，故箱基内力应同时考虑整体弯曲和局部弯曲。

1) 整体弯曲计算。

a. 整体弯曲产生的弯矩。整体弯曲计算简图如图 11.31 所示，在上部结构荷载和基底净反力作用下，根据静力平衡条件计算跨中最大弯矩。

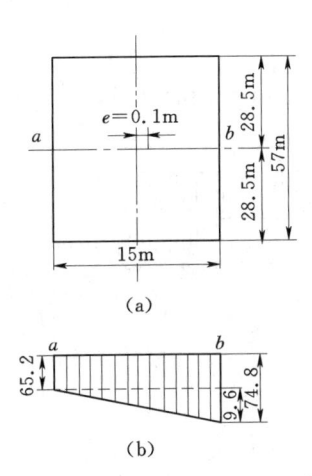

图 11.29 [例 11.4] 图 4
(a) 基础平面图；(b) 基底附加压力分布

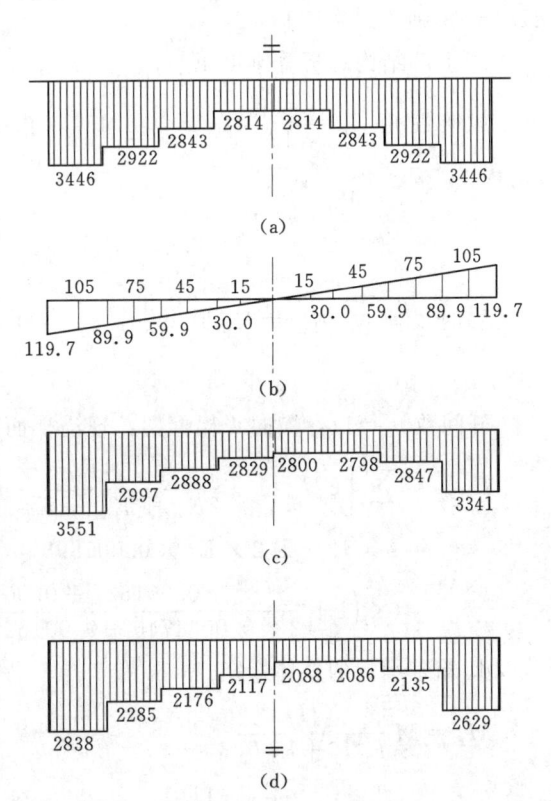

图 11.30 [例 11.4] 图 5 (单位：kN/m)
(a) 轴心荷载作用下的基底反力；(b) 纵向弯矩作用下的基底反力叠加后的基底总反力；(c) (a) 和 (b) 叠加后的基底反力；(d) 基底净反力

第11章 连续基础

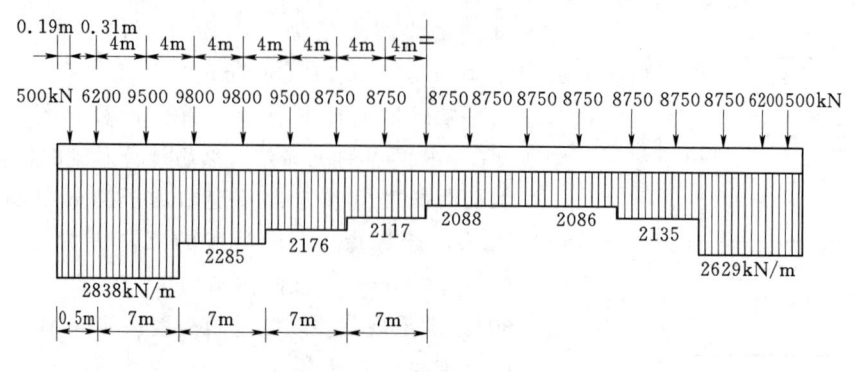

图 11.31 [例 11.4] 图 6

$$M = 2838 \times 7.5 \times 24.75 + 2285 \times 7 \times 17.5 + 2178 \times 7 \times 10.5 + 2117 \times 7 \times 3.5$$
$$- 500 \times 28.31 - 6200 \times 28 - 9500 \times 24 - 9800 \times 20 - 9800 \times 16$$
$$- 9500 \times 12 - 8750 \times 8 - 8750 \times 4 = 3.1 \times 10^4 \text{(kN·m)}$$

b. 箱基刚度 $E_F I_F$。箱基横截面按工字形计算，如图 11.32 所示，其截面形心距底边 1.75m，$I_F = 41.1 \text{m}^4$，则 $E_F I_F = 41.1 E_F$。

c. 上部结构总折算刚度 $E_B I_B$。

梁惯性矩 $I_{bi} = \dfrac{1}{12} \times 0.25 \times 0.45^3 = 0.001898 \text{(m}^4\text{)}$

梁的线刚度 $K_{bi} = \dfrac{I_{bi}}{4} = 0.0004746 \text{(m}^3\text{)}$

柱的线刚度 $K_{ui} = K_{li} = \dfrac{0.5 \times 0.5^3}{12 \times 3.2} = 0.001627 \text{(m}^3\text{)}$

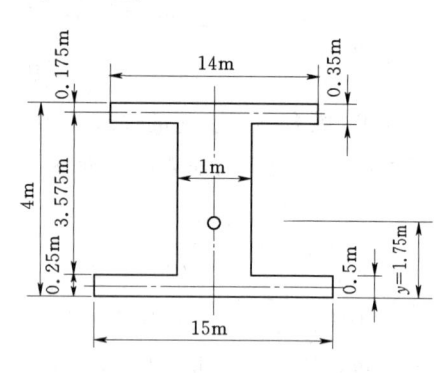

图 11.32 [例 11.4] 图 7

开间数 $m = 14$，横向 4 榀框架，现浇楼面梁刚度增大系数取 1.2，则总折算刚度为

$$E_B I_B = \sum_{i=1}^{n} \left[E_b I_{bi} \left(1 + \dfrac{K_{ui} + K_{li}}{2K_{bi} + K_{ui} + K_{li}} m^2 \right) \right] + E_w I_w$$
$$= 4 \times 12 \times 1.2 \times E_b \times 0.001898$$
$$\times \left(1 + \dfrac{0.001627 + 0.001627}{2 \times 0.0004746 + 0.001627 + 0.001627} \times 14^2 \right) = 7.0 E_b$$

d. 箱基承担的整体弯矩。

$$M_F = M \dfrac{E_F I_F}{E_F I_F + E_B I_B}$$
$$= 3.1 \times 10^4 \dfrac{41.1 E_F}{41.1 E_F + 7.0 E_b} = 26479 \text{(kN·m)} \text{（以上计算中取 } E_F = E_b\text{）}$$

2) 局部弯曲计算。以纵向跨中底板为例。

基底净反力 $\quad p_j = \dfrac{129750}{15 \times 57} + 35 = 186.8 \text{(kN/m}^2\text{)}$

基底平均反力系数：$\bar{a}=(0.895+1.003)/2=0.949$

实际基底净反力：$p_j'=0.949\times186.8=177.2(\mathrm{kN/m^2})$

支承条件为外墙简支，内墙固定，故可按三边固定一边简支板计算内力，计算简图如图 11.33 所示。

跨中弯矩：$M_x=0.8\times0.036\times177.2\times4^2=81.7(\mathrm{kN\cdot m})$

$M_y=0.8\times0.0082\times177.2\times4^2=18.6(\mathrm{N\cdot m})$

支座弯矩：$M_x^0=0.8\times(-0.0787)\times177.2\times4^2$
$=-178.5(\mathrm{kN\cdot m})$

$M_y^0=0.8\times(-0.057)\times177.2\times4^2$
$=-129.3(\mathrm{kN\cdot m})$

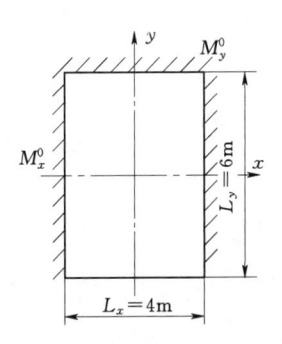

图 11.33　[例 11.4] 图 8

以上计算中 0.8 为局部弯曲内力计算折减系数。

底板的配筋计算及强度验算略。

思 考 题

11.1　简述上部结构与地基基础共同作用的概念。

11.2　简述文克尔地基模型的优点、缺陷及适应土类。

11.3　如何区分短梁、有限长梁、无限长梁？

11.4　简述柱下条形基础的简化分析方法。

11.5　简述柱下交叉条形基础的荷载分配原则。

11.6　平板式筏形基础和梁板式筏形基础的适用条件是什么？

11.7　简述箱形基础基底反力计算方法。

11.8　简述补偿性基础及补偿性设计。

习 题

11.1　某条形基础宽度 $b=3\mathrm{m}$，长度 $l=16.7\mathrm{m}$，作用荷载和柱距如图 11.34 所示，基础埋深 $d=1.5\mathrm{m}$，持力层土的地基承载力设计值 $f=150\mathrm{kN/m^2}$，试用静力平衡法计算基础内力。

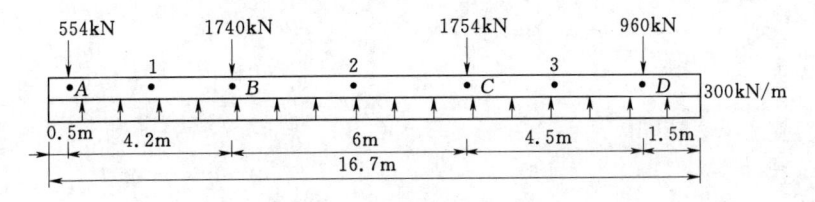

图 11.34　[习题 11.1] 图

11.2　某建筑物基础的荷载和柱距如图 11.35 所示，边柱荷载 $P_1=1252\mathrm{kN}$，内柱荷载 $P=1838\mathrm{kN}$，柱距 6m，共 9 跨，悬臂 1.1m，基础总长度为 $L=56.2\mathrm{m}$，试用倒梁法

计算基础内力。

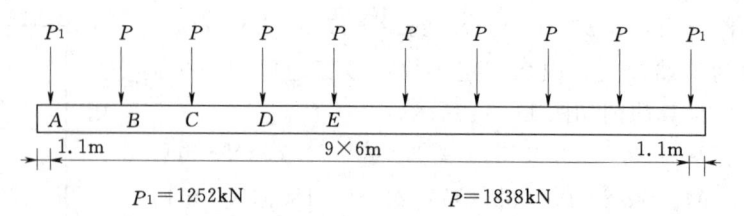

图11.35 习题11.2图

11.3 承受柱荷载的钢筋混凝土条形基础如图11.36所示，其梁高 $h=0.6$m，底面宽度 $b=2.6$m，梁的弹性模量 $E=21000$MPa，$I=0.0475$m^4，地基基床系数 $k=22000$kN/m^3。试用弹性地基梁方法中的有限长梁法计算基础 C 点处的挠度、弯矩和基底净反力。

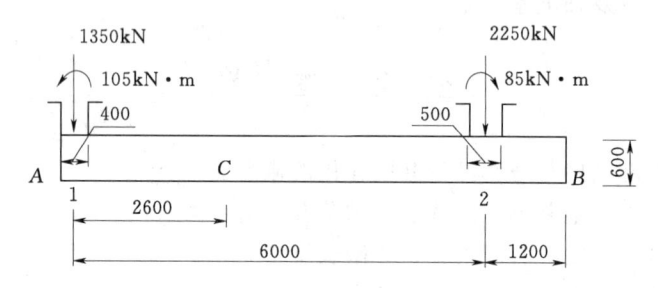

图11.36 习题11.3图（单位：mm）

第11章 习题答案

第12章 桩 基 础

桩基础是由设置于土中的竖直或倾斜的基础构件或支护构件和连接桩顶的承台所组成，其作用是将所承受的荷载传递到地基深层。当建筑物荷载很大、地质条件又相对较差时，桩基础往往以其较大的承载能力和抵御复杂荷载的特殊性能以及对各种地质条件的良好适应性成为一种理想深基础型式。

本章主要介绍桩基础特点，单桩竖向承载力计算、单桩水平承载力计算、群桩计算及桩基础设计等内容。

12.1 桩基础的特点、类型和设计原则

12.1.1 桩基础特点

桩基础由桩和承台组成，根据桩的布置分为单桩基础和群桩基础。桩基础中的一根桩被称为基桩。在竖向荷载作用下，承台底的地基土也可产生一定竖向抗力来分担荷载，这种由基桩和承台下地基土共同承担竖向荷载的桩基被称为复合桩基，复合桩基中的一根桩及其对应面积下的承台地基土被称为复合基桩。

与浅基础相比，桩基础具有以下特点：

（1）由较深处具有较大强度和较小压缩性的地基土作为桩端持力层，与桩侧摩擦力同时承受桩顶荷载，因而具有较高的承载力，能承受较大的竖直荷载。

（2）具有很大的竖向单桩刚度（端承桩）或群桩刚度（摩擦桩），在建筑物自重或荷载作用下，不会产生过大的不均匀沉降，容易保证建筑物的倾斜不超过允许范围。

（3）需要专门的施工设备和施工技术。

（4）属于隐蔽工程，造价高，工期长，技术复杂。

（5）位于深水中的桩基所受的水流冲击力、船舶碰撞力和波浪力等水平力，比浅基础大得多。

12.1.2 桩及桩基础的类型

桩和桩基础可按桩身材料、成桩方法、桩的承载性状、桩的使用功能和桩径大小等进行分类。

1. 按桩身材料分类

（1）钢筋混凝土桩。

1）预制钢筋混凝土桩或预应力钢筋混凝土桩。预制钢筋混凝土桩强度高，耐久性好，不易被腐蚀，其截面边长不小于200mm，混凝土强度等级不低于C30。预应力钢筋混凝土桩可减少打桩过程中出现的裂缝，实心桩的截面边长不小于350mm、混凝土强度等级

不低于C40。预应力混凝土空心桩按截面形式可分为管桩、空心方桩，按混凝土强度等级可分为预应力高强混凝土桩、预应力混凝土桩等，其桩尖有闭口型和敞口型。

2）灌注混凝土桩或钢筋混凝土桩。在施工现场的桩位上，以不同方法先成孔，然后向孔内灌注混凝土（一般加钢筋笼）而制成。由于施工方法的不同，可分成多种类型。

打入式灌注桩：利用锤击打桩机或振动打桩机将钢管打入土中成孔（至设计标高），然后边拔出钢管边灌注混凝土而成。在黏性土及砂土层中均可使用。

钻（挖）孔灌注桩：利用各种钻挖孔机具就地钻（挖）孔，然后灌注混凝土，一般桩身混凝土强度等级不应低于C25，桩尖强度等级不得低于C30。钻孔过程中为避免孔壁坍塌，可下薄套管或用泥浆护壁，待钻孔至设计标高后再往孔里灌注混凝土或放下钢筋笼后再灌注混凝土。

(2) 钢桩。钢桩一般包括钢管桩、H型钢桩、钢轨桩、箱形截面的钢桩等，其中最常用的是钢管桩。钢管桩桩尖有封闭式与开口式两种，封闭式一般用于管径小于450mm，开口式用于管径较大、穿越土层比较坚硬的情况，需要挖掉管内土及排水后，向管内灌注混凝土。H型钢桩能穿越含卵石之内的土层直至岩面，并嵌入岩层一定深度。钢轨桩一般用于抢修工程。

钢桩在海水中易被腐蚀，H型钢桩在打桩过程中容易产生纵向压屈。

(3) 组合桩。组合桩指一根桩采用两种不同材料接成、或用两种不同施工法沉到土中。例如下部为H型钢桩而上部为钢筋混凝土方桩的组合桩：下部利用H型钢桩贯入能力强的特点，可以打入砾石层、风化岩层或其他硬土层；上部为钢筋混凝土桩，具有较大的刚度和对海水的抗侵蚀作用。

2. 按成桩方法分类

(1) 挤土桩。包括预制桩（打入或压入）、沉管灌注桩等。打入桩通过锤击（或以高压射水辅助）将各种预先制好的桩打入地基内所需要的深度，是港口和近海工程中广泛采用的桩基施工方法，可用于黏性土和砂性土地基，但打桩振动和噪声对邻近工程或环境有影响。静力压桩方法避免了锤击的影响，适用于软基上邻近建筑物较多、不允许有强烈振动的情况。

(2) 非挤土桩。包括先在地基形成桩孔、然后再打入的预制桩，和在孔内放入钢筋笼、用混凝土浇筑桩身的灌注桩等，按现有成孔工艺可划分为钻、挖、冲孔灌注桩。非挤土桩的桩侧摩阻力不能很好发挥，但对持力层地形高低起伏的适应性强。

(3) 部分挤土桩。包括开口的钢管桩、H型钢桩和开口预应力混凝土桩等，成桩过程对桩周土结构有一定的影响，但基本不改变土的工程性质。

3. 按桩的承载性状分类

根据传力特点和支承型式，竖向受压桩可分为摩擦型桩和端承型桩。

摩擦型桩的桩顶竖向荷载主要由桩侧摩阻力支承，又可进一步分为端承摩擦桩和摩擦桩。端承摩擦桩的桩顶竖向荷载主要由桩侧摩阻力承受；摩擦桩的桩端阻力可忽略不计，桩顶竖向荷载全部由桩侧摩阻力承受。

端承型桩的桩顶竖向荷载主要靠桩端阻力来承受，亦可进一步分为摩擦端承桩和端承桩。摩擦端承桩的桩顶竖向荷载主要由桩端阻力承受，端承桩的桩侧阻力可忽略不计。

12.1 桩基础的特点、类型和设计原则

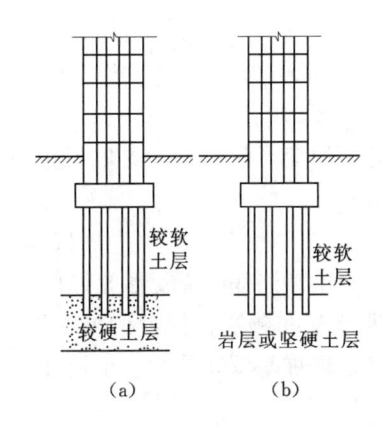

图12.1 桩按荷载传递方式分类
(a) 摩擦型桩；(b) 端承型桩

图12.1给出了两类桩型的典型支承的示意。当桩周土为软塑黏性土而桩端土为硬塑黏性土的长桩，由于桩很长，桩端阻得不到充分发挥，属于端承摩擦桩；当桩长径比很大、桩端下无坚实的持力层、桩底沉渣较厚、桩端出现脱空的打入桩等，属于摩擦桩。当桩穿过软弱土层、长径比较小（一般小于10），桩端设置于密实砂土、碎石土层中，或位于中、微风化及新鲜基岩中的桩属于端承桩；当桩端进入中密以上的砂土、碎石土层中，或位于中、微风化及新鲜基顶面时，属于摩擦端承型桩。

4. 按桩的使用功能分类

根据桩的功能和受力条件，桩可分为抗压桩、抗拔桩、水平荷载桩和复合受荷桩。

大多数建筑桩基都属于抗压桩，以承受竖向荷载为主，应进行竖向承载力计算，必要时需计算桩基沉降，验算软弱下卧层承载力，以及桩的负摩擦力。

抗拔桩多用于高压输电塔等特殊构筑物，主要承受上拔荷载，应进行桩身强度、抗裂计算和抗拔承载力计算。

基坑支护桩、抗滑桩等属受水平荷载的桩，应进行桩身强度、抗裂、水平承载力和水平位移等验算。

复合受荷桩是指受竖向荷载和受水平荷载都比较大的桩，如桥梁的桩基等。此时，应按竖向抗压桩和水平受荷桩的要求进行验算。

5. 按桩径大小分类

按桩径（设计直径 d）大小可将基桩分为大直径桩、中等直径桩和小直径桩。界限桩径一般定义为：小直径桩为 $d \leqslant 250 \text{mm}$；中等直径桩为 $250 \text{mm} < d < 800 \text{mm}$；大直径桩为 $d \geqslant 800 \text{mm}$。

6. 按承台相对位置分类

根据桩基承台与地面的相对位置，桩基可分为低承台桩基和高承台桩基（图12.2）。低承台桩基的承台底面位于地面或冲刷线以下一定深度，广泛用于工业与民用建筑桩基础、铁路或公路桥梁桩基础。高承台桩基的承台底面位于地面或冲刷线以上，多用于桥梁码头和海洋工程等。

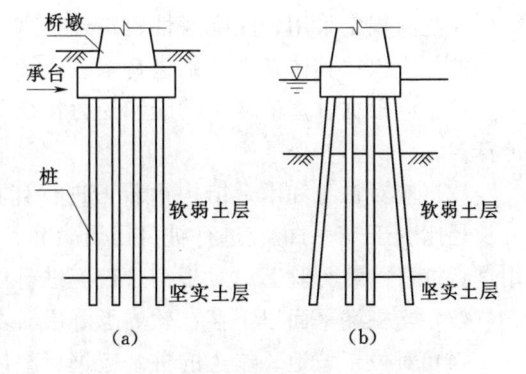

图12.2 按承台相对位置分类的桩基
(a) 低承台桩基；(b) 高承台桩基

12.1.3 桩基的设计原则

《建筑桩基技术规范》（JGJ 94—2008）规定桩基础应按如下两类极限状态设计：

(1) 承载能力极限状态：桩基达到最大承载能力、整体失稳或发生不适于继续承载的变形。设计表达式为

$$S_k \leqslant R(Q_{uk}, K) \tag{12.1}$$

式中：S_k 为桩顶荷载效应的标准组合；R 为抗力，即单桩竖向承载力特征值，等于 Q_{uk}/K；Q_{uk} 为单桩竖向极限承载力标准值；K 为综合安全系数，取 2.0。

（2）正常使用极限状态：桩基达到建筑物正常使用所规定的变形限值或达到耐久性要求的某项限值。设计表达式为

$$s \leqslant [C] \tag{12.2}$$

式中：s 为荷载效应准永久组合下桩基沉降变形指标；$[C]$ 为建筑桩基沉降变形允许值。

根据建筑规模、功能特征、对差异变形的适应性，场地地基和建筑物体型的复杂性，以及由于桩基问题可能造成建筑破坏或影响正常使用的程度，将桩基设计分为3个设计等级，见表12.1。桩基设计时应首先确定其设计等级。

表 12.1　　　　　　　　　　　建筑桩基的设计等级

设计等级	建 筑 类 型
甲级	（1）重要的建筑； （2）30层以上或高度超过100m的高层建筑； （3）体型复杂且层数相差超过10层的高低层（含纯地下室）连体建筑； （4）20层以上框架－核心筒结构及其他对差异沉降有特殊要求的建筑； （5）场地和地基条件复杂的7层以上的一般建筑及坡地、岸边建筑； （6）对相邻既有工程影响较大的建筑
乙级	除甲级、丙级以外的建筑
丙级	场地和地基条件简单、荷载分布均匀的7层及7层以下的一般建筑

桩基结构设计安全等级、结构设计使用年限和结构重要性系数 γ_0 应按现行有关建筑结构规范的规定采用，除临时性建筑外，重要性系数 γ_0 不应小于1.0。

桩基应根据具体条件分别进行承载力计算和稳定性的验算：

（1）应根据桩基的使用功能和受力特征分别进行桩基的竖向承载力计算和水平承载力计算。

（2）应对桩身和承台结构承载力进行计算；对于桩侧土不排水抗剪强度小于10kPa、且长径比大于50的桩应进行桩身压屈验算；对于混凝土预制桩应按吊装、运输和锤击作用进行桩身承载力验算；对于钢管桩应进行局部压屈验算。

（3）当桩端平面以下存在软弱下卧层时，应进行软弱下卧层承载力验算。

（4）对位于坡地、岸边的桩基应进行整体稳定性验算。

（5）对于抗浮、抗拔桩基，应进行基桩和群桩的抗拔承载力计算。

（6）对于抗震设防区的桩基应进行抗震承载力验算。

此外，下列建筑桩基还应进行沉降计算：

（1）设计等级为甲级的非嵌岩桩和非深厚坚硬持力层的建筑桩基。

（2）设计等级为乙级的体型复杂、荷载分布显著不均匀或桩端平面以下存在软土层的建筑桩基。

（3）软土地基多层建筑减沉复合疏桩基础。

对受水平荷载较大，或对水平位移有严格限制的建筑桩基，应计算其水平位移；还应根

据桩基所处的环境类别和相应的裂缝控制等级,验算桩和承台正截面的抗裂和裂缝宽度。

桩基设计时,所采用的作用效应组合与相应的抗力应符合以下规定:

(1) 确定桩数和布桩时,应采用传至承台底面的荷载效应标准组合;相应的抗力应采用基桩或复合基桩承载力特征值。

(2) 计算桩基沉降和水平位移时,应采用荷载效应准永久组合;计算水平地震作用、风载作用下的桩基水平位移时,应采用水平地震作用、风载效应标准组合。

(3) 在计算桩基结构承载力、确定尺寸和配筋时,应采用传至承台顶面的荷载效应基本组合。当进行承台和桩身裂缝控制验算时,应分别采用荷载效应标准组合和荷载效应准永久组合。

12.2 单桩竖向承载力

12.2.1 单桩轴向荷载传递机理

1. 桩-土体系荷载传递

桩-土体系荷载传递过程就是桩侧摩阻力和桩端阻力的发挥过程。图 12.3 为桩土体系荷载传递的一般规律,由此可见,桩顶竖向荷载是通过桩侧摩阻力和桩端阻力逐渐传递给土体的,桩身位移 $s(z)$ 和桩身轴力 $N(z)$ 随深度 z 而递减,桩侧摩阻力 $q_s(z)$ 自上而下逐步发挥。

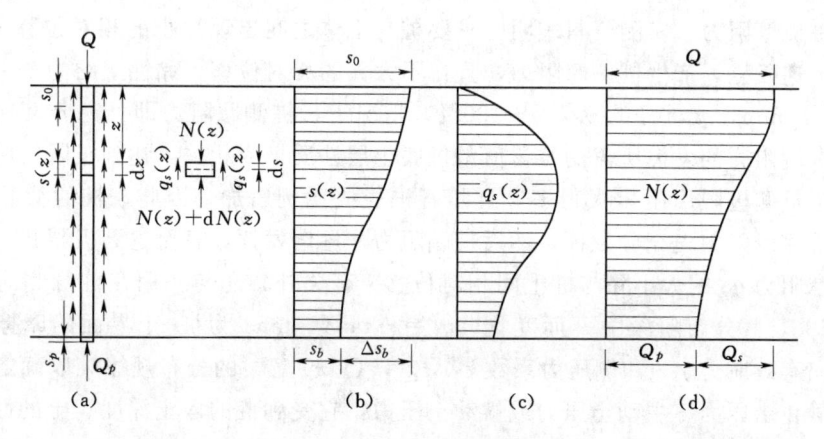

图 12.3 桩-土体系荷载传递
(a) 桩身荷载传递;(b) 桩身沉降分布;(c) 桩身摩擦力分布;(d) 桩身轴力分布

因此,桩的承载力 Q 由桩侧摩阻力 Q_s 和桩端阻力 Q_p 两部分组成。

$$Q = Q_s + Q_p \tag{12.3}$$

当桩侧摩阻力和桩端阻力均达到极限值时,相应的桩顶荷载称为竖向极限荷载或竖向极限承载力,以 Q_u 表示。

分析桩身单位面积的摩擦力 $q_s(z)$ 时,在桩身任意深度 z(m) 处取一微段 dz,其两端轴向力的增量为 dN,桩的周长为 u,则该处 $q_s(z)$ 可用下式表示:

$$q_s(z) u dz = -dN$$

$$q_s(z) = -\frac{1}{u}\frac{dN}{dz} \tag{12.4}$$

桩身单位面积的摩擦力 $q_s(z)$ 的分布如图 12.3（c）所示，上式中的负号表示轴力随深度 z 的增大而减小，$q_s(z)$ 为正值，方向向上。

若桩顶位移为 s_0，任意深度处桩身的竖向位移 s 为 [图 12.3（b）]

$$s = s_0 - \frac{1}{AE_P}\int_0^z N(z)dz \tag{12.5}$$

式中：A 为桩横截面积；E_P 为桩的弹性模量。

2. 影响荷载传递的因素

桩-土体系荷载传递随有关因素变化的一般规律为：

（1）桩端土与桩周土的刚度比 E_b/E_s 越小，侧摩阻力分担的荷载比例越大，桩身轴力沿深度衰减越快，即传递到桩端的荷载越小。

（2）随桩身刚度与桩侧土刚度之比 E_p/E_s 的增大，传递到桩端的荷载增大，但当 E_p/E_s 值达到某一较大的值后，端阻分担的荷载比变化将不明显。

（3）随桩长径比 l/d 增大，传递到桩端的荷载减小，桩身下部侧阻发挥值也相应降低。

（4）随桩端扩径比 D/d 增大，桩端阻力分担的荷载比增加。

3. 桩侧摩阻力和桩端阻力

（1）桩侧摩阻力。实测资料表明，只要桩与土体之间出现微小的相对位移 s，沿桩身就有荷载传递发生，产生桩侧摩阻力，且在不太大的相对位移（黏性土约为 4~6mm，砂土约为 6~10mm，或桩径的 0.5%~1.0%）情况下，桩侧摩阻力即可充分发挥，达到极限值。而桩端阻力的发挥所需的位移值与桩底土层性质极为相关，达到极限值所需要的位移要比发生桩侧极限摩阻力大得多，且随桩径成比例增加。因此在桩的荷载传递过程中，总是桩侧摩阻力先充分发挥，然后桩端阻力才逐渐发挥，直至达到极限状态。

桩侧摩阻力 q_s 的大小除与桩土间相对位移 s 有关外，还与作用在桩身侧面上的法向应力 σ_x 有关，其分布随深度 z 而变化，$q_s = \sigma_x \tan\delta$，$\tan\delta$ 为桩-土界面的摩擦系数。σ_x 取决于竖向有效应力 $\gamma'z$ 和侧压力系数 k，$\sigma_x = k(\gamma'z)$，σ_x 的分布规律难以确定，不能简单定义为静止土压力、主动土压力或被动土压力，它受到桩的入土深度、土的性质、桩周土可能存在土拱作用以及施工方法等因素的影响；由于挤土效应，一般打入桩的侧压力 σ_x 大于钻孔桩。

在饱和黏性土中打桩存在着时间效应，一方面摩阻力受被扰动土中超静水压力的影响；另一方面受黏土的触变性质影响，呈现先低后高现象，即打桩后静置一段时间后会有所提高。在砂土中打桩存在挤密效应，强度可能增高，故测得摩阻力值可能增高，但经过一段时间后，由于土体颗粒的自行调整，结构有所恢复，这时测得摩阻力值要低些。因此在实测打入桩的承载力时，要获得比较真实数据应在打桩休止数天后进行。

（2）桩端阻力。用地基极限承载力理论来计算桩端阻力时，总是假定桩端土体为刚塑体、桩端以下发生一定形态的剪切破坏滑动面，通常所假设的滑动面不同形态如图 12.4 所示。不同的滑动面则可得出不同的桩端阻极限承载力表达式。

12.2 单桩竖向承载力

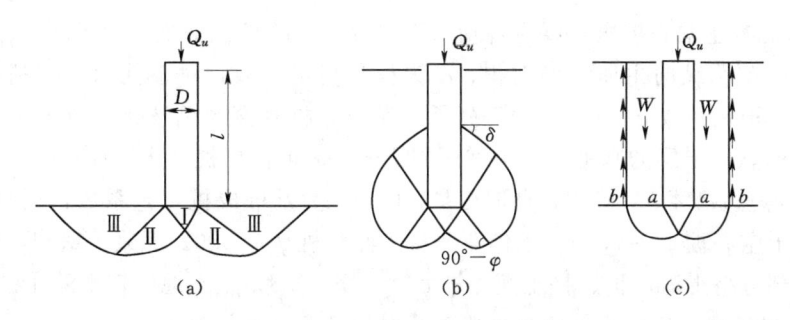

图 12.4 桩端破坏滑动面的不同假设
(a) Terzaghi (1943);(b) Meyerhof (1951);(c) Berezantzev (1961)

桩端阻力的发挥除与位移有关外,还与进入持力层的深度有关,如图 12.5 所示土层情况,将桩设置于第 1 和第 2 种情况时,桩端阻力差别不大,但当设置为第 3、第 4、第 5 种情况时,差别较大,桩端阻力随着置入深度增加而增加。第 5 种情况为临界情况,即超过此一限度后,桩端阻力就不再随着埋深增加而增加。试验还表明,如持力层之下有软下卧层,则桩端越接近软下卧层,端阻力越低。

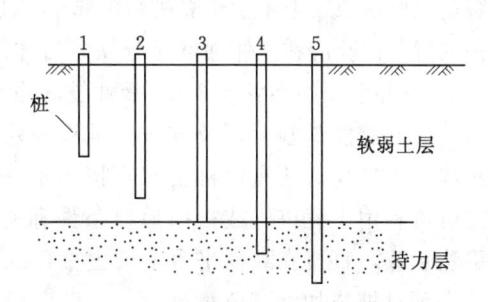

图 12.5 桩端阻力发挥的临界深度

12.2.2 单桩竖向承载力

单桩竖向承载力是指单桩承受竖向荷载的能力,用桩在某特定状态下的桩顶荷载来度量。单桩在竖向荷载作用下到达破坏状态前或出现不适于继续承载的变形时所对应的最大荷载被称为单桩竖向极限承载力标准值,以 Q_{uk} 表示。单桩竖向极限承载力标准值除以安全系数 K 得到的承载力值被称为单桩竖向承载力特征值,以 R_a 表示。

单桩竖向承载力取决于土对桩的支承阻力和桩身的材料强度,采用其中的小值。一般情况下,桩的竖向承载力由土对桩的支承阻力所控制,桩身材料强度往往得不到充分发挥,只有对端承桩、超长桩和桩身质量有缺陷的桩,桩身材料强度才起控制作用。

此外,当桩的入土深度较大、桩周土质软弱且比较均匀、桩端沉降量较大,尤其是高层建筑或对沉降有特殊要求时,还应按上部结构对沉降的要求来确定单桩竖向承载力。

1. 按桩身材料强度确定单桩竖向承载力特征值

按材料强度确定单桩竖向承载力时,可将桩视为轴心受压杆件按《混凝土结构设计规范》或《钢结构设计规范》计算。对于钢筋混凝土桩,由材料强度确定的单桩竖向承载力特征值 R_a 如下。

当桩顶以下 $5d$ 范围的桩身螺旋式箍筋间距不大于 100mm,且桩身的配筋率、配筋长度、主筋直径与间距、箍筋直径与间距均符合规范要求时

$$R_a \leqslant \varphi(\psi_c f_c A_{ps} + 0.9 f'_y A'_s) \tag{12.6}$$

当桩身配筋不符合上述规定时

$$R_a \leqslant \varphi \psi_c f_c A_{ps} \tag{12.7}$$

式中：f_c 为混凝土轴心抗压强度设计值；A_{ps} 为桩身的横截面面积；f'_y 为纵向主筋抗压强度设计值；A'_s 为纵向主筋截面面积；φ 为桩身稳定系数，对于低承台桩基桩，考虑土的侧向约束，稳定系数 $\varphi=1.0$，对于高承台基桩、桩身穿越可液化土或不排水抗剪强度小于 10kPa 的软弱土层的基桩，应考虑压屈影响，φ 可根据桩身压屈计算长度 l_c、桩直径 d（或矩形桩短边尺寸 b）确定，此时 $\varphi<1.0$；ψ_c 为基桩成桩工艺系数，混凝土预制桩、预应力混凝土空心桩 $\psi_c=0.85$，干作业非挤土灌注桩 $\psi_c=0.9$，泥浆护壁和套管护壁非挤土灌注桩、部分挤土灌注桩、挤土灌注桩 $\psi_c=0.7\sim0.8$，软土地区挤土灌注桩 $\psi_c=0.6$。

2. 按单桩竖向抗压静载试验确定单桩竖向极限承载力标准值

静载试验是确定单桩承载力最直接和最可靠的方法，现行规范通常规定同一条件下的静载荷试验桩数一般不少于总桩数的 1%，且不少于 3 根。由于打桩对桩周土体的扰动，预制桩的静载试验应在土体强度充分恢复后才能进行，一般砂土中不少于 7d，黏性土中不少于 15d，饱和软土中不少于 25d；灌注桩的静载试验应在桩身混凝土达到设计强度后才能进行。

(1) 静载试验装置及方法。试验装置主要包括加荷稳压部分、提供反力部分和沉降观测部分。加荷方法有锚桩法和直接压重法两种：图 12.6 (a) 为锚桩法加荷装置示意图，锚桩可利用工程桩，或根据地质条件和所需锚桩深度另设置 4~6 根；图 12.6 (b) 为压重法示意，直接在载荷平台上堆置重物（如钢锭、混凝土块等），平台下通过钢横梁借助千斤顶对桩施加垂直荷载。

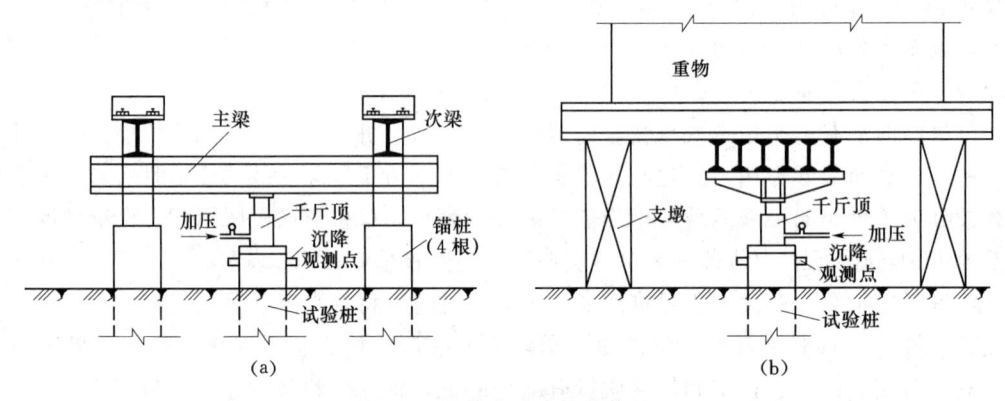

图 12.6 静载试验加载装置
(a) 锚桩法；(b) 压重法

试验加载方式采用慢速维持荷载法，即逐级加载，每级荷载达到相对稳定后加下一级荷载，直到试桩破坏。

通过设置的百分表或电子位移计等量测桩顶沉降，可绘制各种试验曲线，图 12.7 分别为荷载-桩顶沉降曲线（Q-s）和沉降-时间曲线（s-$\log t$）。

根据荷载-桩顶沉降曲线（Q-s）和沉降-时间曲线（s-$\log t$）曲线特征，单桩竖向极限承载力 Q_u 确定如下：

1) 对于如图 12.7 (a) 所示陡降型 Q-s 曲线，取其发生明显陡降的起始点对应的荷载值为 Q_u。

2) 根据如图 12.7 (b) 所示 s-$\log t$ 曲线，取曲线尾部出现明显向下弯曲的前一级荷

12.2 单桩竖向承载力

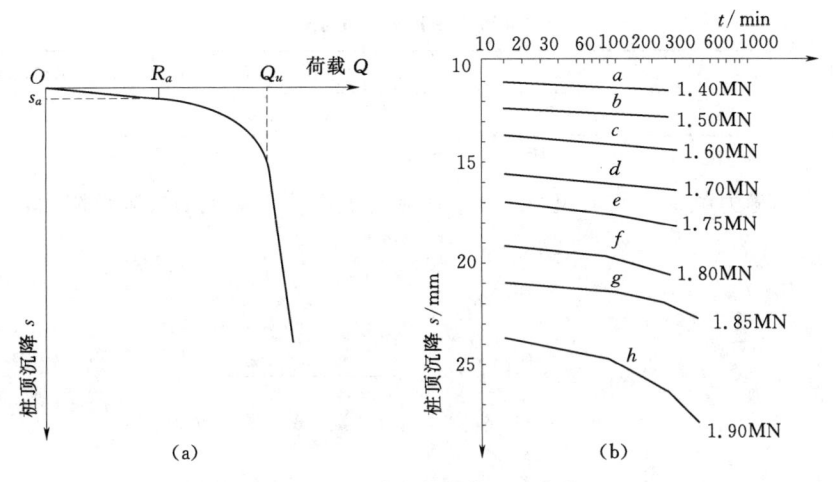

图12.7 单桩静载荷试验曲线
(a) 单桩 Q-s 曲线；(b) 单桩 s-$\lg t$ 曲线

载值为 Q_u。

3) 某级荷载作用下，桩的沉降量大于前一级荷载的两倍，且经24h尚未稳定时，取该荷载的前一级荷载值为 Q_u。

4) Q-s 曲线为缓变型时，取桩顶总沉降量 $s=40\text{mm}$ 所对应的荷载值为 Q_u；对 D（D 为桩端直径）大于或等于800mm的桩，取 s 等于 $0.05D$ 对应的荷载值为 Q_u；当桩长大于等于40m时，宜考虑桩身弹性压缩。

(2) 单桩竖向极限承载力标准值 Q_{uk}、单桩竖向承载力特征值 R_a 按如下规定确定。

1) 参加统计的各试桩 Q_u，当满足其极差不超过平均值的30%时，取其平均值为 Q_{uk}。

2) 当各试桩 Q_u 的极差超过平均值的30%时，应分析极差过大的原因，结合工程具体情况综合确定 Q_{uk}，必要时可增加试桩数量。

3) 对桩数不大于3根的柱下承台，或工程桩抽检数量少于3根时，应取低值为 Q_{uk}。

单桩竖向承载力特征值 $R_a = \dfrac{Q_{uk}}{K}$，安全系数 $K=2.0$。

3. 按静力触探法确定单桩竖向极限承载力标准值

静力触探与桩的静载试验有较大区别，但与桩打入土中的过程基本相似，可以把静力触探近似看成是小尺寸打入桩的现场模拟试验。

(1) 单桥探头。当根据单桥探头（圆锥底面积15cm²，底部带7cm高滑套，锥角60°）静力触探资料确定混凝土预制桩单桩竖向极限承载力标准值时，如无当地经验，可按下式估算：

$$Q_{uk} = Q_{sk} + Q_{pk} = u\sum q_{sik}l_i + \alpha p_{sk}A_p \tag{12.8}$$

式中：Q_{sk} 为总极限侧阻力标准值；Q_{pk} 为总极限端阻力标准值；u 为桩身周长；l_i 为桩周第 i 层土的厚度；A_p 为桩端面积。

式中其余符号意义如下：

1) α 为桩端阻力修正系数，根据桩长 l（不包括桩尖高度）按表12.2取值。

表 12.2　　　　　　　　　　桩端阻力修正系数 α 值

桩长/m	$l<15$	$15\leqslant l\leqslant 30$	$30<l\leqslant 60$
α	0.75	0.75～0.90	0.90

注　桩长 $15m\leqslant l\leqslant 30m$，α 值按 l 值直线内插。

2) q_{sik} 为用静力触探比贯入阻力值 p_{sk} 估算的桩周第 i 层土的极限侧阻力，按图 12.8 取值。

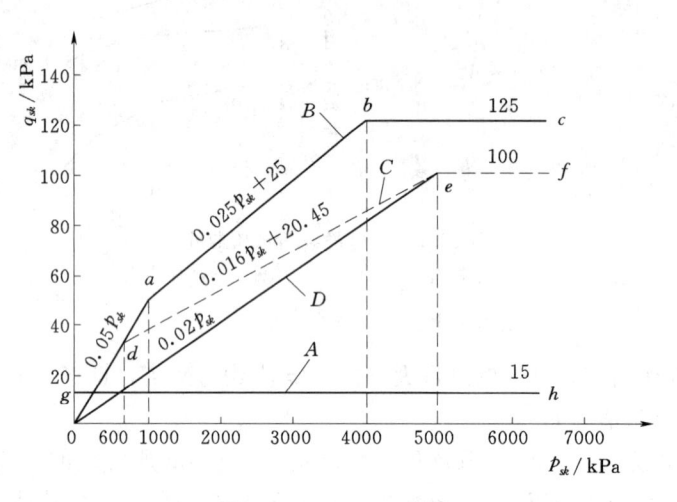

图 12.8　q_{sk}-p_{sk} 曲线

图 12.8 中，①直线 A（线段 gh）适用于地表下 6m 范围内的土层；折线 B（线段 $0abc$）适用于粉土及砂土土层以上（或无粉土及砂土土层地区）的黏性土；折线 C（线段 $0def$）适用于粉土及砂土土层以下的黏性土；折线 D（线段 $0ef$）适用于粉土、粉砂、细砂及中砂；②当桩端穿过粉土、粉砂、细砂及中砂层底面时，折线 D（线段 $0ef$）估算的 q_{sik} 值需乘以系数 η_s 值，η_s 根据 p_{sk}/p_{sl} 值，查表 12.3（p_{sk} 为桩端穿过的中密-密实砂土、粉土的比贯入阻力平均值；p_{sl} 为砂土、粉土的下卧软土层的比贯入阻力平均值）。

表 12.3　　　　　　　　　　系　　数　η_s

p_{sk}/p_{sl}	$\leqslant 5$	7.5	$\geqslant 10$
η_s	1.00	0.50	0.33

3) p_{sk} 为桩端附近的静力触探比贯入阻力标准值（平均值），取值方法如下。

当 $p_{sk1}\leqslant p_{sk2}$ 时

$$p_{sk}=\frac{1}{2}(p_{sk1}+\beta p_{sk2}) \tag{12.9}$$

当 $p_{sk1}>p_{sk2}$ 时

$$p_{sk}=p_{sk2} \tag{12.10}$$

式中：β 为折减系数，按表 12.4 选用，可内插取值；p_{sk1} 为桩端全截面以上 $8d$（d 为桩径或边长）范围内的比贯入阻力平均值；p_{sk2} 为桩端全截面以下 $4d$ 范围内的比贯入阻力平均值。如桩端持力层为密实的砂土层，其比贯入阻力平均值 p_s 超过 20MPa 时，则需乘

以系数 C 予以折减后，再计算 p_{sk2} 及 p_{sk1} 值，系数 C 按表 12.5 选用，可内插取值。

表 12.4　　　　　　　　　折减系数 β

p_{sk2}/p_{sk1}	≤5	7.5	12.5	≥15
β	1	5/6	2/3	1/2

表 12.5　　　　　　　　　系　数　C

p_s/MPa	20~30	35	>40
系数 C	5/6	2/3	1/2

(2) 双桥探头。根据双桥探头（圆锥底面积 15cm²，锥角 60°，摩擦套筒高 21.85cm，侧面积 300cm²）静力触探资料确定混凝土预制桩单桩竖向极限承载力标准值时，对于黏性土、粉土和砂土，如无当地经验时可按下式估算

$$Q_{uk}=Q_{sk}+Q_{pk}=u\sum l_i\beta_i f_{si}+\alpha q_c A_p \tag{12.11}$$

式中：f_{si} 为第 i 层土的探头平均侧阻力，kPa；q_c 为桩端平面上、下探头阻力，取桩端平面以上 $4d$ 范围内按土层厚度的探头阻力加权平均值，kPa，然后再和桩端平面以下 $1d$ 范围内的探头阻力进行平均；α 为桩端阻力修正系数，对于黏性土、粉土取 2/3，饱和砂土取 1/2；β_i 为第 i 层土桩侧阻力综合修正系数，对于黏性土、粉土，$\beta_i=10.04(f_{si})^{-0.55}$，对于砂土，$\beta_i=5.05(f_{si})^{-0.45}$。

按上述方法确定单桩竖向极限承载力标准值后，根据 $R_a=Q_{uk}/K$ 可确定单桩竖向承载力特征值，安全系数 $K=2.0$。

【例 12.1】　某混凝土预制桩，桩身直径为 $d=0.5$m，桩长为 $l=16$m，地层土性和单桥探头静力触探资料如图 12.9 所示。试求：单桩竖向极限承载力标准值 Q_{uk} 和特征值 R_a。

解：

(1) 计算总极限侧阻力标准值 Q_{sk}。

0~6m 深度范围：无论何种土，其 $q_{sk1}=15$kPa。>6m 深度以下，土层的 q_{sik} 确定如下：

第 1 层：粉质黏土，位于粉土及砂土层以上，用图 12.8 中折线 B 计算其 q_{sk}：

$q_{sk1}=0.025p_{sk}+25=0.025\times 2500+25=87.5$(kPa)

第 2 层：粉土，用图 12.8 中折线 D 计算其 q_{sk}：$q_{sk1}=0.02p_{sk}=0.02\times 3500=70$ (kPa)

第 3 层：中砂，用图 12.8 中折线 D 计算其 q_{sk}：由于其 $p_{sk}=22.5$MPa>5MPa，因此：

$q_{sk1}=0.02p_{sk}=0.02\times 5000=100$(kPa)

由于桩端没有同时穿过粉土和中砂层底面，因此用折线 D 计算的 q_{sk} 不需折减。

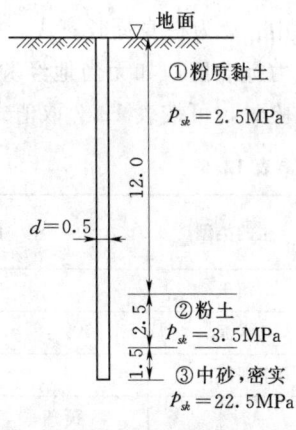

图 12.9　[例 12.1] 图（单位：m）

$Q_{sk}=u\sum q_{sik}l_i=3.14\times 0.5\times[15\times 6+87.5\times(12-6)+70\times 2.5+100\times 1.5]$

$$=1475.80(\text{kN})$$

（2）计算总极限端阻力标准值 Q_{uk}。桩端全截面以上 $8d=8\times0.5=4.0(\text{m})$ 范围内，比贯入阻力平均值为

$$p_{sk1}=(3.5+22.5)/2=13.0(\text{MPa})$$

桩端全截面以下 $4d=2.0\text{m}$ 范围内，比贯入阻力为 $p_{sk2}=22.5\text{MPa}$，查表得：$C=5/6$

$$p_{sk}=\frac{p_{sk1}+\beta C p_{sk2}}{2}=\frac{13+1\times5/6\times22.5}{2}=15.875(\text{MPa})$$

$p_{sk2}/p_{sk1}=22.5/13.0=1.73$，查表可得 $\beta=1$

由桩长 $l=16\text{m}$ 可知：$\alpha=0.75+\dfrac{0.90-0.75}{30-15}\times(16-15)=0.76$

$$Q_{pk}=\alpha p_{sk}A_p=0.76\times15875\times\frac{3.14\times0.5^2}{4}=2367.75(\text{kN})$$

因此，单桩竖向极限承载力标准值为

$$Q_{uk}=Q_{sk}+Q_{pk}=1475.8+2367.76=3843.56\ (\text{kN})$$

单桩竖向承载力特征值为

$$R_a=Q_{uk}/K=3843.56/2=1921.78(\text{kN})，取 R_a=1920\text{kN}$$

4. 经验参数法确定单桩竖向极限承载力标准值

初步设计中可利用经验公式确定单桩竖向承载力标准值 Q_{uk}，不同桩型和工艺对单桩 Q_{uk} 的影响由桩侧土的极限侧阻力标准值 q_{sik} 和桩端土的极限端阻力标准值 q_{pk} 来反映。

单桩竖向承载力特征值 $R_a=Q_{uk}/K$，综合安全系数 K 取 2.0。

（1）桩径 $d<800\text{mm}$ 的中等直径桩和小直径桩。用土的物理指标与承载力参数之间的经验关系估算单桩 Q_{uk}：

$$Q_{uk}=Q_{sk}+Q_{pk}=u\sum q_{sik}l_i+q_{pk}A_p \tag{12.12}$$

式中：u 为桩身周长；A_p 为桩端面积；l_i 为第 i 层土厚度；q_{sik} 为桩侧第 i 层土的极限侧阻力标准值，如无当地经验时，可按表 12.6 取值；q_{pk} 为极限端阻力标准值，如无当地经验时，可按表 12.7 取值。

表 12.6　　　　　桩的极限侧阻力标准值 q_{sik}　　　　　单位：kPa

土的类型	土的状态		混凝土预制桩	泥浆护壁钻（冲）孔桩	干作业钻孔桩
填土	—		22~30	20~28	20~28
淤泥	—		14~20	12~18	12~18
淤泥质土	—		22~30	20~28	20~28
黏性土	流塑	$I_L>1$	24~40	21~38	21~38
	软塑	$0.75<I_L\leqslant1$	40~55	38~53	38~53
	可塑	$0.50<I_L\leqslant0.75$	55~70	53~68	53~66
	硬可塑	$0.25<I_L\leqslant0.50$	70~86	68~84	66~82
	硬塑	$0<I_L\leqslant0.25$	86~98	84~96	82~94
	坚硬	$I_L\leqslant0$	98~105	96~102	94~104

12.2 单桩竖向承载力

续表

土的类型	土的状态		混凝土预制桩	泥浆护壁钻（冲）孔桩	干作业钻孔桩
红黏土	$0.7<a_w\leqslant1$		13～32	12～30	12～30
	$0.5\leqslant a_w\leqslant0.7$		32～74	30～70	30～70
粉土	稍密	$e>0.9$	26～46	24～42	24～42
	中密	$0.75\leqslant e\leqslant0.9$	46～66	42～62	42～62
	密实	$e<0.75$	66～88	62～82	62～82
粉细砂	稍密	$10<N\leqslant15$	24～48	22～46	22～46
	中密	$15<N\leqslant30$	48～66	46～64	46～64
	密实	$N>30$	66～88	64～86	64～86
中砂	中密	$15<N\leqslant30$	54～74	53～72	53～72
	密实	$N>30$	74～95	72～94	72～94
粗砂	中密	$15<N\leqslant30$	74～95	74～95	76～98
	密实	$N>30$	95～116	95～116	98～120
砾砂	稍密	$5<N_{63.5}\leqslant15$	70～110	50～90	60～100
	中密（密实）	$N_{63.5}>15$	116～138	116～130	112～130
圆砾、角砾	中密、密实	$N_{63.5}>10$	160～200	135～150	135～150
碎石、卵石	中密、密实	$N_{63.5}>10$	200～300	140～170	150～170
全风化软质岩		$30<N\leqslant50$	100～120	80～100	80～100
全风化硬质岩		$30<N\leqslant50$	140～160	120～140	120～150
强风化软质岩		$N_{63.5}>10$	160～240	140～200	140～220
强风化硬质岩		$N_{63.5}>10$	220～300	160～240	160～260

注 1. 对于尚未完成自重固结的填土和以生活垃圾为主的杂填土，不计算其侧阻力。
2. a_w 为含水比，$a_w=w/w_L$，w 为土的天然含水量，w_L 为土的液限。
3. N 为标准贯入击数，$N_{63.5}$ 为重型圆锥动力触探击数。
4. 全风化、强风化软质岩和全风化、强风化硬质岩系指其母岩分别为 $f_{rk}\leqslant15MPa$、$f_{rk}>30MPa$ 的岩石。

（2）$d\geqslant800mm$ 的大直径桩。大直径桩的桩端持力层一般呈渐进性破坏，单桩竖向承载力常以沉降控制。极限端阻力随桩径 d 的增大而减小，且以持力层为无黏性土时为甚。由于大直径桩一般为钻、冲、挖孔灌注桩，桩成孔后产生应力释放，孔壁出现松弛变形，使得侧阻力有所降低。

大直径桩的单桩竖向极限承载力标准值 Q_{uk} 可按下式计算：

$$Q_{uk}=Q_{sk}+Q_{pk}=u\sum\psi_{si}q_{sik}l_i+\psi_p q_{pk}A_p \tag{12.13}$$

式中：u 为桩身周长，当人工挖孔桩桩周护壁为振捣密实的混凝土时，桩身周长可按护壁外直径计算；q_{sik} 为桩侧第 i 层土极限侧阻力标准值，如无当地经验值时，可按表 12.6 取值，对于扩底桩变截面以上 $2d$ 长度范围不计侧阻力。

式中 q_{pk} 为桩径为 800mm 的极限端阻力标准值；对于干作业挖孔（清底干净）可采用深层载荷板试验确定，当不能进行深层载荷板试验时，可按表 12.8 取值；对于其他成桩工艺可按表 12.7 确定。

式中 ψ_{si}、ψ_p 分别为大直径桩侧阻、端阻尺寸效应系数，按表 12.9 取值；当为等直径

表 12.7　桩的极限端阻力标准值 q_{pk}

单位：kPa

土类型	土的状态	桩型	混凝土预制桩桩长 l/m					泥浆护壁钻（冲）孔桩桩长 l/m				干作业钻孔桩桩长 l/m		
			$l\leq 9$	$9<l\leq 16$	$16<l\leq 30$	$l>30$	$5\leq l<10$	$10\leq l<15$	$15\leq l<30$	$30\leq l$	$5\leq l<10$	$10\leq l<15$	$15\leq l$
黏性土	软塑	$0.75<I_L\leq 1$	210~850	650~1400	1200~1800	1300~1900	150~250	250~300	300~450	300~450	200~400	400~700	700~950
	可塑	$0.50<I_L\leq 0.75$	850~1700	1400~2200	1900~2800	2300~3600	350~450	450~600	600~750	750~800	500~700	800~1100	1000~1600
	硬可塑	$0.25<I_L\leq 0.50$	1500~2300	2300~3300	2700~3600	3600~4400	800~900	900~1000	1000~1200	1200~1400	850~1100	1500~1700	1700~1900
		$0<I_L\leq 0.25$	2500~3800	3800~5500	5500~6000	6000~6800	1100~1200	1200~1400	1400~1600	1600~1800	1600~1800	2200~2400	2600~2800
粉土	中密	$0.75\leq e\leq 0.9$	950~1700	1400~2100	1900~2700	2500~3400	300~500	500~650	650~750	750~850	800~1200	1200~1400	1400~1600
	密实	$e<0.75$	1500~2600	2100~3000	2700~3600	3600~4400	650~900	750~950	900~1100	1100~1200	1200~1700	1400~1900	1600~2100
粉砂	稍密	$10<N\leq 15$	1000~1600	1500~2300	1900~2700	2100~3000	350~500	450~600	600~700	650~750	500~950	1300~1600	1500~1700
	中密、密实	$N>15$	1400~2200	2100~3000	3000~4500	3800~5500	600~750	750~900	900~1100	1100~1200	900~1000	1700~1900	1700~1900
细砂			2500~4000	3600~5000	4400~6000	5300~7000	650~850	900~1200	1200~1500	1500~1800	1200~1600	2000~2400	2400~2700
中砂	中密、密实	$N>15$	4000~6000	5500~7000	6500~8000	7500~9000	850~1050	1100~1500	1500~1900	1900~2100	1800~2400	2800~3800	3600~4400
粗砂			5700~7500	7500~8500	8500~10000	9500~11000	1500~1800	2100~2400	2400~2600	2600~2800	2900~3600	4000~4600	4600~5200
砾砂		$N>15$	6000~9500	9000~10500			1400~2000	2000~2200		3500~5000		
角砾、圆砾	中密、密实	$N_{63.5}>10$	7000~10000	9500~11500			1800~2200	2200~3600		4000~5500		
碎石、卵石		$N_{63.5}>10$	8000~11000	10500~13000			2000~3000	3000~4000		4500~6500		
全风化软质岩		$30<N\leq 50$	4000~6000				1000~1600			1200~2000		
全风化硬质岩		$30<N\leq 50$	5000~8000				1200~2000			1400~2400		
强风化软质岩		$N_{63.5}>10$	6000~9000				1400~2200			1600~2600		
强风化硬质岩		$N_{63.5}>10$	7000~11000				1800~2800			2000~3000		

桩时，$D=d$。

表 12.8　干作业挖孔桩（清底干净，$D=800$mm）极限端阻力标准值 q_{pk}　　单位：kPa

土类型		状　态		
黏性土		$0.25<I_L\leqslant 0.75$	$0<I_L\leqslant 0.25$	$I_L\leqslant 0$
		800～1800	1800～2400	2400～3000
粉土			$0.75\leqslant e\leqslant 0.9$	$e<0.75$
			1000～1500	1500～2000
砂土、碎石类土		稍密	中密	密实
	粉砂	500～700	800～1100	1200～2000
	细砂	700～1100	1200～1800	2000～2500
	中砂	1000～2000	2200～3200	3500～5000
	粗砂	1200～2200	2500～3500	4000～5500
	砾砂	1400～2400	2600～4000	5000～7000
	圆砾、角砾	1600～3000	3200～5000	6000～9000
	卵石、碎石	2000～3000	3300～5000	7000～11000

注　1. 当桩进入持力层的深度 h_b 分别为：$h_b\leqslant D$，$D<h_b\leqslant 4D$，$h_b>4D$ 时，q_{pk} 可相应取低、中、高值。
　　2. 砂土密实度可根据标贯击数判定，$N\leqslant 10$ 为松散，$10<N\leqslant 15$ 为稍密，$15<N\leqslant 30$ 为中密，$N>30$ 为密实。
　　3. 当桩的长径比 $l/d\leqslant 8$ 时，q_{pk} 宜取较低值。
　　4. 当对沉降要求不严时，q_{pk} 可取高值。

表 12.9　大直径灌注桩侧阻尺寸效应系数 ψ_{si}、端阻尺寸效应系数 ψ_p

土类型	黏性土、粉土	砂土、碎石类土
ψ_{si}	$(0.8/d)^{1/5}$	$(0.8/d)^{1/3}$
ψ_p	$(0.8/D)^{1/4}$	$(0.8/D)^{1/3}$

（3）嵌岩桩。嵌岩桩是指桩端嵌入完整、较完整基岩中一定深度（最小深度不小于 0.5m）的桩。试验研究和工程应用经验表明：只要嵌岩桩不是很短，上覆土层的侧阻力就能部分发挥；嵌岩段也有侧阻力作用，因此传递到桩端的应力随嵌岩深度的增大而减小，当嵌岩深度达到 $5d$ 时，传递到桩端的应力接近为零。

嵌岩桩的单桩竖向极限承载力由桩周土总极限侧阻力 Q_{sk} 和嵌岩段总极限阻力 Q_{rk} 组成。当根据岩石单轴抗压强度确定单桩竖向极限承载力标准值时，可按下列公式计算：

$$Q_{uk}=Q_{sk}+Q_{rk} \tag{12.14}$$

$$Q_{sk}=u\sum q_{sik}l_i \tag{12.15}$$

$$Q_{rk}=\zeta_r f_{rk}A_p \tag{12.16}$$

式中：q_{sik} 为桩周第 i 层土的极限侧阻力，无当地经验时，可根据成桩工艺按表 12.6 取值；f_{rk} 为岩石饱和单轴抗压强度标准值，黏土岩取天然湿度单轴抗压强度标准值；ζ_r 为嵌岩段侧阻和端阻综合系数，与嵌岩深径比 h_r/d、岩石软硬程度和成桩工艺有关，可按表 12.10 采用，表中数值适用于泥浆护壁成桩，对于干作业成桩（清底干净）和泥浆护壁成桩后注浆，ζ_r 应取表列数值的 1.2 倍。

表 12.10　　　　　　　　嵌岩段侧阻和端阻综合系数 ζ_r

嵌岩深径比 h_r/d	0	0.5	1.0	2.0	3.0	4.0	5.0	6.0	7.0	8.0
极软岩、软岩	0.60	0.80	0.95	1.18	1.35	1.48	1.57	1.63	1.66	1.70
较硬岩、坚硬岩	0.45	0.65	0.81	0.90	1.00	1.04				

注　1. 极软岩、软岩指 $f_{rk} \leqslant 15\text{MPa}$，较硬岩、坚硬岩指 $f_{rk} > 30\text{MPa}$，介于二者之间可内插取值。
　　2. h_r 为桩身嵌岩深度，当岩面倾斜时，以坡下方嵌岩深度为准；当 h_r/d 为非表列值时，ζ_r 可内差取值。

12.2.3　桩的抗拔承载力

高耸结构物的桩基础，承受巨大浮托力的基础，以及承受巨大水平荷载的桩结构，群桩的部分或全部基桩承受上拔力，此时应验算基桩的抗拔承载力。

1. 基桩的抗拔极限承载力

基桩的抗拔承载力取决于桩身材料强度，以及桩与土之间的抗拔侧阻力和桩身自重。

对于设计等级为甲级和乙级的建筑桩基，基桩抗拔极限承载力应通过现场单桩上拔静载荷试验确定。对于群桩基础及设计等级为丙级的建筑桩基，无当地经验时按下述方法估算基桩的抗拔极限载力。

(1) 群桩呈非整体破坏时，基桩的抗拔极限承载力标准值 T_{uk} 可按下式计算：

$$T_{uk} = \sum \lambda_i q_{sik} u_i l_i \tag{12.17}$$

式中：u_i 为桩身周长，对于等直径桩取 $u = \pi d$，对于扩底桩按表 12.11 取值；q_{sik} 为桩侧表面第 i 层土的抗压极限侧阻力标准值，按表 12.6 取值；λ_i 为抗拔系数，按表 12.12 取值。

表 12.11　扩底桩破坏表面周长 u_i

自桩底起算的长度 l_i	$\leqslant (4\sim 10)d$	$> (4\sim 10)d$
u_i	πD	πd

注　l_i 对于软土取低值，对于卵石、砾石取高值；l_i 取值按内摩擦角增大而增加。

表 12.12　　抗拔系数 λ

土　类	λ 值
砂土	0.50～0.70
黏性土、粉土	0.70～0.80

注　桩长 l 与桩径 d 之比小于 20 时，λ 取小值。

(2) 群桩呈整体破坏时，基桩的抗拔极限承载力标准值 T_{gk} 可按下式计算：

$$T_{gk} = \frac{1}{n} u_l \sum \lambda_i q_{sik} l_i \tag{12.18}$$

式中：u_l 为桩群外围周长；n 为桩数。

2. 基桩的抗拔极限承载力验算

承受拔力的桩基按以下公式同时验算群桩基础呈非整体破坏、呈整体破坏时基桩的抗拔承载力：

$$N_k \leqslant T_{uk}/K + G_p \tag{12.19}$$

$$N_k \leqslant T_{gk}/K + G_{gp} \tag{12.20}$$

式中：N_k 为按荷载效应标准组合计算的基桩拔力；G_p 为基桩自重，地下水位以下取浮重度，对于扩底桩应按表12.11确定桩、土柱体周长，计算桩、土自重；G_{gp}为群桩基础所包围体积的桩土总自重除以总桩数，地下水位以下取浮重度；K为综合安全系数，取2.0。

12.2.4 桩的负摩阻力

1. 负摩阻力特征

(1) 负摩阻力产生条件。一般情况下桩受竖向荷载后，相对于桩周土作向下运动，土对桩就产生向上作用的摩阻力，称之为正摩阻力，简称摩阻力。但是若桩周土的沉降大于桩的沉降时，在桩入土深度的全部或一部分长度上将出现向下作用的摩阻力，称之为负摩阻力，如图12.10（a）所示。负摩阻力不但不会对桩顶承受的荷载起支承作用，反而成为桩上的附加荷载，增加桩的沉降或不均匀沉降。

符合下列条件之一，当桩周土层产生的沉降超过基桩的沉降时，计算基桩承载力时应计入桩侧负摩阻力：

1) 桩穿越较厚松散填土、自重湿陷性黄土、欠固结土、液化土层进入相对较硬土层。
2) 桩周存在软弱土层，邻近桩侧地面承受局部较大的长期荷载，或地面大面积堆载（包括填土）。
3) 由于降低地下水位，使桩周土有效应力增大，并产生显著压缩沉降。

(2) 中性点。穿经软弱土层支承于坚硬的持力层的桩基，桩的上段由于桩周土的沉降大于桩身沉降而出现负摩阻力；在靠近持力层（硬层）附近，由于地基土的沉降小于桩的沉降，桩身上仍作用着向上的正摩阻力。因此在桩身某处摩阻力发生正负变号，此点被称为中性点。

中性点是摩阻力变化，桩、土相对位移变化和轴向压力沿桩身变化的特征点，中性点处桩的沉降与桩周土的沉降量相等，该处摩阻力为零，轴向力最大，如图12.10（b）所示。

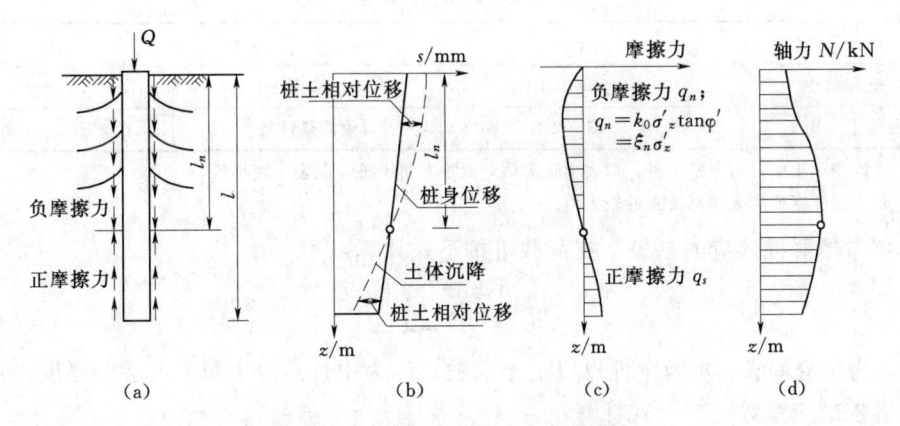

图 12.10 桩的正摩阻力和负摩阻力
(a) 中性点示意；(b) 桩土相对位移随深度变化；
(c) 摩阻力沿深度变化；(d) 桩轴力随深度变化

中性点位置一般可根据桩的沉降与桩周土的沉降相等的条件确定。现场测试结果指出，中性点的深度l_n随持力层的性质而决定的，l_n可参考表12.13确定。

表 12.13　　　　　　　　　　中 性 点 深 度 l_n

持力土层性质	黏性土、粉土	中密以上砂	砾石、卵石	基岩
中性点深度比 l_n/l_0	0.5~0.6	0.7~0.8	0.9	1.0

注　1. l_n、l_0 为自桩顶算起的中性点深度、桩周软弱土层下限深度。
　　2. 桩穿过自重湿陷性黄土层时，可按表列值增大 10%（持力层为基岩除外）。
　　3. 当桩周土层固结与桩基固结沉降同时完成时，取 $l_n=0$。
　　4. 当桩周土层计算沉降量小于 20mm 时，应按表列值乘以 0.4~0.8 折减。

(3) 时间效应。由于负摩阻力由桩侧土层固结沉降所引起，因此负摩阻力的产生和发展均经历一时间过程，过程的长短取决于桩侧土固结完成的时间和桩身沉降所完成的时间。当后者先于前者完成时，则负摩阻力达峰值后稳定不变；反之，负摩阻力达峰值后又会有所降低。固结土层越厚，渗透性越低，负摩阻力达峰值所需时间越长。此外，中性点位置也存在时间效应。

2. 桩侧负摩擦力及其引起的下拉荷载

(1) 中性点以上单桩桩周第 i 层土负摩阻力标准值 q_{si}^n，可按式（12.21）计算，当计算值大于正摩阻力标准值时，取正摩阻力标准值。

$$q_{si}^n = \xi_{ni} \sigma_i' \tag{12.21}$$

式中：ξ_{ni} 为桩周第 i 层土的负摩阻力系数，查表 12.14；σ_i' 为桩周第 i 层土的平均竖向有效应力。

当填土、自重湿陷性黄土湿陷、欠固结土层产生固结和地下水降低时：$\sigma_i' = \sigma_{\gamma i}'$。

当地面分布大面积荷载 p 时：$\sigma_i' = p + \sigma_{\gamma i}'$。

$\sigma_{\gamma i}'$ 为桩周第 i 层土的平均竖向自重有效应力，取该层中点处（深度为 z）的竖向自重有效应力；其深度 z，对于桩群外围桩自地面算起，桩群内部桩自承台底算起。

表 12.14　　　　　　　　　　负 摩 阻 力 系 数 ξ_n

土类	ξ_n	土类	ξ_n
饱和软土	0.15~0.25	砂土	0.35~0.50
黏性土、粉土	0.25~0.40	自重湿陷性黄土	0.20~0.35

注　1. 在同一类土中，对于挤土桩，取表中较大值，对于非挤土桩，取表中较小值。
　　2. 填土按其组成取表中同类土的较大值。

(2) 考虑群桩效应的基桩下拉荷载可按下式计算：

$$Q_g^n = \eta_n u \sum_{i=1}^{n} q_{si}^n l_i \tag{12.22}$$

式中：u 为桩身周长；n 为中性点以上土层数；l_i 为中性点以上第 i 土层的厚度；η_n 为负摩阻力群桩效应系数，按下式计算：

$$\eta_n = s_{ax} s_{ay} \bigg/ \left[\pi d \left(\frac{q_s^n}{\gamma_m} + \frac{d}{4} \right) \right] \tag{12.23}$$

式中：s_{ax}、s_{ay} 分别为纵横向桩的中心距；γ_m 为中性点以上桩周土层厚度加权平均重度（地下水位以下取浮重度）。

对于单桩基础或按式（12.23）计算的群桩效应系数 $\eta_n > 1$ 时，取 $\eta_n = 1$。

12.3 单桩的水平承载力

建筑桩基多数以承受竖向荷载为主，但在风荷载、地震荷载、机械牵引或制动力、土压力、水压力等作用下，也将承受一定的水平荷载，这时除了满足桩基或复合桩基的竖向承载力要求外，还必须验算桩基的水平承载力。此外，对受水平荷载较大，或对水平位移有严格限制的建筑桩基，还应验算桩基（群桩）的水平位移，涉及基桩的变位和内力。

当竖向力、水平力和弯矩共同作用在单桩的桩顶时，竖向力主要使桩身产生轴向位移，水平力和弯矩主要使桩身产生水平位移和弯曲。由于竖向力远小于使桩产生压挠作用的临界荷载，且桩侧土对桩的压挠有一定的阻止作用。因此，通常略去压挠作用，采用叠加原理，将桩顶三个力的作用分解为横向受力和轴向受力，然后再叠加。本节只介绍在横向力作用下单桩的变位和内力的计算。

12.3.1 水平荷载作用下单桩受力特性

在桩顶横向荷载作用下，桩身产生水平位移和转角，出现弯曲应力，桩前土体受侧向挤压，提供水平抗力 σ_x，其大小与该处桩身水平位移和土体抗力系数有关。外力的一部分由桩承担，另一部分通过桩传给桩侧土体。因此，单桩水平承载力主要与地基水平抗力有关，也与桩身材料强度有关。

1. 桩的水平变形系数

对于水平地基系数随深度线性增加的地基，定义桩的水平变形系数 α（1/m）为

$$\alpha = \sqrt[5]{\frac{mb_0}{EI}} \tag{12.24}$$

式中：m 为沿深度不变的水平抗力系数的比例系数，kN/m^4；EI 为桩身的抗弯刚度，kN·m^2；b_0 为考虑桩周土空间受力时的计算宽度，m，与桩径 d 或桩身截面宽度 b 有关。

根据桩的换算埋深 αl（l 为桩的入土深度）可以将桩划分为：弹性长桩，$\alpha l \geqslant 4.0$；中长桩，$2.5 < \alpha l < 4.0$；刚性桩，$\alpha l \leqslant 2.5$。

根据桩土相对刚度的不同，单桩表现出两种破坏状态：一种是刚性短桩因桩的转动或平移而破坏，另一种是弹性长桩因挠曲而破坏。

2. 刚性短桩的破坏

当桩顶自由，桩径较大、桩的入土深度较小及土质较差时，桩的相对刚度很大。在水平力的作用下，不考虑桩身的挠曲变形，桩身如刚体一样围绕桩轴上某点转动［图 12.11 (a)］。此时可将桩视为刚性桩，全桩长范围内土体都达到屈服，水平承载力由桩侧土的强度控制。如果桩径较大，还要考虑桩底土偏心受压时的承载力。

对于桩顶受到承台或桩帽约束而不能产生转动的刚性短桩，桩与承台将一起产生刚体平移［图 12.11 (b)］，当平移量达一定限度时，桩侧土体屈服而破坏。

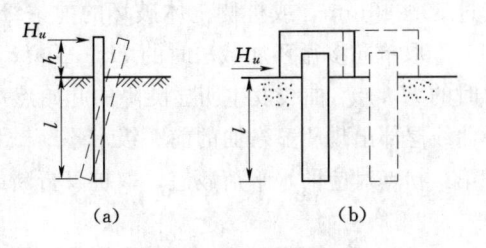

图 12.11 刚性短桩
(a) 桩头自由；(b) 桩头嵌固

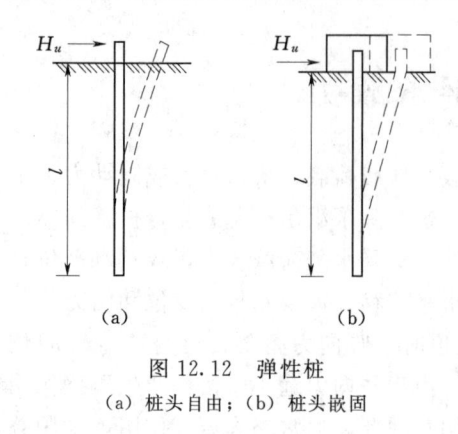

3. 弹性桩的破坏

当桩径较小、桩的入土深度较大、地基较密实时，桩的抗弯刚度与地基刚度相比较小，此时桩犹如地基中的竖直弹性地基梁一样工作。在水平荷载及两侧土压力的作用下，桩身产生如图12.12（a）所示的挠曲，水平承载力由桩身材料的抗弯强度和侧向土抗力所控制。根据桩底边界条件的不同，弹性桩又有长桩和中长桩之分，长桩有足够的入土深度，桩底按固定端考虑；中长桩的计算则取决于桩底的支承条件。

图 12.12 弹性桩
(a) 桩头自由；(b) 桩头嵌固

当中长桩的桩顶嵌固时，桩顶将出现较大的反向固端弯矩［图12.12（b）］，而桩身弯矩相应减小并向下部转移，桩顶水平位移比桩顶自由情况下大大减小。随着荷载的增加，桩顶最大弯矩处和桩身最大弯矩处将相继屈服，桩的承载力达到极限。

如果桩身强度较高，横向荷载作用下桩顶将产生较大的水平位移，此时承载力由位移控制。

12.3.2 单桩水平承载力特征值

单桩水平承载力取决于桩的材料强度、截面刚度、入土深度、桩侧土质条件、桩顶水平位移允许值和桩顶嵌固情况等，其数值比相同情况下的竖向承载力低得多，可按下述方法确定。

1. 单桩水平静载试验

确定单桩水平承载力的方法以水平静载荷试验为最准确的方法，具体试验方法参见《建筑基桩检测技术规范》（JGJ 106—2014）。根据试验结果，绘制水平力-时间-桩顶水平位移曲线（$H_0 - T - x_0$ 曲线），水平力-水平位移梯度曲线（$H_0 - \Delta x_0 / \Delta H_0$ 曲线），水平力-最大弯矩截面钢筋拉应力曲线（$H_0 - \sigma_g$ 曲线），如图 12.13 所示。

（1）单桩的水平临界荷载 H_{cr}。H_{cr} 相当于桩身开裂、受拉区混凝土不能参加工作时的桩顶荷载，按下列方法综合确定：

取单向多循环加载法时的 $H_0 - T - x_0$ 曲线，或慢速维持荷载法时的 $H_0 - x_0$ 曲线出现拐点的前一级水平荷载值；取 $H_0 - \Delta x_0 / \Delta H_0$ 曲线，或 $\lg H_0 - \lg x_0$ 曲线上的第一拐点对应的水平荷载值；

取 $H_0 - \sigma_g$ 曲线第一拐点对应的水平荷载值。

（2）单桩的水平极限荷载 H_u。H_u 为桩身应力达到强度极限，或桩顶水平 x_0 超过 30~40mm，或桩侧土体破坏的前一级荷载，按下列方法确定：

取单向多循环加载法时的 $H_0 - T - x_0$ 曲线产生明显陡降的前一级，或慢速维持荷载法时的 $H_0 - x_0$ 曲线发生明显陡降的起始点对应的水平荷载值；取慢速维持荷载法时的 $x_0 - \lg t$ 曲线尾部出现明显弯曲的前一级水平荷载值；取 $H_0 - \Delta x_0 / \Delta H_0$ 曲线或 $\lg H_0 - \lg x_0$ 曲线上第二拐点对应的水平荷载值；取桩身折断或受拉钢筋屈服时的前一级水平荷载值。

2. 单桩的水平承载力特征值 R_{ha}

对于低配筋率的灌注桩，通常是桩身先出现裂缝，随后断裂破坏，此时单桩水平承载力由桩身强度控制；对于钢筋混凝土预制桩、钢桩、桩身配筋率高的灌注桩，其抗弯性能

12.3 单桩的水平承载力

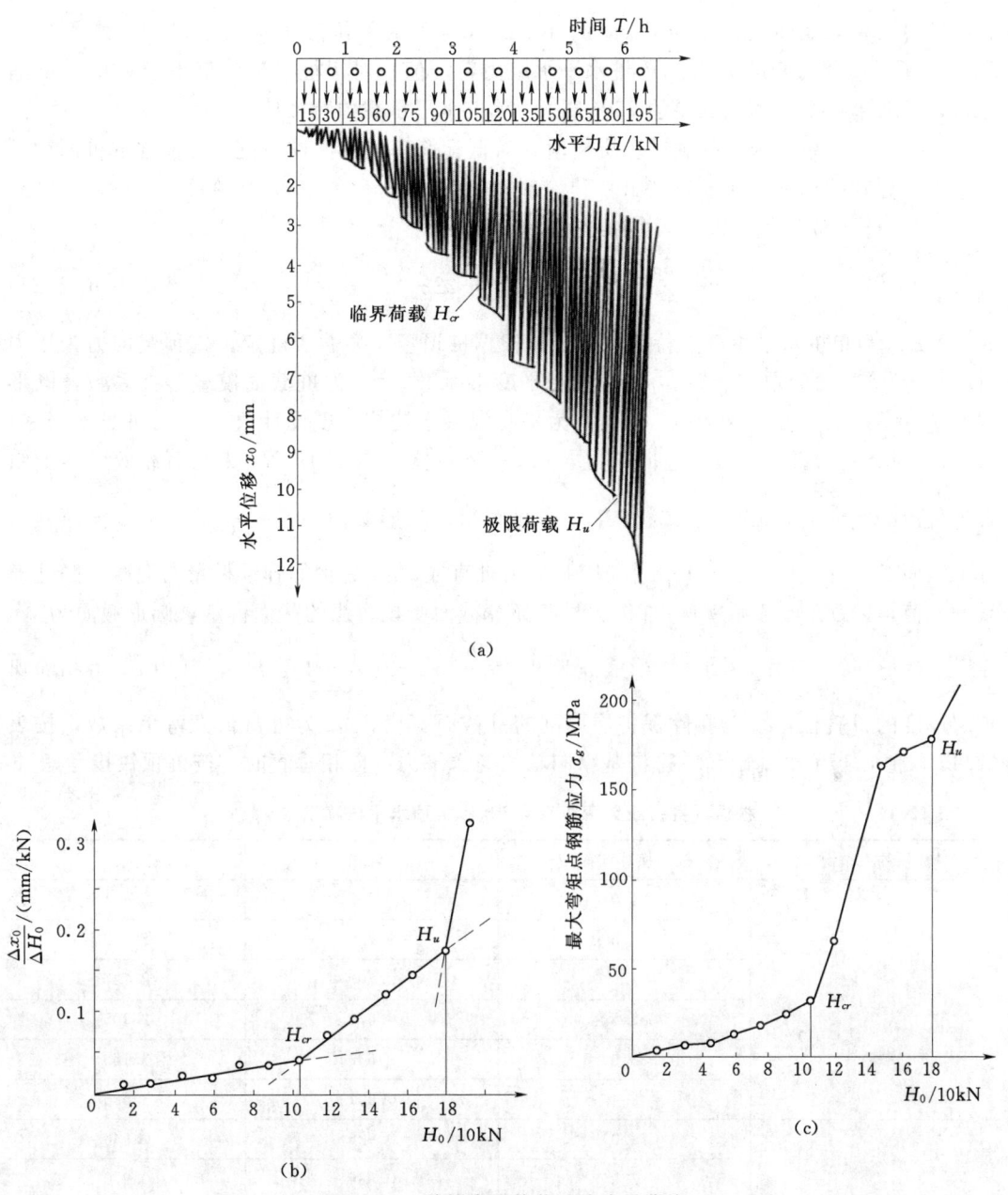

图 12.13 单桩水平静载试验成果曲线
(a) H_0-T-x_0 曲线；(b) H_0-$\Delta x_0/\Delta H$ 曲线；(c) H_0-σ_g 曲线

强，桩身虽未断裂，但由于桩侧土体塑性隆起，或桩顶水平位移大大超过允许值，也认为桩的水平承载力达到极限状态，此时单桩水平承载力由位移控制。

单桩水平承载力特征值 R_{ha} 是指单桩水平承载力设计值，确定方法如下：

(1) 对于受水平荷载较大的设计等级为甲级、乙级的建筑桩基，单桩水平承载力特征值 R_{ha} 应通过单桩水平静载试验确定。

对于钢筋混凝土预制桩、钢桩、桩身正截面配筋率不小于 0.65% 的灌注桩，可根据静载试验结果取地面处水平位移 x_0 为 10mm（对于水平位移敏感的建筑物取水平位移 6mm）所对应的荷载的 75% 为单桩水平承载力特征值；对于桩身配筋率小于 0.65% 的灌注桩，可取单桩水平静载试验的 $75\% H_{cr}$ 为单桩水平承载力特征值。

（2）当缺少单桩水平静载试验资料时，对低配筋率的灌注桩、抗弯性能强的桩两种不同条件，分别按如下方法计算其 R_{ha}。

1）桩身配筋率小于 0.65% 的灌注桩。

$$R_{ha}=\frac{0.75\alpha\gamma_m f_t W_0}{\nu_M}(1.25+22\rho_g)\left(1\pm\frac{\zeta_N N_k}{\gamma_m f_t A_n}\right) \qquad (12.25)$$

式中：R_{ha} 为单桩水平承载力特征值，±号根据桩顶竖向力性质确定，桩顶竖向力为压力时取"+"，拉力时取"—"；α 为桩的水平变形系数；γ_m 为桩截面模量塑性系数，圆形截面 $\gamma_m=2$，矩形截面 $\gamma_m=1.75$；f_t 为桩身混凝土抗拉强度设计值；ρ_g 为桩身配筋率；ζ_N 为桩顶竖向力影响系数，竖向压力取 0.5；竖向拉力取 1.0；N_k 为在荷载效应标准组合下桩顶的竖向力，kN；A_n 为桩身换算截面积，圆形截面 $A_n=\frac{\pi d^2}{4}[1+(\alpha_E-1)\rho_g]$，方形截面 $A_n=b^2[1+(\alpha_E-1)\rho_g]$，其中 d 为桩直径，α_E 为钢筋弹性模量与混凝土弹性模量的比值，b 为方形截面边长；W_0 为桩身换算截面受拉边缘的截面模量，圆形截面为 $W_0=\frac{\pi d}{32}[d^2+2(\alpha_E-1)\rho_g d_0^2]$，方形截面为 $W_0=\frac{b}{6}[b^2+2(\alpha_E-1)\rho_g b_0^2]$，其中 d_0 为扣除保护层厚度的桩直径，b_0 为扣除保护层厚度的桩截面宽度；ν_M 为桩身最大弯矩系数，按表 12.15 取值，当单桩基础和单排桩基纵向轴线与水平力方向相垂直时，按桩顶铰接考虑。

表 12.15　　　　桩顶（身）最大弯矩系数 ν_M 和桩顶水平位移系数 ν_x

桩顶约束情况	桩的换算埋深 αl	ν_M	ν_x
铰接、自由	4.0	0.768	2.441
	3.5	0.750	2.502
	3.0	0.703	2.727
	2.8	0.675	2.905
	2.6	0.639	3.163
	2.4	0.601	3.526
固接	4.0	0.926	0.940
	3.5	0.934	0.970
	3.0	0.967	1.028
	2.8	0.990	1.055
	2.6	1.018	1.079
	2.4	1.045	1.095

注　铰接（自由）的 ν_M 系桩身的最大弯矩系数，固接的 ν_M 系桩顶的最大弯矩系数；当 $\alpha l > 4$ 时取 $\alpha l = 4$。
　　对于混凝土护壁的挖孔桩，计算单桩水平承载力时，其设计桩径取护壁内直径。

2）由水平位移控制的桩。预制桩、钢桩、桩身配筋率不小于 0.65% 的灌注桩，其单桩水平承载力特征值为

12.3 单桩的水平承载力

$$R_{ha}=0.75\frac{\alpha^3 EI}{\nu_x}x_{0a} \qquad (12.26)$$

式中：EI 为桩身抗弯刚度，钢筋混凝土桩 $EI=0.85E_cI_0$，其中 I_0 为桩身换算截面惯性矩，圆形截面为 $I_0=W_0d_0/2$，矩形截面为 $I_0=W_0b_0/2$；x_{0a} 为桩顶允许水平位移；ν_x 桩顶水平位移系数，按表 12.15 取值，取值方法同 ν_M。

验算永久荷载控制的桩基的水平承载力时，应将上述（1）、（2）确定的 R_{ha}，乘以调整系数 0.80。

验算地震作用桩基的水平承载力时，宜将上述（1）、（2）确定的 R_{ha}，乘以调整系数 1.25。

12.3.3 水平荷载作用下弹性桩分析

1. 地基土水平抗力系数

分析单桩的水平变位和内力时通常采用文克尔假定，即将承受水平荷载的单桩视为弹性地基中的竖直梁，地基土的水平抗力 $\sigma_x(z)$ 与该点的水平位移 $x(z)$ 成正比例关系

$$\sigma_x(z)=k_z x(z) \qquad (12.27)$$

式中：k_z 为地基土水平抗力系数，亦称为弹性基床系数或地基系数，表示地基土产生单位压缩量时单位面积上的反力，与地基土类别、物理力学性质、桩入土深度等有关，kN/m^3。

目前，国内外较常采用的地基水平抗力系数计算方法有常数法、m 法、k 法和 c 值法等 4 种，如图 12.14 所示。其中 m 法在欧美等国广泛使用，我国铁路、建筑等行业也采用该法，我国公路桥梁在推荐采用 m 法的同时，也推荐了 c 值法。

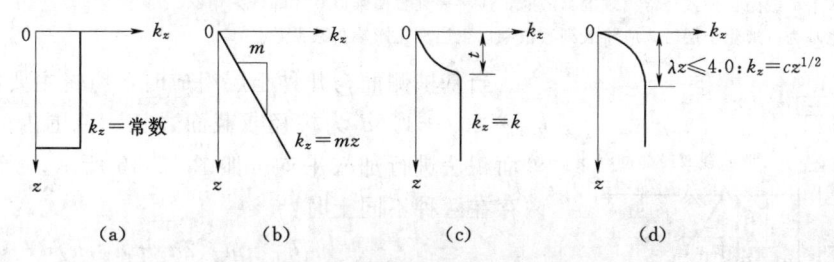

图 12.14 地基水平抗力系数分布图
(a) 常数法；(b) m 法；(c) k 法；(d) c 值法

上述 4 种方法的计算结果是不同的，使用时应根据土类和桩变位情况选择，一般说来，m 法和 c 值法适用于一般黏性土和砂性土，当桩水平位移较大时 m 法比较接近实际，当桩水平位移较小时 c 值法比较接近实际。

2. "m 法"的计算参数

"m 法"假设地基水平抗力系数随深度线性增长 $k_z=mz$，有关计算参数可按如下方法确定。

（1）比例系数 m 值。桩侧土水平抗力系数的比例系数 m 宜通过单桩水平静载试验确定。当桩顶自由且水平力作用位置位于地面处时，m 值应按以下公式确定：

$$m=\frac{(\nu_x H_0)^{5/3}}{b_0 x_0^{5/3}(EI)^{2/3}} \qquad (12.28)$$

式中：ν_x 为桩顶水平位移系数，根据 αl 值查表 12.15，如 $\alpha l \geqslant 4.0$ 时，$\nu_x = 2.441$（先假定 m 值，试算 α）；H_0、x_0 分别为作用于地面的水平力、水平力作用点的水平位移，可分别取为 H_{cr}、相应的水平位移 x_{cr}；b_0 为单桩的桩身计算宽度。

无单桩的水平静载试验资料时，m 按表 12.16 取值。

表 12.16　　地基土水平抗力系数的比例系数 m 值

序号	地基土类别	预制桩、钢桩 m /(MN/m⁴)	相应单桩在地面处水平位移/mm	灌注桩 m /(MN/m⁴)	相应单桩在地面处水平位移/mm
1	淤泥；淤泥质土；饱和湿陷性黄土	2～4.5	10	2.5～6	6～12
2	流塑（$I_L > 1$）、软塑（$0.75 < I_L \leqslant 1$）状黏性土；$e > 0.9$ 粉土；松散粉细砂；松散、稍密填土	4.5～6.0	10	6～14	4～8
3	可塑（$0.25 < I_L \leqslant 0.75$）状黏性土、湿陷性黄土；$e = 0.75 \sim 0.9$ 粉土；中密填土；稍密细砂	6.0～10	10	14～35	3～6
4	硬塑（$0 < I_L \leqslant 0.25$）、坚硬（$I_L \leqslant 0$）状黏性土、湿陷性黄土；$e < 0.75$ 粉土；中密的中粗砂；密实老填土	10～22	10	35～100	2～5
5	中密、密实的砾砂、碎石类土			100～300	1.5～3

注 1. 当桩顶水平位移大于表列数值或灌注桩配筋率较高（$\geqslant 0.65\%$）时，m 值应适当降低；当预制桩的水平位移小于 10mm 时，m 值可适当提高。
2. 当水平荷载为长期或经常出现的荷载时，应将表列数值乘以 0.4 降低采用。
3. 当地基为可液化土层时，应将表列数值乘以土层液化影响折减系数。

当基桩侧面为几种土层组成时，应将主要影响深度 $h_m = 2(d+1)$（d 为桩径或截面边长）范围内的 m 值按等面积法进行加权平均。如图 12.15 所示，当 h_m 深度内存在两种不同土时：

$$m = \frac{m_1 h_1^2 + m_2(2h_1 + h_2)h_2}{h_m^2} \quad (12.29)$$

当 h_m 深度内存在 3 种不同土时：

$$m = \frac{m_1 h_1^2 + m_2(2h_1 + h_2)h_2 + m_3(2h_1 + 2h_2 + h_3)h_3}{h_m^2}$$

(12.30)

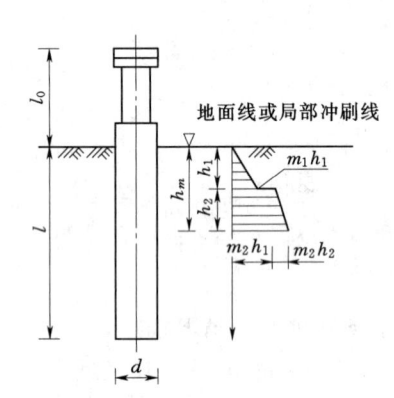

图 12.15　主要影响深度 h_m 内的 m 值计算示意

（2）单桩桩身的计算宽度。试验证明，当竖直单桩的桩顶承受的水平力达到某一值时，与该侧向力相反一侧桩背的土将产生按某一角度 α 扩散的裂缝，这说明桩侧土具有抵抗作用的宽度 b_0 大于桩身实际宽度 b，如图 12.16 所示。

单桩的桩身计算宽度 b_0，按如下方法确定：

当直径 d 或边宽 $b > 1$m 时，方形桩，$b_0 = b + 1$；圆形桩，$b_0 = 0.9(d + 1)$。

当直径 d 或边宽 $b \leqslant 1$m 时，方形桩，$b_0 = 1.5b + 0.5$；圆形桩，$b_0 = 0.9(1.5d +$

12.3 单桩的水平承载力

0.5)。

计算低承台桩基中承台的水平抗力时,承台计算宽度的确定方法与单桩桩身计算宽度的计算方法相同,承台的计算宽度一般用 B_0 表示。

需要指出的是,计算宽度只用于计算地基水平抗力,不能用于计算其截面性质。

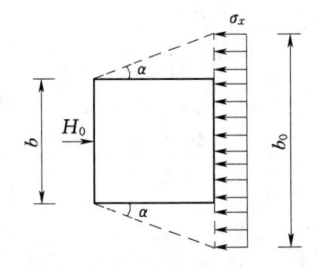

3. 单桩挠曲微分方程及解答

(1) 微分方程。桩顶高出地面时,采用取分离体方法可

图 12.16 单桩的计算宽度

求解其各截面内力,桩顶的水平变位也可根据地面处桩身的变位来求出。因此,仅需考虑桩顶与地面齐平及桩顶作用横向力(水平力 H_0 和弯矩 M_0)时的情形,桩顶的水平位移、桩轴线转角分别为 x_0 和 φ_0(待定),如图 12.16 所示。

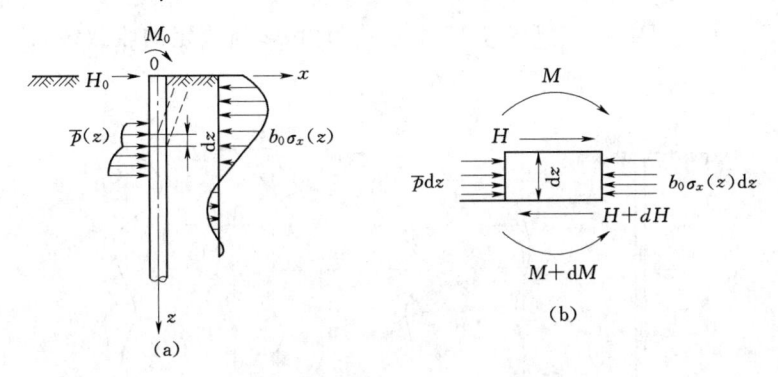

图 12.17 桩顶与地面齐平的单桩
(a) 桩的挠曲;(b) 微分段力系

符号规定为:桩身的水平位移 $x(z)$ 顺 x 轴正向为正,桩轴线转角 $\varphi(z)$ 逆时针方向为正,剪力 H 以指向 x 轴正向为正,弯矩 M 以桩左侧纤维受拉时为正。根据材料力学中梁的挠曲微分方程可得

$$EI\frac{d^4x}{dz^4}=\overline{p}(z)-b_0\sigma_x(z) \tag{12.31}$$

一般情况下,地面以下的桩身所承受的水平分布荷载 $\overline{p}$(kN/m)为零;桩周土的水平抗力采用"m 法"来计算,即 $\sigma_x(z)=(mz)x(z)$。桩的水平变形系数为 $\alpha=\sqrt[5]{\dfrac{mb_0}{EI}}$,桩挠曲线的微分方程可写为

$$\frac{d^4x}{dz^4}+\alpha^5 zx=0 \tag{12.32}$$

式(12.32)为四阶齐次线性常微分方程,可采用幂级数等近似方法求解,求得桩轴线的挠曲线方程为

$$x(z)=x_0 A_1+\frac{\varphi_0}{\alpha}B_1+\frac{M_0}{\alpha^2 EI}C_1+\frac{H_0}{\alpha^3 EI}D_1 \tag{12.33}$$

式中：A_1、B_1、C_1、D_1 为由换算深度 αz 所决定的收敛级数，其表达式参见有关书籍。

对上式取一阶、二阶、三阶、四阶导数并整理，可以得到用桩顶横向力 M_0、H_0，以及桩顶变位 x_0、φ_0 表示的桩身各截面的变位和内力的表达式，见下面式（12.34）～式（12.36）。桩身的变位与内力、桩侧土水平抗力随深度的变化，如图 12.18 所示。

$$\frac{\varphi}{\alpha}=x_0 A_2+\frac{\varphi_0}{\alpha}B_2+\frac{M_0}{\alpha^2 EI}C_2+\frac{H_0}{\alpha^3 EI}D_2 \tag{12.34}$$

$$\frac{M}{\alpha^2 EI}=x_0 A_3+\frac{\varphi_0}{\alpha}B_3+\frac{M_0}{\alpha^2 EI}C_3+\frac{H_0}{\alpha^3 EI}D_3 \tag{12.35}$$

$$\frac{H}{\alpha^3 EI}=x_0 A_4+\frac{\varphi_0}{\alpha}B_4+\frac{M_0}{\alpha^2 EI}C_4+\frac{H_0}{\alpha^3 EI}D_4 \tag{12.36}$$

式中：A_2、B_2、C_2、D_2、$\cdots$、D_4 等 12 个系数为由 αz 所决定的收敛级数，其表达式参见有关书籍。

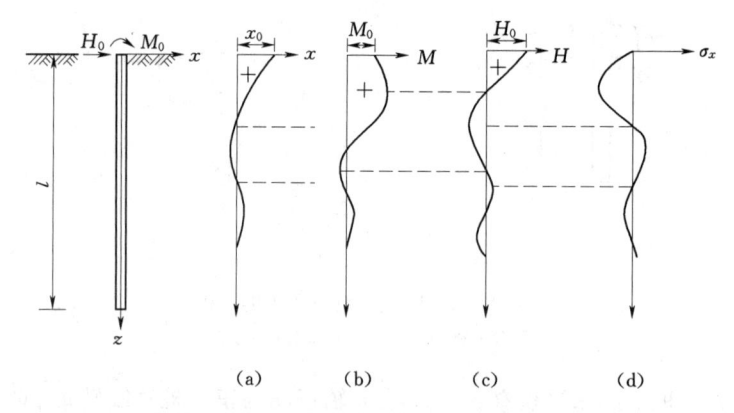

图 12.18 单桩内力与变位曲线
(a) 桩身水平变位；(b) 桩身弯矩；(c) 桩身剪力；(d) 地基水平反力

（2）桩顶变位。M_0、H_0 由桩顶受力情况确定，是已知量；x_0、φ_0 是待求量，需由桩端边界条件来确定，不同类型桩的桩底边界条件不同，应根据不同的边界条件来求解 x_0 和 φ_0，其表达式如下：

$$\left.\begin{aligned} x_0 &= H_0 \delta_{HH}+M_0 \delta_{HM} \\ \varphi_0 &= -(H_0 \delta_{MH}+M_0 \delta_{MM}) \end{aligned}\right\} \tag{12.37}$$

当桩端嵌入岩层时，桩端的边界条件为位移和转角均为零，即 $x_h=0$，$\varphi_h=0$。此时：

$$\left.\begin{aligned} \delta_{HH} &= \frac{1}{\alpha^3 EI}\frac{B_2 D_1-B_1 D_2}{A_2 B_1-A_1 B_2} & \delta_{HM} &= \frac{1}{\alpha^2 EI}\frac{B_2 C_1-B_1 C_2}{A_2 B_1-A_1 B_2} \\ \delta_{MH} &= \frac{1}{\alpha^2 EI}\frac{A_2 D_1-A_1 D_2}{A_2 B_1-A_1 B_2} & \delta_{MM} &= \frac{1}{\alpha EI}\frac{A_2 C_1-A_1 C_2}{A_2 B_1-A_1 B_2} \end{aligned}\right\} \tag{12.38}$$

式中：δ_{HH}、$-\delta_{MH}$ 分别为在 $H_0=1$ 作用下桩顶所产生的横向位移（m/kN）和转角（rad/kN）；δ_{HM}、$-\delta_{MM}$ 分别为在 $M_0=1$ 作用下桩顶所产生的横向位移[m/（kN·m）]和转角[rad/（kN·m）]；其数值由单桩的换算埋深 αl 查有关表格可得。根据位

12.3 单桩的水平承载力

移互等定理，有 $|\delta_{HM}| = |\delta_{MH}|$。

当桩端支承在非岩石类土中或基岩表面时，桩端既可移动也可转动，忽略桩底面的摩擦力，即 $H_l = 0$，$M_l = -\varphi_l C_0 I_0$，其中：I_0 为桩底截面惯性矩，非扩底桩 $I_0 = I$；C_0 为基底土的竖向地基系数，$C_0 = ml$，当 $l < 10\text{m}$ 时以 10m 代入计算 C_0。此时：

$$\left.\begin{aligned}\delta_{HH} &= \frac{1}{\alpha^3 EI} \frac{(B_3 D_4 - B_4 D_3) + K_l (B_2 D_4 - B_4 D_2)}{(A_3 B_4 - A_4 B_3) + K_l (A_2 B_4 - A_4 B_2)} \\ \delta_{HM} &= \frac{1}{\alpha^2 EI} \frac{(B_3 C_4 - B_4 C_3) + K_l (B_2 C_4 - B_4 C_2)}{(A_3 B_4 - A_4 B_3) + K_l (A_2 B_4 - A_4 B_2)} \\ \delta_{MH} &= \frac{1}{\alpha^2 EI} \frac{(A_3 D_4 - A_4 D_3) + K_l (A_2 D_4 - A_4 D_2)}{(A_3 B_4 - A_4 B_3) + K_l (A_2 B_4 - A_4 B_2)} \\ \delta_{MM} &= \frac{1}{\alpha EI} \frac{(A_3 C_4 - A_4 C_3) + K_l (A_2 C_4 - A_4 C_2)}{(A_3 B_4 - A_4 B_3) + K_l (A_2 B_4 - A_4 B_2)}\end{aligned}\right\} \quad (12.39)$$

式中：δ_{HH}、$-\delta_{MH}$、δ_{HM}、$-\delta_{MM}$ 的意义同上，其数值由换算埋深 αl 查有关表格，$\delta_{HM} = \delta_{MH}$；$K_l = \frac{C_0 I_0}{\alpha EI}$，其中，$I_0$ 为桩底截面惯性矩，非扩底桩 $I_0 = I$；C_0 为基底土的竖向地基系数，$C_0 = ml$，当 $l < 10\text{m}$ 时以 10m 代入计算 C_0。

当桩端支承在非岩石类土中，且 $\alpha l \geq 2.5$ 时；或桩端支承在基岩表面，且 $\alpha l \geq 3.5$ 时，φ_h 甚小，可认为 $M_l = 0$，故此时可令 $K_l = 0$，式（12.39）可简化如下：

$$\left.\begin{aligned}\delta_{HH} &= \frac{1}{\alpha^3 EI} \frac{(B_3 D_4 - B_4 D_3)}{(A_3 B_4 - A_4 B_3)} = \frac{1}{\alpha^3 EI} A_f \\ \delta_{HM} &= \frac{1}{\alpha^2 EI} \frac{(B_3 C_4 - B_4 C_3)}{(A_3 B_4 - A_4 B_3)} = \frac{1}{\alpha^2 EI} B_f \\ \delta_{MM} &= \frac{1}{\alpha EI} \frac{(A_3 C_4 - A_4 C_3)}{(A_3 B_4 - A_4 B_3)} = \frac{1}{\alpha EI} C_f\end{aligned}\right\} \quad (12.40)$$

式中：A_f、B_f、C_f 为无量纲系数，其数值由换算埋深 αl 查有关表格，$\delta_{MH} = \delta_{HM}$。

大量的计算结果表明，当桩的换算埋深 $\alpha l \geq 4.0$ 时，无论是嵌岩桩，还是桩端支承在非岩石类土中或基岩表面时，桩身在地面处的位移 x_0 和转角 φ_0 与桩端的边界条件无关，即计算 $\delta_{HH} \sim \delta_{MM}$ 既可采用式（12.38），也可采用式（12.40）。

(3) 桩身最大弯矩值及其位置。设计桩身截面配筋，最关键的是求出桩身最大弯矩值 M_{max} 和其相应的截面位置 z_0。根据最大弯矩截面的剪应力为零的条件，可以得出以下结论：

根据桩顶荷载 H_0、M_0 和桩的水平变形系数 α，计算系数 $C_I = \alpha M_0 / H_0$。由系数 C_I 查表 12.17，得到相应的换算深度 $\overline{h} = \alpha z$，于是求得最大弯矩截面的深度 z_0 为

$$z_0 = \overline{h} / \alpha \quad (12.41)$$

由相应的换算深度 $\overline{h}$，查表 12.17 得到桩身最大弯矩系数 C_{II}，则

$$M_{max} = C_{II} M_0 \quad (12.42)$$

一般当桩的深度 $z \geq 4.0/\alpha$ 时，桩身的内力和位移已几乎为零，在此深度范围内，桩身仅需按构造配筋或不配钢筋。

表 12.17　　　　桩身最大弯矩位置及最大弯矩系数位置系数 C_M

$\bar{h}=\alpha z$	$C_{\mathrm{I}}=\alpha M_0/H_0$	C_{II}	$\bar{h}=\alpha z$	$C_{\mathrm{I}}=\alpha M_0/H_0$	C_{II}
0.0	∞	1.000	1.4	−0.145	−4.596
0.1	131.252	1.001	1.5	−0.299	−1.876
0.2	34.186	1.004	1.6	−0.434	−1.128
0.3	15.544	1.012	1.7	−0.555	−0.740
0.4	8.781	1.029	1.8	−0.665	−0.530
0.5	5.539	1.057	1.9	−0.768	−0.396
0.6	3.710	1.101	2.0	−0.865	−0.304
0.7	2.566	1.169	2.2	−1.048	−0.187
0.8	1.791	1.274	2.4	−1.230	−0.118
0.9	1.238	1.441	2.6	−1.420	−0.074
1.0	0.824	1.728	2.8	−1.635	−0.045
1.1	0.503	2.299	3.0	−1.893	−0.026
1.2	0.246	3.876	3.5	−2.994	−0.003
1.3	0.034	23.408	4.0	−0.045	−0.011

注　本表仅适用于换算埋深 $\alpha l \geqslant 4.0$ 的情形，$\alpha l < 4.0$ 时可查有关设计手册。

12.4　群桩的竖向承载力及沉降计算

12.4.1　竖向荷载作用下群桩工作性状

1. 群桩效应

群桩效应是指群桩基础受竖向荷载后，由于承台、桩、土的相互作用，使其桩侧阻力、桩端阻力、沉降等性状发生变化而与单桩明显不同，承载力往往不等于各单桩承载力之和。

群桩的工作特性可以用群桩效应系数 η 和沉降比 ξ 两个指标来反映。桩侧阻端阻综合群桩效应系数 η_{sp} 是指群桩中的基桩平均极限承载力与单桩极限承载力之比，用于评价基桩承载力发挥的程度；沉降比 ξ 是在竖向荷载 nQ 作用下群桩的沉降量与在竖向荷载 Q 作用下单桩工作时沉降量之比，可反映群桩的沉降特性。

(1) 端承型群桩基础。端承型群桩的桩端持力层坚硬，桩的贯入变形小，由桩身压缩引起的桩顶沉降也不大，所以承台分担荷载的作用和桩侧摩阻力的扩散作用一般均予以考虑。

如图 12.19 所示，桩尖下压力分布面积与桩底截面面积近乎相等，各桩承压面不会重叠，没有压力叠加作用。因此群桩的承载力等于各单桩承载力之和，各桩受到相同荷载时，群桩的沉降几乎与单桩的沉降相等。

端承型群桩基础的综合群桩效应系数 $\eta_{sp}=1$；端承型群桩由于持力层坚硬，其沉降不会因桩端应力的叠加效应而显著增加，一般无需计算其沉降，其沉降比 $\xi \approx 1$。

12.4 群桩的竖向承载力及沉降计算

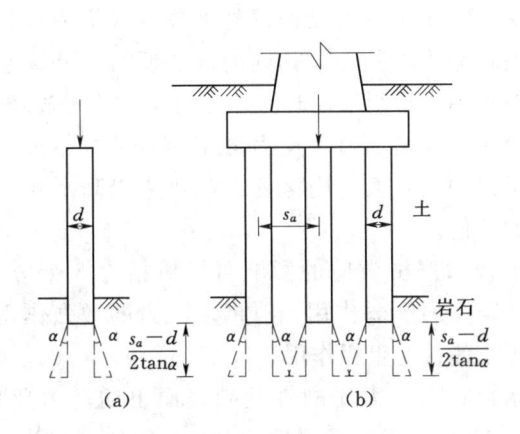

图 12.19 端承型桩单桩和群桩的应力分布
(a) 单桩；(b) 群桩

图 12.20 摩擦型单桩和群桩的应力传布
(a) 单桩；(b) 群桩

(2) 摩擦型群桩基。摩擦桩在竖向荷载作用下会形成承台-桩-土共同作用，工作性状趋于复杂，基桩的性质与单桩有很大不同。一般假定桩侧摩阻力在土中引起的附加应力 σ_z 按 α 角沿桩长向下扩散分布至桩端平面，如图 12.20（a）所示。

当桩数少，桩的中心距 s_a 较大（$s_a>6d$）时，桩端平面处各桩传来的压力互不重叠或重叠不多，此时基桩的工作情况与单桩一致，故群桩的承载力等于各单桩承载力之和，或基桩的承载力等于单桩的承载力。此时综合群桩效应系数 $\eta_{sp}=1$；摩擦群桩的沉降明显超过单桩，其沉降比 $\xi>1$。

但当桩数多，桩距较小[$s_a=(3\sim4)d$]时 [图 12.20（b）]，桩端平面处各桩传来的压力重叠，基桩桩端处的压力远大于单桩，压缩层厚度也比单桩大，若限制群桩沉降量与单桩沉降量相同，则基桩的承载力比单桩承载力低。此时综合群桩效应系数 $\eta_{sp}<1$。

不过，也有工程实践和试验研究表明，采用综合群桩效应系数可能会低估群桩的承载力。如砂土和粉土中的群桩，群桩效应使桩的侧阻力提高，这与黏性土中的群桩不同。因此，摩擦型群桩效应系数，对于砂土来说存在 $\eta_{sp}>1$，而对于黏性土，高承台群桩的 η_{sp} 一般不大于 1，低承台群桩由承台分担荷载作用，η_{sp} 可大于 1。对于粉土，由于沉降硬化与低承台的增强效应，在 $s_a=(3\sim4)d$ 时，η_{sp} 一般大于 1，与砂土接近。

由于实际场地中具有不同群桩效应系数的黏性土、粉土、砂土层往往交互出现，且水平向分布不均，因此 η_{sp} 的确定是一件十分困难的事情。国外有关规范规定当 $s_a>3d$ 时不考虑群桩效应，我国规定除桩排数小于 3 和桩数小于 9 的非挤土端承桩的最小桩距可为 $2.5d$ 外，其余均不小于 $3d$。因此对于摩擦型群桩，规范对其群桩效应不予考虑，只考虑其承台效应。

2. 承台效应

承台效应通过承台效应系数 η_c 来评价，指在竖向荷载下承台地基土承载力的发挥率，用于计算承台底地基土分担荷载的比例。考虑承台效应的桩基通常被称为复合桩基。

承台分担作用以群桩整体下沉为前提，即桩端贯入持力层，促使群桩整体下沉，承台底土体受压缩，然后产生接触应力（土反力）。刚性承台底面下的土反力呈马鞍形分布，

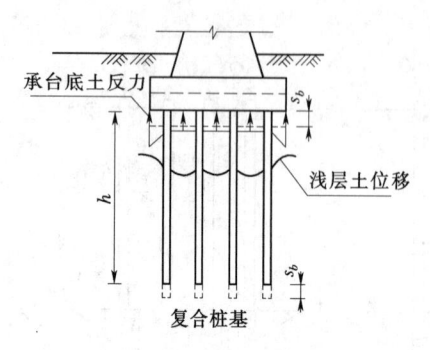

图 12.21 复合桩基承台底反力分布

如图 12.21 所示。若以群桩外围包络线为界，将承台底面积分为内外两区，则内区的反力比外区小而且比较均匀，桩距增加时内外区的反力差明显降低。承台分担荷载增加时，反力分布图示基本不变。因此，可以加大外区与内区的面积比来提高承台分担荷载的比例。

承台对群桩效应的影响可以概括为 3 个方面：对桩侧阻力的削弱作用，对桩端阻力的增强作用和对桩周土侧移的阻拦作用。

承台底土反力比刚性基础底面下的反力要低，其大小及分布形式，随桩顶荷载水平、桩距与桩径之比、承台宽度与桩长之比等有关。

考虑承台效应时应注意只有在桩基沉降不会危及建筑物的安全和正常使用，且承台底不与软土直接接触时，才可以考虑承台底土反力的分担荷载潜力。对于端承型群桩、高承台摩擦型群桩及低承台摩擦型群桩承台有可能与土体脱空时通常不考虑承台效应。

12.4.2 基桩或复合基桩竖向承载力特征值

对于端承型桩基、桩数少于 4 根的摩擦型柱下独立桩基、或由于地层土性、使用条件等因素不宜考虑承台效应时，群桩中基桩的竖向承载力特征值 R 等于单桩竖向承载力特征值 R_a：

$$R = R_a \tag{12.43}$$

对于符合下列条件之一的摩擦型桩基，复合基桩竖向承载力特征值应考虑承台效应：

（1）上部结构刚度较大、体形简单的建（构）筑物。由于其可适应较大的变形，承台分担的荷载份额往往也较大。

（2）对于差异变形适应性较强的排架结构和柔性构筑物桩基。采用考虑承台效应的复合桩基不致降低安全度。

（3）按变刚度调平原则设计的核心筒外围框架柱桩基。适当增加沉降、降低基桩支撑刚度，可达到减小差异沉降、降低承台外围基桩反力、减小承台整体弯矩的目标。

（4）软土地区减沉复合疏桩基础。考虑承台效应按复合桩基设计是该方法的核心。复合基桩竖向承载力特征值为

不考虑地震作用时：

$$R = R_a + \eta_c f_{ak} A_c \tag{12.44}$$
$$A_c = (A - nA_{ps})/n$$

考虑地震作用时：

$$R = R_a + \frac{\zeta_a}{1.25} \eta_c f_{ak} \frac{A - nA_{ps}}{n} \tag{12.45}$$

式中：f_{ak} 为承台下 1/2 承台宽度且不大于 5m 深度范围内各层土的地基承载力特征值的平均值，按厚度加权；A_c 为计算基桩所对应的承台底净面积；A_{ps} 为桩身截面面积；A 为承台计算域面积，对于柱下独立桩基 A 为承台总面积，对于桩筏基础 A 为柱、墙筏板的 1/2 跨距和悬臂边 2.5 倍筏板厚度所围成的面积；桩集中布置于单片墙下的桩筏基

础，取墙两边各 1/2 跨距围成的面积，按条基计算 η_c；ζ_a 为地基抗震承载力调整系数，按《建筑抗震设计规范》（GB 50011）采用。

上述式中 η_c 为承台效应系数，按表 12.18 取值；当承台底为可液化土、湿陷性土、高灵敏度软土、欠固结土、新填土时，沉桩引起超孔隙水压力和土体隆起时，不考虑承台效应，取 $\eta_c=0$。

表 12.18　　　　　　　　　　承台效应系数 η_c

B_c/l \ s_a/d	3	4	5	6	>6
≤0.4	0.06~0.08	0.14~0.17	0.22~0.26	0.32~0.38	
0.4~0.8	0.08~0.10	0.17~0.20	0.26~0.30	0.38~0.44	0.50~0.80
>0.8	0.10~0.12	0.20~0.22	0.30~0.34	0.44~0.50	
单排桩条形承台	0.15~0.18	0.25~0.30	0.38~0.45	0.50~0.60	0.50~0.80

注　1. 表中 s_a/d 为桩中心距与桩径之比；B_c/l 为承台宽度与桩长之比。当计算基桩为非正方形排列时，$s_a=\sqrt{A/n}$，A 为承台计算域面积，n 为总桩数。
　　2. 对于桩布置于墙下的箱、筏承台，η_c 可按单排桩条形承台取值。
　　3. 对于单排桩条形承台，当承台宽度小于 1.5d 时，η_c 按非条形承台取值。
　　4. 对于采用后注浆灌注桩的承台，η_c 宜取低值。
　　5. 对于饱和黏性土中的挤土桩基、软土地基上的桩基承台，η_c 宜取低值的 0.8。

12.4.3　群桩竖向承载力计算

1. 端承型群桩或桩数少于 4 根的摩擦型柱下独立桩基

$$P_u=nQ_u \tag{12.46}$$

式中：P_u 为群桩的竖向极限承载力；Q_u 为单桩的竖向极限承载力；n 为群桩中基桩的数量。

2. 桩距 $s_a \geqslant 3d$ 的非挤土摩擦型群桩

侧阻多呈单桩单独破坏，即侧阻力的剪切破坏面发生于各基桩的桩-土界面或近桩表面的土体中，这种破坏模式一般不考虑群桩效应，因此群桩的竖向极限承载力 P_u 为单桩承载力之和。

不计承台分担荷载作用时

$$P_u=nQ_u=n(u\sum q_{sik}l_i+q_{pk}A_p) \tag{12.47}$$

式中符号意义同前。

考虑承台分担荷载作用时

$$P_u=nKR \tag{12.48}$$

式中：R 为复合基桩的竖向承载力特征值；K 为安全系数，$K=2.0$。

上述两种情况，只需计算与验算基桩或复合基桩的承载力，而无需验算群桩的承载力。

3. 桩距 $s_a<3d$ 的挤土摩擦型群桩

侧阻一般呈桩-土整体破坏，即侧阻力的剪切破坏面发生于桩群、土形成的实体基础的外侧表面，因此群桩的极限承载力计算可视为实体深基础。根据太沙基（Terzaghi，1943）、派克（Peck，1967）等的建议，实体深基础的承载力取下面两种计算模式之较小值，如图12.22所示。

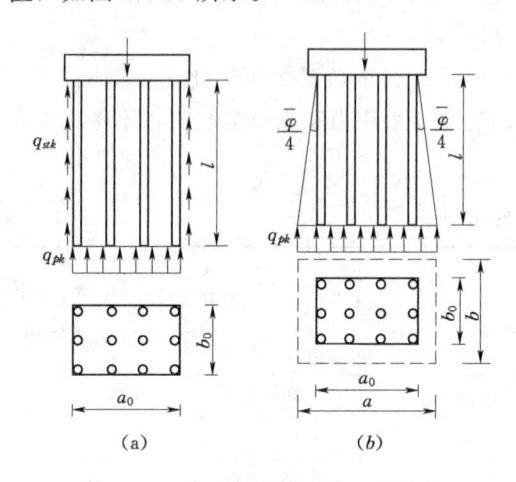

图12.22 复合桩基承台底反力分布
(a) 不考虑应力扩散；(b) 考虑应力扩散

(1) 不考虑应力扩散。如图12.22（a）所示，群桩极限承载力 P_u 等于实体深基础总侧阻力与总端阻力之和，即

$$P_u = 2(a_0+b_0)\sum q_{sik}l_i + a_0 b_0 q_{pu} \quad (12.49)$$

(2) 考虑应力扩散。假定实体深基础外围侧阻力传递的荷载呈 $\overline{\varphi}/4$ 扩散分布于基底，$\overline{\varphi}$ 为桩侧各土层内摩擦角的加权平均值（按厚度加权），如图12.22（b）所示。

$$P_u = abq_{pu} = \left(a_0 + 2l\tan\frac{\overline{\varphi}}{4}\right)\left(b_0 + 2l\tan\frac{\overline{\varphi}}{4}\right)q_{pu} \quad (12.50)$$

式中：q_{sik} 为桩侧第 i 层土的极限侧阻力；q_{pu} 为实体深基础底面下土的极限承载力；l 为桩长，低承台群桩，l 自承台底面以下算起；高承台群桩，l 自地面或局部冲刷线以下算起；a_0、b_0 分别为桩群外缘矩形底面的长、短边边长。

对于桩端持力层较密实、桩长不大，或密实持力层上覆软土层，此时 q_{pu} 可按浅基础整体剪切破坏时的极限承载力 P_u 公式计算，其中承载力系数 N_q、N_c 按 Prandtl 公式计算，N_γ 的计算公式不统一，有魏锡克（Vesic，1970）、梅耶霍天（Meyerhof，1963）、太沙基（Terzaghi，1943）等，具体参见有关书籍。

需说明的是，只有桩距 $s_a \leqslant (2 \sim 3)d$ ［砂土中则达到 $(3 \sim 4)d$］的低承台桩基，其侧阻才呈桩-土整体破坏，所以对于桩距较大的群桩，若按实体深基础模式计算 P_u 会导致计算结果偏高。另外，即使是桩距较小、侧阻呈桩-土整体破坏，实体深基础底面下土一般呈局部或冲剪破坏，出现整体剪切的情况也是比较少的。

12.4.4 群桩持力层强度验算和软弱下卧层强度验算

对于端承型群桩和桩距 $s_a > 6d$ 的摩擦型群桩，只验算基桩或复合基桩的承载力；对于桩距 $s_a < 6d$ 的摩擦型群桩，尚需验算持力层和软弱下卧层的承载力。

1. 群桩基础持力层强度验算

群桩基础视为实体深基础，验算桩底扩散面积上的压力是否满足要求。桩端平面的压力为

$$\left.\begin{array}{r}p_{k\max}\\p_{k\min}\end{array}\right\} = \frac{F_k + G'_k}{ab} \pm \frac{M_x}{W_x} \pm \frac{M_y}{W_y} \quad (12.51)$$

式中：F_k 为荷载效应标准组合下，作用于设计地面处的竖向力；G'_k 为桩端平面处的竖向力标准值，其中包括土体 $ABCD$ 和桩的自重，$G'_k = \gamma_G abl'$，γ_G 为桩和桩间土的平均重度，对稳定的地下水位以下部分应扣除水的浮力，l' 为桩端平面至设计地面的距离；M_x、M_y 分别为荷载效应标准组合下，作用于低承台底面（高承台桩基则为设计地面处）绕通过桩群形心的 x、y 主轴的力矩；$a = a_0 + 2l\tan\overline{\varphi}/4$，$b = b_0 + 2l\tan\overline{\varphi}/4$，$a_0$、$b_0$ 分别为桩

12.4 群桩的竖向承载力及沉降计算

群外缘矩形底面的长、短边边长,如图12.23所示。

持力层强度计算应符合下列要求:

$$p_{k\max} \leqslant 1.2 f_a; \quad \overline{p}_k = (p_{k\max} + p_{k\min})/2 \leqslant f_a \tag{12.52}$$

式中:f_a为桩端平面以下地基土经深度、宽度修正后的地基承载力特征值。

若桩支承于坚硬土层而桩周土软弱时,不考虑桩群侧面土摩阻力的扩散作用,实体深基础桩端处的面积为$a_0 b_0$。

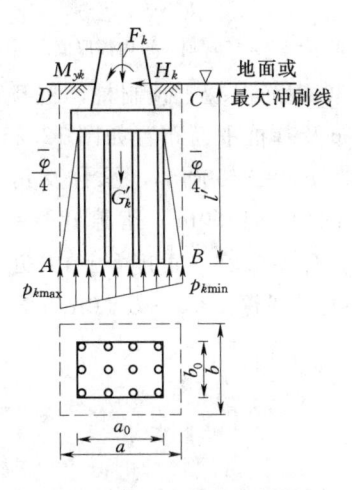

图12.23 考虑应力扩散时桩端处土的压力分布

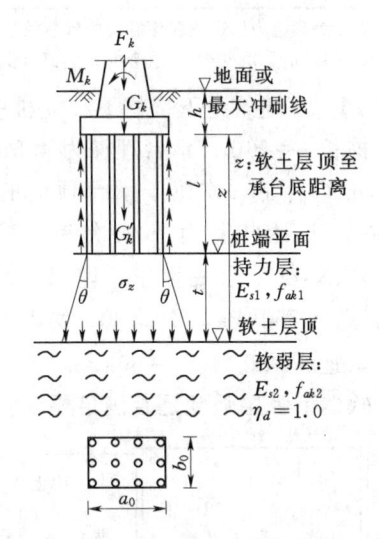

图12.24 软弱下卧层承载力验算

2. 桩基软弱下卧层承载力验算

对于桩距$s_a \leqslant 6d$的群桩基础,当桩端持力层下存在承载力低于桩端持力层承载力1/3的软弱下卧层时,应验算软弱下卧层的承载力(图12.24):

$$\sigma_z + \gamma_m z \leqslant f_{az} \tag{12.53}$$

$$\sigma_z = \frac{(F_k + G_k) - 3/2(a_0 + b_0)\sum q_{sik} l_i}{(a_0 + 2t\tan\theta)(b_0 + 2t\tan\theta)} \tag{12.54}$$

式中:σ_z为作用于软弱下卧层顶面的附加应力;γ_m为软弱层顶面以上z范围内各土层重度(地下水位以下取浮重度)的厚度加权平均值;t为硬持力层厚度;a_0、b_0为桩群外缘矩形底面的长、短边边长;f_{az}为软弱下卧层经深度z修正的地基承载力特征值;F_k为作用于设计地面处的竖向力标准值;G_k为承台和承台上土自重标准值,对稳定的地下水位以下部分应扣除水的浮力;q_{sik}为第i层土的极限侧阻力标准值,无当地经验时可根据成桩工艺按表12.6取值;θ为桩端硬持力层压力扩散角,按表12.19取值。

由于下卧层受压区应力分布不均匀,因此f_{az}只作深度修正、不作宽度修正。对于地下室中的柱下独立桩基,由于地下室中土被挖除,因此计算$\gamma_m z$和f_{az}时,深度z为软弱下卧层顶面至承台底面的距离;对于整体式桩筏基础,深度z则为软弱下卧层顶面至室外地面的距离。

第12章 桩 基 础

表12.19　　　　　　　　　桩端硬持力层压力扩散角 θ

E_{s1}/E_{s2}	$t=0.25b_0$	$t\geqslant 0.5b_0$
1	4°	12°
3	6°	23°
5	10°	25°
10	20°	30°

注 1. E_{s1}、E_{s2} 为硬持力层、软弱下卧层的压缩模量。
　　2. 当 $t<0.25b_0$ 时，取 $\theta=0°$，必要时，宜通过试验确定；当 $0.25b_0<t<0.5b_0$ 时，可内插取值。

【例 12.2】 某建筑地下室柱下独立桩基础采用 C30 钢筋混凝土预制桩，桩身直径为 $d=0.5$m，桩长 $l=16$m，承台埋深为 4.5m，地层分布及基桩平面布置如图 12.25 所示。荷载效应标准组合下，作用于承台顶面的竖向荷载为 $F_k=31500$kN，承台及其上土重 $G_k=1620$kN。土层自上而下依次为：①粉土，埋深 $0\sim18.0$m，孔隙比 $e=0.80$，重度 $\gamma=18.0$kN/m³；②黏性土，埋深 $18.0\sim23.5$m，$I_L=0.26$，重度 $\gamma=19.0$kN/m³，地基承载力 $f_a=250$kPa，$E_s=30.5$MPa；③淤泥质土，埋深 $23.5\sim30.0$m，重度 $\gamma=18.0$kN/m³，地基承载力 $f_a=80$kPa，$E_s=4.85$MPa。

试求：软弱下卧层强度是否满足要求？

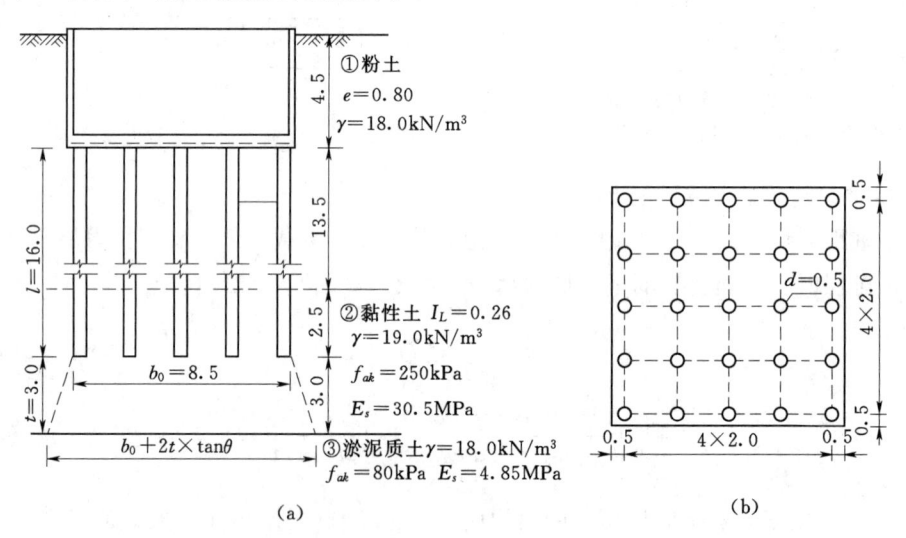

图 12.25 地层分布及基桩平面布置图
(a) 地层分布；(b) 基桩平面布置图

解：

基桩的桩距 $s_a=2.0$m，$\leqslant 6d$（$=3.0$m），且软弱下卧层承载力低于硬可塑黏性土层承载力的 1/3，应验算软弱下卧层的承载力。

(1) 软土层顶面处的附加应力。由 $E_{s1}/E_{s2}=30.5/4.85=6.289$，$a_0=b_0=8.5$m，$0.25b_0<t=3.0m<0.50b_0$，查表 12.19 并内插取值，可得桩端硬持力层压力扩散角为

$$\theta=\frac{26.289°-12.578°}{0.5b_0-0.25b_0}(t-0.25b_0)+12.578°=18.22°$$

12.4 群桩的竖向承载力及沉降计算

查表 12.6 可知：粉土层 $e=0.80$，$q_{s1k}=60\text{kPa}$；黏性土 $I_L=0.26$，$q_{s2k}=85\text{kPa}$。

$$\sigma_z = \frac{(F_k+G_k)-3/2(a_0+b_0)\sum q_{sik}l_i}{(a_0+2t\tan\theta)(b_0+2t\tan\theta)}$$

$$=\frac{31500+1620-3/2\times(8.5+8.5)\times(60\times13.5+85\times2.5)}{(8.5+2\times3\tan18.22°)\times(8.5+2\times3\tan18.22°)}=64.22(\text{kPa})$$

软弱层顶面处的自重应力为

$$\sigma_{cz}=\gamma_m z=\frac{18.0\times13.5+19.0\times5.5}{13.5+5.5}\times19$$

$$=347.5(\text{kPa})$$

(2) 软弱下卧层的地基承载力特征值。只进行深度修正，承载力修正系数为 $\eta_d=1.0$，$\eta_b=0$。地下室中的柱下独立桩基，地基承载力深度修正时，z 为软弱下卧层顶面至承台底面的距离：$z=16.0+3.0=19.0(\text{m})$，因此：

$$f_{az}=f_a+\eta_d\gamma_m(z-0.5)$$

$$=80+1.0\times\frac{18.0\times13.5+19.0\times5.5}{13.5+5.5}\times(19.0-0.5)=418.35(\text{kPa})$$

软弱下卧层承载力的验算如下：

$\sigma_z+\gamma_m z=64.22+347.5=411.72(\text{kPa}) \leqslant f_{az}=418.35\text{kPa}$，满足要求。

12.4.5 群桩沉降计算

对于摩擦桩、地基基础设计等级为甲级的桩基，以及体形复杂、荷载不均匀或桩端以下存在软弱土层的设计等级为乙级的桩基，均应进行群桩的沉降验算，群桩基础的沉降不得超过建筑物沉降的允许值。而嵌岩桩、设计等级为丙级的建筑物桩基和条形基础下不超过两排的桩基，可不进行桩基沉降验算。

1. 建筑桩基沉降变形允许值

桩基变形可用下列指标表示：沉降量、沉降差、整体倾斜和局部倾斜。整体倾斜是指桩基础倾斜方向上两端点 Δs 与其距离 l 之比，局部倾斜是指墙下条形承台沿纵向某一长度内桩基础两点的 Δs 与其距离 l 之比。

计算桩基变形时，桩基变形指标的选用原则为：砌体承重结构，由局部倾斜控制；多层、高层建筑，高耸结构，由整体倾斜控制；框架、框架-剪力墙、框架-核心筒，由柱（墙）差异沉降控制。建筑桩基的变形允许值，如无当地经验时，可按表 12.20 选用。

表 12.20　　　　　　　建筑桩基沉降变形允许值

变 形 特 征		允许值
砌体承重结构基础的局部倾斜		0.002
各类建筑相邻柱（墙）基的沉降差 (1) 框架、框架-剪力墙、框架-核心筒结构 (2) 砌体墙填充的边排柱 (3) 当基础不均匀沉降时不产生附加应力的结构		$0.002l_0$ $0.0007l_0$ $0.005l_0$
单层排架结构（柱距为6m）桩基的沉降量/mm		120
桥式吊车轨面的倾斜 （按不调整轨道考虑）	纵向	0.004
	横向	0.003

续表

变形特征		允许值
多层和高层建筑的整体倾斜	$H_g \leq 24$	0.004
	$24 < H_g \leq 60$	0.003
	$60 < H_g \leq 100$	0.0025
	$H_g > 100$	0.002
高耸结构桩基的整体倾斜	$H_g \leq 20$	0.008
	$20 < H_g \leq 50$	0.006
	$50 < H_g \leq 100$	0.005
	$100 < H_g \leq 150$	0.004
	$150 < H_g \leq 200$	0.003
	$200 < H_g \leq 250$	0.002
高耸结构基础的沉降量/mm	$H_g \leq 100$	350
	$100 < H_g \leq 200$	250
	$200 < H_g \leq 250$	150
体型简单的剪力墙结构高层建筑桩基最大沉降量/mm	—	200

注　l_0 为相邻柱（墙）二测点间距离；H_g 为自室外地面算起的建筑物高度。

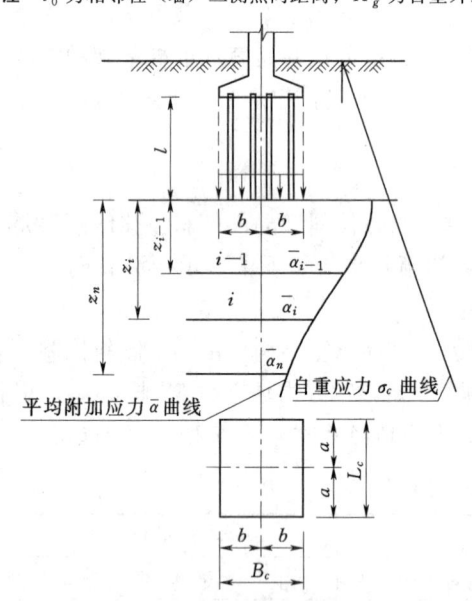

图 12.26　等效作用分层总和法计算示意图

2. 建筑桩基沉降计算

群桩沉降主要包括桩间土压缩变形和桩端以下地基土的整体压缩变形，国内外曾提出过多种群桩计算方法，但目前都不能达到准确计算。这里主要介绍现行规范中推荐的计算方法。

(1) $s_a \leq 6d$ 的桩基础。此类桩基础最终沉降计算采用等效作用分层总和法，如图 12.26 所示。假定桩基为实体基础，等效作用面位于桩端平面，等效作用面积为承台投影面积，等效作用附加应力近似取承台底的平均附加应力，附加应力按均质各向同性弹性体计算，不考虑桩间土压缩变形对沉降的影响。

1) 计算公式。如图 12.26 所示，桩基任一点最终沉降量可按下式计算：

$$s = \psi\psi_e s' = \psi\psi_e \sum_{j=1}^{m} p_{0j} \sum_{i=1}^{n} \frac{1}{E_{si}} [z_{ij}\bar{\alpha}_{ij} - z_{(i-1)j}\bar{\alpha}_{(i-1)j}] \quad (12.55)$$

式中：s 为桩基最终沉降量；s' 为按分层总和法计算出的桩基沉降量；ψ 为桩基沉降计算经验系数，无当地可靠经验时，按表 12.21 取值，可根据 $\overline{E}_s$ 内插取值，$\overline{E}_s$ 为沉降计算深度范围内压缩模量的当量值（第4章）；ψ_e 为桩基等效沉降系数，确定方法见下述；m 为角点法计算点对应的矩形荷载分块数；p_{0j} 为第 j 块矩形底面长期效应组合的附加压力；n 为桩基沉降计算范围内所划分的土层数；E_{si} 为等效作用底面以下第 i 层土的压缩模量，采用地基土在自重压力至自重压力加附加压力作用时的压缩模量；z_{ij}、$z_{(i-1)j}$ 为桩端平面第 j 块荷载至第 i 层土、第 $i-1$ 层底面的距离；$\bar{\alpha}_{ij}$、$\bar{\alpha}_{(i-1)j}$ 为桩端平面第 j 块荷载计算点至第 i 层土、第 $i-1$ 层土底面深度范围内平均附加应力系数。

表 12.21　　　　　　　　　　　桩基沉降计算经验系数 ψ

$\bar{E}_s$/MPa	<10	15	20	35	≥50
ψ	1.2	0.9	0.65	0.50	0.40

注　后注浆灌注桩基的 ψ，应根据桩端持力土层类别，乘以 0.7（砂、砾、卵石）~0.8（黏性土、粉土）折减系数；饱和土中采用预制桩（不含复打、复压、引孔沉桩）时，其 ψ 应根据桩距、土质、沉桩速率和顺序等因素，乘以 1.3~1.8 挤土效应系数，土的渗透性低，桩距小，桩数多，沉降速率快时取大值。

计算矩形桩基中点沉降时，上式可简化为

$$s = \psi\psi_e s' = 4\psi\psi_e p_0 \sum_{i=1}^{n} \frac{z_i\bar{\alpha}_i - z_{i-1}\bar{\alpha}_{i-1}}{E_{si}} \tag{12.56}$$

式中符号意义同前。

桩基沉降计算深度 z_n 按应力比法确定，即计算深度处的附加应力 σ_z 与土的自重应力 σ_c 符合 $\sigma_z \leq 0.2\sigma_c$ 的要求，其中，附加应力 σ_z 自桩端平面以下算起，自重应力 σ_c 自地面以下算起。

2）等效沉降系数 ψ_e。桩基等效沉降计算系数 ψ_e 按下式计算：

$$\psi_e = \frac{w_M}{w_B} = \frac{\bar{w}_M}{\bar{w}_B} \frac{a}{n_a n_b d} \tag{12.57}$$

式中：n_a、n_b 分别为矩形桩基础长边布桩数、短边布桩数；其他符号意义及确定方法如下。

w_M 为基于 Mindlin 解的均质土中不同几何参数刚性承台的群桩沉降

$$w_M = \frac{\bar{Q}}{E_s d} \bar{w}_M \tag{12.58}$$

式中：$\bar{Q}$ 为群桩中各桩的平均荷载；E_s 为均质土压缩模量；d 为桩径；$\bar{w}_M$ 为沉降系数，与 s_a/d、l/d、n、L_c/B_c 有关，L_c、B_c 分别为矩形基础的长、宽。

w_B 为基于 Boussinesq 解的不计实体深基础侧阻力和应力扩散的群桩基础沉降

$$w_B = \frac{P}{aE_s} \bar{w}_B \tag{12.59}$$

式中：P 为矩形基础上的均布荷载之和；E_s 为均质土压缩模量；$a = L_c/2$；$\bar{w}_B$ 为沉降系数，与 $m = a/b$ 有关，$a = L_c/2$，$b = B_c/2$，当 $m = a/b \leq 15$ 时，统计分析可得出 $\bar{w}_B = (m + 0.6336)/(1.1951m + 4.6275)$。

根据不同距径比（$s_a/d = 2、3、\cdots、9$），桩长径比（$l/d = 5、10、15、\cdots、100$），不同布桩方式（长短边布桩数之比为 1、2、$\cdots$、10）、不同桩数计算出的结果进行统计回归，可得 ψ_e 的简化计算公式

$$\psi_e = C_0 + \frac{n_b - 1}{C_1(n_b - 1) + C_2} \tag{12.60}$$

式中：C_0、C_1、C_2 为回归系数，与 s_a/d、l/d、a/b（即 L_c/B_c）有关，见《建筑桩基技术规范》(JGJ 94—2008) 附录 E；n_b 为矩形布桩时的短边布桩数，布桩不规则时，$n_b = \sqrt{nB_c/L_c}$，$n_b > 1$；$n_b = 1$ 时，按 $s_a > 6d$ 的桩基沉降进行计算，n 为总桩数。

当桩基形状不规则时，可采用等代矩形面积计算桩基等效沉降系数，等效矩形的长宽比可根据承台实际尺寸和形状确定。

3) 等效距径比。当布桩不规则时，等效距径比可按下列公式近似计算：

圆形桩

$$\frac{s_a}{d} = \frac{\sqrt{A}}{\sqrt{n}d} \tag{12.61}$$

方形桩

$$\frac{s_a}{d} = \frac{0.886\sqrt{A}}{\sqrt{n}b} \tag{12.62}$$

式中：A 为桩基承台总面积；b 为方形桩截面边长。

(2) 单桩、单排桩、$s_a > 6d$ 的疏桩基础。

1) 承台底地基土不分担荷载的群桩基础。桩端平面以下地基中由基桩引起的附加应力采用考虑桩径影响的 Mindlin 解计算确定。将沉降计算点水平面影响范围内各基桩对应力计算点产生的附加应力叠加，采用分层总和法计算桩端平面以下各土层的沉降，并计入桩身压缩 s_e。

桩基最终沉降量为

$$s = \psi \sum_{i=1}^{n} \frac{\sigma_{zi}}{E_{si}} \Delta z_i + s_e \tag{12.63}$$

$$\sigma_{zi} = \sum_{j=1}^{m} \frac{Q_j}{l_j^2} [\alpha_j I_{p,ij} + (1-\alpha_j) I_{s,ij}] \tag{12.64}$$

$$s_e = \xi_e \frac{Q_j l_j}{E_c A_{ps}} \tag{12.65}$$

式中：ψ 为沉降计算经验系数，无当地经验时，可取 1.0；n 为沉降计算深度范围内土层的计算分层数，结合土层性质确定，每分层厚度不超过计算深度的 3/10；σ_{zi} 为水平面影响范围内各基桩对应力计算点桩端平面以下第 i 层土 1/2 厚度处产生的附加竖向应力之和，应力计算点应取与沉降计算点最近的桩中心点；E_{si} 为第 i 计算土层的压缩模量，MPa，采用土的自重压力至土的自重压力加附加压力作用时的压缩模量；Δz_i 为第 i 计算土层厚度，m；m 为以沉降计算点为圆心，3/5 桩长为半径的水平面影响范围内的基桩数；Q_j 为第 j 桩在荷载效应准永久组合作用下，桩顶的附加荷载，kN，当地下室埋深超过 5m 时，取荷载效应准永久组合作用下的总荷载为考虑回弹再压缩的等代附加荷载；l_j 为第 j 桩桩长，m；α_j 为第 j 桩总桩端阻力与桩顶荷载之比，近似取极限总端阻力与单桩极限承载力之比；$I_{p,ij}$、$I_{s,ij}$ 分别为第 j 桩的桩端阻力和桩侧阻力对计算轴线第 i 计算土层 1/2 厚度处的应力影响系数，参见相应规范；ξ_e 为桩身压缩系数，端承型桩，取 $\xi_e =$

1.0，摩擦型桩，当 $l/d \leqslant 30$ 时，取 $\xi_e = 2/3$，$l/d \geqslant 50$ 时，取 $\xi_e = 1/2$，介于两者之间可线性插值；E_c 为桩身混凝土的弹性模量；A_{ps} 为桩身截面面积。

2）承台底分担荷载的复合桩基。复合基桩对计算点产生的附加应力为 σ_{zi} 按 Mindlin 解计算，承台底土压力对计算点产生的附加应力 σ_{zci} 按 Boussinesq 解。桩基最终沉降量为

$$s = \psi \sum_{i=1}^{n} \frac{\sigma_{zi} + \sigma_{zci}}{E_{si}} \Delta z_i + s_e \tag{12.66}$$

$$\sigma_{zci} = \sum_{k=1}^{u} \alpha_{ki} p_{ck} \tag{12.67}$$

式中：σ_{zci} 为承台压力对应力计算点桩端平面以下第 i 计算土层 $1/2$ 厚度处产生的应力，可将承台板划分为 u 个矩形块，查表 3.2；p_{ck} 为第 k 块承台底均布压力，$p_{ck} = \eta_{ck} f_{ak}$，$\eta_{ck}$ 为第 k 块承台底板的承台效应系数，按表 12.18 确定，f_{ak} 为承台底地基承载力特征值；α_{ki} 为第 k 块承台底角点处，桩端平面以下第 i 计算土层 $1/2$ 厚度处的附加应力系数，查表 4.5。

3）桩基础的最终沉降计算深度 z_n。z_n 处由桩引起的附加应力 σ_z、由承台土压力引起的附加应力 σ_{zc} 与土的自重应力 σ_c，应符合下式要求：

$$\sigma_z + \sigma_{zc} \leqslant 0.2\sigma_c \tag{12.68}$$

（3）软土地基减沉复合疏桩基础。当软土地基上多层建筑，地基承载力基本满足要求（以底层平面面积计算）时，可设置穿过软土层进入相对较好土层的疏布摩擦型桩，由桩和桩间土共同分担荷载。减沉复合疏桩基础中点沉降由承台底地基土附加压力作用下产生的中点沉降和桩土相互作用产生的沉降组成，具体计算参见有关文献。

12.5 桩顶作用效应和桩基承载力验算

12.5.1 基桩的计算宽度

若已经求解出承台底面每根桩桩顶的内力，用 m 法计算基桩桩身截面的变位和内力时，群桩中基桩的计算宽度应考虑相邻桩的遮拦影响。

1. 单桩基础、单排桩基础

如图 12.27 所示，桩径为 d，或与水平力 H 垂直的桩截面边长为 b 的基桩，其计算宽度 b_0 见表 12.22。

表 12.22　　　　　　　单桩和单排桩基础中基桩的计算宽度 b_0

基础形状			
$b(d) \geqslant 1$	单桩	$b_0 = b+1$	$b_0 = 0.9(d+1)$
	单排桩	$\left.\begin{array}{l} b+1 \\ (D'+1)/n \end{array}\right\} \Rightarrow b_0$ 取小值	$\left.\begin{array}{l} 0.9d+1 \\ (D'+1)/n \end{array}\right\} \Rightarrow b_0$ 取小值
$b(d) < 1$	单桩	$b_0 = 1.5b + 0.5$	$b_0 = 0.9(1.5d+0.5)$
	单排桩	$\left.\begin{array}{l} 1.5b+0.5 \\ (D'+1)/n \end{array}\right\} \Rightarrow b_0$ 取小值	$\left.\begin{array}{l} 0.9(1.5d+0.5) \\ (D'+1)/n \end{array}\right\} \Rightarrow b_0$ 取小值

2. 单列桩基础

如图12.28所示，考虑该列桩的相互遮拦影响，基桩的计算宽度 b_0' 为

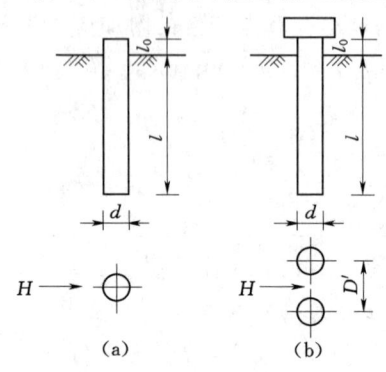

图 12.27　单桩基础和单排桩基础
(a) 单桩基础；(b) 单排桩基础

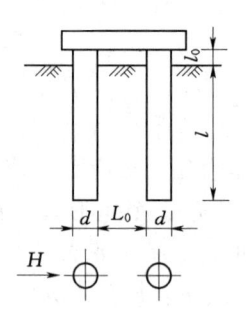

图 12.28　单列桩基础

当基桩之间净间距 $L_0 \geqslant 0.6h_0$ 时：基桩的相互影响系数 $K=1$，则基桩计算宽度 b_0' 为

$$b_0' = Kb_0 = 1.0b_0 \qquad (12.69)$$

当基桩之间净间距 $L_0 < 0.6h_0$ 时：基桩的相互影响系数 $K<1$，则基桩计算宽度 b_0' 为

$$b_0' = Kb_0 = \left(C + \frac{1-C}{0.6}\frac{L_0}{h_0}\right)b_0 \qquad (12.70)$$

式中：$h_0 = 3(d+1)$，d 为桩径或桩身截面边长。列中基桩的数目为 $n=1$ 时，$C=1.0$；$n=2$ 时，$C=0.6$；$n=3$ 时，$C=0.5$；$n \geqslant 4$ 时，$C=0.45$。

3. 多列桩基础

如图12.29所示，当各列桩数相等，且外力作用在对称面内时，基桩的计算宽度 b_0' 为：

(1) 按单列桩计算基桩的计算宽度为 $b_0' = Kb_0$。

(2) 根据列数 $n_列$ 和 D'，计算 $(D'+1)/n_列$。

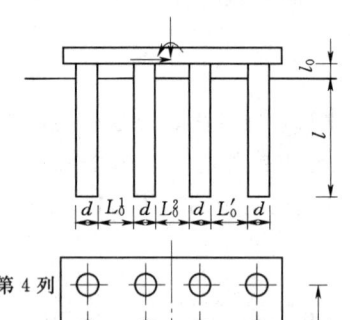

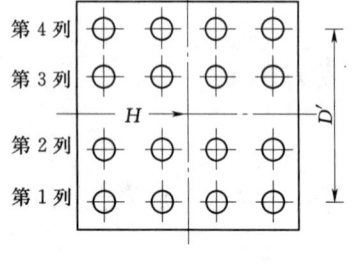

图 12.29　多列桩基础

以上两者之间取小值，作为基桩的计算宽度 b_0'。

12.5.2　基桩的刚度系数

群桩中的基桩与承台是刚性连接，受到承台约束，其刚度系数是指当桩顶仅发生某单一形态的位移时相应的桩顶作用力，其力学意义如图12.30所示，各刚度系数的含义如下：ρ_{NN} 为当承台底面沿桩轴线方向作单位位移时，所引起的桩顶处的轴向力，kN/m，如图12.30（a）所示；ρ_{HH} 为当承台底面沿水平方向产生单位位移时，所产生的桩顶处的横向力，kN/m，如图12.30（b）所示；ρ_{MH} 为当承台底面沿水平方向产生单位位移时，所引起的桩顶处的弯矩，kN·m/m 如图12.30（b）所示，或当承台底面在桩顶处转单位转角（rad）时，所引起的桩顶处的横向力，kN/rad，如图12.30（c）所示；ρ_{MM} 为当承台底面在桩顶处转单位转角时，所引起的桩顶处的弯矩 kN·m/rad，此时桩顶截面

12.5 桩顶作用效应和桩基承载力验算

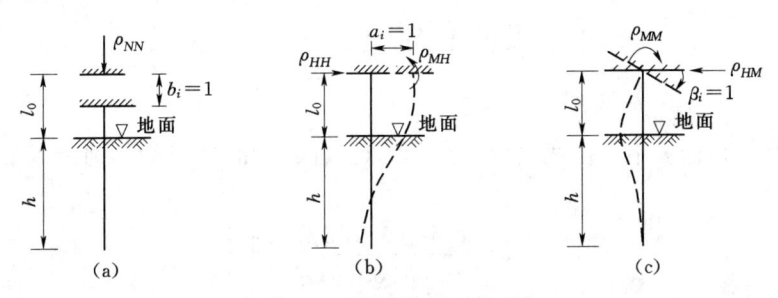

转而不移,如图12.30(c)所示。

图12.30 基桩桩顶刚度系数

1. 计算 ρ_{NN}

基桩桩顶在轴向力 N_i 作用下,其轴向位移 b_i 由桩身弹性压缩量和桩端平面下土的沉降量两部分组成,前者又分为 l_0 段和 h 段两部分弹性压缩量。

(1) 桩身弹性压缩量。l_0 段的弹性压缩量 $\Delta l_0 = N_i l_0/(EA)$,其中 E 为桩身材料抗压弹性模量,A 为桩身横截面积。

h 段的弹性压缩量 Δh 的计算公式可统一表示为

$$\Delta h = \frac{N_i \zeta h}{EA} \tag{12.71}$$

对于端承桩,假定桩侧摩擦力为0,h 即为受压长度,$\zeta=1$,其弹性压缩量为

$$\Delta h = \frac{N_i h}{EA}$$

对于摩擦桩中的钻孔桩,由于 h 较大,桩底位移量小,一般假定桩端总阻力为零,且桩侧阻力按矩形分布规律,$\zeta=0.5$,其弹性压缩量为

$$\Delta h = \int_0^h \frac{N(z)\mathrm{d}z}{EA} = \int_0^h \frac{N_i - N_i z/h}{EA}\mathrm{d}z = \frac{N_i 0.5h}{EA}$$

对于打入或振动下沉的摩擦桩,亦假定桩端总阻力为零,且桩侧阻力按正三角形分布规律,$\zeta=2/3$,其弹性压缩量为

$$\Delta h = \int_0^h \frac{N(z)\mathrm{d}z}{EA} = \int_0^h \frac{N_i - N_i z^2/h^2}{EA}\mathrm{d}z = \frac{N_i h 2/3}{EA}$$

(2) 桩端平面下土的沉降量。对于端承桩,桩端平面以下土的沉降量为 $s_b = N_i/(A_0 C_0)$,其中 A_0 为桩底面积,C_0 为桩端平面处土的竖向抗力系数,$C_0 = m_0 h$,可取 $m_0 = m$,但 $h < 10\mathrm{m}$ 时取 10m 来计算 C_0。

摩擦桩的 A_0 为从地面按 $\varphi/4$(φ 为所穿过土层的内摩擦角按厚度加权的平均值)向下扩散至桩端平面处的面积,$A_0 = \pi(d + 2h\tan\varphi/4)^2/4$,如图12.31所示。当 $d + 2h\tan\varphi/4 > s_a$ 时,取 s_a 来计算 A_0。

因此,基桩桩顶的轴向位移 b_i 为

$$b_i = \frac{N_i(l_0 + \zeta h)}{EA} + \frac{N_i}{C_0 A_0} \tag{12.72}$$

图12.31 s_b 的计算图示

令 $b_i=1$,则 $N_i=\rho_{NN}$:

$$\rho_{NN}=\left[\frac{(l_0+\zeta h)}{EA}+\frac{1}{C_0A_0}\right]^{-1} \tag{12.73}$$

2. 计算 ρ_{HH}、ρ_{MH} 和 ρ_{MM}

（1）桩顶与地面齐平。由式（12.37）可知：若 x_0 和 φ_0 已知，则可以反求出 H_0 和 M_0 如下：

$$\left.\begin{aligned}H_0&=\frac{x_0\delta_{MM}+\varphi_0\delta_{HM}}{\delta_{HH}\delta_{MM}-\delta_{HM}^2}\\M_0&=-\frac{\varphi_0\delta_{HH}+x_0\delta_{MH}}{\delta_{HH}\delta_{MM}-\delta_{HM}^2}\end{aligned}\right\} \tag{12.74}$$

令 $x_0=1$，$\varphi_0=0$，则符合移而不转的条件，将其代入式（12.74），并注意到 ρ_{MH} 的正方向与图 12.30（b）中桩顶弯矩的正方向二者反向的规定，可得

$$\left.\begin{aligned}\rho_{HH}&=H_0=\frac{\delta_{MM}}{\delta_{HH}\delta_{MM}-\delta_{MH}^2}\\\rho_{MH}&=-M_0=\frac{\delta_{MH}}{\delta_{HH}\delta_{MM}-\delta_{MH}^2}\end{aligned}\right\} \tag{12.75}$$

令 $x_0=0$，$\varphi_0=-1$，则符合转而不移的条件，将其代入式（12.74），并注意到 ρ_{HM} 的正方向与图 12.30（c）中桩顶水平力的正方向二者反向的规定，可得

$$\left.\begin{aligned}\rho_{HM}&=-H_0=\frac{\delta_{HM}}{\delta_{HH}\delta_{MM}-\delta_{HM}^2}\\\rho_{MM}&=M_0=\frac{\delta_{HH}}{\delta_{HH}\delta_{MM}-\delta_{MH}^2}\end{aligned}\right\} \tag{12.76}$$

（2）桩顶高出地面。桩顶的变位 x_1 和 φ_1 由两部分组成：①由于地面处桩身的变位 x_0 和 φ_0 所引起的桩顶变位；②l_0 段作为倒立的悬臂梁时，桩顶在 H_1、M_1 作用下产生的变位。即

$$x_1=x_0-l_0\varphi_0+\frac{H_1 l_0^3}{3EI}+\frac{M_1 l_0^2}{2EI}=H_1\delta'_{HH}+M_1\delta'_{HM} \tag{12.77}$$

$$\varphi_1=\varphi_0+\left(-\frac{H_1 l_0^2}{2EI}\right)+\left(-\frac{M_1 l_0}{EI}\right)=-(H_1\delta'_{MH}+M_1\delta'_{MM}) \tag{12.78}$$

式中

$$\delta'_{HH}=\frac{l_0^3}{3EI}+\delta_{MM}l_0^2+2\delta_{MH}l_0+\delta_{HH}\quad(\text{m/kN})$$

$$\delta'_{MH}=\frac{l_0^2}{2EI}+\delta_{MM}l_0+\delta_{MH}\quad(\text{rad/kN})$$

$$\delta'_{MM}=\frac{l_0}{EI}+\delta_{MM}\quad[\text{rad/(kN}\cdot\text{m)}]$$

令 $x_1=1$、$\varphi_1=0$ 以及 $x_1=0$、$\varphi_1=-1$，可以得到相应的基桩刚度系数如下：

$$\left.\begin{aligned}\rho_{HH}&=H_1=\frac{\delta'_{MM}}{\delta'_{HH}\delta'_{MM}-\delta'^2_{MH}}\\\rho_{MH}&=-M_1=\frac{\delta'_{MH}}{\delta'_{HH}\delta'_{MM}-\delta'^2_{MH}}\end{aligned}\right\} \tag{12.79}$$

$$\left.\begin{aligned}\rho_{HM}&=-H_1=\frac{\delta'_{HM}}{\delta'_{HH}\delta'_{MM}-\delta'^{2}_{HM}}\\ \rho_{MM}&=M_1=\frac{\delta'_{HH}}{\delta'_{HH}\delta'_{MM}-\delta'^{2}_{MH}}\end{aligned}\right\} \quad (12.80)$$

12.5.3 桩顶作用效应计算

对于单排桩桩基，由于承台刚度一般较基桩的刚度大，可视为刚体。外力一般作用于对称面上，各桩的变形和各桩所受的力都是一样的。因此，可将承台底面群桩形心的竖向力 $N+G$、水平力 H、弯矩 M_y 均等分配给每根基桩。

对于多排桩桩基，基桩桩顶作用效应的计算比较复杂，可分 3 种情况来进行计算。

1. 高承台桩基础

受较大水平力及 8 度和 8 度以上地震作用的高承台桩，计算各基桩的作用效应、桩身内力和位移时，宜考虑承台（包括地下墙体）与基桩协同工作和土的弹性抗力作用。

（1）承台的整体位移。荷载效应标准组合下，作用于承台底面群桩形心的竖向力为 $N+G$、水平力为 H、弯矩为 M_y。承台在 x 方向发生的位移为 u、在 z 方向发生的位移为 v、在 xoz 平面内的转角为 β，如图 12.32 所示。

取承台为脱离体，由承台的静力平衡可得

$$\left.\begin{aligned}u\gamma_{uu}+v\gamma_{uv}+\beta\gamma_{u\beta}&=H\\ u\gamma_{vu}+v\gamma_{vv}+\beta\gamma_{v\beta}&=N+G\\ u\gamma_{\beta u}+v\gamma_{\beta v}+\beta\gamma_{\beta\beta}&=M_y\end{aligned}\right\} \quad (12.81)$$

式中：γ_{uu}、γ_{vu}、$\gamma_{\beta u}$ 分别为承台仅产生单位水平位移时，各基桩作用于承台的所有水平力之和、竖向力之和、力矩之和；γ_{uv}、γ_{vv}、$\gamma_{\beta v}$ 分别为承台仅产生单位竖向位移时，各基桩作用于承台的所有水平力之和、竖向力之和、力矩之和；$\gamma_{u\beta}$、$\gamma_{v\beta}$、$\gamma_{\beta\beta}$ 分别为承台仅产生单位转角时，各基桩作用于承台的所有水平力之和、竖向力之和、力矩之和。

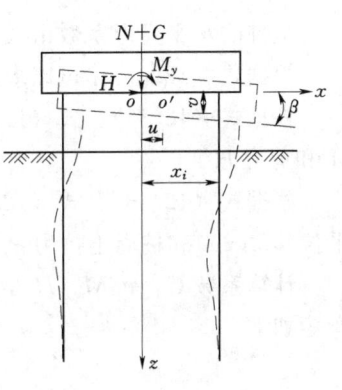

图 12.32 高承台群桩基础的平面分析图示

以上 9 个指标，称为群桩桩顶的刚度指标。

如果各桩均为竖直桩、桩基础以通过 x 轴和通过 y 轴的两垂直面对称时，有 $\gamma_{uv}=\gamma_{vu}=\gamma_{v\beta}=\gamma_{\beta v}=0$，且 $\gamma_{u\beta}=\gamma_{\beta u}$，于是式（12.81）简化为

$$\left.\begin{aligned}u\gamma_{uu}+\beta\gamma_{u\beta}&=H\\ v\gamma_{vv}&=N+G\\ u\gamma_{\beta u}+\beta\gamma_{\beta\beta}&=M_y\end{aligned}\right\} \quad (12.82)$$

联立求解式（12.82），可得高承台的变位 u、v 和 β：

$$\left.\begin{aligned}v&=\frac{N+G}{\gamma_{vv}}\\ u&=\frac{\gamma_{\beta\beta}H-\gamma_{u\beta}M}{\gamma_{uu}\gamma_{\beta\beta}-\gamma_{u\beta}^2}\\ \beta&=\frac{\gamma_{uu}M-\gamma_{u\beta}H}{\gamma_{uu}\gamma_{\beta\beta}-\gamma_{u\beta}^2}\end{aligned}\right\} \quad (12.83)$$

式中：$\gamma_{vv}=n\rho_{NN}$ (kN/m)，$\gamma_{uu}=n\rho_{HH}$ (kN/m)，$\gamma_{\beta u}=\gamma_{u\beta}=-n\rho_{MH}$ (kN·m/m 或 kN/rad)，$\gamma_{\beta\beta}=n\rho_{MM}+\rho_{NN}\sum K_i x_i^2$ (kN·m/rad)；n 为基桩数，K_i 为第 i 排桩根数。

(2) 基桩桩顶变位和桩顶作用效应。根据承台的整体位移 u、v 和 β，可以求得第 i 根基桩的桩顶水平位移 u_i、轴向位移 v_i 和转角 φ_i：

$$u_i=u, v_i=v+\beta x_i, \varphi_i=\beta \tag{12.84}$$

知道第 i 根基桩的桩顶变位后，可以写出承台对其桩顶的作用力，即其桩顶作用效应：

$$\left.\begin{array}{l} N_i=(v+\beta x_i)\rho_{NN} \\ H_i=u\rho_{HH}-\beta\rho_{HM} \\ M_i=\beta\rho_{MM}-u\rho_{MH} \end{array}\right\} \tag{12.85}$$

(3) 基桩桩身截面变位和内力。地面处桩身截面上的内力为

$$H_0=H_i, M_0=M_i+H_i l_0 \tag{12.86}$$

基桩的水平变形系数由式 (12.24) 确定，式中 b_0 取基桩的计算宽度 b_0'。

根据式 (12.37)，可以求出地面处桩身的变位 x_0 和 φ_0。

根据式 (12.35)、式 (12.36)，可以求出地面以下任一换算深度 αz 处桩身截面弯矩 M 和剪力 H。

根据式 (12.33)、式 (12.27)，可以求出地面以下任一换算深度 αz 处桩身截面的水平位移 $x(z)$ 和桩周土抗力 $\sigma_x(z)$。

计算系数 $C_{\mathrm{I}}=\alpha M_0/H_0$，由 C_{I} 查表 12.17，求得桩身最大弯矩截面的深度 z_0 和最大弯矩如下：

$$z_0=\overline{h}/\alpha$$
$$M_{\max}=C_{\mathrm{II}}M_0$$

一般当桩的深度 $z\geqslant 4.0/\alpha$ 时，桩身的内力和位移已几乎为零，在此深度范围内，桩身仅需按构造配筋或不配钢筋。

2. 低承台桩基础

位于 8 度和 8 度以上抗震设防区和其他受较大水平力的带地下室的高层建筑，当其桩基承台刚度较大或由于上部结构与承台协同作用能增强承台的刚度时，计算各基桩的作用效应、桩身内力和位移时，宜考虑承台（包括地下墙体）与基桩协同工作和土的弹性抗力作用。

(1) 承台侧面地基土的水平抗力和反弯矩。当承台产生水平位移 u 和转角 β 时，承台侧面的地基土受到水平压缩将产生水平抗力和反弯矩；由 m 法可知，承台底地基土水平抗力系数为 $C_n=mh_n$，其中 h_n 为承台埋深，如图 12.33 所示。

1) 承台产生水平位移 u 时。承台侧面土的水平抗力为 $\sigma_x=C_n u=mzu$，沿深度呈线性分布，其合力、弯矩分别为

$$\left.\begin{array}{l} H_{E1}=B_0\times\dfrac{1}{2}C_n u h_n=uB_0\dfrac{C_n h_n}{2} \\ M_{E1}=H_{E1}\dfrac{h_n}{3}=uB_0\dfrac{C_n h_n^2}{6} \end{array}\right\} \tag{12.87}$$

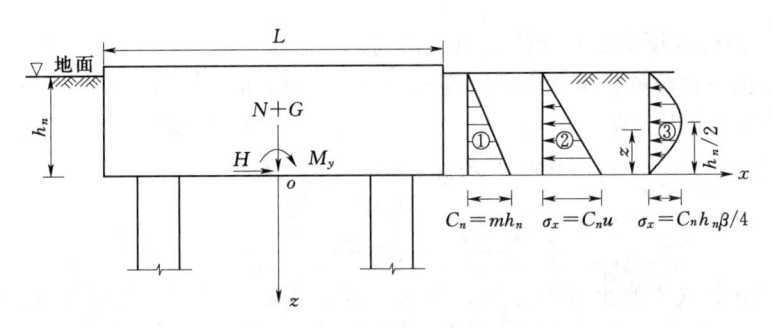

12.5 桩顶作用效应和桩基承载力验算

图 12.33 低承台桩基础的平面分析图示
①—水平抗力系数分布；②—承台水平位移 u 引起的水平抗力分布；
③—承台转角 β 引起的水平抗力分布

2) 承台产生转角 β 时。承台侧面地基土的水平抗力为 $\sigma_x = m(h_n - z)\beta z$，沿深度呈二次抛物线分布，以 $h_n/2$ 处的水平线为对称线。其合力、弯矩分别为

$$\left.\begin{array}{l} H_{E2} = B_0 \int_0^{h_n} m(h_n - z)\beta z \, \mathrm{d}z = \beta B_0 \dfrac{C_n h_n^2}{6} \\[2mm] M_{E2} = H_{E2} \dfrac{h_n}{2} = \beta B_0 \dfrac{C_n h_n^3}{12} \end{array}\right\} \quad (12.88)$$

式中：B_0 为承台的计算宽度，根据表 12.22 计算。如当矩形承台的垂直于水平力 H 的承台宽度 $B \geqslant 1.0\mathrm{m}$ 时，$B_0 = B + 1$。

(2) 承台底面地基土弹性抗力和反弯矩。承台底地基土竖向抗力系数为

$$C_b = m_0 h_n \eta_c \quad (12.89)$$

式中：h_n 为承台埋深，当 h_n 小于 1m 时按 1m 计算；m_0 为地基土竖向抗力系数的比例系数，近似取 $m_0 = m$；η_c 为承台效应系数，按表 12.18 确定。

承台产生变位 u、v 和 β 时，承台底地基土受到竖向压缩将产生竖向抗力、摩阻力和反弯矩。

1) 承台产生竖直向下位移 v 时。承台底地基土受到均匀压缩，仅产生竖向抗力 $\sigma_y = C_b v$，总竖向力为

$$N_b = \sigma_y A_b = v C_b A_b \quad (12.90)$$

式中：A_b 为承台底与土接触的净总面积，$A_b = F - nA$，其中，F 为承台底面积，nA 为各基桩桩顶横截面积和。

2) 承台产生水平位移 u 时。水平摩阻力（水平抗力）为

$$H_b = \mu N_b = v\mu C_b A_b \quad (12.91)$$

式中：μ 为承台底土与承台的摩擦系数。

3) 承台产生转角 β 时。承台底面转动 β 时，由于 β 甚小，认为承台底面重心与其转动中心重合，且 $\tan\beta \approx \beta$。由于转动所引起的承台底面的竖向位移为 $\Delta z = x\tan\beta = x\beta$，相应的竖向弹性抗力为 $\sigma_y = C_b \Delta z = \beta x C_b$。该竖向弹性抗力仅产生反弯矩，其弯矩为

$$M_b = 2\int_0^{L/2} (B\sigma_y x) \, \mathrm{d}x - \sum(\sigma_y K_i A x_i) = \beta C_b \dfrac{BL^3}{12} - \beta C_b \sum A K_i x_i^2 \quad (12.92)$$

式中：L 为承台的长度，如图 12.33 所示；A 为基桩桩顶横截面积；K_i 为第 i 排桩的桩

数；x_i 为第 i 排桩桩顶中心距坐标原点的距离。

(3) 承台的整体位移。低承台在外荷载 $N+G$、H、M_y 及承台侧面抗力、承台底面抗力和桩顶反力作用下处于静力平衡，由此可以得到低承台桩基础承台变位的典型方程如下：

$$\left.\begin{array}{l} u\gamma_{uu}+v\gamma_{uv}+\beta\gamma_{u\beta}=H-H_{E1}-H_{E2}-H_b \\ u\gamma_{vu}+v\gamma_{vv}+\beta\gamma_{v\beta}=N+G-N_b \\ u\gamma_{\beta u}+v\gamma_{\beta v}+\beta\gamma_{\beta\beta}=M_y-M_{E1}-M_{E2}-M_b \end{array}\right\} \quad (12.93)$$

将承台侧面、底面的土抗力计算式代入上式，并加以整理，得到求 u、v、β 的典型方程如下：

$$\left.\begin{array}{l} u\gamma'_{uu}+v\gamma'_{uv}+\beta\gamma'_{u\beta}=H \\ u\gamma'_{vu}+v\gamma'_{vv}+\beta\gamma'_{v\beta}=N+G \\ u\gamma'_{\beta u}+v\gamma'_{\beta v}+\beta\gamma'_{\beta\beta}=M_y \end{array}\right\} \quad (12.94)$$

式中低承台群桩刚度指标分别为

$$\gamma'_{uu}=n\rho_{HH}+B_0\frac{C_n h_n}{2} \quad (\text{kN/m}),\quad \gamma'_{uv}=\mu C_b A_b \quad (\text{kN/m})$$

$$\gamma'_{u\beta}=\gamma'_{\beta u}=-n\rho_{MH}+B_0\frac{C_n h_n^2}{6} \quad (\text{kN/rad}),\quad \gamma'_{vv}=n\rho_{NN}+C_b A_b \quad (\text{kN/m})$$

$$\gamma'_{\beta\beta}=(n\rho_{MM}+\rho_{NN}\sum K_i x_i^2)+B_0\frac{C_n h_n^3}{12}+\left(C_b\frac{BL^3}{12}-C_b\sum AK_i x_i^2\right) \quad (\text{kN}\cdot\text{m/rad})$$

各桩均为竖直桩、桩基础以通过 x 轴和通过 y 轴的两垂直面对称时，则 $\gamma_{vu}=\gamma_{v\beta}=\gamma_{\beta v}=0$，联立求解式 (12.94)，可求得低承台的变位 u、v 和 β：

$$\left.\begin{array}{l} v=\dfrac{N+G}{\gamma'_{vv}} \\ u=\dfrac{\gamma'_{\beta\beta}H-\gamma'_{u\beta}M}{\gamma'_{uu}\gamma'_{\beta\beta}-\gamma'^2_{u\beta}}-\dfrac{(N+G)\gamma'_{uv}\gamma'_{\beta\beta}}{\gamma'_{vv}(\gamma'_{uu}\gamma'_{\beta\beta}-\gamma'^2_{u\beta})} \\ \beta=\dfrac{\gamma'_{uu}M-\gamma'_{u\beta}H}{\gamma'_{uu}\gamma'_{\beta\beta}-\gamma'^2_{u\beta}}+\dfrac{(N+G)\gamma'_{uv}\gamma'_{u\beta}}{\gamma'_{vv}(\gamma'_{uu}\gamma'_{\beta\beta}-\gamma'^2_{u\beta})} \end{array}\right\} \quad (12.95)$$

(4) 桩顶作用效应。第 i 根基桩桩顶水平位移、轴向位移和转角分别为 u_{0i}、v_{0i} 和 φ_{0i}，可根据下式计算：

$$u_{0i}=u,\ v_{0i}=v+\beta x_i,\ \varphi_{0i}=\beta \quad (12.96)$$

第 i 根基桩的桩顶作用效应为

$$\left.\begin{array}{l} N_{0i}=(v+\beta x_i)\rho_{NN} \\ H_{0i}=u\rho_{HH}-\beta\rho_{HM} \\ M_{0i}=\beta\rho_{MM}-u\rho_{MH} \end{array}\right\} \quad (12.97)$$

(5) 基桩桩身截面变位和内力。由基桩计算宽度 b'_0 计算其水平变形系数 α，求第 i 根基桩地面下任一深度桩身截面弯矩 M 和剪力 H、桩身截面的水平位移 x 和抗力 σ_x、桩身最大弯矩截面深度 z_0 和最大弯矩，方法同前。

(6) 承台和侧墙的弹性抗力。

水平抗力 $\quad H_E=H_{E1}+H_{E2}=uB_0\dfrac{C_n h_n}{2}+\beta B_0\dfrac{C_n h_n^2}{6}$

反弯矩 $$M_E = M_{E1} + M_{E2} = uB_0 \frac{C_n h_n^2}{6} + \beta B_0 \frac{C_n h_n^3}{12}$$

(7) 承台底地基土的弹性抗力和摩阻力。

竖向抗力 $$N_b = vC_b A_b$$

摩阻力（水平抗力） $$H_b = \mu N_b = v\mu C_b A_b$$

反弯矩 $$M_b = \beta C_b \left(\frac{BL^3}{12} - \Sigma A K_i x_i^2 \right)$$

3. 桩顶作用效应的简化算法

一般建筑物和受水平力（包括力矩与水平剪力）较小的高层建筑群桩基础，其柱下独立桩基、桩筏和桩箱基础的基桩或复合基桩的桩顶作用效应，可以按简化方法计算。

以承受竖向力为主的低承台桩基础，通常可以假定：承台为刚性的；各基桩刚度相同；x 轴和 y 轴是桩基平面的惯性主轴。因此，在计算基桩桩顶作用效应时，竖向力 N_i 可根据材料力学的偏心受压原理计算，其弯矩 M_i 为零，水平力 H_i 为 H/n（n 为桩数）。

如图 12.34 所示，荷载效应标准组合下，作用于承台底面群桩形心的竖向力、水平力和弯矩分别为 $F+G$、H 和 M_x 与 M_y。通过承台底面作一水平横截面，将所有桩顶水平截面视为一组合截面，按偏心受压杆件的应力公式计算各基桩的竖向力 N_i。

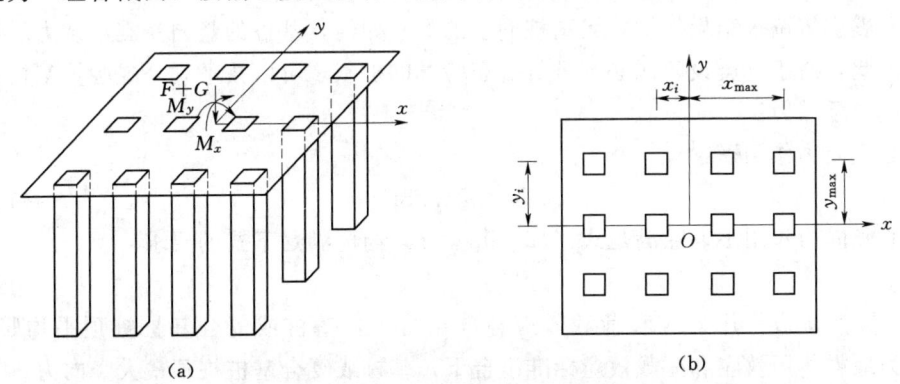

图 12.34 桩顶荷载的计算简图
(a) 立面图；(b) 平面图

第 i 根基桩桩顶截面中心的应力 σ_i 为

$$\sigma_i = \frac{F+G}{nA} \pm \frac{M_y x_i}{I_y} \pm \frac{M_x y_i}{I_x} \approx \frac{F+G}{nA} \pm \frac{M_y x_i}{A \sum_{i=1}^{n} x_i^2} \pm \frac{M_x y_i}{A \sum_{i=1}^{n} y_i^2}$$

则在荷载效应标准组合偏心竖向力作用下，第 i 基桩或复合基桩的竖向力为

$$N_i = \frac{F+G}{n} \pm \frac{M_y x_i}{\sum_{i=1}^{n} x_i^2} \pm \frac{M_x y_i}{\sum_{i=1}^{n} y_i^2} \tag{12.98}$$

式中：A 为基桩的横截面积；n 为桩数；I_y 为群桩对 y 轴的惯性矩，$I_y = nI_0 + A\sum_{i=1}^{n} x_i^2$，$I_0$ 为桩顶截面对本身的轴惯性矩，当桩径较小时 I_0 常很小，nI_0 项可忽略不计，则 $I_y =$

$A\sum_{i=1}^{n}x_i^2$；I_x 为群桩对 x 轴的惯性矩，$I_x=A\sum_{i=1}^{n}y_i^2$；x_i、y_i 分别为第 i 根基桩或复合基桩至 y、x 轴的距离。

荷载效应标准组合下，作用于第 i 基桩或复合基桩的水平力、弯矩分别为

$$H_i=\frac{H}{n},M_i=0 \tag{12.99}$$

12.5.4 桩基竖向承载力验算

1. 荷载效应标准组合

承受轴心竖向力的桩基，其基桩或复合基桩的竖向力 N_k 应满足下式要求：

$$N_k \leqslant R \tag{12.100}$$

承受偏心竖向力的桩基，除应满足式（12.100）外，尚应满足下式的要求：

$$N_{k\max} \leqslant 1.2R \tag{12.101}$$

式中：N_k 为荷载效应标准组合轴心竖向力作用下，基桩或复合基桩桩顶平均竖向力；$N_{k\max}$ 为荷载效应标准组合偏心竖向力作用下，基桩或复合基桩桩顶最大竖向力；R 为基桩或复合基桩的竖向承载力特征值。

2. 地震作用效应和荷载效应标准组合

从地震震害调查结果得知，无论桩周土的类别如何，基桩的竖向受震承载力均可提高25%。因此，对于抗震设防区必须进行抗震验算的桩基，可以按下列公式验算基桩或复合基桩的竖向承载力：

轴心竖向力作用下：

$$N_{Ek} \leqslant 1.25R \tag{12.102}$$

偏心竖向力作用下，除满足式（12.102）外，尚应满足下式的要求：

$$N_{Ek\max} \leqslant 1.5R \tag{12.103}$$

式中：N_{Ek} 为地震作用效应和荷载效应标准组合下，基桩或复合基桩桩顶平均竖向力；$N_{Ek\max}$ 为地震作用效应和荷载效应标准组合下，基桩或复合基桩桩顶最大竖向力。

此外，尚应进行特殊条件下桩基竖向承载力验算，如：软弱下卧层验算，桩周土沉降可能引起桩侧负摩阻力时基桩竖向承载力验算，以及抗拔桩基承载力验算等，其验算方法参见规范有关内容。

12.5.5 桩基水平承载力验算

建筑桩基多数为低承台，且多数带地下室，故水平荷载由承台（地下室外墙）侧面土抗力、承台底地基土摩阻力和基桩共同分担。

对于受水平荷载较大带地下室时的高大建筑物桩基，应按考虑承台（包括地下墙体）、基桩协同工作和土的弹性抗力作用计算基桩、承台与地下室外墙的水平抗力及位移，验算基桩桩身受弯承载力和受剪承载力、桩侧土抗力、承台侧土抗力和承台位移。

对于无地下室且作用于承台顶面的弯矩较小的情况，用简化方法计算基桩桩顶水平力、用群桩效应综合系数法计算基桩的水平承载力，验算其水平承载力。

1. 受水平荷载的一般建筑物和水平荷载较小的高大建筑物单桩基础和群桩

基桩的水平承载力计算应满足下式要求：

12.5 桩顶作用效应和桩基承载力验算

$$H_{ik} \leqslant R_h \tag{12.104}$$

式中：H_{ik} 为在荷载效应标准组合下作用于基桩 i 桩顶处的水平力，按式（12.99）确定；R_h 为单桩基础或群桩中基桩的水平承载力特征值。

单桩基础水平承载力特征值 R_h 可取单桩水平承载力特征值 R_{ha}，根据前述单桩水平静载试验或计算方法确定。对于无地下室且作用于承台顶面的弯矩较小的群桩基础（不含水平力垂直于单排桩基纵向轴线的情况），其基桩 R_h 应考虑由承台、桩群、土相互作用产生的群桩效应，用群桩效应综合系数法来计算，即以单桩 R_{ha} 为基础，考虑桩的相互影响效应、桩顶约束效应、承台侧抗效应和承台底摩阻效应，求得群桩综合效应系数 η_h，然后按下列公式确定 R_h：

$$R_h = \eta_h R_{ha} \tag{12.105}$$

式中 η_h 的确定方法如下。

(1) 考虑地震作用且 $s_a/d \leqslant 6$ 时：

$$\eta_h = \eta_i \eta_r + \eta_l \tag{12.106}$$

$$\eta_i = \frac{(s_a/d)^{0.015n_2 + 0.45}}{0.15n_1 + 0.10n_2 + 1.9} \tag{12.107}$$

$$\eta_l = \frac{m x_{0a} B_c' h_c^2}{2 n_1 n_2 R_{ha}} \tag{12.108}$$

$$x_{0a} = \frac{R_{ha} \nu_x}{\alpha^3 EI} \tag{12.109}$$

式中：η_i 为桩的相互影响效应系数；η_r 为桩顶约束效应系数（桩顶嵌入承台长度 50～100mm 时），可查规范确定；η_l 为承台侧向土抗力效应系数（承台侧面回填土为松散状态时取 $\eta_l = 0$）；s_a/d 为沿水平荷载方向的距径比；n_1、n_2 分别为沿水平荷载方向与垂直水平荷载方向每排桩中的桩数；m 为承台侧面土水平抗力系数的比例系数，当无试验资料时可按《建筑桩基技术规范》（JGJ 94—2008）表 5.7.5 取值；B_c' 为承台的计算宽度，$B_c' = B_c + 1$，其中 B_c 为垂直于水平力 H 的承台宽度；h_c 为承台高度；x_{0a} 为桩顶（承台）的水平位移允许值，当以位移控制时，$x_{0a} = 10$mm（对水平位移敏感的结构物取 $x_{0a} = 6$mm）；当以桩身强度控制（低配筋率灌注桩）时，按式（12.109）确定。

(2) 其他情况时：

$$\eta_h = \eta_i \eta_r + \eta_l + \eta_b \tag{12.110}$$

$$\eta_b = \frac{\mu P_c}{n_1 n_2 R_{ha}} \tag{12.111}$$

$$P_c = \eta_c f_{ak} (A - n A_{ps}) \tag{12.112}$$

式中：μ 为承台底与基土间的摩擦系数，可按规范取值；P_c 为承台底地基土分担的竖向总荷载标准值；η_c 为承台效应系数，查表 12.18；A 为承台总面积；A_{ps} 为桩身截面面积。

2. 受水平荷载较大带地下室时的高大建筑物桩基

按 12.5.3 节中的"高承台桩基础"或"低承台桩基础"方法，计算承台变位、基桩内力与变位、桩侧土水平抗力、承台与地下室外墙的水平抗力。分别进行如下验算：

(1) 建筑桩基受水平荷载较大（或对水平位移有严格限制），应验算其水平位移。

(2) 基桩受水平荷载和地震作用，应验算基桩桩身受弯承载力和受剪承载力。

(3) 验算桩侧土或承台侧地基土的水平抗力，应满足水平弹性抗力 σ_x 不大于地基土强度。

12.6 桩基础设计

桩基的设计应综合考虑工程地质与水文地质条件、上部结构类型、使用功能、荷载特征、施工技术条件与环境；因地制宜，注重概念设计，合理选择桩型、成桩工艺和承台形式，优化布桩。

桩和承台应有足够的强度、刚度和耐久性，地基应有足够的承载和不产生过大变形。建筑桩基的设计与计算可按如下步骤进行：

(1) 选择桩的持力层、桩的类型和几何尺寸、初拟承台底面标高。
(2) 确定单桩竖向承载力特征值 R_a。
(3) 确定桩数 n 及其平面布置。
(4) 验算桩基承载力和沉降量。
(5) 必要时，验算桩基水平承载力和水平位移。
(6) 桩身结构设计。
(7) 承台结构设计与计算。
(8) 绘制桩基施工图。

12.6.1 桩型、桩长和截面尺寸选择

1. 桩型与成桩工艺

桩型与成桩工艺应根据建筑结构类型、荷载性质、桩的使用功能、穿越土层、桩端持力层、地下水位、施工设备与经验等，按安全适用、经济合理的原则选择。确定桩型时一般应避免同一建筑物同时采用端承桩和摩擦桩。

(1) 对于框架-核心筒等荷载分布很不均匀的桩筏基础，宜选择基桩尺寸和承载力可调性较大的桩型和工艺。
(2) 挤土沉管灌注桩用于淤泥和淤泥质土层时，应局限于多层住宅桩基。
(3) 抗震设防烈度为8度及以上地区，不宜采用预应力混凝土管桩（PC）和预应力混凝土空心方桩（PS）。

2. 桩长

桩的长度主要取决于桩端持力层的选择。桩端宜进入坚硬土层或岩层，采用端承型桩或嵌岩桩；当坚硬土层的埋深很深时，宜采用摩擦型桩，桩端应尽量达到低压缩性、中等强度的土层上。

桩端全断面进入持力层的深度，对于黏性土、粉土不宜小于 $2d$，砂土不宜小于 $1.5d$，碎石类土，不宜小于 $1d$。当存在软弱下卧层时，桩端以下硬持力层厚度不宜小于 $3d$。

嵌岩桩的嵌岩深度，对于嵌入倾斜的完整和较完整岩的全断面深度不宜小于 $0.4d$ 且不小于 $0.5m$，倾斜度大于 30% 的中风化岩，宜根据倾斜度及岩石完整性适当加大嵌岩深度；对于嵌入平整、完整的坚硬岩和较硬岩的深度不宜小于 $0.2d$，且不应小于 $0.2m$。

3. 桩截面尺寸

桩型和桩长初步确定后，根据单桩竖向承载力特征值 R_a 大小的要求，定出桩的截面尺寸，并初步拟定承台底面标高。

承台的埋深选择主要从结构要求和方便施工的角度来考虑，一般不小于600mm。季节性冻土上的承台埋深，应根据地基土的冻胀性确定，并应考虑是否需要采用相应的防冻害措施；膨胀土上的承台埋深，应考虑土的膨胀性影响。

12.6.2 桩数及桩位布置

1. 桩的数量

初步拟定桩数时，不考虑承台效应，基桩或复合基桩 R 近似取为 R_a。桩数 n 可按下式估算：

$$n \geqslant \mu \frac{F_k + G_k}{R_a} \tag{12.113}$$

式中：F_k 为荷载效应标准组合下，作用于承台顶面的竖向力；G_k 为桩基承台和承台上土自重标准值，对稳定的地下水位以下部分应扣除水的浮力；μ 为系数，轴心竖向力作用下，$\mu=1$，偏心竖向力作用下，$\mu=1.1\sim1.2$。

承受水平荷载的桩基，桩数的确定还应通过满足对桩的水平承载力的要求。此时，基桩的水平承载力特征值 R_h 近似取单桩水平承载力特征值 R_{ha}，用 $n \geqslant H_k/R_a$ 来估算桩数，H_k 为荷载效应标准组合下作用于桩基承台底面的水平力。

拟定的桩数 n，尚待桩基承载力、沉降和水平位移验算均通过后决定。

2. 桩的间距

基桩的间距过大，会增加承台的体积；基桩的间距过小，桩的承载力不能充分发挥，给桩基施工造成困难。一般，基桩的最小中心距应满足表 12.23 的规定。对于大面积的群桩，尤其是挤土桩，基桩的最小中心距还应根据表中数值适当加大。

表 12.23　　　　　　　　　　桩的最小中心距

土类与成桩工艺		排数≥3排且桩数≥9根的摩擦型桩桩基	其他情况
非挤土灌注桩		3.0d	3.0d
部分挤土桩	非饱和土、饱和非黏性土	3.5d	3.0d
	饱和黏性土	4.0d	3.5d
挤土桩	非饱和土、饱和非黏性土	4.0d	3.5d
	饱和黏性土	4.5d	4.0d
钻、挖孔扩底桩		2D 或 $D+2.0$m（当 $D>2$m）	1.5D 或 $D+1.5$m（当 $D>2$m）
沉管夯扩、钻孔挤扩桩	非饱和土、饱和非黏性土	2.2D 且 4.0d	2.0D 且 3.5d
	饱和黏性土	2.5D 且 4.5d	2.2D 且 4.0d

注　1. d 为圆桩直径或方桩边长；D 为扩大端设计直径。
　　2. 当纵横向桩距不相等时，其最小中心距应满足"其他情况"一栏的规定。
　　3. 当为端承型桩时，非挤土灌注桩的"其他情况"一栏可减小至 2.5d。

3. 桩的布置

基桩在平面内可布置成方形或矩形、三角形和梅花形，如图 12.35（a）所示；条形基础下的基桩，可采用单排或双排布置，如图 12.35（b）所示，也可采用不等距布置。

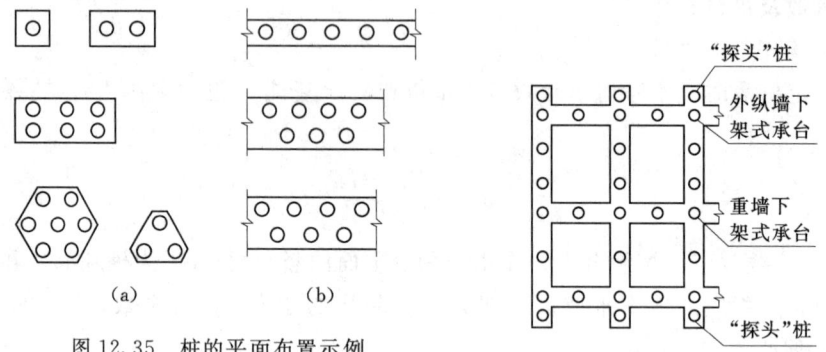

图 12.35 桩的平面布置示例
(a) 柱下桩基；(b) 墙下桩基

图 12.36 横墙下"探头"桩的布置

排列基桩时，宜使桩群承载力合力点与竖向永久荷载合力作用点重合，并使基桩受水平力和力矩较大方向有较大抗弯截面模量。当作用于承台底面的弯矩较大时，应增加桩基横截面的惯性矩。对于墙下桩基，可在外纵墙之外布设 1~2 根"探头"桩，如图 12.36 所示。

对于桩箱基础、剪力墙结构桩筏（含平板和梁板式承台）基础，宜将桩布置于墙下。

对于框架-核心筒结构桩筏基础应按荷载分布考虑相互影响，将桩相对集中布置于核心筒和柱下，外围框架柱宜采用复合桩基，桩长宜小于核心筒下基桩（有合适桩端持力层时）。

12.6.3 桩身截面强度计算

1. 钢筋混凝土预制桩

钢筋混凝土预制桩常见的是预制方桩和管桩，一般预制桩典型构造如图 12.37 所示。预制桩的混凝土等级不宜低于 C30；预应力混凝土实心桩的混凝土强度等级不宜低于 C40。预制桩的纵向钢筋的混凝土保护层厚度不小于 30mm。

混凝土预制桩的截面边长不应小于 200mm，预应力混凝土桩的截面边长不宜小于 350mm。

预制桩的桩身配筋应按吊运、沉桩及桩在使用中的受力等条件计算确定。锤击法沉桩最小配筋率不宜小于 0.8%，静压法沉桩最小配筋率不宜小于 0.6%，主筋直径不宜小于 $\phi 14$。打入桩桩顶 $(4\sim5)d$ 范围内箍筋加密，并设置钢筋网片。

2. 灌注桩

桩身混凝土强度等级不得低于 C25，混凝土预制桩尖不得低于 C30。主筋的混凝土保护层厚度不应小于 35mm，水下灌注桩的主筋混凝土保护层厚度不得小于 50mm。

灌注桩应按算得的桩中最不利受力状态来配筋，其配筋量可根据桩身内力的分布分段进行，然后按整桩来检算其稳定条件，具体计算方法可按偏心受压构件计算。计算配筋的具体要求如下：

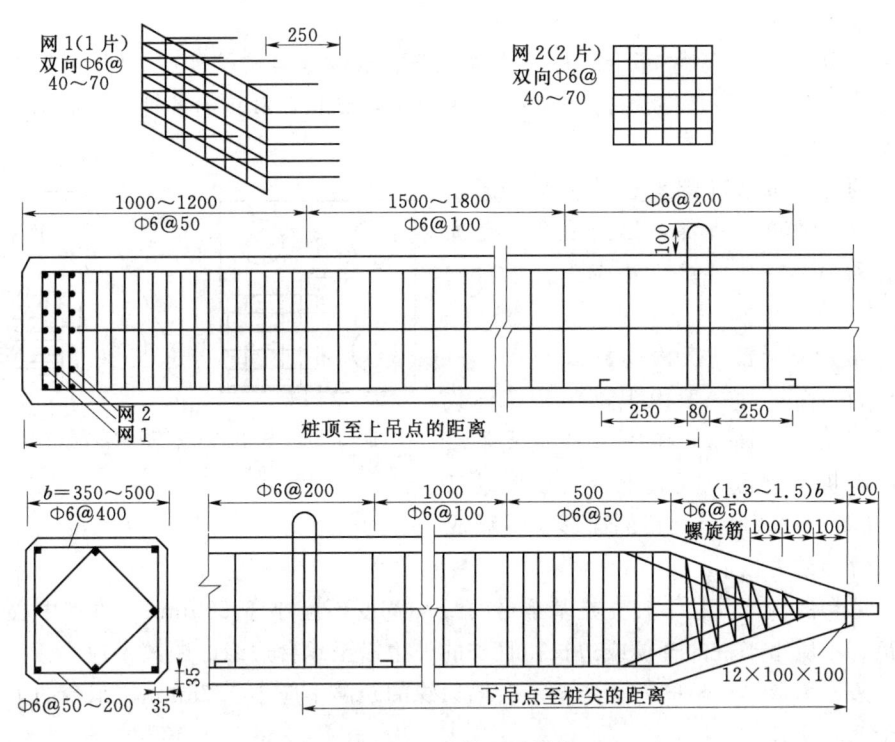

图 12.37 混凝土预制桩

(1) 配筋率。当桩身直径为 300～2000mm 时，正截面配筋率可取 0.65%～0.2%（小直径桩取高值）；对荷载特别大的桩、抗拔桩和嵌岩端承桩应根据计算确定配筋率，并不应小于上述规定值。

(2) 配筋长度。端承型桩和位于坡地、岸边的基桩应沿桩身等截面或变截面通长配筋；摩擦型灌注桩配筋长度不应小于 2/3 桩长；当受水平荷载时，配筋长度不宜小于 $4.0/\alpha$（α 为桩的水平变形系数）对于受地震作用的基桩，桩身配筋长度应穿过可液化土层和软弱土层，进入稳定土层的深度为：对于碎石土，砾、粗、中砂，密实粉土，坚硬黏性土不应小于 2～3 倍桩身直径，对其他非岩石土尚不宜小于 4～5 倍桩身直径；受负摩擦力的桩、因先成桩后开挖基坑而随地基土回弹的桩，其配筋长度应穿过软弱土层并进入稳定土层，进入的深度不应小于 2～3 倍桩身直径；抗拔桩及因地震作用、冻胀或膨胀力作用而受拔力的桩，应等截面或变截面通长配筋。

(3) 对于受水平荷载的桩，主筋不应小于 8Φ12；对于抗压桩和抗拔桩，主筋不应少于 6Φ10。纵向主筋应沿桩身周边均匀布置，其净距不应小于 60mm。

(4) 箍筋应采用螺旋式，直径不应小于 6mm，间距宜为 200～300mm；受水平荷载较大桩基、承受水平地震作用的桩基以及考虑主筋作用计算桩身受压承载力时，桩顶以下 $5d$ 范围内的箍筋应加密，间距不应大于 100mm；当桩身位于液化土层范围内时箍筋应加密；当考虑箍筋受力作用时，箍筋配制应符合现行国家标准《混凝土结构设计规范》（GB 50010）的有关规定；当钢筋笼长度超过 4m 时，应每隔 2m 设一道直径不小于 12mm 的焊接加劲箍筋。

12.6.4 承台设计

桩基承台分为柱下独立承台、柱下或墙下条形承台（梁式承台），以及筏板承台和箱形承台等。承台的作用是将各桩连成整体，并将上部结构荷载传给各桩，因而承台应有足够的强度和刚度。

承台的设计包括确定承台的材料、形状与平面尺寸、厚度及埋深，以及受弯、受冲切、受剪和局部受压计算，并应符合承台构造要求。

1. 承台的外形尺寸及构造要求

承台的平面尺寸一般由上部结构、桩数和布桩形式决定。通常，墙下桩基做成条形承台，柱下桩基宜做成板式承台（矩形或三角形），如图12.38所示，其剖面形状可做成锥形、台阶形或平板形。

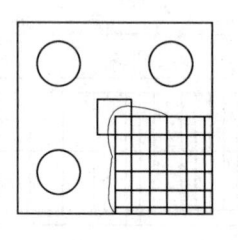

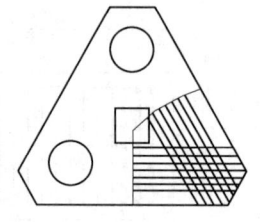

图12.38 柱下独立桩基承台配筋示意图
(a) 矩形承台；(b) 三桩承台

（1）承台的构造。柱下独立桩基承台的最小宽度不应小于500mm，边桩中心至承台边缘的距离不应小于桩的直径或边长，且桩的外边缘至承台边缘的距离不应小于150mm。对于墙下条形承台梁，桩的外边缘至承台梁边缘的距离不应小于75mm，承台的最小厚度不应小于300mm。

高层建筑平板式和梁板式筏形承台的最小厚度不应小于400mm，墙下布桩的剪力墙结构筏形承台的最小厚度不应小于200mm。

高层建筑箱形承台的构造应符合《高层建筑筏形与箱形基础技术规范》（JGJ 6）的规定。

（2）材料及强度要求。承台混凝土材料及其强度等级应符合结构混凝土耐久性的要求和抗渗要求。

（3）承台的钢筋配置。柱下独立桩基承台纵向受力钢筋应通长配置，如图12.38（a）所示；对四桩以上（含四桩）承台宜按双向均匀布置。对三桩的三角形承台应按三向板带均匀布置，且最里面的三根钢筋围成的三角形应在柱截面范围内，如图12.38（b）所示。柱下独立桩基承台的最小配筋率不应小于0.15%。

柱下独立两桩承台，应按现行国家标准《混凝土结构设计规范》（GB 50010）中的深受弯构件配置纵向受拉钢筋、水平及竖向分布钢筋。承台纵向受力钢筋端部的锚固长度及构造应与柱下多桩承台的规定相同。

条形承台梁的纵向主筋应符合现行国家标准《混凝土结构设计规范》（GB 50010）关于最小配筋率的规定（图12.39），主筋直径不应小于12mm，架立筋直径不应小于10mm，箍筋直径不应小于6mm。承台梁端

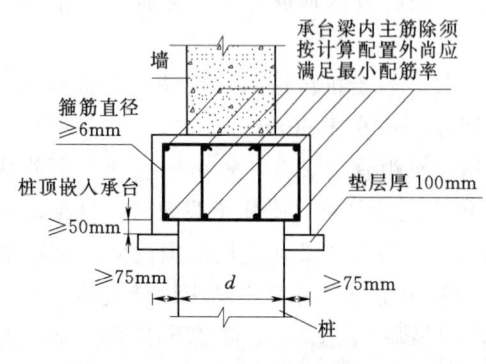

图12.39 条形承台梁的配筋示意图

部纵向受力钢筋的锚固长度及构造应与柱下多桩承台的规定相同。

筏形承台板或箱形承台板在计算中当仅考虑局部弯矩作用时，考虑到整体弯曲的影响，在纵横两个方向的下层钢筋配筋率不宜小于0.15%；上层钢筋应按计算配筋率全部连通。当筏板的厚度大于2000mm时，宜在板厚中间部位设置直径不小于12mm、间距不大于300mm的双向钢筋网。

承台底面钢筋的混凝土保护层厚度，当有混凝土垫层时，不应小于50mm，无垫层时不应小于70mm；此外尚不应小于桩头嵌入承台内的长度。

2. 承台与桩、柱、承台之间的连接构造

（1）桩与承台的连接构造。桩嵌入承台内的长度对中等直径桩不宜小于50mm；对大直径桩不宜小于100mm。

混凝土桩的桩顶纵向主筋应锚入承台内，其锚入长度不宜小于35倍纵向主筋直径。对于抗拔桩，桩顶纵向主筋的锚固长度应按现行国家标准《混凝土结构设计规范》（GB 50010）确定。

对于大直径灌注桩，当采用一柱一桩时可设置承台或将桩与柱直接连接。

（2）柱与承台的连接构造。一柱一桩基础，柱与桩直接连接时，柱纵向主筋锚入桩身内长度不应小于35倍纵向主筋直径。

多桩承台，柱纵向主筋应锚入承台不应小于35倍纵向主筋直径；当承台高度不满足锚固要求时，竖向锚固长度不应小于20倍纵向主筋直径，并向柱轴线方向呈90°弯折。

当有抗震设防要求时，对于一、二级抗震等级的柱，纵向主筋锚固长度应乘以1.15的系数；对于三级抗震等级的柱，纵向主筋锚固长度应乘以1.05的系数。

（3）承台与承台之间的连接构造应符合下列规定。

1）一柱一桩时，应在桩顶两个主轴方向上设置联系梁。当桩与柱的截面直径之比大于2时，可不设联系梁。

2）两桩桩基的承台，应在其短向设置联系梁。

3）有抗震设防要求的柱下桩基承台，宜沿两个主轴方向设置联系梁。

4）联系梁顶面宜与承台顶面位于同一标高。联系梁宽度不宜小于250mm，其高度可取承台中心距的1/10~1/15，且不宜小于400mm。

5）联系梁配筋应按计算确定，梁上下部配筋不宜小于2根直径12mm钢筋；位于同一轴线上的联系梁纵筋宜通长配置。

6）承台和地下室外墙与基坑侧壁间隙应灌注素混凝土，或采用灰土、级配砂石、压实性较好的素土分层夯实，其压实系数不宜小于0.94。

3. 承台受弯计算

承台的强度计算包括受冲切、受剪切、局部承压及受弯计算。模型试验表明，柱下独立承台在配筋不足时将产生弯曲破坏，其破坏特征呈梁式破坏，最大弯矩产生于屈服线处。根据极限平衡原理，承台正截面弯矩计算如下：

（1）柱下两桩条形承台、柱下多桩矩形承台。弯矩计算截面取在柱边和承台变阶处，如图12.40（a）所示，正截面弯矩设计值可按下列公式计算：

$$M_x = \sum N_i y_i \tag{12.114}$$

$$M_y = \sum N_i x_i \qquad (12.115)$$

式中：M_x、M_y 分别为绕 X 轴和绕 Y 轴方向计算截面处的弯矩设计值；x_i、y_i 分别为垂直 Y 轴和 X 轴方向自桩轴线到相应计算截面的距离；N_i 为不计承台及其上土重，在荷载效应基本组合下的第 i 基桩或复合基桩竖向反力设计值。

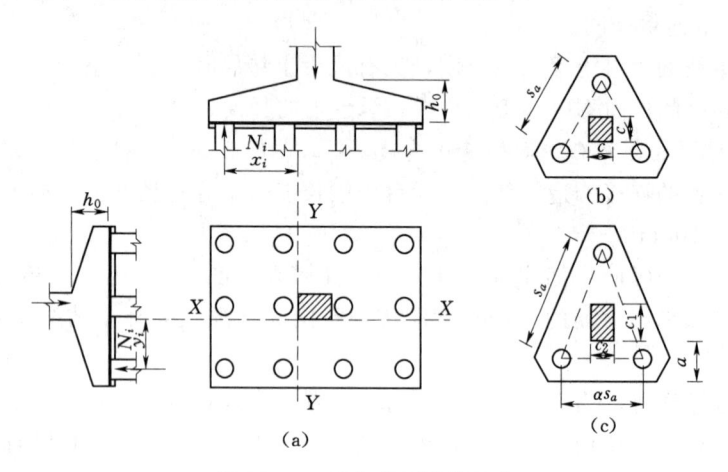

图 12.40　承台弯矩计算示意
(a) 矩形多桩承台；(b) 等边三桩承台；(c) 等腰三桩承台

(2) 柱下三桩承台。

1) 等边三桩承台 [图 12.40 (b)]，正截面弯矩值应符合下列要求：

$$M = \frac{N_{\max}}{3}\left(s_a - \frac{\sqrt{3}}{4}c\right) \qquad (12.116)$$

式中：M 为通过承台形心至各边边缘正交截面范围内板带的弯矩设计值；$N_{\max}$ 为不计承台及其上土重，在荷载效应基本组合下三桩中最大基桩或复合基桩竖向反力设计值；s_a 为桩中心距；c 为方柱边长，圆柱时 $c = 0.8d$（d 为圆柱直径）。

2) 等腰三桩承台 [图 12.40 (c)]，正截面弯矩值设计值应符合下列要求：

$$M_1 = \frac{N_{\max}}{3}\left(s_a - \frac{0.75}{\sqrt{4-\alpha^2}}c_1\right) \qquad (12.117)$$

$$M_2 = \frac{N_{\max}}{3}\left(\alpha s_a - \frac{0.75}{\sqrt{4-\alpha^2}}c_2\right) \qquad (12.118)$$

式中：M_1、M_2 分别为通过承台形心至两腰边缘和底边边缘正交截面范围内板带的弯矩设计值；s_a 为长向桩中心距；α 为短向桩中心距与长向桩中心距之比，当 $\alpha < 0.5$ 时，应按变截面的二桩承台设计；c_1、c_2 分别为垂直于、平行于承台底边的柱截面边长。

(3) 柱下或墙下条形承台梁。柱下条形承台梁的弯矩设计值可按弹性地基梁进行分析计算，地基计算模型应根据地基土层特性选取。当桩端持力层深厚坚硬且桩柱轴线不重合时，可视桩为不动铰支座，按连续梁计算。

砌体墙下条形承台梁，可按倒置弹性地基梁计算弯矩和剪力。

(4) 箱形承台和筏形承台。箱形承台和筏形承台弯矩宜按地基-桩-承台-上部结构共同作用的原理分析计算。

12.6 桩基础设计

对于箱形承台，当桩端持力层为基岩、密实的碎石类土、砂土，且较均匀时，或当上部结构为剪力墙、框架-剪力墙体系且箱形承台的整体刚度较大时，箱形承台顶、底板可仅考虑局部弯曲作用进行计算。

对于筏形承台，当桩端持力层坚硬均匀、上部结构刚度较好，且柱荷载及柱间距变化不超过20%时，可仅考虑局部弯曲作用按倒楼盖法计算；当桩端以下有中、高压缩性土、非均匀土层、上部结构刚度较差或柱荷载及柱间距变化较大时，应按弹性地基梁板进行计算。

4. 受冲切计算

承台厚度可按抗冲切及剪切条件确定。一般可先按经验估算承台厚度，然后再校核冲切和剪切强度，并进行调整。如承台有效高度不足，将产生冲切破坏。其破坏方式可以分为沿柱（墙）边的冲切和单一基桩对承台的冲切两类。

(1) 轴心竖向力作用下桩基承台受柱（墙）的冲切。柱（墙）边冲切破坏锥体斜面与承台底面的夹角大于或等于45°，该斜面的上周边位于柱（墙）与承台交接处或承台变阶处，下周边位于相应的桩顶内边缘处，如图12.41所示。

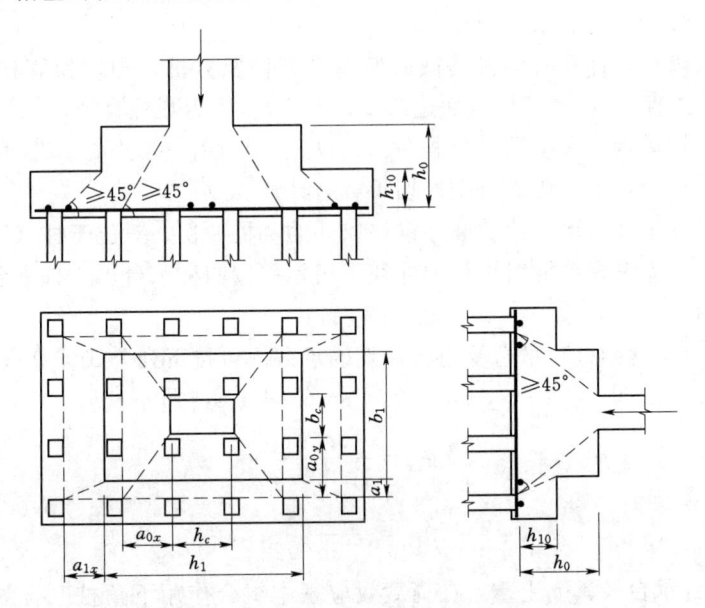

图12.41 柱对承台的冲切计算示意

1) 承台受柱（墙）冲切承载力可按下列公式计算：

$$F_l \leqslant \beta_{hp} \beta_0 u_m f_t h_0 \tag{12.119}$$

$$F_l = F - \sum Q_i \tag{12.120}$$

$$\beta_0 = \frac{0.84}{\lambda + 0.2} \tag{12.121}$$

式中：F_l 为不计承台及其上土重，在荷载效应基本组合下作用于冲切破坏锥体上的冲切力设计值；f_t 为承台混凝土抗拉强度设计值；β_{hp} 为承台受冲切承载力截面高度影响系数，当 $h \leqslant 800\text{mm}$ 时，β_{hp} 取 1.0，$h \geqslant 2000\text{mm}$ 时，β_{hp} 取 0.9，其间按线性内插法取值；u_m 为承台冲切破坏锥体一半有效高度处的周长；h_0 为承台冲切破坏锥体的有效高度；β_0

为柱（墙）冲切系数；λ 为冲跨比，$\lambda=a_0/h_0$，a_0 为柱（墙）边或承台变阶处到桩边水平距离，当 $\lambda<0.25$ 时，取 $\lambda=0.25$，当 $\lambda>1.0$ 时，取 $\lambda=1.0$；F 为不计承台及其上土重，在荷载效应基本组合作用下柱（墙）底的竖向荷载设计值；ΣQ_i 为不计承台及其上土重，在荷载效应基本组合下冲切破坏锥体内各基桩或复合基桩的反力设计值之和。

2）柱下矩形独立承台受柱冲切的承载力可按下列公式计算（图 12.41）：

$$F_l \leqslant 2[\beta_{0x}(b_c+a_{0y})+\beta_{0y}(h_c+a_{0x})]\beta_{hp}f_t h_0 \tag{12.122}$$

式中：β_{0x}、β_{0y} 由式（12.121）求得，$\lambda_{0x}=a_{0x}/h_0$，$\lambda_{0y}=a_{0y}/h_0$，λ_{0x}、λ_{0y} 均应满足 $0.25\sim1.0$ 的要求；h_c、b_c 分别为 x、y 方向的柱截面的边长；a_{0x}、a_{0y} 分别为 x、y 方向柱边离最近桩边的水平距离。

3）柱下矩形独立阶形承台受上阶冲切的承载力可按下列公式计算（图 12.41）：

$$F_l \leqslant 2[\beta_{1x}(b_1+a_{1y})+\beta_{1y}(h_1+a_{1x})]\beta_{hp}f_t h_{10} \tag{12.123}$$

式中：β_{1x}、β_{1y} 由式（12.121）求得，$\lambda_{1x}=a_{1x}/h_{10}$，$\lambda_{1y}=a_{1y}/h_{10}$，$\lambda_{1x}$、$\lambda_{1y}$ 均应满足 $0.25\sim1.0$ 的要求；h_1、b_1 分别为 x、y 方向承台上阶的边长；a_{1x}、a_{1y} 分别为 x、y 方向承台上阶边离最近桩边的水平距离。

对于圆柱及圆桩，计算时应将其截面换算成方柱及方桩，即取换算柱截面边长 $b_c=0.8d_c$（d_c 为圆柱直径），换算桩截面边长 $b_p=0.8d$（d 为圆桩直径）。

对于柱下两桩承台，宜按深受弯构件（$l_0/h<5.0$，$l_0=1.15l_n$，l_n 为两桩净距）计算受弯、受剪承载力，不需要进行受冲切承载力计算。

(2) 承台受位于柱（墙）冲切破坏锥体以外的基桩冲切。对位于柱（墙）冲切破坏锥体以外的基桩，尚应考虑单桩对承台的冲切作用，并按四桩承台、三桩承台等不同情况计算受冲切承载力。

1）四桩以上（含四桩）承台受角桩冲切的承载力可按下列公式计算（图 12.42）：

$$N_l \leqslant [\beta_{1x}(c_2+a_{1y}/2)+\beta_{1y}(c_1+a_{1x}/2)]\beta_{hp}f_t h_0 \tag{12.124}$$

$$\beta_{1x}=\frac{0.56}{\lambda_{1x}+0.2} \tag{12.125}$$

$$\beta_{1y}=\frac{0.56}{\lambda_{1y}+0.2} \tag{12.126}$$

式中：N_l 为不计承台及其上土重，在荷载效应基本组合作用下角桩（含复合基桩）反力设计值；β_{1x}、β_{1y} 为角桩冲切系数；h_0 为承台外边缘的有效高度；λ_{1x}、λ_{1y} 为角桩冲跨比，$\lambda_{1x}=a_{1x}/h_{10}$，$\lambda_{1y}=a_{1y}/h_{10}$，其值均应满足 $0.25\sim1.0$ 的要求。

a_{1x}、a_{1y} 为从承台底角桩顶内边缘引 $45°$ 冲切线与承台顶面相交点至角桩内边缘的水平距离；当柱（墙）边或承台变阶处位于该 $45°$ 线以内时，则取由柱（墙）边或承台变阶处与桩内边缘连线为冲切锥体的锥线（图 12.42）。

2）对于三桩三角形承台可按下列公式计算受角桩冲切的承载力（图 12.43）。
底部角桩：

$$N_l \leqslant \beta_{11}(2c_1+a_{11})\beta_{hp}\tan\frac{\theta_1}{2}f_t h_0 \tag{12.127}$$

$$\beta_{11}=\frac{0.56}{\lambda_{11}+0.2} \tag{12.128}$$

图 12.42　四桩以上（含四桩）承台角桩冲切计算示意
(a) 锥形承台；(b) 阶形承台

图 12.43　三桩三角形承台角桩冲切计算示意

顶部角桩：

$$N_l \leqslant \beta_{12}(2c_2 + a_{12})\beta_{hp}\tan\frac{\theta_2}{2}f_t h_0 \tag{12.129}$$

$$\beta_{12} = \frac{0.56}{\lambda_{12} + 0.2} \tag{12.130}$$

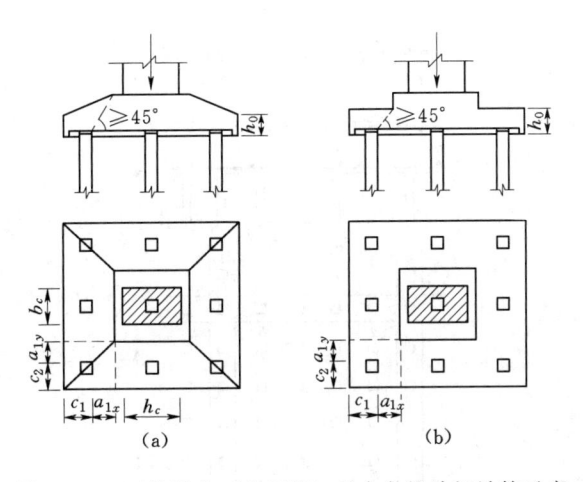

式中：λ_{11}、λ_{12} 为角桩冲跨比，$\lambda_{11} = a_{11}/h_0$，$\lambda_{12} = a_{12}/h_0$，其值均应满足 0.25~1.0 的要求；$a_{11}$、$a_{12}$ 为从承台底角桩顶内边缘引 45°冲切线与承台顶面相交点至角桩内边缘的水平距离，当柱（墙）边或承台变阶处位于该 45°线以内时，则取由柱（墙）边或承台变阶处与桩内边缘连线为冲切锥体的锥线。

3）对于箱形、筏形承台，可按下列公式计算承台受内部基桩的冲切承载力。

如图 12.44（a）所示，受基桩的冲切承载力计算如下：

$$N_l \leqslant 2.8(b_p + h_0)\beta_{hp}f_t h_0 \tag{12.131}$$

如图 12.44（b）所示，受桩群的冲切承载力计算如下：

$$\sum N_{li} \leqslant 2[\beta_{0x}(b_y + a_{0y}) + \beta_{0y}(b_x + a_{0x})]\beta_{hp}f_t h_0 \tag{12.132}$$

式中：β_{0x}、β_{0y} 由式（12.121）求得，其中 $\lambda_{0x} = a_{0x}/h_0$，$\lambda_{0y} = a_{0y}/h_0$，$\lambda_{0x}$、$\lambda_{0y}$ 均应满足 0.25~1.0 的要求；N_l、$\sum N_{li}$ 为不计承台和其上土重，在荷载效应基本组合下，基桩或复合基桩的净反力设计值、冲切锥体内各基桩或复合基桩反力设计值之和。

5. 受剪切计算

桩基承台斜截面受剪承载力计算同一般混凝土结构，但由于桩基承台多属于小剪跨比（$\lambda < 1.40$）情况，故需将混凝土结构所限制的剪跨比（1.40~3.0）延伸到 0.3 的范围。

桩基承台的剪切面为通过柱（墙）边与桩边连线所形成的斜截面，如图 12.45 所示。当柱（墙）外有多排桩形成多个剪切斜截面时，对每一个斜截面都应进行受剪承载力计算。

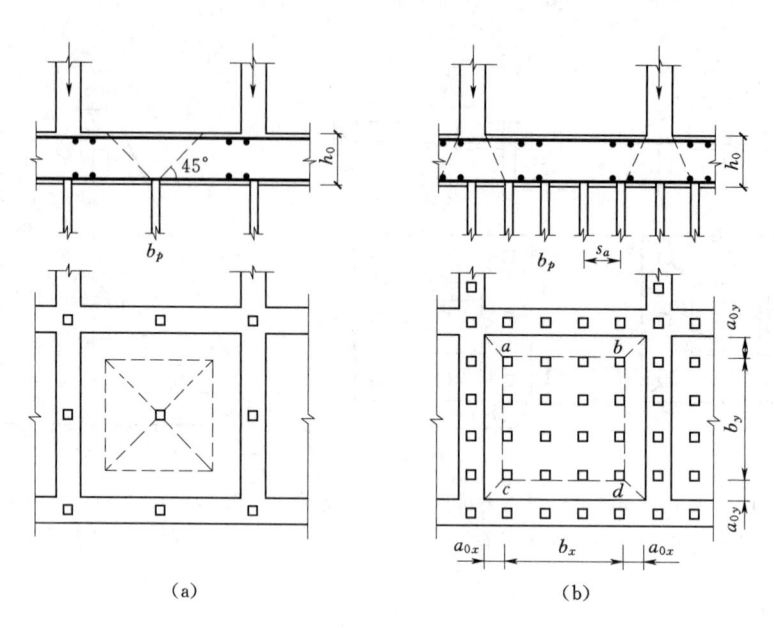

图 12.44 基桩对筏形承台的冲切和墙对筏形承台的冲切计算示意
(a) 受基桩的冲切；(b) 受桩群的冲切

柱下独立桩基等厚度承台斜截面受剪承载力可按下列公式计算：

$$V \leqslant \beta_{hs} \alpha f_t b_0 h_0 \quad (12.133)$$

$$\alpha = \frac{1.75}{\lambda + 1} \quad (12.134)$$

$$\beta_{hs} = \left(\frac{800}{h_0}\right)^{1/4} \quad (12.135)$$

式中：V 为不计承台及其上土自重，在荷载效应基本组合下斜截面的最大剪力设计值；f_t 为混凝土轴心抗拉强度设计值；b_0 为承台计算截面处的计算宽度；h_0 为承台计算截面处的有效高度；α 为承台剪切系数；按式（12.135）确定。

λ 为计算截面的剪跨比，$\lambda_x = a_x/h_0$，$\lambda_y = a_y/h_0$，此处，a_x、a_y 为柱边（墙边）或承台变阶处至 y、x 方向计算一排桩的桩边的水平距离，当 $\lambda < 0.25$ 时，取 $\lambda = 0.25$；当 $\lambda > 3$ 时，取 $\lambda = 3$。

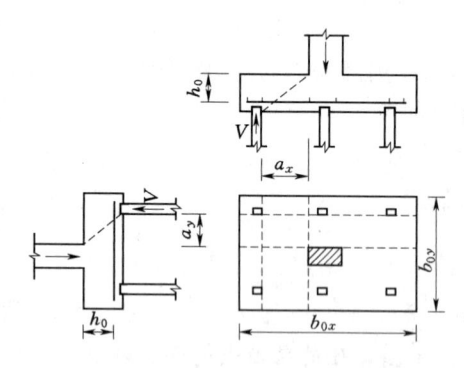

图 12.45 承台斜截面受剪计算示意

β_{hs} 为受剪切承载力截面高度影响系数；当 $h_0 < 800$mm 时，取 $h_0 = 800$mm；当 $h_0 > 2000$mm 时，取 $h_0 = 2000$mm；其间按线性内插法取值。

【例 12.3】 某建筑桩基，柱荷载传至设计地面处的荷载有以下组合。

（1）荷载标准组合：竖向力 $F_k = 3040$kN，水平力 $H_k = 80$kN，弯矩 $M_{yk} = 400$kN·m。

（2）荷载准永久组合：竖向力 $F_Q = 2800$kN，水平力 $H_Q = 80$kN，弯矩 $M_{yQ} = 250$kN·m。

(3) 荷载基本组合：竖向力 $F=3800\mathrm{kN}$，水平力 $H=100\mathrm{kN}$，弯矩 $M_y=500\mathrm{kN\cdot m}$。桩周土层的地质资料见表 12.24，地下稳定水位为 $-4\mathrm{m}$，拟采用 $\phi500$ 钻孔灌注桩。试按《建筑桩基技术规范》（JGJ 94—2008）进行柱下桩基础的设计。

表 12.24　　　　　　　　　　[例 12.3] 桩周土地质资料

序号	土层名称	深度/m	重度 $\gamma/(\mathrm{kN/m^3})$	孔隙比 e	液性指数 I_L	黏聚力 c/kPa	内摩擦角 $\varphi/(°)$	压缩模量 E_s/MPa	承载力 f_a/kPa
1	杂填土	0～1	16						
2	粉土	1～4	18	0.90		10	12	4.6	120
3	淤泥质土	4～16	17	1.10	0.55	5	8	4.4	110
4	黏土	16～26	19	0.65	0.25	15	20	10.0	280

解：

1. 选择桩型、桩材与桩长

采用 $\phi500$ 钻孔灌注桩，水下混凝土强度等级 C25，$f_c=11.9\mathrm{MPa}$，$f_t=1.27\mathrm{MPa}$。
配置钢筋 HPB235，$f_y=f_y'=210\mathrm{MPa}$。
选定第 4 层（黏土层）为持力层，桩端进入黏土层的深度为 $1\mathrm{m}\geqslant 2d$。
承台底面埋深为 $1.5\mathrm{m}\geqslant 0.6\mathrm{m}$。
初步拟定的桩长为：$l=16+1.0-1.5=15.5(\mathrm{m})$

2. 确定单桩竖向承载力特征值 R_a

(1) 根据桩身材料确定 R_a。配筋率取 $\rho=0.45\%$，$\psi_c=0.7$，$\varphi=1.0$，桩截面积 $A_{ps}=\pi d^2/4=0.1963\mathrm{m}^2$，$R_a$ 可由下式计算：

$$R_a = \varphi(\psi_c f_c A_{ps}+0.9f_y'A_s')=0.7\times 11.9\times(1.963\times 10^5)+0.9\times 210 \\ \times(0.45\%\times 1.963\times 10^5)=1802\times 10^3(\mathrm{N})$$

(2) 根据土对桩的支承力确定 R_a。查表 12.6，可知 $q_{sk2}=42\mathrm{kPa}$，$q_{sk3}=25\mathrm{kPa}$，$q_{sk4}=84\mathrm{kPa}$。查表 12.7 可知 $q_{pk}=1200\mathrm{kPa}$，因此：

$$Q_{uk}=Q_{sk}+Q_{pk}=u\sum q_{sik}l_i+q_{pk}A_p=0.5\pi(42\times 2.5+25\times 12+84\times 1) \\ +1200\times 0.1963=1003.6(\mathrm{kN})$$

$$R_a=\frac{Q_{uk}}{K}=\frac{1003.6}{2}=501.8(\mathrm{kN})，取 R_a=500\mathrm{kN}$$

以上两者取小值作为单桩竖向承载力特征值，因此 $R_a=500\mathrm{kN}$。

3. 确定桩数和平面布置

承台底面尺寸：平行 H 的长度 $L_c=4\mathrm{m}$，与 H 垂直的宽度 $B_c=3.6\mathrm{m}$
承台与承台上土的平均重度 $\gamma_G=20\mathrm{kN/m}^3$，则承台与承台上土自重标准值 G_k 为

$$G_k=\gamma_G(B_c L_c h_n)=20\times(3.6\times 4.0\times 1.5)=432(\mathrm{kN})$$

系数 $\mu=1.1$，则桩数为 $n=\mu\dfrac{F_k+G_k}{R_a}=1.1\times\dfrac{3040+432}{500}=7.6$

初步拟定桩数为 $n=8$，桩间距应满足 $s_a\geqslant 3d=1.5\mathrm{m}$，8 根桩呈梅花形布置，如图 12.46 所示。

承台尺寸确定后，复合基桩竖向承载力特征值 R 计算如下：

基桩为非正方形排列，因此桩中心距为 $s_a=\sqrt{A/n}=\sqrt{4\times3.6/8}=1.342(\mathrm{m})$。

由 $s_a/d=1.342/0.5=2.684$，$B_c/l=3.6/15.5=0.23$，查表 12.18 可知：$\eta_c=0.07$。

承台底土净面积：$A-nA_{ps}=4\times3.6-8\times0.1963=12.83\mathrm{m}^2$，$A_c=12.83/8=1.604\mathrm{m}^2$。承台底面以下 $B_c/2=1.8\mathrm{m}$ 深内为第 2 层土即粉土，其 $f_{ak}=120\mathrm{kPa}$。

不考虑地震作用时，复合基桩 R 按下式计算：

$R=R_a+\eta_c f_{ak} A_c=500+0.07\times120\times1.604=513.47(\mathrm{kN})$，取 $R=510\mathrm{kN}$。

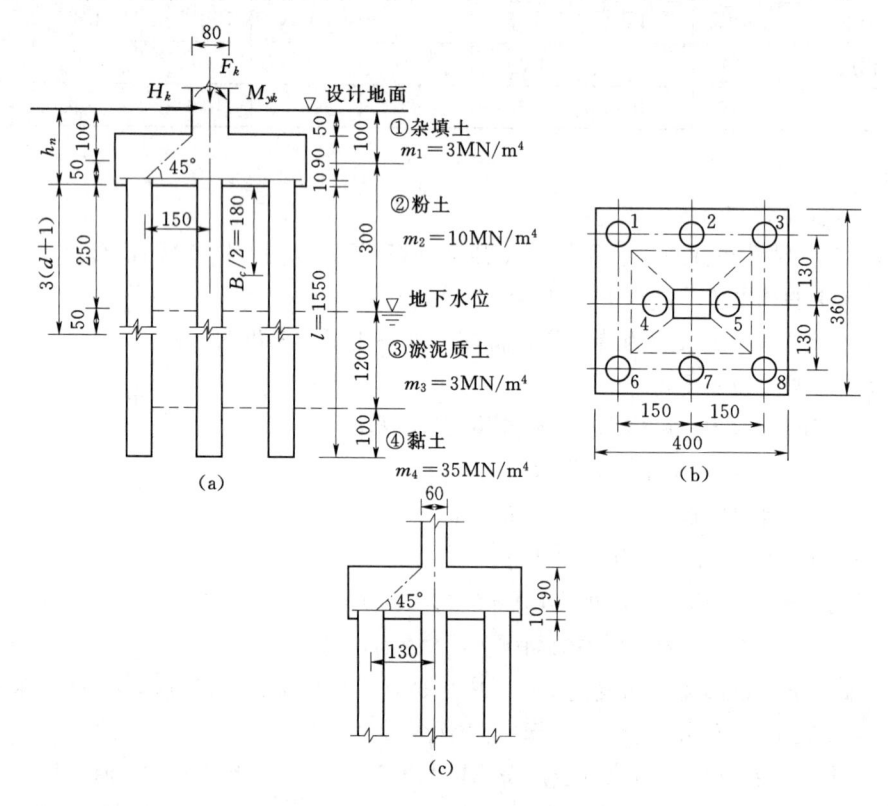

图 12.46 基桩的布置图（单位：cm）
(a) 桩立面图；(b) 基桩布置平面图；(c) 桩基侧面图

4. 群桩竖向承载力计算

只对桩距 $s_a<3d$ 的挤土型群桩、摩擦型群桩进行群桩竖向承载力的计算，本例题无此项计算。

5. 群桩持力层强度计算

桩距 $s_a<6d$ 的摩擦型群桩，尚需验算持力层和软弱下卧层的承载力，本例无软弱下卧层。

群桩持力层强度验算时，视群桩基础为实体深基础，验算桩底扩散面积上的压力是否满足要求。承台、桩与土的平均重度取 $\gamma_G=20\mathrm{kN/m}^3$；$\gamma_w=10\mathrm{kN/m}^3$，则地下水位以下，$\gamma'_G=10\mathrm{kN/m}^3$。

12.6 桩基础设计

桩侧土的平均内摩擦角为 $\bar{\varphi}=\dfrac{12\times2.5+8\times12+20\times1}{2.5+12+1}=9.42°$

$$a=a_0+2l\tan\dfrac{\bar{\varphi}}{4}=3.5+2\times15.5\times\tan\dfrac{9.42°}{4}=4.775(\text{m})$$

$$b=b_0+2l\tan\dfrac{\bar{\varphi}}{4}$$
$$=3.1+2\times15.5\times\tan\dfrac{9.42°}{4}=4.375(\text{m})$$

$$G'_k=\gamma'_G(abl')=20\times4.775\times4.375\times4.0+10\times4.775\times4.375\times13$$
$$=4387.03(\text{kN})$$

$$M_{yk}=M_k+H_kh_n=400+80\times1.5=520(\text{kN·m})$$

$$W_y=\dfrac{ba^2}{6}=\dfrac{4.375\times4.775^2}{6}=16.6254(\text{m}^3)$$

桩端平面的压力为

$$\left.\begin{array}{c}p_{k\max}\\p_{k\min}\end{array}\right\}=\dfrac{F_k+G'_k}{ab}\pm\dfrac{M_{xk}}{W_x}\pm\dfrac{M_{yk}}{W_y}=\dfrac{3040+4387.03}{4.775\times4.375}\pm\dfrac{520}{16.6254}=355.52\pm31.28$$

$$=\begin{array}{c}386.80\\324.24\end{array}(\text{kPa})$$

持力层为第4层土即黏土层:$f_{ak}=280\text{kPa}$,$\gamma'=19-10=9(\text{kN/m}^3)$,$\eta_b=0.3$,$\eta_d=1.6$。实体深基础的埋深 $d=17\text{m}$,该埋深范围内土体的平均有效重度为

$$\gamma_m=\dfrac{16\times1+18\times3+(17-10)\times12+(19-10)\times1}{1+3+12+1}=9.59(\text{kN/m}^3)$$

地基承载力设计值 f_a 为

$$f_a=f_{ak}+\eta_b\gamma(b-3)+\eta_d\gamma_m(d-0.5)=280+0.3\times9\times(4.375-3)$$
$$+1.6\times9.59\times(17-0.5)=536.89(\text{kPa})$$

$$p_{k\max}=386.80\text{kPa}\leqslant1.2f_a=644.26\text{kPa},\bar{p}_k=\dfrac{386.80+324.24}{2}$$
$$=355.52\text{kPa}\leqslant f_a=536.89(\text{kPa})$$

持力层强度满足要求。

6. 群桩沉降计算

$s_a\leqslant6d$ 的群桩基础,桩基沉降采用等效作用的分层总和法来计算。

等效作用面位于桩端平面,等效作用面积为承台投影面积,等效作用附加应力近似取承台底的平均附加应力。承台底面处的平均附加应力 p_0 为

$$p_0=\dfrac{F_Q+G_Q}{A}-\gamma_mh_n=\dfrac{2800+20\times(4\times3.6\times1.5)}{4\times3.6}-\dfrac{16\times1+18\times0.5}{1+0.5}\times1.5$$
$$=199.44(\text{kPa})$$

布桩不规则时,等效距径比为

$$\dfrac{s_a}{d}=\dfrac{\sqrt{A}}{\sqrt{n}\cdot d}=\dfrac{\sqrt{3.6\times4}}{\sqrt{8}\times0.5}=2.68(\text{m})$$

且 $l/d=15.5/0.5=31$,$L_c/B_c=4/3.6=1.111$,查《建筑桩基技术规范》(JGJ 94—

2008）附表E，通过线性插值可得

$$C_0=0.0587, C_1=1.589, C_2=9.981$$

$$n_b=\sqrt{nB_c/L_c}=\sqrt{8\times3.6/4}=2.6833$$

$$\psi_e=C_0+\frac{n_b-1}{C_1(n_b-1)+C_2}=0.0587+\frac{2.6833-1}{1.589\times(2.6833-1)+9.981}=0.1917$$

承台底面为矩形，$a/b=L_c/B_c=1.111$。假定沉降计算深度为 $z_n=5.76\mathrm{m}$：$z_n/b=2\times5.76/3.6=3.2$，查表3.2可知：

$$\alpha=0.0401+\frac{0.0467-0.0401}{1.2-1.0}\times(1.111-1.0)=0.0438$$

则承台底面以下 z_n 深度处的附加应力 σ_z、自重应力 σ_c 分别为

$$\sigma_z=4\alpha p_0=4\times0.0438\times199.44=34.91(\mathrm{kPa})$$

$$\sigma_c=16\times1+18\times3+(17-10)\times12+(19-10)\times1+(19-10)\times5.76=214.84(\mathrm{kPa})$$

$\sigma_z=34.91\leqslant0.2\sigma_c=0.2\times214.84=42.97(\mathrm{kPa})$，因此 $z_n=5.76\mathrm{m}$ 满足规范要求。

由于压缩深度 $z_n=5.76\mathrm{m}$ 范围内为第4层土即黏土，$\overline{E}_s=E_{s4}=10\mathrm{MPa}$，查表12.21知，经验系数 $\psi=1.2$。由 $a/b=1.111$，$z_n/b=2z_n/B_c=2\times5.76/3.6=3.2$，查表4.3可知：

$$\overline{\alpha}_1=0.1310+\frac{0.1390-0.1310}{1.2-1.0}\times(1.111-1.0)=0.13544$$

桩基沉降计算深度范围内仅一层土（黏土）：$z_1=z_n$，$E_{s1}=E_{s4}$，桩基沉降计算如下：

$$s=\psi\psi_e\times4p_0\frac{z_1\overline{\alpha}_1-z_0\overline{\alpha}_0}{E_{s1}}=1.2\times0.1917\times4\times199.44\times\frac{5.76\times0.13544-0\times0.25}{10\times10^3}$$

$$=14.316\times10^{-3}(\mathrm{m})$$

7. 桩顶作用效应计算

（1）基桩水平变形系数。钢筋弹性模量与混凝土弹性模量的比值：

$$\alpha_E=\frac{2.1\times10^8\mathrm{kPa}}{2.8\times10^7\mathrm{kPa}}=7.5$$

$d_0=d-2\times a=0.5-2\times0.05=0.40\mathrm{m}$，桩身换算截面受拉边缘的截面模量：

$$W_0=\frac{\pi d[d^2+2(\alpha_E-1)\rho_g d_0^2]}{32}=\frac{3.14\times0.5\times[0.5^2+2\times(7.5-1)\times0.45\%\times0.4^2]}{32}$$

$$=0.012725(\mathrm{m}^3)$$

桩身换算截面惯性矩：$I_0=\frac{W_0 d_0}{2}=\frac{0.012725\times0.4}{2}=0.002545(\mathrm{m}^4)$

桩身抗弯刚度：$EI=0.85E_c I_0=0.85\times(2.80\times10^7)\times0.002545=60571(\mathrm{kN}\cdot\mathrm{m}^2)$

桩基由3列桩组成，且各列桩的桩数不等，如第1列桩由1、2、3号桩组成，第2列桩由4、5号桩组成，第3列桩由6、7、8号桩组成。由于相邻桩 $s_a=1.5\mathrm{m}\geqslant(d+1)=1.5\mathrm{m}$，因此计算影响系数 K 时仍根据条件用式（12.71）或式（12.72）计算，但 K 值取各列桩分别计算后的最小值：

$L_0=1.5-0.5=1.0\mathrm{m}$，$h_0=3(d+1)=4.5\mathrm{m}$，$L_0=1.0\mathrm{m}<0.6h_0=2.7\mathrm{m}$，用式（12.72）计算。

第1或第3列桩：$n=3$，$C=0.5$，$K=C+\frac{1-C}{0.6}\frac{L_0}{h_0}=0.5+\frac{1-0.5}{0.6}\times\frac{1.0}{4.5}=0.6852$。

12.6 桩基础设计

第 2 列桩：$n=2$，$C=0.6$，$K=C+\dfrac{1-C}{0.6}\dfrac{L_0}{h_0}=0.6+\dfrac{1-0.6}{0.6}\times\dfrac{1.0}{4.5}=0.7481$。

K 值取上述两者中的较小者，即 $K=0.6852$。

$d=0.5\text{m}\leqslant 1\text{m}$ 时，单桩计算宽度 $b_0=0.9\times(1.5d+0.5)=1.125(\text{m})$；因此，基桩的计算宽度为

$$b_0'=Kb_0=0.6852\times 1.125=0.77085(\text{m})$$

低承台桩基：桩顶以下主要影响深度 $h_m=2(d+1)=2\times(0.5+1)=3.0(\text{m})$，由第 2 层、第 3 层土组成，应将 h_m 范围内的 m 值进行加权平均，作为计算值：

1) 粉土，$h_1=2.5\text{m}$，$m_1=10\text{MN/m}^4$。
2) 淤泥质土，$h_2=0.5\text{m}$，$m_2=3\text{MN/m}^4$。

m 值的加权平均值为

$$m=\dfrac{m_1 h_1^2+m_2(2h_1+h_2)h_2}{h_m^2}=\dfrac{10\times 2.5^2+3\times(2\times 2.5+0.5)\times 0.5}{(2.5+0.5)^2}=7.861(\text{MN/m}^4)$$

基桩的水平变形系数为

$$\alpha=\sqrt[5]{\dfrac{mb_0'}{EI}}=\sqrt[5]{\dfrac{7.861\times 10^3\times 0.77085}{60571}}=0.631(\text{m}^{-1})$$

由于 $\alpha l=0.631\times 15.5=9.78>4.0$，基桩属于柔性桩范围。

(2) 其他基本计算参数。承台埋深 $h_n=1.5\text{m}$，由 1m 厚杂填土和 0.5m 厚粉土组成，$m_1=3\text{MN/m}^4$，$m_2=10\text{MN/m}^4$，则承台侧面地基土水平抗力系数 C_n 的比例系数为

$$m=\dfrac{m_1 h_1^2+m_2(2h_1+h_2)h_2}{h_m^2}=\dfrac{3\times 1^2+10\times(2\times 1+0.5)\times 0.5}{(1.0+0.5)^2}=6.889(\text{MN/m}^4)$$

$C_n=mh_n=6889\times 1.5=10333.5(\text{kN/m}^3)$；承台的计算宽度 $B_0=B_c+1.0=3.6+1.0=4.6(\text{m})$。

承台底地基土竖向抗力系数的比例系数 $m_0=m=10\text{MN/m}^4$，承台效应系数 $\eta_c=0.07$，则承台底地基土竖向抗力系数为：$C_b=m_0 h_n \eta_c=10000\times 1.5\times 0.07=1050$ (kN/m^3)。

群桩桩端持力层为黏土，其 $I_L=0.25$，查表 12.16 可知：水平抗力系数的比例系数 $m=35\text{MN/m}^4$，则桩底地基土竖向抗力系数 $C_0=m_0 l=ml=35000\times 15.5=542500$ (kN/m^3)。

钻孔形成的摩擦桩，其 $\zeta=0.5$；查《建筑桩基技术规范》(JGJ 94—2008) 表 5.7.3 - 2 可知，承台底土与承台的摩擦系数 $\mu=0.30$。

(3) 计算承台变位。

1) 基桩的柔度系数。$\alpha l=9.78>4.0$，计算 $\delta_{HH}-\delta_{MM}$ 既可采用式 (12.38)，也可采用式 (12.40)。查《建筑桩基技术规范》(JGJ 94—2008) 附表 C.0.3 - 4，可知：$A_f=2.441$，$B_f=1.625$，$C_f=1.751$，采用式 (12.40) 计算基桩的柔度系数如下：

$$\delta_{HH}=\dfrac{1}{\alpha^3 EI}\dfrac{(B_3 D_4-B_4 D_3)}{(A_3 B_4-A_4 B_3)}=\dfrac{A_f}{\alpha^3 EI}=\dfrac{2.441}{0.631^3\times 60571}=1.604\times 10^{-4}(\text{m/kN})$$

$$\delta_{HM}=\dfrac{1}{\alpha^2 EI}\dfrac{(B_3 C_4-B_4 C_3)}{(A_3 B_4-A_4 B_3)}=\dfrac{B_f}{\alpha^2 EI}=\dfrac{1.625}{0.631^2\times 60571}=6.738\times 10^{-5}[\text{m/(kN}\cdot\text{m)}]$$

$$\delta_{MM}=\dfrac{1}{\alpha EI}\dfrac{(A_3 C_4-A_4 C_3)}{(A_3 B_4-A_4 B_3)}=\dfrac{C_f}{\alpha EI}=\dfrac{1.751}{0.631\times 60571}=4.5813\times 10^{-5}[\text{rad/(kN}\cdot\text{m)}]$$

2) 基桩的刚度系数。

基桩穿过土层的平均摩擦角：$\bar{\varphi}=\dfrac{12\times2.5+8\times12+20\times1}{2.5+12+1}=9.42°$

$$d+2l\tan\dfrac{\bar{\varphi}}{4}=0.5+2\times15.5\times\tan\dfrac{9.42°}{4}=1.775(\text{m})>s_a=1.5\text{m}$$

$$A_0=\dfrac{\pi s_a^2}{4}=\dfrac{3.14\times1.5^2}{4}=1.766(\text{m}^2)$$

$$\rho_{NN}=\left(\dfrac{l_0+\zeta h}{EA}+\dfrac{1}{C_0A_0}\right)^{-1}=\left(\dfrac{0+0.5\times15.5}{2.8\times10^7\times0.1963}+\dfrac{1}{542500\times1.766}\right)^{-1}=407531.97(\text{kN/m})$$

$$\rho_{HH}=\dfrac{\delta_{MM}}{\delta_{HH}\delta_{MM}-\delta_{MH}^2}=\dfrac{4.5813\times10^{-5}}{16.04\times4.5813\times10^{-10}-6.738^2\times10^{-10}}=16313.19(\text{kN/m})$$

$$\rho_{MH}=\dfrac{\delta_{MH}}{\delta_{HH}\delta_{MM}-\delta_{MH}^2}=\dfrac{6.738\times10^{-5}}{16.04\times4.5813\times10^{-10}-6.738^2\times10^{-10}}=23992.81(\text{kN}\cdot\text{m/m})$$

$$\rho_{MM}=\dfrac{\delta_{HH}}{\delta_{HH}\delta_{MM}-\delta_{MH}^2}=\dfrac{16.04\times10^{-5}}{16.04\times4.5813\times10^{-10}-6.738^2\times10^{-10}}=57115.57(\text{kN}\cdot\text{m/rad})$$

3) 低承台桩基的刚度指标。

$$\gamma'_{uu}=n\rho_{HH}+B_0\dfrac{C_nh_n}{2}=8\times16313.19+4.6\times\dfrac{10333.5\times1.5}{2}=166156.10(\text{kN/m})$$

$$\gamma'_{uv}=\mu C_bA_b=0.3\times1050\times12.83=4041.15(\text{kN/m})$$

$$\gamma'_{u\beta}=-n\rho_{MH}+B_0\dfrac{C_nh_n^2}{6}=-8\times23992.81+4.6\times\dfrac{10333.5\times1.5^2}{6}=-174117.19(\text{kN}\cdot\text{m})$$

$$\gamma'_{vv}=n\rho_{NN}+C_bA_b=8\times407531.97+1050\times12.83=3273727.26(\text{kN/m})$$

$$\gamma'_{\beta u}=\gamma'_{u\beta}=-174117.19(\text{kN}\cdot\text{m})$$

$$\gamma'_{\beta\beta}=(n\rho_{MM}+\rho_{NN}\sum K_ix_i^2)+B_0\dfrac{C_nh_n^3}{12}+\left(C_b\dfrac{BL^3}{12}-C_b\sum AK_ix_i^2\right)$$

$$=8\times57115.57+407531.97\times(4\times1.5^2+2\times0.75^2+2\times0^2)+4.6\times\dfrac{10333.5\times1.5^3}{12}$$

$$+1050\times\dfrac{3.6\times4^3}{12}-1050\times\dfrac{3.14159\times0.5^2}{4}\times(4\times1.5^2+2\times0.75^2+2\times0^2)$$

$$=4583185.756+13368.97+18072.56=4614627.28(\text{kN}\cdot\text{m})$$

4) 低承台的变位 u、v 和 β。

$$v=\dfrac{F_k+G_k}{\gamma'_{vv}}=\dfrac{3040+432}{3283349.76}=1.057\times10^{-3}(\text{m})$$

$$u=\dfrac{\gamma'_{\beta\beta}H_k-\gamma'_{u\beta}M_k}{\gamma'_{uu}\gamma'_{\beta\beta}-\gamma'^2_{u\beta}}-\dfrac{(F_k+G_k)\gamma'_{uv}\gamma'_{u\beta}}{\gamma'_{vv}(\gamma'_{uu}\gamma'_{\beta\beta}-\gamma'^2_{u\beta})}=\dfrac{4614627.28\times80-(-174117.19)\times400}{166156.10\times4614627.28-(-174117.19)^2}$$

$$-\dfrac{(3040+432)\times6928.20\times4614627.28}{3283349.76\times[166156.10\times4614627.28-(-174117.19)^2]}$$

$$=(5.59869-0.45908)\times10^{-4}=0.5499\times10^{-3}(\text{m})$$

$$\beta=\dfrac{\gamma'_{uu}M_k-\gamma'_{u\beta}H_k}{\gamma'_{uu}\gamma'_{\beta\beta}-\gamma'^2_{u\beta}}+\dfrac{(F_k+G_k)\gamma'_{uv}\gamma'_{u\beta}}{\gamma'_{vv}(\gamma'_{uu}\gamma'_{\beta\beta}-\gamma'^2_{u\beta})}=\dfrac{166156.10\times400-(-174117.19)\times80}{166156.10\times4614627.28-(-174117.19)^2}$$

$$+\dfrac{(3040+432)\times6928.20\times(-174117.19)}{3283349.76\times[166156.10\times4614627.28-(-174117.19)^2]}$$

$$=(1.09164-0.01732)\times10^{-4}=0.10743\times10^{-3}(\text{rad})$$

(4) 桩顶作用效应。

1) 基桩桩顶变位。各基桩桩顶水平位移相同、转角亦相同，分别为

$$u_{0i}=u=0.5499\text{mm}, \varphi_{0i}=\beta=0.10743\times10^{-3}\text{rad}$$

各基桩桩顶轴向位移不同，按下式计算：

$$v_{0i}=v+\beta x_i=1.057\times10^{-3}+0.10743\times10^{-3}x_i$$

其中，$x_1=x_6=-1.5\text{m}$、$x_4=-0.75\text{m}$、$x_2=x_7=0$、$x_5=0.75\text{m}$、$x_3=x_8=1.5\text{m}$。

2) 基桩桩顶荷载。各基桩桩顶的水平力相同，弯矩亦相同，分别为

$$H_{0i}=u\rho_{HH}-\beta\rho_{HM}=0.5499\times10^{-3}\times16313.19-0.10743\times10^{-3}\times23992.81=6.393(\text{kN})$$

$$M_{0i}=\beta\rho_{MM}-u\rho_{MH}=0.10743\times10^{-3}\times57115.57-0.5499\times10^{-3}\times23992.81=-7.057(\text{kN}\cdot\text{m})$$

各基桩桩顶的竖向力不同，按以下公式计算：

$$N_{0i}=(v+\beta x_i)\rho_{NN}=(1.057\times10^{-3}+0.10743\times10^{-3}x_i)\times407531.97$$

3、8 号桩的桩顶竖向力最大：

$$N_{\max}=(1.057\times10^{-3}+0.10743\times10^{-3}\times1.5)\times407531.97=496.43(\text{kN})$$

1、6 号桩的桩顶竖向力最小：

$$N_{\min}=(1.057\times10^{-3}-0.10743\times10^{-3}\times1.5)\times407531.97=365.09(\text{kN})$$

基桩桩顶竖向力平均值为

$$\overline{N}_0=v\rho_{NN}=1.057\times10^{-3}\times407531.97=430.76(\text{kN})$$

3) 桩身最大弯矩及其位置。

计算系数 C_{I}：$C_{\text{I}}=\alpha M_0/H_0=0.631\times7.069/6.396=0.6974$，由系数 C_{I} 查表 12.17，得到相应的换算深度为：$\overline{h}=\alpha z=1.0394$。

最大弯矩截面的深度 z_0（自桩顶向下算起）为

$$z_0=\overline{h}/\alpha=1.0394/0.631=1.65(\text{m})$$

由换算深度 $\overline{h}$，查表 12.17 得到桩身最大弯矩系数 $C_{\text{II}}=1.9532$，则：

$$M_{\max}=C_{\text{II}}M_0=1.9532\times7.069=13.81(\text{kN}\cdot\text{m})$$

(5) 承台和侧墙的弹性抗力。

水平抗力为

$$H_E=uB_0\frac{C_n h_n}{2}+\beta B_0\frac{C_n h_n^2}{6}=0.5499\times10^{-3}\times4.6\times\frac{10333.5\times1.5}{2}+0.10743\times10^{-3}\times4.6$$
$$\times\frac{10333.5\times1.5^2}{6}=21.52(\text{kN})$$

反弯矩为

$$M_E=uB_0\frac{C_n h_n^2}{6}+\beta B_0\frac{C_n h_n^3}{12}=0.5499\times10^{-3}\times4.6\times\frac{10333.5\times1.5^2}{6}+0.10743\times10^{-3}\times4.6$$
$$\times\frac{10333.5\times1.5^3}{12}=11.24(\text{kN}\cdot\text{m})$$

(6) 承台底地基土的弹性抗力和摩阻力。

竖向抗力为 $N_b=vC_b A_b=1.057\times10^{-3}\times1050\times12.83=14.24(\text{kN})$

水平摩阻力为 $H_b=\mu N_b=v\mu C_b A_b=0.3\times14.24=4.272(\text{kN})$

反弯矩为

$$M_b = \beta C_b \left(\frac{BL^3}{12} - \sum AK_i x_i^2 \right) = 0.10743 \times 10^{-3} \times 1050 \times \left[\frac{3.6 \times 4^3}{12} - 0.1963 \times (4 \times 1.5^2 + 2 \times 0.75^2) \right]$$
$$= 1.942 (\text{kN} \cdot \text{m})$$

8. 桩基承载力验算

(1) 桩基竖向承载力验算。复合基桩桩顶最大竖向力、最小竖向力和平均竖向力为

$$N_{k\max} = 496.43 \text{kN}, N_{k\min} = 365.09 \text{kN}, N_k = 430.76 \text{kN}$$

复合基桩的竖向承载力特征值为：$R = 510 \text{kN}$。

因此，$N_{k\max} \leqslant 1.2R$，$N_{k\min} \geqslant 0$，$N_k \leqslant R$，满足要求。

(2) 桩基水平承载力验算。基桩水平承载力由其桩顶水平位移或桩身强度控制。基桩桩顶的水平位移较小，即 $u_{0i} = 0.55 \text{mm}$；而桩身强度需通过配筋来满足其要求。初选 8Φ12HPB235 钢筋，实际配筋率为 $\rho_g = 4.6\%$：

$$f_y = 210 \text{MPa}, A = \pi \times 0.5^2 / 4 = 0.1963 \text{m}^2, A_s = 8 \times \pi \times 0.012^2 / 4 = 0.000904 (\text{m}^2)$$

$$f_c = 11.9 \text{N/mm}^2, \frac{f_y A_s}{f_c A} = 0.0813$$

对应受压区混凝土截面面积圆心角（rad）与 2π 的比值 α：

$$\alpha = 1 + 0.75 \frac{f_y A_s}{f_c A} - \sqrt{(1 + 0.75 \frac{f_y A_s}{f_c A})^2 - 0.5 - 0.625 \frac{f_y A_s}{f_c A}} = 0.3028 (\text{rad})$$

受拉钢筋面积与纵筋全面积的比值为 α_t（当 $\alpha \geqslant 0.625$ 时，$\alpha_t = 0$）：

$$r_s = 250 - 50 - \frac{12}{2} = 194 (\text{mm}), \alpha_t = 1.25 - 2\alpha = 1.25 - 2 \times 0.3028 = 0.644 (\text{rad})$$

$$\sin \pi \alpha = \sin(3.14 \times 0.3028) = 0.8142, \sin \pi \alpha_t = \sin(3.14 \times 0.6444) = 0.8988$$

$$M \leqslant \frac{2}{3} f_c r^3 \sin^3 \pi \alpha + f_y A_s r_s \frac{\sin \pi \alpha + \sin \pi \alpha_t}{\pi} = \frac{2}{3} \times 11.9 \times 250^3 \times 0.8142^3 + 210 \times 904 \times 194$$
$$\times \frac{0.8142 + 0.8988}{3.14} = 87.0 \times 10^6 (\text{N} \cdot \text{mm})$$

由于桩身的最大弯矩为 $M_{\max} = 14.535 \text{kN} \cdot \text{m}$，故满足抗弯强度要求。

9. 承台设计

立柱截面平面尺寸取 0.8m×0.6m，承台混凝土强度等级 C25，采用等厚度承台，承台高度为 1.0m，承台底面钢筋保护层厚度为 0.1m，承台有效高度 $h_0 = 0.9 \text{m}$，圆桩直径换算为方桩的边长为 0.4m。

(1) 承台受弯计算。单桩净竖向力（不计承台和承台上土重）设计值的平均值为

$$N = \frac{F}{n} = \frac{3800}{8} = 475 (\text{kN})$$

边角桩的最大净竖向力为

$$N_{\max} = \frac{F}{n} + \frac{M_y x_{i\max}}{\sum x_i^2} = 475 + \frac{(500 + 100 \times 1.5) \times 1.5}{4 \times 1.5^2 + 2 \times 0.75^2 + 2 \times 0^2} = 571.3 (\text{kN})$$

边桩与 y 轴线桩之间的 4、5 号桩的净竖向力为

12.6 桩基础设计

$$\left.\begin{array}{l}N_{\max}\\N_{\min}\end{array}\right\} = \frac{F}{n} \pm \frac{M_y x_i}{\sum x_i^2} = 475 \pm \frac{(500+100 \times 1.5) \times 0.75}{4 \times 1.5^2 + 2 \times 0.75^2 + 2 \times 0^2} = \begin{array}{l}523(\text{kN})\\427(\text{kN})\end{array}$$

低承台的弯矩设计值为

$$M_x = \sum N_i y_i = 3 \times 475 \times \left(1.3 - \frac{0.6}{2}\right) = 1425(\text{kN} \cdot \text{m})$$

$$M_y = \sum N_i x_i = 2 \times 571.3 \times \left(1.5 - \frac{0.8}{2}\right) + 523 \times \left(0.75 - \frac{0.8}{2}\right) = 1440(\text{kN} \cdot \text{m})$$

1) 承台长度方向的配筋（一般取 $\gamma_s = 0.9$）：$A_{sy} = \dfrac{M_y}{\gamma_s f_y h_0} = \dfrac{1440 \times 10^6}{0.9 \times 210 \times 900} = 8465\ (\text{mm}^2)$

配置 $24\Phi 22@150$ 钢筋，则 $A_s = 380.1 \times 24 = 9122.4(\text{mm}^2)$。

2) 承台宽度方向的配筋：$A_{sy} = \dfrac{M_y}{\gamma_s f_y h_0} = \dfrac{1425 \times 10^6}{0.9 \times 210 \times 900} = 8377(\text{mm}^2)$

配置 $24\Phi 22@160$ 钢筋，则 $A_s = 380.1 \times 24 = 9122.4(\text{mm}^2)$。

(2) 受冲切计算。

冲跨比：$\lambda_{0x} = \dfrac{a_{0x}}{h_0} = \dfrac{0.9}{0.9} = 1.0$，$\lambda_{0y} = \dfrac{a_{0y}}{h_0} = \dfrac{0.8}{0.9} = 0.889$

冲切系数：$\beta_{0x} = \dfrac{0.84}{\lambda_{0x} + 0.2} = \dfrac{0.84}{1 + 0.2} = 0.7$，$\beta_{0y} = \dfrac{0.84}{\lambda_{0y} + 0.2} = \dfrac{0.84}{0.889 + 0.2} = 0.77$

作用在冲切破坏锥体上相应于荷载效应基本组合的冲切力设计值为

$$F_l = F - \sum N_i = 3800 - 2 \times 475 = 2850(\text{kN})$$

对柱下矩形承台受冲切承载力为

$$2[\beta_{0x}(b_c + a_{oy}) + \beta_{0y}(h_c + a_{ox})]\beta_{hp} f_t h_0$$
$$= 2 \times [0.7 \times (0.6 + 0.8) + 0.77 \times (0.8 + 0.9)] \times 0.9 \times 1.27 \times 10^3 \times 0.9$$
$$= 4709(\text{kN}) > F_l = 2850(\text{kN})$$

因此，柱对承台的冲切承载力满足要求。

角桩对承台的冲切亦满足设计要求，请读者自行进行计算。

(3) 受剪计算。

剪跨比：$\lambda_x = \dfrac{a_x}{h_0} = \dfrac{0.9}{0.9} = 1.0$，$\lambda_y = \dfrac{a_y}{h_0} = \dfrac{0.8}{0.9} = 0.889$

截面高度影响系数：$\beta_{hs} = \left(\dfrac{800}{h_0}\right)^{1/4} = \left(\dfrac{800}{900}\right)^{1/4} = 0.97$

剪切系数：$\alpha_x = \dfrac{1.75}{\lambda_x + 1} = \dfrac{1.75}{1+1} = 0.875$，$\alpha_y = \dfrac{1.75}{\lambda_y + 1} = \dfrac{1.75}{0.889 + 1} = 0.926$

斜截面的最大剪应力设计值为

$$V_x = 571.3 \times 2 + 523 = 1665.6(\text{kN})$$
$$V_y = 475 \times 3 = 1425(\text{kN})$$

斜截面受剪承载力设计值为

$V_x \leqslant \beta_{hs} \alpha_x f_t b_0 h_0 = 0.97 \times 0.875 \times 1.27 \times 10^3 \times 3.6 \times 0.9 = 3492(\text{kN})$，满足要求。

$V_y \leqslant \beta_{hs} \alpha_y f_t b_0 h_0 = 0.97 \times 0.926 \times 1.27 \times 10^3 \times 4 \times 0.9 = 4107(\text{kN})$，满足要求。

承台冲切和剪切承载力均满足要求，其富余值较大，因此承台亦可设计成锥形或阶梯性，但需经冲切和剪切的验算。

由于本例题中柱下独立桩基受水平力（包括力矩与水平剪力）较小，基桩或复合基桩的桩顶作用效应可以按简化方法用式（12.98）、式（12.99）计算，基桩水平承载力特征值可按式（12.105）计算，请读者自行进行其计算。

思 考 题

12.1 建筑桩基设计等级划分为几个？是根据哪些因素进行划分的？对桩基的设计有何影响？

12.2 桩端阻随着桩端深度的增加而增大，但存在临界深度，端阻的深度效应与哪些因素有关？

12.3 单桩的侧阻破坏模式和端阻的破坏模式有哪些？

12.4 黏性土和砂土中，挤土桩的成桩效应有何不同？非挤土中成桩效应有何不同？它们是如何影响桩最小中心距的？

12.5 单桩竖向极限承载力标准值的计算方法有哪些？其可靠性和适用条件有何不同？

12.6 单桩竖向极限承载力标准值、单桩竖向承载力特征值、基桩或复合基桩竖向承载力特征值三者之间的联系与区别是什么？

12.7 负摩擦对桩基的危害有哪些？如何消除？影响中性点的因素有哪些？其时间效应是指什么？群桩负摩擦力引起的下拉荷载是如何计算的？

12.8 受上拔力桩基，群桩呈整体破坏和非整体破坏时，如何计算基桩抗拔极限承载力标准值？

12.9 桩中心距小于 $3d$ 的挤土桩，其群桩侧阻的破坏模式有哪些？群桩端阻的破坏模式有哪些？为什么按整体破坏模式计算出的群桩竖向承载力偏大？

12.10 什么是群桩效应？为什么现行规范中计算基桩竖向承载力时不考虑群桩效应、仅考虑承台效应？

12.11 等效沉降系数是如何确定的？按实体深基础进行群桩基础沉降计算时，计算方法有哪些？现行规范是如何计算其沉降的？

12.12 影响单桩水平承载力的因素有哪些？其确定方法有哪些？

12.13 基桩水平承载力的简化计算方法的特点是什么？为什么用其验算群桩水平承载力时，仅适用于桩顶作用效应采用简化方法计算的情形？

12.14 对于一般建筑物和受水平力较小的带地下室的高层建筑群桩基础，按简化计算方法求基桩桩顶荷载效应，其假定条件是什么？计算结果与实际情况的差别如何？

12.15 考虑桩-承台-土相互作用和土弹性抗力作用的基桩桩顶荷载效应计算时，对高承台群桩其基桩桩顶的水平力为 H_k/n（n 为基桩数目），为什么？低承台简化计算中，基桩桩顶的水平力亦为 H_k/n，但两者计算出的竖向力和弯矩的差别分别是什么？

12.16 低承台群桩桩顶荷载效应计算时，在何种情况下不考虑承台底地基土的竖向抗力和水平摩阻力？

12.17 受水平力大（如受风载、8度和8度以上地震作用）的高层建筑群桩基础，其基桩桩顶荷载效应是如何进行计算的？如何验算桩基竖向承载力和水平承载？

12.18 承台承载力计算内容包括哪些？

12.19 四桩及以上柱下独立桩基承台受弯破坏的特点是什么？采用极限分析计算其弯矩设计值时，假定条件有哪些？竖向轴心荷载作用下，柱下独立桩基承台中柱对承台冲切破坏特征有哪些？

习 题

12.1 某正方形承台下布设端承型灌注桩9根，桩身直径为 $d=0.7\mathrm{m}$，纵横向桩的中心距为 $s_{ax}=s_{ay}=2.5\mathrm{m}$，桩端持力层为卵石地层。地面以下 0~5m 桩周土为均匀的新填土，其下为正常固结土层，稳定地下水位于地面处。已知新填土饱和重度为 $\gamma_{sat}=18.5\mathrm{kN/m^3}$，$q_s^n=30\mathrm{kPa}$，$\gamma_w=10.0\mathrm{kN/m^3}$。试求：基桩下拉荷载 $Q_g^n=?$

12.2 某地下室采用预制桩抗浮，预制桩强度等级为C30，截面尺寸为 $0.4\mathrm{m}\times0.4\mathrm{m}$，桩基设计等级为丙级。预制桩的桩顶位于地下水位以下，桩顶以下的地基土依次为粉土、黏性土。粉土层孔隙比 $e=0.80$，厚度为 4m；黏性土层厚度大于 15m，其液限指数 $I_L=0.55$。桩身混凝土重度取 $25\mathrm{kN/m^3}$，$\gamma_w=10.0\mathrm{kN/m^3}$。承受上拔力时桩基呈非整体破坏，已知基桩桩顶上拔力标准值为 $N_k=450\mathrm{kN}$，试求：满足基桩抗拔承载力验算的基桩桩长 $=?$

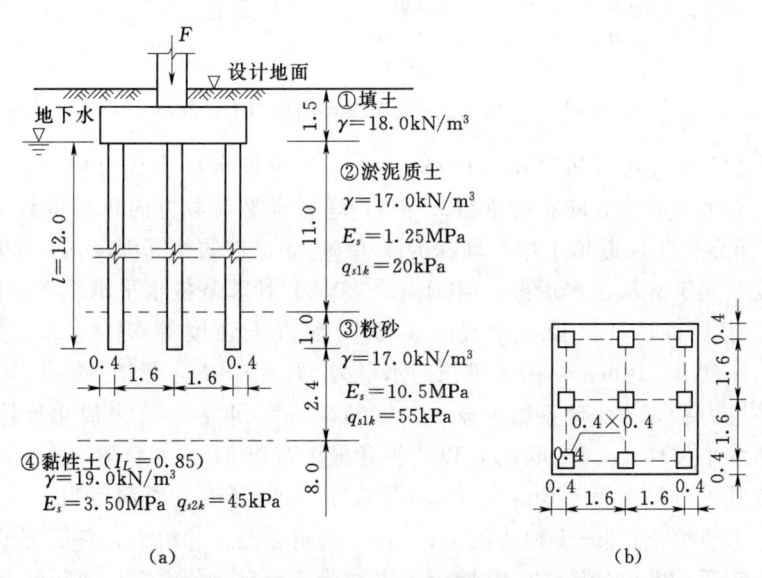

图 12.47 柱下独立桩基础结构及土层分布

12.3 某多层建筑采用柱下独立桩基础，承台底面积为 $4\mathrm{m}\times4\mathrm{m}$，承台底面埋深为 1.5m，地下水位于地面以下 1.5m，基桩采用C30预制桩，桩身截面尺寸为 $0.4\mathrm{m}\times0.4\mathrm{m}$，桩长为 $l=12\mathrm{m}$，桩端进入第三层即粉砂层中 1.0m，桩基结构及土层分布如图 12.47 所示。已知：在荷载效应标准组合下，作用于承台顶面的轴向荷载为 $F_k=4950\mathrm{kN}$；

荷载效应准永久组合作用下,作用于承台顶面的轴向竖向力为 $F_Q=4500\text{kN}$。$\gamma_w=10.0\text{kN/m}^3$,试计算群桩基础中点的沉降。

12.4 某多层建筑采用柱下独立桩基础,在荷载效应标准组合下,作用于承台顶面的轴向荷载为 $F_k=710\text{kN}$;荷载效应准永久组合作用下,作用于承台顶面的轴向荷载为 $F_Q=655\text{kN}$。承台底面积为 $2.4\text{m}\times2.4\text{m}$,承台底面埋深为 1.5m,地下水位于地面以下 0.5m。为了减少基础沉降,承台下疏布 4 根摩擦桩,基桩采用 C30 预制桩,桩身截面尺寸为 $0.3\text{m}\times0.3\text{m}$,桩长为 $l=10\text{m}$,桩端进入软塑黏性土层 1.5m,桩基结构及土层分布如图 12.48 所示。$\gamma_w=10.0\text{kN/m}^3$,试按计算减沉复合疏桩基础中点沉降。

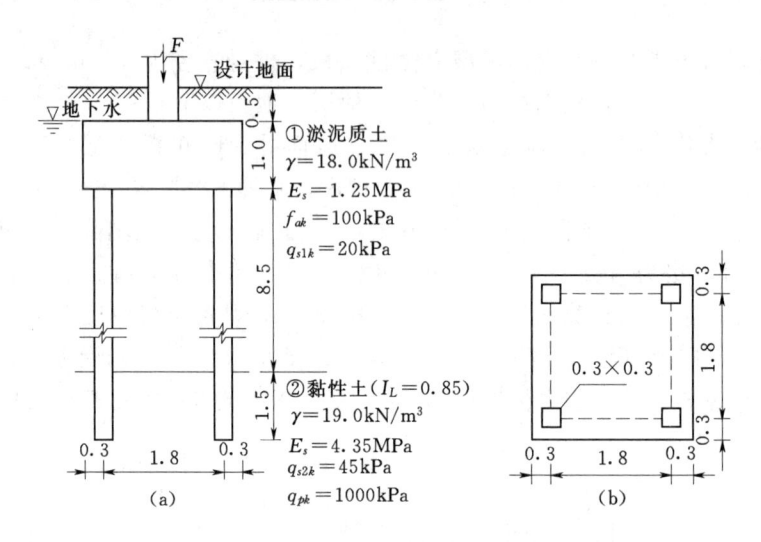

图 12.48 减沉复合疏桩基础结构和土层分布

12.5 某钻孔灌注桩群桩基础,桩径为 0.8m,单桩水平承载力特征值 $R_{ha}=100\text{kN}$(位移控制),沿水平荷载方向布桩排数 $n_1=3$,垂直水平荷载方向每排桩数 $n_2=4$,距径比 $s_a/d=4$,承台位于松散填土中,埋深为 $h_n=0.5\text{m}$,桩的换算深度 $\alpha l=3.0$。试求:考虑地震作用按《建筑桩基技术规范》(JGJ 94—2008)计算基桩水平承载力特征值。

12.6 某工程桩,其桩径 $d=1.0\text{m}$,桩身混凝土强度等级为 C20,配筋率 $\rho_g=0.40\%$。入土深度 $l=10\text{m}$,作用于桩顶的水平力 $H_0=80\text{kN}$,弯矩 $M_0=150\text{kN}\cdot\text{m}$,桩侧地基土水平抗力系数的比例系数为 $m=20000\text{kN/m}^4$。取 $\alpha_E=8$ 来简化计算 W_0,试求:计算单桩桩顶水平位移 x_0、转角 φ_0,以及桩身最大弯矩 M_{max} 和位置 z_0。

12.7 桩基承台尺寸为 $1.6\text{m}\times2.6\text{m}$,厚度 1.0m,承台埋置深度为 1.5m。地面以下依次分布有:①新填土;②-1 粉质黏土;②-2 粉质黏土;③粉土;各层土的极限侧摩阻标准值、极限端阻标准值如图 12.49 所示。桩数为 $n=5$,采用 C30 预制混凝土桩,单桩截面尺寸为 $0.3\text{m}\times0.3\text{m}$,桩长 $l=23\text{m}$。求:

(1) 根据桩身材料强度和土对桩的支承力,计算确定单桩的竖向承载力特征值 R_a;
(2) 复合基桩的竖向承载力特征值 $R=?$
(3) 计算复合基桩的桩顶荷载,并进行桩基竖向承载力验算。

12.8 某竖直对称高承台桩基础,其结构与地层条件如图 12.50 所示,采用钻孔摩擦

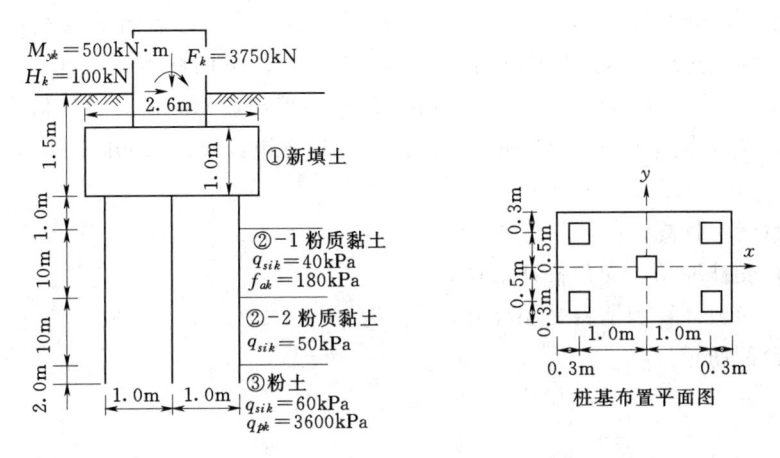

图 12.49 桩基及地层分布剖面图、桩基布置平面图

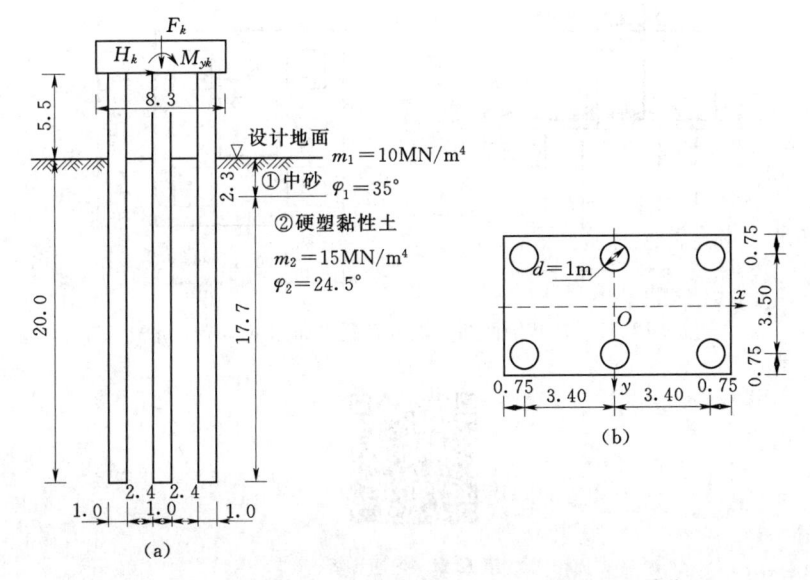

图 12.50 桩基及地层分布剖面图、桩基布置平面图（单位：m）

桩，地面以上桩长 $l_0 = 5.5$m，地面以下桩埋深 $l = 20$m，桩径 $d = 1.0$m，抗弯刚度 $EI = 1.06 \times 10^6$ kN·m²，$EA = 21.206 \times 10^6$ kN。作用于承台底面形心处的荷载为：竖向力 $F_k = 12000$kN，水平力 $H_k = 600$kN，弯矩 $M_{yk} = 9000$kN·m，且荷载作用在 $A-A$ 对称面内。求：

(1) 计算承台的变位；
(2) 计算基桩桩顶荷载效应；
(3) 绘制 1 号桩桩身弯矩分布图。

12.9 某柱下独立四桩承台，如图 12.51 所示。承台混凝土强度等级 C30，$f_c = 14.3$N/mm²，$f_t = 1.43$N/mm²；钢筋强度等级为 HRB335，$f_y = f'_y = 300$MPa。承台底面尺寸为 2m$\times 2$m，承台设计为等厚承台，承台高度 $H = 1.0$m；基桩为方桩，边长 $L_s = 0.4$m，其平

面布置为矩形，桩列间距为 $A=1.2$m、桩行间距为 $B=1.2$m，承台边缘至桩中心距 $C=0.4$m。承台的纵筋合力重心到底边的距离 $a_s=70$mm。矩形柱宽 $B_c=0.6$m，矩形柱高 $H_c=0.6$mm。承台的平均埋深 $h_m=0.60$m，作用在承台顶部的荷载特征值为：竖向荷载 $F=6024$kN，绕 x 轴弯矩 $M_x=150$kN·m、绕 y 轴弯矩：$M_y=150$kN·m，x 向与 y 向剪力 $V_x=V_y=0$。求：

(1) 承台受弯计算；

(2) 承台受柱冲切、受角桩冲切计算；

(3) 承台受剪计算和承台受压计算；

(4) 承台配筋。

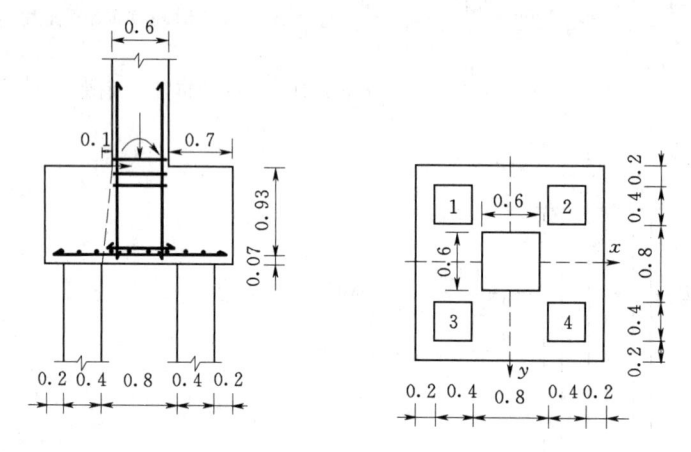

图 12.51 桩基剖面图、桩基布置平面图（单位：m）

第 12 章 习题答案

第13章 地 基 处 理

当天然地基不能满足工程要求时，需对其采取适当的技术措施进行加固改良，以提高地基承载力，改善其变形性质，或增强抗液化性能，或提高抗渗性能。这种地基加固或改良措施统称为地基处理，或称地基加固。

需要进行地基处理的土类包括承载力低、压缩性高的软土，如淤泥、淤泥质土、冲填土和杂填土；易产生液化的粉细砂、粉土和粉质土；透水性较大的砂土、砂砾石，以及一些具有特殊工程性质的特殊土，其中针对软土的地基处理最常见。本章主要介绍几类常用的地基处理技术，其处理对象侧重于饱和黏性土、粉质土及部分松砂土，关于特殊土的地基处理技术详见第15章。

13.1 地基处理的土类及技术分类

13.1.1 地基处理土类及处理目的

1. 软土

根据《岩土工程勘察规范》（GB 50021—2001）中的定义，凡天然孔隙比大于或等于1.0，且天然含水量大于液限的细粒土应判定为软土，包括淤泥及淤泥质土、泥炭及泥炭质土以及冲填土和杂填土等。

淤泥及淤泥质土一般具有以下特点：

(1) 天然含水量高，$w > w_L$，呈流塑状态。
(2) 孔隙比大，$e \geq 1.0$。
(3) 压缩性高，$a_{1-2} > 0.5 \text{MPa}^{-1}$，属高压缩性土。
(4) 渗透性差，通常渗透系数 $k \leq i \times 10^{-6} \text{cm/s}$。
(5) 具有结构性，受到施工扰动时，土体结构破坏，强度显著降低。
(6) 具有流变性，表现为在固结沉降之后，还会继续发生较大的次固结沉降，并可导致抗剪强度的衰减。
(7) 抗剪强度低，天然不排水抗剪强度一般小于30kPa。
(8) 具有不均匀性，软土中常常夹有厚薄不等的粉土或粉细砂层。

冲填土是河道疏浚、围海造地、人工清淤等人类活动中水力冲填而形成，含有较多黏粒，比较松软，强度及压缩性指标均较低。

杂填土是指任意堆填的建筑垃圾、生活垃圾或工业废料等，其成分复杂，多数情况下比较疏松和不均匀，荷载作用下会发生较大的沉降和不均匀沉降。

针对上述软土的地基处理目的主要是提高地基土的抗剪强度和改善变形特性。

2. 粉细砂、粉土和粉质土

与软土地基相比，此类地基土的强度较高、压缩性较低，承载能力明显比软土强。但是，在动荷载作用下，此类地基土可能产生液化，使地基承载力大幅度降低或完全失去承载力。所以，针对此类土的地基处理目的主要是抗震动液化。

3. 砂土、砂砾石等

这类土的强度一般都比较高，压缩性较低，但是渗透性比较强，地基处理的目的主要是提高地基土抗渗防渗性能。

13.1.2 地基处理技术分类

地基处理技术的分类方法很多，按时间可分为临时处理与永久处理；按处理深度可分为浅层处理与深层处理；按处理的均匀性及处理面积可分为全面处理和局部处理；按加固原理可分为排水固结法、复合地基法等。表 13.1 列出了根据加固原理分类的主要地基处理技术方法。

表 13.1   地基处理技术方法分类

类别	处理方法	加固原理	适用范围
排水固结法	堆载预压法	利用固结原理，在软土地基中设置竖向排水体，缩短土体排水距离，然后在地基上进行堆载预压或真空预压，或堆载联合真空预压，加速地基排水固结，形成固结压密后的地基	各种饱和软黏土、冲填土等
	真空预压法		
	真空堆载联合预压法		
复合地基法	深层搅拌法	采用专门技术措施使软土地基中部分土体被增强或被置换，形成由地基土和竖向增强体（桩）共同承担荷载的人工地基	淤泥、淤泥质土、黏性土和粉土等软土地基
	高压喷射注浆法		
	挤密砂石桩法	采用专门技术措施，将砂、碎石或混合料挤压或振入已成的孔中，形成包含密实砂石竖向增强体在内的复合地基	非饱和黏性土、冲填土、粉土、砂土等，其中振冲密实法限于 $c_u>20\text{kPa}$ 的地基土
	振冲密实法		
碾压夯实法	碾压夯实法	利用压实原理，通过碾压、重锤夯实、振动压实等方式，使浅层土体密实	碎石土、杂填土、砂土、低饱和黏性土、疏松无黏性土等
	强夯法	利用强大夯击能量，在地基中产生冲击波和动应力，使地基土动力固结密实	
换土垫层法	换土垫层法	挖除基础底面下一定深度范围内的软弱土层或不均匀土层，回填其他性能稳定、无侵蚀性、强度较高的材料，并夯压密实形成的垫层	各种软弱土的浅层处理
	加筋垫层法	在垫层内铺设单层或多层水平向加筋材料形成的垫层，加筋材料通常采用高强度、低徐变、耐久性好的土工合成材料	
冻结烧结法	冻结法	冻结土体，提高土体抗剪强度或降低地基土透水性能，以形成挡土结构或止水帷幕	饱和砂土或软黏土地基的临时加固措施
	烧结法	钻孔加热或焙烧，减少土体含水量，降低压缩性，提高土体强度	有富余热源地区的软黏土地基

总体来说，地基处理方法很多，且基于新的技术不断得到创新。但每种地基处理方法都有其适用范围和局限性，所以地基处理技术的核心是处理方法的正确选择与合理实施。在进

13.2 排 水 固 结 法

行地基处理工程设计和施工时，必须综合考虑各种影响因素，如土的特性、工程特点、工期要求、工程造价以及对环境的影响程度等。一般按下面的步骤确定最终实施方案：

（1）初选几种可行性方案。根据结构类型、荷载大小及使用要求，结合地形地貌等，综合考虑相关因素，初步选定几种可供考虑的地基处理方案，包括两种或多种地基处理措施组成的综合处理方案。

（2）确定最佳方案。对初选的各种方案，从加固原理、适用范围、预期处理效果、材料来源与用量、机具条件、施工技术、进度、工程造价以及环境影响程度，进行全面深入的技术经济比较，确定最佳地基处理方案，或是结合几种方案的优点，确定一种综合处理方案。

（3）现场试验。由于具体场地条件的复杂性，以及各种处理技术加固机理的复杂性，导致处理效果存在不确定性。因此，对选定的地基处理方法还需按工程要求进行施工试验，并配合必要的测试与检测。根据实际处理效果决定是否对技术参数进行必要的调整，或是否修改方案，最终确定具体的实施方案。

13.2 排 水 固 结 法

13.2.1 加固机理

1. 排水固结系统的组成

排水固结法是利用土体的固结特性来进行地基加固，适用于各类淤泥、淤泥质土及冲填土等饱和黏性土地基。通过对设置了竖向排水体与水平排水体的地基施加荷载来加速地基的固结，以保证在预压期间完成大部分沉降并使地基强度提高，使得卸载后建造的建（构）筑物不再发生过大的沉降与沉降差，同时地基有足够的承载力和稳定性。

排水固结法包括排水系统与加压系统，如图13.1所示。

排水系统由水平排水体和竖向排水体构成，主要用于改变地基原有的排水边界条件，增加孔隙水排出途径，缩短排水距离。当软土层较薄，或土的渗透性较好而施工期允许较长时，可仅在地表铺设一定厚度的砂垫层，然后加载；对于渗透性较差的深厚软土层，可设置砂井、袋装砂井

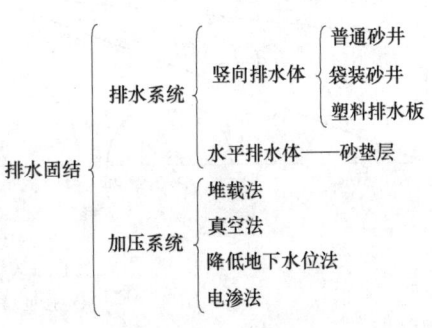

图 13.1 排水固结系统的组成

或塑料排水板等竖向排水体，与地表水平排水砂垫层相连，构成完善的排水系统。应指出的是，预压加固过程中，土体的固结与土中超静水压力的消散密切相关，在土层较厚、渗透性较差的软土地基中，减小排水距离就能加速超静水压力的消散，加快土体的固结进程。所以，排水系统的设置直接影响排水固结法的实施效果。

加压系统指对地基施加预压的荷载，通常有堆载预压法、真空预压法、降水预压法、电渗排水法以及联合加压法等，其中堆载预压法、真空预压法以及真空联合堆载预压法使用较普遍。

2. 堆载预压排水固结法加固机理

堆载预压法以土料、块石、砂料或建筑物本身（路堤、坝体、房屋）作为荷载，对被加固的地基进行预压，使得地基在此荷载作用下产生正的超静孔隙水压力。经过一段时间后，随着孔隙水的排出，超静孔隙水压力逐渐消散，土中有效应力不断增长，地基土得以固结，产生垂直变形，同时强度得到提高。

堆载预压加固机理如图 13.2 所示。图 13.2（a）表明，对于正常固结软土，土中某点初始应力状态为 p_0'，以应力圆 I 中的 A 点表示，在强度包线上对应 E 点，相应的强度为 τ_0。在加固压力下，随着时间的推移，土中的超静孔隙水压力消散，土体的主固结完成，此时该点的平均应力发展到 $p' = p_0' + \Delta p'$，应力状态以应力圆 II 中的 B 点表示，在强度包线上对应 E' 点，相应的强度为 τ。卸除预压荷载后，被加固土体回弹由正常固结状态变成超固结状态，此时虽然应力状态恢复到初始状态 p_0'，但强度却沿超固结强度包线 $O'E'$ 返回到 F 点，相应的强度为 $\tau_0 + \Delta \tau$，即堆载预压加固使地基土的强度增加了 $\Delta \tau$。

图 13.2（b）表明，当固结压力由 p_0' 发展到 p' 时，压缩变形由 E 沿压缩曲线发展到 E'，相应的孔隙比减小 Δe。卸荷后当应力返回到 p_0' 时，压缩变形由 E' 沿回弹曲线发展到 F 点，土体不可恢复的压缩量为 $\Delta e'$，即堆载预压加固使地基土的压缩量减小了 $\Delta e'$。此时若再加压，土体将沿再压曲线 FE' 发展，变形量较初始压缩量 EE' 明显减少，直至荷载超过 p' 后才与初始压缩曲线重合。

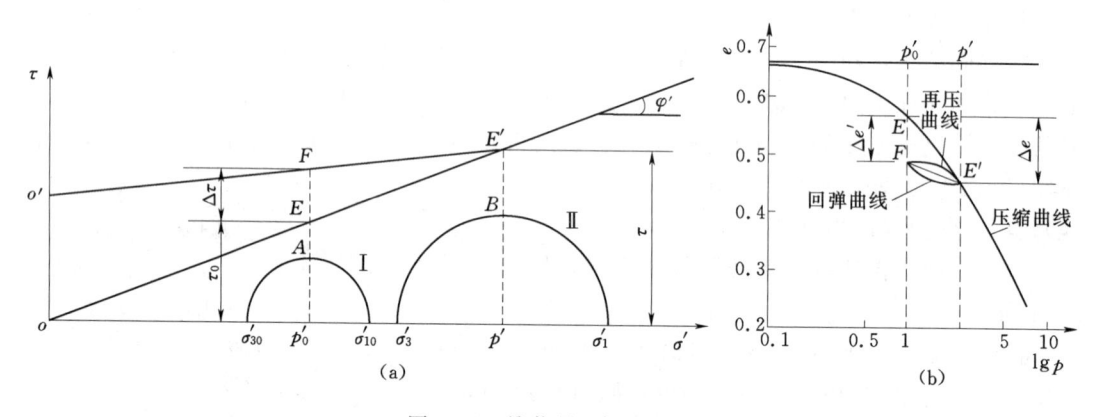

图 13.2 堆载预压加固机理
(a) 强度增长机理；(b) 压缩变形机理

3. 真空预压法加固机理

真空预压法是利用大气压力作为预压荷载的一种排水固结法，即在地表施加的不是实际荷重，而是将大气压力作为荷载予以施加。图 13.3（a）为真空预压荷载的实施方法，在拟加固软土地基表面先铺设一定厚度的砂垫层，然后按一定间距设置竖向排水体，再将不透气的塑料薄膜铺设在砂垫层上，借助于埋设在砂垫层中的滤管，通过抽真空装置将膜下土体中的空气和水抽出，使土体排水固结。

在抽真空前，薄膜内外都受相等的大气压力作用 p_a，土体孔隙中的气体与地下水面以上都是处于大气压力状态。抽真空后，薄膜内砂垫层中的气体首先被抽出，压力逐渐下降至 p，薄膜内外形成一个压差 $(p_a - p)$，使薄膜紧贴于砂垫层上，这个压差被称

13.2 排水固结法

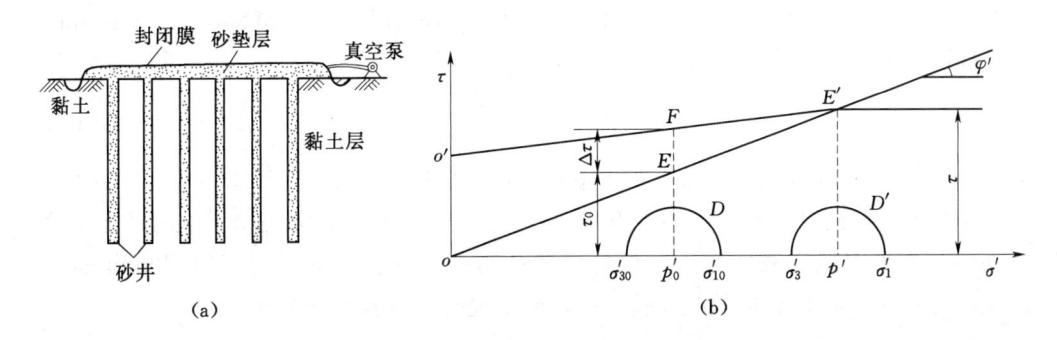

图 13.3 真空预压加固地基
(a) 真空预压实施示意图；(b) 强度增长机理

之为"真空度"。砂垫层中形成的真空度，通过垂直排水通道逐渐向下和向四周土体传递与扩展，引起土中孔隙水压力降低，形成负的超静孔隙水压力。使土体孔隙中的气和水由土体向事先设置的垂直排水通道渗流，最后由垂直排水通道汇至地表砂垫层中被泵抽出。

真空预压固结的强度增长原理如图 13.3（b）所示。加固过程中总应力并没有增加，即 $\Delta\sigma = \Delta\sigma' + \Delta u = 0$。根据有效应力原理，在真空度形成及抽气延续过程中，土中降低的孔隙水压力等于增加的有效应力，即

$$\Delta\sigma' = -\Delta u \tag{13.1}$$

加固前地基中应力状态如图 13.3（b）中应力圆 D 所示，平均应力为

$$p_0' = \frac{1}{2}(\sigma_{10}' + \sigma_{30}') \tag{13.2}$$

固结完成后有效应力增加 $\Delta\sigma'$，有

$$\begin{aligned}\sigma_1' &= \sigma_{10}' + \Delta\sigma' \\ \sigma_3' &= \sigma_{30}' + \Delta\sigma'\end{aligned} \tag{13.3}$$

此时应力圆半径未变，位置由 D 右移到 D'，平均应力为

$$p' = p_0' + \Delta\sigma' \tag{13.4}$$

式中符号意义如图 13.3（b）所示。

当加固结束，"荷载"卸除后，地基的强度将沿超固结包线退到 F 点，与原有抗剪强度 τ_0 相比，抗剪强度增加了 $\Delta\tau$，即加固后地基强度得到了提高。

应指出的是，真空预压加固地基中垂直排水体不仅仅起着排水通道的作用，还起着传递真空的作用，即"预压荷载"是通过垂直排水通道向土体施加的。

13.2.2 加固设计与计算

1. 堆载预压法设计

堆载预压法加固设计内容主要包括：选择竖向排水体类型，确定其断面尺寸、间距、排列方式和深度；水平排水体设计；确定预压区范围、预压荷载大小、荷载分级、加载速率与预压时间；计算地基土的固结度、强度增长、抗滑稳定性与变形。

（1）竖向排水体设计。竖向排水体一般有普通砂井、袋装砂井和塑料排水板，可统称为砂井。

实际应用中，普通砂井直径一般取 300~500mm，袋装砂井直径取 70~120mm，如果是塑料排水板，可将其换算为当量直径 d_p。

$$d_p = \frac{2(b+\delta)}{\pi} \quad (13.5)$$

式中：b 为塑料排水板宽度，mm；δ 为塑料排水板厚度，mm。

砂井布置宜采用"细而密"的方案，平面排列通常采用等边三角形或正方形，如图 13.4 所示。在大面积荷载作用下，设每一砂井为一独立排水体系，等边三角形布置时，每根砂井的有效影响范围为正六边形；正方形布置时，有效范围为正方形。

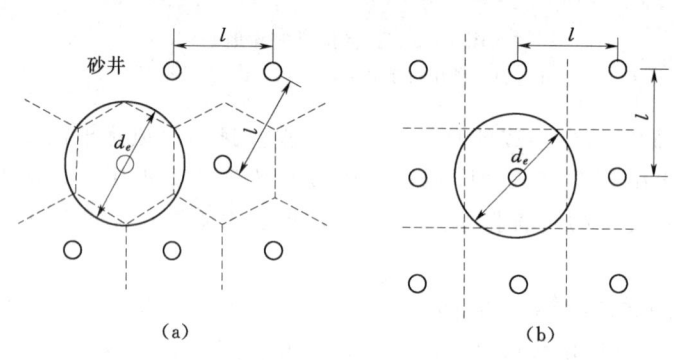

图 13.4 竖向排水体排列方式
(a) 等边三角形布置；(b) 正方形布置

为简化计算，可根据竖向排水体间距 l 将每根砂井的影响范围以等面积圆代替，等效排水直径如下。

等边三角形布置时

$$d_e = 1.05l \quad (13.6)$$

正方形布置时

$$d_e = 1.13l \quad (13.7)$$

式中符号意义见图 13.4。

竖向排水体的间距 l 可根据地基土的固结特性和预定时间内所要求达到的固结度确定。设计时，l 可按井径比 n 选用（$n = d_e/d_w$，d_w 为竖井直径），塑料排水板或袋装砂井的间距可按 $n = 15 \sim 22$ 选用，普通砂井的间距可按 $n = 6 \sim 8$ 选用。

竖向排水体的深度应根据工程对地基的稳定性、变形要求和工期要求确定。对以地基抗滑稳定性控制为主要目的的工程，竖向排水体深度应大于最危险滑动面以下 2m。对以变形控制为主要目的的工程，竖向排水体的深度应根据在限定的预压时间内需完成的变形量确定。如果受压层厚度不大，竖向排水体可贯穿软土层以减小预压荷载或缩短预压时间。

(2) 水平排水体设计。水平排水体通常采用砂垫层，其作用是连通竖向排水体，排出从地基土进入竖向排水体的渗流水。砂垫层厚度一般不小于 500mm，宜选用干净的中粗砂，黏粒含量不应大于 3%。在预压区边缘应设置排水沟，预压区内应设置与砂垫层相连的排水盲沟。

(3) 预压荷载设计。预压荷载设计主要是确定预压荷载的大小及分级、加载速率以及预压时间。软弱地基上的堆载会在地基内产生剪应力,当这种剪应力超过土体的抗剪强度时,地基将发生剪切破坏。所以,堆载预压需分级逐步加载,在前期荷载作用下地基固结,其强度增加到满足下一级荷载作用要求时,方可施加下一级荷载。具体设计步骤如下。

1) 利用天然地基土抗剪强度 c_u 计算第一级容许施加的荷载 p_1。对于长条梯形填土,可根据 Fellenius 公式估算,即

$$p_1 = 5.52 c_u / K \tag{13.8}$$

式中:K 为安全系数,建议采用 1.1~1.5;c_u 为天然地基土的不排水抗剪强度,kPa,由无侧限、三轴不排水剪切试验或原位十字板剪切试验测定。

2) 计算第一级荷载 p_1 作用下地基强度增长值。地基在 p_1 荷载作用下,经过一段时间强度逐渐提高,提高以后的地基强度为

$$c_{u1} = \eta (c_u + \Delta c'_{u1}) \tag{13.9}$$

式中:η 为强度折减系数;$\Delta c'_{u1}$ 为 p_1 作用下地基因固结而增长的强度,与土层的固结度有关,一般可先假定一固结度(如 $U=70\%$),然后求出强度增值 $\Delta c'_{u1}$。

3) 计算 p_1 作用下达到所确定固结度(如 $U=70\%$)所需要的时间。

4) 根据第 2) 步所得到的地基强度 c_{u1} 估算第二级所能施加的荷载 p_2。

$$p_2 = 5.52 c_{u1} / K \tag{13.10}$$

然后求出在 p_2 作用下地基固结度达 70%时的强度以及所需要的时间,进而计算第三级所能施加的荷载。依次计算出各级荷载的停歇时间,制定出初步加荷计划。

5) 按以上步骤确定的加荷计划进行每一级荷载下地基稳定性验算。如稳定性不满足要求,则调整荷载计划。

6) 计算预压荷载下地基的最终沉降量和预压期间的沉降量,以确定预压荷载卸除的时间。

如在预压工期内,地基沉降量不满足设计要求,则可采用超载预压方法,具体可参见有关资料。

当天然地基的强度满足预压荷载作用下地基的稳定性要求时,可一次性加载。

(4) 地基固结度计算。固结度计算是堆载预压地基处理设计的重要内容,各级荷载下的固结度可用以推算地基强度增强值,分析地基稳定性,确定加荷计划,估算加荷期间地基的沉降量,确定预压时间等。

天然地基瞬时加荷条件下的一维固结问题已在第 4 章中介绍。对于砂井地基瞬时加载条件下的固结问题,可根据砂井地基固结理论分别计算地基竖向排水平均固结度和径向排水平均固结度,然后再综合计算地基总的平均固结度,这部分内容可参见有关专著。

考虑到实际工程的预压荷载是逐渐施加的,如果将实际加荷过程简化成如图 13.5 所示的多级等速加荷时,可采用下式简化计算各阶段的地基平均固结度。

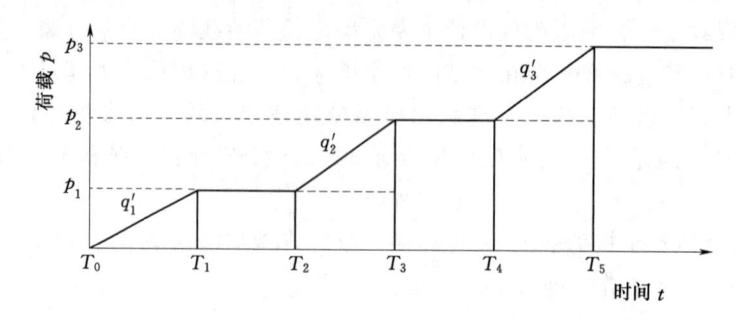

图 13.5 多级等速加载过程

$$U'_t = \sum_1^n \frac{q'_i}{p_t}\left[(T_i - T_{i-1}) - \frac{\alpha}{\beta}e^{-\beta t}(e^{\beta T_i} - e^{\beta T_{i-1}})\right] \tag{13.11}$$

式中：U'_t 为 t 时多级荷载等速加荷修正后的平均固结度，%；p_t 为与多级加荷历时 t 对应的荷载，$p_t = \sum \Delta p$，kPa；q'_i 为第 i 级荷载的平均加载速率，kPa/d；T_{i-1}、T_i 分别为第 i 级荷载的加荷起点和终点历时（从零点起算），d；t 为所求固结度历时，d，当计算第 i 级荷载 $T_{i-1} < t < T_i$ 时，则式中的 T_i 应改为 t；n 为加荷级数；α、β 为参数，根据地基土排水固结条件按表 13.2 采用。

表 13.2　　　　　　　　　排水固结法参数 α、β

参数	排水固结条件			说　　明
	竖向排水固结 $U_z > 30\%$	向内径向排水固结	竖向和向内径向排水固结（竖井穿过软土层）	
α	$\dfrac{8}{\pi^2}$	1	$\dfrac{8}{\pi^2}$	$F_{(n)} = \dfrac{n^2}{n^2-1}\ln(n) - \dfrac{3n^2-1}{4n^2}$
β	$\dfrac{\pi^2 C_V}{4H^2}$	$\dfrac{8C_h}{F_n d_e^2}$	$\dfrac{8C_h}{F_n d_e^2} + \dfrac{\pi^2 C_V}{4H^2}$	C_V、C_h 为竖向、径向固结系数，cm^2/s；H 为竖向排水距离，cm

注　如考虑涂抹与井阻影响，参数 β 尚需进行修正。

(5) 地基强度增长计算。计算预压荷载下饱和黏性土地基中某点的抗剪强度增长时应考虑土体的初始固结状态。对于正常固结饱和黏性土地基，某点某时刻的抗剪强度可按下式计算：

$$\tau_{ft} = \tau_{f0} + \Delta \sigma_z U_t \tan\varphi_{cu} \tag{13.12}$$

式中：τ_{ft} 为 t 时刻该点的抗剪强度，kPa；τ_{f0} 为地基土的天然抗剪强度，kPa；$\Delta\sigma_z$ 为预压荷载引起的该点附加竖向应力，kPa；U_t 为计算点地基土的固结度，可采用上一步计算得到的平均固结度；φ_{cu} 为三轴固结不排水压缩试验得到的土的内摩擦角，(°)。

(6) 地基土抗滑稳定性验算和沉降计算。堆载预压实施过程中，在堆载边界形成了人工边坡，其抗滑稳定性直接影响堆载施工进度与实施效果，因而设计时需对其进行抗滑稳定验算，验算方法可采用第 9 章介绍的圆弧滑动法，如图 13.6 所示。应说明的是，由于堆载预压的地基抗滑稳定安全系数 K 不仅与堆载体填筑重量有关，还和地基土的固结状态密切相关，所以在计算抗滑力矩时需考虑固结度对强度的影响，如对固结不排水抗剪强度进行折减、考虑上一级加荷结束后地基强度提高等。

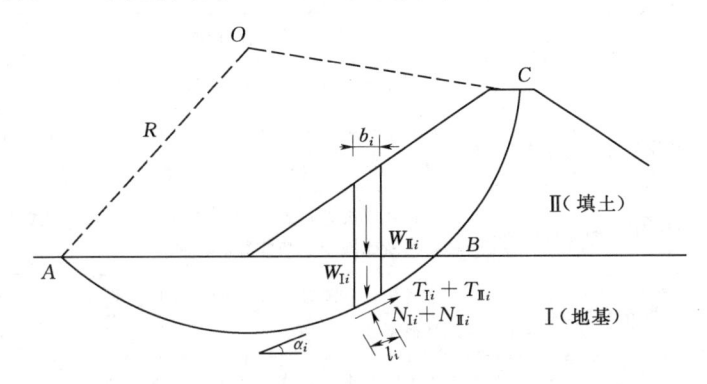

图 13.6 堆载预压地基土抗滑稳定性计算简图

预压荷载下地基最终沉降量 s_f 的计算可取地基附加应力与土的自重应力的比值为 0.1 的深度作为压缩层计算深度，具体计算方法可参考第 4 章。

2. 真空预压法设计

真空预压法设计与计算内容包括：竖向排水体的类型与断面尺寸、间距、排列方式和深度；水平排水体设计；预压区面积与分块大小；真空预压工艺；要求达到的真空度与地基固结度；真空预压下的变形计算；真空预压后地基的强度增长计算等。

真空预压法设计中的排水竖井间距、固结度计算、变形计算、强度增长计算等均可参照前述堆载预压法。

若加固层底部或地基深部存在渗透性较好的砂性土层，真空预压时应慎重考虑。如果从沉降控制方面考虑确实需要穿过该透水层时，应在加固区的周边设置竖向密封墙（密封沟），且其深度应完全穿过该层；否则应尽量使竖向排水体的底部与透水土层保留 1.0m 以上的距离。当加固层存在粉土、砂土等透水、透气地层时，加固区周边应采取确保膜下真空压力满足设计要求的密封措施。

真空预压加固处理范围应以边界超过工程基础轮廓线不小于 3.0m 为宜。根据目前密封膜的工厂化加工能力与现场施工工艺，单块预压面积尽可能大，形状尽可能呈方形或接近方形，形状比（加固面积与周长之比）亦尽可能大。

真空预压的膜下真空度应稳定地保持柱即 86.7kPa（650mmHg）以上，且分布均匀，预压时间不宜低于 90d，排水竖井深度范围内土层的平均固结度应大于 90%。

与堆载预压加固相比，真空预压具有施工进度快、施工成本低、施工操作性强等突出优点，但膜下真空度一般难以超过 90kPa。因而，在实际工程中，当设计地基预压荷载大于 80kPa 时，可以考虑采用真空和堆载联合预压地基处理。

3. 施工过程监测与质量检测

在堆载预压与真空预压法实施过程中，一般需要进行必要的监测，并根据监测结果对施工过程进行控制。一般工程中实施的监测项目参见表 13.3，还可根据实际工程的具体情况确定监测项目。

预压法处理的地基在竣工时需要进行必要的检测，检测手段主要包括以下几种：

表 13.3　　　　　　　　　　　监 测 项 目 一 览 表

监测项目	监测仪器或元件	监测目的	备注
真空度	真空度表	测试膜下真空度，了解真空预压荷载大小	真空预压中
表面沉降	浅层沉降板与水准仪	及时了解施工中沉降、沉降速率以及卸载后地基回弹情况，预测总沉降与工后沉降量	必需项目
水平位移（浅层）	边桩与全站仪或经纬仪	了解加固边界附近地表土体沉降（隆起）或侧向位移，判断或预测地基抗滑稳定性	必需项目
水平位移（深层）	测斜管与测斜仪	了解边界处深层土体的侧向变形，判断或预测地基抗滑稳定性	
孔隙水压力	渗压计与配套二次仪表	了解地基土孔隙水压力变化，推断地基固结度，并以此推算卸载时间	
深层（分层）沉降	分层磁环与沉降仪	了解加固深度内各土层的压缩情况，判断加固的有效深度，分析各个深度土层的固结程度	

（1）地基预压产生的沉降及平均固结度计算，检验是否满足设计要求。

（2）在加固区内于加固前后分别在大致相同位置钻孔取样，进行室内物理性质指标与力学指标测定，检验主要参数的变化情况，对加固效果予以分析。

（3）对每个处理分区分别进行现场十字板剪切或静力触探试验，测试地基土的原位强度指标，以判断加固效果。

（4）进行现场平板静荷载试验，按不小于设计地基承载力 2 倍值的要求确定最大加载量，并根据分级加载得到的压力-沉降曲线确定地基承载力特征值，检验其是否满足设计要求。

实际工程中，可根据工程特点采用以上一种或几种试验手段检测软土地基加固效果。

【**例 13.1**】 某场地为淤泥质黏土，已知固结系数 $c_h = c_v = 2.3 \times 10^{-3} \text{cm}^2/\text{s}$，压缩层厚度为 18m。采用的袋装砂井直径 $d_p = 70\text{mm}$，按等边三角形布置，间距 1.5m，砂井设置深度 18m，打穿受压土层，底部为隔水层。预压荷载总压力为 120kPa，分两级等速加载，如图 13.7 所示。如不考虑竖井的井阻作用和涂抹效应，试计算：

（1）加荷 100d 时（从开始加荷算起）压缩层平均固结度为多少？

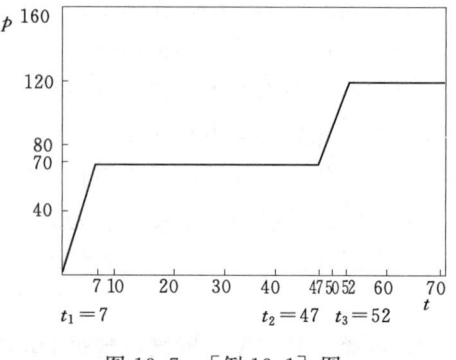

图 13.7　［例 13.1］图

（2）如要使压缩层平均固结度达到 93%，需要多少天（从开始加荷算起）？

解：

（1）加荷 100d 时压缩层平均固结度计算。

1）确定参数 α、β。压缩土层发生竖向和径向排水固结，且竖向井穿过压缩层，按表 13.2，可取

13.2 排水固结法

$$\alpha = \frac{8}{\pi^2}, \beta = \frac{8c_h}{F_n d_e^2} + \frac{\pi^2 c_v}{4H^2}$$

砂井采取等边三角形布置，有效排水圆直径为

$$d_e = 1.05l = 1.05 \times 1.5 = 1.575(\text{m})$$

井径比 n

$$n = d_e/d_p = 1.575/0.07 = 22.5$$

$$F_n = \frac{n^2}{n^2-1}\ln(n) - \frac{3n^2-1}{4n^2}$$

$$= \frac{22.5^2}{22.5^2-1}\ln 22.5 - \frac{3 \times 22.5^2 - 1}{4 \times 22.5^2} = 2.3$$

$$\beta = \frac{8c_h}{F_n d_e^2} + \frac{\pi^2 c_v}{4H^2}$$

$$= \frac{8 \times 2.3 \times 10^{-3}}{2.3 \times 157.5^2} + \frac{3.14^2 \times 2.3 \times 10^{-3}}{4 \times 1800^2}$$

$$= 3.242 \times 10^{-7}(1/\text{s}) = 0.02801(1/\text{d})$$

$$\alpha = \frac{8}{\pi^2} = 0.81$$

2）计算加荷 100d 时的竖向平均固结度 $\overline{U}_t$。

第一级加载速率 $\qquad q_1' = 70/7 = 10(\text{kPa/d})$

第二级加载速率 $\qquad q_2' = 50/5 = 10(\text{kPa/d})$

$$\overline{U}_t = \sum_1^n \frac{q_i'}{p_t}\left[(T_i - T_{i-1}) - \frac{\alpha}{\beta}e^{-\beta t}(e^{\beta T_i} - e^{\beta T_{i-1}})\right]$$

$$= \frac{q_1'}{p_1}\left[(t_1-t_0) - \frac{\alpha}{\beta}e^{-\beta t}(e^{\beta t_1} - e^{\beta t_0})\right] + \frac{q_2'}{p_2}\left[(t_3-t_2) - \frac{\alpha}{\beta}e^{-\beta t}(e^{\beta t_3} - e^{\beta t_2})\right]$$

$$= \frac{10}{120}\left[(7-0) - \frac{0.81}{0.02801}e^{-0.02801 \times 100}(e^{0.02801 \times 7} - e^0)\right]$$

$$+ \frac{10}{120}\left[(52-47) - \frac{0.81}{0.02801}e^{-0.02801 \times 100}(e^{0.02801 \times 52} - e^{0.02801 \times 47})\right]$$

$$= 0.8862 \approx 0.89$$

（2）受压土层平均固结度达到 93% 时的时间 t。

$$\overline{U}_t = \sum_1^n \frac{q_i'}{p_t}\left[(T_i - T_{i-1}) - \frac{\alpha}{\beta}e^{-\beta t}(e^{\beta T_i} - e^{\beta T_{i-1}})\right]$$

$$= \frac{10}{120}\left[(7-0) - \frac{0.81}{0.02801}e^{-\beta t}(e^{0.02801 \times 7} - e^0)\right]$$

$$+ \frac{10}{120}\left[(52-47) - \frac{0.81}{0.02801}e^{-\beta t}(e^{0.02801 \times 52} - e^{0.02801 \times 47})\right]$$

$$= 0.93$$

把上式化简后得

$$e^{-\beta t} = 0.037366$$

$$\beta t = \ln(26.7625)$$

373

$$0.02801t = 3.287003$$
$$t = 117.35 \approx 117(\text{d})$$

所以，加荷 100d 时受压土层之平均固结度约为 89%；使平均固结度达到 93%需要 117d。

13.3 复合地基法

13.3.1 复合地基设计理论

1. 主要设计参数

复合地基是指由地基土和竖向增强体（桩）组成、共同承担荷载并协调变形的人工地基。常见的竖向增强体有：碎石（砂）桩、水泥土桩以及各种低强度桩等，所以复合地基按增强体材料可分为散体材料桩复合地基、黏结材料桩复合地基。

复合地基设计的关键是提高竖向增强体（桩体）强度及较好地发挥桩间土的承载力，使之满足地基承载力要求和变形要求。主要设计参数如下。

(1) 面积置换率 m。复合地基面积置换率指增强体横截面积与该增强体所承担的复合地基面积之比，用 m 表示：

$$m = d^2 / d_e^2 \tag{13.13}$$

式中：d 为增强体平均直径，m；d_e 为一根增强体分担的地基处理面积的等效圆半径，m。

对于等边三角形布置：

$$d_e = 1.05s \tag{13.14}$$

对于正方形布置：

$$d_e = 1.13s \tag{13.15}$$

对于矩形布置：

$$d_e = 1.13\sqrt{s_1 s_2} \tag{13.16}$$

式中：s 为桩间距；s_1 和 s_2 为纵向桩间距和横向桩间距，m。

(2) 桩土应力比。桩土应力比 n 指复合地基中增强体的竖向平均应力与增强体间地基土的竖向平均应力之比，按地区经验确定。影响桩土应力比的因素有荷载水平、桩土模量比、复合地基面积置换率、原地基土强度、增强体桩长以及垫层情况等。

(3) 复合土层压缩模量 E_{sp}。在复合地基沉降计算中，将增强体与其间的地基土组成的非均质复合土体简化为一均质的复合土体，这种简化后的均质复合土体的压缩模量称为复合土层压缩模量 E_{sp}。复合地基类型不同，其复合土层压缩模量的计算方法也不同。

2. 复合地基承载力特征值

复合地基为非均质地基，其地基承载力特征值应通过复合地基静载荷试验或采用增强体静载荷试验结果和其周边地基土的承载力特征值结合经验确定。初步设计时，可参照下列公式估算。

散体材料桩复合地基：

$$f_{spk} = [1 + m(n-1)]f_{sk} \tag{13.17}$$

式中：f_{spk} 为复合地基承载力特征值，kPa；f_{sk} 为处理后桩间土承载力特征值，kPa；其余符号意义同前。

黏结材料桩复合地基：

$$f_{spk} = \lambda m \frac{R_a}{A_p} + \beta(1-m)f_{sk} \tag{13.18}$$

式中：λ 为单桩承载力发挥系数；R_a 为增强体单桩竖向承载力特征值，kPa；A_p 为桩的截面积，m^2；β 为桩间土承载力发挥系数，可按地区经验取值；其余符号意义同前。

增强体单桩竖向承载力特征值可按下式估算：

$$R_a = u_p \sum_{i=1}^{n} q_{si} l_{pi} + \alpha_p q_p A_p \tag{13.19}$$

式中：u_p 为桩的周长，m；l_{pi} 为桩长范围内第 i 层土的厚度，m；q_{si} 为桩周侧阻力特征值，kPa；q_p 为桩端端阻力特征值，kPa；α_p 为桩端端阻力发挥系数。

复合地基承载力计算应同时满足轴心荷载和偏心荷载作用的要求，见式（10.15）和式（10.19）。

需说明的是，采用单桩复合地基载荷试验确定复合地基承载力特征值时，应考虑试验的载荷板面积和褥垫层厚度的影响。当采用设计褥垫厚度进行试验时，对于独立基础或条形基础宜采用与基础宽度相等的载荷板进行试验，当基础宽度较大试验有困难而采用较小宽度载荷板进行试验时，应考虑褥垫层厚度对试验结果的影响。

3. 复合地基变形验算

复合地基变形计算深度应大于复合土层深度，其变形包括加固层复合土层变形与下卧层变形两部分，可按第 4 章介绍的分层总和法计算。复合土层的分层与天然地基相同，各复合土层的压缩模量 E_{spi} 等于该层天然地基压缩模量 E_{si} 的 ξ 倍：

$$E_{spi} = \xi E_{si} \tag{13.20}$$

ξ 为复合土层的压缩模量提高值，按下式确定：

$$\xi = \frac{f_{spk}}{f_{ak}} \tag{13.21}$$

式中：f_{ak} 为基础底面下天然地基承载力特征值；其余符号意义同前。

复合地基的最终变形量按下式计算：

$$s = \psi_{sp} s' \tag{13.22}$$

式中：s 为复合地基最终变形量；s' 为分层总和法计算的地基变形量；ψ_{sp} 为复合地基沉降计算经验系数，可根据地区经验取值或参照表 13.4。

表 13.4　　　　　　　　　复合地基沉降计算经验系数 ψ_{sp}

$\overline{E}_s$/MPa	4.0	7.0	15.0	20.0	30.0
ψ_{sp}	1.0	0.7	0.4	0.25	0.2

表 13.4 中 $\overline{E}_s$ 为变形计算深度范围内压缩模量的当量值，按下式计算：

$$\overline{E}_s = \frac{\sum_{i=1}^{n} A_i + \sum_{j=1}^{m} A_j}{\sum_{i=1}^{n} \frac{A_i}{E_{spi}} + \sum_{j=1}^{m} \frac{A_j}{E_{sj}}}$$

式中：A_i、A_j 分别为加固土层第 i 层土、加固土层下第 j 层土附加应力系数沿土层厚度的积分值。

13.3.2 水泥土搅拌桩复合地基

1. 加固机理

水泥土搅拌桩复合地基是利用水泥作为固化剂的主剂，通过特制的深层搅拌机械在地基深处就地将软土和固化剂（浆液或粉体状）强制搅拌，基于固化剂和软土之间所产生的一系列物理-化学反应使软土硬结成具有整体性、水稳定性和一定强度与承载力的水泥土增强体，与桩间土体共同承受上部荷载。

根据施工工艺水泥土搅拌桩分为浆液搅拌法（简称湿法）和粉体搅拌法（简称干法），前者形成的水泥搅拌桩称为深层搅拌桩，后者形成的水泥搅拌桩称为粉喷桩。

水泥搅拌桩复合地基适用于处理正常固结的淤泥、淤泥质土、素填土、软塑和可塑的黏性土、稍密和中密的粉土以及无流动地下水的饱和松散砂土等。对于处理泥炭土、有机质土、塑性指数大于 25 的黏土时，或在腐蚀性环境中以及无工程经验的地区使用时，须通过室内试验与现场试验确定其适应性。

2. 一般规定

水泥搅拌桩的桩体强度与水泥的掺入量、地基土的塑性指数、地基土含水量、有机质含量以及成桩龄期等因素直接相关。水泥掺入量一般以水泥掺入比 a_w 表示，即水泥质量与加固土体质量的比值。当 a_w 过低时，由于水泥与土的反应过弱，导致水泥土固化程度低，强度离散性也较大。所以，增强体的水泥掺入量不应小于 12%，块状加固时水泥掺量不应小于加固天然土质量的 7%。

水泥土无侧限抗压强度一般为 0.3~4.0MPa，随土的含水量降低而增大，同时与水泥本身的强度等级、水泥土的养护条件等多种影响因素有关。水泥土强度随龄期的增长而提高，工程上对于竖向承载的水泥搅拌桩一般取 90d 龄期作为标准龄期。

水泥土搅拌桩复合地基应在桩头与基础之间设置褥垫层，厚度为 200~300mm。褥垫层材料可选用中砂、粗砂或级配砂石等，最大粒径不大于 20mm。另外，褥垫层的夯填度（夯实后的厚度与虚铺厚度的比值）不大于 0.9。

土中有机质的存在使土体具有较大的水溶性和塑性、较大的膨胀性与低渗透性，并使土显酸性，这些因素均有碍水泥土中的水泥水化反应。因此，有机质含量高的软土，单纯采用水泥加固的效果较差，可在水泥中掺入一定量的外加剂，如石膏、三乙醇胺等。

3. 设计

水泥搅拌法复合地基的主要设计内容包括：加固体布置、搅拌桩单桩承载力、复合地基承载力和沉降等。

（1）加固体布置形式。当荷载较小时，采用单轴水泥搅拌形成单桩体，平面上各加固体按建筑物基础形状，以方形或正三角形在基础范围内均匀布置。当荷载较大时，或建筑物基础面积较大且对沉降要求较高时，则采用双轴或多轴搅拌或连续成槽搅拌形成壁状、格栅状或块状加固体。独立基础下的桩数不宜少于 4 根。

搅拌桩的长度应根据上部结构对地基承载力和变形的要求确定，并应穿透软弱土层到达地基承载力相对较高的土层。如果设置的搅拌桩同时为提高地基稳定性时，其桩长应超

13.3 复合地基法

过危险滑弧以下不少于 2.0m。注意干法的加固长度一般不宜大于 15m，湿法的加固深度一般不宜大于 20m。

(2) 搅拌桩单桩承载力 R_a。水泥搅拌桩单桩承载力特征值应由现场静载荷试验确定，初步设计时可按式 (13.19) 估算，桩端阻力发挥系数 α_p 可取 0.4～0.6，承载力高时取低值；桩端端阻力特征值可取桩端土未修正的地基承载力特征值。

注意由式 (13.19) 确定的单桩承载力特征值应不大于下述由桩身材料提供的单桩承载力：

$$R_a = \eta f_{cu} A_p \tag{13.23}$$

式中：η 为桩身强度折减系数，干法可取 0.20～0.30，湿法可取 0.25～0.33；f_{cu} 为水泥土相同配比条件下的室内立方体试块抗压强度平均值，kPa；A_p 为桩的截面积，m²。

(3) 复合地基承载力 f_{spk}。水泥土搅拌桩复合地基承载力特征值应通过现场单桩或多桩复合地基静载荷试验确定。初步设计时可根据式 (13.18) 估算，处理后桩间土承载力特征值 f_{sk} 可取天然地基承载力特征值；桩间土承载力发挥系数 β，对于淤泥、淤泥质土和流塑状软土等处理土层，可取 0.1～0.4，对其他土层可取 0.4～0.8；单桩承载力发挥系数 λ 可取 1.0。

(4) 复合地基变形计算。水泥土搅拌桩复合地基在进行承载力设计后，尚需进行复合地基变形验算。如果处理层以下存在软弱下卧层，还应进行软弱下卧层地基承载力验算。

变形计算方法参见上节"复合地基变形验算"部分，软弱下卧层地基承载力验算参照第 10 章。

4. 施工程序

水泥土搅拌桩的施工程序（以水泥浆搅拌法为例）流程如图 13.8 所示。

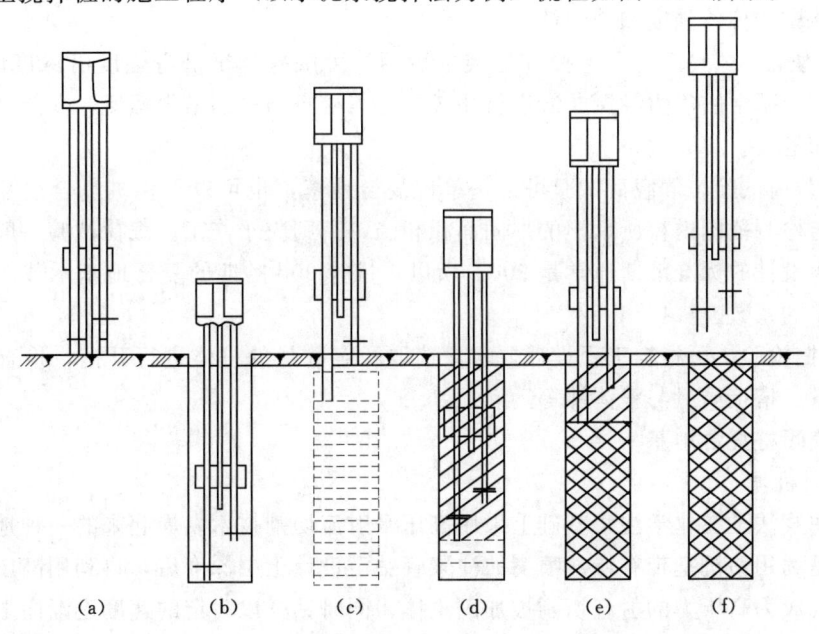

图 13.8 水泥搅拌桩（喷浆）施工程序
(a) 定位；(b) 搅拌下沉至底部；(c) 喷浆搅拌上升；(d) 重复搅拌下沉；
(e) 重复喷浆搅拌上升；(f) 施工完毕

(1) 定位。搅拌机械就位、对中,并使机械保持水平。

(2) 预搅下沉。待水泥搅拌桩机的冷却水循环正常后,启动搅拌机电机,放松搅拌机钢丝绳,使搅拌机沿导向架搅拌切土下沉,下沉速度可由电机的电流监控表控制。

(3) 制备水泥浆。待搅拌桩机下沉至一定深度时,即按设计确定的水泥浆配合比制备水泥浆,并稍提前集中于浆池内。

(4) 提升注浆搅拌。搅拌头下沉至设计深度后,开启水泥注浆泵,一边搅拌提升一边注浆,将水泥浆液注入土体内。搅拌机的搅拌与提升速度均按要求严格控制。

(5) 重复上下搅拌。搅拌桩机提升至设计加固深度的顶面标高后,为保证注浆量及搅拌均匀,再次搅拌下沉(复搅)、提升注浆。最后提升出地面,完成一桩的施工。

(6) 移位,进行下一桩施工。

在预(复)搅下沉时,也可实施喷浆,确保全桩长上下至少再重复搅拌一次。

5. 质量控制与质量检测

(1) 质量控制。水泥土搅拌桩施工前,应根据设计进行工艺性试桩,数量不得少于3根,多轴搅拌施工不得少于3组。应对试桩进行质量检测,确定施工参数。

搅拌桩施工中的质量控制应贯穿整个施工计划,随时检查施工记录与计量记录,对每根桩进行质量评定。检查的重点是:水泥用量、桩长、搅拌头转数与提升速度、复搅次数与复搅深度、停浆处理方法等。

(2) 质量检测。搅拌桩施工结束后,可采用以下几种方法对搅拌桩的施工质量进行检测:

1) 标准贯入试验或轻便触探等动力试验。通过贯入阻抗估算水泥土的物理力学指标,检验不同龄期的桩体强度和均匀性。

2) 静力触探试验。水泥土搅拌桩成桩后用静力触探测试桩身强度沿深度的分布图,并与原始的地基土的静力触探曲线进行比较,可得桩身强度的增强幅度,并能判断桩体的缺陷位置和桩长。

3) 静载荷试验。静载荷试验可以是单桩复合地基,也可以是多桩复合地基。载荷板的面积应与检测范围内桩所承担的加固面积相当,否则应予修正。载荷试验一般在28d龄期进行,而设计的标准龄期通常是90d。所以,推算90d龄期的复合地基承载力时应乘以一个大于1的系数。

4) 开挖检验。可根据工程设计要求,选取一定数量的桩体进行开挖,检查加固桩体的外观质量、搭接质量与整体性等。

13.3.3 旋喷桩复合地基

1. 加固机理

旋喷注浆法是在化学注浆基础上采用高压水射流切割技术发展起来的一种地基处理方法。一般是利用钻机把带有特殊喷嘴的注浆管钻至设计土层深度后,再利用高压设备使浆液或水或气成为高压力的射流切割被加固土体,同时钻杆以一定的速度逐渐向上提升,浆液射流与土粒混合形成注浆体,待浆液凝固后在地基土中形成固结体,与周围土体共同形成复合地基。

注浆固结体的形状与浆液射流的喷射角度有关。可以是旋转喷射(旋喷),形成旋喷

13.3 复合地基法

桩,如图 13.9（a）所示；也可以是定向喷射（定喷）和摆动喷射（摆喷）形成板状或墙状或扇状固结体,如图 13.9（b）、图 13.9（c）所示。在软土地基加固中,一般采用旋喷,构成旋喷桩复合地基。

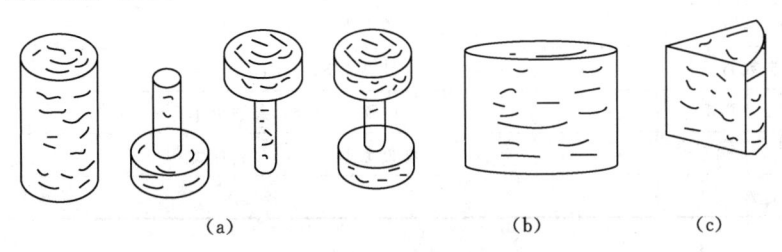

图 13.9 固结体形状
(a) 旋喷体；(b) 板状固结体；(c) 扇状固结体

旋喷桩复合地基适用于处理淤泥、淤泥质土、黏性土（流塑、软塑和可塑）、粉土、砂土、黄土、素填土和碎石土等地基。对于地下水流速过大的地基、无填充物的岩溶地段、高含量的有机质土、或对水泥有腐蚀性的地基,应根据现场试验结果确定其适应性。

2. 注浆工艺与固结体性质

旋喷桩常见 3 种注浆工艺如下：

（1）单管法。喷射流为单一的高压水泥浆喷射流（20MPa 左右）,又称 CCP 工法,所形成的固结体直径约为 0.3~0.8m。

（2）二重管法。喷射流为高压浆液喷射流（20MPa 左右）与其外部环绕的压缩空气喷射流（0.7MPa 左右）组成的复合式高压喷射流,所形成的固结体直径约为 0.8~1.2m。此法又称为 JSG 工法。

（3）三重管法。使用三重注浆管,在高压水射流（20~30MPa）的周围环绕一股 0.5~0.7MPa 左右的圆筒状气流,以水和气同轴喷射冲切土体,形成较大的空隙,再由泥浆泵注入压力为 0.5~3.0MPa 的水泥浆液填充,在地基土中形成直径达 1~2m 的大直径固结体。此法又称 CJP 工法。

旋喷桩固结体的主要物理力学性质,见表 13.5。

表 13.5 旋喷桩固结体性质一览表

工艺 固结体性质	单管法	二重管法	三重管法
单桩竖向极限承载力/kN	500~600	1000~1200	约 2000
单桩水平极限承载力/kN	30~40		
最大抗压强度/MPa	砂类土 10~20,黏性土 5~10,黄土 5~10,砾砂 8~20		
抗拉强度/抗压强度	砂类土 1/10,黏性土 1/5		
弹性模量/MPa	砂类土 7000~10000,黏性土 3000~5000		
干重度/(kN/m^3)	砂类土 16~20,黏性土 14~15,黄土 13~15		
渗透系数/(cm/s)	砂类土 10^{-5}~10^{-6},黏性土 10^{-6}~10^{-7},砾砂 10^{-6}~10^{-7}		
黏聚力 c/MPa	砂类土 0.4~0.5,黏性土 0.7~1.0		

续表

固结体性质	工艺	单管法	二重管法	三重管法
内摩擦角 $\varphi/(°)$		\multicolumn{3}{c	}{砂类土 30～40，黏性土 20～30}
标准贯入击数 N		\multicolumn{3}{c	}{砂类土 30～50，黏性土 20～30}
弹性波速 /(km/s)	P 波	\multicolumn{3}{c	}{砂类土 2～3，黏性土 1.5～2.0}
	S 波	\multicolumn{3}{c	}{砂类土 1.0～1.5，黏性土 0.8～1.0}
化学稳定性		\multicolumn{3}{c	}{较好}

3. 设计

旋喷桩复合地基设计参数在很大程度上依赖于地区经验和现场实测资料。主要设计内容如下。

(1) 平面布置与固结体强度参数。旋喷桩的平面布置可根据上部结构和基础特点确定，独立基础下的桩数不应少于 4 根。其他可仅在上部结构荷载范围内布桩，桩间距以 2～3 倍桩径为宜。

固结体强度和直径应通过现场试验确定。一般在黏性土中固结体强度为 5～10MPa，砂类土中为 10～20MPa。

(2) 注浆材料及用量。用于旋喷注浆的材料较多，其中水泥是最常用的浆液材料。宜采用强度等级为 42.5 级的普通硅酸盐水泥，根据需要添加适当的外加剂及掺和料。水泥浆液的水灰比为 0.8～1.2。注浆量的计算方法有体积法与喷量法，一般取其中较大者作为喷射浆量。

体积法

$$Q=\frac{\pi}{4}D_e^2K_1h_1(1+\beta)+\frac{\pi}{4}D_0^2K_2h_2 \tag{13.24}$$

式中：Q 为需要的喷浆量，m^3；D_e 为旋喷体直径，m；D_0 为注浆管直径，m；K_1 为填充率，可取 0.75～0.90；h_1 为旋喷段长度，m；K_2 为未旋喷范围内的填充率，可取 0.5～0.75；h_2 为未旋喷段长度，m；β 为损失系数，可取 0.1～0.2。

喷量法

$$Q=\frac{H}{v}q(1+\beta) \tag{13.25}$$

式中：v 为旋喷头提升速度，m/min；H 为旋喷喷射长度，m；q 为单位时间喷浆量，m^3/min；β 为损失系数，可取 0.1～0.2。

根据计算的喷浆量与设计的水灰比即可确定水泥用量。

(3) 褥垫层。旋喷桩成桩后，需在旋喷桩固结体桩顶与基础之间设置褥垫层。褥垫层厚度宜为 150～300mm，材料可选中砂、粗砂和级配砂石等，最大粒径不大于 20mm，褥垫层的夯填度不大于 0.9。

(4) 复合地基承载力和单桩承载力。旋喷桩复合地基承载力特征值和单桩竖向承载力特征值应通过静载荷试验确定。初步设计时可按式 (13.18) 和式 (13.19) 估算。

旋喷增强体的桩身材料强度应满足

$$f_{cu} \geqslant 4 \frac{\lambda R_a}{A_p} \tag{13.26}$$

当复合地基承载力进行基础埋深的深度修正时

$$f_{cu} \geqslant 4 \frac{\lambda R_a}{A_p}\left[1+\frac{\gamma_m(d-0.5)}{f_{spa}}\right] \tag{13.27}$$

式中：f_{cu} 为桩体试块抗压强度平均值，kPa；λ 为单桩承载力发挥系数，可按地区经验取值；γ_m 为基础底面以上土的加权平均重度，kN/m^3；d 为基础埋置深度，m；f_{spa} 为深度修正后的复合地基承载力特征值，kPa。

旋喷桩复合地基的变形验算同水泥土搅拌桩。

4. 施工与质量控制

旋喷注浆施工机具主要包括高压发生装置和注浆喷射装置，施工程序无论是单管或多重管都是先将钻杆插入或钻入预定深度的土层中，再自下而上进行喷射注浆作业，如图13.10 所示。

施工质量控制应做好下述方面：

(1) 严格控制桩位，避免桩位偏差过大。
(2) 控制浆液水灰比。
(3) 避免制浆过程中浆液搅拌时间过长，随搅随用。
(4) 需要搭接时应避免相邻桩的施工时间间隔过长。
(5) 控制好提升速度，避免断桩或桩身强度上下不均匀。
(6) 控制有效桩长。

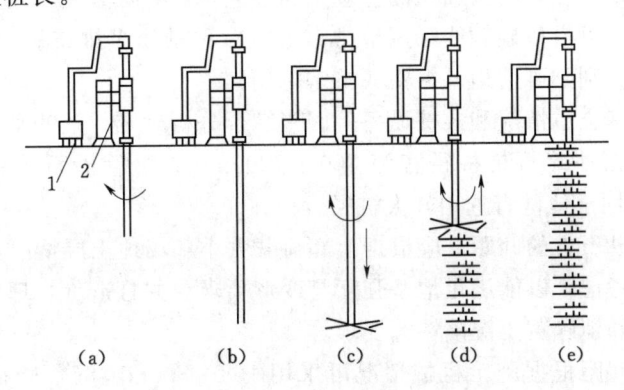

图 13.10 旋喷桩注浆施工程序
(a) 钻进；(b) 钻进结束；(c) 旋喷注浆开始；(d) 边旋喷边提升；(e) 旋喷注浆结束
1—超高压水泵；2—钻机

旋喷桩施工结束后，可采用开挖检查、标准贯入试验、钻孔取芯、动力触探和单桩静载荷试验等方法对旋喷桩进行施工质量检测。采用复合地基静载荷试验进行复合地基承载力检验。

13.3.4 砂石桩复合地基

砂石桩复合地基指振冲碎石桩复合地基与沉管砂石桩复合地基等，是采用振动、振冲或沉管成孔后，再将碎石或砂挤压入已成的孔中，逐层挤密、振密，形成大直径密实的砂石桩体。适用于挤密处理松散砂土、粉土、粉质黏土、素填土、杂填土等地基，以及用于处理可液化地基。对于饱和黏土地基，如果对变形控制不严，也可采用砂石桩置换处理。

1. 加固机理

砂石桩复合地基中，桩体对地基土主要起下述作用：

（1）砂性土中的振密与挤密作用。在砂土与粉土等砂性土地基中设置砂石桩时，成桩过程将对周围产生横向挤压力，使桩间土孔隙比减小，密实度增加。同时，成孔过程中振动能量以波的形式在土体中传播，引起桩周土体的振动，使得松散土体趋于密实。

（2）黏性土中的置换加筋作用。在软弱黏性土中形成桩体后，桩与桩间土共同作用，形成复合地基。由于砂石桩体置换了同体积的地基土，使复合地基的承载力和压缩模量比天然地基大幅提高。

（3）黏性土中排水固结作用。砂石桩作为一种粗颗粒土桩，其桩体本身具有很好的渗透性，是施工中及后期加荷过程中超孔隙压力水排出的理想通道，有利于土体的排水固结。

2. 设计

（1）方案选择。根据建筑类型、地基处理的目的、场地的工程地质条件、施工机具情况，确定砂石桩类型，如砂桩、碎石桩或砂石桩，也可以与其他地基处理方法结合使用。

（2）处理范围。砂石桩处理范围应根据工程的重要性和场地条件在基础外缘加宽1～3排桩。对可液化地基，在基础外缘扩大宽度不应小于可液化土层厚度的1/2，且不小于5m。

（3）桩位布置及桩径。对大面积满堂基础和独立基础，可采用三角形、正方形、矩形布桩；对条形基础，可沿基础轴线采用单排布桩或对称轴线多排布桩。对于砂性土地基，采用等边三角形更有利，可使地基振密或挤密更均匀。

桩径可根据地基土质情况和成桩设备等因素综合分析确定，桩的平均直径可按每根桩所用填料量计算。振冲碎石桩桩径宜为800～1200mm；沉管砂石桩直径可采用300～800mm；对饱和黏性土地基宜选用较大桩径。

（4）桩间距。砂石桩的间距s应根据上部荷载大小和场地土层情况，并结合施工机械设备施工能力综合考虑，以能满足地基强度与变形要求、并且造价合理作为控制标准。此外，应满足抗液化和消除黄土湿陷性等要求。

振冲碎石桩桩间距根据施工机械情况可采用1.3～3.0m。沉管砂石桩桩间距不宜大于砂石桩直径的4.5倍，初步设计时，对于松散粉土和砂土地基，可根据挤密后要求达到的孔隙比来估算。

等边三角形布置：

$$s = 0.95\xi d \sqrt{\frac{1+e_0}{e_0-e_1}} \qquad (13.28)$$

正方形布置：

$$s = 0.89\xi d \sqrt{\frac{1+e_0}{e_0-e_1}} \qquad (13.29)$$

$$e_1 = e_{\max} - D_{rl}(e_{\max} - e_{\min}) \qquad (13.30)$$

式中：s 为砂石桩间距；d 为砂石桩直径；ξ 为修正系数，当考虑振动下沉密实作用时，可取 $1.1\sim1.2$，否则取 1.0；e_0 为地基处理前的孔隙比；e_1 为地基处理后要求达到的孔隙比；$e_{\max}$、$e_{\min}$ 分别为砂土的最大、最小孔隙比；D_{rl} 为地基挤密振密后要求砂土达到的相对密实度，可取 $0.70\sim0.85$。

对于黏性土地基，桩间距 s 可由面积置换率 m 计算确定如下。

等边三角形布置：
$$s=1.08\sqrt{A_p/m} \tag{13.31}$$

正方形布置：
$$s=\sqrt{A_p/m} \tag{13.32}$$

式中：A_p 为砂石桩的截面积。

(5) 桩长。桩长主要取决于需要加固土层的厚度，视工程要求及地质条件而定。当相对硬土层埋深较浅时，可按相对硬层埋深确定；当相对硬土层埋深较大时，应按建筑物地基变形允许值确定；对按稳定性控制的工程，桩长应不小于最危险滑动面以下 2.0m 的深度；对可液化的地基，桩长应按要求处理液化的深度确定。另外，为避免桩身浅部的侧向变形，桩长不宜小于 4m。

(6) 材料及垫层。桩体材料可就地取材，一般使用中、粗混合砂、碎石、卵石、砂砾石等，含泥量不大于 5%。碎石桩体材料的容许最大粒径与施工设备的尺寸和功率有关，一般不大于 8cm，对于碎石常用粒径为 $2\sim5\text{cm}$。

振冲碎石桩、沉管砂石桩桩身为散体材料，施工后的顶部松散桩体需挖除或密实处理，一般在桩顶与基础之间设置 $300\sim500\text{mm}$ 的垫层。垫层材料以中砂、粗砂、级配砂石或碎石等，最大粒径不宜大于 30mm，分层夯实，夯填度不应大于 0.9。垫层具有排水固结、应力扩散、减小桩体侧向变形的作用，从而有利于提高复合地基承载力、减小地基变形量。

(7) 复合地基承载力及变形。复合地基承载力按式 (13.17) 估算，处理后桩间土承载力特征值按地区经验确定，无经验时，对于一般黏性土地基，取天然地基承载力特征值，松砂砂土等可取原天然地基承载力特征值的 $1.2\sim1.5$ 倍；复合地基桩土应力比宜采用实测值，无实测资料时，对于黏性土取 $2.0\sim4.0$，对于砂土取 $1.5\sim3.0$。

复合地基变形验算见 13.3.1 节。

3. 施工与质量控制

以振冲碎石桩复合地基施工为例，步骤如下：

(1) 测量放线定桩位，设备就位，振冲器对准桩位。

(2) 启动供水泵和振冲器，调节好水压与水量，将振冲器按一定速度徐徐沉入土中，直至设计深度；记录振冲器在各深度时的水压、电流及留振时间。

(3) 造孔后边提升振冲器边冲水，直至孔口，再放至孔底，重复 $2\sim3$ 次扩大孔径并使孔内泥浆变稀，开始填料制桩。

(4) 大功率振冲器在填料时可不提出孔口，每次填料厚度不宜大于 500mm；将振冲器沉入填料中进行振密制桩，当电流达到规定的密实电流值和规定的留振时间后，将振冲器提升 $300\sim500\text{mm}$。

(5) 重复以上步骤，自下而上逐段制作桩体直至孔口，记录各深度段的投料量、最终电流值及留振时间。

（6）成桩完毕，关闭振冲器和水泵。

（7）桩体施工完毕后，将顶部预留的松散桩体挖除，铺设垫层并压实。

复合地基施工完毕后要进行质量检验。对桩体可采用重型动力触探试验；对桩间土可采用标准贯入、静力触探、动力触探等原位测试方法进行检验。最终验收时，尚应进行复合地基静载荷试验检验地基承载力。

13.4 强夯法与动力固结法

强夯法是法国 Menard 技术公司首创的一种地基加固方法（L. Menard，1969），1978年引入我国。该法通过将重型夯锤（一般 100～600kN）提升到 8～20m 高度（可超过40m）后自由下落，对地基作用强大的冲击与振动能量，在土体内产生冲击波与高应力，使土体密实度与地基强度大幅度提高，压缩性与工后沉降减小，抗振动液化能力增强，湿陷性消除。

13.4.1 加固机理

强夯技术的应用经历了从低能级（1000kN·m 以下）到高能级（12000kN·m 以上）、从浅层处理（处理深度 5m 以下）到深层处理（10～15m）的发展，并逐渐扩大了应用范围。目前广泛应用于加固松散砂土和碎石土地基，以及低饱和度的粉土、黏性土、人工填土和湿陷性黄土等地基。对于饱和度较高的软黏土地基，基于强夯的动力固结法也取得了一定的工程经验。

与 13.5.2 节一般重锤夯实不同，强夯是通过强大的夯击动能产生强烈的应力波和动应力对地基土作用。强夯结果会导致地基土沿深度形成性质不同的 4 个区，如图 13.11（a）所示，分别是膨胀区、压密区、效果减弱区、未加固区。在加固影响范围内，土体强度提高，压缩性减小，如图 13.11（b）所示。

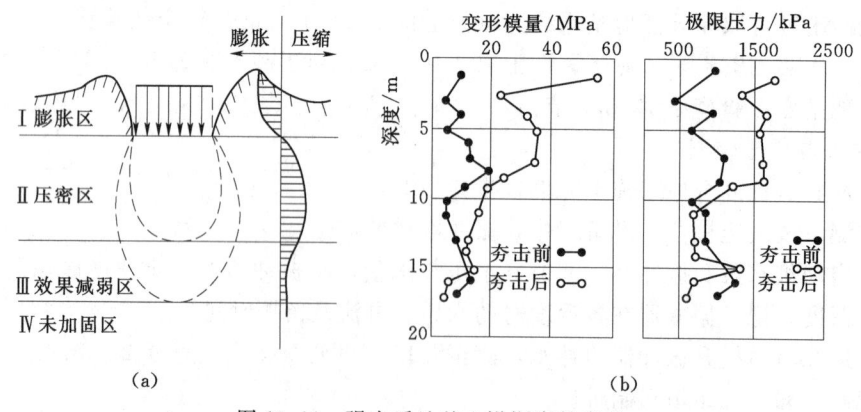

图 13.11 强夯后地基土沿深度的变化
(a) 沿深度分区示意；(b) 沿深度强度变化

根据地基土的类别和强夯施工工艺，强夯法加固地基有 3 种不同的加固机理：动力密实、动力固结和动力置换。

13.4 强夯法与动力固结法

1. 动力密实

应用强夯加固多孔隙、粗颗粒、非饱和土地基是基于动力密实的机理,即用冲击型动力荷载,使土体中的孔隙减小,土体密实,从而提高地基土强度。非饱和土的夯实过程,就是土中的气相(空气)被挤出的过程,其夯实变形主要由土颗粒的相对位移引起。

2. 动力固结

用强夯法处理细颗粒饱和土地基是基于动力固结机理,即巨大的冲击能量在土中产生很大的应力波,破坏土体原有结构,使土体局部液化并形成许多裂隙,增加排水通道,待超孔隙水压力消散后,土体固结,并由于软土的触变性,强度得到提高。饱和黏性土地基采用强夯法加固地基效果取决于触变恢复和地基土的固结程度。

3. 动力置换

动力置换可分为整式置换与桩式置换。整式置换是采用强夯将碎石整体挤入淤泥中,其作用机理类似于换土垫层。桩式置换是通过强夯将碎石按一定的间隔夯击填筑土体中,形成桩式(或墩式)的碎石桩(或墩),其作用机理类似于采用振冲法形成的砂石桩。

13.4.2 强夯法设计

应用强夯法加固软弱地基时,一定要根据场地地质条件和工程结构特点,正确地选用各项技术参数,包括有效加固深度、夯点布置、单击夯击能、夯击遍数、间隔时间等。

1. 有效加固深度

强夯的有效加固深度应根据现场试夯或地区经验确定,当缺乏试验资料或经验时,可按下式估算:

$$H = \alpha \sqrt{Wh/10} \tag{13.33}$$

式中:H 为有效加固深度,m;W 为夯锤重量,kN;h 为落距,m;α 为经验系数,与土性有关,由现场试验确定,无试验时通常对砂类土、碎石类土取 0.4~0.45,粉土、黏性土及湿陷性黄土取 0.35~0.4。

《建筑地基处理技术规范》(JGJ 79—2012)给出了根据夯击能大致确定有效加固深度的参考值,见表 13.6。

表 13.6　　　　强夯的有效加固深度

单击夯击能 /(kN·m)	碎石土、砂土等 粗颗粒土/m	粉土、粉质黏土、湿陷性黄土 等细颗粒土/m
1000	4.0~5.0	3.0~4.0
2000	5.0~6.0	4.0~5.0
3000	6.0~7.0	5.0~6.0
4000	7.0~8.0	6.0~7.0
5000	8.0~8.5	7.0~7.5
6000	8.5~9.0	7.5~8.0
8000	9.0~9.5	8.0~8.5
10000	9.5~10.0	8.5~9.0
12000	10.0~11.0	9.0~10.0

注　表中的有效加固深度从最初起夯面算起,当单击夯击能大于 12000kN·m 时,有效加固深度应通过试验确定。

2. 夯锤与落距

夯锤重与落距决定于加固深度所需夯击能量。单位夯击能是单位面积上所施加的总夯击能，应根据地基土的类别、荷载大小和要求处理的深度等综合考虑，并通过试验确定。在一般情况下，对粗粒土可取 $1000\sim3000\text{kN}\cdot\text{m}/\text{m}^2$，对细粒土可取 $1500\sim4000\text{kN}\cdot\text{m}/\text{m}^2$。但对饱和黏性土所需的能量不能一次性施加，否则土体会产生侧向挤出，强度反而有所降低，且难于恢复。

设计中先根据需要加固的深度初步确定采用的单位夯击能，然后再根据机具条件因地制宜确定锤重与落距。对于相同的夯击能量，宜采用大落距的施工方案，因为增大落距可以获得较大的接地速度，能将大部分能量有效地传到地下深处，增加深层夯实效果。

3. 夯击点布置与间距

强夯处理范围应大于建筑物基础范围。夯击点的布置一般为三角形或正方形，间距约为 $5\sim9\text{m}$。第一遍的间距可取夯锤直径的 $2.5\sim3.5$ 倍，第二遍夯击点位于第一遍夯击点之间，以后各遍间距可适当减小，以保证使夯击能量传递到深处和保护夯坑周围所产生的辐射向裂缝为基本原则。

4. 夯点的夯击次数和夯击遍数

夯点的夯击数应按现场试夯得到的夯击数和夯沉量的关系曲线确定，同时满足下列条件：

（1）最后两击的夯沉量不宜大于下列值：单击夯击能小于 $4000\text{kN}\cdot\text{m}$ 时为 50mm；单击夯击能为 $4000\sim6000\text{kN}\cdot\text{m}$ 时为 100mm；单击夯击能 $6000\sim8000\text{kN}\cdot\text{m}$ 时为 150mm；单击夯击能 $8000\sim12000\text{kN}\cdot\text{m}$ 时为 200mm。

（2）夯坑周围不发生过大隆起。

（3）不因夯坑过深而发生起锤困难。

夯击遍数根据地基土的性质和平均夯击能确定，可采用点夯 $2\sim4$ 遍，对于渗透性较差的细粒土，必要时夯击遍数可适当增加。最后再以低能量满夯 2 遍。

5. 垫层铺设

拟强夯加固的场地表层必须铺设垫层以支承起重设备，并有效扩散夯击能量、加大地下水位与地表层的距离。为防止形成"橡皮土"，对地下水位较高的饱和黏性土和易液化流动的饱和砂土，需铺设砂、砂砾或碎石垫层，垫层厚度一般为 $0.5\sim2.0\text{m}$。

6. 夯遍间的间歇时间

各夯遍间的间歇时间取决于加固土层中孔隙水压力消散所需的时间。对于砂性土，强夯时孔隙水压力峰值出现在夯击后的瞬间，故砂性土可连续夯击；而对软黏土，由于孔隙水压力消散较慢，故当夯击能逐渐增加时，孔隙水压力亦相应地叠加，间隙时间一般不少于 $2\sim3$ 周。必要时可设置袋装砂井或塑料排水板，以加速孔隙水压力的消散，缩短间歇时间。

另外，强夯地基变形计算参见第 4 章，夯后有效加固深度内土的压缩模量应通过原位试验［图 13.11（b）］或土工试验确定。

13.4.3 强夯法的施工

强夯法施工的主要设备是起重机械（图 13.12）。西欧国家所用的起重设备大多为大吨位的履带式起重机，稳定性好，行走方便。日本采用轮胎式起重机亦取得了满意的结果。国外除了使用现成的履带吊外，还制造了三足架和轮胎式强夯机，用于起吊 60t 夯锤，落距可达 40m。我国一般使用起重机结合滑轮组起吊夯锤，利用自动脱钩装置使锤形成自由落体。

图 13.12 强夯施工

国内夯锤一般可取 10~40t。夯锤材质最好用铸钢，也可用钢板为外壳内浇混凝土的锤。夯锤的底面一般为圆形，夯锤中设置若干个上下贯通的气孔，孔径可取 250~300mm，以减小起吊夯锤时的吸力和夯锤着地前的瞬时气垫的上托力。锤底面积宜按土的性质确定，锤底静压力值可取 25~40kPa，对于淤泥质土宜采用 4~6m^2，同时应控制夯锤的高宽比。

当强夯施工时所产生的振动对邻近建筑物或设备产生有害影响时，应采取防振或隔振措施，可在夯区周围设置隔振沟。

13.4.4 软黏土的动力固结法

对饱和软黏土采用强夯法加固是基于动力排水固结机理。通过在地表铺设砂垫层（或吹填砂层），在软土地基中设置竖向塑料排水板或袋装砂井形成排水通道，然后以严格控制的强夯动力在软土中产生附加应力，土体内相应出现超孔隙水压力。同时，借助于塑料排水板或袋装砂井所形成的"水柱"作为传递工具，将强夯产生的附加应力迅速传递到"水柱"的底部，从而使竖向排水体深度范围内的软土都受到强夯的影响。

动力排水固结法的主要优点有：①因严格控制了强夯动力和夯击能，使软黏土中产生的超孔隙水压力不过快上升，克服了传统强夯法用于软土的致命弱点；②利用塑料排水板或袋装砂井所形成的"水柱"使附加应力快速向土体深部传递，大大扩展了强夯的影响深度；③利用动载压缩波在层状土中传播与反射而产生拉伸微裂纹，并与竖向排水体构成网状排水系统，大大加速了软土的固结过程；④强夯动力反复、逐步增强地作用于软土，使软土中的超孔隙水压力维持在较高的、必要的、合理的水平上,既不破坏软土的结构,又能加速软土中孔隙水的排出,实现快速、稳步加固软土的目的。

另外,为了充分利用动力排水固结法的突出优点,还可通过排水法与强夯法的结合发展出新的地基处理技术,如动静结合排水固结法,高真空击密法等,使得加固深度和处理工期有明显改善。

13.4.5 施工监测及施工质量检测

1. 施工监测

强夯法施工过程中需进行土体变形、土体孔隙水压力、振动加速度等监测。

土体变形监测目的是了解地表隆起的影响范围及土体的密实度变化,研究夯击能与夯沉量的关系,确定场地平均沉降和搭夯的沉降量。具体监测项目包括地面沉降观测、深层沉降观测和深层水平位移观测。

土体孔隙水压力监测一般可在试验现场沿夯击点等距离不同深度以及等深度不同距离埋设孔隙水压力计,以了解在夯击作用下土体孔隙水压力在深度和水平距离方向的增长和消散规律,确定夯击的影响范围与影响程度等。

振动加速度监测是通过测试地面振动加速度以了解强夯振动的影响范围。在施工中,为了减少强夯振动对周边的影响,常在夯区周围设置隔振沟。

2. 施工质量检测

强夯施工结束后间隔一段时间方能进行地基加固效果检测。对砂土等无黏性土地基,间隔时间为1~2周;对粉土和黏性土地基间隔时间为2~4周。检测方法可采用静载荷试验、十字板剪切试验、静力触探试验、动力触探试验等。检测点位置分别位于夯坑内、夯坑外以及夯击区边缘,检验深度应不小于设计处理深度。

13.5 其他处理技术

13.5.1 换填垫层法

1. 加固机理

换填垫层法是将基础底面下一定范围内的软弱土层或不均匀土层挖除,回填其他强度较高、压缩性较低的材料,如砂石、粉质黏土、灰土、粉煤灰、矿渣及其他工业废渣等,必要时可加铺土工合成材料。当软弱土地基承载力、稳定性或变形不能满足工程要求,且厚度不大时,采用换填法能取得较好的工程效果。

换填垫层的主要作用如下:

(1) 地基中的剪切破坏是从基础底面以下边角处开始的,随着基底压力的增大而逐渐向深部发展。因此,当基础底面以下浅层可能产生剪切破坏的软弱土被强度较高的垫层材料置换后,承载能力得以提高。

(2) 地基浅层的沉降量在总沉降量中所占比例较大,由土体侧向变形引起的沉降,理论上也是浅层占的比例较大。因而以垫层材料置换浅层软弱土层,可以明显减少沉降。

(3) 用砂石等材料作垫层时,因其透水性强,地基受压时有利于下卧层的孔隙水压力消散,加速其固结。

(4) 采用粗颗粒材料作垫层可以降低甚至消除毛细水上升现象，防止因孔隙水结冰而导致的冻胀。

换土垫层法适用于淤泥、淤泥质土、素填土、杂填土、季节性冻土地基以及暗沟、暗塘等的浅层处理，在轻型建筑、地坪、堆料场和道路等工程中较多采用。在各种置换材料中，砂土垫层是最常用的型式。

2. 垫层厚度和宽度

垫层设计的主要内容是决定其厚度 z 和底宽 b_m，如图 13.13 所示。垫层厚度应根据需置换的软弱土层的深度或下卧土层的承载力确定，并应符合下式要求：

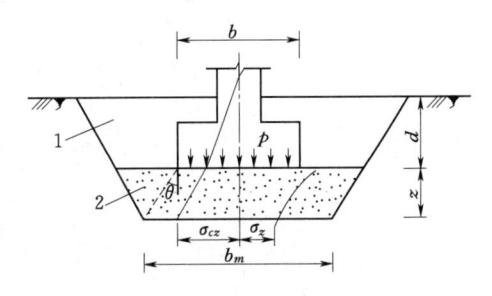

图 13.13 砂土垫层设计简图
1—回填土；2—砂垫层

$$\sigma_z + \sigma_{cz} \leqslant f_{az} \tag{13.34}$$

式中：σ_z 为相应于荷载效应标准组合时垫层底面处的附加应力设计值，kPa；σ_{cz} 为垫层底面处土的自重应力值，kPa；f_{az} 为经深度修正后垫层底面处土的地基承载力特征值，kPa。

上式中 σ_z 和 σ_{cz} 的计算同于浅基础的软弱下卧层验算，但应注意垫层厚度范围内的土层的重度宜取垫层材料的重度，应力扩散角 θ 根据垫层材料按表 13.7 采用。

表 13.7　　　　　　　　压 力 扩 散 角 θ　　　　　　　　单位：(°)

换填材料 z/b	中砂、粗砂、砾砂、圆砾、角砾、卵石、碎石、矿渣	粉质黏土 粉煤灰	灰土
0.25	20	6	28
≥0.50	30	23	28

注　当 $z/b<0.25$ 时，除灰土仍取 28°外，其余材料均取 0°；当 $0.25<z/b<0.5$ 时，θ 值可直线内插求得。

垫层底面的设计宽度应以满足应力扩散要求和防止垫层向两侧挤出为原则，按下式计算：

$$b' \geqslant b + 2z\tan\theta \tag{13.35}$$

式中：b' 为垫层底面宽度；b 为基础底面宽度；θ 为压力扩散角，按表 13.7 确定，当 $z/b<0.25$ 时应当 $z/b=0.25$ 取值。

垫层顶面每边超出基础底边缘不小于 0.3m，且从垫层底面两侧向上，按当地基坑开挖的经验及要求放坡。

垫层的剖面确定后，对于比较重要的建筑物还应进行基础的沉降验算。验算时可不考虑砂、石垫层自身的变形。但当原土层是饱和软土时，总变形量应包括因垫层范围土的重度较原软土层增大，而在垫层下软土层中产生的附加应力所引起的变形。

3. 垫层施工

垫层施工可根据工程和场地的具体情况，选用机械碾压法或重锤夯实法、平板振动法等。另外，应根据不同的换填材料选择施工机械和压实标准，见表 13.8。

表13.8　　　　　　　　　　各种垫层的压实标准

施工方法	换填材料类别	压实系数 λ_c
碾压振密或夯实	碎石、卵石	≥0.97
	砂夹石（其中碎石、卵石占全重的30%～50%）	
	土夹石（其中碎石、卵石占全重的30%～50%）	
	中砂、粗砂、砾砂、角砾、圆砾、石屑	
	粉质黏土	≥0.97
	灰土	≥0.95
	粉煤灰	≥0.95

注　压实系数 λ_c 为土的控制干密度与最大干密度之比。

整层施工方法、每层铺设厚度、压实遍数宜通过现场试验确定。

换填垫层的施工质量检验应分层进行，每层的压实系数符合要求后铺填上一层。

13.5.2　机械压实法

1. 压实填土的质量控制

机械压实法可压实换填土、分层回填土，也可加固地基表层土，是一种常用的浅层地基处理方法。根据其施工机具、施工方法的不同，又分为重锤夯实法、机械碾压法和振动压实法。夯压的目的是使土体达到设计要求的密实度，从而使土的强度增加、压缩性降低、渗透性减小。

对于砂性土，比较干燥状态时只要采用振动或同时配合夯击即可克服粒间摩擦力，将小颗粒的土压进大颗粒的孔隙中去，达到压实的目的。而对于湿砂，由于水膜的张力作用有碍土颗粒间的运动，应在压实前适当加水后再振夯。

对于黏性土和可被压实的粉土，应根据室内试验确定在某一击实能作用下的最优含水量和相应的最大干密度，然后通过现场试压获得压实施工参数，使压实后的土体获得最佳压实效果。

压实填土的质量以压实系数 λ_c 控制，λ_c 取值与上部结构类型有关，见表13.9。

表13.9　　　　　　　　　　压实填土的质量控制

结构类型	填土部位	压实系数 λ_c	控制含水率/%
砌体承重结构和框架结构	在地基主要受力层范围以内	≥0.97	$w_{op} \pm 2$
	在地基主要受力层范围以下	≥0.95	
排架结构	在地基主要受力层范围以内	≥0.96	
	在地基主要受力层范围以下	≥0.94	

2. 压实法施工方式

（1）重锤夯实法。重锤夯实法是利用起重机械将重锤提升到一定高度然后自由下落，以重锤自由下落的冲击能来夯实浅层地基。重锤夯实法可用于处理地下水位距地表0.8m以上的非饱和黏性土或杂填土，提高其强度，降低其压缩性和不均匀性。

（2）机械碾压法。通常采用压路机、推土机、羊足碾及蛤蟆夯等机械或其他碾压机械在地基表面来回移动，利用机械自重把松散土地基压实。常用于地下水位以上大面积填土的压实以及一般非饱和黏性土和杂填土地基的浅层处理。

（3）振动压实法。采用振动压实机械在地基表面施加振动力以振实浅层松散土地基，主要的机具是振动压实机。用于处理砂土地基以及碎石、炉渣等无黏性土为主的松散填土地基加固效果良好，处理后的地基有较强的抗震能力。

振动压实的效果主要取决于被压实土的成分和施振的时间，施工前应先进行现场试验，根据振实的要求确定施振的时间。有效振实深度为 1.2~1.5m，如地下水位太高将影响振实效果。此外尚应注意对周围建筑物的影响，振源与建筑物的距离应大于 3m。

思 考 题

13.1 什么是复合地基？其作用机理是什么？
13.2 试述强夯法地基加固机理，动力固结法与传统的强夯法有什么区别？
13.3 预压法的排水系统由哪几个部分组成？
13.4 堆载预压法与真空预压法的加固机理有何区别？
13.5 确定竖向排水体的设置深度要考虑哪些因素？
13.6 砂石桩包括哪几种桩？
13.7 高压喷射注浆的加固机理和适用范围如何？
13.8 垫层法设计原则和设计要点是什么？
13.9 深层搅拌法的加固机理是什么？有哪几种主要作用？

习 题

13.1 某建筑场地地质剖面资料如下：①淤泥质黏土，0~5m，$\gamma=19kN/m^3$，$e_0=1.12$；②流塑状黏土，5~10m，$\gamma=19.5kN/m^3$，$e_0=0.98$；③10m 以下为基岩。

室内压缩试验资料见表 13.10。

表 13.10　　　　　　　　　室内压缩试验 $e-p$

土层＼压力 p/kPa	0	25	50	75	100	125	150	175	200	250
①	1.21	1.08	1.04	1.00	0.97	0.95	0.93	0.91	0.89	0.87
②	0.98	0.95	0.93	0.91	0.89	0.87	0.85	0.84	0.83	0.82

参照现行《建筑地基处理技术规范》（JGJ 79—2012），计算当大面积预压荷载为 100kPa，固结度达 80% 时地基的沉降量（沉降经验系数取 1.3）。

13.2 某独立基础埋深 3.0m，底面积为 4m×4m，上部结构荷载为 2500kN，基础底面下设褥垫层 300mm，场地地质资料如下：①黏土，0~12m，$\gamma=19kN/m^3$，$q_{sk}=10kPa$，$f_{ak}=85kPa$，$E_s=5MPa$；②黏土，12~20m，$\gamma=18kN/m^3$，$q_{sk}=20kPa$，$f_{ak}=280kPa$；③地下水位距地表 1.5m。

采用深层搅拌法处理，正方形布桩，桩径为 500mm，桩长为 10m，水泥掺入比为

15%，桩体强度平均值 $f_{cu}=3\text{MPa}$，桩间土承载力发挥系数 β 取 0.4，桩端天然地基土承载力发挥系数 α 取 0.5，桩身强度折减系数 η 取 0.33，单桩承载力发挥系数取 1.0，试计算：

(1) 复合地基承载力特征值最低不得小于多少？

(2) 单桩承载力特征值 R_a 取何值？

(3) 确定桩间距。

(4) 处理后复合地基压缩模量为多少？

第 13 章 习题答案

第14章 基 坑 工 程

建筑基坑是指为进行建筑物（包括构筑物）基础与地下室的施工所开挖的地面以下空间。为保证基坑施工、主体地下结构的安全与周围环境不受损害，都要进行基坑支护、降水和开挖，并进行相应的勘察、设计、施工和监测等工作，这项综合性的工程就称为基坑工程。

基坑工程是基础工程中一个传统课题，同时又是一个地下基础施工中内容丰富而富于变化的领域。工程界已越来越认识到基坑工程是一项风险工程，也是一门综合性很强的新型学科。本章主要介绍基坑支护结构型式、支护结构上的荷载计算、常用支护型式的计算以及基坑稳定性分析。

14.1 基坑工程特点及支护结构型式

14.1.1 基坑工程特点及支护结构安全等级

1. 工程特点

基坑工程具有以下特点：

(1) 属于临时性结构，一般情况下安全储备较小，风险性较大。

(2) 由于场地的工程地质水文地质条件、岩土的工程性质以及周边环境条件的差异性，基坑工程往往具有很强的地域性特征，其设计和施工必须因地制宜。

(3) 涉及结构、岩土、工程地质及环境等多门学科，且勘察、设计、施工、监测等工作，环环相扣，综合性强。

(4) 基坑支护结构所受荷载及其产生的应力和变形在时间上和空间上具有较强的变异性（如土压力），在软黏土和复杂基坑工程中尤为突出，因而具有很强的时空效应。

(5) 对周边环境影响较大，基坑开挖、降水势必引起周边场地土的应力和地下水位发生变化，使土体产生变形，对相邻建筑（构）物、地下管线及道路等产生影响，严重者将危及其安全和正常使用。另外，大量土方运输也将对交通和环境卫生产生影响。

2. 安全等级

支护结构是保证基坑稳定的关键，基坑支护应满足下列两方面要求，一是保证基坑周边的建筑物、地下管线、道路等安全和正常使用；二是保证主体地下结构的施工空间。

基坑支护结构设计时应综合考虑基坑周边环境和地质条件、基坑深度等因素，按表14.1确定支护结构的求全等级。

表 14.1　支护结构的安全等级 [《建筑基坑支护技术规程》（JGJ 120—2012）]

安全等级	破 坏 后 果
一级	支护结构失效、土体过大变形对基坑周边环境或主体结构施工安全的影响很严重
二级	支护结构失效、土体过大变形对基坑周边环境或主体结构施工安全的影响严重
三级	支护结构失效、土体过大变形对基坑周边环境或主体结构施工安全的影响不严重

14.1.2　支护结构的主要型式

结构型式多种多样，选型时应综合考虑基坑深度、土体性状及地下水条件、基坑周边环境对基坑变形的承受能力及支护结构一旦失效可能产生的后果、主体地下结构及基础形式、施工条件及施工场地等因素。

1. 悬臂式支护结构

悬臂式支护结构依靠足够的入土深度和结构的抗弯刚度来挡土和控制墙后土体及结构的变形，其结构型式如图 14.1 所示。一般适用于土质较好、开挖深度较浅的基坑。

2. 土钉墙支护结构

土钉墙支护结构是通过在开挖边坡中设置土钉，形成如图 14.2 所示加筋土重力式挡土墙。

土钉墙支护结构适用于允许土体有较大位移、开挖深度不大于 12m 的基坑工程，一般用于地下水位以上或人工降水后的黏土、粉土、杂填土以及松散砂土、碎石土等。

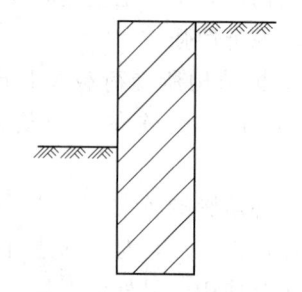

3. 水泥土重力式支护结构

水泥土重力式支护结构如图 14.3 所示。通常由水泥搅拌桩组成，有时也采用高压喷射注浆法形成。其特点是宽度较大，适用于开挖深度较浅（不宜大于 7m）、周边场地较宽且允许坑边土体有较大位移的基坑工程，一般用于淤泥质土、淤泥土层。

图 14.1　悬臂式支护结构

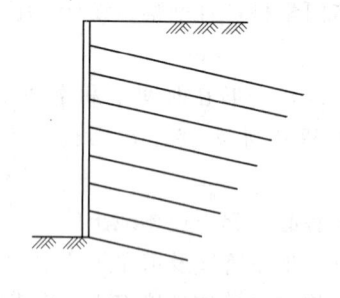

图 14.2　土钉墙支护结构　　图 14.3　水泥土重力式支护结构

4. 桩锚式支护结构

桩锚式支护结构由挡土结构和锚固部分组成，锚固结构有锚杆和地面拉锚两种，如图 14.4 所示。根据不同的开挖深度，可设置单层或多层锚杆 [图 14.4（a）]，当有足够的场地设置锚桩或其他锚固物时可采用地面拉锚 [图 14.4（b）]。

桩锚式支护结构一般用于场地狭小且需深开挖、周边环境对基坑土体的水平位移控制要求很严的基坑工程。这种支护结构需要地基土提供较大的锚固力，因而多用于砂土或黏土地基。此外，锚杆的使用还受到用地红线和邻近建筑物的限制。

5. 内撑式支护结构

内撑式支护结构由挡土结构和支撑结构两部分组成，其中挡土结构常采用密排钢筋混凝土桩或地下连续墙，支撑结构可采用单层或多层水平支撑，如图14.5（a）、（b）、(c) 所示。当基坑面积大而开挖深度不大时，也可采用单层斜撑，如图14.5（d）所示。

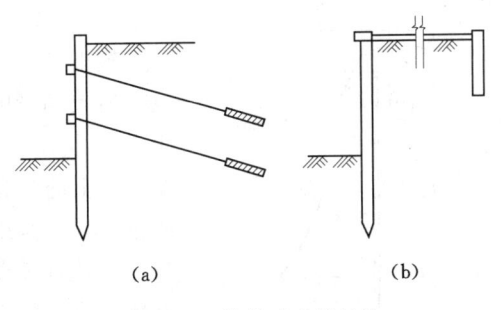

图 14.4 桩锚式支护结构

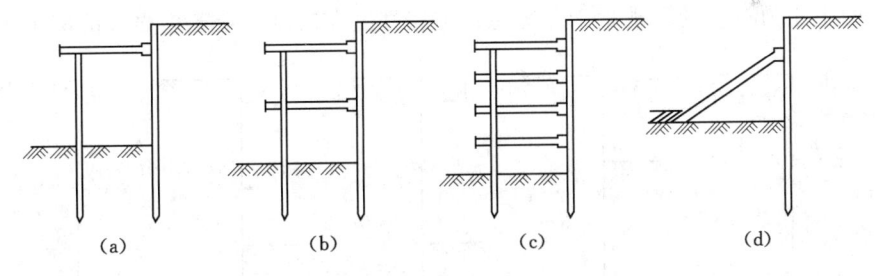

图 14.5 内撑式支护结构

内撑式支护结构适用于场地狭小且需深开挖，周边环境对基坑土体的水平位移控制要求更严格，以及基坑周边不允许锚杆施工的基坑工程。

在基坑支护结构设计中，也可根据实际情况采用混合支护、或下部采用支护结构上部采用放坡开挖。

14.2 支护结构上土压力的计算

在一般地基基础工程计算中，上部结构荷载都具有由其自重导出的特点，荷载大小明确，计算与实测结果基本接近。而支护结构的主要荷载是地层的水平水土压力，是由定值的竖向水土压力按照一定规律转化为水平压力作用于支护结构上，与上部结构荷载的根本区别在于它不仅与土的重量有关，还与土的特性、支护结构形式、施工过程等有关，具有很大的不确定性。

14.2.1 支护结构上土压力的影响因素

1. 支护结构的变形

挡土墙土压力分布表明，墙体位移的方向和位移量决定着所产生的土压力的性质（如主动、静止或被动）和大小。基坑支护结构是挡土结构，与重力式挡土墙相比，它的刚度要小很多，受荷后产生挠曲，各点的变形量和变形方向与所处位置相关，土压力的分布比较复杂。图14.6为单锚式板桩墙后土压力的实测分布，图中虚线为静止土压力分布。多支撑板桩上的土压力分布就更复杂。

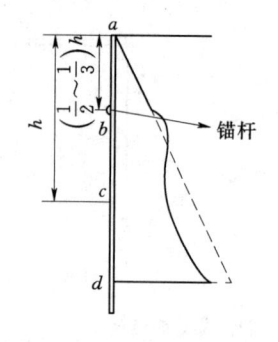

图 14.6 单支点挡土结构上的土压力分布

2. 施工过程

施工方法和施工次序对支护结构上土压力的大小和分布也有很大的影响。图 14.7 表示预应力多支撑板桩施工中墙后净土压力（主、被动土压力之差）的变化情况。一般而言，在支撑上施加预应力以后，支挡结构和土并没有回复到原来的位置，但是引起的土压力比主动土压力要大。

另外，随着时间的推移，支挡结构上的土压力也会由于土体的流变特性、土中含水率变化等原因发生变化。

3. 土体特性

土压力的大小和分布还与土体特性有关，如原状土的结构强度、非饱和土的吸力会减少支护结构上的土压力；黄土和膨胀土的土压力对土的含水量十分敏感；冻胀性土在冻结时会产生很大的冻土压力等。

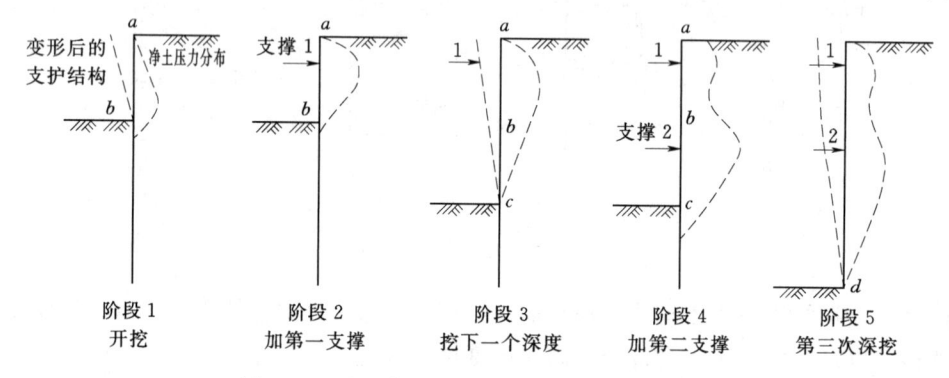

图 14.7 基坑支挡结构后净土压力的发展阶段

另外，影响土压力的因素还包括土层中地下水的赋存形式、基坑降排水方式、基坑周边既有建筑物和在建建筑物、坑周堆载和交通荷载等。

由于影响因素复杂，所以作用于支护结构上的土压力至今尚无精确的计算方法。一般认为作用于支护结构外侧（墙后）的土压力为荷载，可用朗肯或库仑主动土压力理论计算；基底以下支护结构内侧（墙前）的土压力为抗力，可按被动土压力用朗肯理论计算。

14.2.2 土压力标准值的计算

《建筑基坑支护技术规程》（JGJ 120—2012）规定，对于地下水位以上的土层，土压力的计算可采用总应力法，对于地下水位以下的土层，土压力和水压力计算有"水土合算"和"水土分算"两种计算方法。其中，水土分算时应采用有效应力法，如果不能获得有效应力抗剪强度指标，也可采用总应力法估算。图 14.8 表示作用在支护结构外侧、内侧的主动土压力标准值和被动土压力标准值，计算方法如下。

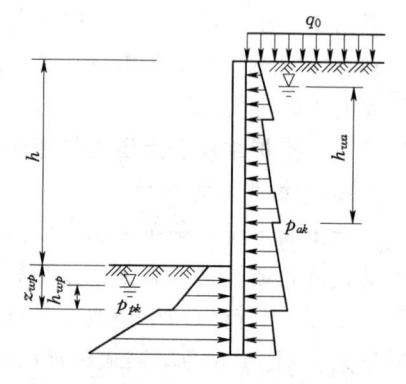

图 14.8 作用于支护结构的土压力

14.2 支护结构上土压力的计算

1. 对于地下水位以上或水土合算的土层

主动土压力：

$$p_{ak}=\sigma_{ak}K_{ai}-2c_i\sqrt{K_{ai}} \tag{14.1}$$

式中：p_{ak} 为支护结构外侧第 i 层土中计算点的主动土压力标准值，当 $p_{ak}<0$ 时应取 $p_{ak}=0$；σ_{ak} 为支护结构外侧计算点由土的自重和附加荷载产生的土中竖向应力标准值，当采用水土合算方法时土体的自重应采用饱和重度 γ_{sat} 计算；K_{ai} 为第 i 层土的主动土压力系数，$K_{ai}=\tan^2(45°-\varphi_i/2)$；$c_i$、$\varphi_i$ 分别为第 i 层土的黏聚力和内摩擦角。

被动土压力：

$$p_{pk}=\sigma_{pk}K_{pi}+2c_i\sqrt{K_{pi}} \tag{14.2}$$

式中：p_{pk} 为支护结构内侧第 i 层土中计算点的被动土压力标准值；σ_{pk} 为支护结构内侧计算点的土中竖向应力标准值；K_{pi} 为被动土压力系数，$K_{pi}=\tan^2(45°+\varphi_i/2)$；其余符号意义同前。

上述计算中判断支护结构外侧、内侧土体是否达到计算公式所描述的主动、被动极限平衡状态可通过支护结构顶部位移与墙高 H 的比值估计，表 14.2 列出了参考值。

表 14.2　　产生主动和被动土压力所需的墙顶位移

土类	应力状态	运动形式	所需位移
砂土	主动	平行移动	$0.001H$
	主动	绕下端转动	$0.001H$
	被动	平行移动	$0.05H$
	被动	绕下端转动	$>0.1H$
黏土	主动	平行移动	$0.004H$
	主动	绕下端转动	$0.004H$

2. 对于水土分算的土层

当土层位于地下水位以下时，支护结构外、内侧承受的水平荷载包括水压力和土压力，有水土合算和水土分算两种方法。水土合算方法见式（14.1）和式（14.2），水土分算方法需单独考虑水压力的影响。水压力一般按静水压力计算。当存在地下水渗流时，宜按第 2 章渗流理论计算水压力和土的竖向有效压力。

土压力标准值为

$$p_{ak}=(\sigma_{ak}-u_a)K_{ai}-2c_i\sqrt{K_{ai}}+u_a \tag{14.3}$$

$$p_{pk}=(\sigma_{pk}-u_p)K_{pi}+2c_i\sqrt{K_{pi}}+u_p \tag{14.4}$$

其中

$$u_a=\gamma_w h_{wa} \tag{14.5}$$

$$u_p=\gamma_w h_{wp} \tag{14.6}$$

式中：u_a、u_p 分别为支护结构外侧、内侧计算点的水压力；h_{wa}、h_{wp} 分别为基坑外侧、内侧地下水位至主动、被动土压力计算点的垂直距离（图 14.8）；其余符号意义同前。

对砂土和粉土按水土分算原则计算，对黏性土宜按水土合算原则或根据工程经验确定。

3. 关于强度指标的取值

土压力的计算方法及相应的土的抗剪强度指标选用应符合表 14.3 的规定。有可靠的地方经验时，土的抗剪强度指标还可根据室内、原位试验得到的其他物理力学指标，按经验方法确定。

表 14.3　　　　　　　　　　土压力计算方法及强度参数选用

土层	计算方法	土类	抗剪强度指标		说　明
土层位于地下水位以上	总应力法	黏性土 黏质粉土	c_{cu}、φ_{cu} 或 c_{cq}、φ_{cq}		三轴固结不排水强度指标 或 直剪固结快剪强度指标
		砂质粉土 砂土 碎石土	c'、φ'		有效应力强度指标
土层位于地下水位以下	水土合算/总应力法	黏性土 黏质粉土	正常固结和超固结土	c_{cu}、φ_{cu} 或 c_{cq}、φ_{cq}	三轴固结不排水强度指标 或 直剪固结快剪强度指标
			欠固结土	c_{uu}、φ_{uu}	三轴不固结不排水强度指标
	水土分算/有效应力法	砂质粉土 砂土 碎石土	c'、φ'		对砂质粉土，缺少有效应力指标时也可采用 c_{cu}、φ_{cu} 或 c_{cq}、φ_{cq}；对砂土和碎石土，有效应力强度指标 φ' 可根据标准贯入试验实测击数和水下休止角等物理力学指标取值

【例 14.1】　某一长条形基坑，开挖深度 8.0m，支护结构采用 600mm 厚钢筋混凝土地下连续墙，墙体深度为 18.0m，支撑为一道 $\phi 500 \times 11$ 钢管支撑，支撑平面间距为 3m，支撑轴线位于地面以下 2.0m。地质条件为：地层为黏性土，土体天然重度 $\gamma = 18 \text{kN/m}^3$，内摩擦角 $\varphi = 10°$，$c = 10 \text{kPa}$，地下水位在地面以下 1m，不考虑地面荷载。试按水土合算方法计算主动土压力和被动土压力。

解：

对于水土合算问题，一般采用总应力强度指标。主动土压力系数为

$$K_a = \tan^2\left(45° - \frac{\varphi}{2}\right) = \tan^2\left(45° - \frac{10°}{2}\right) = 0.704$$

被动土压力系数为

$$K_p = \tan^2\left(45° + \frac{\varphi}{2}\right) = \tan^2\left(45° + \frac{10°}{2}\right) = 1.420$$

(1) 主动土压力计算。基坑外侧对支护结构的土压力为主动土压力。土层为黏性土（$c \neq 0$），故距墙顶 z_0 深度范围内土压力为 0。已知土体天然重度 $\gamma = 18 \text{kN/m}^3$（视为饱和重度），则

$$z_0 = \frac{2c}{\gamma \sqrt{K_a}} = \frac{2 \times 10}{18 \times \sqrt{0.704}} = 1.324 \text{(m)}$$

墙底处的主动土压力强度为

$$p_{ak} = (q + \gamma_{sat} h) K_a - 2c \sqrt{K_a} = (0 + 18 \times 18) \times 0.704 - 2 \times 10 \times \sqrt{0.704} = 211.32 (\text{kPa})$$

则主动土压力 E_a

$$E_a = \frac{1}{2} \times 211.32 \times (18 - 1.324) = 1762 (\text{kN/m})$$

(2) 被动土压力计算。基坑内侧对支护结构的土压力为被动土压力。由公式

$$p_{pk} = \gamma_{sat} z K_p + 2c \sqrt{K_p}$$

以 $z = 0$ 代入上式，得基坑底处的被动土压力强度为

$$p_{pk} = \gamma_{sat} z K_p + 2c \sqrt{K_p} = 0 + 2 \times 10 \times \sqrt{1.420} = 23.8 (\text{kPa})$$

以 $z = 10$m 代入，得地下连续墙底处的被动土压力强度为

$$p_{pk} = \gamma_{sat} z K_p + 2c \sqrt{K_p} = 18 \times 10 \times 1.420 + 2 \times 10 \times \sqrt{1.420} = 279.4 (\text{kPa})$$

被动土压力的合力为土压力强度分布梯形的面积，有

$$E_p = \frac{1}{2} (23.8 + 279.4) \times 10 = 1516 (\text{kN/m})$$

计算结果如图 14.9 所示。

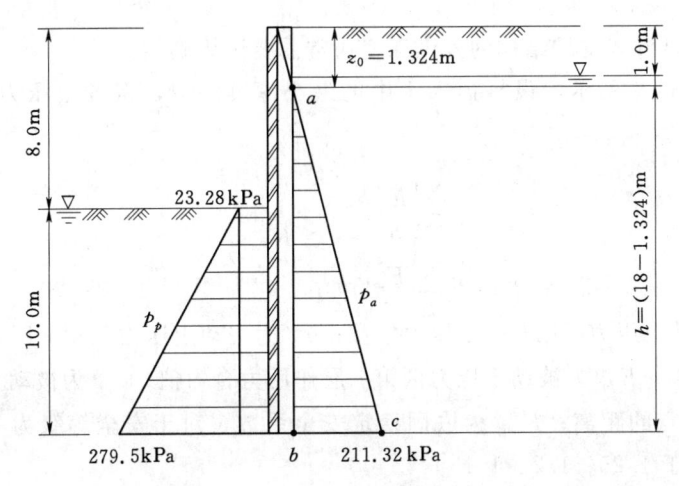

图 14.9 [例 14.1] 计算结果示意图

14.3 支护结构计算与分析

支护结构的型式和计算方法随着基坑工程的发展一直在不断发展。本节主要依据现行规范介绍悬臂式支护结构和支撑式支护结构的常用计算方法。

14.3.1 悬臂式支护结构

悬臂式支护结构主要依靠支护桩的入土深度保持挡墙的稳定性，坑侧土体易产生变形。计算内容包括支护结构的嵌固深度和支护结构所承受的最大弯矩，通常采用基于极限平衡条件的静力平衡法。另外，现行规范也推荐了基于弹性地基梁理论的平面杆系结构弹性支点法，可计算支护结构的变形和内力。

1. 支护结构处于非均质土中

非均质土中悬臂式支护结构的静力平衡法计算简图如图 14.10（a）所示，嵌固深度示意如图 14.10（b）所示。在基坑底面以上外侧主动土压力作用下，桩墙将向基坑内侧倾移，支护结构上作用的净土压力为各点的被动土压力和主动压力之差。

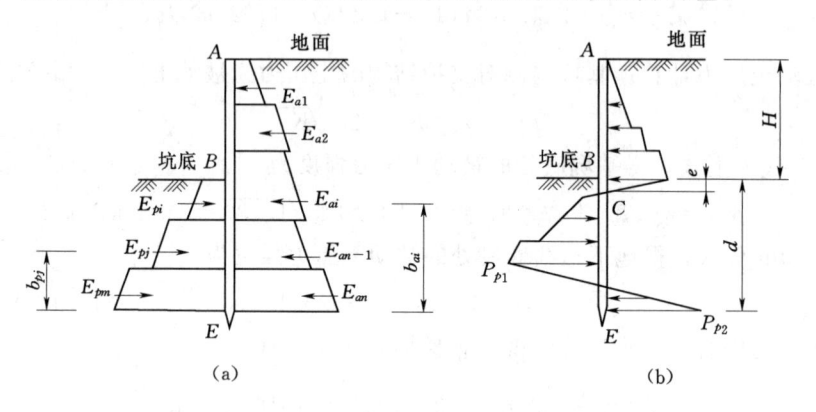

图 14.10 非均质土中悬臂式支护结构静力平衡法计算简图
（a）静力平衡法；（b）嵌固深度示意

非均质土中悬臂式支护结构的入土深度通常需要试算确定。

如图 14.10（b）所示，设桩插入土中的最小深度为 d，将各土压力对端部 E 点取矩，有：

$$\frac{\sum_{j=1}^{m} E_{pj} b_{pj}}{\sum_{i=1}^{n} E_{ai} b_{ai}} \geqslant K_{em} \tag{14.7}$$

式中：E_{ai} 为主动土压力区第 i 层土压力之和；b_{ai} 为主动土压力区第 i 层合力作用点至取矩点（E）的距离；E_{pj} 为被动土压力区第 j 层作用力合力值；b_{pj} 为被动土压力区第 j 层合力作用点至 E 点的距离；K_{em} 为嵌固稳定安全系数，对于安全等级为一、二、三级的基坑，分别不小于 1.25、1.2、1.15。

由试算法确定 d，计算结果精确至 0.1m，且不小于 0.8H。

确定了桩的设计嵌固深度后，即可根据桩身最大弯矩处剪力为零的条件 $Q=0$ 用试算法确定最大弯矩点位置 C，然后通过静力平衡条件确定最大弯矩 M_{max} ［图 14.10（b）］：

$$M_{max} = \sum_{i=1}^{n} E_{ai} y_{ai} - \sum_{j=1}^{k} E_{pj} y_{pj} \tag{14.8}$$

式中：y_{ai} 为 $Q=0$ 以上各土层主动土压力作用点据剪力为零处的距离；y_{pj} 为桩端至 $Q=0$ 之间各土层被动土压力作用点距剪力为零处的距离。

2. 支护结构处于均质土中

均质土中悬臂式支护结构的计算图示一般如图 14.11 所示。在这种条件下，可以通过静力平衡条件建立 t 的显式确定嵌固深度。

建立桩（墙）底部 C 点的力矩平衡条件

14.3 支护结构计算与分析

$$\sum M_c = 0 \tag{14.9}$$

对于如图 14.11 所示的计算简图，有

$$\sum E(h+u+t-h_a) - \sum E_p \frac{t}{3} = 0 \tag{14.10}$$

其中

$$\sum E_p = \gamma(K_p - K_a)t\frac{t}{2} = \frac{\gamma}{2}(K_p - K_a)t^2 \tag{14.11}$$

将式 (14.11) 代入式 (14.10)，得

$$\sum E(h+u+t-h_a) - \frac{\gamma}{6}(K_p - K_a)t^3 = 0 \tag{14.12}$$

化简后得

$$t^3 - \frac{6\sum E}{\gamma(K_p - K_a)}t - \frac{6\sum E(h+u-h_a)}{\gamma(K_p - K_a)} = 0 \tag{14.13}$$

图 14.11 均质土中悬臂式支护结构静力平衡法计算简图

式中：t 为桩（墙）的有效嵌固深度，m；$\sum E$ 为桩（墙）后侧 AO 段作用于桩（墙）上的净主动土压力，kN/m；K_a 为主动土压力系数；K_p 为被动土压力系数；γ 为土体重度，kN/m³；h 为基坑开挖深度，m；h_a 为 $\sum E$ 作用点距地面距离，m；u 为土压力零点 O 距基坑底面距离，m。

式 (14.13) 中土压力零点距坑底的距离 u，可根据静土压力零点处墙前被动土压力强度与墙后主动土压力强度相等的关系求得，即 $\gamma K_p u = \gamma K_a (h+u)$，所以

$$u = \frac{K_a h}{(K_p - K_a)} \tag{14.14}$$

将式 (14.14) 代入式 (14.13)，即可得 t。

设计嵌固深度需将 t 值增大，通常取为

$$t_c = u + K'_t t \tag{14.15}$$

式中：K'_t 为嵌固深度增大系数，一般取 $K'_t = 1.1 \sim 1.4$。

桩身最大弯矩的确定方法同前。根据弯矩与剪应力关系，首先确定剪力等于零的点（总的主动土压力等于总的被动土压力），设从 O 点往下 x_m 处 $Q=0$，则被动土压力应与 $\sum E$ 相等，即

$$\sum E - \gamma(K_p - K_a)x_m \frac{x_m}{2} = 0$$

整理得

$$x_m = \sqrt{\frac{2\sum E}{\gamma(K_p - K_a)}} \tag{14.16}$$

最大弯矩为

$$M_{\max} = \sum E(h+u+x_m - h_a) - \frac{\gamma(K_p - K_a)x_m^3}{6} \tag{14.17}$$

根据最大弯矩即可对桩（墙）进行直径（厚度）设计和配筋计算。

【**例 14.2**】 如图 14.12 所示的均质土中拟开挖一深度 $h=5.0$m 的基坑。土层的强度指标取值为 $\varphi=20°$、$c=10$kPa，$\gamma=20$kN/m³，地面超载 $q_0=10$kPa。拟采用悬臂式排桩支护，试确定支护桩的最小长度和桩身最大弯矩。

401

解：

按平面问题进行计算。

(1) 最小桩长。主动土压力系数

$$K_a = \tan^2\left(45° - \frac{\varphi}{2}\right) = \tan^2\left(45° - \frac{20°}{2}\right) = 0.49$$

被动土压力系数

$$K_p = \tan^2\left(45° + \frac{\varphi}{2}\right) = \tan^2\left(45° + \frac{20°}{2}\right) = 2.04$$

1) 土压力零点距墙底距离。土压力零点距开挖面的距离根据墙前被动土压力强度与墙后主动土压力强度相等的关系求得，即

$$\gamma u K_p + 2c\sqrt{K_p} = [q_0 + \gamma(h+u)]K_a - 2c\sqrt{K_a}$$

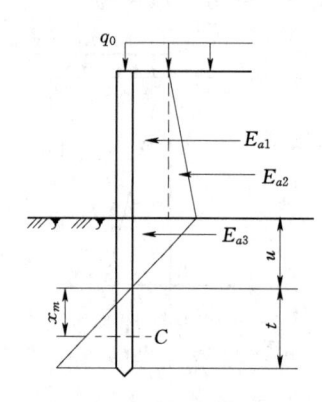

图 14.12 [例 14.2] 图

则

$$u = \frac{(q_0 + \gamma h)K_a - 2c(\sqrt{K_a} + \sqrt{K_p})}{\gamma(K_p - K_a)} = \frac{11.33}{31.00} = 0.37(\text{m})$$

2) 支护桩外侧、内侧土压力。地面超载引起的侧压力 E_{a1} 为

$$E_{a1} = q_0 K_a h = 10 \times 0.49 \times 5 = 24.5(\text{kN/m})$$

其作用点距地面的距离 h_{a1} 为

$$h_{a1} = \frac{1}{2}h = \frac{1}{2} \times 5 = 2.5(\text{m})$$

开挖面以上主动土压力 E_{a2} 为

$$E_{a2} = \frac{1}{2}\gamma h^2 K_a - 2ch\sqrt{K_a} + \frac{2c^2}{\gamma} = \frac{1}{2} \times 20 \times 5^2 \times 0.49 - 2 \times 10 \times 5 \times \sqrt{0.49} + \frac{2 \times 10^2}{20}$$

$$= 62.5(\text{kN/m})$$

其作用点距地面的距离 h_{a2} 为

$$h_{a2} = \frac{2}{3}\left(h - \frac{2c}{\gamma\sqrt{K_a}}\right) + \frac{2c}{\gamma\sqrt{K_a}} = \frac{2}{3} \times \left(5 - \frac{2 \times 10}{20 \times \sqrt{0.49}}\right) + \frac{2 \times 10}{20 \times \sqrt{0.49}} = 3.8(\text{m})$$

开挖面至土压力零点净土压力 E_{a3} 为

基坑开挖底面处土压力强度

$$p_a = (q_0 + \gamma h)K_a - 2c\sqrt{K_a} = (10 + 20 \times 5) \times 0.49 - 2 \times 10 \times \sqrt{0.49} = 39.9(\text{kN/m}^2)$$

$$E_{a3} = \frac{1}{2}p_a u = \frac{1}{2} \times 39.9 \times 0.37 = 7.38(\text{kN/m})$$

其作用点距地面的距离 h_{a3} 为

$$h_{a3} = h + \frac{1}{3}u = 5 + \frac{1}{3} \times 0.37 = 5.12(\text{m})$$

作用于桩外侧的主动土压力合力 $\sum E_a$ 为

$$\sum E_a = E_{a1} + E_{a2} + E_{a3} = 24.5 + 62.5 + 7.38 = 94.38(\text{kN/m})$$

$\sum E_a$ 的作用点距地面的距离为

$$h_a = \frac{E_{a1}h_{a1} + E_{a2}h_{a2} + E_{a3}h_{a3}}{E_a} = \frac{24.5 \times 2.5 + 62.5 \times 3.8 + 7.38 \times 5.12}{94.38} = 3.56(\text{m})$$

作用于支护桩内侧桩端至土压力零点的被动土压力为

$$E_p = \frac{1}{2}p_p t = \frac{\gamma}{2}(K_p - K_a)t^2 = \frac{20}{2}(2.04 - 0.49)t^2 = 15.5t^2$$

将上述计算得到的 K_a、K_p、u、$\sum E$、h_a 值代入式（14.14）得

$$t^3 - \frac{6 \times 94.38}{20 \times (2.04 - 0.49)}t - \frac{6 \times 94.38 \times (5 + 0.37 - 3.56)}{20 \times (2.04 - 0.49)} = 0$$

即
$$t^3 - 18.27t - 33.1 = 0$$

解得
$$t = 4.99\text{m} \approx 5.0\text{m}$$

取增大系数 $K_t' = 1.3$，桩的最小入土深度为

$$t_c = u + 1.3t = 0.37 + 1.3 \times 5 = 6.87(\text{m})$$

桩的最小长度为

$$l_c = h + t_c = 11.87\text{m}$$

（2）桩身最大弯矩。最大弯矩应在剪力为零处（总的主动土压力等于总的被动土压力）。设从土压力零点往下 x_m 处 $Q = 0$，则被动土压力 E_p 应与 E_a 相等，即

$$E_a - \gamma(K_p - K_a)x_m \frac{x_m}{2} = 0$$

整理得最大弯矩作用点距土压力零点的距离 x_m 为

$$x_m = \sqrt{\frac{2\sum E}{(K_p - K_a)\gamma}} = \sqrt{\frac{2 \times 94.38}{(2.04 - 0.49) \times 20}} = 2.47(\text{m})$$

根据力的平衡求出最大弯矩为

$$M_{\max} = 94.38 \times (5 + 0.37 + 2.47 - 3.56) - \frac{20 \times (2.04 - 0.49) \times 2.47^3 \times 1}{6}$$
$$= 326.09(\text{kN} \cdot \text{m})$$

依据最大弯矩，即可进一步进行支护结构的截面及配筋计算。

14.3.2 支撑式支护结构

悬臂式支护结构具有施工方便、受力简单等优点，但对于土质较差、基坑埋深较大的工程，以及基坑两侧有变形控制严格的构筑物时，悬臂式支护结构往往无法满足强度与变形的要求。此时需对支护结构设置支撑或锚杆，统称为支撑式支护结构。

1. 桩端支承条件

以顶端设置一道支撑（或拉锚）的排桩支护结构为例。由于顶端有支撑使得支护结构不易移动而形成一铰接的简支点，因此具有与顶端自由（悬臂）的支护结构不同的受力特征。对于桩插入土内部分，入土浅时可视为简支，入土深时则视为嵌固。图 14.13 为桩插土中不同深度而形成的支承条件和受力性状。

（1）如图 14.13（a）所示，支护桩入土较浅（为 $t_{\min}$），桩前被动土压力全部发挥，对支撑点的主动土压力力矩和被动土压力力矩相等，支护体处于极限平衡状态，由此得出

的跨间正弯矩 M_{max} 最大，但入土深度最浅。由于桩前的被动土压力全部发挥，桩底端有较大向左位移的现象发生。

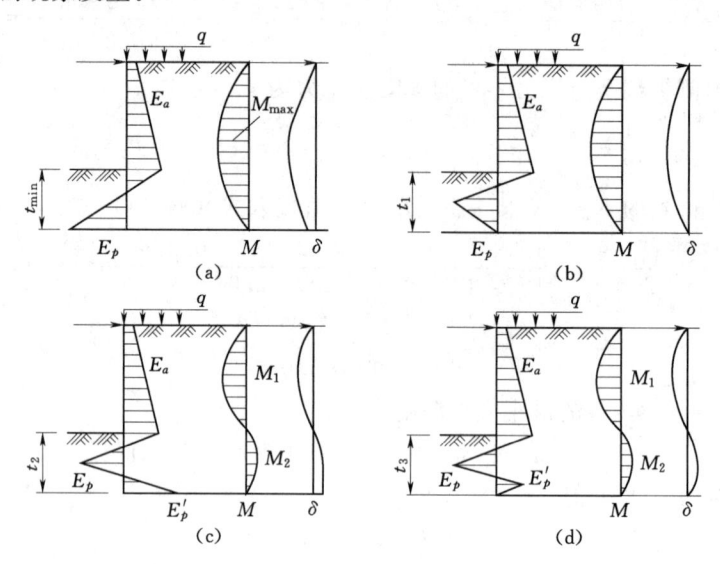

图 14.13 入土深度不同的板桩墙的土压力分布、弯矩及变形图
(a) 入土深度 $t=t_{min}$；(b) 入土深度 $t=t_1$；(c) 入土深度 $t=t_2$；(d) 入土深度 $t=t_3$

（2）如图 14.13（b）所示，支护桩入土深度增加（大于 t_{min}），桩前被动土压力得不到充分发挥，桩底端仅在原位置转动一角度而不致有明显位移现象发生，这时桩底的土压力便接近于零，桩身弯矩为正。

（3）如图 14.13（c）所示，支护桩入土深度继续增加（达到 t_2），墙前墙后都出现被动土压力，支护桩在土中处于嵌固状态，相当于上端简支下端嵌固的超静定梁。此时弯矩值大大减小且出现正负两个方向的弯矩，底端嵌固弯矩 M_2 的绝对值略小于跨间弯矩 M_1 的数值，净压力零点与弯矩零点约相吻合。

（4）如图 14.13（d）所示，支护桩入土深度进一步增加（达到 $t_3>t_2$），此时桩的入土深度已嫌过深，墙前墙后的被动土压力都得不到充分发挥和利用，对跨间弯矩的减小也不起明显作用。

以上 4 种状态中，第 4 种因不经济而很少采用，第 3 种是目前常采用的工作状态，设计中一般采用正弯矩为负弯矩的 110%～115% 作为设计依据，也有采用正负弯矩相等作为依据。由该状态得出的桩虽然较长，但因弯矩较小，故可以选择较小的截面，同时因入土较深，比较安全可靠。若按第 1 种、第 2 种情况设计，可得较小的入土深度和较大的弯矩，但坑底有较大位移。另外，桩端自由支承比嵌固支承的受力情况更明确，桩长更短，材料更省。

2. 单层支点支护结构的静力平衡计算方法

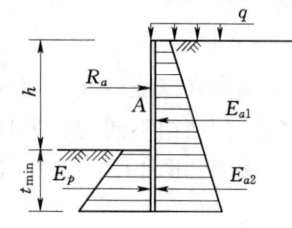

图 14.14 单支点桩墙支护的静力平衡计算简图

以如图 14.14 所示的单支点自由端支护结构断面及土压力分布为例，确定桩的设计入土深度 t 和水平向每延米所需

14.3 支护结构计算与分析

主动力（或锚固力）R_a 方法如下。

取支护结构单位长度，根据对支点 A 的力矩平衡条件求得

$$\frac{M_{E_p}}{M_{E_{a1}}+M_{E_{a2}}} \geqslant K_{em} \tag{14.18}$$

由上式经试算可确定桩的设计入土深度 t，式中 K_{em} 的含义同式（14.7）。

支点 A 处的水平力 R_a 则根据水平力平衡条件求出

$$R_a = E_{a1} + E_{a2} - E_p \tag{14.19}$$

桩身最大弯矩的确定方法如前所述，首先根据剪力和弯矩的关系确定桩身剪力为 0 的位置，然后根据静力平衡条件确定 M_{max}。

【例 14.3】 试按静力平衡法对［例 14.1］的结果进一步计算单根支撑轴力和地下连续墙墙身最大弯矩（支撑平面间距＝3m）。

解：

［例 14.1］已计算出主动土压力和被动土压力，如图 14.15 所示。

（1）支撑轴力。根据静力平衡条件 $\Sigma F_x = 0$，有

$$R_a + E_p = E_a$$

由支撑平面间距为 3m，得每一根支撑需承担 3m 宽度地下连续墙的土压力荷载。所以，每一根支撑的轴力 N 为

$$N = 3(E_a - E_p) = 3 \times (1762.2 - 1514.0) = 738.6 (\text{kN})$$

（2）墙身最大弯矩。根据剪力和弯矩的关系，先确定地下连续墙上剪力 $Q=0$ 的位置 A。

设 A 点在基坑底面以上 y 处（图 14.15）。

每根支撑所受的支撑力为 $N=738.6\text{kN}$，则每米地下连续墙上的支撑力 N_1 为

$$N_1 = N/3 = 738.6/3 = 246.2 (\text{kN})$$

由水平方向合力为 0 的条件，得

$$Q = N_1 - E_{ay}$$

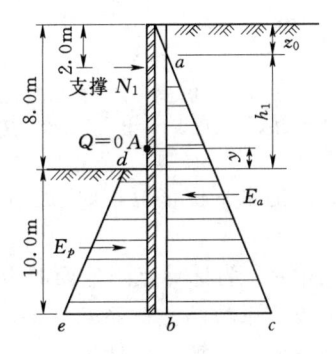

图 14.15 ［例 14.3］图

式中：Q 为 A 点的剪力；E_{ay} 为 A 点以上主动土压力的合力。基坑底面以上主动土压力的分布高度为 $h_1 = 6.676\text{m}$，由图 14.15 可以得到

$$\begin{aligned} Q &= N_1 - E_{ay} \\ &= 246.2 - 0.5 \times 18 \times (6.676-y)^2 \times 0.704 \\ &= 246.2 - 6.336 \times (6.676-y)^2 \end{aligned}$$

令 $Q=0$，由上式解得 $y=0.42\text{m}$，故该点的弯矩也就是最大弯矩 M_{max}，为

$$\begin{aligned} M_{max} &= 246.2 \times (6-0.42) - 6.336 \times (6.676-0.42)^2 \times \frac{1}{3} \times (6.676-0.42) \\ &= 867.9 (\text{kN} \cdot \text{m}) \end{aligned}$$

弯矩为正，表明基坑内侧受拉。

3. 多层支点支护结构的弹性支点法

弹性支点法是基于弹性地基梁理论提出的一种可以适当考虑土与支护结构的共同作用的方法，也称弹性抗力法或弹性地基反力法，可用于悬臂、锚拉及支撑式支护结构。该方法将支挡结构简化为竖直设置于土中的弹性梁，采用文克尔弹性地基模型计算因基坑开挖造成基坑支挡结构内外侧土压力差而引起的支护结构内力和变形。

弹性支点法与文克尔地基梁的原理相同，只是因为梁是竖向放置的，所以地基抗力系数（基床系数）不再是常数，而是与深度有关（见12.3节）。

多层支点平面杆系的弹性支点法结构分析模型如图14.16所示。图中 b_a 为支护结构外侧主动土压力计算宽度，b_0 为支护结构内侧被动土压力计算宽度，p_{ak} 为土压力标准值，按14.2节介绍的方法确定。

图14.16中的 p_s 为土反力强度，按式（14.20）确定，并注意土反力合力 $P_s \leqslant E_p$（E_p 为被动土压力合力）。

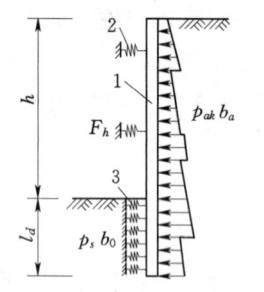

图14.16 弹性支点法计算简图
1—挡土结构；2—锚杆或支撑简化的弹性支座；3—土反力弹性支座

$$p_s = k_s v + p_{s0} \tag{14.20}$$

式中：p_{s0} 为初始土反力强度，按14.2.2节土压力计算方法确定且不计 $2c_i\sqrt{K_{ai}}$ 项；v 为挡土结构在土反力计算点的水平位移值；k_s 为土的水平反力系数，按 m 法确定：

$$k_s = m(z - h) \tag{14.21}$$

式中：z 为计算点距地面的距离，m；h 为计算工况下的基坑开挖深度，m；m 为土的水平反力系数的比例系数，kN/m⁴，宜按桩的水平荷载试验及地区经验取值，缺少试验和经验时，可按下式估算：

$$m = \frac{0.2\varphi^2 - \varphi + c}{v_b} \tag{14.22}$$

式中：c 为土的黏聚力，kPa，φ 为土的内摩擦角，(°)；v_b 为挡土结构在坑底处的水平位移，mm，小于10mm时取10mm；m 意义同上，MN/m⁴。

图14.16中锚杆和内支撑对挡土构件计算宽度内提供的弹性支点水平反力 F_h 按下式确定：

$$F_h = k_R(v_R - v_{R0}) + P_h \tag{14.23}$$

式中：k_R 为计算宽度内弹性支点刚度系数；v_R 为挡土构件在支点处的水平位移；v_{R0} 为设置支点时支点的初始水平位移；P_h 为挡土结构计算宽度内的法向预加力。式中各项的具体确定方法见《建筑基坑支护设计规范》(JGJ 120—2012)。

如图14.16所示的弹性支点法的求解可通过弹性地基梁解析方法或有限元方法，具体求解可参见相关书籍。由于该方法能模拟分步开挖、能反映被动区土压力与位移的关系、计算结果合理，因而被广泛应用于支护结构的设计与分析，一些商业计算软件中也已将此方法作为主要计算方法。

14.4 基坑稳定分析

基坑开挖时，由于坑内土体的被挖除将使地基原有的平衡状态被破坏，随着应力场和

14.4 基坑稳定分析

变形场的变化可能导致基坑失稳，如被支挡土体的滑动、坑底隆起、涌砂等。基坑稳定性分析目的在于验算拟定支挡结构的设计是否稳定和合理，分析内容包括验算支护结构整体稳定性、嵌固深度、坑底抗隆起稳定性和基坑抗渗流稳定性等。其中，支挡结构嵌固深度计算前面已介绍。

14.4.1 基坑整体稳定性分析

基坑整体稳定性分析实际是对基坑直立边坡进行稳定性分析，计算方法可采用圆弧滑动条分法，同第 9 章土坡稳定，取单位墙宽按总应力法计算，以锚拉式支挡结构为例，计算模式如图 14.17 所示。

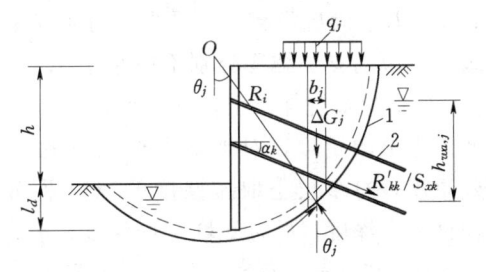

图 14.17 基坑整体稳定性分析
1—任意滑弧面；2—锚杆

基坑支护结构整体稳定性安全系数按下式计算：

$$K_{si}=\frac{\sum\{c_j l_j+[(q_j b_j+\Delta G_j)\cos\theta_j-u_j l_j]\tan\varphi_j\}+\sum R'_{kk}[\cos(\theta_j+\alpha_k)+\psi_v]/s_{xk}}{\sum(q_j b_j+\Delta G_j)\sin\theta_j}$$

(14.24)

式中安全系数 K_{si} 应通过若干滑动面试算后取最小者，最小安全系数应满足下式：

$$\min\{K_{s1},K_{s2},\cdots,K_{si},\cdots\}\geqslant K_s$$

(14.25)

式中：K_s 为圆弧滑动整体稳定安全系数，对于安全等级为一级、二级、三级的锚拉式支挡结构分别不应小于 1.35、1.3、1.25；c_j、φ_j 分别为第 j 土条底面上的黏聚力和内摩擦角；l_j 为第 j 土条底面上的长度；ΔG_j 为第 j 土条重力，按上覆土层的饱和重度计算；θ_j 为第 j 土条底面倾角；b_j 为第 j 土条的宽度；u_j 为第 j 土条在滑弧面上的孔隙水压力，在基坑外侧可取 $u_j=r_w h_{aw,j}$，$h_{aw,j}$ 为基坑外地下水位至第 j 土条滑弧面中点的深度；R'_{kk} 为第 k 层锚杆对圆弧滑动体的极限拉力值；α_k 为第 k 层锚杆的倾角；s_{xk} 为第 k 层锚杆的水平间距；ψ_v 为计算系数，可按 $\psi_v=0.5\sin(\theta_k+\alpha_k)\tan\varphi$ 取值，φ 为第 k 层锚杆与滑弧交点处的内摩擦角。

当有软弱土夹层、倾斜基岩面等情况时，宜采用非圆弧滑动面进行计算。当嵌固深度下部存在软弱土层时，尚应继续验算软弱下卧层的整体稳定性。

14.4.2 基坑底抗隆起稳定性分析

在软黏土地基中开挖基坑时，形成基坑内外地基土体的压力差，当这一压力差超过基坑底面以下地基的承载力时，地基的平衡状态就破坏，从而发生坑底隆起，同时支护结构背侧的土体塑性流动，产生坑顶下陷。因此，为防止发生上述现象，需对基坑进行抗隆起稳定性验算（图 14.18）。

抗隆起稳定性应满足下述要求：

$$\frac{\gamma_{m2}dN_q+cN_c}{\gamma_{m1}(h+d)+q}\geqslant K_{he}$$

(14.26)

其中

$$N_q=\tan^2(45°+\varphi/2)e^{\pi\tan\varphi}$$

(14.27)

$$N_c=(N_q-1)/\tan\varphi \qquad (14.28)$$

式中：K_{he} 为抗隆起安全系数，对于安全等级为一级、二级、三级的支护结构分别不应小于 1.8、1.6、1.4；γ_{m1}、γ_{m2} 分别为基坑外挡土构件底面以上、基坑内挡土构件底面以上土的重度，对地下水位以下的粉土、砂石等取有效重度，对多层土取按厚度的加权平均重度；d 为挡土构件入土深度；h 为基坑开挖深度；q 为地面超载；N_c、N_q 为地基承载力系数，同 7.3.1 节。

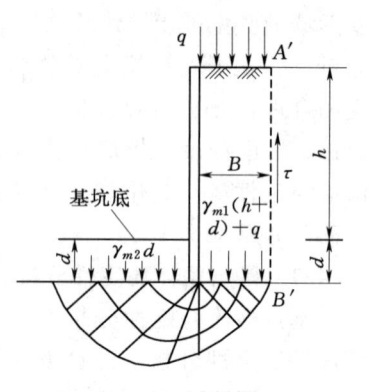

图 14.18 抗隆起验算示意

需提及的是，式（14.26）所示的验算方法将墙底面作为求极限承载力的基准面有一定近似性，但实际工程表明是偏于安全的。

14.4.3 基坑渗流稳定性分析

基坑渗流稳定性验算包括坑底抗渗流稳定性验算和抗承压水稳定性验算，前者主要指抗流砂，后者主要指抗突涌。

1. 坑底抗流砂稳定性

如图 14.19 所示，地下水由高处向低处渗流，在基坑底部，当向上的动水压力（渗透力）$j \geqslant \gamma'$（γ' 为土的有效重度）时，将会产生流砂现象。

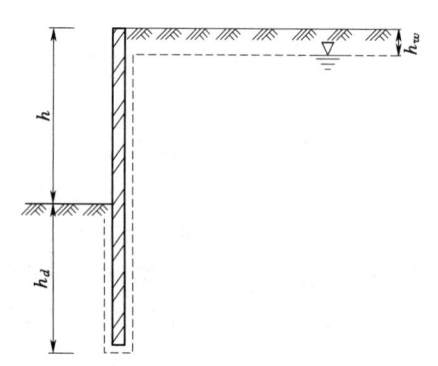

图 14.19 基坑抗流砂验算

若近似地按紧贴墙体的最短路线确定最大渗透力 j，则抗流砂稳定安全系数应满足：

$$K_{LS}=\frac{\gamma'}{j}=\frac{(h-h_w+2h_d)\gamma'}{(h-h_w)\gamma_w}\geqslant 1.5\sim 2.0$$

$$(14.29)$$

式中：K_{LS} 为抗流砂稳定安全系数，对于安全等级为一、二、三级的支护结构，分别不小于 1.6、1.5、1.4；h_w 为墙后地下水位埋深，m；γ_w 为地下水的重度，kN/m³；h_d 为隔渗墙在坑底下的插入深度，m；其他符号意义同前。

由上述方法可见，控制渗流的最主要因素是支护结构的入土深度。因此，增加支护结构的入土深度会增加基坑底部抗隆起和抗渗透破坏的稳定性。

另外，基坑稳定分析还应考虑土体内的孔隙水压力变化对基坑稳定性的影响。基坑开挖时，土体处于卸载状态，土体内会产生负的孔隙水压力。随着时间的延续，负孔隙水压力将逐渐消散，对应的有效应力就会逐渐降低，使得土体抗剪强度逐渐降低。所以基坑竣工时的稳定性高于它的长期稳定性，稳定安全度会随时间延长而降低。因此基坑开挖后应尽量在最短时间内铺设垫层和浇筑底板。

2. 基坑底土突涌稳定性

如果在基底下的不透水层较薄，而且在不透水层下面存在有较大水压的滞水层或承压水层，当上覆土层不足以抵挡下部的水压时，基坑底土体将会发生突涌破坏。因此，在设计坑底下有承压水的基坑时，应进行突涌稳定性验算。根据压力平衡概念（图14.20），基坑底土突涌稳定性应满足：

$$K_{TY}=\frac{\gamma h_s}{\gamma_w H} \geqslant 1.1 \sim 1.3 \quad (14.30)$$

式中：K_{TY} 为突涌稳定安全系数，不小于1.1；h_s 为基坑下不透水层厚度，m；H 为承压水头高于含水层顶板的高度，m；其余符号同前。

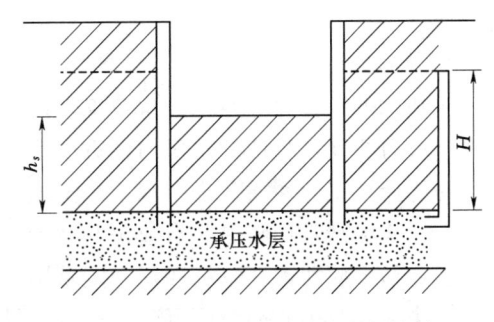

图14.20 基坑底抗突涌稳定性验算

若基坑底土抗突涌稳定性不满足要求，可采用隔水挡墙隔断承压水层，加固基坑底部地基等处理措施。

14.5 地下水控制

14.5.1 地下水对基坑工程的影响

在地下水位较高的地区开挖深基坑时，土的含水层被切断，地下水会不断地渗入基坑，容易造成流砂、边坡失稳和使地基承载力下降，造成周围地下管线和建筑物不同程度的破坏。有时基坑下面会遇到承压含水层，基坑开挖后，由于上部荷载的卸荷，坑底有被承压水顶破而发生突涌的危险。因此，如何控制好地下水，减小其对基坑开挖和周围环境的负面影响，是深基坑工程设计与施工的重要组成部分。另外，通过控制地下水，还可以改善施工作业条件，使基坑土方开挖在较干燥的土层中进行，提高挖土效率，并有利于施工作业安全。

按作用机理，地下水的作用可分为两大类：力学作用和物理-化学作用。力学作用包括浮托作用、动水力作用和静水压力，可能造成地面沉降或上浮、渗流破坏（潜蚀、流砂、管涌等）及增大支护结构上的侧压力。物理-化学作用包括土中水的改变导致一些黏土层强度变弱及一些弱胶结岩石的崩解、土体体积膨胀、黄土湿陷、某些水合作用和腐蚀作用等。

14.5.2 地下水控制方法

地下水控制应根据工程地质和水文地质条件、基坑周边环境要求及支护结构形式选择截水、降水、集水明排或其组合方法。

1. 截水

基坑截水是利用沿基坑周边闭合布置的隔水帷幕隔断基坑内外的水力联系，切断或限制基坑外地下水渗流到基坑内。

用于基坑工程隔离地下水的措施主要有水泥土搅拌桩帷幕、高压旋喷或摆喷注浆帷幕、搅拌-喷射注浆帷幕、地下连续墙或咬合式排桩、坑底水平封底隔水等。

防渗墙和灌浆帷幕一般应插入下卧的相对不透水岩土层一定深度，以完全截断地下水，但当透水层厚度较大时，也可以采用悬挂式垂直防渗墙。有时也将垂直防渗墙与坑内水平防渗相结合使用。另外，也可以用冻结基坑周围土的方法来防止流砂，但此法造价昂贵。

2. 降水

在基坑外设置井点将地下水位降至坑底可能产生流砂的地层以下，然后再开挖。此法可减小水力梯度，且使动水压力的方向改变，是防止流砂发生的最有效的方法之一。降水方法的选择视工程性质、开挖深度、土质条件、经济等因素而定，浅基坑以轻型井点最为经济，深基坑则常用喷射井点或深井井点。

基坑降水期间，在基坑四周一定范围内会由于水位降落而引起地面沉降，相应形成以水位漏斗中心为中心的地面沉降变形区，导致其范围内建筑物、道路、管网等设施因不均匀沉降发生断裂倾斜，影响正常使用和安全。因此，进行基坑降水时需进行降水引起的底层变形计算，计算方法可采用分层总和法。在工程措施上，可适当采用回灌技术，即在需要采取沉降防止措施的建筑物靠近基坑一侧设置回灌系统，尽量保持原有地下水位。注意回灌系统一般仅适用于粉土、砂土层。

3. 集水明排

对基底表面汇水、基坑周边地表汇水及降水井抽出的地下水，可采用明沟排水；对坑底以下渗出的地下水，可采用盲沟排水；当地下室底板与支护结构间不能设置明沟时，基坑坡脚处也可采用盲沟排水；对降水井抽出的地下水，也可采用管道排水。

14.6 基坑施工与监测技术

14.6.1 深基坑工程的施工

深基坑工程的成功与否，不仅与设计计算有关，而且与施工方案及施工质量密不可分。

基坑工程的施工组织设计或施工方案应根据支护结构形式、地下结构、开挖深度、地质条件、周围环境、工期、气候和地面荷载等有关资料编制。内容应包括工程概况、地质资料、降水设计、挖土方案、施工组织、支护结构变形控制、监测方案和环境保护措施等。对于有支护结构的基坑土方开挖，其开挖的顺序、方法等必须与设计工况相一致，遵循"开槽支撑、先撑后挖、分层开挖、严禁超挖"的原则。

与上部结构相比，基坑工程的施工由于无法摆脱空间、时间、自然环境、人为等众多因素的影响，往往带有更大的风险性和随机性。这对深基坑工程的施工工艺、施工组织、施工管理以及信息分析和应急处理等方面提出了更高的要求。

对水泥土围护结构，施工过程中搅拌是否均匀，搭接长度是否足够，水泥掺量是否符合设计要求，相邻桩的施工间歇时间是否超过规定，土方开挖前的养护时间是否达到设计要求，土方开挖是否分层开挖等一系列问题，都影响水泥土围护结构的承载力、稳定和抗渗能力。

对板桩式围护结构支护体系，同样，施工质量也产生巨大的影响。如钢板桩的施工垂直度如何，相互咬合是否严密，支撑是否顶紧等，都影响板桩墙的变形和抗渗能力。

目前应用较多的钻孔灌注桩桩排式围护墙，钻孔桩的施工质量（桩位偏差和桩身垂直度偏差，桩孔成孔的质量，钢筋笼加工质量和下放位置，混凝土的强度等级等），防渗帷幕水泥土搅拌桩的施工质量，支撑和围檩的施工质量和形成时间等，都影响这种支护体系的强度、稳定、变形和抗渗能力。一旦某个环节的施工质量不保证，土方开挖后会带来一些麻烦，须及时补救，重者则会带来后果严重的事故。

地下连续墙围护结构是一种整体性较强、受力性能和抗渗性能较好的围护结构。但如果接缝处理不好，墙身浇筑质量不保证，混凝土强度等级达不到要求等，亦会削弱其受力性能和抗渗能力，给基坑工程带来不利影响。

深基坑工程的设计与施工是一项系统工程，必须具有结构力学、土力学、地基基础、地基处理、原位测试等多种学科知识，同时要有丰富的施工经验，并结合拟建场地的土质和周围环境情况，才能制定出因地制宜的支护方案和实施办法。

14.6.2 深基坑工程的监测

由于深基坑工程的复杂性和不确定性，土层的多变性和离散性，支护结构设计计算还难以全面准确地反映工程进行中的实际变化情况。因此，在基坑开挖过程与支护结构使用期间，有目的地进行工程监测十分必要。通过对支护结构和周围环境的监测，利用其反馈的信息和数据进行信息化施工，能随时掌握土层和支护结构的受力变化情况，以及邻近建（构）筑物、地下管线和道路的变化情况，将观测值与设计计算值进行对比和分析，随时采取必要的技术措施，防止发生重大工程事故，保证安全施工，同时还可为检验、完善计算理论提供依据。

1. 监测内容

基坑开挖与支护的监测，可根据具体情况，采用以下部分或全部内容：

(1) 平面和高程监控点的测量。
(2) 支护结构和被支护土体的侧向位移测量。
(3) 坑底隆起的测量。
(4) 支护结构内外土压力的测量。
(5) 支护结构内外孔隙水压力的测量。
(6) 支护结构内力的测量（包括锚杆内力）。
(7) 地下水位变化的测量。
(8) 邻近建筑物和管线的观测。

2. 监测基本要求

无论采用何种具体的监测方法，都要满足下列技术要求：

(1) 观测工作必须是有计划的，应严格按照有关的技术文件（如监测任务书）执行。这类技术文件的内容，至少应该包括监测方法和使用的仪器、监测精度、测点的布置、观测周期，等等。计划性是观测数据完整性的保证。

(2) 监测数据必须是可靠的。数据的可靠性由监测仪器的精度、可靠性以及观测人员的素质来保证。

(3) 观测必须是及时的。因为监控开挖是一个动态的施工过程，只有保证及时观测才有利于发现隐患，及时采取措施。

(4) 对于观测的项目应按照工程具体情况预先设定预警值，预警值应包括变形值、内力值及其变化速率。当观测发现超过预警值的异常情况，要立即考虑采取应急措施。

(5) 每个工程的监控支护监测,应该有完整的观测记录,形象的图表、曲线和观测报告。报告内容应包括:工程概况;监测项目和各测点的平面和立面布置图;采用仪器设备和监测方法;监测数据处理方法和监测结果过程曲线;监测结果评价等。

3. 监测方法

基坑监测应以获得定量数据的专门仪器测量或专用测试元件为主,以现场目测检查为辅。

常用的监测仪器及精度要求见表14.4。

表 14.4　　　　　　　　　常用的监测仪器及精度要求

监测项目	位置或监测对象	仪器	监测精度
边坡土体水平位移	靠近挡土结构的周边土体	测斜仪、测斜管	1.0mm
支护结构顶部水平位移	挡土结构上端部	经纬仪、全站仪	1.0mm
支护结构深部水平位移	挡土结构内部	测斜仪、测斜管	1.0mm
支撑轴力	支撑中部或端部	轴力计、应变计	不低于1/100(F·S)
锚杆拉力	锚杆位置或锚头	钢筋计、压力传感器	不低于1/100(F·S)
地下水位	基坑周边	水位管、水位计	1.0mm
挡土结构土压力	挡土结构背后和入土段挡土结构前面	土压力计	不低于1/100(F·S)
孔隙水压力	周围土体	孔隙水压力计	不低于1.0kPa
立柱沉降	支撑立柱顶上	水准仪	不低于1.0mm
邻近建(构)筑物沉降、倾斜	需保护的建(构)筑物	经纬仪、水准仪、全站仪	不低于1.0mm
地下管线沉降和位移	管线接头	经纬仪、水准仪、全站仪	不低于1.0mm
坑底隆起	不同土体深度	分层沉降仪	不低于1.0mm

4. 监测点的布置

基坑工程的监测范围应符合国家、地区或部门规范(规程)的规定,并可根据工程性质、地质条件及周围环境具体确定。一般坑边地面沉降监测范围为1~2倍开挖深度,深层水平位移的监测范围不少于基坑深度的1.5倍。

在现场监测中,应合理地布置监测点,埋设必要的量测仪器。以便获得相关数据从而了解和掌握地层和地下结构中的应力场、位移场的实际变化规律,及时采取工程措施。位移监测点应根据理论预测的分布规律来布置,变化越大的地方,测点应布置得越密。离基坑或地下结构越近,测点也应越密。土层中的水平位移、土压力、孔隙水压力测点,应在预测的基础上,结合实际工程需要来布置。应力场、位移场变化剧烈的地方,测点间距宜小些。

14.6.3　深基坑信息化施工技术

在基坑开挖过程中,土体性状和支护结构的受力状态都在不断变化,恰当地模拟这种变化是工程实践所需要的。

因为地层条件的复杂性、环境影响的多样性和施工影响的不确定性,加之土力学发展水平所限,使得基坑工程设计结果与实际情况总会有一定的差别,仅依靠理论分析和经验估计难以完成经济可靠的基坑设计与施工。为此，采用所谓的信息化施工方法就显得十分重要。信息化施工的实质是以施工过程的信息为纽带，通过信息收集、分析、反馈等环节，不断地优化设计方案，确保基坑开挖安全可靠而又经济合理。其基本方法是：在施工过程中采集相关的信息，例如位移、沉降、土压力、结构内力等，经及时处理后与预测结果比较，从而作出决策，修改原设计中不符合实际的部分，并利用所采集的信息量预测下一施工阶段支护结构及土体的性状，又采集下一施工阶段的相应信息。如此反复循环，不断采集信息，不断修改设计并指导施工，将设计置于动态过程中。通过分析预测指导施工，通过施工信息反馈修改设计，使设计及施工逐渐逼近实际，从而保证工程施工安全、经济地进行。其原理如图 14.21 所示。

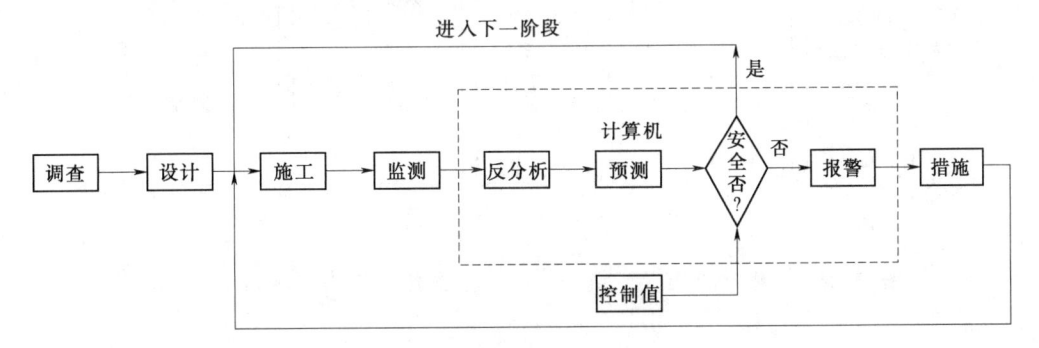

图 14.21　信息化施工原理框图

思　考　题

14.1　试简述支护结构的类型及其各自主要特点。

14.2　基坑支护结构中土压力的计算模式有哪些？适用条件是什么？

14.3　排桩和地下连续墙支护结构计算中的静力平衡法和弹性支点法有何区别？各有什么局限性？

14.4　土钉墙支护结构与传统的重力式土钉墙及加筋土土钉墙有何异同？

14.5　目前基坑工程设计与施工中尚存在哪些问题？

14.6　常用的地下水控制方法有哪些？各有什么特点？

14.7　基坑工程为什么要进行现场监测和信息化施工？

习　题

14.1　已知基坑开挖深度 $h=10\mathrm{m}$，未见地下水，坑壁黏性土土性参数为：重度 $\gamma=18\mathrm{kN/m^3}$，黏聚力 $c=10\mathrm{kPa}$，内摩擦角 $\varphi=25°$。坑侧无地面超载。试计算作用于每延米支护结构上的主动土压力（算至基坑底面）？

14.2　当基坑土层为软土时，应验算坑底土抗隆起稳定性。如图 14.22 所示，已知基坑开挖深度 $h=5\mathrm{m}$，基坑宽度较大，深宽比忽略不计。支护结构入土深度 $t=5\mathrm{m}$，坑侧

地面荷载 $q=20$kPa，土的重度 $\gamma=18$kN/m³，内摩擦角 $\varphi=0°$，黏聚力 $c=10$kPa，不考虑地下水的影响。如果取承载力系数 $N_c=5.14$，$N_q=1.0$，问抗隆起的安全系数为多少？

14.3 基坑剖面如图 14.23 所示，已知黏土饱和重度 $\gamma_m=20$kN/m³，水的重度 $\gamma_w=10$kN/m³，承压水层测压管中水头高度为 14m。如果要求坑底抗突涌稳定安全系数 K 不小于 1.1，问该基坑在不采取降水措施的情况下，最大开挖深度 H 为多少？

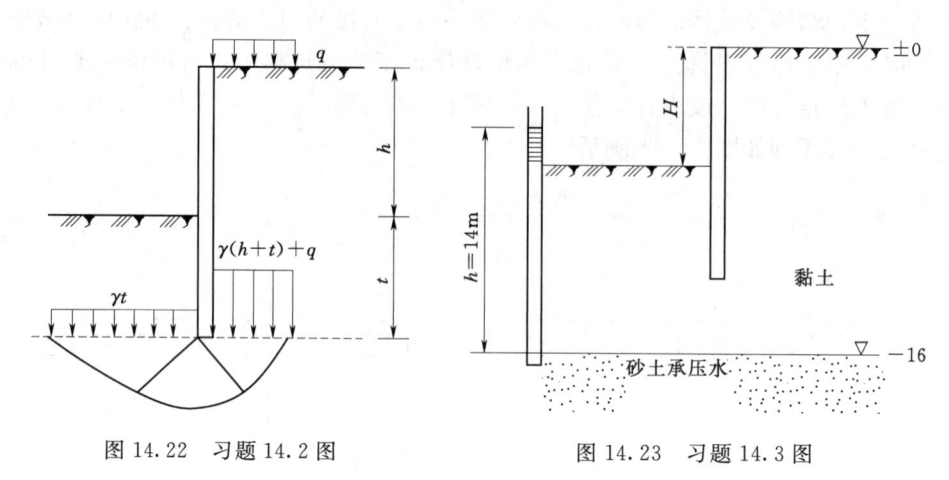

图 14.22 习题 14.2 图

图 14.23 习题 14.3 图

第 14 章 习题答案

第15章 特殊土地基

我国辽阔的地域分布着多种区域性特殊土，如软土、膨胀土、湿陷性黄土、红黏土、冻土等，由于不同的成因使得各自具有一些特殊的结构和性质。同时由于我国是一个多地震的国家，地震时在岩土中传播的地震波将引起地基土体的振动，产生一系列的震害，所以地震区地基基础设计也有更多须考虑的问题。

本章主要介绍几种在我国分布较广的区域性地基及其他特殊的地基与基础问题，包括这些特殊土地基的特征和分布，特殊的工程性质及产生原因，对工程建设的影响和危害，以及工程评价方法和处理措施。

15.1 膨胀土地基

15.1.1 膨胀土的工程性质

1. 膨胀土特征

膨胀土是在地质作用下形成的一种主要由亲水性强的黏土矿物组成的多裂隙黏性土，并具有显著的吸水膨胀和失水收缩两种变形特征。

膨胀土在我国分布广泛，以黄河流域及其以南地区较多，据统计，湖北、河南、广西、云南等20多个省、自治区均有膨胀土。我国膨胀土形成的地质年代大多数为第四纪晚更新世（Q_3）及其以前，少量为全新世（Q_4），呈黄、黄褐、红褐、灰白或花斑等颜色。膨胀土多呈坚硬-硬塑状态，$I_L \leqslant 0$，孔隙比一般在0.7以上，结构致密，压缩性较低。

除此之外，膨胀土的工程地质特征还包括：土的裂隙发育，常有光滑面和擦痕，有的裂隙中充填有灰白、灰绿等杂色黏土；多出露于二级或二级以上的阶地、山前和盆地边缘的丘陵地带，地形较平缓，无明显自然陡坎；场地常见有浅层滑坡、地裂，新开挖坑（槽）壁易发生现塌等现象。

2. 影响膨胀土胀缩性的主要因素

膨胀土具有的胀缩变形特性可归因于膨胀土的内在机制和外部因素两个方面。

内在机制主要是指矿物成分及微观结构，由于膨胀土含有大量的蒙脱石、伊利石等亲水性黏土矿物，比表面积大，活动性强烈，既易吸水又易失水；黏土矿物颗粒集聚体间面-面接触的分散结构是膨胀土的普遍结构形式，这种结构比团粒结构具有更大的吸水膨胀和失水收缩的能力。

外部因素是水对膨胀土的作用：土中原有含水率与土体膨胀时所需含水率相差越大，则遇水后膨胀越明显。造成土中水分变化的原因有环境因素、气候条件、地形地貌、地面覆盖以及地下水位等。比如，雨季土中水分增加，土体产生膨胀，旱季水分减少，土体产生收缩；同类膨胀土地基，地势低处胀缩变形比高处小，因为高地带临空面大，土中水分蒸发条件好，土中水分变化大；在炎热干旱地区，地面上的覆盖阔叶树林也会对建筑物胀缩变形造成不利影响，因为树根吸水作用加剧地基干缩变形。

3. 膨胀土地基对构筑物的危害

一般黏性土都具有胀缩性，但其量不大，对工程没有太大的影响。而膨胀土的膨胀-收缩-再膨胀的往复变形特性非常显著，易造成膨胀土地基上的建筑物损坏。膨胀土地基上建筑物损坏具有下列规律：

(1) 建筑物的开裂破坏具有地区性成群出现的特点，建筑物裂缝随气候变化不停地张开和闭合，且以低层轻型、砖混结构损坏最为严重。

(2) 房屋在垂直和水平方向受弯和受扭，故在房屋转角处首先开裂，墙上出现对称或不对称的八字形、X形缝。外纵墙基础由于受到地基在膨胀过程中产生的竖向切力和侧向水平推力的作用，造成基础移动而产生水平裂缝和位移，室内地坪和楼板发生纵向隆起开裂。

(3) 膨胀土边坡不稳定，地基会产生水平向和垂直向的变形，坡地上的建筑物损坏要比平地上更严重。

另外，膨胀土的胀缩特性除使房屋发生开裂、倾斜外，还会使公路路基发生破坏，堤岸、路堑产生滑坡，涵洞、桥梁等刚性结构物产生不均匀沉降和开裂等工程灾害。

15.1.2 膨胀土地基评价

1. 膨胀土的工程特性指标

对膨胀土进行室内试验时，除了一般的物理力学性质指标试验外，尚应进行下列特殊试验。

(1) 自由膨胀率 δ_{ef}。将人工制备的烘干土浸泡于水中，在水中经过充分浸泡后增加的体积与原体积之比称为自由膨胀率：

$$\delta_{ef} = \frac{V_w - V_0}{V_0} \times 100\% \tag{15.1}$$

式中：V_w 为土样在水中膨胀稳定后的体积，mL；V_0 为干土样原有体积，mL。

自由膨胀率 δ_{ef} 表示土样在无结构力影响下和无压力作用下的膨胀特性，可反映土样的矿物成分及含量，用来初步判定是否为膨胀土。

(2) 膨胀率 δ_{ep}。膨胀率指在一定压力下，处于侧限条件下的原状土样浸水膨胀稳定后，试样增加的高度与原高度之比：

$$\delta_{ep} = \frac{h_w - h_0}{h_0} \times 100\% \tag{15.2}$$

式中：h_w 为土样浸水膨胀稳定后的高度，mm；h_0 为土样的原始高度，mm。

膨胀率 δ_{ep} 可用来评价地基土的胀缩等级，计算膨胀土地基的变形量以及测定膨胀力。

(3) 线缩率 δ_s 和收缩系数 λ_s。线缩率是指原状土样的垂直收缩变形与土样原始高度之比，用百分数表示：

$$\delta_s = \frac{h_0 - h_i}{h_0} \times 100\% \tag{15.3}$$

式中：h_i 为某含水率 ω_i 时的土样高度，mm；h_0 为土样的原始高度，mm。

绘制线缩率与含水率关系曲线如图15.1所示，称为收缩曲线。曲线可分为直线收缩阶段（Ⅰ）、过渡阶段（Ⅱ）和微收缩阶段（Ⅲ）。

利用曲线的直线收缩阶段可以计算膨胀土的收缩系数 λ_s，即线缩率与含水率关系曲线在直线收缩阶段的斜率：

$$\lambda_s = \frac{\Delta \delta_s}{\Delta w} \tag{15.4}$$

式中：$\Delta \delta_s$ 为直线收缩阶段与两点含水率之差对应的竖向线缩率之差；Δw 为直线收缩阶段两点含水率之差。

收缩系数可用来评价地基的胀缩等级和计算膨胀土地基的变形量。

(4) 膨胀力 p_e。原状土样在体积不变时，由于浸水膨胀产生的最大内应力，称为膨胀力 p_e。

以各级压力下的膨胀率 δ_{ep} 为纵坐标，压力 p 为横坐标，将试验结果绘制成 $p-\delta_{ep}$ 关系曲线，该曲线与横坐标轴的交点即为膨胀力 p_e，如图 15.2 所示。

在设计上如果希望减小地基膨胀变形，应使基底压力接近 p_e。

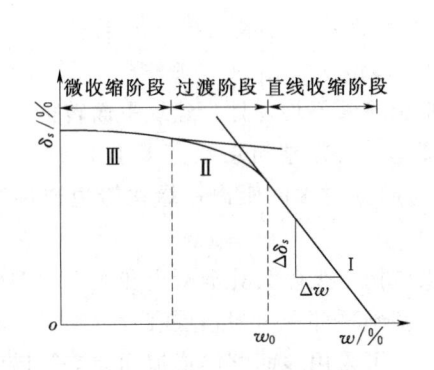

图 15.1 线缩率与含水率关系曲线

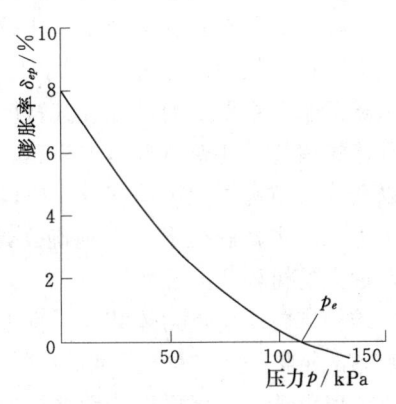

图 15.2 膨胀率与压力关系曲线

2. 膨胀土地基的评价

(1) 膨胀土判别。根据我国大多数膨胀土地区工程经验，判别膨胀土的主要依据是工程地质特征与自由膨胀率 δ_{ef}。《膨胀土地区建筑技术规范》(GB 50112—2013) 给出判别标准为：凡 $\delta_{ef} \geqslant 40\%$，且具有前述工程地质特征和建筑物破坏形态的黏性土应判定为膨胀土。

(2) 膨胀土的膨胀潜势。通过上述判定膨胀土以后，要进一步确定膨胀土的胀缩性能，也就是胀缩强弱。现行规范按自由膨胀率 δ_{ef} 大小划分土的膨胀潜势强弱，以判别土的胀缩性高低，见表 15.1。

(3) 膨胀土地基的胀缩等级。膨胀土地基评价应根据地基的胀缩变形对低层砖混房屋的影响程度进行，地基的胀缩等级以地基分级变形量 s_c 大小进行划分，见表 15.2。s_c 按下式计算：

$$s_c = \psi_{es} \sum_{i=1}^{n} (\delta_{epi} + \lambda_{si} \Delta w_i) h_i \tag{15.5}$$

式中：δ_{epi} 为基础底面下第 i 层土在压力作用下的膨胀率，由室内试验确定；λ_{si} 为第 i 层土的收缩系数；Δw_i 为第 i 层土在收缩过程中可能发生的含水率变化的平均值（小数表示);h_i 为第 i 层土的计算厚度,cm,一般不大于基底宽度的 2/5;n 为自基础底面至计算深度内所划分的土层数,计算深度可取大气影响深度,当有热源影响时,应按热源影响深度确定,在计算深度内有稳定地下水位时,可计算至水位以上 3m;ψ_{es} 为计算胀缩变形量的经验系数,按当地经验确定,无经验时,对三层及三层以下建筑可取 0.7。

表 15.1　膨胀土的膨胀潜势分类

$\delta_{ef}/\%$	膨胀潜势
$40 \leqslant \delta_{ef} < 65$	弱
$65 \leqslant \delta_{ef} < 90$	中
$\delta_{ef} \geqslant 90$	强

表 15.2　膨胀土地基的胀缩等级

s_c/mm	级别
$15 \leqslant s_c < 35$	Ⅰ
$35 \leqslant s_c < 70$	Ⅱ
$s_c \geqslant 70$	Ⅲ

15.1.3　膨胀土地基工程措施

1. 设计措施

(1) 建筑场地。尽可能避开地质条件不良地段,如浅层滑坡、地裂发育、地下水位变化剧烈地段等。尽量布置在地形条件比较简单、土质较均匀、胀缩性较弱的场地。坡地建筑应避免大开挖,依山就势建筑,同时应利用和保护天然排水系统,加强隔水、排水措施,采用宽散水为主要防治措施,其宽度不小于 1.2m。

(2) 建筑措施。建筑体型力求简单,在地基土显著不均匀处、建筑平面转折处和高差较大处以及建筑结构类型不同部位,应设置沉降缝。民用建筑层数宜多于 1~2 层,以加大基底压力,防止膨胀变形。合理确立建筑物与周围树木间距离,绿化避免选用吸水量大、蒸发量大的树种。

(3) 结构措施。承重砌体结构不宜采用砖拱结构、无砂大孔混凝土和无筋中型砌块等对变形敏感的结构。为加强建筑物的整体刚度,基础顶部和房屋顶层宜设置圈梁,其他隔层设置或层层设置,使用要求特别严格的房屋地坪可采用地面配筋或地面架空等措施,尽量与墙体脱开。

(4) 地基基础措施。较均匀的膨胀土地基,可采用条基;基础埋深较大或条基基底压力较小时,宜采用墩基,基础埋深应增大、且不应小于 1m。当以基础埋深为主要防治措施时,基础埋深宜超过大气影响深度或通过变形验算确定。膨胀土地基常用处理方法有换土垫层、土性改良、深基础等,换土可采用非膨胀性的黏土、砂石或灰土等材料,换土厚度应通过变形计算确定,垫层宽度应大于基础宽度;土性改良可通过在膨胀土中掺入一定量的石灰来提高土的强度,工程中可采用压力灌浆的办法将石灰浆液灌注入膨胀土的裂隙中起加固作用。当大气影响深度较深,膨胀土层较厚,选用地基加固或墩式基础,施工有困难时,可选用桩基础穿越。

2. 施工措施

在施工中应尽量减少地基中含水率的变化,进行开挖工程时应快速作业,避免基坑岩土体受曝晒或泡水,雨季施工应采取防水措施,基坑施工完毕后,应及时回填土夯实。

由于膨胀土坡地具有多向失水性及不稳定性,坡地上的建筑破坏比平坦场地上严重,应尽量避免在坡坎上建筑。如无法避开,则应通过排水措施、支护措施等将环境整治后,再开始兴建。

15.2 湿陷性黄土地基

15.2.1 湿陷性黄土特征及成因

黄土是一种产生于第四纪地质历史时期干旱条件下的沉积物，它的内部物质成分和外部形态特征都不同于同时期的其他沉积物。一般认为不具层理的风成黄土为原生黄土，原生黄土经过流水冲刷、搬运和重新沉积而形成的黄土称为次生黄土，它常具有层理和砾石夹层。

湿陷性黄土是指在一定压力下受水浸湿，土结构迅速破坏，并发生显著附加下沉的黄土，它主要为属于晚更新世（Q_3）的马兰黄土及属于全新世（Q_4）中各种成因的次生黄土。这类土为形成年代较晚的新黄土，土质均匀或较为均匀，结构疏松，大孔发育，有较强烈的湿陷性。在一定压力下受水浸湿后土结构不破坏，并无显著附加下沉的黄土称非湿陷性黄土，一般属于中更新世（Q_2）的离石黄土和属于早更新世（Q_1）的午城黄土。这类形成年代久远的老黄土土质密实，颗粒均匀，无大孔或略具大孔结构，一般不具有湿陷性或轻微湿陷性。

湿陷性黄土又分为自重湿陷性和非自重湿陷性两种。在上覆土的自重应力下受水浸湿发生湿陷的黄土称自重湿陷性黄土；在大于上覆土的自重应力下（包括附加应力和土的自重应力）受水浸湿发生湿陷的黄土称非自重湿陷性黄土。

黄土分布区域一般气候干燥、降雨量少、蒸发量大，属于干旱、半干旱气候类型，我国总分布面积约 64 万 km^2，以黄河中游地区最为发育，多分布于甘肃、陕西、山西地区，青海、宁夏、河南也有部分分布，其他如河北、山东、辽宁、黑龙江、内蒙古和新疆等省（自治区）也有零星分布。其中湿陷性黄土约占 60%，大部分分布在黄河中游地区。

黄土外观颜色较杂乱，主要呈黄色或褐黄色。颗粒组成以粉粒为主，其含量占 50% 以上，同时含有砂粒和黏粒，黄土还含有大量可溶盐类。往往具有肉眼可见的大孔隙，孔隙比变化大多在 1.0~1.1 之间。黄土的土粒比重为 2.51~2.84，湿陷性黄土天然重度的变化范围较大，一般为 13.3~18.1 kN/m^3，天然含水率在 3.3%~25.3%，垂直渗透系数一般为 $(0.16~0.3) \times 10^{-5}$ cm/s，水平渗透系数一般为 $(0.1~0.8) \times 10^{-6}$ cm/s，饱和度在 15%~77% 之间，多数为 40%~50%，处于稍湿状态。

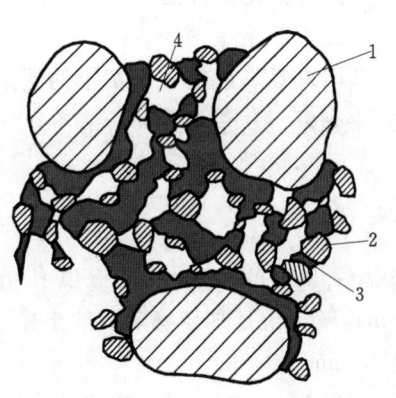

图 15.3 黄土结构示意图
1—砂粒；2—粗粉粒；3—胶结物；4—大孔隙

黄土的湿陷是一个复杂的地质、物理、化学过程，湿陷的原因可分为外因和内因两方面。外因指受水浸湿和荷载作用，内因包括颗粒组成、结构特征及物质成分。国内外学者对于黄土湿陷内因的解释归纳起来大致有毛管假说、溶盐假说、胶体不足假说、水膜楔入假说、欠压密理论和微观结构假说等六种理论，但每种理论都有不完善的地方。

对于图15.3所示的以粗粒土为主体骨架的多孔隙黄土结构，可以认为组成黄土的物质成分中黏粒的含量是重要的影响因素，黏粒含量越多湿陷性越小。我国黄土湿陷性存在着由西北向东南递减的趋势，这与自西北向东南方向砂粒含量减少而黏粒含量增多情况是一致的。另外对于图示大孔隙结构，当受水浸湿时，结合水膜增厚楔入颗粒之间，造成结合水联结消失，盐类溶于水中，骨架强度降低，土体结构在上覆土层的自重应力或附加应力与自重应力综合作用下迅速破坏，土粒滑向大孔，粒间孔隙减少。还有，黄土中盐类及其存在状态对湿陷性也有直接影响，如以较难溶解的碳酸钙含量为主，则湿陷性减弱，而其他碳酸盐、硫酸盐和氯化物等易溶盐含量越多，湿陷性越强。

15.2.2 黄土湿陷性评价

黄土湿陷性评价主要包括：①湿陷性黄土勘察；②湿陷性黄土判定，查明黄土在一定压力下浸水后是否具有湿陷性；③湿陷性黄土类型，判别场地的湿陷类型是属于自重湿陷性还是非自重湿陷性黄土；④湿陷等级，判定湿陷性黄土地基的湿陷等级，即强弱程度。

1. 湿陷性黄土勘察

根据《湿陷性黄土地区建筑规范》（GB 50025—2018），黄土地基的勘察工作应着重查明地层时代、成因。湿陷性土层的厚度，湿陷系数随深度的变化，湿陷类型和湿陷等级的平面分布、地下水位变化幅度和其他工程地质条件。

湿陷性黄土的勘察阶段可分为场址选择或可行性研究、初步勘察、详细勘察3个阶段，各阶段的勘察成果应符合各阶段要求，对工程地质条件复杂和基底压力大于300kPa的构造物，尚应进行施工勘察和专门勘察。

根据勘察结果进行工程地质测绘，划分不同的地貌单元，查明不良地质现象的分布地段、规模和发展趋势及其对建设工程的影响。

另外，还需根据规范要求钻取适量原状土样进行相关室内试验。

2. 湿陷性黄土判定

（1）湿陷系数 δ_s。黄土的湿陷性应按室内压缩试验在一定压力 p 下测定的湿陷系数 δ_s 来判定，其定义式为

$$\delta_s = \frac{h_p - h_p'}{h_0} \tag{15.6}$$

式中：h_p 为保持天然的湿度和结构的土样，加压至一定压力时，下沉稳定后的高度，cm；h_p' 为上述加压稳定后的土样，浸水作用下沉稳定后的高度，cm；h_0 为土样的原始高度，cm。

当 $\delta_s < 0.015$ 时，应定为非湿陷性黄土；当 $\delta_s \geq 0.015$ 时，应定为湿陷性黄土。

试验中测定湿陷系数的压力 p，应根据土样深度和基底压力确定。土样深度从基础底面算起（初步勘察时，自地面下1.5m算起）。试验压力的规定详见规范 GB 50025—2018。

（2）湿陷起始压力 p_{sh}。上述方法可测出某一压力下黄土的湿陷系数，在此压力中存在一产生湿陷的压力界限值，即为湿陷起始压力 p_{sh}，当黄土所受压力低于此值时，即使浸了水也只产生压缩变形，不会出现湿陷现象。p_{sh} 确定方法如下：

按现场载荷试验确定时,应在 p-s_s（压力与浸水下沉量）曲线上取其转折点所对应的压力作为湿陷起始压力值。当曲线上的转折点不明显时,可取浸水下沉量 s_s 与承压板宽度 b 之比小于 0.017 所对应的压力作为湿陷起始压力值。

按室内压缩试验确定有单、双线两种方法。双线法在同一个取土点的同一深度处,以环刀取 2 个试样,一个在天然湿度下分级加载,另一个在天然湿度下加第一级荷载,下沉稳定后浸水,至湿陷稳定,再分级加载,分别测定这两个试样在各级压力下稳定后的试样高度 h_p 和浸水下沉稳定后的试样高度 h'_p,就可以绘制出不浸水试样的 p-h_p 曲线和浸水试样的 p-h'_p 曲线,如图 15.4 所示。然后按式（15.6）绘制 p-δ_s 曲线,在 p-δ_s 曲线上取 $\delta_s=0.015$ 所对应的压力作为湿陷起始压力值 p_{sh}。

单线法在同一个取土点的同一深度处,至少以环刀取 5 个试样,各试样均在天然湿度下分级加载,分别加至不同的规定压力,下沉稳定后测土样高度 h_p,再浸水,至湿陷稳定时测土样高度 h'_p。

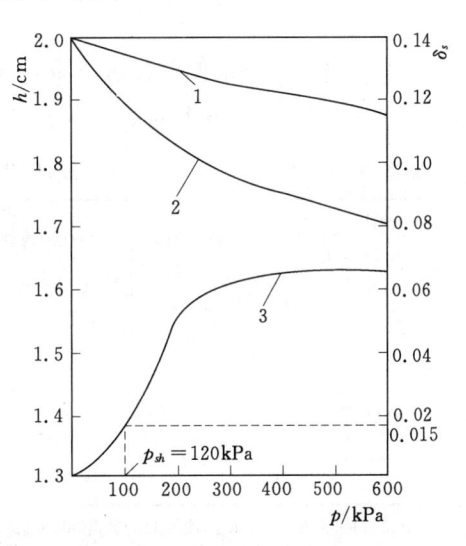

图 15.4 双线法压缩试验曲线
1—不浸水试样的 p-h_p 曲线；2—浸水试样的 p-h'_p 曲线；3—p-δ_s 曲线

按式（15.6）绘制 p-δ_s 曲线,按双线法方法确定 p_{sh}。

3. 湿陷性黄土类型

工程实践表明,自重湿陷性黄土在没有外荷载作用时,浸水后也会迅速发生剧烈的湿陷,由于湿陷导致的事故多于非自重湿陷性黄土,对两种类型的湿陷性黄土地基,所采取的设计和施工措施是有所区别。

建筑场地的湿陷类型,应按实测自重湿陷量 Δ'_{zs} 或按室内压缩试验累计的计算自重湿陷量 Δ_{zs} 判定。实测自重湿陷量 Δ'_{zs} 根据现场试坑浸水试验确定,该试验方法可靠但成本较高,有时受各种条件限制也不易做到。因此 GB 50025—2018 规定,除在新建区对甲、乙类建筑物宜采用现场试坑浸水试验外,对一般建筑物可按计算自重湿陷量划分场地类型。

计算自重湿陷量按下式进行：

$$\Delta_{zs} = \beta_0 \sum_{i=1}^{n} \delta_{zsi} h_i \tag{15.7}$$

式中：δ_{zsi} 为第 i 层土在上覆土的饱和自重应力作用下的湿陷系数,测定和计算方法同 δ_s,即 $\delta_{zs} = \dfrac{h_z - h'_z}{h}$,其中 h_z 是加压至土的饱和自重应力时下沉稳定后的高度；h_i 为第 i 层土的厚度,cm；n 为总计算土层内湿陷土层的数目,总计算厚度应从天然地面算起（当挖、填方厚度及面积较大时,自设计地面算起）至其下全部湿陷性黄土层的底面为止（$\delta_s < 0.015$ 的土层不计）；β_0 为因地区土质而异的修正系数。对陇西地区可取 1.5,对陇东

陕北地区可取1.2，对关中地区可取0.9，对其他地区可取0.5。

当实测自重湿陷量Δ'_{zs}或计算自重湿陷量$\Delta_{zs} \leqslant 7$cm时，应判定为非自重湿陷性场地；当$\Delta_{zs} > 7$cm时，应判定为自重湿陷性场地。

4. 湿陷等级

湿陷性黄土地基的湿陷等级，应根据基底下各土层累计的总湿陷量和计算自重湿陷量的大小等因素按表15.3判定。

表15.3　　　　　　　　　湿陷性黄土地基的湿陷等级

总湿陷量/cm \ 计算自重湿陷量/cm	非自重湿陷性场地 $\Delta_{zs} \leqslant 7$	自重湿陷性场地 $7 < \Delta_{zs} \leqslant 35$	自重湿陷性场地 $\Delta_{zs} > 35$
$\Delta_s \leqslant 30$	Ⅰ（轻微）	Ⅱ（中等）	—
$30 < \Delta_s \leqslant 70$	Ⅱ（中等）	Ⅱ或Ⅲ*	Ⅲ（严重）
$\Delta_s > 70$	—	Ⅲ（严重）	Ⅳ（很严重）

* 当总湿陷量$\Delta_s > 60$cm，计算自重湿陷量$\Delta_{zs} > 30$cm时，可判为Ⅲ级。其他情况可判为Ⅱ级。

表中总湿陷量Δ_s是湿陷性黄土地基在规定压力作用下充分浸水后可能发生的湿陷变形值，可按下式计算：

$$\Delta_s = \sum_{i=1}^{n} \alpha \beta \delta_{si} h_i \tag{15.8}$$

式中：δ_{si}为第i层土的湿陷系数；h_i为第i层土的厚度，cm；β为考虑基底下地基土的受力状态和地区等因素的修正系数，取值说明见后；α为不同深度地基上浸水概率系数，按地区经验取值，对侧向浸水影响不可避免的区段，取1.0。

缺乏实测资料时，有关β的取值规定如下：基底下0~5m深度内取1.5；基底下5~10m，在非自重湿陷性黄土场地取1.0，在自重湿陷性黄土场地取所在地区的β_0且不小于1.0；基底10m以下至非湿陷性黄土层顶面或控制性勘探孔深度，陇西、陇东等地区非自重湿陷性场地取1.0，其余情况取所在地区的β_0。

设计时应根据黄土地基的湿陷等级考虑相应的设计措施，同样情况下，湿陷程度越高，设计措施要求也越高。

【例15.1】某建筑场地，工程地质勘察中某探坑每隔1m取土样，测得各土样δ_{zs}和δ_s见表15.4，地表以下10.5m为非湿陷性黄土，试确定该场地的湿陷类型和地基的湿陷等级。

表15.4　　　　　　　　　［例15.1］表

取土深度/m	1	2	3	4	5	6	7	8	9	10
δ_{zs}	0.002	0.014	0.020	0.013	0.026	0.056	0.045	0.014	0.001	0.020
δ_s	0.070	0.060	0.073	0.025	0.088	0.084	0.071	0.037	0.002	0.039

解：

(1) 场地湿陷类型判别。计算自重湿陷量 Δ_{zs}（自天然地面算起至其下全部湿陷性黄土层面为止，β_0 取 1.2）：

$$\Delta_{zs} = \beta_0 \sum_{i=1}^{n} \delta_{zsi} h_i$$
$$= 1.2 \times (0.020 + 0.026 + 0.056 + 0.045 + 0.020) \times 100$$
$$= 20.04 (\text{cm}) > 7\text{cm}$$

故该场地应判定为自重湿陷性黄土场地。

(2) 黄土地基湿陷等级判别。基底深度按 1.5m 考虑，计算黄土地基的总湿陷量 Δ_s（取 $\alpha = 1.0$，基底下 5m 内 β 取 1.5，基底下 5～10m 范围内取 $\beta = \beta_0$）：

$$\Delta_s = \sum_{i=1}^{n} \alpha \beta \delta_{si} h_i$$
$$= 1.0 \times 1.5 \times (0.060 + 0.073 + 0.025 + 0.088 + 0.084) \times 100$$
$$+ 1.0 \times 1.2 \times (0.071 + 0.037 + 0.039) \times 100$$
$$= 0.495 \times 100 + 0.1764 \times 100 = 67.14 (\text{cm})$$

根据表 15.3，该湿陷性黄土地基的湿陷等级可判为Ⅲ级（严重）。

15.2.3 湿陷性黄土地基的工程措施

湿陷性黄土地基应满足承载力、湿陷变形、压缩变形和稳定性的要求。针对黄土地基湿陷性特点和工程要求，地基处理措施、防水措施和结构措施是湿陷性黄土地区 3 种主要的工程处理措施。

1. 地基处理措施

地基处理目的在于破坏湿陷黄土的大孔结构，以便全部或部分消除地基的湿陷性。根据建筑物的重要性及地基受水浸湿可能性的大小和在使用上对不均匀沉降限制的严格程度，将建筑物分为甲、乙、丙、丁四类。对甲类建筑物要求消除地基的全部湿陷量，或穿透全部湿陷土层；对乙、丙类建筑物则要求消除地基的部分湿陷量；丁类可不做处理。常用地基处理方法列于表 15.5 中。

表 15.5　　　　　湿陷性黄土地基常用的处理方法

名称		适用范围	可处理湿陷性土层厚度/m
垫层法		地下水位以上	1～3
夯实法	强夯	$S_r < 60\%$ 的湿陷性黄土	3～12
	重夯		1～2
挤密法		地下水位以下，$S_r < 65\%$ 湿陷性黄土	5～15
桩基础		基础荷载大、有可靠的持力层	≤30
预浸水法		Ⅲ、Ⅳ级湿陷性黄土	可消除地面下 6m 以下全部土层的湿陷性

2. 防水措施

防水措施是为了消除黄土发生湿陷变形的外在条件，基本防水措施要求在建筑布置、场地排水、地面排水、散水等方面，防止雨水或生产生活用水渗入浸湿地基。对重要建筑物场地和高湿陷等级地基，应采用严格的防水措施，即在检漏防水措施基础上还要对防水地面、排水沟、检漏管沟和井等设施提高设计标准。

3. 结构措施

结构措施是前两项措施的补充手段，包括建筑平面布置力求简单，加强建筑上部结构整体刚度，预留沉降净空等减小建筑物不均匀沉降或使结构物能适应地基的湿陷变形。

15.3 红黏土地基

15.3.1 红黏土工程地质特征与工程特性

1. 形成与分布

红黏土是出露在地表的碳酸盐在更新世以来的湿热环境中，经过一系列复杂的物理和化学风化，特别是红土化作用，形成并覆盖在基岩上，呈棕色或黄褐色的高塑性黏土。其液限等于或大于50%，一般具有表面收缩、上硬下软、裂隙发育等特征。经后期水流冲蚀搬运至低洼处堆积、颜色虽较原生红黏土浅，但仍保留其基本特征，且液限大于45%的土称为次生红黏土。

红黏土形成和分布于湿热的热带、亚热带地区，主要分布在我国长江以南（即北纬33°以南）地区，以贵州、云南、广西等省（自治区）最为广泛和典型。通常堆积在山坡、山麓、盆地或洼地中，主要为残积、坡积类型。

红黏土常为岩溶地区的覆盖层，因受基岩起伏影响，厚度变化较大。经搬运再沉积形成的次生红黏土则主要分布在溶洞、沟谷和河谷低级阶地，覆盖于基岩或其他沉积物之上。

2. 主要矿物成分

红黏土中黏粒含量高，矿物成分主要为高岭石、伊利石和绿泥石，化学成分以 SiO_2、Fe_2O_3、Al_2O_3 为主。黏土矿物具有稳定的结晶格架，细粒组结成稳固的团粒结构，土体近于固液两相体且土中又多为结合水，这三者是构成红黏土具有良好力学性能的基本因素。红黏土可溶性盐类矿物主要有重碳酸盐，其次为钙、镁的硫酸盐和氯化物。

3. 沿深度变化特征

红黏土地层从地表向下是由硬变软。据统计结果，上部坚硬、硬塑状态的土层占红黏土层的75%以上，厚度一般都大于5m；接近基岩处的可塑状态占10%～20%；软塑、流塑状态的占5%～10%，位于基岩凹部溶槽内。处于表层的坚硬红黏土属二相系，固态矿物具有较稳定的结晶格架，颗粒呈稳固的团粒结构；液态水多以结合水存在，不能在自重作用下排水固结。处于下层的红黏土因处于岩面的洼槽处不易压实，且持水条件好，多呈软塑或流塑态。

4. 基本物理力学性质

红黏土具有不同于一般黏性土的物理力学特性和相关规律：

（1）土的天然含水率、孔隙比、饱和度高。含水率几乎与液限相等，孔隙比在1.1～1.7之间，饱和度大于85%。

（2）物理指标变化幅度大，具有高分散性，含水率和孔隙比呈现良好的线性关系。

(3) 渗透性差，具有较高的强度和较低的压缩性。内摩擦角较小，黏聚力大，无侧限抗压强度可达 200~400kPa。另外，虽然红黏土孔隙比较大，压缩系数却较小。

(4) 原状红黏土浸水后膨胀量较小，失水后收缩剧烈，胀缩特性以失水收缩为主。

15.3.2 红黏土地基评价

红黏土地基评价包括地基稳定性、地基承载力和地基均匀性。

呈坚硬、硬塑状态的红黏土由于收缩作用可形成大量裂隙，且裂隙的发育和发展速度极快，这使得土体的连续性和整体性被破坏，所以在进行整体稳定分析时应将土体的抗剪强度指标做相应折减。

红黏土的地基承载力在同样孔隙比条件下高于一般软黏土，确定方法主要有原位试验法、承载力公式法和经验方法，应在土质单元划分基础上根据实际情况综合选用。采用原位试验时，一般对于浅层土进行静载荷试验，对于深层土进行旁压试验；按承载力公式计算时，抗剪强度指标最好由三轴试验确定，若采用直剪试验指标需对 c、φ 进行折减；按经验表格确定时需考虑现场鉴别的土的干湿状态。

红黏土地基均匀性评价主要是针对压缩层范围由红黏土和下伏基岩组成的地基，评价内容主要是根据不同情况验算其沉降差是否满足要求，其中地基变形计算深度可参照《岩土工程勘察规范》(GB 50021—2009) 确定。

15.3.3 红黏土的工程处理措施

红黏土地基具有承载力高、压缩性小的特性，所以从一般意义上说是一种较好的天然地基。但是由于红黏土地基的不均匀性和下部含水率较高、土性软弱易产生不均匀沉降的特点，往往需要对其进行工程处理。

(1) 充分利用红黏土上硬下软分布特征，基础尽量浅埋。对三级建筑物，当满足持力层承载力时，即可认为已满足下卧层承载力的要求。应尽可能保持土的天然结构和湿度，防止地基土收缩和缩后膨胀的不利影响。对以硬为主的地基，应处理软的，但对以软为主的地基，则应处理硬的，处理中以调整变形和应力状态并重，同时注意选用的工程措施应尽量简单。

(2) 对不均匀红黏土地基，可采用如下措施：改变基础宽度，调整相邻地段基底压力；增减基础埋深，使基底下可压缩土层厚度相对均匀；对外露石芽，用可压缩材料做褥垫进行处理；对土层厚度、状态不均匀的地段可用低压缩材料做置换处理。另外，基坑开挖时宜采取保温保湿措施，防止失水收缩；对基岩面起伏大、岩质坚硬的地基，可采用大直径嵌岩桩或墩基；对不均匀的红黏土地基，应合理设置结构物的沉降缝，土层厚度和湿度状态发生变化处都应作为沉降缝的选择位置。

15.4 岩溶与土洞

15.4.1 土岩组合地基

当建筑地基主要受力层范围内遇到下列情况之一者，属于土岩组合地基：①下卧基岩表面坡度较大；②石芽密布并有出露的地基；③大块孤石地基。

土岩组合地基的工程特性可以按上述 3 种情况分别描述：

(1) 下卧基岩表面坡度较大，使基底下土层厚薄不均，如图15.5所示，导致地基承载力和压缩性相差悬殊而引起建筑物不均匀沉降。另外，上覆土层也有可能沿倾斜基岩表面滑动造成失稳。

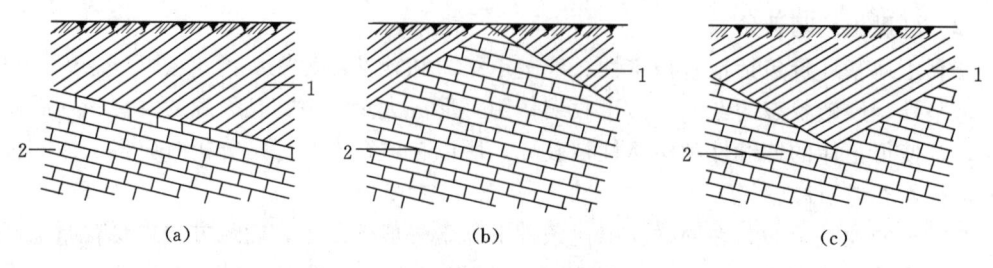

图 15.5 基岩面与倾斜情况
(a) 基岩表面倾斜；(b) 基岩表面相背倾斜；(c) 基岩表面相向倾斜
1—土层；2—岩层

(2) 石芽密布并有出露的地基一般在岩溶地区出现，如我国贵州、广西和云南等省。其特点是基岩表面起伏较大，石芽间多被红黏土所填充，如图15.6所示，这种地基很难查清岩面起伏变化全貌，即使勘探点很密集。

(3) 大块孤石地基是地基中夹杂大块孤石（图15.7），多出现在山前洪积层中或冰碛层中。这类地基类似于岩层面相背倾斜和个别石芽出露地基，其变形条件最为不利，建筑物极易开裂。

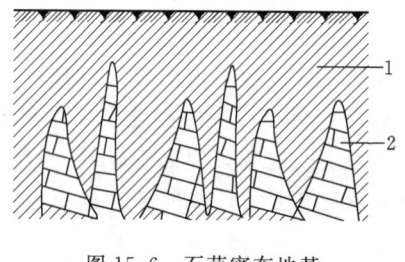

图 15.6 石芽密布地基
1—土层；2—石芽

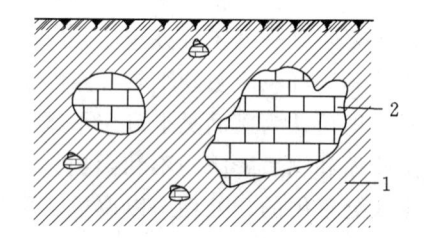

图 15.7 夹大块孤石地基
1—土层；2—孤石

土岩组合地基的处理措施可分为结构措施和地基处理两方面：

(1) 结构措施。对建造在软、硬相差比较悬殊的土岩组合地基上的长度较大或造型复杂的建筑物，为减小不均匀沉降所造成的危害，宜用沉降缝将建筑物分开，缝宽30～50mm。必要时应加强上部结构的刚度，如加密隔墙、增设圈梁等。

(2) 地基处理。地基处理措施可分为两大类。一类是处理压缩性较高的那一部分地基，使之适应压缩性较低的地基，如采用桩基础、局部深挖、换填或用梁、板、拱跨越等，这类处理方法效果较好，费用也较高。另一类是处理压缩性较低部分的地基，使之适应压缩性较高的地基，如采用褥垫法，在石芽出露部位做褥垫，也能取得良好效果，褥垫可采用炉渣、中砂、土夹石或黏性土等，厚度宜取300～500mm。

15.4.2 岩溶

岩溶（又称喀斯特Karst）属土岩组合地基的组成部分，指可溶性岩层，如石灰岩、

15.4 岩溶与土洞

白云岩、石膏、岩盐等受地表水和地下水的长期化学溶蚀和机械侵蚀作用而形成的沟槽、裂隙、石芽、石林和空洞等特殊地貌形态和水文地质现象的总称。以地下水为主、地表水为辅，以化学过程（溶解与沉淀）为主、机械过程（流水侵蚀和沉积，重力崩塌和堆积）为辅的对可溶岩的破坏与改造作用统称为岩溶作用。

我国岩溶分布较广，以碳酸盐类岩溶为主，总面积约为 363 万 km^2，遍及 26 个省（自治区、直辖市），尤其是西南、中南地区分布更广，贵州、云南、广西等省（自治区）岩溶最为集中。

1. 岩溶发育条件和规律

岩溶发育必须具备的条件是：岩石具有可溶性，岩石裂隙发育且具有透水性，岩层中的水循环交替条件好，水具有溶蚀性。

影响岩溶发育的主要因素有：岩性、温度、水溶液、气候地貌和地形、地质构造等。

从岩溶发育的条件分析，水的循环交替是最基本的，凡是循环通畅、交替强烈，溶蚀作用就强，因此循环交替条件决定了岩溶发育的总趋势及岩溶作用的强烈程度。此外，循环通道的特性，如孔隙或断裂系统的位置、方向、密度、大小及通畅交叉情况等，决定着各种地下岩溶的形态、位置、大小及延伸方向。

在各种可溶性岩层中，石灰岩、泥灰岩、白云岩及大理岩中发育较慢；盐岩、石膏及石膏质岩层中发育较快。

2. 岩溶地基评价和处理措施

岩溶地基的评价与处理是山区建设中经常遇到的问题，首先是查明与评价，其次是预防与处理。

查明与评价包括了解岩溶的发育规律、分布情况和稳定程度。当场地存在下述问题时，可判定未经处理不宜作为地基：

（1）浅层有洞体或溶洞群，洞径较大，且不稳定。

（2）埋藏有漏洞、槽谷等，并覆盖有软弱土体。

（3）土洞或塌陷成群发育地段。

（4）岩溶水排泄不畅，可能有淹没的地段。

岩溶对地基稳定性的影响主要表现在下述几方面：

（1）地基主要受力层范围内如有溶洞、暗河等，在附加荷载或振动作用下，溶洞顶板可能塌陷，造成地基突然下沉。

（2）溶洞、溶槽、石芽、漏斗等岩溶形态造成基岩面起伏较大，使地基不均匀。

（3）基础埋置在基岩上，其附近有溶沟、竖向岩溶裂隙、落水洞等，有可能使基础下岩层沿倾向上述临空面的软弱结构面产生滑动。

（4）岩溶地区较复杂的水文地质条件易产生新的工程地质问题。

在不稳定的岩溶地区进行建设，首先应考虑避开岩溶强烈发育区，不能避开时应结合岩溶的形态、工程要求、施工条件和经济安全原则进行处理。具体处理措施如下：

（1）清爆换填。对浅层洞体，若顶板不稳定，可清除覆土，爆开顶板，挖去松软填充物，分层回填上粗下细碎石滤水层，然后建造基础。

（2）梁、板跨越。对于洞壁完整、强度较高而顶板破碎的岩溶地基，宜采用钢筋混凝土梁、板跨越，但支承点必须落在较完整的岩面上。

（3）洞底支撑。对跨度较大、顶板完整但厚度较薄的溶洞地基，宜采用石砌柱或钢筋混凝土柱支撑洞顶，此方法应注意查明洞底的稳定性。

（4）水流排导。岩溶水的处理应采取疏导的原则，一般采用排水隧洞、排水管道等进行疏导，以防止水流通道堵塞，造成动水压力对基坑底板、地坪及道路等的不良影响。

15.4.3 土洞

土洞也属于土岩地基组成部分，是可溶性岩层的上覆土层在地表水冲蚀或地下水潜蚀作用下所形成的洞穴。由于埋藏浅，分布密，发育快，顶板强度低，对工程危害非常大。

1. 土洞分类

土洞按其成因可分为3类：

（1）地表水形成的土洞。当地下水深埋于基岩面之下，岩溶以垂直形态为主的山区，土洞以地表水潜蚀为主。地表水通过土中裂隙、生物孔洞、石芽边缘等通道渗入地下，借冲蚀作用自上而下逐渐形成漏斗形土洞，或形成地面塌陷。

（2）地下水形成的土洞。当地下水埋藏浅，略具承压性，岩溶以水平形态为主的准平原地区，土洞以地下水潜蚀为主。即地下水位频繁升降于岩土交界面附近，加剧水的潜蚀和吸蚀作用，为土洞的形成和发展提供了必要条件。

（3）人工降水形成的土洞。如果地下动、静水位高于基岩面，且岩石裂隙及岩溶较发育，则人工降水可使地下水位迅速下降和水动力条件急剧变化，同样造成水力梯度增大，地下水潜蚀作用加强，从而在岩土界面附近形成土洞。

2. 影响土洞发育的因素

土洞或地表塌陷的形成和发展，受到地区地质构造、水文地质、岩溶发育、地表排水以及人为改变地下水动力条件等诸因素的影响。其中，土、岩溶与水的活动是缺一不可的条件。

（1）土质和土层厚度的影响。土洞多位于黏性土层中，黏性土的黏粒成分、黏聚力、水稳性不同，使得同一地区在其他条件相似情况下土洞分布不均的原因之一。凡颗粒细、黏性大、胶结好、水理性稳定的土层，不易形成土洞。在溶槽处，经常有软黏土分布，其抗冲蚀能力弱，且处于地下水流首先作用的场所，是土洞发育的有利部位。应提及的是，当形成土洞的其他条件相似而土的性质不同时，仅反映为土洞的发展速度不同，并不能得出某种土不可能形成土洞的结论。

土层厚薄对土洞的形成、由土洞发展到地表塌陷所需时间以及塌陷形成后的断面形状等都有一定影响。一般土层越厚，土洞发展至地面塌陷所需时间越长，且易形成自然拱而不易扩展到地表。对于由地面水作用形成的土洞，只要具备土洞发育条件，水的补给充足，不论土层厚薄均可形成塌陷，仅表现为出现塌陷的时间不同而已。

（2）基岩中岩溶发育的影响。土洞是岩溶作用的产物，因此它的分布同样受到决定岩溶发育的岩性、岩溶水、地质构造等因素的控制。土洞发育区必然是岩溶发育区，土洞或塌陷下的基岩中必有岩溶水通道，尽管这一通道不一定是巨大的裂隙或岩溶空间，尤其是对地表水形成的土洞。

（3）水的影响。由于水是形成土洞的外因和动力，所以土洞的分布规律服从于土与水相互作用的规律。许多土洞的开挖显示，空洞洞顶标高一般在地下水位变动幅度以内，而大多位于高水位与平水位之间。

由地表水形成的土洞或塌陷，其规模及发育速度取决于水的补给条件，其作用和发展过程大多是随着水流自上而下地发生，只有地面水渗入土中流经一段水平距离再注入基岩情况可出现自下而上发育的土洞。由地下水作用形成的土洞，其规模和发育速度与水动力条件、水位升降幅度及频率有关。由人工降水形成的土洞，由于流速和水位升降幅度及频数都较自然条件下大得多，因此土洞与塌陷区的发育强度也要大得多。

3. 土洞与地面塌陷的防范及处理

（1）处理地表水和地下水。做好地表水截流、防渗和堵漏等，杜绝地表水渗入。对形成土洞的地下水，当地质条件许可时，可采用截流、改道方法，防止土洞和地表塌陷的发展。

（2）挖填处理。对地表水形成的浅层土洞和塌陷先挖除软土，然后用块石或片石混凝土回填。对地下水形成的土洞和塌陷，可采用挖除软土和抛填块石后做反滤层，面层用黏土夯实。有些土洞若挖除工程量太大，可采用强夯法将土洞夯塌，然后用碎石土回填并逐层夯实。

（3）灌砂处理。对于埋藏深、洞径大的土洞，在洞体板上钻两个或多个钻孔，其中之一作为排气孔，孔径为 50mm 左右，另一个用来灌砂，孔径大于 100mm，灌砂同时冲水，直到排气孔冒砂为止。如土洞内有水灌砂困难时，可采用压力灌注强度等级为 C15 的细石混凝土，也可灌注水泥和砾石。

（4）垫层处理。在基础底面下夯填黏性土夹碎石作垫层，以提高基底标高，减小土洞顶板的附加压力。

（5）梁板跨越。当塌陷区范围较大、地下岩溶强烈发育的地段，或者直径和危险性都较小的深埋土洞，当土层的稳定性较好时，可不处理洞体，而在洞顶上以桥梁形式跨越土洞群和塌陷区。

（6）采用桩基等深基础。对重要建筑物，当土洞较深时，可采用桩基或沉井穿过覆盖土层，将建筑物荷载直接传至稳定岩层。

15.5 多年冻土地基

多年冻土指天然条件下冻结状态持续 3 年或 3 年以上的土层。在一个年度周期内经历着冻结和未冻结两种状态的土为季节性冻土。我国多年冻土分布面积约 215 万 km^2，主要分布在高纬度地区和高海拔地区。

1. 融沉性

冻土地基存在冻胀和融陷。冻胀是由于土在冻结过程中，土中水分转化为冰时产成的土体体积膨胀，可以造成地基土隆起，对构筑物产生冻胀力。融陷是冻土在融化过程中无外荷作用时产生的沉降，可造成土层软化和土体强度降低，并使构筑物产生较大沉降和不均匀沉降。

多年冻土对工程的主要危害是融沉性（也可称融陷性），融沉性的大小用平均融化下

沉系数 δ_0 表示：

$$\delta_0 = \frac{h_1 - h_2}{h_1} = \frac{\Delta h}{h_1} = \frac{e_1 - e_2}{1 + e_1} \times 100\% \tag{15.9}$$

式中：h_1、h_2、Δh 分别为冻土试样融化前、后高度和融陷量，mm；e_1、e_2 为冻土试样融化前、后孔隙比。

根据 δ_0 的大小多年冻土可被分为不融沉、弱融沉、融沉、强融沉、融陷 5 类。

冻土融化时除了产生融沉外，在外荷作用下还会由于土中水的逐渐排出而产生压缩下沉，称为融化压缩。在荷载作用下，融沉与融化压缩是耦合在一起的两种作用，一般较难从发生时间上区分。

2. 设计规定

由于冻土在冻结和融化两种状态下力学特性相差甚远，故选择多年冻土地基的设计状态很重要。根据《冻土地区建筑地基基础设计规范》（JGJ 118—2011）规定，将多年冻土用作建筑地基时，可采用下列三种状态之一进行设计：

（1）保持冻结状态：在建筑物施工和使用期间，地基土始终保持冻结状态。

（2）逐渐融化状态：在建筑物施工和使用期间，地基土处于逐渐融化状态。

（3）预先融化状态：在建筑物施工前，使多年冻土融化至计算深度或全部融化。

保持冻结状态的设计宜用于下列之一的情况：①多年冻土的年平均地温低于 -1.0℃ 的场地；②持力层范围内的地基土处于坚硬冻结状态；③最大融化深度范围内，存在融沉、强融沉、融陷性土及其夹层的地基；④非采暖建筑或采暖温度偏低，占地面积不大的建筑物地基。

逐渐融化状态的设计宜用于下列之一的情况：①多年冻土的年平均地温为 -1.0～-0.5℃ 的场地；②持力层范围内的地基土处于塑性冻结状态；③在最大融化深度范围内，地基为不融沉和弱融沉性土；④室温较高、占地面积较大的建筑，或热载体管道及给排水系统对冻层产生热影响的地基。

预先融化状态的设计宜用于下列之一的情况：①多年冻土的年平均地温不低于 -0.5℃ 的场地；②持力层范围内地基土处于塑性冻结状态；③在最大融化深度范围内，存在变形量为不允许的融沉、强融沉和融陷土及其夹层的地基；④室温较高、占地面积不大的建筑物地基。

另外，设计时注意对一栋整体建筑物的地基采用同一种设计状态；对同一建筑场地的地基遵循一个统一的设计状态。

3. 基础埋置深度

多年冻土地区基础埋置深度的选择应考虑多年冻土层的上下限（图15.8）。对不衔接的多年冻土地基（季节性冻结层的冻结深度浅于上限的多年冻土），当房屋热影响的稳定深度范围内地基土的稳定和变形都能满足要求时，应按季节冻土地基计算基础的埋深。对衔接的多年冻土，当按保持冻结状态利用多年冻土作地基时，基础埋置深度可通过

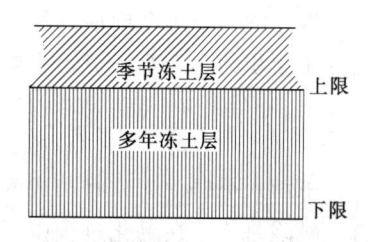

图 15.8 多年冻土的上限和下限

热工计算确定，但不得小于建筑物地基多年冻土的稳定人为上限埋深以下 0.5m。在无建筑物稳定人为上限资料时，基础的最小埋置深度，对于架空通风基础及冷基础，可根据冻土的设计融深 z_d^m 确定，并应符合表 15.6 的规定。

表 15.6　　基础最小埋置深度（d_{min}）

地基基础设计等级	建筑物基础类型	基础最小埋深/m
甲、乙级	浅基础	z_d^m+1
丙级	浅基础	z_d^m

4. 地基计算

多年冻土地区建筑物地基设计中，应对地基进行静力计算和热工计算。地基的静力计算包括承载力计算，变形计算和稳定性验算。确定冻土地基承载力时，应计入地基土的温度影响。地基热工计算应包括持力层内地温特征值计算、地基冻结深度计算、地基融化深度计算等。另外，建造于山坡的建筑物，其地基应进行冻融界面的稳定性验算。

关于地基计算的具体方法可参阅《冻土地区建筑地基基础设计规范》（JGJ 118—2011）。

15.6　地　震　区　地　基

15.6.1　基本概念

我国处于世界上环太平洋地震带和欧亚地震带两大地震带之间，是一个地震多发国家。1976 年唐山大地震和 2008 年汶川大地震造成的惨重损失震惊世界。地震是地壳运动的一种特殊形式，按其成因可分为构造地震、火山地震、诱发地震和陷落地震。其中构造地震最为常见，约占地震总数的 90%。

地震活动频繁而猛烈的地区称地震区。地震时产生剧烈振动的地震发源地叫震源，震源正上方的地面位置叫震中。按震源的深浅，地震被分为浅源地震（深度小于 70km）、中源地震（70~300km）和深源地震（大于 300km）。

地震引起的振动以波的形式从震源向各个方向传播并释放能量。地震波包含在地球内部传播的体波和只限于在地面附近传播的面波。其中体波又分纵波和横波，面波是体波经地层介面多次反射形成的次生波。

地震震级指一次地震释放的能量大小，地震烈度是指某一地区遭受该次地震时所受到的影响程度。一次地震只有一个震级，但一次地震在不同地点可表现出不同的烈度。根据地震时地震最大加速度、建筑物损坏程度、地貌变化特征、地震时人的伤亡及感觉等因素，可建立地震烈度表，包括我国的绝大多数国家地震烈度表均按 12 度划分。

基本烈度是指一个地区今后一定时期（100 年）内，一般场地条件下可能遭遇的最大地震烈度，由国家地震局编制的《中国地震烈度区划图》确定。抗震设防烈度是指一个地区作为抗震设防依据的地震烈度，按国家规定权限审批或颁发的文件执行。常见的抗震设防烈度为 6 度、7 度、8 度、9 度，与设计基本地震加速度值间的对应关系见表 15.7。

表 15.7　　抗震设防烈度和设计基本地震加速度值的对应关系

抗震设防烈度	6	7	8	9
设计基本地震加速度值	0.05g	0.10（0.15）g	0.20（0.30）g	0.40g

注　g 为重力加速度；表中括号指尚存在地震加速度为 0.15g 和 0.30g 的区域。

我国制定的《建筑抗震设计规范》(GB 50011—2010) 给出了我国主要城镇抗震设防烈度，可供查用。此规范适用于抗震设防烈度为 6～9 度地区建筑工程的抗震设计及隔震、消能减震设计。对于抗震设防烈度大于 9 度地区的建筑及行业有特殊要求的工业建筑，其抗震设计应按有关专门规定执行。

15.6.2　地基震害现象

地震对建筑物的破坏都是通过地基传至结构物，所以结构物的地震反应基于地基震害分析。另外，地震作用下地基本身的失效，如强度降低或过大的残余变形等，也会导致结构的进一步破坏。

地基的震害现象包括滑坡、地表断裂、震动液化和震陷等，一旦出现一般无法恢复，由此引起的结构破坏也往往无法通过提高设计标准解决。

1. 滑坡

滑坡是山区和丘陵地区的重要震害特征。地震导致滑坡的原因可分为两方面：①地震时边坡滑动体承受了附加惯性力，加大了下滑力；②土体受震趋于密实，孔隙水压力增高，有效应力降低，甚至产生液化，减小了阻滑力。所以，地震滑坡的发生与震前地貌特征、边坡稳定性等因素有关。地质调查表明：凡发生过地震滑坡的地区，地层中几乎都有夹砂层。根据现有的资料，地震滑坡尚未在均质黏性土内发生过。

2. 地表断裂

地表断裂又称地裂缝，分构造地裂缝和重力地裂缝。构造地裂缝是地震中断层错动在地表形成痕迹，是地震区高烈度的标志。重力地裂缝是在地震震动作用下，由于地貌重力影响或地表土质软硬不匀而形成的地面浅部开裂。地表断裂与地震滑坡引起的地层相对错动有密切关系，河流两岸、深坑边缘、或其他有临空自由面的地带往往地裂发育。

3. 震动液化

地震震动使排列较松散的土颗粒产生变密趋势，体积减小。饱和砂土在体积突然减少时由于来不及排出孔隙水而使孔隙水承受压力，在土体内部产生超静孔隙水压力，导致有效应力减小，土体抗剪强度降低。在周期性地震荷载作用下，孔隙水压力逐渐累积，当有效应力接近零时土体呈现液体特性，即"土体液化"，地震液化会引起地表裂缝中喷水冒砂、地面下陷、场地失效、建筑物产生沉降和倾斜等灾害。

场地地震液化的判别可按《建筑抗震设计规范》(GB 50011—2010) 规定进行：

（1）对于饱和砂土和饱和粉土（不含黄土），6 度时，一般情况下可不进行判别和处理，但对液化沉陷敏感的乙类建筑可按 7 度的要求进行判别和处理，7～9 度时，乙类建筑可按本地区抗震设防烈度的要求进行判别和处理。

（2）对于存在饱和砂土和饱和粉土（不含黄土）的地基，除 6 度设防外，应进行液化判别；存在液化土层的地基，应根据建筑的抗震设防类别，地基的液化等级，结合具体情况采取相应的措施。

15.6 地震区地基

(3) 饱和的砂土或粉土（不含黄土），当符合下列条件之一时，可初步判别为不液化或可不考虑液化影响。

1) 地质年代为第四级晚更新世（Q_3）及其以前时，7度、8度时可判为不液化。

2) 粉土的黏粒（粒径小于0.005m的颗粒）含量百分率，7度、8度和9度分别不小于10、13和16时，可判别为不液化土。此处注意用于液化判别的黏粒含量系采用六偏磷酸钠作分散剂测定，采用其他方法时应按有关规定换算。

3) 浅埋天然地基的建筑，当上覆非液化土层厚度和地下水位深度符合下列条件之一时，可不考虑液化影响：

$$d_u > d_0 + d_b - 2$$
$$d_w > d_0 + d_b - 3 \quad (15.10)$$
$$d_u + d_w > 1.5 d_0 + 2 d_b - 4.5$$

式中：d_w 为地下水位深度，m，宜按设计基准期内年平均最高水位采用，也可按近期内年最高水位采用；d_u 为上覆非液化土层厚度，m，计算时宜将淤泥和淤泥质土层扣除；d_b 为基础埋置深度，m，不超过2m时应采用2m；d_0 为液化土特征深度，m，可按表15.8采用。

表15.8　　　　　　　　　　液化土特征深度　　　　　　　　　　单位：m

饱和土类别 \ 设防烈度	7度	8度	9度
粉土	6	7	8
砂土	7	8	9

注　当区域的地下水位处于变动状态时，应按不利的情况考虑。

(4) 当饱和砂土、粉土的初步判别认为需进一步进行液化判别时，应采用标准贯入试验判别法判别地面下20m范围内土的液化；但对《建筑抗震设计规范》（GB 50011—2010）规定可不进行天然地基及基础的抗震承载力验算的各类建筑，可只判别地面下15m范围内土的液化。当饱和土标准贯入锤击数（未经杆长修正）小于或等于液化判别标准贯入锤击数临界值时，应判为液化土。当有成熟经验时，尚可采用其他判别方法。

在地面下20m深度范围内，液化判别标准贯入锤击数临界值可按下式计算：

$$N_{cr} = N_0 \beta [\ln(0.6 d_s + 1.5) - 0.1 d_w] \sqrt{\frac{3}{\rho_c}} \quad (15.11)$$

式中：N_{cr} 为液化判别标准贯入锤击数临界值；N_0 为液化判别标准贯入锤击数基准值，应按表15.9采用；d_s 为饱和土标准贯入点深度，m；d_w 为地下水位，m；ρ_c 为黏粒含量百分率，当小于3或为砂土时，应采用3；β 为调整系数，设计地震第一组取0.80，第二组取0.95，第三组取1.05。

表15.9　　　　　液化判别标准贯入锤击数基准值表 N_0

设计基本地震加速度	0.10g	0.15g	0.20g	0.30g	0.40g
液化判别标准贯入锤击数基准值	7	10	12	16	19

(5) 对存在液化砂土层、粉土层的地基,应探明各液化土层的深度和厚度,按下式计算每个钻孔的液化指数,并按表15.10综合划分地基的液化等级：

$$I_{lE} = \sum_{i=1}^{n}\left(1 - \frac{N_i}{N_{cri}}\right)d_i W_i \tag{15.12}$$

式中：I_{lE} 为液化指数；n 为在判别深度范围内每一个钻孔标准贯入试验点的总数；N_i、N_{cri} 分别为 i 点标准贯入锤击数的实测值和临界值,当实测值大于临界值时应取临界值的数值,当只需要判别15m 范围以内液化时,15m 以下的实测值可按临界值采用；d_i 为 i 点所代表的土层厚度,m,可采用与该标准贯入试验点相邻的上下两标准贯入试验点深度差的一半,但上界不高于地下水位深度,下界不深于液化深度；W_i 为 i 土层单位土层厚度的层位影响权函数值,m^{-1},当该层中点深度不大于5m 时应采用10,等于20m 时应采用零值,5～20m 时应按线性内插法取值。

表 15.10　　　　　　　　液化等级与液化指数的对应关系

液化等级	轻微	中等	严重
液化指数 I_{lE}	$0<I_{lE}\leqslant 6$	$6<I_{lE}\leqslant 18$	$I_{lE}>18$

4. 土的震陷

震陷在地震中表现为地面巨大的沉陷,建筑物产生沉降或不均匀沉降。震陷一般发生于砂性土或淤泥质土中,产生原因有多种,如松砂经振动后密实；饱和砂土经振动后液化；饱和黏性土在振动荷载下土中应力增加、土体结构受到扰动后强度急剧降低等等。土的震陷不仅使建筑物产生过大的沉降,而且产生较大的差异沉降和倾斜,影响建筑物的安全与使用。

15.6.3 地基基础抗震设计原则

地基基础抗震设计的任务是保证在地震过程中和地震停止后,地基在强度和变形方面能满足使用要求。抗震设计应以预防为主,从地基基础角度可考虑下述方法和措施。

1. 建筑场地选择

建筑物场地的土质条件、地形条件、地质构造、地下水位及场地土覆盖层厚度等对地基震害和结构的地震反应有显著影响。对建筑抗震极为不利的土质和场地包括软弱土、液化土、孤突的山梁、山丘、条状山嘴、高差较大的台地、陡坡及故河道岸边等。另外,地质构造中具有断层薄弱环节、地下水位较高、或覆盖层厚度较大的区域也是建筑抗震的不利地段。

应尽量选择对抗震措施有利的场地,避开对抗震不利的场地,实在无法避开时,应采取适当的抗震措施。

在选择建筑平立面布置和结构方案时应仔细考虑小区域的场地因素,应避免结构与场地"共振"。

2. 地基和基础抗震措施

根据地基震害特点可考虑一些有效的抗震构造措施,如控制荷载的对称与均匀性；对工业厂房在屋架下弦预留净空；在墩、柱间设置抗水平力的构件；加强基础和上部结构整体刚度,设置闭合的地梁、圈梁等。

由于基础处于建筑物底部，又受到岩土介质的约束，所以大多地基在7～8度下基础本身的震害是较小的，但提高基础的防震性能可减小上部结构的震害。基础防震性能的提高可通过合理加大基础埋置深度、采用整体性较好的浅基础形式（如筏基、箱基、十字交叉条形基础等）、采用桩基础等深基础。

3. 场地抗液化措施

场地液化防治可从结构和地基两方面采取措施，表15.11是《建筑抗震设计规范》（GB 50011—2010）提出的抗液化措施的指导意见。

表15.11 抗液化措施

建筑抗震设防类别	地基的液化等级		
	轻微	中等	严重
乙类	部分消除液化沉陷，或对基础和上部结构处理	全部消除液化沉陷，或部分消除液化沉陷且对基础和上部结构处理	全部消除液化沉陷
丙类	基础和上部结构处理，亦可不采取措施	基础和上部结构处理，或更高要求的措施	全部消除液化沉陷或部分消除液化沉陷且对基础和上部结构处理
丁类	可不采取措施	可不采取措施	基础和上部结构处理，或其他经济的措施

注 甲类建筑的地基抗液化措施应进行专门研究，但不宜低于乙类的相应要求。

(1) 全部消除地基液化沉陷的措施。采用桩端伸入液化深度以下稳定土层中的桩基和深基础；采用处理至液化深度下界的加密法（如振冲、振动加密、挤密碎石桩、强夯等）加固；采用非液化土替换全部液化土层等。

(2) 部分消除地基液化沉陷的措施。应使处理后的地基液化指数减少，其值不宜大于5；大面积筏基、箱基的中心区域，处理后的液化指数可比上述规定降低1；对独立基础和条形基础，尚不可小于基础底面下液化土特征深度和基础宽度的较大值。

注：中心区域指位于基础外边界以内沿长宽方向距外边界大于相应方向1/4长度的区域。

(3) 减轻液化影响的基础和上部结构处理。可综合采用选择合适的基础埋置深度；调整基底面积，减少基础偏心；加强基础的整体性和刚度，如采用箱基、筏基或钢筋混凝土交叉条形基础，加设基础圈梁等；减轻荷载，增强上部结构的整体刚度和均匀对称性，合理设置沉降缝，避免采用对不均匀沉降敏感的结构形式等；管道穿过建筑处应预留足够尺寸或采用柔性接头等。

4. 天然地基基础抗震强度验算

对于需要进行抗震验算的天然地基，应采用地震作用效应标准组合，且地基抗震承载力应取地基承载力特征值乘以地基抗震承载力调整系数计算。

地基土竖向抗震承载力应满足下列要求：

$$p \leqslant \zeta_a f_a$$
$$p_{max} \leqslant 1.2\zeta_a f_a$$
(15.13)

式中：p为基础底面平均压力设计值，kPa；p_{max}为基底边缘处最大压力设计值，kPa；f_a为经深度宽度修正后地基承载力特征值，kPa；ζ_a为地基土抗震承载力调整系数，按

表 15.12 采用。

表 15.12　　地基土抗震承载力调整系数

岩土名称和性状	ζ_a
岩石，密实的碎石土，密实的砾，粗，中砂，$f_{ak} \geqslant 300 \text{kPa}$ 的黏性土和粉土	1.5
中密、稍密的碎石土，中密、稍密的砾，粗、中砂，密实和中密的细、粉砂，$150 \text{kPa} \leqslant f_{ak} < 300 \text{kPa}$ 的黏性土和粉土，坚硬黄土	1.3
稍密的细、粉砂，$100 \text{kPa} \leqslant f_{ak} < 150 \text{kPa}$ 的黏性土和粉土，可塑黄土	1.1
淤泥，淤泥质土，松散的砂，杂填土，新近堆积黄土及流塑黄土	1.0

高宽比大于 4 的高层建筑，在地震作用下基础底面不宜出现脱离区（零应力区）；其他建筑，基础底面与地基土之间脱离区（零应力区）区面积不应超过基础底面面积的 15%。

5. 桩基础抗震强度验算

非液化土中低承台桩基的抗震验算应符合下列规定：单桩的竖向和水平向抗震承载力特征值，可均比非抗震设计时提高 25%。当承台周围的回填土夯实至干密度不小于《建筑地基基础设计规范》（GB 50007—2011）对填土的要求时，可由承台正面填土与桩共同承担水平地震力作用；但不应计入承台底面与地基土间的摩擦力。

存在液化土层的低承台桩基抗震验算时应符合下列规定：

（1）承台埋深较浅时，不宜计承台周围土的抗力或刚性地坪对水平地震力的分担作用。

（2）当桩承台底面上、下分别有厚度不小于 1.5m、1.0m 的非液化土层或非软弱土层时，可按下列两种情况中的不利情况进行桩的抗震验算：①桩承受全部地震作用，桩的承载力按非液化土中低承台桩基抗震验算取用，但液化土的桩周摩阻力及桩水平抗力均应乘以表 15.13 的折减系数；②地震作用按水平地震影响系数最大值的 10% 采用，桩承载力比非抗震设计时提高 25%，且应扣除液化土层的全部摩擦阻力及桩承台下 2m 深度范围内非液化土的桩周摩阻力。

（3）液化土中桩的纵筋布置自桩顶至液化深度以下全长设置，箍筋应加粗加密。

表 15.13　　土层液化影响折减系数

实际标贯锤击数/临界标贯锤击数	深度 d_s/m	折减系数
$\leqslant 0.6$	$d_s \leqslant 10$	0
	$10 < d_s \leqslant 20$	1/3
$> 0.6 \sim 0.8$	$d_s \leqslant 10$	1/3
	$10 < d_s \leqslant 20$	2/3
$> 0.8 \sim 1.0$	$d_s \leqslant 10$	2/3
	$10 < d_s \leqslant 20$	1

由于对桩、土、承台和上部结构在地震中的动力相互作用的了解还很不够，目前通用的桩基抗震验算方法还不可能很准确地反映桩和承台工作情况。因此，桩基础在通过抗震验算以后，应注意采取构造措施予以适当加强。

思 考 题

15.1 膨胀土对建筑物有哪些危害？膨胀土地区工程处理措施有哪些？

15.2 如何根据湿陷系数判定黄土的湿陷性？如何划分地基的湿陷等级？湿陷性黄土地基处理有哪些方法？

15.3 什么是土岩组合地基、岩溶、土洞和红黏土地基？

15.4 简述多年冻土地基的特点。

15.5 什么是震级、地震烈度、基本烈度及抗震设防烈度？

15.6 地基震害现象有哪些？

15.7 场地抗液化措施有哪些？

习 题

15.1 对某黄土样进行压缩试验，试验时切取原状土样用的环刀高 20mm，土样浸水前后的压缩变形量见表 15.14。已知黄土的比重 $G_s=2.71$，天然状态下干重度 $\gamma_d=14.1\text{kN/m}^3$。

(1) 绘出浸水前后压力与孔隙比关系曲线；

(2) $p=200\text{kPa}$ 时土的湿陷系数 δ_s。

表 15.14　　　　　　　　　　习 题 15.1 表

土样浸水情况	天然含水率				浸水饱和			
垂直压力/kPa	0	50	100	200	200	250	300	400
土样变形量/mm	0	0.074	0.077	0.078	2.51	2.56	2.62	2.82

15.2 某电厂灰坝工地，强夯施工前，钻孔每隔 1m 取土样，测得各土样 δ_{zs} 和 δ_s 见表 15.15，试确定该场地的湿陷类型和地基的湿陷等级。基础埋深取 1.5m，$\beta_0=1.2$，$\alpha=1.0$。

表 15.15　　　　　　　　　　习 题 15.2 表

取土深度/m	1	2	3	4	5	6	7	8	9	10
δ_{zs}	0.017	0.022	0.022	0.022	0.026	0.039	0.043	0.029	0.014	0.012
δ_s	0.086	0.074	0.077	0.078	0.087	0.094	0.076	0.049	0.012	0.002
备注	δ_{zs} 和 $\delta_s<0.015$ 属非湿陷性土层								

15.3 某膨胀土样室内土工实验，测得土样原始体积为 10mL，膨胀稳定后体积增大为 16.1mL。试求此土样的自由膨胀率，并确定该膨胀土的膨胀潜势。

参 考 文 献

[1] Craig R F. Soil Mechanics [M]. Sixth Edition. London：Spon Press，1997.
[2] Lambe T W，Whitman R V. Soil Mechanics（SI Version）[M]. New York：John Wiley & Sons，1979.
[3] 陈晓平. 土力学与基础工程 [M]. 2版. 北京：中国水利水电出版社，2016.
[4] 陈希哲. 土力学地基基础 [M]. 3版. 北京：清华大学出版社，1998.
[5] 陈晓平. 基础工程设计与分析 [M]. 北京：中国建筑工业出版社，2005.
[6] 陈忠汉，等. 深基坑工程 [M]. 2版. 北京：机械工业出版社，2002.
[7] 陈仲颐，周景星，王洪瑾. 土力学 [M]. 北京：清华大学出版社，1994.
[8] 崔江余，梁仁旺. 建筑基坑工程设计计算与施工 [M]. 北京：中国建材工业出版社，1999.
[9] 东南大学，浙江大学，湖南大学，等. 土力学 [M]. 3版. 北京：中国建筑工业出版社，2010.
[10] 董建国，沈锡英，钟才根. 土力学与地基基础 [M]. 上海：同济大学出版社，2005.
[11] 董建国，赵锡宏. 高层建筑地基基础——共同作用理论与实践 [M]. 上海：同济大学出版社，1997.
[12] 冯国栋. 土力学 [M]. 北京：水利电力出版社，1986.
[13] 高大钊，等. 天然地基上的浅基础 [M]. 北京：机械工业出版社，2002.
[14] 龚晓南. 地基处理技术发展与展望 [M]. 北京：中国水利水电出版社，知识产权出版社，2004.
[15] 龚晓南. 地基处理手册 [M]. 3版. 北京：中国建筑工业出版社，2011.
[16] 顾晓鲁，等. 地基与基础 [M]. 北京：中国建筑工业出版社，2003.
[17] 华南理工大学，浙江大学，湖南大学. 基础工程 [M]. 3版. 北京：中国建筑工业出版社，2014.
[18] 黄绍铭，高大钊. 软土地基与地下工程 [M]. 北京：中国建筑工业出版社，2005.
[19] 黄文熙. 土的工程性质 [M]. 北京：水利电力出版社，1983.
[20] 蒋国胜，等. 基坑工程 [M]. 武汉：中国地质大学出版社，2000.
[21] 姜德义，朱合，杜云贵. 边坡稳定性分析与滑坡防治 [M]. 重庆：重庆出版社，2005.
[22] 李广信. 高等土力学 [M]. 北京：清华大学出版社，2004.
[23] 李相然. 土力学应试指导 [M]. 北京：中国建材工业出版社，2001.
[24] 林鸣，徐伟. 深基坑工程信息化施工技术 [M]. 北京：中国建筑工业出版社，2006.
[25] 刘金砺. 桩基础设计与计算 [M]. 北京：中国建筑工业出版社，1996.
[26] 刘永红. 地基处理 [M]. 北京：科学出版社，2005.
[27] 刘大鹏，尤晓伟. 土力学 [M]. 北京：清华大学出版社，北京交通大学出版社，2005.
[28] 陆震铨，祝国荣. 地下连续墙的理论与实践 [M]. 北京：中国铁道出版社，1987.
[29] 罗晓辉. 基础工程设计原理 [M]. 武汉：华中科技大学出版社，2007.
[30] 钱家欢，殷宗泽. 土工原理与计算 [M]. 2版. 北京：水利电力出版社，1994.
[31] 钱家欢. 土力学 [M]. 2版. 南京：河海大学出版社，1995.
[32] 沈杰. 地基基础设计手册 [M]. 上海：上海科学技术出版社，1988.
[33] 史佩栋，等. 深基础工程特殊技术问题 [M]. 北京：人民交通出版社，2004.
[34] 史佩栋. 实用桩基工程手册 [M]. 北京：中国建筑工业出版社，2002.
[35] 王铁行. 岩土力学与地基基础题库及题解 [M]. 北京：中国水利水电出版社，2004.

[36] 王秀丽. 基础工程 [M]. 2 版. 重庆：重庆大学出版社，2005.

[37] 王成华. 土力学 [M]. 武汉：华中科技大学出版社，2010.

[38] 熊智彪. 建筑基坑支护 [M]. 2 版. 北京：中国建筑工业出版社，2013.

[39] 杨克己. 实用桩基工程 [M]. 北京：人民交通出版社，2004.

[40] 叶书麟，叶观宝. 地基处理与托换技术 [M]. 北京：中国建筑工业出版社，2005.

[41] 袁聚云，等. 基础工程设计原理 [M]. 上海：同济大学出版社，2001.

[42] 杨雪强. 土力学 [M]. 北京：北京大学出版社，2015.

[43] 宰金珉，宰金璋. 高层建筑基础分析与设计——土与结构物共同作用的理论与应用 [M]. 北京：中国建筑工业出版社，1993.

[44] 张季容，朱向荣. 简明建筑基础计算与设计手册 [M]. 北京：中国建筑工业出版社，1997.

[45] 张孟喜. 土力学原理 [M]. 武汉：华中科技大学出版社，2007.

[46] 赵明华. 土力学与基础工程 [M]. 4 版. 武汉：武汉理工大学出版社，2014.

[47] 赵成刚，白冰，王运霞. 土力学原理 [M]. 北京：清华大学出版社，北京交通大学出版社，2004.

[48] 周申一，张立荣，杨仁杰，等. 沉井沉箱施工技术 [M]. 北京：人民交通出版社，2005.

[49] 周景星，李广信，张建红，等. 基础工程 [M]. 3 版. 北京：清华大学出版社，2015.

[50] 《地基处理手册》编委会. 地基处理手册 [M]. 2 版. 北京：中国建筑工业出版社，2001.

[51] 《工程地质手册》编委会. 工程地质手册 [M]. 北京：中国建筑工业出版社，2007.

[52] 《土工合成材料工程应用手册》编委会. 土工合成材料工程应用手册 [M]. 北京：中国建筑工业出版社，2000.

[53] 龚晓南，潘秋元，张季容. 土力学及基础工程实用名词词典 [M]. 杭州：浙江大学出版社，1993.

[54] 中华人民共和国住房和城乡建设部. 岩土工程勘察术语标准：JGJ/T 84—2015 [S]. 北京：中国建筑工业出版社，2015.

[55] 中华人民共和国住房和城乡建设部，中华人民共和国国家质量监督检验检疫总局. 岩土工程基本术语标准：GB/T 50279—2014 [S]. 北京：中国计划出版社，2015.

[56] 尉希成，周美玲. 支挡结构设计手册 [M]. 2 版. 北京：中国建筑工业出版社，2004.

[57] 中国土木工程学会土力学及岩土工程分会. 深基坑支护技术指南 [M]. 北京：中国建筑工业出版社，2012.

[58] 中国土木工程学会土力学与基础工程学会. 土力学及基础工程名词（汉英及英汉对照）[M]. 2 版. 北京：中国建筑工业出版社，1991.

[59] 中交第二公路勘察设计研究院有限公司. 公路挡土墙设计与施工技术细则 [M]. 北京：人民交通出版社，2008.

[60] 中华人民共和国住房和城乡建设部，中华人民共和国质量监督检验检疫总局. 建筑地基基础设计规范：GB 50007—2011 [S]. 北京：中国建筑工业出版社，2012.

[61] 中华人民共和国住房和城乡建设部. 建筑抗震设计规范（2016 年版）：GB 50011—2010 [S]. 北京：中国建筑工业出版社，2016.

[62] 中华人民共和国住房和城乡建设部，中华人民共和国国家质量监督检验检疫总局. 膨胀土地区建筑技术规范：GB 50112—2013 [S]. 北京：中国建筑工业出版社，2013.

[63] 中华人民共和国住房和城乡建设部，中华人民共和国国家市场监督管理总局. 湿陷性黄土地区建筑规范：GB 50025—2018 [S]. 北京：中国建筑工业出版社，2018.

[64] 中华人民共和国住房和城乡建设部，国家质量技术监督局. 土工试验方法标准：GB/T 50123—2019 [S]. 北京：中国计划出版社，2019.

[65] 中华人民共和国建设部，中华人民共和国国家质量监督检验检疫总局. 岩土工程勘察规范（2009 年版）：GB 50021—2001 [S]. 北京：中国建筑工业出版社，2009.

[66] 中华人民共和国住房和城乡建设部,中华人民共和国国家质量监督检验检疫总局.混凝土结构设计规范(2015年版):GB 50010—2010[S].北京:中国建筑工业出版社,2015.

[67] 中华人民共和国住房和城乡建设部,中华人民共和国国家质量监督检验检疫总局.建筑结构荷载规范:GB 50009—2012[S].北京:中国建筑工业出版社,2012.

[68] 中华人民共和国住房和城乡建设部.冻土地区建筑地基基础设施规范:JGJ 118—2011[S].北京:中国建筑工业出版社,2012.

[69] 中华人民共和国住房和城乡建设部.高层建筑筏形与箱形基础技术规范:JGJ 6—2011[S].北京:中国建筑工业出版社,2011.

[70] 中华人民共和国住房和城乡建设部.高层建筑混凝土结构技术规程:JGJ 3—2010[S].北京:中国建筑工业出版社,2011.

[71] 中华人民共和国交通运输部.公路桥涵地基与基础设计规范:JTG 3363—2019[S].北京:人民交通出版社,2019.

[72] 中华人民共和国交通运输部.公路桥涵设计通用规范:JTG D60—2015[S].北京:人民交通出版社,2015.

[73] 中华人民共和国交通运输部.公路土工试验规程:JTG 3430—2020[S].北京:人民交通出版社,2021.

[74] 中华人民共和国住房和城乡建设部.建筑桩基技术规范:JGJ 94—2008[S].北京:中国建筑工业出版社,2008.

[75] 中华人民共和国住房和城乡建设部.软土地区岩土工程勘察规程:JGJ 83—2011[S].北京:中国建筑工业出版社,2011.

[76] 中华人民共和国住房和城乡建设部.建筑基坑支护技术规程:JGJ 120—2012[S].北京:中国建筑工业出版社,2012.

[77] 中华人民共和国住房和城乡建设部.建筑边坡工程技术规范:GB 50330—2013[S].北京:中国建筑工业出版社,2014.

[78] 中华人民共和国建设部,中华人民共和国质量监督检验检疫总局.土的工程分类标准:GB/T 50145—2007[S].北京:中国计划出版社,2008.

[79] 中华人民共和国住房和城乡建设部.建筑地基处理技术规范:JGJ 79—2012[S].北京:中国建筑工业出版社,2012.

[80] 中华人民共和国水利部.土工试验规程:SL 237—1999[S].北京:中国水利水电出版社,1999.